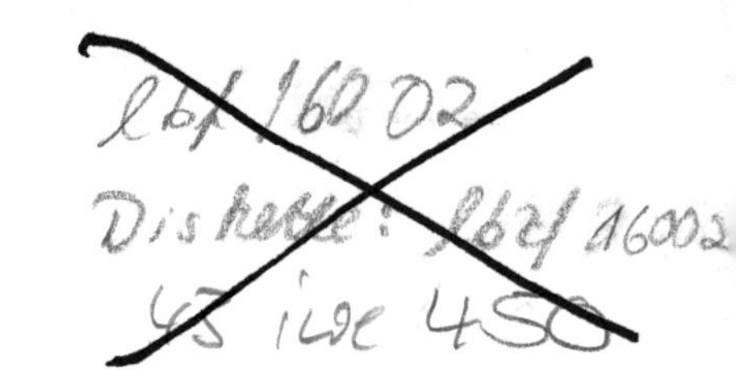

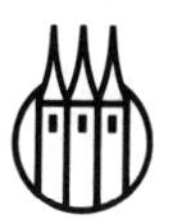

Grundlagen der Schaltungstechnik

Eine Reihe, herausgegeben von Prof. Dr.-Ing. Wolfgang Hilberg

Die Buchreihe umfaßt Themen aus dem Gebiet des Entwurfs, der technologischen Realisierung und der Anwendung von Schaltungen. Vorzugsweise sind dies integrierte Halbleiterschaltungen, die heute die gemeinsame „hardware"-Basis für viele Anwendungen, z. B. in der Nachrichtentechnik, Meßtechnik, Digitaltechnik, Datentechnik bzw. der Elektronik bilden. Die Darstellungen sollen dem heutigen Stand der Technik entsprechend die grundlegenden Kenntnisse vermitteln.

Bisher erschienen:

Großintegration
herausgegeben von
Bernd Höffinger

Wolfgang Hilberg
Impulse auf Leitungen

Frank-Thomas Mellert
Rechnergestützter Entwurf
elektrischer Schaltungen

Wolfgang Hilberg / Robert Piloty
Grundlagen elektronischer
Digitalschaltungen

Adolf Finger
Digitale Signalstrukturen
in der Informationstechnik

Wolfgang Hilberg
Grundprobleme der
Mikroelektronik

Günter Zimmer
CMOS-Technologie

Manfred Lobjinski
Meßtechnik mit Mikrocomputern
2. Auflage

Wolfgang Hilberg
Assoziative Gedächtnisstrukturen.
Funktionale Komplexität

Hans Spiro
Simulation integrierter
Schaltungen
2. Auflage

Samuel D. Stearns / Don R. Hush
Digitale Verarbeitung analoger Signale,
6. Auflage

Klaus Schumacher
Integrationsgerechter Entwurf
analoger MOS-Schaltungen

Steffen Graf / Michael Gössel
Fehlererkennungsschaltungen

Wolfgang Hilberg
Digitale Speicher 1

Hochintegrierte analoge Schaltungen
herausgegeben von Bernd Höfflinger
und Günter Zimmer

Friedberth Riedel
MOS-Analogtechnik

Wolfgang Hilberg
Grundlagen elektronischer
Schaltungen, 2. Auflage

Robert Schwarz
Analyse nichtlinearer Netzwerke

Albrecht Rothermel
Digitale BiCMOS-Schaltungen

Manfred Gerner / Bruno Müller /
Gerd Sandweg
Selbsttest digitaler Schaltungen

Alan Oppenheim / Ronald Schafer
Zeitdiskrete Signalverarbeitung

Hans Tzschach / Gerhard Haßlinger
Codes für den störungssicheren
Datentransfer

Digitale Verarbeitung analoger Signale

Digital Signal Analysis

von
Samuel D. Stearns
und
Don R. Hush

6., überarbeitete und erweiterte Auflage

Mit 317 Bildern, 16 Tabellen, 373 Übungen mit ausgewählten Lösungen sowie einer Diskette

R. Oldenbourg Verlag München Wien 1994

Deutsche Übersetzung: Wolfgang Hilberg

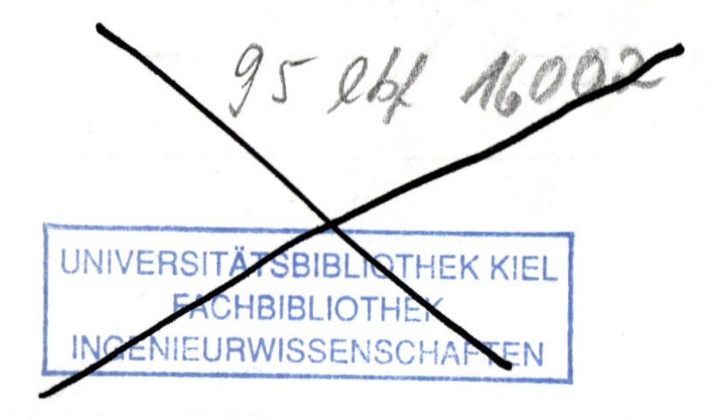

Die Deutsche Bibliothek – CIP-Einheitsaufnahme

Stearns, Samuel D.:
Digitale Verarbeitung analoger Signale : mit 16 Tabellen, 373 Übungen mit ausgewählten Lösungen = Digital signal analysis / von Samuel D. Stearns und Don R. Hush. [Dt. Übers.: Wolfgang Hilberg]. – 6., überarb. und erw. Aufl. – München ; Wien : Oldenbourg, 1994
(Grundlagen der Schaltungstechnik)
Einheitssacht.: Digital signal analysis ⟨dt.⟩
ISBN 3-486-22027-6

NE: Hush, Don R.:

Gesamtherstellung: R. Oldenbourg Graphische Betriebe GmbH, München

ISBN 3-486-22027-6

Inhaltsverzeichnis

Vorwort zur zweiten amerikanischen Auflage

Unser wesentliches Ziel für diese zweite Auflage ist dasselbe wie für die erste: Ein Lehrbuch über die Grundlagen der digitalen Signalverarbeitung (Signal Analysis) für Ingenieure und Physiker bereitzustellen. Wir sind immer noch von den Vorteilen unseres damaligen Ansatzes zu diesem Thema überzeugt, welcher darin besteht, die kontinuierlichen und digitalen Signale durch den Prozeß des Abtastens im ersten Teil des Lehrbuches miteinander in Beziehung zu setzen, und dann im übrigen Text die Techniken der digitalen Signalanalyse und Signalverarbeitung ausführlich darzulegen.

Leser der ersten Auflage werden viele umfangreiche Ergänzungen und Überarbeitungen in dieser Auflage bemerken (Anmerkung des Übersetzers: es war praktisch ein neues Buch zu übersetzen), von denen wir hoffen, daß sie das Lehrbuch auf den neuesten Stand der Technik bringen und es noch nützlicher als bisher machen. So wurden z.B. die portablen Software-Module für die Transformationen und den Filterentwurf, die in der ersten Auflage enthalten waren, so gut von den Lesern angenommen, daß wir diesmal eine größere Bibliothek portabler Module in FORTRAN 77 beigegeben haben, und zwar sowohl im Text als auch auf der Floppy-Disk. Diese Module erfassen sehr viele Anwendungen und sind dazu gedacht, sowohl für die Praxis brauchbare Operationen bereitzustellen als auch die im Text beschriebenen Signalverarbeitungsoperationen zu veranschaulichen.

Wir haben auch in den Kapiteln über die diskrete Transformation größere Änderungen vorgenommen. Sie betreffen die FIR- und die IIR-Filterung und die spektrale Schätzung. Wir haben sodann neue Kapitel über die z-Transformation und über den "Least-Squares"-Systementwurf zugefügt. Jetzt werden auch "Lattice"-Strukturen behandelt und die parametrische spektrale Schätzung - Themen, die in der ersten Auflage nicht enthalten waren. Wir hoffen, daß der Leser mit diesen Änderungen nun einen in sich abgeschlossenen Text vorfindet, der die großen Gebiete überdeckt, die für eine erfolgversprechende Arbeit in der digitalen Signalanalyse und Signalverarbeitung beherrscht werden müssen.

Wir möchten den schuldigen Dank aussprechen den vielen Studenten und Freunden, die uns geholfen haben, diese zweite Auflage fertigzustellen, unter ihnen Dale R. Breding, Bock-Sim Chia, Kurt Conover, Douglas F. Elliot, Glenn R. Elliot, Terry L. Hardin, Claude S. Lindquist, Caryl V. Peterson, John

M. Salas und Charles C. Stearns. Wir danken auch Betty I. Hawley und Lori Jackson für ihre Hilfe beim Schreiben und Editieren des Textes.

Schließlich möchten wir auch unseren besonderen Dank Herrn Wolfgang Hilberg von der Technischen Hochschule Darmstadt für die deutsche Übersetzung dieses Buches aussprechen.

Samuel D. Stearns
Don R. Hush

Vorwort von Hamming

Das Informationszeitalter, in dem wir leben, hat die Bedeutung einer Verarbeitung von Signalen hervorgehoben, während die Entwicklung der integrierten Festkörperschaltkreise und besonders der Allzweck-Minirechner die vielen theoretischen Vorteile einer digitalen Signalverarbeitung auch realisierbar gemacht hat. Aus diesen Gründen wird ein gutes Buch über die digitale Signalverarbeitung von Menschen in einem weiten Bereich willkommen geheißen, seien es Ingenieure, Wissenschaftler, Computer-Experten, oder angewandte Mathematiker. Obwohl der Großteil der Signalverarbeitung heute digital durchgeführt wird, entstehen viele Daten ursprünglich als kontinuierliche, analoge Signale, und oft wird das Ergebnis der digitalen Signalverarbeitung, ehe es schließlich gebraucht wird, wieder in die analoge Form zurückübersetzt. Somit müssen die komplexen und oft schwer zu verstehenden Beziehungen zwischen den digitalen und analogen Signalformen sorgfältig untersucht werden. Diese Beziehungen bilden ein immer wiederkehrendes Thema durch das ganze Buch hindurch.

Die Theorie der digitalen Signalverarbeitung enthält einen beträchtlichen Anteil an Mathematik. Der an der Mathematik nicht sehr interessierte Leser sollte sich aber nicht durch die Menge der Formeln und Gleichungen in diesem Buch abschrecken lassen, da der Autor sich viel Mühe gemacht hat, die pyhsikalische Basis dessen, um was es geht, zu begründen und zu erklären, und da er gleichzeitig unnötige verspielte Mathematik und künstliche Abstraktionen vermieden hat.

Es ist deshalb ein Vergnügen, dieses Buch dem ernsthaft interessierten Studenten der digitalen Signalverarbeitung zu empfehlen. Es ist sorgfältig geschrieben und mit vielen nützlichen Beispielen und Übungen versehen, und die Stoffauswahl ist so getroffen, daß die relevanten Schwerpunkte in diesem sich rasch entwickelnden Wissenschaftsbereich erfaßt werden.

R.W. Hamming
Bell Laboratorien
Murray Hill, N.J.

KAPITEL 1

Einführung

1.1 Moderne Signalanalysis

Der Ausdruck "Signalanalysis", der meist als "Signaltheorie" ins Deutsche übersetzt wird, bezieht sich im allgemeinen auf die Wissenschaft des Analysierens oder Interpretierens der Signale, die durch zeitabhängige physikalische Prozesse erzeugt werden. Die Signale selbst können von zeitlich vorübergehender Art sein, nur in einem kurzen Zeitabschnitt auftreten, sie können periodisch (mit Wiederholungen) sein, oder sie können zufällig und nicht vorhersagbar sein. Die Methoden der Signalanalysis lassen sich auf alle diese Signaltypen anwenden, von denen einige in Bild 1.1 als Beispiele wiedergegeben sind.

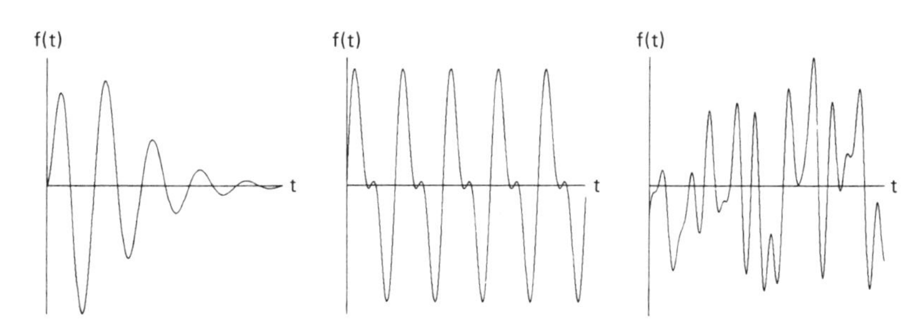

Bild 1.1 Signalarten

Die Anwendungen der Signalanalysis reichen in viele verschiedene Bereiche und Wissenschaften: Nachrichtentechnik, Steuer- und Regelsysteme, Biologie und Medizin, Physik und Astronomie, Chemie, Seismologie, mechanische Schwingungs- und Stoßstudien, Flüssigkeitsdynamik und Radar-Entwurf. All dies sind Bereiche, in denen die Signalanalysis heute hilft, den Fortschritt zu beschleunigen. Die angegebene Liste ist nicht vollständig. Die Signalanalysis wird fortwährend in neuer Art und in neuen Bereichen angewendet.

Viele moderne Anwendungen der Signalanalysis sind der ungeheuren Ausbreitung und der abwechslungsreichen Gestaltung der digitalen Datenverarbeitungsgeräte zu verdanken. Heute sind digitale Rechensysteme in allen

Größen und Preisen vorhanden. Was einst als ein Rechner an sich angesehen wurde, ist heute ein signalverarbeitender Bestandteil geworden, der oft einer besonderen Aufgabe in einem komplexen System gewidmet ist und weder als Allzweck-Rechner angesehen noch als solcher gebraucht wird. Digitale Datenverarbeitungssysteme sind zuverlässig, unempfindlich und tragbar geworden. Sie sind auch an Orten und in Umgebungen zu finden, die für Menschen nicht zugänglich sind.

Einige typische Operationen und Systeme im Blickfeld der digitalen Signalanalysis sind in den Bildern 1.2 bis 1.4 veranschaulicht. Bild 1.2 deutet einige der bekanntesten Operationen an, die in der Signalanalysis benötigt werden. Eine physikalische Größe - z.B. eine Wegstrecke, Geschwindigkeit, Beschleunigung, Intensität, Kraft, ein Druck, eine Temperatur, Farbe, Ladung, Wiederholfrequenz, usw. - wird durch einen Umformer in eine elektrische Spannung umgewandelt. Dann wird das Ausgangssignal des Umformers meist in regelmäßigen Zeitabständen digitalisiert d.h. durch einen Analog-Digital-Wandler (engl. Analog Digital Converter = ADC) in eine Zahl umgewandelt. (Die Wirkungsweise des ADC wird in Kapitel 4 behandelt.) Die Folge von Zahlen bzw. die Abtastreihe, die von dem ADC erzeugt wird, könnte für eine weitere Verarbeitung aufgezeichnet oder, wie in Bild 1.2 angedeutet, ohne Aufzeichnung in Echtzeit verarbeitet werden.

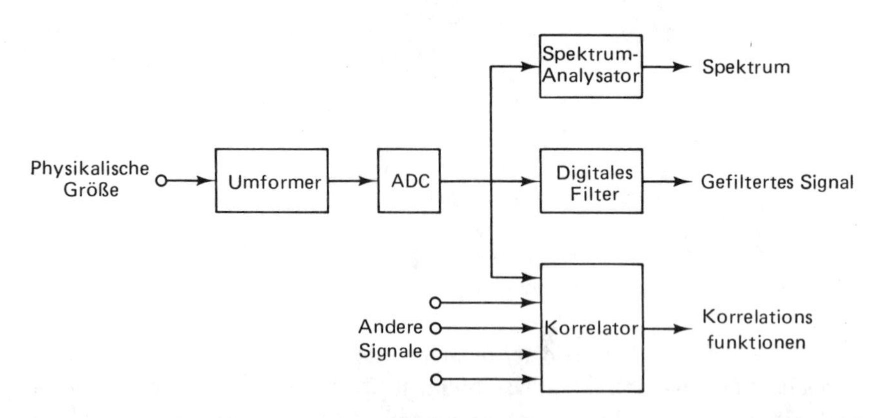

Bild 1.2 Einige Operationen in der digitalen Signalanalysis

Eine verbreitete Verarbeitung der Abtastreihe ist die Berechnung des Spektrums, welches im allgemeinen die Verteilung von Amplitude, Phase, Leistung oder Energie über der Frequenz wiedergibt. Einige Eigenschaften des Spektrums und seine Berechnung werden in den Kapiteln 2, 3, 5, 6, 13 und 15 diskutiert.

Eine andere verbreitete Operation in der digitalen Signalanalysis ist die digitale Filterung, die im allgemeinen gebraucht wird, um von der Original- bzw. Eingangs-Abtastreihe eine davon verschiedene Ausgangs-Abtastreihe zu erzeugen. Dabei werden solche Zwecke verfolgt wie das Eliminieren hoher Frequenzen, das Reduzieren des Rauschens usw. Die digitale Filterung wird hauptsächlich in den Kapiteln 8, 9 und 12 diskutiert.

Die dritte in Bild 1.2 gezeigte Operation ist die Korrelation, worunter man einen speziellen Prozeβ versteht, Signale mit sich selbst oder mit anderen Signalen zu vergleichen. Die Korrelation wird hauptsächlich im Kapitel 13 diskutiert. Alle diese Operationen können mit einem Allzweck-Rechner durchgeführt werden, es ist jedoch auch möglich, dafür Spezial-Prozessoren zu entwerfen.

Ein typisches digitales Steuerungs- oder Nachrichtenübertragungs-system ist in Bild 1.3 gezeigt. In diesem System werden analoge Signale in die digitale Darstellung umgewandelt, dann gefiltert oder in einer anderen Weise, zusammen oder getrennt, durch den digitalen Signalprozessor verarbeitet. Der Prozessor erzeugt dann digitale Ausgangssignale, von denen jedes durch einen Digital-Analog-Wandler (DAC) in ein analoges Steuersignal umgewandelt wird.

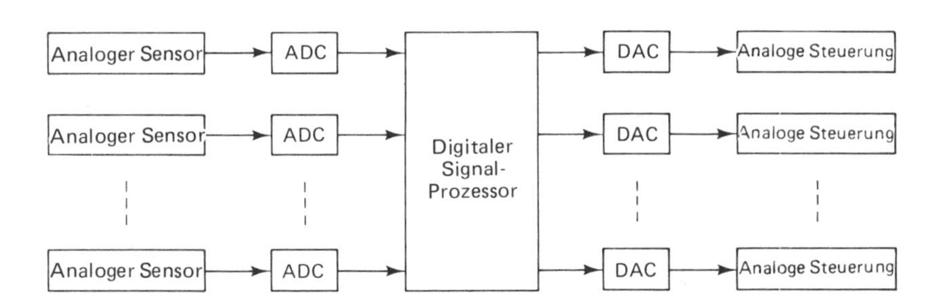

Bild 1.3 Digitales Steuerungs- oder Nachrichtensystem

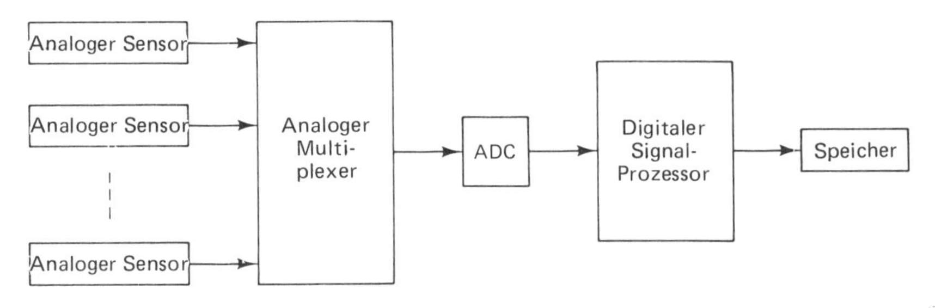

Bild 1.4 Digitales Datenerfassungssystem

Bild 1.4 zeigt ein typisches Datenerfassungssystem. Hier wird eine Alternative zu der Eingangsschaltung in Bild 1.3 gezeigt, in der die eintreffenden Analogsignale in Multiplextechnik zusammengefaßt werden, d.h. sie werden nacheinander abgetastet und dann mit Hilfe eines einzigen ADC in digitale Abtastfolgen umgewandelt. Der Signalprozessor führt dann mit den Daten eine Filterung oder andere erforderliche Operationen aus, bevor er sie in einem digitalen Aufzeichnungsgerät speichert.

In den folgenden Kapiteln wird der Leser viele Dinge finden, die für die Signalanalysis grundlegend sind. Man wird finden, daß von der Mathematik und den Methoden her vieles gleich ist, unabhängig davon, ob gerade digitale oder kontinuierliche Signale analysiert werden. Es bestehen natürlich grundsätzliche Unterschiede zwischen diesen beiden Signalformen und den entsprechenden beteiligten Systemen, wie dies in Bild 1.5 veranschaulicht ist. Das analoge oder kontinuierliche System verarbeitet im allgemeinen eine kontinuierlich zeitabhängige physikalische Größe f(t) und erzeugt eine gleichartige Größe g(t). Diese Größen sind typischerweise Spannungen, Ströme, Wegstrecken, Winkel usw. Andererseits verarbeitet das digitale System wie oben beschrieben eine Folge von Zahlen f_0 f_1 f_2...so, daß am Ausgang eine Zahlenfolge g_0 g_1 g_2...entsteht.

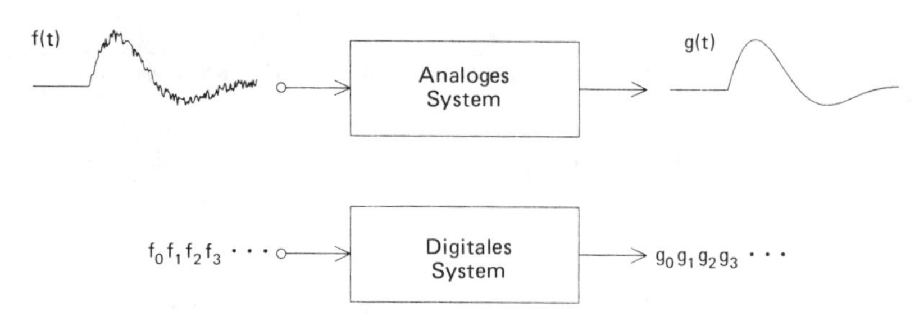

Bild 1.5 Analoge und digitale Systeme

Ein großer Teil der Diskussion in den folgenden Kapiteln basiert auf diesen elementaren Vorstellungen und auf einer zusätzlichen grundlegenden Annahme: Eine gemeinsame theoretische Grundlage für digitale und analoge Systeme wird dadurch erreicht, daß man die Zahlenfolgen des digitalen Systems so behandelt, als ob sie Abtastwerte aus kontinuierlichen Signalen wären, die durch ein analoges System verarbeitet werden (oder werden könnten). Diese Vorstellung wird in Bild 1.6 veranschaulicht. Die Abtastreihe $[f_m] = [f_0,f_1,f_2,...]$ wird aus der kontinuierlichen Funktion f(t) abgeleitet, indem man die Werte von f(t) zu den Zeiten t = O,T,2T,... in einer geordneten Folge zusammenstellt. Dadurch, daß man die Abtastreihen-Vorstellung benutzt, kann man dann einen Vergleich zwischen einem analogen Signalverarbeitungssystem und einem digitalen Signalverarbeitungssystem, deren Ausgangssignale in den Abtastpunkten identisch sind, durchführen.

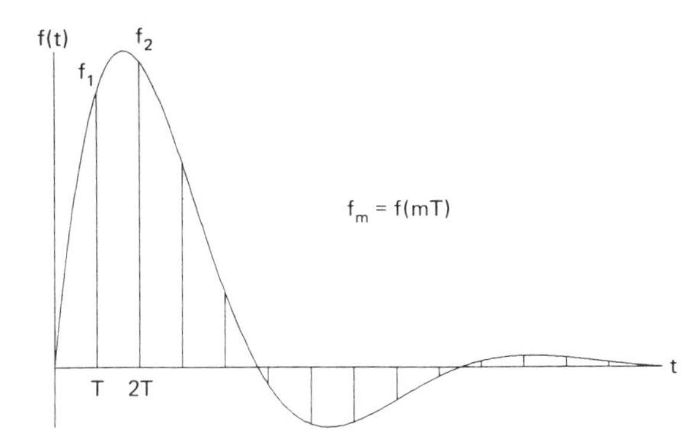

Bild 1.6 Abgetastetes kontinuierliches Signal

In der Tat legt Bild 1.6 die Verbindung zwischen den drei Signalarten in Bild 1.1 und der Zahlenfolge in Bild 1.5 nahe: In dem digitalen System werden gerade diejenigen Abtastreihen, die aus diesen kontinuierlichen Signalen abgeleitet wurden, verarbeitet. Ein vollständiges Signalverarbeitungssystem könnte beispielsweise wie in Bild 1.3 aus einem AD-Wandler bestehen, der zu einem digitalen Prozessor führt, der wiederum mit einem DA-Wandler verbunden ist, um ein kontinuierliches Ausgangssignal zu erzeugen.

Andererseits kann vielleicht das Ausgangssignal eines digitalen Systems in digitaler Form gewünscht werden, oder ein AD-Wandler kann am Ausgang eines analogen Systems Verwendung finden usw. Die Hauptsache hierbei ist, daβ die mathematischen Methoden zum Analysieren dieser Systeme und Signale ziemlich gleich sind - mit gröβtem Nutzen kann man kontinuierliche und digitale Signalanalysis betreiben, indem man beide gleichzeitig betrachtet.

Als letztes Beispiel in dieser einführenden Betrachtung liefert Bild 1.7 einen Vergleich zwischen einfachen analogen und digitalen Systemen mit ähnlichen Leistungs-Charakteristiken. In der oberen Hälfte des Bildes bildet ein kontinuierlicher zeitlich abklingender Impuls das Eingangssignal zu einem einfachen RC-Integrierglied (R steht für Widerstand und C für Kapazität), das wohl den meisten Ingenieuren bekannt ist. Für eine Zeitkonstante (RC) von 1,67 msec ist der Ausgangsimpuls oben rechts aufgetragen. Die untere Hälfte des Bildes zeigt das Ergebnis der Verarbeitung der Abtastreihe des Eingangsimpulses (wenn man einen Zeitabstand von 0,2 msec von einem Abtastpunkt zum anderen wählt) in einem einfachen digitalen System. Das Symbol z^{-1} steht für eine Zeitverzögerung um ein Abtastintervall. Daher multipliziert der digitale Prozessor in diesem Falle zu jedem Abtastzeitpunkt einfach den vorhergehenden Abtastwert am Ausgang mit 7,85, addiert das Ergebnis zu dem aktuellen Abtastwert am Eingang und multipliziert die Summe mit 0,113, wodurch der aktuelle Abtastwert am Ausgang entsteht. Die Analyse solcher

Systeme wird in späteren Kapiteln behandelt. Dieses einfache Beispiel sollte hier nur dazu dienen, die Ähnlichkeit zwischen geeignet gewählten digitalen und kontinuierlichen Systemen zu veranschaulichen, eine Erscheinung, die noch weiterhin im ganzen Buch hervorgehoben werden wird.

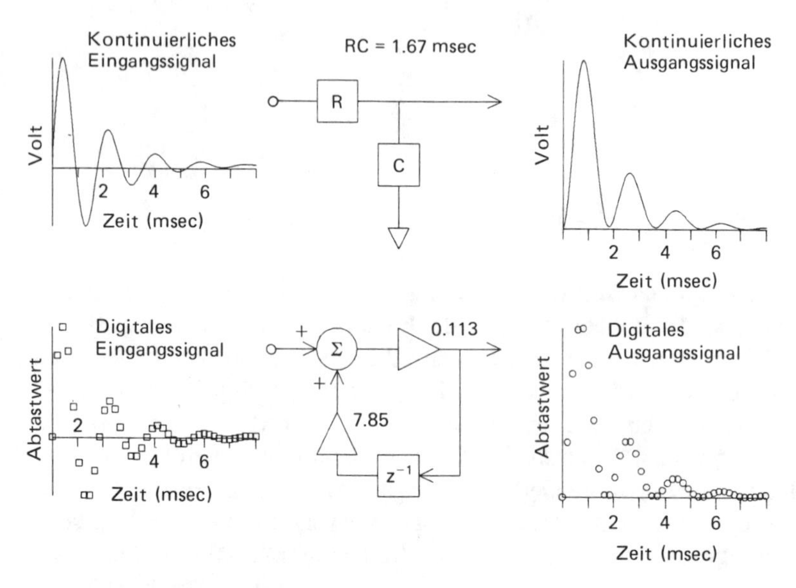

Bild 1.7 Kontinuierliche und digitale Systeme mit ähnlichem Verhalten

1.2 Einige nützliche Formeln

Das folgende Kapitel beginnt mit einem Überblick über einige grundlegende mathematische Sätze wie den des Prinzips der kleinsten Quadrate, der Orthogonalität, usw. bevor man zu den wichtigen Themen der Signalanalysis kommt. Um mit dem Überblick über grundlegende mathematische Beziehungen zu beginnen, enthält dieser Abschnitt einige einfache Formeln der Algebra, Trigonometrie und der Matrizenrechnung, die ausgiebig in späteren Kapiteln gebraucht werden. Diese und andere nützliche Formeln, Tabellen usw. kann man in bekannten Handbüchern finden, wie sie z.B. in den Literaturhinweisen am Ende dieses Kapitels enthalten sind.

Trigonometrische Identitäten (Additionstheoreme) werden bei der Behandlung von Fourier-Reihen und -Transformationen und überhaupt allgemein in der harmonischen Analysis benötigt. Einige der bekanntesten Identitäten sind in der nachstehenden Tabelle 1.1 aufgelistet (das Symbol "j" bezeichnet $\sqrt{-1}$, während "i" für den Augenblickswert des Stromes benutzt wird, ein Gebrauch, der in der Elektrotechnik allgemein üblich ist).

Tabelle 1.1 Trigonometrische Umformungen

$\left.\begin{aligned}\sin(-\alpha) &= -\sin\alpha\\ \cos(-\alpha) &= \cos\alpha\end{aligned}\right\}$	(1.1)
$\left.\begin{aligned}\sin(\alpha+\beta) &= \sin\alpha\cos\beta + \cos\alpha\sin\beta\\ \cos(\alpha+\beta) &= \cos\alpha\cos\beta - \sin\alpha\sin\beta\end{aligned}\right\}$	(1.2)
$\left.\begin{aligned}2\sin\alpha\sin\beta &= \cos(\alpha-\beta) - \cos(\alpha+\beta)\\ 2\cos\alpha\cos\beta &= \cos(\alpha+\beta) + \cos(\alpha-\beta)\\ 2\sin\alpha\cos\beta &= \sin(\alpha+\beta) + \sin(\alpha-\beta)\end{aligned}\right\}$	(1.3)
$\left.\begin{aligned}\sin\alpha + \sin\beta &= 2\sin\frac{1}{2}(\alpha+\beta)\cos\frac{1}{2}(\alpha-\beta)\\ \cos\alpha + \cos\beta &= 2\cos\frac{1}{2}(\alpha+\beta)\cos\frac{1}{2}(\alpha-\beta)\end{aligned}\right\}$	(1.4)
$\left.\begin{aligned}\sin 2\alpha &= 2\sin\alpha\cos\alpha\\ \cos 2\alpha &= 2\cos^2\alpha - 1\end{aligned}\right\}$	(1.5)
$\left.\begin{aligned}\sin\frac{\alpha}{2} &= \pm\sqrt{\frac{1}{2}(1-\cos\alpha)}\\ \cos\frac{\alpha}{2} &= \pm\sqrt{\frac{1}{2}(1+\cos\alpha)}\end{aligned}\right\}$	(1.6)
$\left.\begin{aligned}\cos^2\alpha &= \frac{1}{2}(\cos 2\alpha + 1)\\ \sin^2\alpha &= 1 - \cos^2\alpha\end{aligned}\right\}$	(1.7)
$\left.\begin{aligned}\sin\alpha &= \frac{1}{2j}(e^{j\alpha} - e^{-j\alpha})\\ \cos\alpha &= \frac{1}{2}(e^{j\alpha} + e^{-j\alpha})\end{aligned}\right\}$	(1.8)
$e^{j\alpha} = \cos\alpha + j\sin\alpha$	(1.9)

Tabelle 1.2 Hyperbolische Funktionen

$\left.\begin{aligned}\sinh(-\alpha) &= -\sinh\alpha\\ \cosh(-\alpha) &= +\cosh\alpha\end{aligned}\right\}$	(1.10)
$\left.\begin{aligned}\sinh(\alpha+\beta) &= \sinh\alpha\cosh\beta + \cosh\alpha\sinh\beta\\ \cosh(\alpha+\beta) &= \cosh\alpha\cosh\beta + \sinh\alpha\sinh\beta\end{aligned}\right\}$	(1.11)
$\left.\begin{aligned}2\sinh\alpha\cosh\beta &= \sinh(\alpha+\beta) + \sinh(\alpha-\beta)\\ 2\cosh\alpha\cosh\beta &= \cosh(\alpha+\beta) + \cosh(\alpha-\beta)\\ 2\sinh\alpha\sinh\beta &= \cosh(\alpha+\beta) - \cosh(\alpha-\beta)\end{aligned}\right\}$	(1.12)
$\cosh^2\alpha - \sinh^2\alpha = 1$	(1.13)
$\left.\begin{aligned}\sinh\alpha &= \frac{1}{2}(e^{\alpha} - e^{-\alpha})\\ \cosh\alpha &= \frac{1}{2}(e^{\alpha} + e^{-\alpha})\end{aligned}\right\}$	(1.14)
$e^{\alpha} = \sinh\alpha + \cosh\alpha$	(1.15)
$\left.\begin{aligned}\sinh^{-1}\alpha &= \log_e(\alpha + \sqrt{\alpha^2+1})\\ \cosh^{-1}\alpha &= \log_e(\alpha + \sqrt{\alpha^2-1})\end{aligned}\right\}$	(1.16)

Die hyperbolischen Funktionen werden bei dem Entwurf einiger digitaler Filter benötigt, die in Kapitel 12 diskutiert werden. Einige nützliche hyperbolische Beziehungen sind in der Tabelle 1.2 zusammengefaβt.

Die geometrische Reihe wird wiederholt in der Signalanalysis und auch an anderer Stelle benötigt, um Funktionen in geschlossener Form zu berechnen. In einfacher Form lautet sie

$$\begin{aligned} 1 + x + x^2 + x^3 + \cdots + x^{N-1} &= \sum_{n=0}^{N-1} x^n \\ &= \frac{1 - x^N}{1 - x} \end{aligned} \tag{1.17}$$

Die Summe enthält N Terme, und N ist auch der Exponent im Zähler der zusammenfassenden Formel. Wenn der Betrag von x, d.h. | x | , kleiner als 1 ist, konvergiert die unendliche geometrische Reihe gegen

$$\sum_{n=0}^{\infty} x^n = \frac{1}{1 - x}; \qquad |x| < 1 \tag{1.18}$$

Komplexere Formen der Gleichungen 1.17 und 1.18 sind manchmal schwierig zu erkennen. Zum Beispiel erkennt man

$$\begin{aligned} \sum_{n=0}^{N-1} e^{-jan} &= \sum_{n=0}^{N-1} (e^{-ja})^n \\ &= \frac{1 - e^{-jaN}}{1 - e^{-ja}} \end{aligned} \tag{1.19}$$

leicht als geometrische Reihe, aber

$$\begin{aligned} \sum_{n=0}^{\infty} nx^n &= x\frac{d}{dx}\left(\sum_{n=0}^{\infty} x^n\right) \\ &= x\frac{d}{dx}\left(\frac{1}{1 - x}\right); \qquad |x| < 1 \\ &= \frac{x}{(1 - x)^2} \end{aligned} \tag{1.20}$$

ist in seiner ursprünglichen Form schwieriger als geometrische Reihe zu erkennen.

Vektoren und Matrizen werden in der Signalanalysis oft gebraucht, um den Zustand eines Systems zu einer bestimmten Zeit, einen Satz von Signalwerten, einen Satz linearer Gleichungen usw. darzustellen. Ein Vektor ist eine lineare Anordnung reeller oder komplexer Zahlen, z.B.

$$\mathbf{X} = \begin{bmatrix} x_1 \\ x_2 \\ \vdots \\ x_N \end{bmatrix} \tag{1.21}$$

Eine Matrix ist eine rechteckige Anordnung, z.B.

$$\mathbf{A} = \begin{bmatrix} a_{11} & \cdots & a_{1N} \\ \vdots & & \vdots \\ a_{M1} & \cdots & a_{MN} \end{bmatrix} \tag{1.22}$$

Die Summe zweier solcher Matrizen kann unter der Voraussetzung gleicher Zeilen- und Spaltenzahlen gebildet werden. Jedes Element der Summe ist die Summe der entsprechenden Elemente:

$$\begin{aligned} &\text{wenn} \quad \mathbf{C} = \mathbf{A} + \mathbf{B} \\ &\text{dann} \quad c_{mn} = a_{mn} + b_{mn} \end{aligned} \tag{1.23}$$

$$\begin{bmatrix} 1 & 0 \\ -1 & -2 \end{bmatrix} + \begin{bmatrix} 1 & 3 \\ 2 & 2 \end{bmatrix} = \begin{bmatrix} 2 & 3 \\ 1 & 0 \end{bmatrix} \tag{1.24}$$

Das Produkt zweier Matrizen kann unter der Voraussetzung gebildet werden, daβ die Zahl der Spalten der ersten Matrix gleich der Zahl der Zeilen der zweiten Matrix ist. Jedes Element der Produktmatrix ergibt sich, indem man entlang einer Zeile der ersten Matrix und einer Spalte der zweiten Matrix fortschreitet, entsprechende Terme miteinander multipliziert und die Produkte summiert:

$$\begin{aligned} &\text{wenn} \quad \mathbf{C} = \mathbf{A} \cdot \mathbf{B} \\ &\text{dann} \quad c_{mn} = \sum_{k=1}^{N} a_{mk} b_{kn} \end{aligned} \tag{1.25}$$

$$\begin{bmatrix} -1 & 1 \\ 0 & 1 \\ 1 & 1 \end{bmatrix} \cdot \begin{bmatrix} 1 \\ 2 \end{bmatrix} = \begin{bmatrix} 1 \\ 2 \\ 3 \end{bmatrix} \tag{1.26}$$

Die Einheitsmatrix (I) ist eine quadratische Anordnung, die nur auf der Diagonalen Einsen und sonst überall Nullen hat. Zum Beispiel für N = 3:

$$\mathbf{I} = \begin{bmatrix} 1 & 0 & 0 \\ 0 & 1 & 0 \\ 0 & 0 & 1 \end{bmatrix} \tag{1.27}$$

Man erkennt aus der Definition eines Produktes, daß die Einheitsmatrix die folgende Eigenschaft hat, wenn sie mit einer beliebigen quadratischen Matrix A multipliziert wird:

$$\mathbf{A} \cdot \mathbf{I} = \mathbf{I} \cdot \mathbf{A} = \mathbf{A} \tag{1.28}$$

In der Signalanalysis werden Matrizen hauptsächlich zur Darstellung linearer Gleichungen gebraucht. Zum Beispiel stellt

$$\begin{bmatrix} c_{11} & \cdots & c_{1N} \\ \cdot & & \cdot \\ \cdot & & \cdot \\ \cdot & & \cdot \\ c_{N1} & \cdots & c_{NN} \end{bmatrix} \cdot \begin{bmatrix} x_1 \\ \cdot \\ \cdot \\ \cdot \\ x_N \end{bmatrix} = \begin{bmatrix} y_1 \\ \cdot \\ \cdot \\ \cdot \\ y_N \end{bmatrix} \tag{1.29}$$

einen Satz von N Gleichungen dar, in dem C die Koeffizientenmatrix, X ein unbekannter Vektor und Y ein bekannter Vektor ist. In Kurzform können die Gleichungen wie folgt geschrieben werden: C X = Y. Verschiedene Prozeduren sind in Gebrauch, um die Gleichung 1.29 nach dem unbekannten Vektor X aufzulösen. Siehe z.B. [Gerald 1970, sowie Kapitel 14 dieses Buches].

Für N = 2 ergibt sich die inverse Koeffizientenmatrix - die mit Y zu multiplizieren ist, um X zu erhalten - zu

$$\begin{bmatrix} c_{11} & c_{12} \\ c_{21} & c_{22} \end{bmatrix}^{-1} = \frac{1}{c_{11}c_{22} - c_{12}c_{21}} \begin{bmatrix} c_{22} & -c_{12} \\ -c_{21} & c_{11} \end{bmatrix} \tag{1.30}$$

Wir können dies Ergebnis bestätigen, indem wir zeigen, daß $CC^{-1}=I$.

1.3 Die folgenden Kapitel

Die nächsten drei Kapitel behandeln Themen, die für die Analyse aller Arten von Signalen und linearen Systemen, seien sie nun digital oder analog, grundlegend sind. Der Leser sollte wenigstens mit den Kapiteln 2 und 3 vertraut sein, bevor er zu Kapitel 5 und darüber hinaus fortschreitet, da die Fourier-Reihen, -Transformationen und -Übertragungsfunktionen usw. durchgehend in den folgenden Kapiteln gebraucht werden.

Nach Kapitel 3 liegt das Schwergewicht auf Themen, die für die analoge oder digitale Signalanalysis grundlegend sind, sowie auf Vergleichen zwischen einer analogen und einer digitalen Signalverarbeitung. Kapitel 4 behandelt das Abtasten und die AD-Wandlung. Die Kapitel 5 bis 7 sind allgemein auf die spektrale Analyse ausgerichtet. Die Kapitel 8 bis 12 sind ganz der "digitalen Filterung" im weitesten Sinne des Wortes gewidmet.

Zum Schluß gehen die Kapitel 13 bis 15 auf einige Vorstellungen ein, die am häufigsten bei der Entwurfsmethode "kleinste Quadrate" und bei der Analysis statistischer Signale gebraucht werden.

Seit der ersten Ausgabe des ursprünglichen Buches vom Jahre 1975 sind etliche andere Lehrbücher über die Signalanalysis und die digitale Signalverarbeitung erschienen. Einige davon, die den Stoff im vorliegenden Buch noch ergänzen und vertiefen können, sind im folgenden Literaturverzeichnis aufgelistet.

Literaturhinweise

AHMED, N., and NATARAJAN, T., *Discrete-Time Signals and Systems*. Reston, Va.: Reston, 1983.

AUTONIOU, A., *Digital Filters: Analysis and Design*. New York: McGraw-Hill, 1979.

BIRKHOFF, G., and MACLANE, S., *A Survey of Modern Algebra*, Chap. 10. New York: Macmillan, 1950.

BURINGTON, R. S., *Handbook of Mathematical Tables and Formulas*. New York: McGraw-Hill, 1965.

CADZOW, J. A., *Foundations of Digital Signal Processing and Data Analysis*. New York: Macmillan, 1987.

CROCHIERE, R. E., and RABINER, L. R., *Multirate Digital Signal Processing*. Englewood Cliffs, N.J.: Prentice-Hall, 1983.

DWIGHT, H. B., *Tables of Integrals and Other Mathematical Data*. New York: Macmillan, 1961.

GERALD, C. F., *Applied Numerical Analysis*. Reading, Mass.: Addison-Weslcy, 1970.

HAMMING, R. W., *Digital Filters*. Englewood Cliffs, N.J.: Prentice-Hall, 1975.

KAPLAN, W. K., *Advanced Calculus*, Chap. 6. Reading, Mass.: Addison-Wesley, 1952.

KELLY, L. G., *Handbook of Numerical Methods and Applications*, Chaps. 7 and 8. Reading, Mass.: Addison-Wesley, 1967.

OPPENHEIM, A. V. (ed.), *Applications of Digital Signal Processing*. Englewood Cliffs, N.J.: Prentice-Hall, 1978.

OPPENHEIM, A. V., and SCHAFER, R. W., *Digital Signal Processing*. Englewood Cliffs, N.J.: Prentice-Hall, 1975.

OPPENHEIM, A. V., and WILLSKY, A. S., *Signals and Systems*. Englewood Cliffs, N.J.: Prentice-Hall, 1983.

Parks, T. W., and Burrus, C. S., *Digital Filter Design*. New York: Wiley, 1987.

Perlis, S., *Theory of Matrices*. Reading, Mass.: Addison-Wesley, 1956.

Rabiner, L. R., and Gold, B., *Theory and Applications of Digital Signal Processing*. Englewood Cliffs, N.J.: Prentice-Hall, 1975.

Stearns, S. D., and David, R. A., *Signal Processing Algorithms*. Englewood Cliffs, N.J.: Prentice-Hall, 1988.

Tretter, S. A., *Introduction to Discrete-Time Signal Processing*. New York: Wiley, 1976.

KAPITEL 2

Überblick über das Prinzip der kleinsten Quadrate, Orthogonalität und Fourier-Reihe

2.1 Einleitung

Die drei Themen, die in diesem Kapitel betrachtet werden, sind in der Signalanalysis von grundlegender Bedeutung. Sie haben enge gegenseitige Beziehungen zueinander, wie in der folgenden Diskussion gezeigt wird. Man wird sehen, wie die Einführung der orthogonalen Funktionen die Aufgabe, die "Anpassung der kleinsten Quadrate" einer linearen Funktion zu einer anderen Funktion oder einem Datensatz zu finden, ersichtlich verändert und vereinfacht. Ferner ist die Fourier-Reihe sowohl eine Reihe orthogonaler Funktionen als auch eine wichtige Anwendung des Prinzips der kleinsten Quadrate. Die Liste der Literaturhinweise enthält einige ausgezeichnete Darstellungen über diese Themen.

2.2 Das Prinzip der kleinsten Quadrate

Das Prinzip der kleinsten Quadrate wird ausgiebig in der ganzen Ingenieurwissenschaft und der Statistik gebraucht. Es wird weitgehend angewendet (jedoch nicht immer in angemessener Weise), wann immer ein Maß der "guten Anpassung" benötigt wird.

Bild 2.1 veranschaulicht den Gebrauch des Prinzips der kleinsten Quadrate im kontinuierlichen Fall. Eine "gewünschte" Funktion f(t) soll so gut wie möglich durch eine "aktuelle" Funktion $\hat{f}(c,t)$ angenähert werden, in der c ein Parameter ist, der so angepaßt werden kann, daß die beste Annäherung erreicht wird. (Im allgemeinen gibt es viele Parameter, die anstelle von nur einem anzupassen sind, aber für die einfache Veranschaulichung hier wird nur ein einziger angenommen.) Der gesamte quadrierte Fehler von $\hat{f}(c,t)$ ist dann eine Funktion von c und gegeben durch

$$E^2(c) = \int_{-\infty}^{\infty} [f(t) - \hat{f}(c,t)]^2 \, dt \tag{2.1}$$

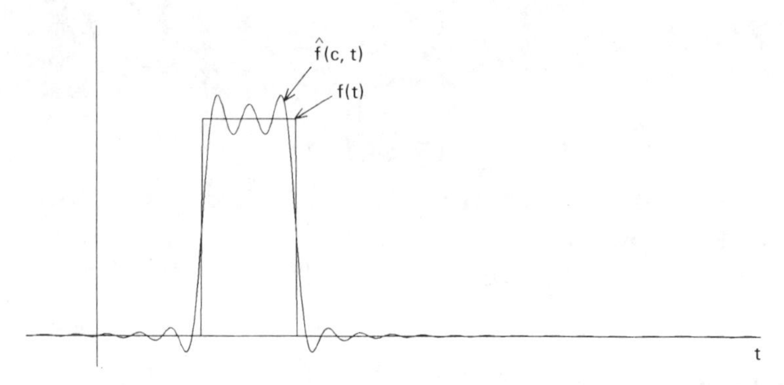

Bild 2.1 Aktuelle und gewünschte Funktionen $\hat{f}(c,t)$ und f(t)

Es wird vorausgesetzt, daß ein Minimum von $E^2(c)$ durch geeignete Wahl von c erreicht werden kann.

Bild 2.2 veranschaulicht einen analogen Fall für diskrete Werte. Hier ist f(t) in der Tat nur bei einer endlichen Zahl von Zeitwerten t gegeben. Der Satz von Werten für f(t) wird die Abtastfolge genannt und mit $[f_0,f_1,f_2,...f_{N-1}]$ bezeichnet. Ersichtlich sind N Abtastwerte vorhanden. Jeder Abtastwert f_n wird zu einer entsprechenden Zeit t_n entnommen, wie es im Bild gezeigt ist. Wieder gibt es eine Familie von Funktionen $\hat{f}(c,t)$, die (in diesem Falle) den einen Parameter c hat, und es gibt eine zu Gleichung 2.1 analoge Gleichung für den gesamten quadrierten Fehler:

$$E^2(c) = \sum_{n=0}^{N-1} [f_n - \hat{f}(c, t_n)]^2 \tag{2.2}$$

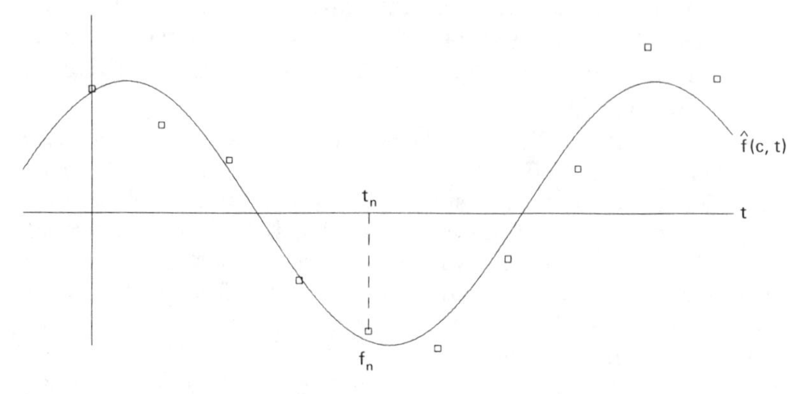

Bild 2.2 Abtast-Wertesatz $[f_n]$ und angepaßte Funktion $\hat{f}(c,t)$

Wie im kontinuierlichen Fall bedeutet das Prinzip der kleinsten Quadrate wieder eine solche Wahl von c, daß $E^2(c)$ zu einem Minimum wird.

(Manchmal wird jeder Term in der Summe in Gleichung 2.2 mit einem Gewicht $w \geq 0$ multipliziert, um damit die relative Genauigkeit oder die Glaubwürdigkeit der Messung f_n in Rechnung zu setzen. Siehe z.B. [Hildebrand 1956 oder Kelly 1967]. Hier sind alle diese Gewichte als gleich angenommen.)

Wo digitale Rechner in Betracht kommen, ist der Fall diskreter Abtastwerte gewöhnlich eher als der Fall kontinuierlicher Funktionen anwendbar. Auch ist gewöhnlich, wie erwähnt, eine Abstimmung nicht nur eines Parameters, sondern eines ganzen Satzes von Parametern möglich, um E^2 zu einem Minimum zu machen. Eine allgemeine lineare Form für die "abzugleichende" Funktion $\hat{f}(t)$ ist folgende:

$$\hat{f}(c,t) \equiv \hat{f}(t) = \sum_{m=0}^{M-1} c_m \phi_m(t) \tag{2.3}$$

Hier ist $\hat{f}(t)$ eine lineare Kombination eines Satzes von Funktionen $[\phi_0, \phi_1, \ldots, \phi_{M-1}]$, in dem es M Parameter $c_0, c_1, \ldots, c_{M-1}$ gibt, die abzugleichen sind, um E^2 zu einem Minimum zu machen.

Man beachte, daß nur der Satz $[c_m]$ abgeglichen werden muß, wenn der Satz von Funktionen $[\phi_m]$ festgesetzt worden ist. Ein bekannter Fall ist zum Beispiel

$$\phi_m = t^m; \qquad m = 0, 1, \ldots, M - 1 \tag{2.4}$$

Die Koeffizienten (c_m) werden so bestimmt, daß das Polynom

$$\hat{f}(t) = c_0 + c_1 t + c_2 t^2 + \cdots + c_{M-1} t^{M-1} \tag{2.5}$$

das Polynom der kleinsten Quadrate vom Grade M-1 ist.

Im allgemeinen Falle wird mit $\hat{f}(t)$ von Gleichung 2.3 der gesamte quadrierte Fehler nach Gleichung 2.2

$$E^2([c_m]) = \sum_{n=0}^{N-1} \left[f_n - \sum_{m=0}^{M-1} c_m \phi_{mn} \right]^2 \tag{2.6}$$

so daß E^2 von dem Satz der Koeffizienten $[c_m]$ abhängt. Um die Schreibweise zu vereinfachen, ist hier ϕ_{mn} für $\phi_m(t_n)$ eingeführt worden. Zur Erreichung des Minimums von E^2 müssen die partiellen Ableitungen von E^2 nach c_k für alle k gleich Null sein:

$$\frac{\partial E^2}{\partial c_k} = -2 \sum_{n=0}^{N-1} \phi_{kn} \left[f_n - \sum_{m=0}^{M-1} c_m \phi_{mn} \right] = 0 \tag{2.7}$$

oder, indem man Gleichung 2.7 umschreibt,

$$\sum_{n=0}^{N-1} \sum_{m=0}^{M-1} c_m \phi_{mn} \phi_{kn} = \sum_{n=0}^{N-1} f_n \phi_{kn}; \qquad k = 0, 1, \ldots, M-1 \tag{2.8}$$

Die Gleichung 2.8 stellt ersichtlich einen Satz von M linearen Gleichungen mit den M unbekannten Koeffizienten $c_0, \ldots, c_{M-1}$ dar. Die zu Gleichung 2.8 äquivalente Matrixform ist

$$\begin{bmatrix} \sum \phi_{0n}\phi_{0n} & \cdots & \sum \phi_{0n}\phi_{M-1,n} \\ \vdots & & \\ \sum \phi_{M-1,n}\phi_{0n} & \cdots & \sum \phi_{M-1,n}\phi_{M-1,n} \end{bmatrix} \cdot \begin{bmatrix} c_0 \\ \vdots \\ c_{M-1} \end{bmatrix} = \begin{bmatrix} \sum f_n \phi_{0n} \\ \vdots \\ \sum f_n \phi_{M-1,n} \end{bmatrix} \tag{2.9}$$

in der jede Summe von n = 0 bis n = N-1 geht. Wie bei jedem Satz linearer Gleichungen kann Gleichung 2.9 eine einzige Lösung für den Satz $[c_m]$, der E^2 zum Minimum führt, haben oder auch nicht. Die Zahl der Lösungen hängt sowohl von der Natur des Funktionensatzes $[\phi_m]$ als auch von dem Abtastsatz $[f_n]$ ab.

Beispiel 2.1: Es sei $\hat{f}(t)$ das Polynom der kleinsten Quadrate mit $\phi_m = t^m$, wie in den Gleichungen 2.4 und 2.5, und wir nehmen an, daβ die Abtastreihe nur aus den drei folgenden Werten besteht:

n	0	1	2
t_n	−2	0	1
f_n	2	1	0

Für diesen Fall ist dann N = 3, und die Gleichung 2.9 führt für M = 1, 2 und 3 zu folgenden Ergebnissen:

$$3c_0 = 3 \tag{2.10}$$

$$\begin{bmatrix} 3 & -1 \\ -1 & 5 \end{bmatrix} \cdot \begin{bmatrix} c_0 \\ c_1 \end{bmatrix} = \begin{bmatrix} 3 \\ -4 \end{bmatrix} \tag{2.11}$$

$$\begin{bmatrix} 3 & -1 & 5 \\ -1 & 5 & -7 \\ 5 & -7 & 17 \end{bmatrix} \cdot \begin{bmatrix} c_0 \\ c_1 \\ c_2 \end{bmatrix} = \begin{bmatrix} 3 \\ -4 \\ 8 \end{bmatrix} \tag{2.12}$$

Löst man nach den Koeffizienten $[c_m]$ auf, ergeben diese Gleichungen für M = 1, 2 und 3 die Funktionen $\hat{f}_1(t)$, $\hat{f}_2(t)$ und $\hat{f}_3(t)$ wie folgt (siehe Gl.2.5):

$$\hat{f}_1(t) = 1 \tag{2.13}$$

$$\hat{f}_2(t) = \frac{11}{14} - \frac{9}{14}t \tag{2.14}$$

$$\hat{f}_3(t) = 1 - \frac{5}{6}t - \frac{1}{6}t^2 \tag{2.15}$$

Diese Lösungen der kleinsten Quadrate sind in Bild 2.3 aufgetragen und veranschaulichen eine ganz allgemeine Regel:

Wenn die Zahl der Abtastpunkte N größer als die Zahl der Funktionen M ist (wie in dem Beispiel für $\hat{f}_1$ und $\hat{f}_2$), wird der gesamte quadrierte Fehler E^2 im allgemeinen ungleich Null. Für N = M gibt es meist eine Lösung (in dem Beispiel $\hat{f}_3$), für die $E^2 = 0$ ist. Ist N < M, gibt es eine Vielzahl solcher Lösungen.

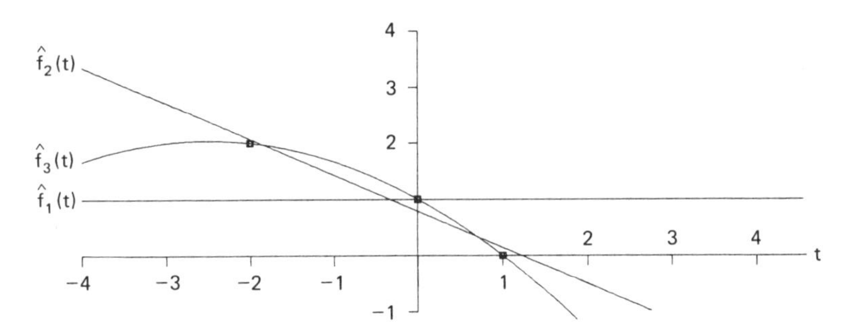

Bild 2.3 Lösungen der kleinsten Quadrate für das Beispiel 2.1

Der interessierende hauptsächliche Fall bei der Anwendung des Prinzips der kleinsten Quadrate in Gestalt der Gleichung 2.9 ist natürlich der erste der drei Fälle, d.h. bei dem N > M ist und E^2 im Minimum nicht verschwindet. (Bemerkung: Zur Frage einer allgemeinen Form von Gleichung 2.9 mit Polynomfunktionen siehe die Antwort zur Übung 23.)

Eine allgemeine Formel für das Minimum von E^2 kann aus Gleichung 2.6 abgeleitet werden. Ein realistischeres Maß der guten Anpassung ist jedoch der minimale mittlere quadrierte Fehler, der sich ergibt, indem man zuerst E^2/N aus Gleichung 2.6 heranzieht:

$$\begin{aligned}\frac{E^2}{N} &= \frac{1}{N}\sum_{n=0}^{N-1}\left(f_n - \sum_{m=0}^{M-1} c_m \phi_{mn}\right)^2 \\ &= \frac{1}{N}\sum_{n=0}^{N-1}\left(f_n^2 - 2f_n \sum_{m=0}^{M-1} c_m \phi_{mn} + \sum_{k=0}^{M-1} c_k \sum_{m=0}^{M-1} c_m \phi_{mn}\phi_{kn}\right)\end{aligned} \tag{2.16}$$

Wenn der letzte Term in Gleichung 2.16 zuerst über m, dann über n und zuletzt über k summiert wird und wenn nach der Summierung über n Gleichung 2.8 verwendet wird, um diesen letzten Term zu ersetzen, kann man folgende Gleichung für das Minimum von E^2/N erhalten (siehe noch Gl.2.3):

$$\begin{aligned} \frac{E_{\min}^2}{N} &= \frac{1}{N} \sum_{n=0}^{N-1} \left(f_n^2 - 2f_n \sum_{m=0}^{M-1} c_m \phi_{mn} + \sum_{k=0}^{M-1} c_k f_n \phi_{kn} \right) \\ &= \frac{1}{N} \sum_{n=0}^{N-1} f_n \left(f_n - \sum_{m=0}^{M-1} c_m \phi_{mn} \right) \equiv \frac{1}{N} \sum_{n=0}^{N-1} f_n (f_n - \hat{f}_n) \end{aligned} \tag{2.17}$$

Gleichung 2.17 ist somit eine allgemeine Formel für den minimalen mittleren quadrierten Fehler.

Wenn die Zahl (M) der Koeffizienten c_m groß ist, wird man zur Lösung der Gleichungen 2.9 im allgemeinen einen Computer heranziehen. Die meisten wissenschaftlichen Sammlungen von Computerprogrammen enthalten Subroutinen zur Lösung linearer Gleichungen und der Leser sei aufgefordert, für den vorliegenden Zweck eine von diesen Standardroutinen zu benutzen. Wenn jedoch eine solche Routine nicht leicht greifbar sein sollte, ist hier eine sehr einfache Routine mit dem Namen SPSOLE im Anhang B angegeben. SPSOLE wird erst wieder im Kapitel 14 diskutiert. Sie ist dort hauptsächlich für die "Least-Squares"-Entwurfsgleichungen gedacht, aber ihre Einfachheit macht sie auch für andere Anwendungen nützlich, auch wenn sie einen "Singularitätsfehler" anzeigen kann, was in anderen Routinen nicht vorkommt.

Um SPSOLE zu nutzen, muß man die Daten in Gl.2.9 in einer vergrößerten Matrix (DD) unterbringen, die im Hauptprogramm für die doppelte Genauigkeit vereinbart ist. Die allgemeine Form dieser vergrößerten Matrix ist

$$\mathbf{DD} = \begin{bmatrix} \sum \phi_{0n}\phi_{0n} & \cdots & \sum \phi_{0n}\phi_{M-1,n} & \sum f_n \phi_{0n} \\ \vdots & & \vdots & \vdots \\ \sum \phi_{M-1,n}\phi_{0n} & \cdots & \sum \phi_{M-1,n}\phi_{M-1,n} & \sum f_n \phi_{M-1,n} \end{bmatrix}$$

Wie in Gl.2.9 gehen alle Summen von n = 0 bis n = N-1. Die vergrößerte Matrix hat M Zeilen und M + 1 Spalten, und SPSOLE wiederholt den Lösungsvektor in der letzten Spalte. Die Übungen 24-26 enthalten Beispiele für den Gebrauch von SPSOLE.

Betrachtet man die Form des Funktionensatzes $[\phi_m]$, so ist es besonders nützlich, wenn die Gleichung 2.9 explizit nach den Koeffizienten $[c_m]$ aufgelöst werden kann, ohne daß das M x M-System von Gleichungen vorher gelöst werden muß. Diese Lösung kann ganz trivial erfolgen, wenn der Funktionensatz orthogonal ist. Daher ist im folgenden das Thema der orthogonalen Funktionen von besonderem Interesse.

2.3 Orthogonale Funktionen

Orthogonalität ist eine wichtige und grundlegende mathematische Eigenschaft. Sie ist hier sowohl als solche von Interesse als auch wegen ihres Einflusses auf die Lösung von Gleichung 2.9 bezüglich der zu den kleinsten Quadraten gehörenden Koeffizienten.

Das Wort "orthogonal" stammt ursprünglich von einem griechischen Wort, das "rechtwinklig" bedeutet. Von zwei sich schneidenden Geraden sagt man zum Beispiel, sie seien orthogonal, wenn sie senkrecht zueinander sind. Allgemeiner sind dann zwei N-dimensionale Vektoren

$$\mathbf{U} = (u_1, u_2, \ldots, u_N)$$
$$\mathbf{V} = (v_1, v_2, \ldots, v_N)$$

orthogonal (oder senkrecht zueinander), wenn ihr inneres Produkt, das wie folgt definiert ist

$$\mathbf{U} \cdot \mathbf{V} = u_1 v_1 + u_2 v_2 + \cdots + u_N v_N$$

gleich Null ist. In Bild 2.4 ist veranschaulicht, daß dann, wenn das innere Produkt verschwindet, die Geradenstücke, die die Vektoren in drei Dimensionen darstellen, zueinander senkrecht sind. Dies folgt sofort nach Anwendung des Satzes von Pythagoras auf das rechtwinklige Dreieck mit den Seiten **U**, **V** und **U + V**

$$|\mathbf{U} + \mathbf{V}|^2 = |\mathbf{U}|^2 + |\mathbf{V}|^2$$

Aufgelöst

$$(u_1 + v_1)^2 + (u_2 + v_2)^2 + (u_3 + v_3)^2 = u_1^2 + u_2^2 + u_3^2 + v_1^2 + v_2^2 + v_3^2$$

Daraus ergibt sich

$$u_1 v_1 + u_2 v_2 + u_3 v_3 = 0$$

Der Begriff der orthogonalen Funktionen folgt direkt aus dem der orthogonalen Vektoren. Es seien $[f_n]$ und $[g_n]$ die Abtastreihen zweier Funktionen f(t) und g(t) wie im vorherigen Abschnitt. Man sagt dann, die zwei Funktionen seien dann und nur dann orthogonal in bezug auf die Abtastpunkte $[t_n]$, wenn gilt

$$\sum_{n=0}^{N-1} f_n g_n = 0 \qquad (2.18)$$

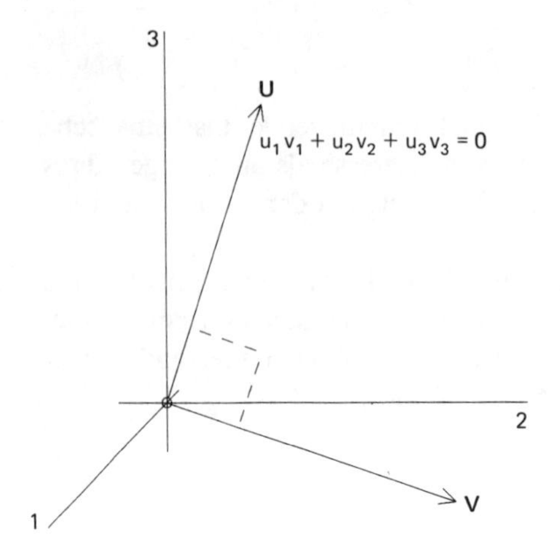

Bild 2.4 Orthogonale Vektoren **U** und **V** mit **U** · **V** = O

Daher müssen, um die ursprüngliche Vorstellung von Vektoren im rechten Winkel zueinander zu bewahren, die Abtastreihen $[f_n]$ und $[g_n]$ als Vektoren im N-dimensionalen Raum betrachtet werden, wobei N die Zahl der Abtastungen (Proben) ist. In der Statistik wird aus dieser Sicht die Zahl der Proben N die Zahl der Freiheitsgrade des Satzes $[f_n]$ genannt, und der N-dimensionale Raum wird der Signalraum genannt.

Für zwei kontinuierliche Funktionen ist die Definition der Orthogonalität analog zu Gleichung 2.18. Die Funktionen f(t) und g(t) sind dann und nur dann orthogonal zueinander im Intervall (a, b), wenn gilt

$$\int_a^b f(t)g(t)\,dt = 0 \tag{2.19}$$

Hier muβ man, um die Vorstellung der senkrecht aufeinander stehenden Vektoren beizubehalten, einen Raum mit einer nicht zählbaren Zahl von Dimensionen annehmen. Die bildliche Vorstellung von senkrecht aufeinander stehenden Vektoren wird deshalb sehr unklar, und die Gleichung 2.19 wird oft für sich als die grundlegende Definition der Orthogonalität genommen.

Die Eigenschaft der Orthogonalität führt zu einer einfachen Lösung für die zu den kleinsten Quadraten gehörenden Koeffizienten in Gleichung 2.9. Zunächst sind nach Gleichung 2.18 die M Funktionen $[\phi_m; m = 0, 1,... M-1]$ gegenseitig orthogonal über den Satz von N Punkten $[t_n; n = 0, 1,..., N-1]$, wenn sie paarweise orthogonal sind, d.h. wenn gilt:

$$\sum_{n=0}^{N-1} \phi_{mn}\phi_{kn} = 0; \qquad m \neq k \tag{2.20}$$

Die Wirkung auf Gleichung 2.9 ist sofort klar, da die Bedingung $m \neq k$ für alle Elemente außerhalb der Diagonalen in der M x M-Matrix erfüllt ist, und daher sind nur die Diagonal-Elemente von Null verschieden. Die Lösung für die zu den kleinsten Quadraten gehörenden Koeffizienten folgt entweder aus Gleichung 2.8 oder aus Gleichung 2.9:

$$c_k = \frac{\sum_{n=0}^{N-1} f_n \phi_{kn}}{\sum_{n=0}^{N-1} \phi_{kn}^2}; \qquad k = 0, 1, \ldots, M - 1 \tag{2.21}$$

(Man beachte, daß der Nenner in Gleichung 2.21 so lange von Null verschieden ist, wie wenigstens ein ϕ_{kn} nicht gleich Null ist.) Sind die Funktionen $[\phi_m]$ also orthogonal, ist die Lösung für die zu den kleinsten Quadraten gehörenden Koeffizienten sehr einfach zu gewinnen, und in der Tat kann die Anpassung Schritt für Schritt durchgeführt werden, indem man aufeinanderfolgende Werte von k durchläuft.

Wenn die Zahl der Abtastpunkte über alle Grenzen anwächst und f(t) im Intervall von t = a bis t = b kontinuierlich gegeben ist und wenn ferner die Funktionen $[\phi_m]$ nach Gleichung 2.19 orthogonal sind, findet man die zu den kleinsten Quadraten gehörenden Koeffizienten im wesentlichen, indem man die Summen in Gleichung 2.21 durch Integrale ersetzt:

$$c_k = \frac{\int_a^b f(t)\phi_k(t)\, dt}{\int_a^b \phi_k^2(t)\, dt}; \qquad k = 0, 1, \ldots, M - 1 \tag{2.22}$$

Die Gleichung 2.22 drückt einfach die Gleichung 2.21 für den kontinuierlichen Fall aus, wobei die kontinuierliche Variable t den diskreten Index n formal ersetzt.

Zusammenfassend läßt sich feststellen, daß die Auflösung nach den Koeffizienten sehr einfach wird, wenn die Näherungsfunktion $\hat{f}(t)$ eine lineare Kombination orthogonaler Funktionen ist. Es ist auch wichtig zu bemerken, daß für die Orthogonalität der Satz von Punkten, in denen zwei Funktionen definiert sind, gerade so wichtig ist, wie die Funktionen selbst - zwei Funktionen, die bezüglich eines Intervalles oder eines Satzes von Punkten orthogonal sind, sind im allgemeinen nicht orthogonal bezüglich eines anderen Satzes von Punkten.

2.4 Die Fourier-Reihe

In der Ingenieurwissenschaft ist die wohlbekannte Fourier-Reihe eine wichtige Anwendung der obigen Rechenverfahren, die auf den kleinsten Quadraten und der Orthogonalität beruhen. Das Verständnis dafür, wie diese Konzepte sich bei der Fourier-Reihe anwenden lassen, ist besonders wichtig im diskreten Fall, in dem Abtastreihen und die digitale Signalanalysis beteiligt sind.

Die Fourier-Reihe ist in weiten Bereichen der Ingenieurwissenschaft anwendbar. Sie schafft einen einzigartigen Weg, jede periodische Funktion durch ihre Bestandteile bei diskreten Frequenzen auszudrücken, und gibt damit explizit die Frequenzzusammensetzung der Funktion an.

Bild 2.5 ist eine Veranschaulichung einer periodischen Funktion $f_p(t)$, die aus Komponenten von drei verschiedenen Frequenzen (eine davon ist Null) zusammengesetzt ist. Die Komponenten von $f_p(t)$ sind sinusförmig und haben jede für sich eigene Amplitude und Phase. Sie treten nur bei Vielfachen (Harmonischen) der Grundfrequenz auf, die wiederum die Frequenz ist, mit der sich $f_p(t)$ wiederholt.

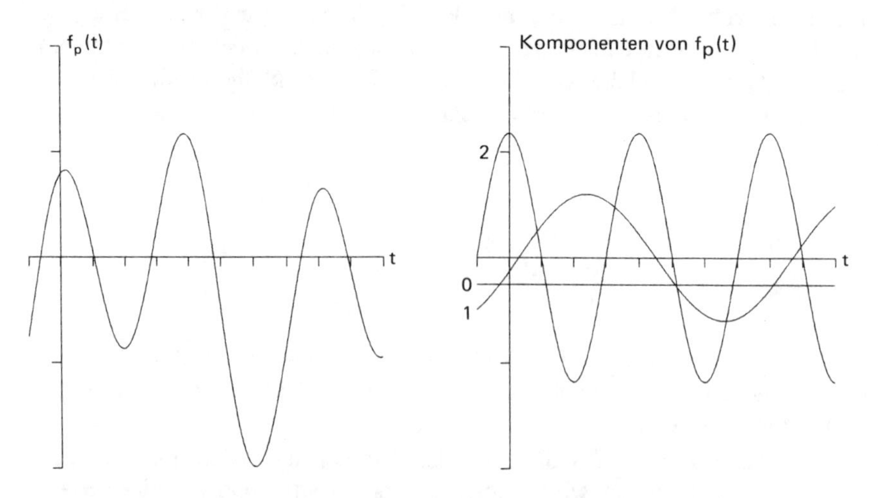

Bild 2.5 Darstellung einer Funktion $f_p(t)$, die sich aus drei Komponenten zusammensetzt

Die Formeln für die Fourier-Reihe und die Fourier-Koeffizienten können in logischer Weise entwickelt werden, indem man eine Näherung der kleinsten Quadrate in der Form der Gleichung 2.3 für eine beliebige periodische Funktion $\hat{f}_p(t)$ bestimmt. Es ist günstig, die Näherung der kleinsten Quadrate $\hat{f}_p(t)$ für die Funktion $f_p(t)$ speziell in einer der drei folgenden Formen auszudrücken:

$$\hat{f}_p(t) = \frac{a_0}{2} + \sum_{k=1}^{K} (a_k \cos k\omega_0 t + b_k \sin k\omega_0 t) \tag{2.23}$$

$$= \frac{A_0}{2} + \sum_{k=1}^{K} A_k \cos(k\omega_0 t + \alpha_k) \tag{2.24}$$

$$= \sum_{k=-K}^{K} c_k e^{jk\omega_0 t} \tag{2.25}$$

Hierbei ist ω_0 die Grundfrequenz, die so bestimmt wird, daß die Periode der anzunähernden Funktion $f_p(t)$ gleich $2\pi/\omega_0$ ist, k ist die Ordnungszahl der Harmonischen, und die Größen a, b, A, α und c sind die zu den kleinsten Quadraten gehörenden Koeffizienten von $\hat{f}_p(t)$. Die vollständige Äquivalenz der obigen Ausdrücke, die drei der gebräuchlichsten Formen der Fourier-Reihe darstellen, wird in Tabelle 2.1 dargelegt, in der die gegenseitigen Beziehungen der Koeffizienten angegeben sind. Da die drei Ausdrücke äquivalent sind, wird nur Gleichung 2.23 in den folgenden Ableitungen benutzt.

Tabelle 2.1 Beziehungen zwischen den Fourier-Koeffizienten a

Koeffizient	In Abhängigkeit von:		
$(k \geq 0)$	a_k, b_k	A_k, α_k	c_k, c_{-k}
a_k	a_k	$A_k \cos \alpha_k$	$c_k + c_{-k}$ (except $a_0 = 2c_0$)
b_k	b_k	$-A_k \sin \alpha_k$	$j(c_k - c_{-k})$
A_k	$(a_k^2 + b_k^2)^{1/2}$	A_k	$2(c_k c_{-k})^{1/2}$
α_k	$-\tan^{-1}\left(\frac{b_k}{a_k}\right)$	α_k	$\tan^{-1}\left[\frac{\mathrm{Im}(c_k)}{\mathrm{Re}(c_k)}\right]$
c_k	$\frac{1}{2}(a_k - jb_k)$	$\left(\frac{A_k}{2}\right) e^{j\alpha_k}$	c_k
c_{-k}	$\frac{1}{2}(a_k + jb_k)$	$\left(\frac{A_k}{2}\right) e^{-j\alpha_k}$	c_{-k}

[a] $b_0 = \alpha_0 = 0$; Im = imaginärer Teil; Re = reeller Teil.

Da sowohl $f_p(t)$ als auch $\hat{f}_p(t)$ periodisch sind, kann eine Anpassung im Sinne der kleinsten Quadrate über jede Grundperiode (oder Mehrzahl von Perioden) erreicht werden, im besonderen auch über das Intervall $(-\pi/\omega_0, \pi/\omega_0)$. Die anzunähernde Funktion kann entweder durch einen Satz von Abtastpunkten in diesem Intervall oder vollständig im ganzen Intervall bekannt sein.

In jedem Falle ist die Orthogonalität der Funktionen, aus denen $\hat{f}(t)$ besteht, von Interesse. In Gleichung 2.23 lauten diese Funktionen cos k $\omega_0 t$

und sin k ω_0t, wobei k von 0 bis K geht. Die Orthogonalität dieser Funktionen bezüglich N regelmäßig (mit gleichem Abstand) angeordneter Punkte im Intervall $(-\pi/\omega_0, \pi/\omega_0)$ wird wie folgt ausgedrückt:

$$\sum_{n=0}^{N-1} \cos k\omega_0 t_n \cos m\omega_0 t_n = 0; \qquad k \neq m \tag{2.26}$$

$$\sum_{n=0}^{N-1} \sin k\omega_0 t_n \sin m\omega_0 t_n = 0; \qquad k \neq m \tag{2.27}$$

$$\sum_{n=0}^{N-1} \sin k\omega_0 t_n \cos m\omega_0 t_n = 0 \tag{2.28}$$

Hier kann ein Satz von N regelmäßigen Punkten $[t_n]$ ohne Verlust an Allgemeinheit angenommen werden zu

$$\begin{aligned} t_n &= -\frac{\pi}{\omega_0} + \frac{n}{N} \cdot \frac{2\pi}{\omega_0} \\ &= \left(\frac{n}{N} - \frac{1}{2}\right)\frac{2\pi}{\omega_0}; \qquad n = 0, 1, \ldots, N-1 \end{aligned} \tag{2.29}$$

so daß die Abtastwerte von f(t) so genommen werden, wie dies in Bild 2.6 veranschaulicht ist. Man achte besonders darauf, daß der N-te Abtastpunkt nicht genau bei π/ω_0, sondern etwas vor π/ω_0 liegt.

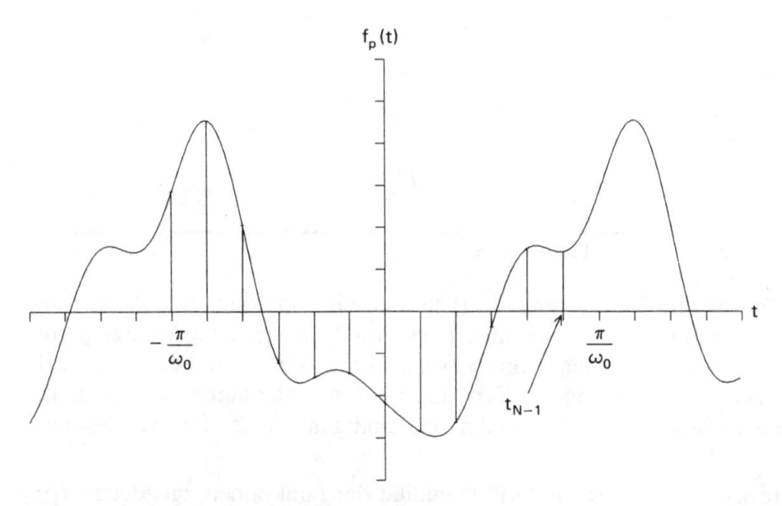

Bild 2.6 Abtastwerte in einer Periode von $f_p(t)$

Die Gültigkeit der Gleichungen 2.26 bis 2.28 kann gezeigt werden, indem man die folgenden vier Schritte ausführt:

Schritt 1: Man setze t_n nach Gleichung 2.29 in alle drei Gleichungen ein.

Schritt 2: Man wandle die drei Gleichungen durch Substitutionen folgender Form um

$$\sin x = \frac{1}{2j}(e^{jx} - e^{-jx}); \tag{2.30}$$

$$\cos x = \frac{1}{2}(e^{jx} + e^{-jx}) \tag{2.31}$$

Schritt 3: Man zeige, daß es zum Beweis der drei Gleichungen für $k \neq m$ genügt, zu beweisen, daß

$$\sum_{n=0}^{N-1} e^{\pm j(2\pi ni/N)} = 0; \qquad i = 1, 2, \ldots, 2K - 1 \tag{2.32}$$

Schritt 4: Man zeige, indem man Gleichung 2.32 mit Hilfe von (1-19) summiert, daß dann diese Gleichung nur mit folgender Bedingung gilt

$$N \geq 2K \tag{2.33}$$

Diese Schritte führe man zur Übung selbst durch. Das wesentliche Ergebnis lautet wie folgt:

Die Sinus- und Kosinus-Funktionen der Fourier-Reihe sind orthogonal über eine Grundperiode von $f_p(t)$ unter der Voraussetzung, daß die Zahl N der gleichmäßig angeordneten Abtastwerte wenigstens das Doppelte der höchsten Ordnungszahl der Harmonischen der Reihe beträgt.

Man hat also eine untere Schranke für N, aber keine obere Schranke, und für den Grenzübergang $N \rightarrow \infty$ kann man sagen, daß die Komponenten von $\hat{f}_p(t)$ dann orthogonal über das ganze kontinuierliche Intervall von $-\pi/\omega_0$ bis π/ω_0 sind. Daher können die Gleichungen 2.26 bis 2.28 auch als Integrale ausgedrückt werden, die den Summen entsprechen.

Die auf Gleichung 2.15 folgende Bemerkung ergibt eine Einschränkung für N, die geringfügig über der von Gleichung 2.33 liegt. Da die Zahl der abzugleichenden Koeffizienten in den Gleichungen 2.23, 24 und 25 gleich M = 2 K + 1 ist, muß die Zahl der Abtastpunkte N wenigstens 2 K + 1 betragen. Mit N = 2 K + 1 ist der Fehler gleich Null, und die Fourier-Reihe geht durch die Abtastpunkte; wenn N > 2 K + 1, liefert die Fourier-Reihe einen minimalen gesamten quadrierten Fehler.

Die untere Schranke N ≥ 2 K + 1 wird von hier an angenommen werden, obgleich damit, da M = 2 K + 1 ungerade ist, der singuläre Fall mit N = M und geradem N durch die Form der Gleichungen 2.23 bis 2.25 ausgeschlossen ist. (Das heißt, diese angegebenen Gleichungen enthalten eine ungerade Zahl von Koeffizienten.)

An diesen singulären Fall kann man sich anpassen, indem man eine der sich ergebenden Komponenten aus Gleichung 2.23 entfernt.

Mit den obigen Einschränkungen über die Zahl der Abtastwerte N können die Fourier-Koeffizienten a_k und b_k in Gleichung 2.23 in der vereinfachten Form von Gleichung 2.21 formuliert werden. Zunächst ist der Nenner von Gleichung 2.21 entweder

$$\sum_{n=0}^{N-1} \phi_{kn}^2 = \sum_{n=0}^{N-1} \cos^2 k\omega_0 t_n; \qquad k = 0, 1, \ldots, K \tag{2.34}$$

oder

$$\sum_{n=0}^{N-1} \phi_{kn}^2 = \sum_{n=0}^{N-1} \sin^2 k\omega_0 t_n; \qquad k = 1, 2, \ldots, K \tag{2.35}$$

In jedem Fall wird, nach Einsetzen von t_n aus Gleichung 2.29, der Nenner von Gleichung 2.21 für k = 0 bis N/2

$$\sum_{n=0}^{N-1} \phi_{kn}^2 = \begin{cases} N; & k = 0 \\ \dfrac{N}{2}; & 0 < k < \dfrac{N}{2} \end{cases} \tag{2.36}$$

Dann liefert Gleichung 2.21 für die zu den kleinsten Quadraten gehörenden Koeffizienten in Gleichung 2.23

$$a_k = \frac{2}{N} \sum_{n=0}^{N-1} f_{pn} \cos k\omega_0 t_n; \qquad k = 0, 1, \ldots, K \tag{2.37}$$

$$b_k = \frac{2}{N} \sum_{n=0}^{N-1} f_{pn} \sin k\omega_0 t_n; \qquad k = 1, 2, \ldots, K \tag{2.38}$$

wobei f_{pn} einen Abtastwert der periodischen Funktion $f_p(t)$ zur Zeit t_n, wie in Gleichung 2.29 definiert, bedeutet. Die Formeln für die anderen Koeffizienten in der Tabelle 2.1 können abgeleitet werden, indem man die Formeln in der Tabelle anwendet. Zum Beispiel

$$\begin{aligned} c_k &= \frac{1}{2}(a_k - jb_k) \\ &= \frac{1}{N}\sum_{n=0}^{N-1} f_{pn}(\cos k\omega_0 t_n - j \sin k\omega_0 t_n) \\ &= \frac{1}{N}\sum_{n=0}^{N-1} f_{pn}e^{-jk\omega_0 t_n} \end{aligned} \tag{2.39}$$

Die bekannteren Formeln für den Fall, daß $f_p(t)$ als kontinuierlich in dem Intervall $-\pi/\omega_0 \leq t < \pi/\omega_0$ gegeben ist, werden in der gleichen Weise abgeleitet und sind vollständig analog zu den diskreten Formeln, z.B.

$$a_k = \frac{\omega_0}{\pi}\int_{-\pi/\omega_0}^{\pi/\omega_0} f_p(t) \cos k\omega_0 t \, dt \tag{2.40}$$

$$b_k = \frac{\omega_0}{\pi}\int_{-\pi/\omega_0}^{\pi/\omega_0} f_p(t) \sin k\omega_0 t \, dt \tag{2.41}$$

$$c_k = \frac{\omega_0}{2\pi}\int_{-\pi/\omega_0}^{\pi/\omega_0} f_p(t)\, e^{-jk\omega_0 t} \, dt \tag{2.42}$$

Diese Gleichungen beziehen sich in klarer Weise auf die Gleichungen 2.37 bis 2.39. Nimmt man an, daß dt in solcher Weise endlich wird, daß es N kleine Abschnitte im Intervall von $-\pi/\omega_0$ bis π/ω_0 gibt, dann würde man beim Übergang vom Integral zur Summe substituieren

$$dt = \frac{2\pi}{N\omega_0} \tag{2.43}$$

Damit folgt aber Gleichung 2.40 aus Gleichung 2.37 usw.

2.5 Übungen

1. Man bestimme den Parameter p so, daß die Gerade y = px + 3 im Sinne der kleinsten Quadrate am dichtesten bei der Funktion

$$f(x) = x^2 - x + 3$$

im Intervall $0 \leq x \leq 4$ liegt.

2. Man bestimme p so, daß y = px + 3 am nächsten bei dem folgenden Satz von Punkten liegt

x	0	1	3	4
y	3	3	9	15

Hinweis: Man braucht nur einen Parameter zu bestimmen, denn M = 1 in Gleichung 2.3 und 2.9.

3. Man schreibe Gleichung 2.9 an für den Fall, daß

a. $\hat{f}^*(x) = c_0 + c_1 x$, eine Gerade

b. $\hat{f}^*(x) = c_0 + c_1 x + c_2 x^2$, eine Parabel

c. $\hat{f}^*(x) = c_0 + c_1 x + ... + c_k x^k$

d. $\hat{f}^*(x) = c_0 + c_1 e^x + c_2 e^{2x}$

e. $\hat{f}^*(x) = c_0 + c_1 \sin x + c_2 \sin 2x$

4. Man finde und zeichne die Gerade der kleinsten Quadrate für die folgenden Punkte

t	0	1	2	4
$f(t)$	8	6	3	0

5. Man finde und zeichne die Parabel der kleinsten Quadrate für die folgenden Punkte

x	0	1	2	4
y	0	1	5	9

6. Man zeige, wie die Formel für den minimalen mittleren quadrierten Fehler in Gleichung 2.17 aus Gleichung 2.6 abgeleitet wird.

7. Unter Heranziehung von Gleichung 2.17 finde man mit der ermittelten Antwort zu Aufgabe 4 den minimalen mittleren quadrierten Fehler für Aufgabe 4.

8. In gleicher Weise finde man den minimalen mittleren quadrierten Fehler für Aufgabe 5.

9. Man finde die Koeffizienten der kleinsten Quadrate in $y = c_o + c_1e^x + c_2e^{-x}$ für die folgenden Punkte

x	-1	0	1	2
y	1	0	1	2

10. Man benenne die Gruppe der Intervalle über der t-Achse, in denen die Funktionen $\sin 2\pi t$ und $\cos 2\pi t$ orthogonal sind.

11. Man beweise, daß die Funktionen x und x^2 im Intervall $-a \leq x \leq a$ orthogonal sind.

12. Es ist die glättende Funktion $\hat{f}(t) = c_1t + c_2t^2$ mit folgenden Punkten gegeben

t	-1	$-1/2$	0	$1/2$	1
$f(t)$	2	1	0	1	2

a) Man schreibe Gleichung 2.9 für diesen Fall an.
b) Man finde die Werte der kleinsten Quadrate von c_1 und c_2, indem man nicht Gleichung 2.9, sondern das Ergebnis von Aufgabe 11 heranzieht.

13. Man berechne die Koeffizienten der kleinsten Quadrate für $\hat{f}(t) = c_1t + c_2t^2$, wenn angenommen wird, daß $\hat{f}(t)$ dazu dienen soll, die Funktion $f(t) = \cos 2\pi t$ im Intervall $-1 \leq t \leq 1$ anzunähern.

14. Man leite die Beziehungen in Tabelle 2.1 ab.
a) Für a_k und b_k in Ausdrücken von c_k.
b) Für c_k in Ausdrücken von a_k und b_k.
c) Für a_k und b_k in Ausdrücken von A_k und α_k.

15. Für die Gleichungen 2.26 bis 2.28
a) führe man die beschriebenen Schritte 1 und 2 durch,
b) gebe man den im Schritt 3 geforderten Beweis,
c) führe man Schritt 4 durch.

16. Eine Fourier-Reihe soll an die folgenden Punkte angepaßt werden

t	0	1	2
$f(t)$	1	0	1

a) Wie heißt die Grundfrequenz ω_o?
b) Wie heißt die Fourier-Reihe nach Gleichung 2.23 mit K = 0?
c) Wie heißt die Fourier-Reihe nach Gleichung 2.23 mit K = 1?

17. Man beweise, daß die kontinuierliche oder diskrete Fourier-Reihe für eine gerade periodische Funktion, d.h. bei der $f_p(t) = f_p(-t)$, eine Kosinus-Reihe ist.

18. Man beweise, daß die kontinuierliche oder diskrete Fourier-Reihe für eine ungerade periodische Funktion, d.h. bei der $f_p(t) = -f_p(-t)$, eine Sinus-Reihe ist.

19. Man leite die kontinuierliche Fourier-Reihe für die gezeigte Rechteckwelle ab.

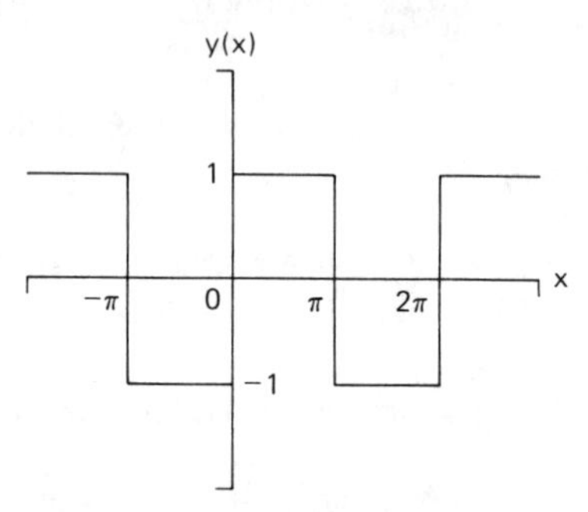

20. Man leite die kontinuierliche Fourier-Reihe für die gezeigte Dreiecksfunktion ab. Bei Benutzung der Ableitung dieser Reihe finde man die Antwort für Aufgabe 19.

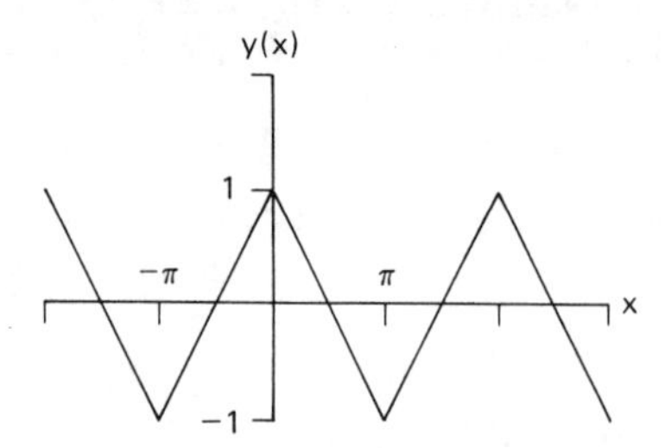

21. Man leite die kontinuierliche Fourier-Reihe für die abgebildete Rechteck-Impulsfolge ab.

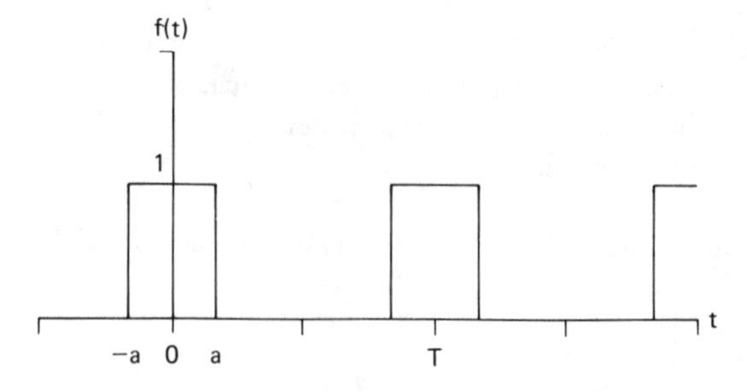

22. Man nehme an, daß die Dreieckswelle von Aufgabe 20 bei x = $-\pi$, $-\pi/2$,0 und $\pi/2$ abgetastet wird. Dann leite man mit diesen Abtastpunkten die Fourier-Reihe mit der größten Zahl von Termen ab. Man vergleiche das Ergebnis mit der Reihe für Aufgabe 20.

23. Man schreibe Gl. 2.9 explizit an für ein "Least-Squares"-Polynom der Form

$$\hat{f}(t) = c_0 + c_1 t + c_2 t^2 + \cdots + c_{M-1} t^{M-1}$$

angepaßt an die Abtastfolge

$$[f_n] = [f_0, f_1, f_2, \ldots, f_{N-1}]$$

und abgetastet zu den Zeiten

$$[t_n] = [0, T, 2T, \ldots, (N-1)T]$$

24. Man benutze die Routine SPSOLE im Anhang B zur Lösung des folgenden Gleichungssystems:

$$\begin{bmatrix} 1 & 2 & 3 \\ 2 & 3 & 4 \\ 3 & 4 & 6 \end{bmatrix} \begin{bmatrix} c_0 \\ c_1 \\ c_2 \end{bmatrix} = \begin{bmatrix} 2 \\ 2 \\ 3 \end{bmatrix}$$

Um zu sehen, wie die Routine arbeitet, setze man in SPSOLE eine Anweisung ein, welche die vergrößerte Matrix nach jeder Zeilenoperation ausdruckt.

25. Man benutze die Routine SPSOLE im Anhang B, um ein "Least-Squares"-kubisches Polynom an die folgenden Abtastwerte anzupassen, die zu den regelmäßigen Zeiten t = 0,2,4, ... 14 s gewonnen wurden

$$[f_n] = [-1, 0, 1, 2, 1, 0, 0, 1]$$

(a) Man drucke die vergrößerte Matrix aus.
(b) Man finde die "Least-Squares"-Koeffizienten.
(c) Man drucke $\hat{f}(t)$ über t im Bereich $-5 \leq t \leq 20$ aus. Die Abtastwerte $[f_n]$ lassen sich hier einfügen.

26. Man weiß, daß die Intensität I einer bestimmten extraterrestrischen Quelle um einen konstanten Wert C_0 sinusförmig mit der Periode von 1 000 Jahren schwankt. Man verfügt über die folgenden Beobachtungen:

Date	Intensity	Date	Intensity	Date	Intensity
1/1/1900	167	1/1/1930	121	1/1/1960	74
1/1/1910	152	1/1/1940	105	1/1/1970	58
1/1/1920	136	1/1/1950	89	1/1/1980	42
				1/1/1990	27

(a) Man benutze SPSOLE zur Anpassung dieser Daten an die Funktion

$$\hat{I}(t) = C_0 + C_1 \sin \omega_0 t + C_2 \cos \omega_0 t$$

Hierbei seien die Jahre t gerechnet vom Zeitpunkt 1.1.1900. Die Frequenz ω_0 ist passend zu wählen. Man finde C_0, C_1 und C_2.

(b) Man drucke I(t) vom Jahr 1900 bis zum Jahr 2999 aus. Man trage die 10 historischen Punkte ein.

(c) Man gebe eine Vorhersage für den 1. Januar 2050. Schließlich diskutiere man die Genauigkeit dieser Vorhersage.

Einige Antworten

1. $p = 2$
2. $p = 2.54$
4. $7.80 - 2.03t$
5. $0.023x^2 + 2.28x - 0.355$
7. 0.19
8. 0.34
9. $c_0, c_1, c_2 = -0.42, 0.33, 0.44$
10. jedes Intervall von $t = t_1$ to $t = \pm t_1 \pm n/2$
12b. $c_1, c_2 = 0.36/17$
13. $c_1, c_2 = 0, 0.253$
16a. $2\pi/3$
16b. $2/3$
16c. $\frac{2}{3} + \frac{1}{3} \cos \frac{2\pi t}{3} - \frac{1}{\sqrt{3}} \sin \frac{2\pi t}{3}$
19. $\frac{4}{\pi} \sum_{n=1}^{\infty} \frac{\sin(2n-1)x}{2n-1}$
20. $\frac{8}{\pi^2} \sum_{n=1}^{\infty} \frac{\cos(2n-1)x}{(2n-1)^2}$
21. $\frac{2a}{T} + \frac{2}{\pi} \sum_{n=1}^{\infty} \frac{1}{n} \sin \frac{2\pi na}{T} \cos \frac{2\pi nt}{T}$
22. cos x
23. Die Gleichung 2.9 für das "Least-Squares"-Polynom vom Grad (M-1), wobei Werte $f_0, f_1, ..., f_{N-1}$ in regelmäßigen Abständen mit der Schrittweite T vorhanden sind (alle Summen von n = 0 bis n = N-1):

$$\begin{bmatrix} N & T\sum n & \cdots & T^{M-1}\sum n^{M-1} \\ T\sum n & T^2\sum n^2 & \cdots & T^M\sum n^M \\ T^2\sum n^2 & T^3\sum n^3 & \cdots & T^{M+1}\sum n^{M+1} \\ \vdots & \vdots & & \vdots \\ T^{M-1}\sum n^{M-1} & T^M\sum n^M & \cdots & T^{2M-2}\sum n^{2M-2} \end{bmatrix} \cdot \begin{bmatrix} c_0 \\ c_1 \\ c_2 \\ \vdots \\ c_{M-1} \end{bmatrix} = \begin{bmatrix} \sum f_n \\ T\sum nf_n \\ T^2\sum n^2 f_n \\ \vdots \\ T^{M-1}\sum n^{M-1} f_n \end{bmatrix}$$

24. Die Ausgangswerte nach jeder Zeilenoperation:

$$\begin{bmatrix} 1.0 & 2.0 & 3.0 & 2.0 \\ 2.0 & -1.0 & -2.0 & -2.0 \\ 3.0 & -2.0 & -3.0 & -3.0 \end{bmatrix}$$

$$\begin{bmatrix} 1.0 & 2.0 & -1.0 & -2.0 \\ 2.0 & -1.0 & 2.0 & 2.0 \\ 3.0 & -2.0 & 1.0 & 1.0 \end{bmatrix}$$

$$\begin{bmatrix} 1.0 & 2.0 & -1.0 & -1.0 \\ 2.0 & -1.0 & 2.0 & 0.0 \\ 3.0 & -2.0 & 1.0 & 1.0 \end{bmatrix}$$

25. (a) die vergrößerte Matrix:

$$\begin{bmatrix} 8.0 & 56.0 & 560.0 & 6272.0 & 4.0 \\ 56.0 & 560.0 & 6{,}272.0 & 74{,}816.0 & 38.0 \\ 560.0 & 6{,}272.0 & 74{,}816.0 & 928{,}256.0 & 348.0 \\ 6{,}272.0 & 74{,}816.0 & 928{,}256.0 & 11{,}828{,}480.0 & 3{,}752.0 \end{bmatrix}$$

(b) Optimale Werte von c_o, c_1, c_1, c_3:

$-1.303030, 1.267857, -0.185877, 0.007576$

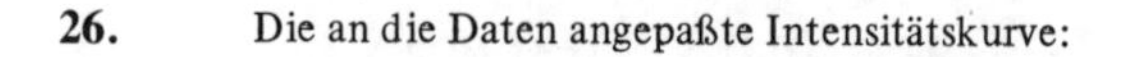

26. Die an die Daten angepaßte Intensitätskurve:

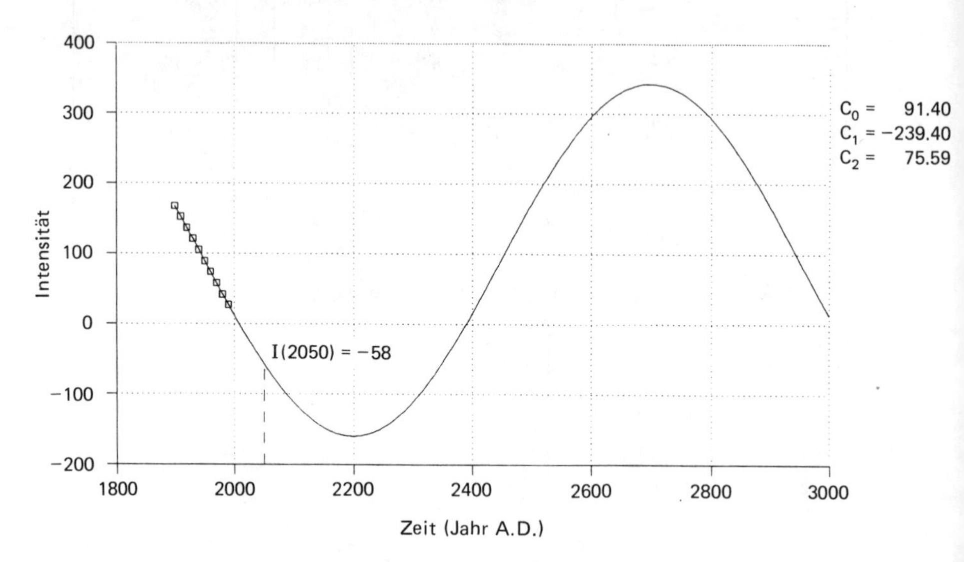

Literaturhinweise

DANIEL, C., and WOOD, F. S., *Fitting Equations to Data*. New York: Wiley, 1971.

DYM, H., and MCKEAN, H. P., *Fourier Series and Integrals*. New York: Academic Press, 1972.

EDWARDS, R. E., *Fourier Series*, Vols. 1 and 2. New York: Holt, Rinehart and Winston, 1967.

HAMMING, R. W., *Numerical Methods for Scientists and Engineers*, 2nd ed. New York: McGraw-Hill, 1973.

HARMUTH, H. F., *Transmission of Information by Orthogonal Functions*. Berlin: Springer-Verlag, 1969.

HILDEBRAND, F. B., *Introduction to Numerical Analysis*, Chap. 7. New York: McGraw-Hill, 1956.

KELLY, L. G., *Handbook of Numerical Methods and Applications*, Chap. 5. Reading, Mass.: Addison-Wesley, 1967.

KUFNER, A., and KADLEC, J., *Fourier Series*, trans. G. A. Toombs. London: Iliffe Books, 1971.

NIELSON, K. L., *Methods in Numerical Analysis*, Chap. 8. New York: Macmillan, 1967.

SEELEY, R. T., *An Introduction to Fourier Series and Integrals*. New York: W. A. Benjamin, 1966.

KAPITEL 3

Überblick über kontinuierliche Transformationen, Übertragungsfunktionen und die Faltung

3.1 Fourier- und Laplace-Transformationen

Die Fourier-Transformation, eine Erweiterung der gerade diskutierten Fourier-Reihe, ist ein weiteres Verfahren, das ausgiebig in der Ingenieurwissenschaft gebraucht wird. Sie ist wie folgt definiert

$$F(j\omega) = \int_{-\infty}^{\infty} f(t)e^{-j\omega t}\,dt\,; \tag{3.1}$$

Man nennt $F(j\omega)$ die Fourier-Transformierte von $f(t)$. Da $F(j\omega)$ eine Funktion von ω anstelle von t ist, sieht man die Fourier-Transformation als eine Operation an, die aus $f(t)$ eine Funktion $F(j\omega)$ im Frequenzbereich erzeugt, wobei der Frequenzinhalt von $f(t)$ explizit erscheint. Zur Rechtfertigung dessen, daß man das Wort "Frequenz" mit der Variablen ω verbindet, kann man zeigen, daß $F(j\omega)$ eine Art von "kontinuierlichem Koeffizienten" der Fourier--Reihe wird, wenn die Periode der periodischen Funktion $f_p(t)$ unbegrenzt anwächst (und die resultierende Funktion $f(t)$ in der Grenze aperiodisch wird). Der Beweis verläuft wie folgt.

Zunächst drücken wir eine periodische Funktion $f_p(t)$ durch die komplexe Fourier-Reihe nach Abschnitt 2.4 aus:

$$f_p(t) = \sum_{n=-\infty}^{\infty} c_n e^{jn\omega_0 t}; \qquad c_n = \frac{\omega_0}{2\pi}\int_{-\pi/\omega_0}^{\pi/\omega_0} f_p(t)e^{-jn\omega_0 t}\,dt \tag{3.2}$$

Hier ist die Periode von $f_p(t)$ durch $2\pi/\omega_0$ sec gegeben (wobei ω_0 im Bogenmaß pro Sekunde gemessen wird) und der harmonische Inhalt von $f_p(t)$ ist nicht eingeschränkt. Jedes c_n ist der Wert der komplexen Frequenz-Komponenten von $f_p(t)$ zur Kreisfrequenz $n\omega_0$. Wie in Bild 3.1 veranschaulicht, kann das Amplitudenspektrum von $f_p(t)$ gezeichnet werden, indem man jeden einzelnen Betrag von $|c_n|$ über der ω-Achse aufträgt. Da, wie gezeigt, c_n die komplexe Konjugierte von c_{-n} ist, muß das Amplitudenspektrum gerade sein, d.h. symmetrisch bezüglich $\omega = 0$ in solcher Weise, daß $|c_n| = |c_{-n}|$.

Zur Ableitung von F(jω) muß man nun ω_0, das Intervall auf der ω-Achse, so gegen Null gehen lassen, daß die Linien in Bild 3.1 schließlich zu einem kontinuierlichen

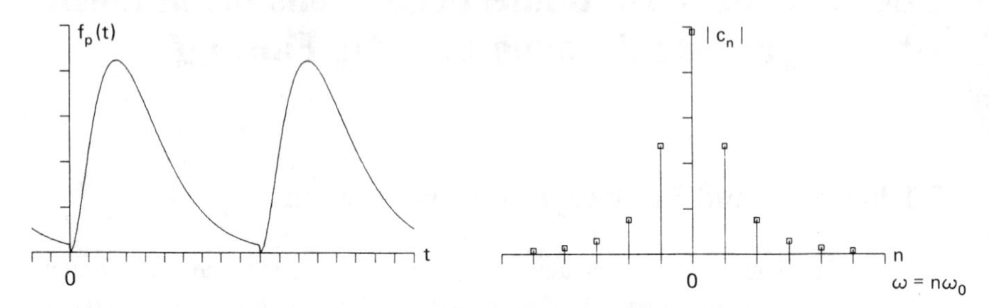

Bild 3.1 Periodische Funktion und diskretes Amplitudenspektrum

Spektrum verschmelzen. Um dies zu erreichen, darf die Grundperiode $2\pi/\omega_o$ unbegrenzt anwachsen, indem man $\omega_o \rightarrow 0$ gehen läßt. Schreibt man Δω für ω_0, um das verschwindende Frequenzintervall hervorzuheben, so kann die Gleichung 3.2 wie folgt geschrieben werden:

$$\begin{aligned} f_p(t) &= \sum_{n=-\infty}^{\infty} c_n e^{jn\Delta\omega t} \\ &= \sum_{n=-\infty}^{\infty} \left(\frac{\Delta\omega}{2\pi}\right) \int_{-\pi/\Delta\omega}^{\pi/\Delta\omega} f(\tau) e^{-jn\Delta\omega\tau}\, d\tau\, e^{jn\Delta\omega t} \\ &= \frac{1}{2\pi} \sum_{n=-\infty}^{\infty} \left[\int_{-\pi/\Delta\omega}^{\pi/\Delta\omega} f(\tau) e^{-jn\Delta\omega\tau}\, d\tau\right] e^{jn\Delta\omega t}\, \Delta\omega \end{aligned} \tag{3.3}$$

(Im Integranden wurde die Variable t in τ umbenannt, um Verwirrung zu vermeiden.) Der Grenzübergang für Δω gegen Null kann nun in Gleichung 3.3 durchgeführt werden, indem man beachtet, daß das Produkt n Δω = n ω_o wie in Bild 3.1 immer gleich ω ist. Die Grundperiode von $f_p(t)$ wird bei diesem Grenzübergang unendlich, so daß $f_p(t)$ keine periodische Funktion mehr ist und genau zu f(t) wird. Der Grenzwert lautet:

$$\begin{aligned} f(t) &= \frac{1}{2\pi} \lim_{\Delta\omega \rightarrow 0} \sum_{n=-\infty}^{\infty} \left[\int_{-\pi/\Delta\omega}^{\pi/\Delta\omega} f(\tau) e^{-jn\Delta\omega\tau}\, d\tau\right] e^{jn\Delta\omega t}\, \Delta\omega \\ &= \frac{1}{2\pi} \int_{-\infty}^{\infty} \left[\int_{-\infty}^{\infty} f(\tau) e^{-j\omega\tau}\, d\tau\right] e^{j\omega t}\, d\omega \end{aligned}$$

Somit gilt

$$f(t) = \frac{1}{2\pi}\int_{-\infty}^{\infty} F(j\omega)e^{j\omega t}\,d\omega; \qquad F(j\omega) = \int_{-\infty}^{\infty} f(t)e^{-j\omega t}\,dt \tag{3.4}$$

Hierbei wurde F(ω) von Gleichung 3.1 herangezogen, um das Integral in den eckigen Klammern zu ersetzen. Auf diese Weise ergibt sich also die Rechtfertigung, F(ω) das Spektrum von f(t) zu nennen: F(jω) ersetzt den Satz $[c_n]$ von Fourier-Koeffizienten bei dem Grenzübergang für Δω gegen Null. Das Amplitudenspektrum |F(jω)| ist jetzt, wie in Bild 3.2 veranschaulicht, eine kontinuierliche Funktion.

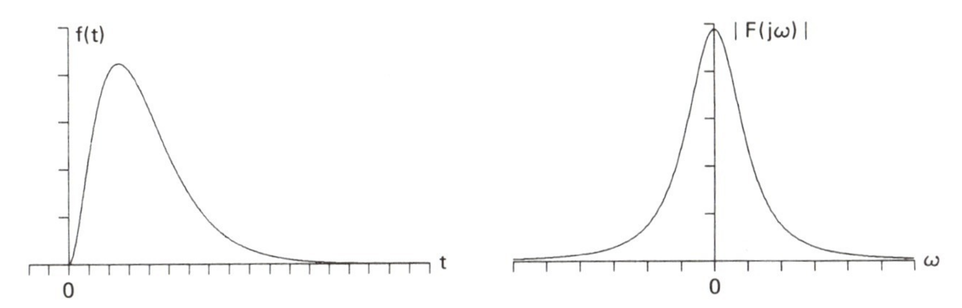

Bild 3.2 Eine nichtperiodische Funktion und ihr kontinuierliches Amplitudenspektrum

Das Ergebnis in Gleichung 3.4 ist das wohlbekannte Fourier-Transformationspaar. Die Dualität des Paares läßt sich erkennen, indem man die Frequenzvariable in Form von $\nu=\omega/2\pi$ (Hertz) ausdrückt. Die Formeln werden dann bis auf das Vorzeichen von j gleich.

Auf diese Weise erzeugt die Fourier-Transformierte das Spektrum von f(t), wenigstens sofern das Integral in Gleichung 3.1 konvergiert. Man kann leicht sehen, daß das Integral in der Tat absolut konvergieren wird, wenn das Integral

$$I = \int_{-\infty}^{\infty} |f(t)|\,dt \tag{3.5}$$

konvergiert, da der Term $e^{-j\omega t}$ immer den Betrag Eins hat. Wenn deshalb f(t) nicht schnell genug mit wachsendem t abnimmt, wird F(jω) also nicht existieren. Ersichtlich hat keine periodische Funktion diese Eigenschaft des Abnehmens, aber alle einzelnen Impulse oder impulsartigen Funktionen, die zu irgendeiner endlichen Zeit auf Null abfallen, haben sie, und in gleicher Weise verhalten sich andere Funktionen, die "schnell genug" abfallen. Zum Beispiel lautet die Fourier-Transformierte von $f(t)=e^{-at}$ für $t > 0$ (und $f(t)=0$ für $t \le 0$):

$$
\begin{aligned}
F(j\omega) &= \int_0^\infty e^{-at} e^{-j\omega t}\, dt \\
&= \frac{1}{j\omega + a}
\end{aligned}
\tag{3.6}
$$

Eine andere wichtige Eigenschaft der Fourier-Transformierten ist, daß sie, wie die Fourier-Reihe, die gesamte notwendige Information enthält, um f(t) zu rekonstruieren. Dies zeigt Gleichung 3.4 an, welche die Rekonstruktions-Formel explizit wiedergibt.

Man kann weitere interessante Eigenschaften finden, wenn man den Integranden in Gleichung 3.1 in Real- und Imaginärteil entwickelt:

$$
\begin{aligned}
F(j\omega) &= \int_{-\infty}^{\infty} f(t) e^{-j\omega t}\, dt \\
&= \int_{-\infty}^{\infty} f(t) \cos \omega t\, dt - j \int_{-\infty}^{\infty} f(t) \sin \omega t\, dt \\
&= \int_0^\infty [f(t) + f(-t)] \cos \omega t\, dt - j \int_0^\infty [f(t) - f(-t)] \sin \omega t\, dt
\end{aligned}
\tag{3.7}
$$

Man kann jetzt leicht sehen, daß

1. F(jω) reell und gerade ist, wenn und nur wenn f(t) gerade ist, d.h. wenn
   f(t) = f(-t);

2. F(jω) imaginär und ungerade ist, wenn und nur wenn f(t) ungerade ist, d.h. wenn f(t) = -f(-t);

3. der Realteil von F(jω) gerade und

4. der Imaginärteil von F(jω) ungerade ist.

Auch das Amplitudenspektrum |F(jω)| ist nur die Summe der Quadrate des Real-und des Imaginärteiles von Gleichung 3.7, d.h. sein Quadrat lautet

$$
|F(j\omega)|^2 = \left(\int_{-\infty}^{\infty} f(t) \cos \omega t\, dt \right)^2 + \left(\int_{-\infty}^{\infty} f(t) \sin \omega t\, dt \right)^2 \tag{3.8}
$$

Damit kann man leicht zeigen, daß

$$
|F(j\omega)| = |F(-j\omega)| \tag{3.9}
$$

d.h. daß das Amplitudenspektrum eine gerade Funktion ist, wie dies in Bild 3.2 veranschaulicht wurde, genauso wie dies in Bild 3.1 für das diskrete Spektrum gilt.

Das quadrierte Amplitudenspektrum $|F(j\omega)|^2$ wird das Energiespektrum von f(t) genannt. Es enthält eine Verallgemeinerung des physikalischen Energiebegriffes von Kapitel 13, wo das Energiespektrum mehr im einzelnen diskutiert wird.

Die Laplace-Transformation kann als eine Modifikation der Fourier-Transformation angesehen werden, um auch die Transformation einer Funktion zu erlauben, die nicht notwendigerweise mit wachsendem t verschwindet. Angenommen, das Fourier-Integral

$$F(j\omega) = \int_{-\infty}^{\infty} f(t)e^{-j\omega t}\,dt \tag{3.10}$$

konvergiert für ein bestimmtes f(t) nicht. Um die Integration doch durchführen zu können, kann man f(t) mit einer abfallenden Exponentialfunktion $e^{-\alpha|t|}$ multiplizieren, so daß mit $\alpha > 0$ das Produkt $f(t)e^{-\alpha|t|}$ jetzt mit wachsendem oder fallendem t verschwindet. Ferner können, obwohl dieser Schritt nicht unbedingt notwendig ist, die meisten physikalischen Probleme so definiert werden, daß f(t) bei $t = 0$ beginnt und für $t < 0$ gleich Null ist, so daß die Betragsstriche in $e^{-\alpha|t|}$ entfallen können. Mit diesen Änderungen wird die Fourier-Transformation in der obigen Gleichung 3.10 zu

$$F(\alpha + j\omega) = \int_{0}^{\infty} f(t)e^{-(\alpha+j\omega)t}\,dt \tag{3.11}$$

Mit der Einführung der komplexen Variablen $s = \alpha + j\omega$ erhält man die bekannte Form der Laplace-Transformation:

$$\boxed{F(s) = \int_{0}^{\infty} f(t)e^{-st}\,dt} \tag{3.12}$$

Somit ist F(s), die Laplace-Transformierte von f(t), auch die Fourier-Transformierte von $f(t)e^{-\alpha t}$, wobei α der Realteil von s ist. Offensichtlich ist Gleichung 3.4 noch als Formel für die inverse Transformation gültig, da sie eine Möglichkeit schafft, $f(t)e^{-\alpha t}$ zu finden, aus dem man f(t) separieren kann.

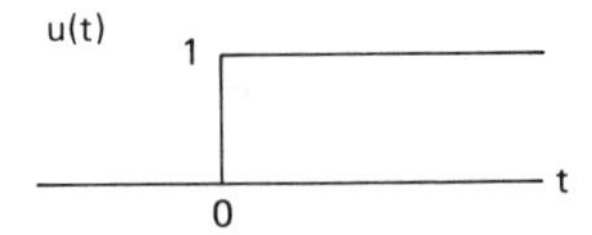

Bild 3.3 Einheitssprung bei t=0

Beispiel 3.1: Der abgebildete Einheitsschritt bzw. die Sprungfunktion u(t) hat zur Zeit t = 0 keine Fourier-Transformierte, da er nicht mit wachsendem t verschwindet. Er hat jedoch eine Laplace-Transformierte:

$$U(s) = \int_0^\infty (1)e^{-st}\,dt = \frac{1}{s} \tag{3.13}$$

Wie oben gezeigt, kann dies auch als die Fourier-Transformation von $u(t)e^{-\alpha t}$ angesehen werden, welche, wie in Gleichung 3.6 abgeleitet, ersichtlich dieselbe ist wie in Gleichung 3.13 mit $s = \alpha + j\,\omega$.

Man kann das Obige in einigen wichtigen Punkten zusammenfassen, um die Fourier- und die Laplace-Transformation miteinander zu vergleichen:

1. Die Laplace-Transformierte F(s) ist genau das Spektrum (die Fourier-Transformierte) von $f(t)e^{-\alpha t}$, wenn man annimmt, daß $f(t) = 0$ ist für $t < 0$.

2. Ist $f(t) = 0$ für $t < 0$ und existiert $F(j\omega)$, dann ist $F(j\omega)$ gleich F(s) mit $s = j\omega$, d.h. mit $\alpha = 0$. (Man beachte, daß nur in diesem Falle der übliche Gebrauch des Buchstabens "F" für beide Funktionen streng gerechtfertigt ist.)

3. Bei der Fourier-Transformation ist es nicht erforderlich, daß $f(t) = 0$ ist für $t < 0$.

4. Die Laplace-Transformation kann für eine große Vielfalt praktischer Funktionen f(t) durchgeführt werden, für welche die Fourier-Transformation nicht existiert.

In der Praxis wäre es mühsam, die Gleichung 3.4 zu benutzen, um die inverse Transformierte zu $F(j\omega)$ oder F(s) zu finden. Erinnert man sich daran, daß F(s) die Fouriertransformierte von $f(t)e^{-\alpha t}$ ist, so ergibt Gleichung 3.4 die inverse Laplace-Transformation:

$$\begin{aligned} f(t)e^{-\alpha t} &= \frac{1}{2\pi}\int_{-\infty}^{\infty} F(s)e^{j\omega t}\,d\omega \\ &= \frac{1}{2\pi}\int_{-\infty}^{\infty} F(\alpha + j\omega)e^{j\omega t}\,d\omega \end{aligned} \tag{3.14}$$

Dabei ist $s = \alpha + j\omega$. Indem man die Integrationsvariable ω zu s ändert und Gleichung 3.14 mit $e^{\alpha t}$ multipliziert, erhält man

$$f(t) = \frac{1}{2\pi} \int_{\alpha - j\infty}^{\alpha + j\infty} F(s) e^{st} \left(\frac{ds}{j} \right) \qquad (3.15)$$
$$= \frac{1}{2\pi j} \int_{\alpha - j\infty}^{\alpha + j\infty} F(s) e^{st}\, ds$$

Hier findet die Integration nun in einem Bereich statt, in dem α konstant ist, d.h. entlang einer Geraden, die in der komplexen s-Ebene parallel zu der $j\omega$-Achse verläuft. Der Residuen-Satz der Funktionentheorie ist häufig geeignet, das Integral in Gleichung 3.15 einfach zu berechnen, siehe z.B. [Churchill 1948, Goldmann 1949], aber um Zeit zu sparen, wird das "Transformationspaar" der Form [f(t), F(jω)] oder [f(t), F(s)] häufig tabelliert, so daß man mit gegebenem F(s) oder F(jω) aus der Tabelle f(t) einfach entnehmen kann, und umgekehrt.

Tabelle 3.1 enthält eine solche Auflistung mit Beispielen für beide Transformationen, die natürlich im wesentlichen gleich sind, wenn beide existieren. Anhang A enthält eine ausführlichere Tabelle von Laplace-Transformationen. Einige Bücher enthalten Tabellen von Laplace-Transformationen, die noch ausführlicher sind und folglich leichter zu gebrauchen, z.B. [Gardner und Barnes 1942, Nixon 1965, Roberts und Kaufman 1966, Holbrook 1966]. Man beachte jedoch, daß sehr viele Transformationspaare unmittelbar aus Tabelle 3.1 folgen, indem man eine der numerierten Zeilen mit einer der mit Buchstaben versehenen Zeilen kombiniert. Zum Beispiel erhält man ein Transformationspaar, wenn man die Zeilen 1 und F heranzieht:

$$f(t > 0) = 2 \cos \alpha t; \qquad F(s) = \frac{2s}{s^2 + \alpha^2} \qquad (3.16)$$

In einem anderen Beispiel könnte man die Zeilen 6 und E benutzen, um die Fourier-Transformierte von Zeile G zu erhalten, die existiert, auch wenn die Fourier-Transformierte einer Sinuswelle nicht existiert:

$$f(t > 0) = e^{-at} \sin \alpha t; \qquad F(j\omega) = \frac{\alpha}{(j\omega + a)^2 + \alpha^2} \qquad (3.17)$$

Hier erhält man wie schon gesagt die Laplace-Transformierte aus den Zeilen 6 und E und ersetzt dann s durch $j\omega$.

Tabelle 3.1 Kurze Tabelle der Transformationen

Zeile	Funktion	Laplace Transformierte*	Fourier Transformierte
0	$f(t)$	$F(s)$	$F(j\omega)$
1	$Af(t)$	$AF(s)$	$AF(j\omega)$
2	$f(t) + g(t)$	$F(s) + G(s)$	$F(j\omega) + G(j\omega)$
3	$\dfrac{df(t)}{dt}$	$sF(s) - f(0^+)$	$j\omega F(j\omega)$
4	$\int_{-\infty}^{t} f(\tau)\,d\tau$	$\dfrac{F(s)}{s}$	$\dfrac{F(j\omega)}{j\omega}$
5	$tf(t)$	$\dfrac{-dF(s)}{ds}$	$\dfrac{jdF(j\omega)}{d\omega}$
6	$e^{-at}f(t)$; $a > 0$	$F(s + a)$	$F(j\omega + a)$
7	$f(t - a)$; $a > 0$	$e^{-as}F(s)$	$e^{-j\omega a}F(j\omega)$
8	$f\left(\dfrac{t}{a}\right)$; $a > 0$	$aF(as)$	$aF(aj\omega)$
9†	$f(t) + f(-t)$	—	$F(j\omega) + F(-j\omega)$
A	$\delta(t)$‡	1	1
B	$u(t)$§	$\dfrac{1}{s}$	—
C	t^n	$\dfrac{n!}{s^{n+1}}$	—
D	e^{-at}	$\dfrac{1}{s + a}$	$\dfrac{1}{j\omega + a}$
E	$\sin \alpha t$	$\dfrac{\alpha}{s^2 + \alpha^2}$	—
F	$\cos \alpha t$	$\dfrac{s}{s^2 + \alpha^2}$	—
G	$e^{-at} \sin \alpha t$	$\dfrac{\alpha}{(s + a)^2 + \alpha^2}$	$\dfrac{\alpha}{(j\omega + a)^2 + \alpha^2}$
H	$Ce^{-at} \sin (\alpha t - \phi)$; $C = -\sqrt{a^2 + \alpha^2}$ $\phi = \tan^{-1}\left(\dfrac{\alpha}{a}\right)$	$\dfrac{\alpha s}{(s + a)^2 + \alpha^2}$	$\dfrac{\alpha j\omega}{(j\omega + a)^2 + \alpha^2}$
I	$e^{-a\|t\|}$	—	$\dfrac{2a}{\omega^2 + a^2}$

*$f(t) = 0$ for $t < 0$ on all lines where $F(s)$ is given. In particular, on line 7, $f(t - a) = 0$ for $(t - a) < 0$, that is, for $t < a$.

†In line 9, if $f(t) = 0$ for $t < 0$, then $f(t) + f(-t)$ is *any even function*.

‡The impulse function $\delta(t)$ is the limit as $a \to 0$ of the function at right.

§The step function $u(t)$ is defined in Example 3.1.

1/a

t

0 a

3.2 Übertragungsfunktionen

Der Begriff der Übertragungsfunktion hat sich in der Analyse von Systemen als sehr hilfreich erwiesen. Systeme reagieren im allgemeinen auf einen Satz von "Eingangs"-Funktionen, indem sie einen Satz von "Ausgangs"-Funktionen erzeugen. Hier werden wir nur Systeme analysieren, die ein einziges Eingangssignal f(t) und ein einziges Ausgangssignal g(t) haben, wobei das letztere eine lineare Funktion von f(t) in dem nachstehend beschriebenen Sinne ist, aber die Erweiterung auf Systeme, in denen jedes Ausgangssignal $g_i(t)$ eine Funktion eines Satzes von Eingangssignalen $f_1(t)$, $f_2(t)$ usw. ist, stellt eine geradlinige Fortsetzung dar.

Der Begriff der Übertragungs-Funktion ist im allgemeinen bei linearen zeitinvarianten Systemen anwendbar. Dies sind Systeme, die man durch lineare Differentialgleichungen mit konstanten Koeffizienten beschreiben kann. Eine allgemeine Form einer solchen Gleichung ist

$$\left[A_n\frac{d^n}{dt^n} + \cdots + A_1\frac{d}{dt} + A_0\right]g(t) = \left[B_m\frac{d^m}{dt^m} + \cdots + B_1\frac{d}{dt} + B_0\right]f(t) \tag{3.18}$$

in der jeder Term in den eckigen Klammern ein mit konstanten Koeffizienten multiplizierter Differentialoperator ist.

Indem man Zeile 3 von Tabelle 3.1 heranzieht, kann die Transformierte von Gleichung 3.18 gewonnen werden, indem man d/dt durch $j\omega$ ersetzt:

$$[A_n(j\omega)^n + \cdots + A_1 j\omega + A_0]G(j\omega) = [B_m(j\omega)^m + \cdots + B_1 j\omega + B_0]F(j\omega) \tag{3.19}$$

Die resultierende Übertragungsfunktion lautet somit

$$H(j\omega) = \frac{G(j\omega)}{F(j\omega)} = \frac{\sum_{i=0}^{m} B_i(j\omega)^i}{\sum_{i=0}^{n} A_i(j\omega)^i} \tag{3.20}$$

$H(j\omega)$ beschreibt das System durch einen Ausdruck, der den Quotienten der Transformierten des Ausgangssignals zu der Transformierten des Eingangssignales darstellt, wie dies in Bild 3.4 veranschaulicht ist.

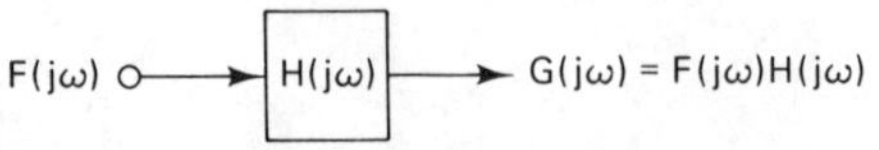

$F(j\omega)$ ○⟶ [$H(j\omega)$] ⟶ $G(j\omega) = F(j\omega)H(j\omega)$

Bild 3.4
System mit Übertragungsfunktion H(jω)

Man beachte, daß mit Zeile 3 von Tabelle 3.1 die Laplace-Transformierte von Gleichung 3.19 die gleiche wie die Fourier-Transformierte ist, wenn die Anfangswerte zu Null angenommen werden. Daher kann eine Übertragungsfunktion H(s) in der gleichen Weise abgeleitet werden, indem man die Anfangswerte von f(t), g(t) und ihrer Ableitungen vernachlässigt. Obgleich, wie oben erwähnt, F(jω) und F(s) nicht immer gleich sind, ergibt sich in diesem Falle, wenn sowohl H(jω) als auch H(s) existieren, in Wirklichkeit die gleiche Funktion, und man erhält H(jω) aus H(s), indem man jω anstelle von s schreibt.

Beispiel 3.2: In dem in Bild 3.5 gezeigten System ergibt sich infolge eines Einheitssprunges bei $t = 0$ die Antwort $g(t) = 2e^{-at}$. Für $F(s) = 1/s$ ist deshalb $G(s) = 2/(s + a)$, und die Übertragungs-Funktion wird zu $H(s) = 2s/(s + a)$.

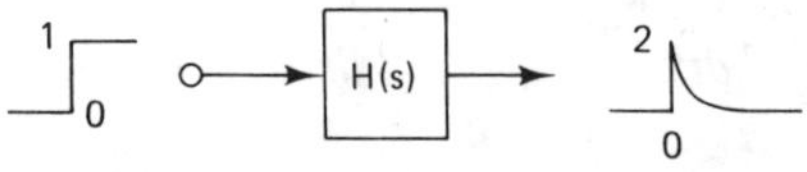

Bild 3.5

Die wichtigste Eigenschaft der Übertragungsfunktion eines linearen Systems besteht darin, daß sie nur von dem System und nicht von der Anregungsfunktion f(t) abhängt. Dies ist in Gleichung 3.20 ersichtlich, da die Faktoren A und B eindeutig nicht von f(t) abhängen. In dieser Beziehung ist die Übertragungsfunktion eng verwandt mit dem Begriff der Impedanz in einem elektrischen oder mechanischen System. Die wohlbekannten elektrischen Impedanzfunktionen sind in der Tabelle 3.2 dargestellt. Da jedes lineare mechanische System ein elektrisches Analogon hat, werden die elektrischen Funktionen für die Veranschaulichung ausreichen. Die Impedanzfunktion ist das Verhältnis der Transformierten des Spannungsabfalles an dem Element zu der Transformierten des Stromes durch das Element, wenn man verschwindende Anfangswerte annimmt. Man braucht nur das Kirchhoffsche Gesetz anzuwenden, welches besagt, daß die algebraische Summe der Spannungsabfälle in jeder Schleife, welche diese Elemente zusammen mit Spannungsquellen enthält, gleich Null sein muß, um ein entsprechendes H(s) in der Form von Gleichung 3.20 abzuleiten.

Tabelle 3.2 Elektrische Impedanzfunktionen

Lineares Element		Impedanzfunktion
Widerstand	–[R]–	R
Induktivität	–[L]–	sL
Kapazität	–[C]–	$\dfrac{1}{sC}$

Beispiel 3.3: Die Anwendung des Kirchhoffschen Gesetzes auf das in Bild 3.6 gezeigte System ergibt (s L + R) · I(s) = E_i(s), wobei I(s) die Transformierte des Stromes ist.

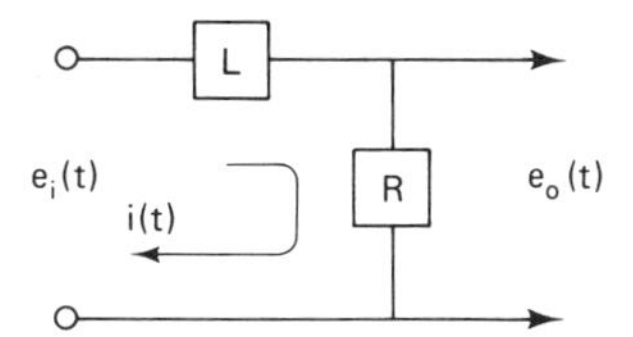

Bild 3.6

Man beachte, daß nach der üblichen Übereinkunft der Eingangsspannung E_i(s) die entgegengesetzte Polarität zu geben ist. Die Transformierte der Ausgangsspannung folgt zu E_0(s) = R · I(s), und deshalb ergibt sich die Übertragungsfunktion zu

$$H(s) = \frac{E_o(s)}{E_i(s)} = \frac{R}{sL + R} \tag{3.21}$$

Beispiel 3.4: In dem in Bild 3.7 gezeigten System ergibt das Kirchhoffsche Gesetz (sL + 1/(sC) + R) · I(s) = E_i (s), und in diesem Fall ist die Transformierte der Ausgangsspannung E_0(s) = I(s)/(sC). Deshalb ist die Übertragungsfunktion

$$H(s) = \frac{E_o(s)}{E_i(s)} = \frac{1}{LCs^2 + RCs + 1} \tag{3.22}$$

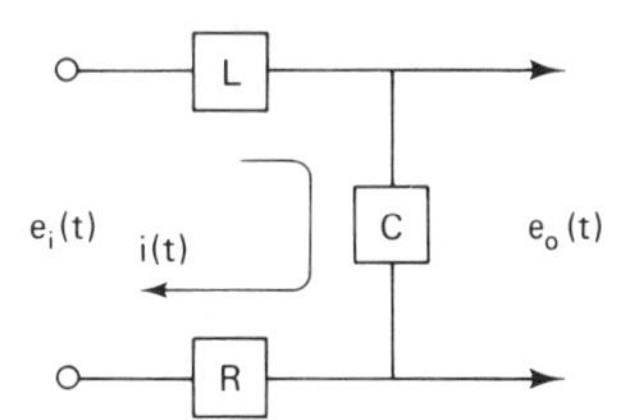

Bild 3.7

Die Schaltungen in den obigen Beispielen werden manchmal Filter genannt, da sie im allgemeinen einigen Frequenzkomponenten von e_i(t) erlauben, "hindurchzugehen", während andere Komponenten abgeschwächt werden. Die Charakteristiken zweier gebräuchlicher Filterarten, nämlich des Tiefpaßfilters und des Bandpaßfilters, sind in Bild 3.8 veranschaulicht.

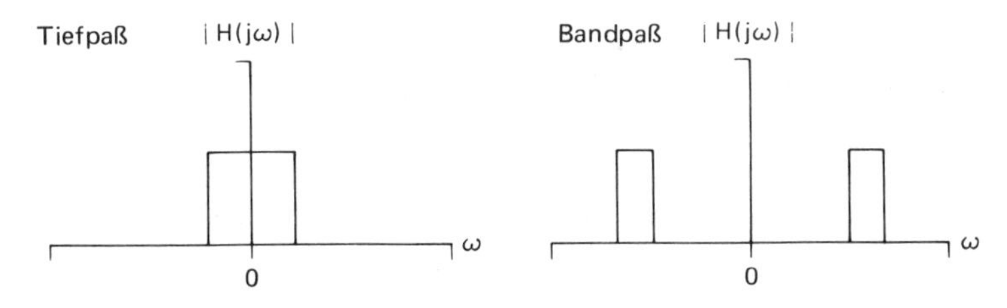

Bild 3.8 Tiefpaß- und Bandpaß-Filtercharakteristiken

Der Betrag der Übertragungsfunktion $|H(j\omega)|$ ist als Amplitudenantwort bzw. Amplitudengang des Filters bekannt, und der entsprechende Winkel von $H(j\omega)$ wird Phasengang genannt; d.h. wenn $R(\omega)$ und $I(\omega)$ die Real- und Imaginärteile von $H(j\omega)$ sind

$$H(j\omega) = R(\omega) + jI(\omega) \tag{3.23}$$

dann folgen

$$\text{Amplitudenantwort} \quad |H(j\omega)| = [R^2(\omega) + I^2(\omega)]^{1/2} \tag{3.24}$$

$$\text{Phasengang} \quad \theta(j\omega) = \tan^{-1}\left[\frac{I(\omega)}{R(\omega)}\right] \tag{3.25}$$

Jede Übertragungsfunktion ist eine rationale Funktion von s (d.h. ein Verhältnis von Polynomen in s), wie es durch Gleichung 3.20 angegeben wird. Daher kann H(s) im allgemeinen in verschiedener Weise in Faktoren zerlegt und durch entsprechende Blockschaltbilder veranschaulicht werden. Zum Beispiel ist der Fall, daß H(s) ein einfaches Produkt ist, auf der linken Seite von Bild 3.9 veranschaulicht. In diesem Falle ist H(s) das Produkt von $H_1(s)$ und $H_2(s)$. Das Bild impliziert eine Zwischenfunktion x(t), die das Ausgangssignal des ersten Blockes und das Eingangssignal des zweiten Blockes darstellt.

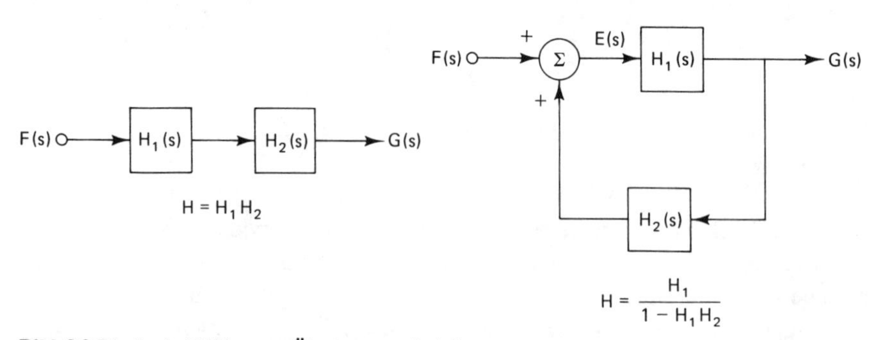

Bild 3.9 Blockschaltbilder von Übertragungsfunktionen

Ein einfaches lineares Rückkopplungssystem ist rechts im Bild 3.9 wiedergegeben. In diesem Rückkopplungssystem wird das Ausgangssignal g(t) durch einen Teil des Systemes hindurch wieder zurückgeführt und zu dem Eingangssignal f(t) addiert, wie dies durch das Bild angedeutet wird. Mit $H_1(s)$ und $H_2(s)$ findet man die gesamte Übertragungsfunktion aus den Gleichungen

$$G(s) = H_1(s)E(s) \tag{3.26}$$

und

$$E(s) = F(s) + H_2(s)G(s) \tag{3.27}$$

wobei E(s) das Zwischensignal in Bild 3.9 ist, das manchmal "Fehlersignal" genannt wird. Eliminiert man jetzt E(s) aus den Gleichungen 3.26 und 3.27, so kann man das Ergebnis wie folgt schreiben

$$H(s) = \frac{G(s)}{F(s)} = \frac{H_1(s)}{1 - H_1(s)H_2(s)} \tag{3.28}$$

Wie noch gezeigt wird, ist die Analyse der digitalen Filterung und Rückkopplung eng mit diesen Beziehungen verwandt, und der Begriff der Übertragungsfunktion bleibt in weitem Maße anwendbar.

3.3 Faltung

Eng verwandt mit der Vorstellung der Übertragungsfunktion ist die der Faltung, die besonders nützlich ist, um das Verhalten linearer Systeme zu verstehen. Das Faltungsintegral leitet man von der inversen Transformation der Übertragungsfunktion in folgender Weise ab.

Das Eingangssignal für ein System mit der Übertragungsfunktion H(s) sei die Nadelimpuls-Funktion $\delta(t)$ zur Zeit $t = 0$ (d.h. ein Dirac-Impuls). Gemäß Zeile A von Tabelle 3.1 ist die Transformierte des Eingangssignals dann $F(s) = 1$. Infolgedessen ist das Ausgangssignal

$$G(s) = F(s)H(s) = H(s)$$

und

$$g(t) = h(t) \tag{3.29}$$

Daher wird die inverse Transformierte h(t) der Übertragungsfunktion die Impulsantwort des Systems genannt; sie ist also die Antwort auf einen Einheits-Nadelimpuls zur Zeit $t = 0$.

Das Faltungsintegral ist nun wie folgt definiert:

$$f(t) * h(t) = \int_{-\infty}^{t} f(\tau)h(t - \tau)\, d\tau \tag{3.30}$$

Der Stern bezeichnet dabei die Faltungsoperation und h(t) ist die oben beschriebene Impulsantwort. Diese Operation ist äquivalent zu einer Multiplikation im Frequenz- oder s-Bereich.

Ein Beweis für die letzte Behauptung verläuft wie folgt (hier werden Fourier-Transformierte verwendet, Laplace-Transformierte würden es genausogut tun): Da h(t) die Antwort auf den Impuls δ(t) ist, der genau zur Zeit t = 0 auftritt, nimmt man zuerst an, daß h(t) = 0 für t < 0. Daher muß h(t-τ) im Integranden von Gleichung 3.30 für τ > t gleich Null sein, und infolgedessen kann als obere Integrationsgrenze Unendlich statt t gesetzt werden.

$$f(t) * h(t) = \int_{-\infty}^{\infty} f(\tau)h(t - \tau)\,d\tau \tag{3.31}$$

Die Transformierte der Faltung ist jetzt

$$\int_{-\infty}^{\infty} [f(t) * h(t)]e^{-j\omega t}\,dt = \iint_{-\infty}^{\infty} f(\tau)h(t - \tau)e^{-j\omega t}\,d\tau\,dt \tag{3.32}$$

Mit der Substitution x = t-τ wird aus Gleichung 3.32 das Produkt zweier Integrale, d.h.

$$\begin{aligned}\int_{-\infty}^{\infty} [f(t) * h(t)]e^{-j\omega t}\,dt &= \iint_{-\infty}^{\infty} f(\tau)h(x)e^{-j\omega\tau}e^{-j\omega x}\,d\tau\,dx \\ &= \int_{-\infty}^{\infty} f(\tau)e^{-j\omega\tau}\,d\tau \int_{-\infty}^{\infty} h(x)e^{-j\omega x}\,dx \\ &= F(j\omega)H(j\omega)\end{aligned} \tag{3.33}$$

Damit ist bewiesen, daß die Faltung f(t) * h(t) und das Produkt F(jω) · H(jω) ein Transformationspaar sind.

Aus dem obigen Beweis folgt sofort, daß, da das Produkt F(jω) · H(jω) vertauscht werden kann, dies auch mit der Faltung geschehen kann, so daß sich für jedes lineare System ergibt:

$$\begin{aligned} g(t) &= h(t) * f(t) \\ &= f(t) * h(t) \end{aligned} \tag{3.34}$$

Beispiel 3.5: Man nehme in dem in Bild 3.10 dargestellten System an, daß die Antwort h(t) auf einen Einheits-Nadelimpuls ein Einheitssprung ist, so daß die Übertragungsfunktion mit Tabelle 3.1 lautet: H(s) = 1/s. (Solch ein System wird eine "Abtast- und Halte-Schaltung" oder aus ersichtlichen Gründen ein "idealer Integrator" genannt). Nehmen wir an, daß jetzt die Antwort auf ein Eingangssignal $f(t) = e^{-at}$ gewünscht wird. Natürlich kann die Antwort leicht mit Tabelle 3.1 gefunden werden, indem man bemerkt, daß F(s) = 1/(s + a) und deshalb G(s) = F(s) · H(s) = 1/[s(s + a)]. Mit den Zeilen 4 und D dieser Tabelle ergibt sich

$$g(t) = \int_0^t e^{-a\tau} d\tau = \frac{1}{a}(1 - e^{-at}) \tag{3.35}$$

(Man beachte, daß die untere Grenze der Integration gleich Null ist, da der Integrand für $\tau<0$ gleich Null ist).

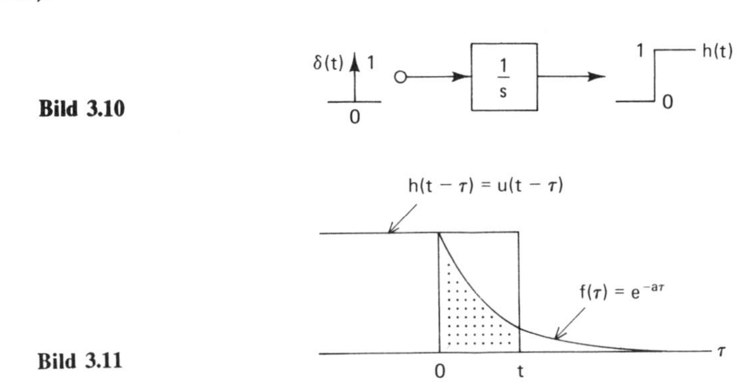

Bild 3.10

Bild 3.11

Das Faltungsintegral ist für diesen Fall in Bild 3.11 veranschaulicht. Wie gezeigt, ist der Integrand das Produkt von $f(\tau)$ und $h(t-\tau)$, wobei die zweite Funktion bei $\tau = t$ beginnt und sich "rückwärts" über die τ-Achse erstreckt. Das Faltungsintegral ist daher gleich der gepunkteten Fläche in dem Bild, d.h.

$$\begin{aligned} f(t) * h(t) &= \int_0^t e^{-a\tau}(1)\, d\tau \\ &= \frac{1}{a}(1 - e^{-at}) \end{aligned} \tag{3.36}$$

Das Ergebnis ist genau das gleiche wie in Gleichung 3.35.

3.4 Pol-Nullstellen-Verteilungen

Die Gleichung 3.20 beschreibt $H(j\omega)$ oder $H(s)$ als eine rationale Funktion, d.h. als ein Verhältnis von Polynomen:

$$H(s) = \frac{B_0 + B_1 s + \cdots + B_n s^n}{A_0 + A_1 s + \cdots + A_m s^m} \tag{3.37}$$

Im Prinzip können Polynome immer in Faktoren zerlegt werden, und damit kann $H(s)$ in der Pol-Nullstellen-Form geschrieben werden:

$$H(s) = C\frac{(s - q_1)(s - q_2)\cdots(s - q_n)}{(s - p_1)(s - p_2)\cdots(s - p_m)} \tag{3.38}$$

Die Konstante C vor dem Bruchstrich ist gleich B_n/A_m, und die Werte p und q hängen jeweils von A und B ab. Die Wurzeln des Zählers, d.h. q_1 ...., q_n sind die Nullstellen von H(s) und p_1, ... , p_m sind die Polstellen von H(s). Die Pol- und Nullstellen von H(s) können reell, komplex oder gleich Null sein, wie dies für jede Polynomfunktion gilt.

Eine Eintragung der Polstellen und Nullstellen von H(s) in der komplexen s-Ebene ergibt eine geometrische Deutung der Amplitudenantwort und des Phasenganges, die in den Gleichungen 3.24 und 3.25 definiert wurden. Mit H(jω) in der Form von Gleichung 3.38 muß folgender Amplitudengang gelten

$$|H(j\omega)| = \left| C \frac{(j\omega - q_1)\cdots(j\omega - q_n)}{(j\omega - p_1)\cdots(j\omega - p_m)} \right| \tag{3.39}$$

$$= |C| \frac{|j\omega - q_1|\cdots|j\omega - q_n|}{|j\omega - p_1|\cdots|j\omega - p_m|} \tag{3.40}$$

und jeder Teil der Form |jω-x| kann gedeutet werden als ein Abstand in der s-Ebene, der von einem Punkt ω auf der imaginären Achse zu dem Punkt x reicht. Auf diese Weise wird der Amplitudengang ein Verhältnis von Entfernungsprodukten in der s-Ebene. In ähnlicher Weise wird der gesamte Phasengang eine algebraische Summe von Winkeln. Diese Eigenschaften werden am besten durch ein Beispiel veranschaulicht.

Beispiel 3.6: Man trage folgende Pol-Nullstellen auf

$$H(s) = \frac{Cs}{s^2 + 2s + 5} = \frac{Cs}{(s+1)^2 + 2^2} \tag{3.41}$$

Diese Übertragungsfunktion hat eine einzige Nullstelle bei s = 0 und Polstellen bei s = -1 ± j 2. Sie sind zusammen mit dem Amplitudengang und dem Phasengang in Bild 3.6 gezeigt. Man beachte, wie sich Amplitude und Phase von H(jω) ändern, während sich der Arbeitspunkt in der s-Ebene auf der jω-Achse nach oben bewegt. Rechenwerte sind für ω = 3 im Bild angegeben. Die Konstante C in Gleichung 3.41 beeinflußt die Pol-Nullstellen-Verteilung nicht, und daher kann nur die normierte Amplitudencharakteristik |H(jω)|/C aus dem Pol-Nullstellen-Diagramm entnommen werden.

Die Verteilung in der s-Ebene ist sowohl für den Entwurf als auch für die Analyse linearer Systeme nützlich. Im Entwurfsprozeß denkt man daran, die Pol- und Nullstellen so in der s-Ebene zu plazieren, daß gewisse Ziele erreicht werden, wobei H(s) dann aus Gleichung 3.38 bestimmt wird. In diesem Zusammenhang hat das s-Ebene-Diagramm einige bemerkenswerte Eigenschaften:

1. Pol- und Nullstellen müssen entweder reell sein oder in konjugierten Paaren erscheinen.

2. Eine Polstelle (Nullstelle) auf der jω-Achse bedeutet, daß |H(ω)| bei einer speziellen Frequenz unendlich (Null) ist.

3. Eine Polstelle in der rechten Halbebene verursacht Instabilität in dem Sinne, daß die Antwort auf ein impulsartiges Eingangssignal anwachsen statt abklingen wird.

4. Nicht auf der reellen Achse befindliche Polstellen verursachen am Ausgang Oszillationen.

Die erste dieser Eigenschaften folgt aus der Tatsache, daß die Koeffizienten im Zähler und Nenner von H(s) reell sind. Die Werte p und q in Gleichung 3.38 müssen daher reell oder paarweise konjugiert sein, damit die Werte A und B reell sind. Die zweite Eigenschaft ergibt sich daraus, daß dann die Entfernung eines Arbeitspunktes zu einer Pol- oder Nullstelle bei einer besonderen Arbeitsfrequenz auf Null abnimmt, wie dies in Bild 3.12 bei ω = 0 der Fall ist.

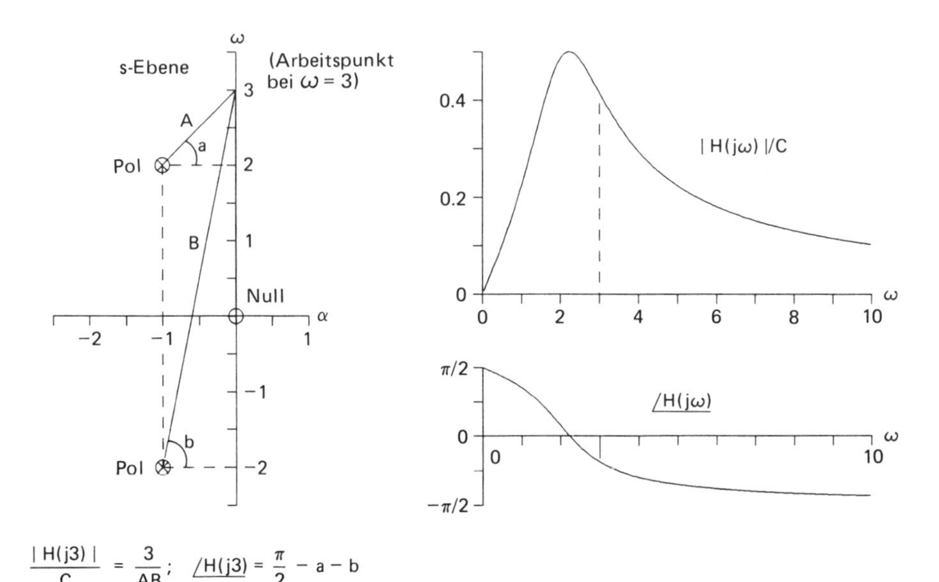

$$\frac{|H(j3)|}{C} = \frac{3}{AB}; \quad \angle H(j3) = \frac{\pi}{2} - a - b$$

Bild 3.12 Pol-Nullstellen-Diagramm, Verstärkung und Phasenverschiebung von $H(s)=Cs/(s^2+2s+5)$

Die durch die Eigenschaft 3 angedeutete Instabilität kann nachgewiesen werden, indem man H(s) in Gleichung 3.38 in eine Summe von Partialbrüchen entwickelt. Wenn H(s) ein echter Bruch ist und keine mehrfachen Pole vorhanden sind, d.h. wenn alle p verschieden sind, dann lautet die Entwicklung

$$H(s) = \frac{C_1}{s - p_1} + \frac{C_2}{s - p_2} + \cdots + \frac{C_m}{s - p_m} \tag{3.42}$$

Liegt einer der Pole, z.B. $p_n = \alpha_n + j\omega_n$ in der rechten Halbebene, so daß α_n positiv ist, dann wird sein Beitrag zu der Impulsantwort $e^{(\alpha_n + j\omega_n)t}$ unbegrenzt anwachsen und damit letzten Endes eine instabile Impulsantwort verursachen. In gleicher Weise findet man, wie in der Eigenschaft 4 festgehalten, für komplexes p_n und $\omega_n \neq 0$, daß die Impulsantwort auch einen Schwingungsfaktor $e^{j\omega_n t}$ enthält.

Die Haupteigenschaften jeder linearen Übertragungsfunktion können daher durch Betrachten der Polstellen und Nullstellen in der s-Ebene erkannt werden.

3.5 Übungen

1. Man erläutere den Grund für die Feststellung "Wenn f(t) eine Fourier-Reihe hat, dann hat es keine Fourier-Transformierte, und umgekehrt".

2. Man diskutiere die Wirkungen der Unterschiede zwischen der Laplace- und der Fourier-Transformation.

3. Man beweise, daß, wenn f(t) eine Fourier-Transformierte hat, auch $A \cdot f(t)$, mit A als Konstante, eine Fourier-Transformierte hat.

4. Man beweise die Zeilen 3 und 5 der Tabelle 3.1 für die Laplace-Transformation.

5. Man beweise die Zeilen 6 und 7 der Tabelle 3.1 für die Fourier-Transformation.

6. Man leite die Fourier-Transformation in Zeile I der Tabelle 3.1 ab, indem man Gebrauch von den Zeilen 9 und D macht.

7. Durch Benutzung der Zeilen 1, 5 und D von Tabelle 3.1 finde und skizziere man das Amplitudenspektrum von $f(t) = 3te^{-2t} \cdot u(t)$.

8. Man finde die inverse Laplace-Transformierte von $F(s) = 1/[(s + a)(s + b)]$, indem man F(s) so in Partialbrüche zerlegt, daß $F(s) = A/(s + a) + B/(s + b)$.

9. Man finde die Laplace-Transformierte der unendlichen Impulsfolge aus Einheitsnadelimpulsen zu den Zeiten $t = 0, T, 2T, \ldots$ Hinweis: Man gebrauche die Zeilen 7 und A von Tabelle 3.1.

10. Man skizziere das Amplitudenspektrum der abklingenden Sinuswelle, die durch $f(t) = e^{-at} \cos \alpha t \cdot u(t)$ gegeben ist, bei Wahl von $(a, \alpha) = (1, 1), (2, 1), (1, 2), (2, 2)$. Man diskutiere die Wirkung der Änderung von a und α.

11. Wenn $g(t) = A \cdot e^{-at}$ für $t \geq 0$ die Antwort auf einen Einheitsimpuls am Eingang zur Zeit $t = 0$ ist, wie lautet dann die Übertragungsfunktion?

12. Wie lautet das Ausgangssignal g(t), wenn die Übertragungsfunktion gleich $H(j\omega) = 1/(j\omega - \omega^2)$ ist und ein Einheitsnadelimpuls zur Zeit $t = 0$ zugeführt wird.

13. Für die Übertragungsfunktion $H(s) = 1/(s^2 + as + b)$ zeige man, daß die Antwort auf eine Nadelimpulsfunktion oszillieren wird, dann und nur dann, wenn die Funktion $s^2 + as + b$ komplexe Wurzeln hat. Hinweis: Man benutze Partialbrüche und die Zeile D von Tabelle 3.1.

14. Man leite die gesamte Übertragungsfunktion G(s)/F(s) des gezeigten Netzwerkes ab.

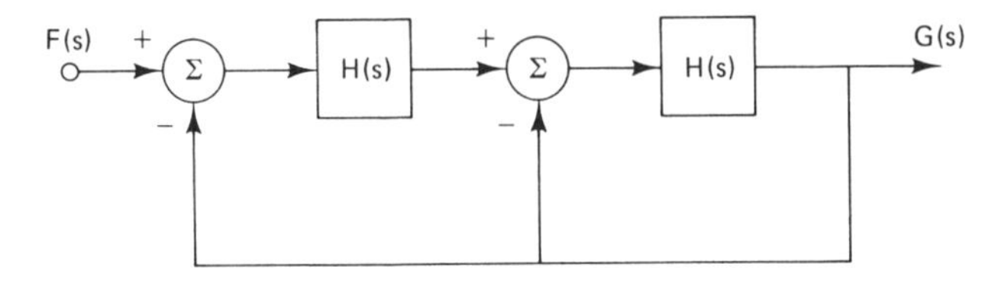

15. Welche Form hat H(s), wenn die Antwort auf einen Einheitssprung eine abklingende Sinuswelle ist?

16. Durch Benutzung des Faltungsintegrals finde man das Ausgangssignal für das Eingangssignal $f(t) = e^{-2t}$, $t \geq 0$ und die Übertragungsfunktion $H(j\omega) = 1/(j\omega + 1)$.

17. Man berechne die Faltung $t^2 \cdot u(t) * e^{-2t} \cdot u(t)$ auf direkte Weise und zeige dann durch Bilden eines Produktes aus Laplace-Transformierten, daß das Ergebnis richtig ist.

18. Durch Gebrauch der Zeilen 3 und E der Tabelle 3.1 leite man die Zeile F ab.

19. Der gezeigte Rechteckimpuls und seine Fourier-Transformierte sind ein wichtiges Transformationspaar. Wie lautet $F(j\omega)$ in diesem Falle?

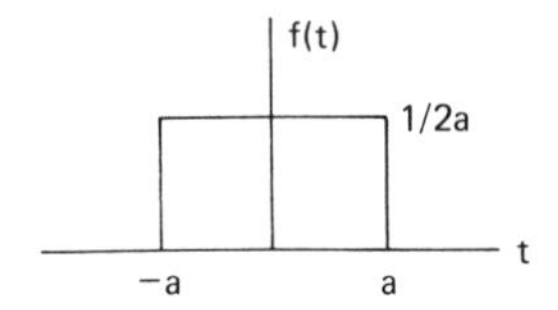

20. (Das duale Problem zu 19). Wie lautet f(t) für das unten gezeigte F(jω)?

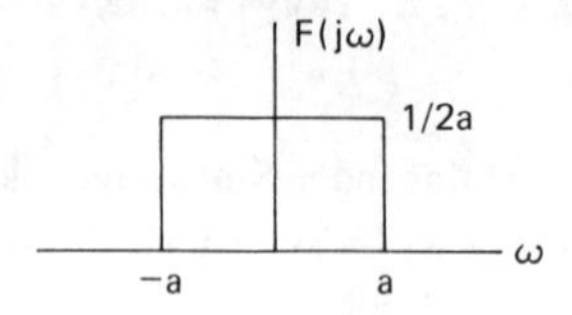

Literaturhinweise

CHESTNUT, H. H., and MAYER, R. W., *Servomechanisms and Regulating System Design*. New York: Wiley, 1959.

CHURCHILL, R. V., *Introduction to Complex Variables and Applications*, Chap. 7. New York: McGraw-Hill, 1948.

DYM, H., and MCKEAN, H. P., *Fourier Series and Integrals*. New York: Academic Press, 1972.

GARDNER, M. F., and BARNES, J. L., *Transients in Linear Systems*, Vol. 1. New York: Wiley, 1942.

GOLDMAN, S., *Transformation Calculus and Electrical Transients*, Chap. 7. New York: Prentice-Hall, 1949.

HOLBROOK, J. G., *Laplace Transforms for Electronic Engineers*. Oxford: Pergamon Press, 1966.

MCCOLLUM, P. A., and BROWN, B. F., *Laplace Transform Tables and Theorems*. New York: Holt, Rinehart and Winston, 1965.

NIXON, F. E., *Handbook of Laplace Transformation*. Englewood Cliffs, N.J.: Prentice-Hall, 1965.

PAPOULIS, A., *The Fourier Integral and Its Applications*. New York: McGraw-Hill, 1962.

ROBERTS, G. E., and KAUFMAN, H., *Table of Laplace Transform Pairs*. Philadelphia: W. B. Saunders, 1966.

SEELEY, R. T., *An Introduction to Fourier Series and Integrals*. New York: W. A. Benjamin, 1966.

SPIEGEL, M. R., *Theory and Problems of Laplace Transforms*. New York: McGraw-Hill (Schaum's Outline Series), 1965.

THALER, G. J., and BROWN, R. G., *Servomechanism Analysis*. New York: McGraw-Hill, 1953.

TRUXALL, J. G., *Control System Synthesis*. New York: McGraw-Hill, 1955.

WEBER, E., *Linear Transient Analysis*, Vols. 1 and 2. New York: Wiley, 1954.

KAPITEL 4

Das Abtasten und Messen von Signalen

4.1 Einleitung

Dieses Kapitel handelt von der Erzeugung und Messung von Abtastwerten kontinuierlicher Funktionen und dient als Einführung für spätere Kapitel, in denen die Verarbeitung digitalisierter Signale diskutiert wird. Wie schon in Kapitel 1 erwähnt, sind viele Arten von Signalverarbeitungssystemen von dem in Bild 4.1 dargestellten Prinzip, was von der Schnelligkeit und Vielseitigkeit der digitalen Rechner herrührt. Das kontinuierliche Signal f(t) wird abgetastet, um einen Satz von Zahlen $[f_m]$ zu erzeugen, und der digitale Rechner verarbeitet $[f_m]$ und erzeugt am Ausgang einen Abtastsatz $[g_m]$.

Bild 4.1 deutet die Messung einer kontinuierlichen physikalischen Größe f(t) an, die eine Spannung, ein Strom, eine Wegstrecke, ein Achswinkel oder eine ähnliche Funktion der Zeit sein kann. Bild 4.2 zeigt ein im wesentlichen äquivalentes System, das die Erzeugung des Abtastsatzes $[f_m]$ durch irgendeinen digitalen Prozeß andeutet, wie es z.B. die Ausführung eines Computerprogrammes ist. Der ganze Prozeß im Bild 4.2 könnte innerhalb eines universellen Digitalrechners stattfinden.

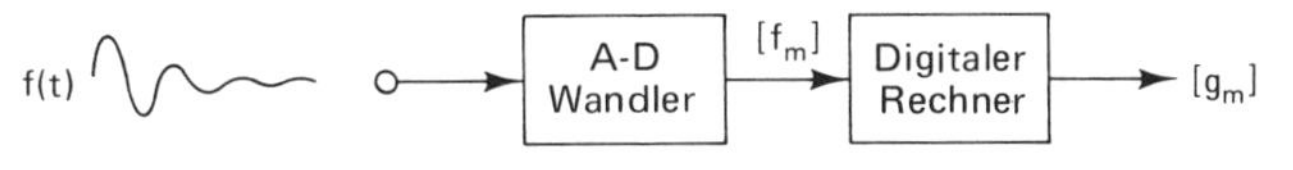

Bild 4.1 Digitale Signalverarbeitung

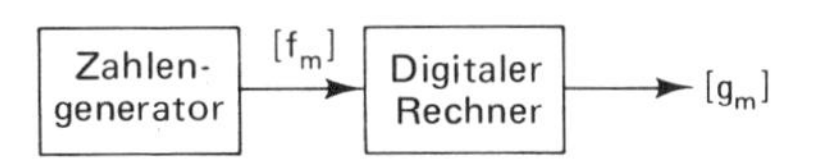

Bild 4.2 Das zu Bild 4.1 äquivalente System

Die schon in Kapitel 1 erwähnte wichtige Überlegung, die hier wiederum betont werden soll, lautet, daß die meisten Ergebnisse dieses Kapitels, genauso wie die Methoden der Signalanalysis in allgemeinen, ohne Rücksicht auf den Ursprung des Satzes von Abtastwerten angewandt werden können, d.h. man muß nicht unbedingt annehmen, daß $[f_m]$ die Abtastwerte eines kontinuierlichen Signals darstellen; man kann es jedoch tun.

Spätere Kapitel werden zeigen, wie der digitale Rechner in den Bildern 4.1 und 4.2 eine lineare Übertragungsfunktion, wie sie gerade in Kapitel 3 beschrieben wurde, realisieren kann, und wie eine kontinuierliche Funktion g(t) aus dem Abtastsatz $[g_m]$ rekonstruiert werden kann. Hier liegt das Gewicht zunächst auf einigen grundsätzlichen Eigenschaften des Abtastsatzes $[f_n]$ und auf der Information, die $[f_m]$ über das Originalsignal f(t) übermittelt. Der wichtigste Lehrsatz bezüglich der Information wird sogleich im nächsten Abschnitt diskutiert.

4.2 Das Abtasttheorem

Man nehme an, die Funktion f(t) werde in Intervallen von T Sekunden abgetastet, wie es in Bild 4.3 gezeigt ist. Man nehme ferner an, daß die Abtastwerte von f(t) Nadelimpulsabtastungen sind, wobei f_m gleich f(mT) in regelmäßigen Intervallen von T Sekunden ist. Das soll heißen, daß f_m gebildet wird, indem man f(t) mit der Einheits-Nadelimpuls-Funktion δ(t-mt) multipliziert. Bild 4.3 beschreibt eine ziemlich große Klasse von Abtastfällen, und die wichtigste Frage, die sich in solchen Fällen ergibt, betrifft das Abtastintervall T.

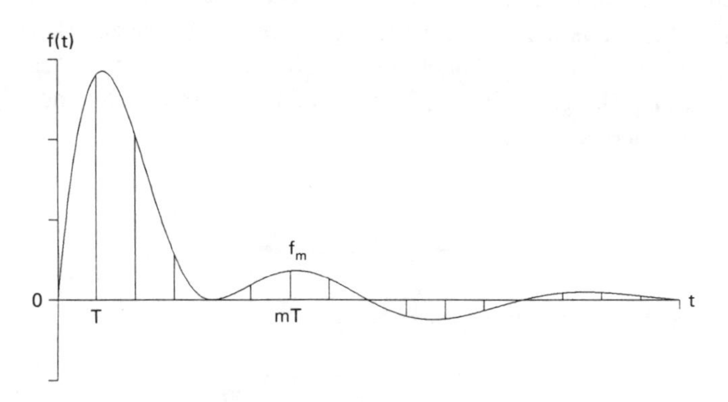

Bild 4.3 Nadelimpuls-Abtastungen von f(t)

Wie klein muß T sein, um f(t) rekonstruieren zu können, wenn nur der Abtastsatz $[f_m]$ gegeben ist? Sofern man keine Einschränkungen für f(t)(zwischen den Abtastpunkten trifft oder zusätzliche Informationen über f(t) liefert, ist die Antwort völlig klar, daß nämlich T gleich Null sein muß. Wie in Bild 4.4 angedeutet, ist es immer möglich, verschiedene kontinuierliche Funktionen (mit ebenfalls kontinuierlichen Ableitungen) zu konstruieren, die durch alle Abtastpunkte gehen, sofern T größer als Null ist.

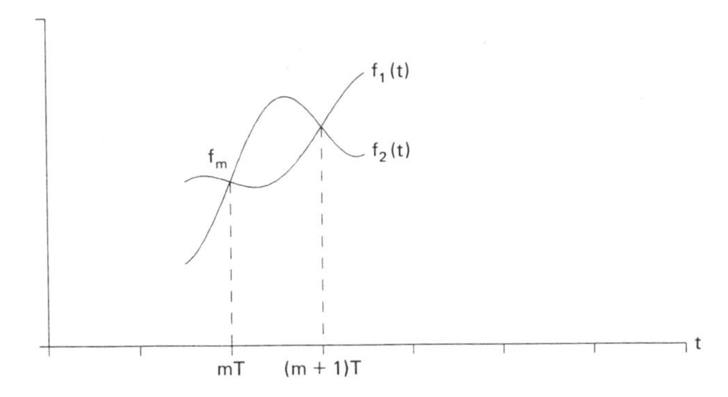

Bild 4.4 Verschiedene Funktionen mit denselben Abtastwerten

Mit anderen Worten, irgendeine Art von Einschränkungen muß f(t) auferlegt werden, um f(t) vollständig mit nur einem endlichen Satz von Zahlen $[f_m]$ beschreiben zu können. Das Abtasttheorem, das diese Einschränkungen dem Frequenzinhalt von f(t) auferlegt, kann wie folgt ausgedrückt werden:

Um fähig zu sein, f(t) exakt wiederzugewinnen, muß man f(t) mit einer Rate abtasten, die größer als das Doppelte seiner höchsten Frequenzkomponente ist.

Ist f(t) ein periodisches Signal, folgt die Gültigkeit dieses Satzes aus Kapitel 2, wo die untere Grenze zu

$$N \geq 2K + 1 \tag{4.1}$$

festgesetzt wurde, in der N die Zahl der Abtastwerte je Grundperiode und K die höchste Harmonische in der Fourier-Reihe für f(t) war. Ist N die Zahl der Abtastwerte je Grundperiode und dauert eine Periode p Sekunden, so muß die Abtastrate gleich N/p Abtastungen pro Sekunde sein, und die höchste Frequenzkomponente in der Fourier-Reihendarstellung von f(t) muß gleich K/p Hz sein. Daher ist Gleichung 4.1 in der Tat eine Darstellung des Abtasttheorems für periodische Signale.

Man beachte, daß die Abtastrate größer als das Doppelte der höchsten Frequenz in f(t) sein muß und nicht genau gleich der letzteren. Manchmal wird das Abtasttheorem irrigerweise doch so ausgedrückt. Bild 4.5 veranschaulicht eine Situation, bei der eine Sinuswelle mit einer Rate abgetastet wird, die genau gleich dem Doppelten ihrer (höchsten) Frequenz ν ist, und doch kann f(t) offensichtlich aus dem Abtastsatz nicht gewonnen werden, da alle Abtastwerte gleich Null sind! Bild 4.6 veranschaulicht eine ähnliche Situation, bei der die Abtastrate etwas höher als 2 ν ist. In diesem Beispiel wiederholt sich der Abtastsatz in Intervallen von 8 T Sekunden, und in jedem dieser Intervalle liegen N = 8 Abtastungen. (Man beachte, wie diese Wiederholungsperiode anwachsen würde, wenn sich T dem Wert 1/(2 ν) näherte, und wie der vollständige Abtastsatz wachsende Werte von N erfordern würde.) In dem Beispiel von Bild 4.6 gibt es 3 Zyklen von f(t) in jedem Intervall der Länge 8 T; daher ist mit K = 3, N = 8 die Gleichung 4.1

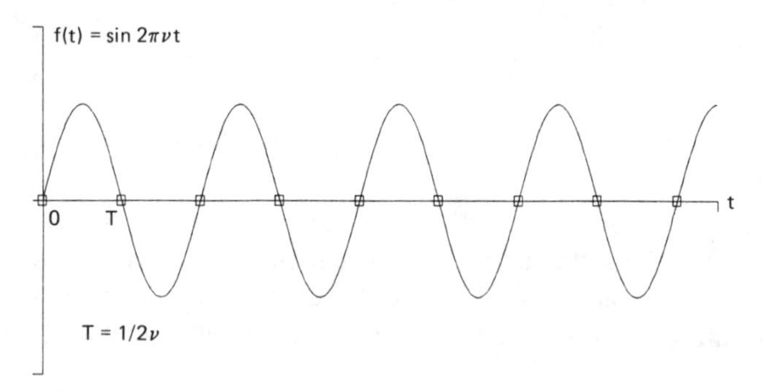

Bild 4.5 Abtastrate = zweimal in f(t) enthaltene Frequenz

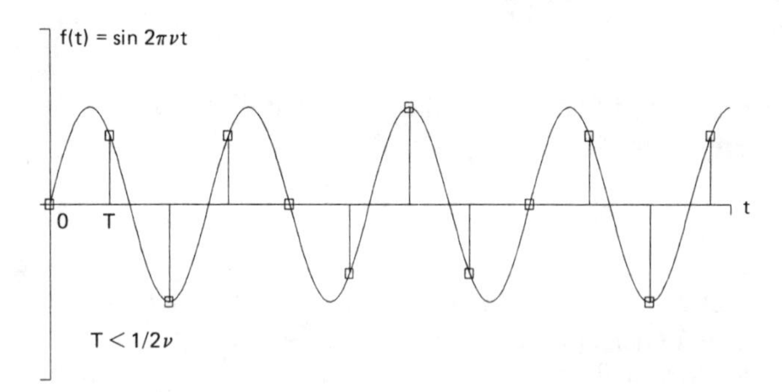

Bild 4.6 Abtastrate > zweimal die höchste in f(t) enthaltene Frequenz

erfüllt, und die Fourier-Koeffizienten von f(t) können exakt aus dem Abtastsatz gefunden werden, siehe z.B. Gleichung 2.39 von Kapitel 2. Keine andere Funktion von t, wenn sie auf Frequenzen kleiner als 1/(2T) Hz begrenzt ist, hat diesen selben Abtastsatz.

Andererseits veranschaulicht Bild 4.7 die Vieldeutigkeit, wenn die Abtastrate etwas niedriger als 2 ν ist. d.h. wenn T größer als 1/(2 ν) ist. Die Abtastwerte von f(t) sind dieselben wie die von g(t), welches eine andere Sinuswelle mit einer Frequenz kleiner als ν darstellt. Mit dem dargestellten Abtastsatz sind sowohl f(t) als auch g(t) mögliche Rekonstruktionen.

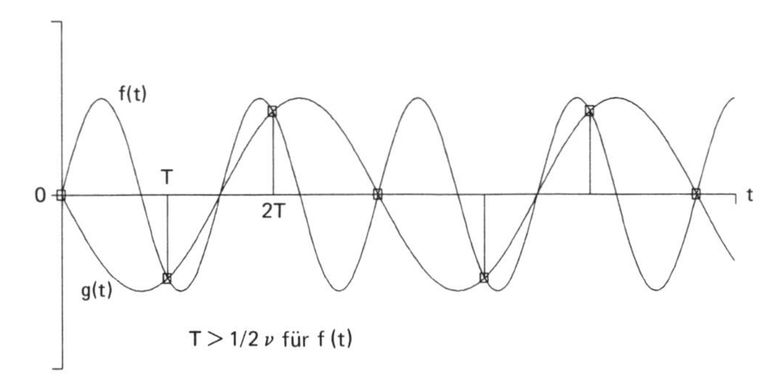

Bild 4.7 Abtastrate < zweimal die höchste in f(t) enthaltene Frequenz

Diese Art von Vieldeutigkeit, die dadurch verursacht ist, daß die Bedingungen des Abtasttheorems verletzt werden, kann noch allgemeiner in der folgenden Weise ausgedrückt werden: Wie in den obigen Bildern entsteht kein Verlust an Allgemeinheit in unserer Diskussion dadurch, daß man f(t) durch eine einzelne Sinuswelle darstellt. Deshalb wollen wir die abgetastete Funktion wie folgt ansetzen.

$$f(t) = A \sin(2\pi\nu t + \alpha) \tag{4.2}$$

Ferner betrage das Abtastintervall T Sekunden wie in den Bildern 4.6 und 4.7, so daß der Abtastsatz von f(t) gegeben ist durch

$$\text{Abtastsatz} = [f_m] = [A \sin(2\pi\nu mT + \alpha)] \tag{4.3}$$

Durch Benutzen der Identität sin x = sin (x + 2 kπ), wobei k irgendeine ganze Zahl ist, kann eine Äquivalenz zwischen Abtastsätzen wie folgt aufgestellt werden:

$$\begin{aligned}[A \sin(2\pi\nu mT + \alpha)] &= [A \sin(2\pi\nu mT + \alpha + 2k\pi] \\ &= [-A \sin(-2\pi\nu mT - \alpha + 2k\pi)] \\ &= \left[\pm A \sin\left(2\pi\left(\pm\nu + \frac{n}{T}\right)mT \pm \alpha\right)\right]\end{aligned} \tag{4.4}$$

wobei n eine ganze Zahl ist derart, daß m · n = k wieder eine ganze Zahl ist. Gleichung 4.4 heißt in Worten:

Bei einem Abtastintervall von T Sekunden sind Frequenzkomponenten bei ν und ± ν + n/T Hz für ganzzahliges n nicht voneinander unterscheidbar, d.h. sie haben dieselben Abtastwerte.

So wird Gleichung 4.4 zu einer Bestätigung des Abtasttheorems. Ihre Auswirkung wird in Bild 4.8 dargelegt. Es zeigt, wie der Frequenzbereich durch den Abtastprozeß effektiv "gefaltet" ist. Das Diagramm links in Bild 4.8 zeigt die Äquivalenz zwischen den Frequenzen $\nu_1 = -1/3T$ und $\nu_2 = 2/3T$ für den speziellen Fall von Bild 4.7. Rechts in Bild 4.8 veranschaulicht das allgemeinere Diagramm die durch Gleichung 4.4 bestimmte Faltung. Zu jeder möglichen Signalkomponente bei einem mit X markierten Punkt gibt es darüber oder darunter Komponenten bei anderen mit X markierten Frequenzen, die identische Abtastsätze haben.

Eine Hälfte der Abtastfrequenz, d.h. 1/2T Hz oder π/T rad sec^{-1}, wird die Faltungsfrequenz genannt, aus Gründen, die in Bild 4.8 dargestellt wurden. Sie wird auch oft Nyquist-Frequenz genannt (nach H.Nyquist aus den Bell Laboratorien) meistens jedoch die "Aliasing"-Frequenz. Das ist mit anderen Worten die Frequenz der spektralen Überschneidung bzw. der Fremdüberlagerung (eng.: aliasing).

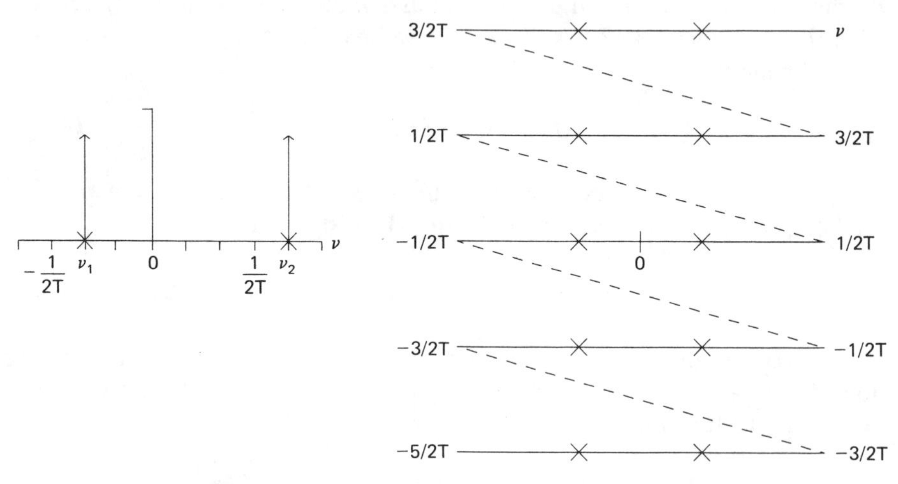

Bild 4.8 Falten des Frequenzbereiches. Komponenten bei den mit X bezeichneten Frequenzen können dieselben Abtastfolgen haben.

Das Abtasttheorem gilt natürlich unabhängig davon, ob f(t) periodisch ist oder nicht. Wenn f(t) nicht periodisch ist, z.B. ein endlicher Impuls, wird sein Frequenzinhalt durch $F(j\omega)$, die Fourier-Transformierte von f(t), ausgedrückt. Da die Fourier-Transformation schon als Grenzübergang der Fourier-Reihe eingeführt worden war, sollte man dieses Ergebnis auch erwarten. Der Beweis des Abtasttheorems für aperiodische Signale verläuft wie folgt:

Man nimmt an, daß das aperiodische Signal f(t) auf Frequenzen kleiner als 1/(2T) Hz bzw. π/T rad sec^{-1} begrenzt ist.

Dann kann, beginnend mit Gleichung 3.4 von Kapitel 3, f(t) ausgedrückt werden:

$$
\begin{aligned}
f(t) &= \frac{1}{2\pi} \int_{-\infty}^{\infty} F(j\omega) e^{j\omega t} \, d\omega \\
&= \frac{1}{2\pi} \int_{-\pi/T}^{\pi/T} F(j\omega) e^{j\omega t} \, d\omega
\end{aligned}
\tag{4.5}
$$

Die Abtastwerte von f(t) nehmen dann die Form an

$$
f_m = f(mT) = \frac{1}{2\pi} \int_{-\pi/T}^{\pi/T} F(j\omega) e^{jm\omega T} \, d\omega \tag{4.6}
$$

Dies Ergebnis erinnert an die Formel des komplexen Fourier-Koeffizienten, Gleichung 2.42 in Kapitel 2, und es ist in der Tat mit ihr gleich, wenn man es noch mit T multipliziert. Dabei ersetzen die Werte ω, T, m und F hier die Werte t, ω_0, -k und f_p in der Formel des Kapitels 2. Damit ergibt sich:

Wenn F(jω) auf das Intervall $|\omega|<\pi/T$ begrenzt ist, dann kann F(jω) durch eine Fourier-Reihe innerhalb dieses Intervalls beschrieben werden. Der m-te Koeffizient ist $T \cdot f_m$.

Der Leser könnte jetzt vielleicht fragen, ob eine komplexe Funktion wie F(jω) eine Fourier-Reihe haben kann, da nur reelle Funktionen in Kapitel 2 behandelt wurden. Es gibt jedoch in der Formel für die Koeffizienten oder ihrer Ableitung nichts, das die Funktion hindern könnte, komplex zu werden. Der einzige Unterschied besteht darin, daß da, wo die Koeffizienten c_m und c_{-m} in Kapitel 2 komplex konjugiert sind, die entsprechenden Größen $T \cdot f_m$ und $T \cdot f_{-m}$ jetzt reell und im allgemeinen ungleich sind. Wenn sie gleich sind, dann ist F(jω) in der Tat reell.

Die obige Aussage, daß $[Tf_m]$ der Satz von Fourier-Koeffizienten für F(jω) im Intervall $|\omega| < \pi/T$ ist, beweist das Abtasttheorem für aperiodische Funktionen. Wenn f(t) aus F(jω) gewonnen werden kann und wenn F(jω) konstruiert werden kann, indem man $[Tf_m]$ benutzt, dann kann f(t) ersichtlich aus seinem Abtastsatz $[f_m]$ ermittelt werden.

Das nächste Kapitel enthält eine weitere Diskussion des Abtasttheorems und seiner Auswirkungen auf Frequenzmessung und Rekonstruktion des Zeitverlaufes. Das Verdienst, das Theorem und seine Wichtigkeit in diesen Bereichen als erster entdeckt zu haben, gebührt E.T. Whittaker, der das Abtasttheorem in einem bemerkenswerten Aufsatz veröffentlichte [Whittaker,

1915] und damit die Grundlage für die moderne digitale Signalverarbeitung legte. Der Aufsatz enthält z.B. eine berühmte Formel für das Rekonstruieren des Zeitverlaufes aus seinem Abtastsatz, was im nächsten Kapitel erörtert wird. (Man vergleiche auch den Aufsatz von H.D. Lüke "Zur Entstehung des Abtasttheorems" in ntz (1978) H. 4, S. 271-274).

4.3 Reine Abtastsysteme

Das "vordere Ende" eines linearen Systems mit einem kontinuierlichen Eingangssignal f(t) fällt im allgemeinen in eine der drei Kategorien, die in Bild 4.9 dargestellt sind. Die zwei unteren Schemata schließen einen Abtastprozeß ein,

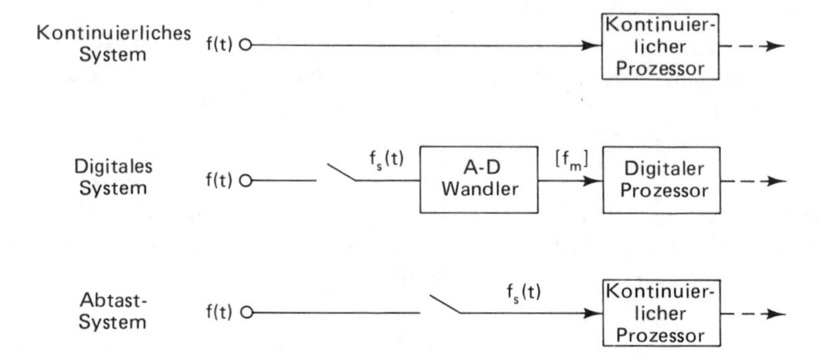

Bild 4.9 Verschiedene Behandlungen kontinuierlicher Signale

auf den das Abtasttheorem anwendbar ist. Das digitale System in der Mitte ist das bei weitem nützlichste von den dreien, und die folgenden Kapitel beziehen sich hauptsächlich auf diesen Systemtyp und seine Beziehungen zu dem rein kontinuierlichen System oben im Bild.

Das Abtastsystem unten in Bild 4.9 stellt jedoch eine dritte Kategorie dar, die auf dem Gebiet der automatischen Steuerung und Regelung wichtig ist. Man beachte, daß das Abtastsystem kein digitales System ist. Es besteht aus einem analogen System, das die Abtastwerte von f(t) verarbeitet. Der Abtaster digitalisiert nicht die Signale; stattdessen erzeugt er analoge Abtastwerte, wie dies in Bild 4.10 veranschaulicht wird.

Der "kontinuierliche Prozessor" in Bild 4.9 bearbeitet dann die Funktion $f_s(t)$ und erzeugt ein kontinuierliches Ausgangssignal. Daher ist das reine Abtastsystem ein kontinuierliches und nicht ein digitales System und kann mit Hilfe der Fourier- oder Laplace-Transformation analysiert werden (für

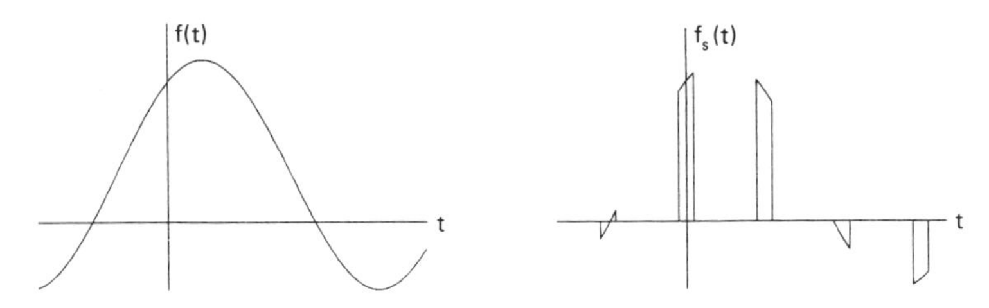

Bild 4.10 Das von einem Abtaster erzeugte Signal $f_s(t)$

eine umfassende Behandlung der Analyse und des Entwurfs von Abtastsystemen siehe [Truxal 1955, Ragazzini und Franklin 1958, Tou 1959, Monroe 1962 oder Gibson 1963]). In der einfachsten Form geht die Analyse wie folgt vonstatten:

Angenommen, $f_s(t)$ setzt sich zusammen aus schmalen Abtastimpulsen, die als Dirac-Impulse behandelt werden können. (Der Fall einer nichtlinearen Abtastung wird in Kap. 5, Abschnitt 8 erörtert, siehe auch den nachfolgenden Abschnitt 4.4.).

Dann kann, wie oben erläutert, der Abtastwert $f_m = f(mT)$ gewonnen werden, indem man f(t) mit der passenden Einheits-Impulsfunktion $\delta(t-mT)$ multipliziert. Die Impulsfolge $f_s(t)$ setzt sich dann aus dem ganzen Abtastsatz zusammen, d.h.

$$f_s(t) = \sum_{m=-\infty}^{\infty} f(t)\delta(t - mT) \tag{4.7}$$

Nimmt man an, daß f(t) bei t = 0 beginnt, kann man die Laplace-Transformierte von $f_s(t)$ wie folgt finden:

$$\begin{aligned} F_s(s) &= \int_0^\infty f_s(t)e^{-st}\,dt \\ &= \int_0^\infty \sum_{m=-\infty}^{\infty} f(t)\delta(t - mT)e^{-st}\,dt \\ &= \sum_{m-\infty}^{\infty} \int_0^\infty f(t)e^{-st}\delta(t - mT)\,dt \\ &= \sum_{m=0}^{\infty} f_m e^{-msT} \end{aligned} \tag{4.8}$$

(In der dritten Zeile ist jeder Integrand nur bei t = mT von Null verschieden, und so ergibt sich die letzte Zeile). Die Form dieser Transformation hat Bedeutung über die reinen Abtastsysteme hinaus und bildet den

Inhalt des nächsten Kapitels. Um die Ausgangsfunktion des kontinuierlichen Prozessors in Bild 4.9 zu erhalten, wird $F_s(s)$ mit der kontinuierlichen Übertragungsfunktion multipliziert, genau wie in dem vorangehenden Kapitel. Dieser Vorgang wird in dem folgenden einfachen Beispiel veranschaulicht.

Beispiel 4.1: Man finde die Antwort g(t) des in Bild 4.11 dargestellten Systems. Diese besondere Übertragungsfunktion wird oft benutzt, um das Ausgangssignal $f_s(t)$ des Abtasters zu glätten und so aus g(t) eine Näherung für f(t) zu machen. In diesem Beispiel ist f(t) eine Sprungfunktion, die gerade kurz vor t = 0 beginnt, so daß die abgetastete Funktion $f_s(t)$ wie gezeigt verläuft. Aus Gleichung 4.8 ergibt sich ihre Transformierte zu

$$\begin{aligned} F_s(s) &= \sum_{m=0}^{\infty} f_m e^{-msT} \\ &= \sum_{m=0}^{\infty} e^{-msT} \end{aligned} \tag{4.9}$$

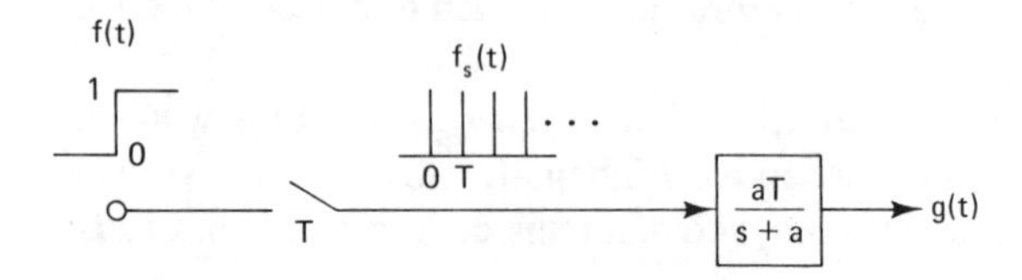

Bild 4.11 Abtastsystem für das Beispiel 4.1

Die Ausgangstransformierte G(s) ist jetzt

$$G(s) = H(s)F(s) = aT \sum_{m=0}^{\infty} \frac{e^{-msT}}{s + a} \tag{4.10}$$

Die Zeilen 1, 2, 7 und D von Tabelle 3.1 im vorhergehenden Kapitel können herangezogen werden, um die inverse Transformierte zu Gleichung 4.10 zu finden.

Man beachte, daß jeder Term in der Summe $e^{-msT}/(s + a)$ zu einer Exponentialfunktion e^{-at} für t > 0 wird, die um die Zeit mT verschoben ist. Da die unverschobene Funktion für t < 0 gleich Null ist, muß die verschobene Version für t < mT gleich Null sein. Daher findet man, ausgehend von Gleichung 4.10, folgenden Ausdruck für g(t):

$$\begin{aligned} g(t) &= aT \sum_{m=0}^{\infty} u(t - mT) e^{-a(t-mT)} \\ &= aTe^{-at} \sum_{m=0}^{\infty} u(t - mT) e^{maT} \end{aligned} \tag{4.11}$$

Hierbei ist u(t) wieder die Einheits-Sprungfunktion mit dem Sprung bei t = 0.

Um einen schöneren Ausdruck für g(t) zu erhalten, nehmen wir die Zeit t im n-ten Abtastintervall zwischen (n-1)T und nT. Dann gilt

$$g[(n-1)T < t < nT] = aTe^{-at} \sum_{m=0}^{n-1} e^{mat} = aTe^{-at} \frac{1 - e^{nat}}{1 - e^{aT}} \tag{4.12}$$

Wenn t = nT⁻, d.h. ganz kurz vor nT, ergibt sich

$$g_n = aTe^{-naT} \frac{1 - e^{naT}}{1 - e^{aT}} = \frac{aT}{e^{aT} - 1}(1 - e^{-naT}) \tag{4.13}$$

Dies ist eine mit wachsendem, nT bzw. at auf einen festen Endwert steigende Funktion.

Normierte Verläufe von g(t), die den glättenden Effekt der Übertragungsfunktion mit zwei verschiedenen Abtastintervallen veranschaulichen, sind in Bild 4.12 dargestellt.

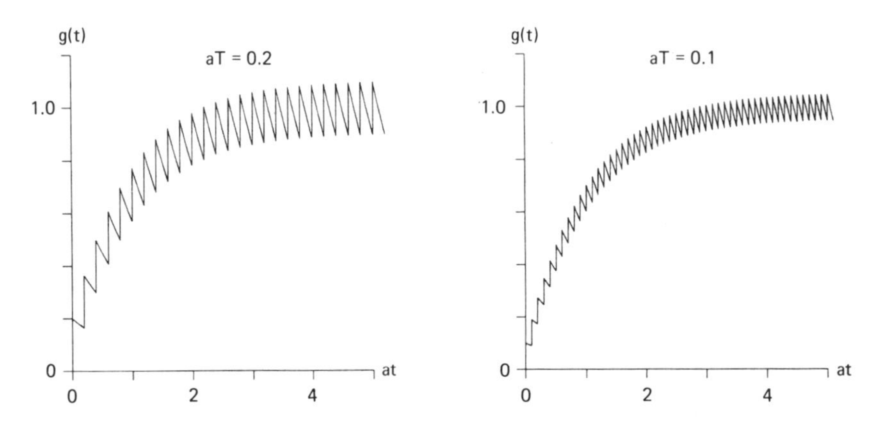

Bild 4.12 Ausgangssignal des Abtastsystems mit aT = 0.2 und aT = 0.1 (Beispiel 4.1)

4.4 Analog-Digital-Wandlung

Der grundsätzliche Unterschied zwischen dem oben diskutierten reinen Abtaster und dem System mit A-D-Wandler ist in Bild 4.9 veranschaulicht. Der A-D-Wandler digitalisiert die Abtastwerte der Zeitfunktion und liefert die Eingangssignale für einen digitalen Prozessor (der im Gegensatz zu einem kontinuierlichen Prozessor steht). Ein typisches digitales Steuersystem mit mehreren Eingängen und einem einzigen Ausgang ist in Bild 4.13 gezeigt. Das

System könnte z.B. ein Steuersystem für einen chemischen Prozeß sein oder eine automatische Steuerung oder ein ähnliches System, das mehrere Sensoren erfordert. Die Sensorausgänge werden nacheinander durch einen analogen Multiplexer abgesucht, abgetastet und durch den A-D-Wandler in eine Folge von kodierten Zahlen umgewandelt. Sind die digitalisierten Signale verarbeitet, erzeugt der D-A-Wandler ein analoges Steuersignal am Prozessorausgang.

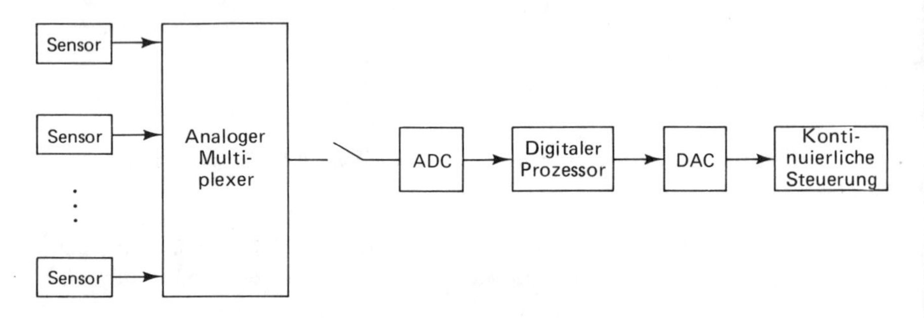

Bild 4.13 Typisches digitales Steuerungs-System

Der Entwurf von A-D-Wandlern ist verschieden und hängt ab von den Anforderungen bezüglich der Geschwindigkeit und der Genauigkeit. Es gibt Lehrbücher, die dem Entwurf von A-D- und D-A-Wandlern gewidmet sind; z.B. [Hoeschele 1968 oder Schmid 1970]. Das Thema des Schaltungsentwurfes gehört nicht mehr in den Bereich unserer Diskussion. Bild 4.14 gibt jedoch eine einfache Darstellung einer Methode der A-D-Wandlung. Hier ist ein Komparator vorhanden, der einen n-bit-Binärzähler veranlaßt, entweder hinauf oder herunter zu zählen, so daß der Zählerinhalt, wenn er durch den D-A-Wandler wieder zurückverwandelt wird, den aktuellen Wert von f(t) widerspiegelt. Der Abtastsatz $[f_m]$ wird zusammengestellt, indem der Inhalt des Zählers jeweils nach T Sekunden gelesen wird.

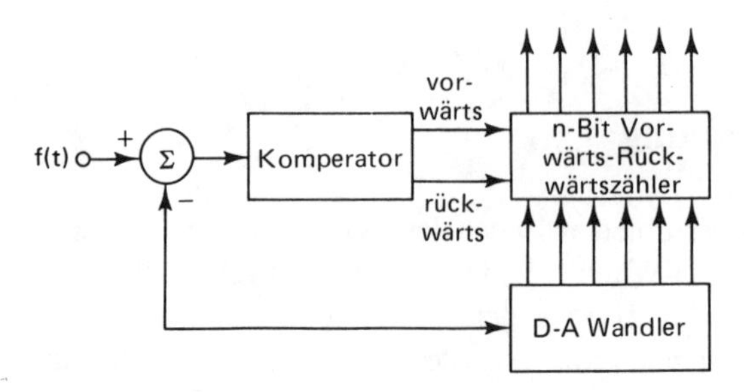

Bild 4.14 Entwurf eines einfachen A-D-Wandlers

Wie durch Bild 4.14 nahegelegt, ist jeder Abtastwert von f(t) ein digitales Wort, das n Informationsbits über den Wert von f(t) zu einer besonderen Zeit enthält. Daher gibt es, da f(t) sich nach Annahme kontinuierlich ändert, immer einen Quantisierungsfehler, wie dies in Bild 4.15 dargestellt ist. Wie man zeigen kann, ist der maximale Quantisierungsfehler gleich q/2, wobei q der Wert der geringstwertigen Zählerstufe ist. (Dies setzt natürlich voraus, daß der A-D-Wandler so nahe wie möglich an den korrekten Abtastwert herankommt). Wenn z.B. der Bereich eines 10-bit-Wandlers (n = 10) die Spannungen von 0 bis 10,24 Volt darstellt, dann liefert ein einzelner Zählimpuls (q) den Spannungsbetrag $10{,}24/2^{10} = 0{,}01$ V und der maximale Quantisierungsfehler (q/2) ist 0,005 V.

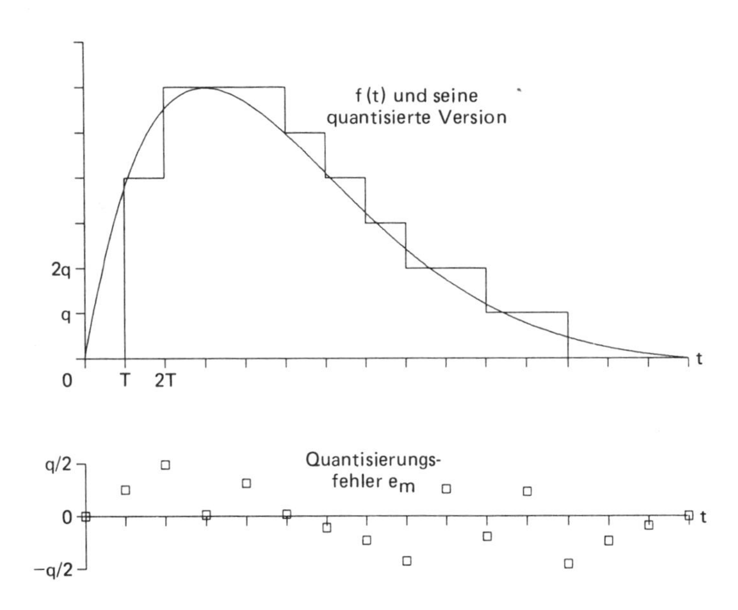

Bild 4.15 Quantisierungsfehler des A-D-Wandlers

Im allgemeinen wird der Quantisierungsfehler e_m als ein zufälliger Fehler behandelt, der mit Ausdrücken einer Wahrscheinlichkeits-Dichtefunktion beschrieben wird. Im Kapitel 13 werden zufällige Funktionen diskutiert, und es wird z.B. gezeigt, daß, wenn alle Wert von e_m zwischen -q/2 und q/2 gleich wahrscheinlich sind, folgendes gilt

$$\begin{aligned} &\text{Mittelwert von} \quad e_m = 0 \\ &\text{Effektivwert von} \quad e_m = \frac{q}{\sqrt{12}} \end{aligned} \tag{4.14}$$

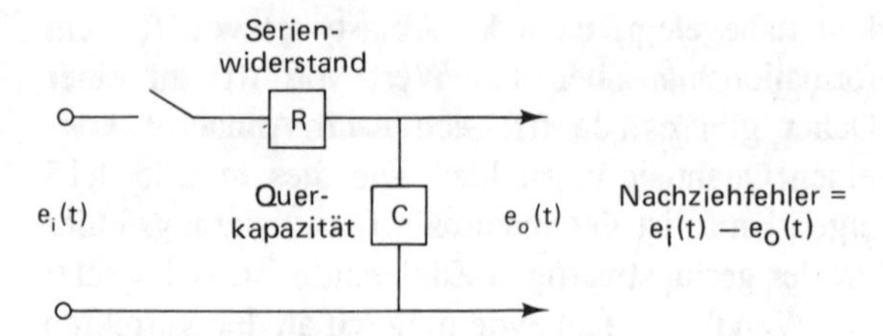

Bild 4.16 Ersatzschaltbild für das Schätzen des Nachziehfehlers in einem A-D-Wandler

Wenn f(t) Energie bei sehr hohen Frequenzen enthält und die Abtastrate 1/T entsprechend hoch ist, wird der sogenannte Nachziehfehler (tracking error) die grundsätzliche Begrenzung für die Schnelligkeit eines A-D-Wandlers. Elektronische Hochgeschwindigkeits-Wandler arbeiten im allgemeinen nicht nach dem Schaltungsprinzip von Bild 4.14 (siehe z.B. [Benima 1973], aber alle Schaltungen müssen irgendwie etwas Energie aus f(t) verbrauchen, und zwar jedes mal dann, wenn ein Abtastwert genommen wird. Deshalb sind, wie in Bild 4.16 skizziert, ein äquivalenter Eingangs-Serienwiderstand und eine Querkapazität für den A-D-Wandler typisch. Eine einfache Schätzung des Nachziehfehlers in Bild 4.16 kann man wie folgt erhalten: Wir wählen $e_i(t)$ als Rampenfunktion mit der Steigung e'_i und nehmen an, daß der Abtastschalter zur Zeit t = 0 geschlossen wird, zu welcher Zeit e_i und e_o gleich sind. Dann ergibt sich aus Kapitel 3, Abschnitt 2

$$E_i(s) - E_o(s) = \frac{e_i'}{s^2} - \frac{(e_i'/s^2)(1/sC)}{R + 1/sC} = \frac{e_i'}{s(s + 1/RC)}$$

Daher wird der Nachziehfehler

$$= e_i(t) - e_o(t) = RCe_i'(1 - e^{-t/RC}) \tag{4.15}$$

Das heißt, wenn der Abtastschalter geschlossen gelassen wird, um e_i auf seinen neuen Wert nachzuziehen, wächst der Nachziehfehler bis auf einen Dauer-Differenzwert an, der gleich RC e'_i ist.

Die Frage, ob der A-D-Wandler als ein Nadelimpuls-Abtaster behandelt werden kann oder nicht, muß auch betrachtet werden. Manchmal (z.B. im Falle des Multiplexens) ist es bequem, den Wandler als ein Gerät zu betrachten, das die kontinuierliche Funktion f(t) während eines Abtastfensters der Weite w, das sich von t = mT - w/2 bis mT + w/2 erstreckt, abfragt, siehe Bild 4.17. Dann kann, wenn die Änderung von f(t) während des Fensters nicht signifikant ist, eine Dirac-Impulsabtastung wie oben in Abschnitt 3 angenommen werden. Wenn dagegen die Impulsdächer in $f_s(t)$ nicht nahezu flach sind, muß die Umwandlungsmethode näher untersucht werden. Die Weite w hat verwandte Wirkungen auf das Spektrum des Abtastsatzes $[f_m]$ und das Spektrum von $f_s(t)$. Diese Wirkungen werden in Kapitel 5, Abschnitt 8 erörtert.

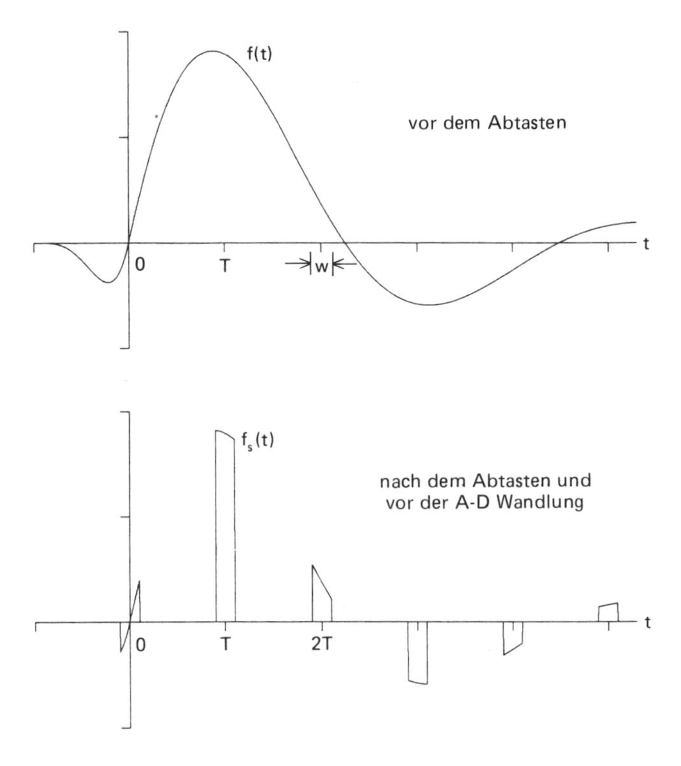

Bild 4.17 Abtasten mit einem Fenster der Breite w

Es ist auch möglich, daß ein Zitterfehler (jitter) im A-D-Prozeß auftritt. Bei diesem Fehlertyp wird das Abtastfenster auf die Zeitspanne $mT + \mu_m$ statt genau auf mT zentriert, d.h. das Fenster ist um den Wert μ_m wie in Bild 4.18 verschoben. Papoulis (1966) hat gezeigt, daß ein unabhängiger Zitterfehler dem oben diskutierten Quantisierungsfehler ganz ähnlich ist. Aus Bild 4.18 entnimmt man, wenn der Effektivwert von μ_m gleich σ_μ ist und wenn die Steigung f'(t) über das Zitterintervall konstant ist, daß

$$\text{Effektiver Zitterfehler} \leq \sigma_\mu \text{ x Maximalwert von } f'(t) \qquad (4.16)$$

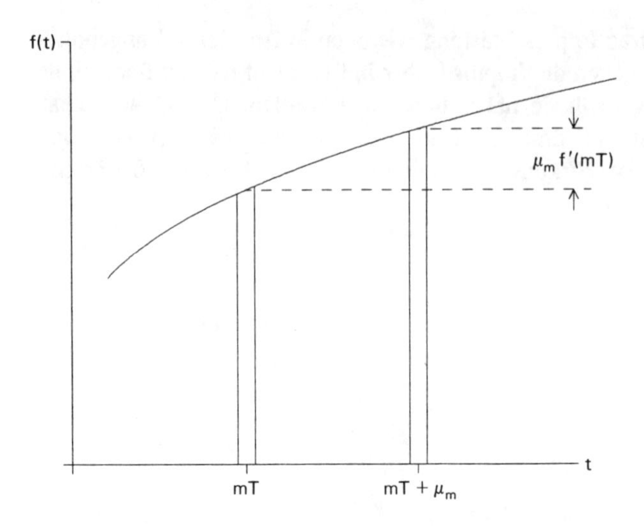

Bild 4.18 Jitterfehler $\mu_m f'(mT)$, hervorgerufen durch Verschiebung um μ_m

4.5 Digital-Analog-Wandlung

In dem digitalen Signalverarbeitungssystem von Bild 4.13 arbeitet der D-A-Wandler reziprok zu dem A-D-Wandler. Er wandelt einen kodierten Satz von Werten $[f_m]$ in eine sich ändernde analoge Spannung um oder in die Position einer Welle oder in eine ähnliche Größe. In der einfachsten Form des D-A-Wandlers, die im Prinzip in Bild 4.19 dargestellt ist, sind die binären Abtastwerte $[f_m]$ aufeinanderfolgend (f_0 bei t = 0, f_1 bei t = T usw.) in einem binären Register

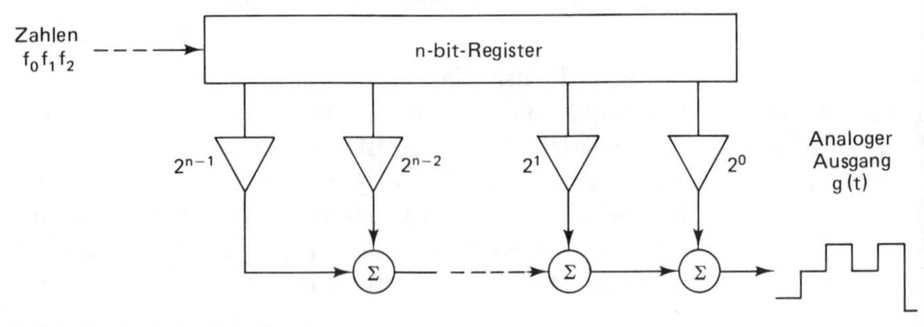

Bild 4.19 Prinzip der D-A-Wandlung

der Länge n bit enthalten. Die Bits in dem Register werden gemäß ihrem Gewicht summiert, so daß das Ausgangssignal g(t) ein Analogsignal ist, das seinen Wert nur an den Abtastpunkten ändert. Dies nennt man eine Wandlung nullter Ordnung - jeder Abtastwert wird in g(t) so lange gehalten, bis der nächste Abtastwert erscheint.

Die verschiedenen elektrischen oder mechanischen Fehlerquellen in D-A-Wandlern (siehe z.B. [Schmid 1970], Kapitel 7) werden im allgemeinen minimal gehalten, indem man Präzisionsbauteile auswählt, Präzisionsstromversorgungen benutzt, den Betriebstemperaturbereich verkleinert usw.

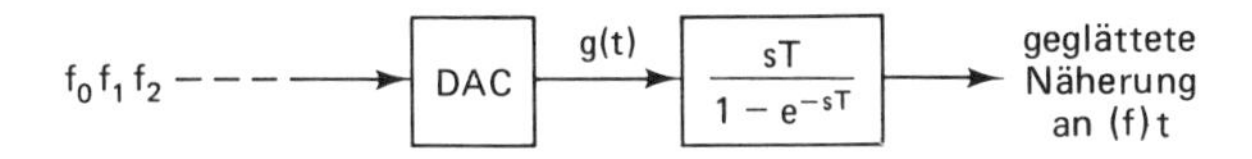

Bild 4.20 Glätten zur Korrektur des Haltesignals nullter Ordnung

Der Fehler der Wandlung nullter Ordnung kann (wenigstens im Prinzip) dadurch beseitigt werden, daß man das Ausgangssignal g(t) wie in Bild 4.20 glättet. Wenn g(t) so beschaffen ist wie oben beschrieben, dann gilt

$$g(t) = \sum_{n=0}^{\infty} f_n[u(t - nT) - u(t - (n + 1)T)] \qquad (4.17)$$

Dabei bedeutet u(t-nT) den Einheitssprung bei t = nT. Zieht man die Tabelle der Laplace-Transformierten im Anhang A heran, so kann die Transformierte G(s) geschrieben werden:

$$G(s) = \frac{1 - e^{-sT}}{sT} \sum_{n=0}^{\infty} f_n e^{-nsT}(T) \qquad (4.18)$$

Wenn die Länge T als Integrationslänge dt betrachtet wird, wird die Summe in Gleichung 4.18 zur Transformierten F(s). (Die Genauigkeit dieser Näherung wird im nächsten Kapitel noch weiter diskutiert). Daher wird

$$G(s) \approx \frac{1 - e^{-sT}}{sT} F(s) \qquad (4.19)$$

Die Wiederherstellung der Funktion f(t) aus ihrer Wandlungskurve nullter Ordnung geschieht daher durch Glätten der Übertragungsfunktion sT/(1-e^{-sT}), wie das in Bild 4.20 veranschaulicht ist. In der Praxis werden verschiedene einfache Näherungen für diese Übertragungsfunktion, d.h. einfache Tiefpaßfilter, benutzt. Papoulis (1966) liefert eine umfassende Diskussion der Wiederherstellung von f(t) und Davies (1971) diskutiert die Beseitigung der Verzerrung nullter Ordnung durch digitale Filter. Tou (1959) diskutiert den Fehler nullter Ordnung als einen Effekt des "Festklemmens" (clamping) des Signals f(t).

4.6 Übungen

1. Ein periodisches Signal f(t) enthalte Frequenzkomponenten bis ein kHz. Mit welcher Frequenz muß f(t) abgetastet werden, um es eindeutig wiederherzustellen?

2. Nimm an, daß f(t) als reine 1-kHz-Sinuswelle im Mikrosekundenabstand abgetastet wird, um einen Satz von Abtastwerten $[f_m]$ zu erhalten. Welche anderen sinusförmigen Signale haben denselben Satz $[f_m]$?

3. Die Fourier-Transformierte eines impulsförmigen Signals f(t) ist ein Rechteck. a) Welche Eigenschaft von f(t) folgt daraus, daß F(jω) reell ist? b) Wie groß muß das Abtastintervall T sein, um f(t) vollständig zu erfassen? c) Wie sieht f(t) aus?

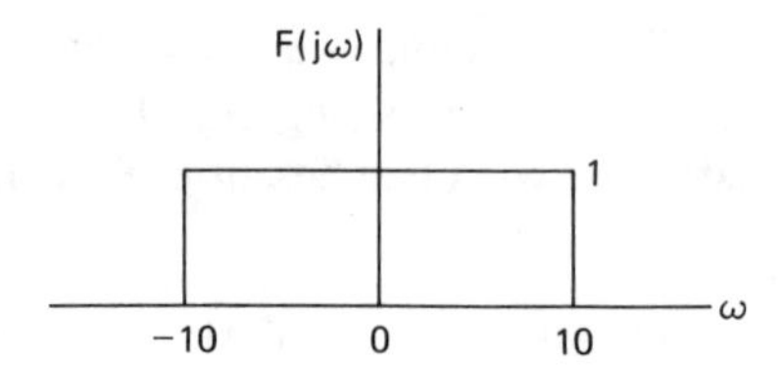

4. Die gezeigte Impulsfolge werde beschrieben durch

$$f(t) = \sum_{n=-\infty}^{\infty} \frac{\sin \pi(t - 40n)}{\pi(t - 40n)}$$

Wie oft muß f(t) abgetastet werden, um es wiederherstellen zu können? Hinweis: Offensichtlich wird nicht viel Genauigkeit verlorengehen, wenn jeder Impuls in der Folge so behandelt wird, als ob er vollkommen abgeklungen ist, bevor der nächste Impuls beginnt.

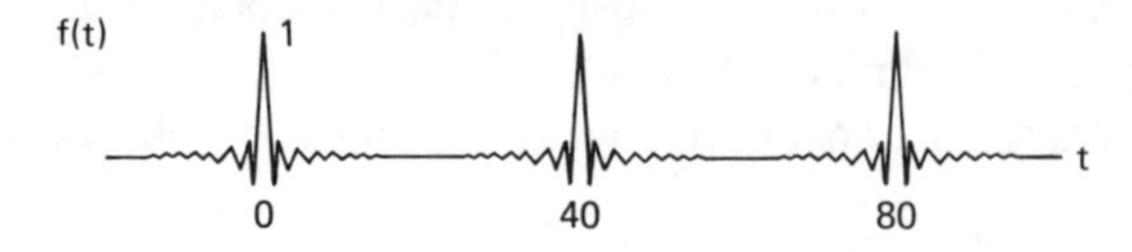

5. Mache mit f(t) in Aufgabe 4 eine Skizze des Abtastsatzes über eine Periode von f(t) und benutze dabei einen fast maximalen Wert von T.

6. Die Rampenfunktion f(t) = 10t wird von t = 0 bis t = kT abgetastet. Wie heißt die Laplace-Transformierte des Abtastergebnisses?

7. Das Abtastsignal in Aufgabe 6 wird geglättet, indem es durch ein Filter mit der Übertragungsfunktion H(s) = 1/(s + 2) geschickt wird. Skizziere das geglättete Ausgangssignal, wenn das Abtastintervall T = 0,05 sec beträgt.

8. Ein 10-bit-A-D-Wandler hat einen Bereich von ± 10 V. Wie groß ist der effektive Quantisierungsfehler, wenn man annimmt, daß alle möglichen Werte gleich wahrscheinlich sind?

9. Ein A-D-Wandler hat eine Eingangskapazität von 10^{-11} F und einen Eingangswiderstand von 100 Ω. Wie groß ist der maximale Nachziehfehler bei der maximalen Eingangssteigung von ± 10^6 V sec^{-1} ?

Einige Antworten

1. Abtastfrequenz > 2000 sec^{-1}.
2. Reine Sinuswellen bei 1,001 MHz, 2,001 MHz usw.
3. **(a)** $f(t) = f(-t)$ **(b)** $T < \pi/10$ **(c)** $f(t) = (\sin 10t)/\pi t$
4. $T < 1$ **6.** $F_s(s) = \sum_{m=0}^{k} 10mTe^{-msT}$ **8.** 0.0056 V **9.** 0.001 V

Literaturhinweise

BENIMA, D., and BARGER, J. R., High-Speed, High-Resolution A/D Converters. *Electron. Des. News*. June 5, 1973, p. 62.

DAVIES, A. C., Correction of Zero-Order Hold Distortion in Digital Filters. *IEEE Trans. Audio Electroacoust.*, Vol. AU-19, No. 4, December 1971, p. 289.

ELECCION, M., A/D and D/A Converters. *IEEE Spectrum*, July 1972, p. 63.

GIBSON, J. E., *Nonlinear Automatic Control*, Chap. 3. New York: McGraw-Hill, 1963.

HOESCHELE, D., *Analog-to-Digital/Digital-to-Analog Conversion Techniques*. New York: Wiley, 1968.

JURY, E. I., *Sampled-Data Control Systems*. New York: Wiley, 1958.

MONROE, A. J., *Digital Processes for Sampled Data Systems*, Chap. 6. New York: Wiley, 1962.

PAPOULIS, A., *The Fourier Integral and Its Applications*. New York: McGraw-Hill, 1962.

PAPOULIS, A., Error Analysis in Sampling Theory. *Proc. IEEE*, Vol. 54, No. 7, July 1966, p. 947.

RAGAZZINI, J. R., and FRANKLIN, G. F., *Sampled-Data Control Systems*, Chap. 2. New York: McGraw-Hill, 1958.

SCHMID, H., *Electronic Analog/Digital Conversions*. New York: Van Nostrand Reinhold, 1970.

SCHWARTZ, M., *Information Transmission, Modulation and Noise*, Chap. 3. New York: McGraw-Hill, 1970.

TOU, J. T., *Digital and Sampled-Data Control Systems*, Chaps. 3 and 8. New York: McGraw-Hill, 1959.

TRUXAL, J. G., *Control System Synthesis*, Chap. 9. New York: McGraw-Hill, 1955.

WHITTAKER, E. T., Expansions of the Interpolation-Theory. *Proc. Roy. Soc. Edinburgh*, Vol. 35, 1915, p. 181.

KAPITEL 5

Die diskrete Fourier-Transformation

5.1 Einleitung

In diesem Kapitel befassen wir uns mit den Spektren abgetasteter Signale. Wie bei den kontinuierlichen Signalen gibt es auch hier wichtige Unterschiede zwischen denjenigen Signalspektren, die periodisch sind und anderen, die es nicht sind. Wir haben schon gesehen, daß das Fourier-Integral bei periodischen Signalen, deren Einhüllende nicht mit der Zeit abnimmt, nicht konvergiert. Weiterhin werden wir sehen, daß das Spektrum von jeder Art abgetasteter Funktion periodisch ist.

Die grundlegende Methode zur Erlangung der spektralen Darstellung abgetasteter Signale ist die diskrete Fourier-Transformation (DFT). In Abschnitt 5.2 wird die DFT und ihre Anwendung bei aperiodischen Signalen eingeführt. Diese Diskussion wird in Abschnitt 5.3 fortgesetzt, in der eine Interpretation des Abtasttheorems im Frequenzbereich gegeben wird. In Abschnitt 5.4 wird die Anwendung der DFT auf periodische Signale diskutiert. Die darauf folgenden Betrachtungen enthalten einen Überblick über Methoden zur Rekonstruktion abgetasteter Zeitfunktionen, über den Einfluß des Abtastens mit nicht ideal kurzen Impulsen bzw. mit Impulsen endlicher Dauer und über die Beziehungen zwischen der DFT und der diskreten Faltung. Das Kapitel endet mit einigen Beispielen für Spektren diskreter Signale.

5.2 Die DFT und die Fourier-Transformation

In diesem Abschnitt wird die DFT aus der Fourier-Transformation eines abgetasteten Signals abgeleitet. Die DFT ist selbst ein abgetastetes komplexes Signal in dem Sinne, daß sie die Abtastung einer Fourier-Transformierten im Frequenzbereich darstellt, daher der Name "diskrete" Fourier-Transformation. Die Fourier-Transformierte irgendeiner reellen Funktion f(t) mit endlicher Energie lautet (siehe Kapitel 3, Gl. 3.1):

$$F(j\omega) = \int_{-\infty}^{\infty} f(t)e^{-j\omega t}\,dt \qquad (5.1)$$

Hier ist ω wie zuvor die Frequenzvariable in Einheiten von rad/sec. Eine "diskrete Zeit"-Version von f(t), die $\bar{f}(t)$ heiße (man spricht "f Quer"), kann als Folge von Nadelimpulsen geschrieben werden:

$$\begin{aligned} \bar{f}(t) &= f(t) \sum_{n=-\infty}^{\infty} \delta(t - nT) \\ &= \sum_{n=-\infty}^{\infty} f_n \, \delta(t - nT) \end{aligned} \tag{5.2}$$

Hier ist zur Abkürzung $f_n = f(nT)$ gesetzt. Die zweite Zeile folgt aus der ersten, weil das Produkt f(t)δ(t-nT) überall Null ist außer bei t = nT. Die Fourier-Transformierte des abgetasteten Signals, $\bar{F}(j\omega)$, findet man durch Einsetzen von $\bar{f}(t)$ in Gl. 5.1.

$$\begin{aligned} \bar{F}(j\omega) &= \int_{-\infty}^{\infty} \bar{f}(t) e^{-j\omega t} \, dt \\ &= \int_{-\infty}^{\infty} \sum_{n=-\infty}^{\infty} f(t)\delta(t - nT) e^{-j\omega t} \, dt \\ &= \sum_{n=-\infty}^{\infty} \int_{-\infty}^{\infty} f(t)\delta(t - nT) e^{-j\omega t} \, dt \\ &= \sum_{n=-\infty}^{\infty} f_n e^{-jn\omega T} \end{aligned} \tag{5.3}$$

Wir nennen dieses Ergebnis üblicherweise eine DFT, obgleich es richtiger die Fourier-Transformierte der Folge $[f_n]$ heißen müßte. Die formal richtige Definition der DFT einer reellen Folge $[f_n]$ erhält man aus Gl. 5.3, indem man endliche Grenzen bei der Summation ansetzt und indem man Abtastwerte der Frequenzvariablen ω benutzt, wie wir gleich sehen werden. Die Fourier-Transformierte in Gl. 5.3 ist eine kontinuierliche Funktion von ω und hat ersichtlich die folgenden Eigenschaften:

1. Es ist eine lineare Transformation, d.h., für zwei beliebige Folgen $[f_n]$ und $[g_n]$ endlicher Energie gilt

   $$\mathrm{FT}[k_1 f_n + k_2 g_n] = k_1 \mathrm{FT}[f_n] + k_2 \mathrm{FT}[g_n]$$

   wobei FT die Fourier-Transformierte in Gl. 5.3 bedeutet und k_1 und k_2 Konstanten sind.

2. $\bar{F}(j\omega)$ ist reell dann und nur dann, wenn f(t) an den Abtastpunkten gerade ist, d.h. wenn $f_n = f_{-n}$;

3. $\bar{F}(j\omega)$ ist imaginär und ungerade dann und nur dann, wenn f(t) an den Abtastpunkten ungerade ist, d.h. wenn $f_n = -f_{-n}$;

4. $\bar{F}(j\omega)$ und $\bar{F}(-j\omega)$ sind konjugiert komplex;

5. $\bar{F}(j\omega)$ ist über ω periodisch mit der Periode $\omega_0 = 2\pi/T$, d.h.

   $$\overline{F}(j\omega) = \overline{F}(j\omega + jm\omega_0)$$

   für alle ω und alle ganzen Werte von m.

Die ersten vier Eigenschaften gelten im wesentlichen auch für das Fourier-Integral (Hinweis: man zerlege die Exponentialfunktion in Real- und Imaginärteil), aber die fünfte ist eine spezielle Eigenschaft der Summation in Gl. 5.3. Um dies zu erkennen, setze man $\omega = \omega + m\,\omega_0$ in Gl. 5.3 ein.

$$\begin{aligned} \overline{F}(j(\omega + m\omega_0)) &= \sum_{n=-\infty}^{\infty} f_n e^{-j(\omega+m\omega_0)nT} \\ &= \sum_{n=-\infty}^{\infty} f_n e^{-jn\omega T} e^{-j2\pi nm} \\ &= \sum_{n=-\infty}^{\infty} f_n e^{-jn\omega T} \\ &= \overline{F}(j\omega) \end{aligned} \tag{5.4}$$

Die dritte Zeile folgt aus der zweiten, weil $e^{-j2\pi nm} = 1$ für alle ganzzahligen Werte von n und m.

Alle periodischen 8 Funktionen, ob sie nun reell oder komplex, ob sie Funktionen der Zeit oder der Frequenz sind, haben eine Fourierreihen-Darstellung. Solch eine Darstellung ist in der Summelformel von Gl. 5.3 gegeben, in der die Abtastwerte $[f_n]$ die Rolle der Koeffizienten der Fourier-Reihe spielen. Daher können wir, um die Werte $[f_n]$ aus $\bar{F}[j\omega]$ zu gewinnen, die Formel für die Koeffizienten der Fourier-Reihe heranziehen (ähnlich Gl. 2.42)

$$f_n = \frac{T}{2\pi} \int_{-\pi/T}^{\pi/T} \overline{F}(j\omega) e^{j\omega nT} d\omega \tag{5.5}$$

Die Gleichungen 5.3 und 5.5 definieren das Fourier-Transformationspaar für eine Folge $[f_n]$. Sie sind jedoch von begrenztem praktischen Nutzen, wenn man sich mit abgetasteten Signalen befaßt, da sie nicht direkt mit einem Digitalrechner ausgerechnet werden können.

Jede tatsächliche Berechnung der Fourier-Transformation kann natürlich nur mit einer endlichen Summierung von Termen vonstatten gehen und kann die unendliche Summe in Gl. 5.3 nicht erfassen. In der Praxis werden daher die Signale in verschiedener Weise begrenzt, um einen endlichen Abtastsatz zu erhalten, insbesondere

- Ein abklingendes Signal wird dann gleich Null gesetzt, wenn es auf eine vernachlässigbare Amplitude abgefallen ist.

- Ein periodisches Signal wird über eine ganze Zahl von Perioden abgetastet.

- Ein zufälliges Signal wird mit einem "Datenfenster" endlicher Dauer multipliziert.

In jedem Fall wollen wir annehmen, daß von f(t) insgesamt N Abtastwerte existieren. Wenn man die Zeitskala so legen kann, daß diese Abtastwerte bei t = 0 beginnen, wird Gleichung 5.3 zu:

$$\overline{F}(j\omega) = \sum_{n=0}^{N-1} f_n e^{-jn\omega T} \tag{5.6}$$

D.h., das Abtasten geschieht zu den Zeiten t = 0, T, 2T, ..., (N-1)T. Wenn die Zeitskala anders liegt und die N Abtastwerte z.B. bei t = kT beginnen, wird Gleichung 5.3 zu

$$\begin{aligned} \overline{F}(j\omega) &= \sum_{n=k}^{N+k-1} f_n e^{-jn\omega T} \\ &= e^{-jk\omega T} \sum_{n=0}^{N-1} f_{n+k} e^{-jn\omega T} \end{aligned} \tag{5.7}$$

wobei k jede positive oder negative ganze Zahl sein kann. Die Gleichungen 5.6 und 5.7 lassen an dieselbe Art von "Verschiebesatz" denken, wie er in Zeile 7 von Tabelle 3.1 in Kapitel 3 gegeben ist:

Wenn $\underline{f}(t)$ um kT sec nach rechts (bzw. links) verschoben wird, dann wird $\overline{F}(j\omega)$, die Fourier-Transformierte von $\bar{f}(t)$, mit $e^{-jk\omega T}$ (bzw. $e^{jk\omega T}$) multipliziert.

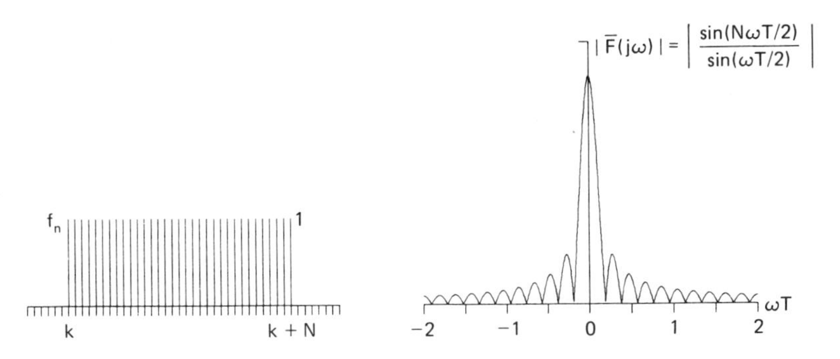

Bild 5.1 Abtastwertesatz und Ausschnitt des Amplitudenspektrums eines abgetasteten Rechteckimpulses; N = 33. Vergleiche auch mit Gl. 8.20.

Der Verschiebesatz wird in Bild 5.1 veranschaulicht, das die Abtastwerte eines beliebigen Rechteckimpulses zeigt, die bei $t = kT$ beginnen und bei $t = (N + k\text{-}1)T$ enden, wobei hier $N = 33$ ist. Das durch $|\overline{F}(j\omega)|$ gegebene Amplitudenspektrum hängt nicht von k ab, da die Änderung von k nur eine Phasenverschiebung erzeugt. Auch würde sich nichts ändern, wenn die Abtastung über die Grenzen des Impulses hinaus ausgedehnt würde, wie dies in Abschnitt 5.7 erklärt wird.

Obgleich die Frequenz ω in den Gleichungen 5.6 oder 5.7 eine kontinuierliche Variable ist, können nur N Teile (reelle und imaginäre) von $\overline{F}(j\omega)$ wirklich unabhängig sein, da nur N Freiheitsgrade im Abtastsatz $[f_n]$ vorhanden sind. Weiterhin legt die oben erwähnte Eigenschaft 5 nahe, daß die unabhängigen Werte von $\overline{F}(j\omega)$ innerhalb einer der Perioden berechnet werden sollten, z.B. von $\omega T = 0$ bis 2π. Daher ergibt sich mit

$$\omega = \frac{2\pi m}{NT}; \qquad m = 0, 1, \ldots, N-1 \tag{5.8}$$

die übliche Formel für die Berechnung der unabhängigen Werte der diskreten Fourier-Transformation (DFT):

$$\overline{F}_m = \overline{F}\left(j\frac{2\pi m}{NT}\right) = \sum_{n=0}^{N-1} f_n e^{-j(2\pi mn/N)}; \qquad m = 0, 1, \ldots, N-1 \tag{5.9}$$

Die Notation für die spektrale Abtastung,

$$\overline{F}_m = \overline{F}\left(j\frac{2\pi m}{NT}\right)$$

ist eine Parallele zu der Notation für die zeitliche Abtastung , $f_n = f(_nT)$.

Offensichtlich gibt es hier N komplexe Werte für $\overline{F}_m$ und deshalb 2 N reelle und imaginäre Teile, die in Gleichung (5.9) enthalten sind. Wenn jedoch die Abtastfolge $[f_n]$ reell ist, dann sind nur N Teile unabhängig, wie man aus der folgenden Überlegung erkennt: Aus der obigen Eigenschaft 4 folgt

$$\overline{F}_m = \overline{F}^*_{-m} \tag{5.10}$$

wobei der Stern die konjugiert komplexe Form bezeichnet. Dann ergibt sich aus der Eigenschaft 5

$$\overline{F}_{-m} = \overline{F}_{-m+N} \tag{5.11}$$

woraus folgt

$$\overline{F}_m = \overline{F}^*_{N-m} \tag{5.12}$$

Dieses Ergebnis stimmt mit dem Abtasttheorem in Kapitel 4 überein und beweist, daß nur die Werte von $\overline{F}_m$ für m = 0 bis N/2 wirklich berechnet werden müssen. Die Gleichung 5.9 bleibt jedoch die "übliche Formel" in dem Sinne, daß sie auch bei komplexem $[f_n]$ gültig bleibt und die nützlichste Form für weitere Ableitungen ist.

Die diskreten Frequenzwerte der DFT in Gl. 5.9 überspannen eine Periode von $\overline{F}(j\omega)$ von $\omega = 0$ bis $\omega = 2\,\pi/T$ (d.h. vom Gleichstrom bis zur Abtastfrequenz). Wegen des periodischen Verhaltens von $\overline{F}(j\omega)$ würde man dieselben Frequenzwerte über jeder Periode von $\overline{F}(j\omega)$ erhalten, vorausgesetzt, daß man bei der Frequenz $k\pi/(NT)$ für irgend einen ganzen Wert von k beginnt. In Gl. 5.9 bemerken wir, daß k = 0 ist. Natürlich kann sich die Position dieser diskreten Werte (man spricht auch von Stichproben oder von Abtastwerten) in Abhängigkeit des gewählten Periodenanfanges verschieben. Oft wählt man k = - N/2, so daß der interessante Frequenzbereich zwischen $-\pi/T$ und π/T zu liegen kommt. Dies ist der Bereich, in den das Spektrum fallen sollte, wenn das Signal entsprechend dem Abtasttheorem abgetastet wird. Für die obige DFT mit k = 0 werden die Stichproben von $\overline{F}(j\omega)$ über den positiven Frequenzbereich von 0 bis π/T durch $\overline{F}_m$ dargestellt, wobei m von 0 bis N/2 für gerades N und m von 0 bis (N-1)/2 für ungerades N läuft. Die diskreten Werte von $\overline{F}(j\omega)$ über negativen Frequenzen von $-\pi/T$ bis 0 werden durch $\overline{F}_m$ dargestellt, mit den Indizes m von N/2 bis N-1 für gerades N und m von (N + 1)/2 bis N-1 für ungerades N. Daher werden, wenn die DFT für den Bereich der Indizes m = 0 bis N - 1 berechnet wird, die diskreten Werte von N/2 bis N-1 bei geradem N [oder (N + 1)/2 bis N-1 bei ungeradem N] oft mit den negativen Frequenzen zwischen $-\pi/T$ und 0 assoziiert, jedenfalls eher als mit den positiven Frequenzen, die in Gl. 5.8 angegeben sind. Für gerades N ist $\overline{F}_{N/2}$ der Frequenzwert sowohl für $-\pi/T$ als auch für π/T (dies gilt auch für Frequenzen $\pi/T \pm 2\pi l/T$).

Die DFT in Gl. 5.9 läßt sich umkehren und $[f_n]$ ergibt sich dann wie folgt:

$$f_n = \frac{1}{N}\sum_{m=0}^{N-1} \overline{F}_m e^{j(2\pi mn/N)}; \qquad n = 0, 1, \ldots, N-1 \tag{5.13}$$

Diese Formel wird die inverse DFT genannt.

Indem man Gleichung 5.9 in Gleichung 5.13 substituiert, kann man die Gültigkeit dieser Inversion zeigen und zugleich verifizieren, daß die N unabhängigen Werte von $\overline{F}(j\omega)$ die ganze ursprüngliche Information des Abtastsatzes enthalten. Denn wenn sie es nicht täten, wäre $[f_n]$ nicht aus $[\overline{F}_m]$ ableitbar. Die Substitution ergibt:

$$\begin{aligned} f_n &= \frac{1}{N}\sum_{m=0}^{N-1}\sum_{k=0}^{N-1} f_k e^{-j(2\pi mk/N)} e^{j(2\pi mn/N)} \\ &= \frac{1}{N}\sum_{k=0}^{N-1} f_k \sum_{m=0}^{N-1} e^{j[2\pi m(n-k)/N]} \\ &= \frac{1}{N}(Nf_n) = f_n \end{aligned} \tag{5.14}$$

Man beachte, daß die innere Summe in der zweiten Zeile für $k \neq n$ gleich Null und für $k = n$ gleich N ist (siehe auch Gl. (2.32)).

Fassen wir zusammen. Für einen beliebigen Satz $[f_n]$ von Abtastwerten ist das DFT-Paar gegeben durch

$$\boxed{\begin{aligned} \overline{F}_m &= \sum_{n=0}^{N-1} f_n e^{-j(2\pi mn/N)}; && m = 0, 1, \ldots, N-1 \\ f_n &= \frac{1}{N}\sum_{m=0}^{N-1} \overline{F}_m e^{j(2\pi mn/N)}; && n = 0, 1, \ldots, N-1 \\ \omega &= \frac{2\pi m}{NT} \quad \text{rad/s} \end{aligned}} \tag{5.15}$$

Dabei ist die auf m bezogene Frequenz gleich $\omega = 2\pi m/NT$ und N und T sind die Anzahl der Abtastwerte und die Zeit zwischen den Abtastungen. Die DFT hat die oben aufgelisteten Eigenschaften der Fourier-Transformation und hat wie erwähnt auch die wichtige Eigenschaft der Periodizität. Ihre Beziehung zur Fourier-Transformation wird im nächsten Abschnitt noch weiter erforscht.

5.3 Beziehung zur Fourier-Transformation; spektrale Überschneidungen (Aliasing)

Im allgemeinen konvergiert die unendliche Summe für $\bar{F}(j\omega)$ in (5.3) immer dann, wenn auch die Fourier-Transformierte $F(j\omega)$ existiert. Betrachtet man $\bar{F}(j\omega)$ als eine Näherung von $F(j\omega)$, wird man wohl über die Genauigkeit der Näherung im Zweifel sein. Der Term $e^{-j\omega t}$ im Integranden ändert seinen Wert sehr rasch, wenn ω groß ist, und so scheint es, daß das Abtastintervall T bei geforderter hoher Genauigkeit sehr klein sein müßte. Andererseits ergibt das Abtasttheorem, daß T nur klein genug sein muß, so daß 1/T Hz zum mindesten gleich dem Doppelten der in f(t) enthaltenen höchsten Frequenz ist.

Um diese Punkte miteinander in Einklang zu bringen, wird eine explizite Beziehung zwischen $F(j\omega)$ und $\bar{F}(j\omega)$ benötigt. Die inverse Fourier-Transformation (nicht die inverse DFT) von $\bar{F}(j\omega)$ ist für diesen Zweck nützlich. Der Satz $[f_n]$ sei wie früher der Satz der Abtastwerte von f(t), und wir definieren aus den Abtastwerten von f(t) eine Funktion $\bar{f}(t)$ wie in Gl. (5.2) und Bild 5.2. Die Pfeile in Bild 5.2 sollen darauf hinweisen, daß $\bar{f}(t)$ aus Impulsfunktionen zusammengesetzt ist, von denen jede die Breite Null, die Amplitude Unendlich und die Fläche f_n hat (Dirac-Impuls, Nadelimpuls). Daher schreibt sich $\bar{f}(t)$ wie in Gl. 5.2

$$\begin{aligned} \bar{f}(t) &= f(t) \sum_{n=0}^{N-1} \delta(t - nT) \\ &= f(t)d(t) \end{aligned} \tag{5.16}$$

wobei d(t) jetzt die Folge von N Einheits-Nadelimpulsen darstellt. Als nächstes kann man annehmen, da eine Periode der Folge d(t) von t = 0 bis NT reicht und da man f(t) außerhalb dieses Bereiches den Wert Null geben kann, daß d(t) mit einer Fourier-Reihe (nicht einer Fourier-Transformation) dargestellt werden kann.

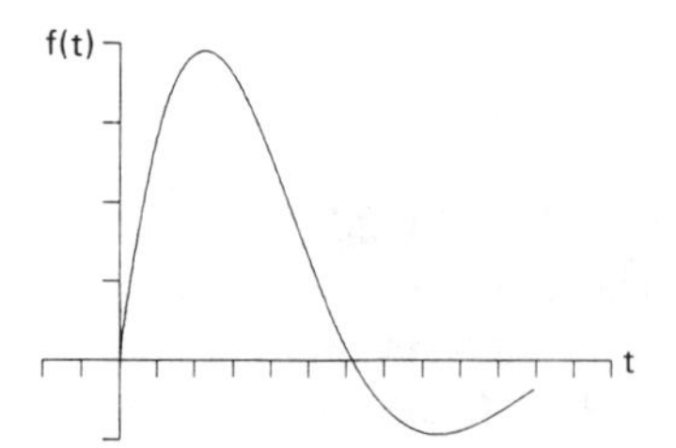

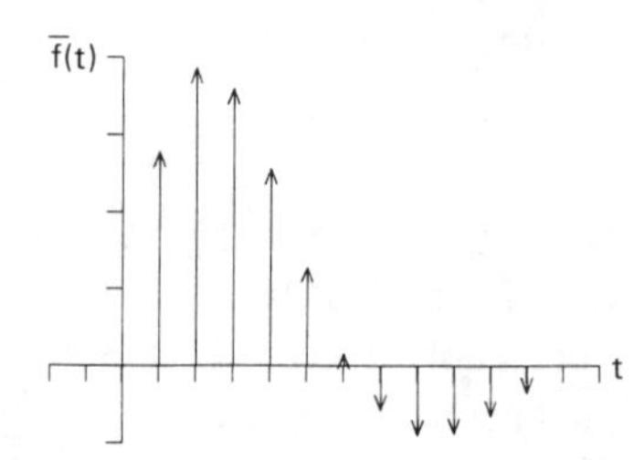

Bild 5.2 f(t) und seine Nadelimpulsfolge $\bar{f}(t)$, mit N = 12.

$$d(t) = \sum_{n=-\infty}^{\infty} c_n e^{j(2\pi nt/T)} \tag{5.17}$$

Die Koeffizienten [c_n] werden wie in Kapitel 2, Gl. 2.42 berechnet

$$\begin{aligned} c_n &= \frac{1}{T}\int_{-T/2}^{T/2} d(t)e^{-j(2\pi nt/T)}\,dt \\ &= \frac{1}{T}\sum_{m=-\infty}^{\infty}\int_{-T/2}^{T/2} \delta(t - mT)e^{-j(2\pi nt/T)}\,dt \\ &= \frac{1}{T} \end{aligned} \tag{5.18}$$

(Der einzige von Null verschiedene Term in der obigen Summe ist der Term für m = 0). Daher ergibt sich aus den Gleichungen 5.17 und 5.18

$$d(t) = \frac{1}{T}\sum_{n=-\infty}^{\infty} e^{j(2\pi nt/T)} \tag{5.19}$$

(Es ist richtig, daß diese Summe nicht konvergiert, aber diese Darstellung von d(t) ist trotzdem für die vorliegende Diskussion geeignet). Wenn man diese Darstellung für d(t) in Gleichung 5.16 einsetzt, folgt

$$\bar{f}(t) = \frac{1}{T}\sum_{n=-\infty}^{\infty} f(t)e^{j(2\pi nt/T)} \tag{5.20}$$

Mit $\bar{f}(t)$ in dieser Form kann die Fourier-Transformierte, die, wie schon gezeigt, $\bar{F}(\omega)$ ist, in folgender Weise geschrieben werden:

$$\begin{aligned} \bar{F}(j\omega) &= \int_{-\infty}^{\infty} \bar{f}(t)e^{-j\omega t}\,dt \\ &= \frac{1}{T}\sum_{n=-\infty}^{\infty}\int_{-\infty}^{\infty} f(t)e^{j(2\pi nt/T)}e^{-j\omega t}\,dt \\ &= \frac{1}{T}\sum_{n=-\infty}^{\infty} F\left(j\omega - j\frac{2\pi n}{T}\right) \end{aligned} \tag{5.21}$$

(Die dritte Zeile ergibt sich aus der zweiten, indem man Zeile 6 der Tabelle 3.1 in Kapitel 3 benutzt).

Dies ist ein wichtiges Resultat, da es eine explizite Beziehung zwischen der Fourier-Transformation von f(t) und der von $\bar{f}(t)$, aus der die

DFT abgeleitet wurde, enthält. Es sagt uns, daß die Fourier-Transformierte einer abgetasteten Funktion eine Überlagerung (Superposition) einer unendlichen Zahl verschobener Fourier-Transformierten der nicht abgetasteten Funktion ist, skaliert mit 1/T.

Das Ergebnis ist für zwei Werte von T in Bild 5.3 veranschaulicht, für einen Fall, in dem F(jω) eine einfache reelle Funktion ist. (F(jω) ist im allgemeinen komplex, so daß Amplitude und Phase üblicherweise getrennt aufgetragen werden müssen). Im ersten Fall ist T klein genug, so daß die übereinandergelegten Funktionen, d.h. die Terme in Gleichung 5.21, voneinander getrennt sind. Im zweiten Fall überlappen sich die Terme. Bild 5.3 zeigt, daß die Terme sich in der Tat dann überlappen, wenn die von Null verschiedenen Terme von F(jω) sich über den Punkt $\omega = \pi/T$ hinaus erstrecken. Wenn solch eine Überlappung eintritt, kann die Fourier-Transformation ersichtlich nicht wieder aus der DFT rekonstruiert werden, indem man Teile von $\bar{F}(j\omega)$ außerhalb des Intervalls $|\omega| < \pi/T$ eliminiert. Wenn F(jω) nicht wieder aus $\bar{F}(j\omega)$ rekonstruiert werden kann, dann kann aber auch f(t) nicht wieder aus $[f_n]$ rekonstruiert werden. Offensichtlich ist dies nur eine andere Formulierung des Abtasttheorems von Kapitel 4. Die besondere Wirkung der spektralen Überschneidungen (aliasing) des Abtastspektrums ist in dem zweiten Beispiel von Bild 5.3 dargestellt, in dem das Spektrum durch das "Falten" der Frequenzachse nach Kapitel 4 gestört ist.

Wenn die Amplitude von $\bar{F}(j\omega)$ hauptsächlich von Interesse ist, kann man aus Gleichung 5.21 die folgende Ungleichung erhalten:

$$\begin{aligned} |\bar{F}(j\omega)| &= \frac{1}{T}\left|\sum_{n=-\infty}^{\infty} F\left(j\omega - j\frac{2\pi n}{T}\right)\right| \\ &\le \frac{1}{T}\sum_{n=-\infty}^{\infty}\left|F\left(j\omega - j\frac{2\pi n}{T}\right)\right| \end{aligned} \tag{5.22}$$

Gleichung 5.22 gibt zum mindesten eine Schätzung der spektralen Überschneidungen ohne Bezugnahme auf die Phase der abgetasteten Funktion f(t).

In der Praxis sind abgetastete Funktionen nie vollständig im Frequenzraum so begrenzt wie in Bild 5.3. Physikalische Spektren, wenigstens von impulsartigen Vorgängen, neigen dazu, abgerundet zu sein und sich asymptotisch dem Nullwert zu nähern, wenn ω gegen Unendlich geht. Daher muß der Entwerfer das Abtastintervall so wählen, daß im großen und ganzen, wenn schon nicht exakt, alle spektralen Inhalte des Signals unterhalb von 1/2T Hz liegen.

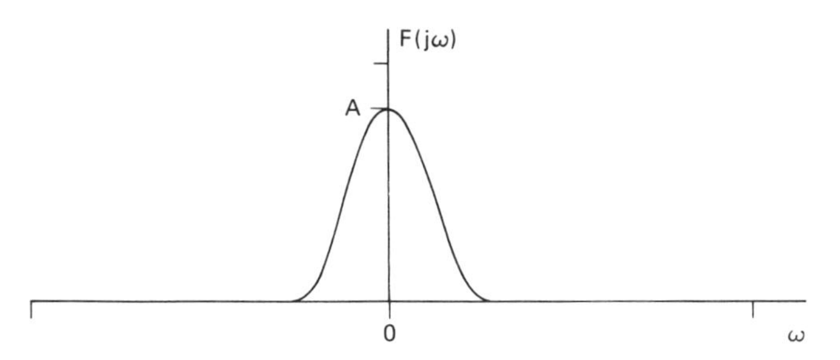

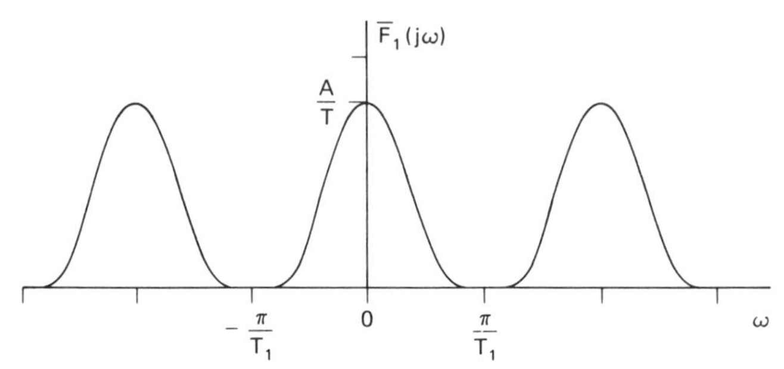

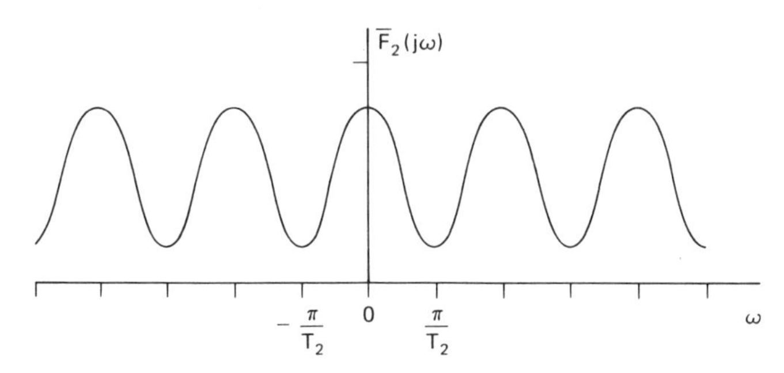

Bild 5.3 DFT für zwei Werte von T:T_1 und T_2. Der Impuls f(t) hat Frequenzanteile oberhalb von $1/2T_2$ Hz, aber nicht oberhalb von $1/2T_1$ Hz

Betrachtet man weiterhin impulsartige Signale, die im Zeitbereich im allgemeinen asymptotisch auf Null abfallen, so muß auch die Zahl der Abtastpunkte N derart gewählt werden, daß im wesentlichen alle von Null verschiedenen Teile von f(t) abgetastet werden. Diese praktischen Überlegungen werden im folgenden Beispiel veranschaulicht. Das Abtasten periodischer Signale wird dann gleich im nächsten Abschnitt diskutiert.

Beispiel 5.1: Man berechne die Amplitude der DFT von

$$f(t) = 2.5e^{-t} \sin 4t; \qquad t \geq 0 \tag{5.23}$$

Diese Funktion ist in Bild 5.4 aufgetragen, zusammen mit den DFT's für zwei verschiedene Abtastintervalle. In beiden Fällen war die gesamte Abtastzeit NT gleich 5.

Das dazugehörige Amplitudenspektrum von f(t), das (nach Tabelle 3.1, Kapitel 3) lautet

$$|F(j\omega)| = \left| \frac{10}{(j\omega + 1)^2 + 16} \right| = \frac{10}{(\omega^4 - 30\omega^2 + 289)^{1/2}} \tag{5.24}$$

ist auch in Bild 5.4 aufgetragen, so daß die Ursache der spektralen Überschneidungen in den DFTs beobachtet werden kann. Man wird feststellen, daß mit T = 0,1 und N = 50 im wesentlichen der ganze spektrale Inhalt von f(t) unterhalb von $\pi/T \approx 31$ rad $\sec^{-1}$ enthalten ist und daß daher die DFT eine gute Näherung an die Fourier-Transformierte multipliziert mit 1/T ist. Mit T = 0,2 und N = 25 ist jedoch ein gewisses Maß an spektralen Überschneidungen bei höheren Frequenzen bemerkbar.

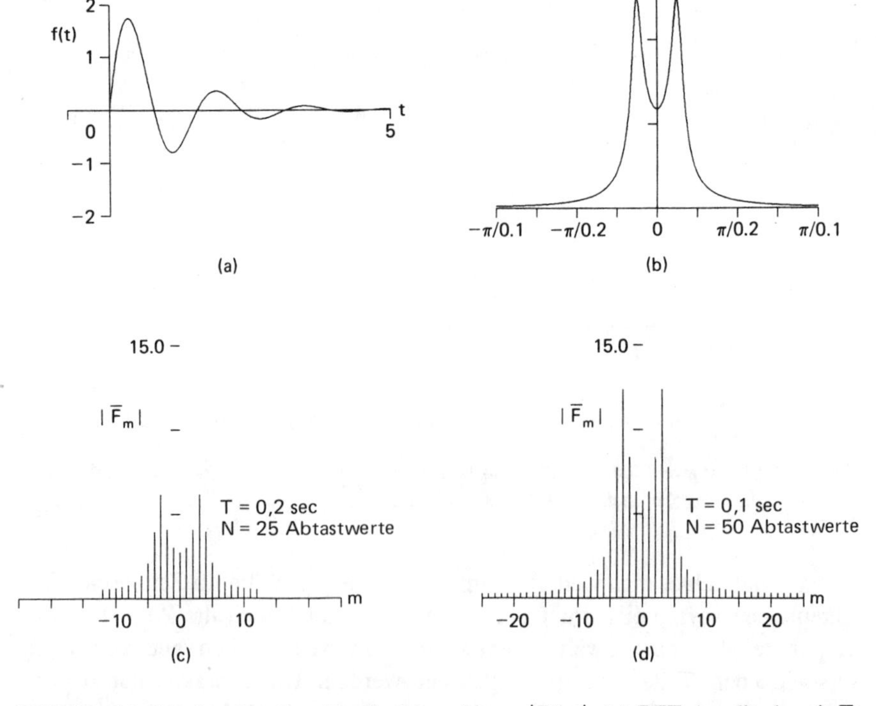

Bild 5.4 (a) f(t); (b) aktuelles Amplitudenspektrum $|F(j\omega)|$; (c) DFT Amplitude mit T = 0,2; (d) DFT Amplitude mit T = 0,1. Beachte den Maßstabsfaktor 1/T, d.h. $\bar{F} = F/T$

Die Amplitudenspektren in Bild 5.4 findet man, indem man in Gleichung 5.9 die Amplitude nimmt, d.h.

$$
\begin{aligned}
|\overline{F}_m| &= \left| \sum_{n=0}^{N-1} f_n e^{-j(2\pi mn/N)} \right| \\
&= \left\{ \left| \sum_{n=0}^{N-1} f_n \cos\left(\frac{2\pi mn}{N}\right) \right|^2 + \left| \sum_{n=0}^{N-1} f_n \sin\left(\frac{2\pi mn}{N}\right) \right|^2 \right\}^{1/2}
\end{aligned}
\tag{5.25}
$$

Sie werden, wie dies häufig der Fall ist, für m = - N/2 anstatt für m = 0 bis N-1 aufgetragen, d.h. über eine Periode des Spektrums $\overline{F}(j\omega)$ von $\omega = -\pi/T$ bis π/T.

Beispiel 5.2: Das Spektrum von f(t) sei reell und gegeben durch

$$
\begin{aligned}
F(j\omega) &= 1 + \cos\omega; \qquad |\omega| \leq \pi \\
&= 0; \qquad |\omega| \geq \pi
\end{aligned}
\tag{5.26}
$$

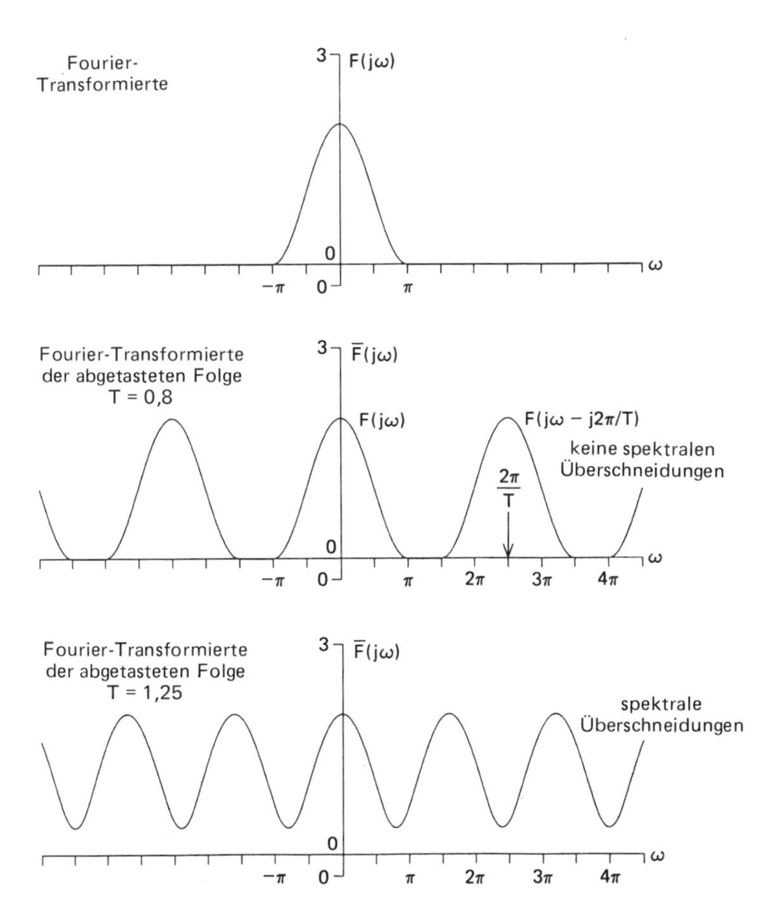

Bild 5.5 Fourier-Transformierte für das Beispiel 5.2

Man ermittle die DFT von $\bar{f}(t)$ für Abtastintervalle T = 0,8 und 1,25. Das Ergebnis, das man mit Gleichung 5.21 finden kann, ist in Bild 5.5 gezeigt. Da die Faltungsfrequenz π/T größer als π sein muß, um spektrale Überschneidungen zu verhüten, treten diese Überschneidungen nur für den größeren Wert von T ein.

5.4 Die DFT und die Fourier-Reihe

Bisher war die Diskussion hauptsächlich auf den Fall der Spektren aperiodischer Signale gerichtet. In diesem Abschnitt wollen wir die Spektren periodischer Signale betrachten. Im kontinuierlichen Fall kann ein periodisches Signal durch eine Fourier-Reihe dargestellt werden. Sein Spektrum ist nur an denjenigen diskreten Frequenzen verschieden von Null, an denen die Koeffizienten der Fourier-Reihen gelten. Im vorhergehenden Abschnitt fanden wir, daß das Spektrum eines abgetasteten Signals mit endlicher Energie eine periodische Wiederholung des Spektrums des kontinuierlichen Signals ist. Hier finden wir dieselbe Beziehung, wenn das abgetastete Signal periodisch ist. Das heißt, wenn das abgetastete Signal periodisch ist, ist sein Spektrum sowohl diskret als auch periodisch.

Um diese Eigenschaften zu zeigen, beginnen wir mit der Ableitung der Koeffizienten der Fourier-Reihe eines abgetasteten periodischen Signals. Man erinnere sich aus Kapitel 2, Gleichung 2.42, daß die Fourier-Reihen-Koeffizienten für ein periodisches Signal $f_p(t)$ gegeben sind durch

$$c_m = \frac{1}{P}\int_{-P/2}^{P/2} f_p(t)e^{-jm\omega_0 t}\,dt \tag{5.27}$$

wobei P die Grundperiodendauer des Signals mit der Grundfrequenz $\omega_0 = 2\pi/P$ ist. Wir nehmen an, daß $f_p(t)$ in jeweils T Sekunden (wie in Bild 2.6) abgetastet wird, um eine Gesamtzahl von N Abtastungen pro Periode zu bekommen, d.h. $P = N \cdot T$. Wir wollen auch wie in Abschnitt 5.3 die abgetastete Version von $f_p(t)$ mit $\bar{f}_p(t)$ bezeichnen und den t-Bereich von (-P/2, P/2) in (0,P) ändern. Damit ergeben sich die Koeffizienten $\bar{c}_m$ der Fourier-Reihe des abgetasteten Signals wie folgt

$$\begin{aligned}
\bar{c}_m &= \frac{1}{P}\int_0^P \bar{f}_p(t)e^{-jm\omega_0 t}\,dt \\
&= \frac{1}{P}\int_0^P f_p(t)\sum_{n=-\infty}^{\infty}\delta(t-nT)e^{-jm\omega_0 t}\,dt \\
&= \frac{1}{P}\sum_{n=-\infty}^{\infty}\int_0^P f_p(t)\delta(t-nT)e^{-jm\omega_0 t}\,dt \\
&= \frac{1}{P}\sum_{n=0}^{N-1} f_p(nT)e^{-jnm\omega_0 T}
\end{aligned} \tag{5.28}$$

Hierbei ergibt sich Zeile 4 aus Zeile 3, weil die einzigen nicht verschwindenden Terme in der Summe diejenigen sind, für welche die Nadelimpulse innerhalb der Grenzen des Integrals liegen. Indem man $\omega_0 = 2\pi/P$ und $P = NT$ schreibt, sowie $f_n = f_p(nT)$, folgt der Ausdruck

$$\bar{c}_m = \frac{1}{P} \sum_{n=0}^{N-1} f_n e^{-j2\pi mn/N} \tag{5.29}$$

Man beachte die Ähnlichkeit zwischen diesem Ausdruck und dem der DFT in Gl. 5.9. Wenn insbesondere $\bar{F}_m$ gebildet wird, indem man die DFT des abgetasteten Signals über eine Periode berechnet, dann ist

$$\bar{c}_m = \frac{1}{P} \bar{F}_m \tag{5.30}$$

Daher kann die DFT genauso gut zur Berechnung der Spektren periodischer Signale als auch der Spektren impulsartiger Signale herangezogen werden. Wie $\bar{F}_m$ ist auch $\bar{c}_m$ periodisch mit der Periode N, d.h.

$$\bar{c}_m = \bar{c}_{m+kN}$$

für jeden ganzen Wert von k. Da $\bar{c}_m$ nur eine skalierte Version von $\bar{F}_m$ ist, hat sie dieselben Eigenschaften wie die DFT, siehe Abschnitt 5.3. Um f_n aus $\bar{c}_m$ zu gewinnen, kann man die inverse DFT benutzen:

$$f_n = P \cdot (\text{inverse DFTvon} \bar{c}_m) \tag{5.31}$$

In der Praxis ist es häufig vorzuziehen, das Signalspektrum durch die DFT in Form von $\bar{F}_m$ darzustellen, weniger durch $\bar{c}_m$. Auf diese Weise werden nämlich die Spektren aller Signale, seien sie nun periodisch oder nicht, durch dieselbe Gleichung berechnet.

Es erscheint wichtig, den Unterschied zwischen dem Gebrauch der DFT in den vorangehenden Abschnitten und in diesem Abschnitt nochmals hervorzuheben. In den vorangehenden Abschnitten wird die DFT über den ganzen Bereich eines Signals mit nichtverschwindender Amplitude berechnet. Hier jedoch wird, weil das Signal periodisch ist und sich unendlich ausdehnt, die DFT aus nur einer Periode berechnet (man könnte sie auch aus jedem ganzen Vielfachen einer Periode berechnen). Weiterhin wurde in Abschnitt 5.3 die DFT dazu benutzt, um diskrete Stichproben aus einem kontinuierlichen Spektrum zu berechnen, d.h. eine endliche Untermenge des gesamten Spektrums. Hier stellen diese diskreten Werte jedoch das ganze Signalspektrum mit nicht verschwindenden Amplituden dar.

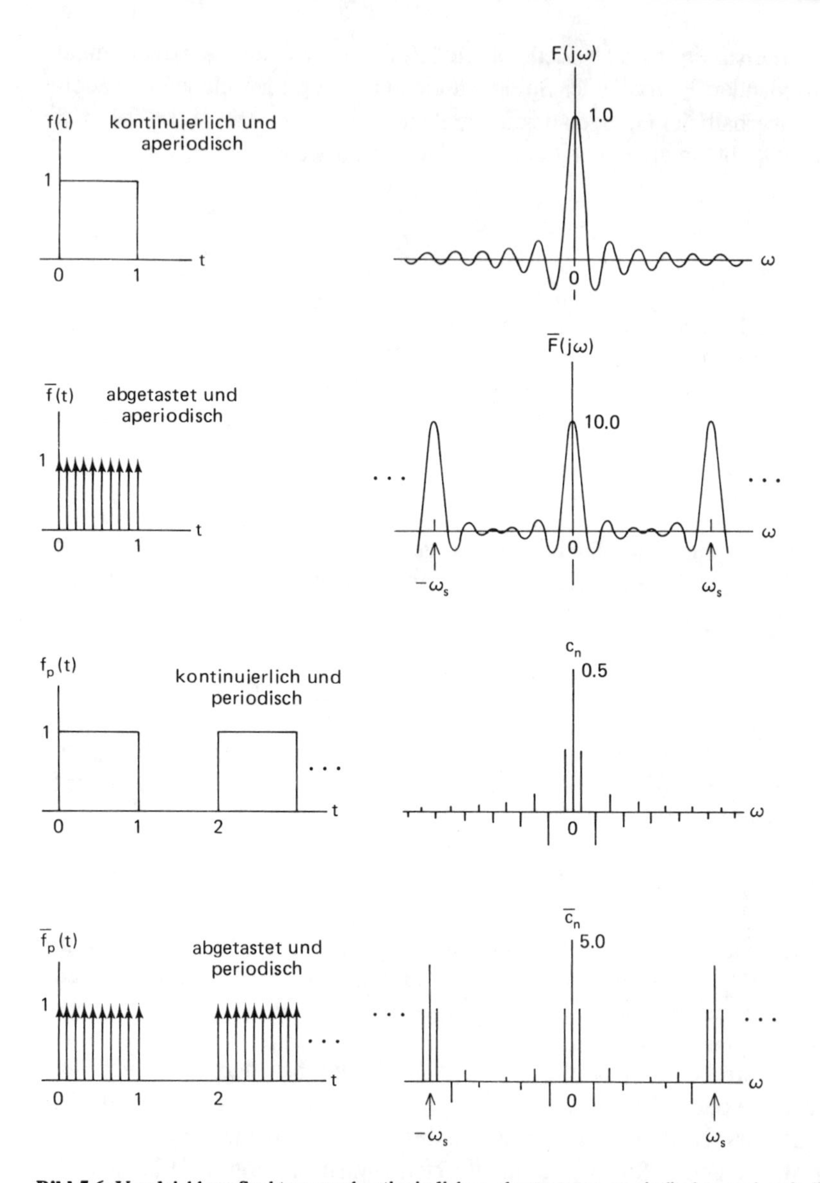

Bild 5.6: Vergleichbare Spektren von kontinuierlichen, abgetasteten, aperiodischen und periodischen Signalen. Die mit n übereinstimmende Frequenz ist $\omega = 2\pi n/P$

Wir können einige Ergebnisse, welche die Spektren kontinuierlicher und abgetasteter Funktionen betreffen, wie folgt zusammenfassen (siehe Bild 5.6):

1. Das Spektrum eines kontinuierlichen Signals mit endlicher Energie ist kontinuierlich und aperiodisch.

2. Das Spektrum eines abgetasteten Signals mit endlicher Energie ist kontinuierlich und periodisch. Es ist in der Tat eine Superposition (d.h. eine einfache Wiederholung, sofern keine Überschneidung bzw. Aliasing vorliegt) des kontinuierlichen Signalspektrums, das an unendlich viele Stellen verschoben wurde, wobei die Abstände durch die Abtastfrequenz ω_s gegeben sind.

3. Das Spektrum eines kontinuierlichen periodischen Signals ist diskret und aperiodisch.

4. Das Spektrum eines abgetasteten periodischen Signals ist diskret und periodisch. Es ist wiederum eine Superposition des kontinuierlichen Signalspektrums, das an eine unendliche Zahl von Stellen verschoben ist, die im Abstand ω_s liegen.

5.5 Rekonstruktion durch Fourier-Reihen

Der Leser hat wahrscheinlich schon bemerkt, daß die DFT, ihre Inverse und die Fourier-Reihe ähnliche Funktionen sind. Die DFT ist in der Tat eine periodische Funktion von ω, und Gleichung 5.9 drückt dies aus, indem die DFT als eine komplexe Fourier-Reihe mit den Koeffizienten $[f_n]$ dargestellt wird.

Weiterhin legt Gleichung 5.15 für f_n eine Rekonstruktion von f(t) durch Fourier-Reihen nahe. Zunächst können, um die Harmonischen auf Frequenzen unterhalb der Faltungsfrequenz zu begrenzen, die Grenzen der Summe symmetrisch zu Null und auf N/2 beschränkt werden. Dann kann die kontinuierliche Variable t für nT eingesetzt werden. Das Ergebnis ist

$$\hat{f}(t) = \frac{1}{N} \sum_{|m| \leq N/2} \overline{F}'_m e^{j(2\pi mt/NT)}$$

$$\overline{F}'_m = \frac{\overline{F}_{N/2}}{2}; \qquad |m| = \frac{N}{2} \quad \text{wenn N gerade ist} \tag{5.32}$$

$$= \overline{F}_m; \qquad |m| < \frac{N}{2}$$

Der Beweis, daß $\hat{f}(nT)$ gleich f_n ist, der zur Übung empfohlen wird, geht im wesentlichen wie in Gleichung 5.14 vor sich, mit der Ausnahme, daß, wenn N gerade ist, die letzten DFT-Komponenten nur mit halbem Wert genommen werden müssen, so daß in Gl. (5.32) die Ersatzgröße $\bar{F}'_m$ anstelle von $\bar{F}_m$ gesetzt wurde. Wenn natürlich N ungerade ist, sind $\bar{F}'_m$ und $\bar{F}_m$ gleich, da m nie N/2 sein kann.

So wird die Rekonstruktion von $\hat{f}(nT)$ gleich f(nT) und deshalb gleich der von f(t) an den Abtastpunkten. Aber die Frage entsteht, was geschieht zwischen und jenseits der Abtastpunkte?

Zunächst ist ersichtlich, daß jenseits des Abtastbereiches von t = 0 bis NT die Funktion $\hat{f}(t)$ sich einfach wiederholt, da Gleichung 5.32 wieder eine Fourier-Reihe ist. Die Fourier-Koeffizienten sind diesmal $[\bar{F}'_m/N]$, und die Grundfrequenz ist 1/NT Hz. Dies legt den Gedanken nahe, daß, wenn f(t) ein abgetasteter Impuls ist, es bequem ist, an eine periodische Darstellung von f(t) zu denken, nämlich an $f_p(t)$ wie in Bild 5.7. Dann sollte die Fourier-Reihen-Rekonstruktion $\hat{f}(t)$ die Funktion $f_p(t)$ annähern und ebenso f(t) im Intervall von 0 bis NT.

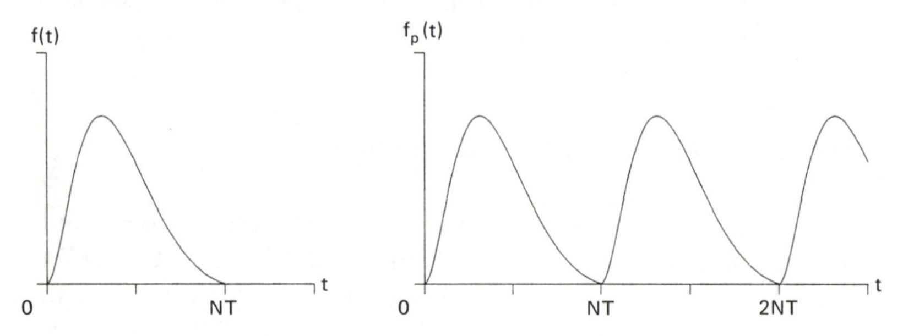

Bild 5.7 Periodische Darstellung von f(t)

Die nächste Frage lautet, ob $\hat{f}(t)$, das periodisch und gleich $f_p(t)$ und f(t) an den Abtaststellen ist, auch wirklich mit $f_p(t)$ zu den anderen Zeiten übereinstimmt. Die Antwort hängt natürlich davon ab, ob es spektrale Überschneidungen gibt. Es ist lehrreich, die Antwort zu gewinnen, indem man $f_p(t)$ durch eine Fourier-Reihe darstellt und dann die Koeffizienten untersucht. Es sei

$$f_p(t) = \sum_{i=-\infty}^{\infty} c_i e^{j(2\pi it/NT)} \tag{5.33}$$

Dies ist wieder die komplexe Form der Fourier-Reihe, und hier ist c_i der konjugiert komplexe Wert von c_{-i}, wobei angenommen sei, daß $f_p(t)$ reell ist.

Die Gleichung 5.33 bringt also $f_p(t)$ und auch f(t) im Intervall (0, NT) zum Ausdruck, und daher kann eine Komponente $\bar{F}_m$ der DFT von f(t) folgendermaßen geschrieben werden:

$$\overline{F}_m = \sum_{n=0}^{N-1} f_n e^{-j(2\pi mn/N)} \tag{5.34}$$

$$= \sum_{n=0}^{N-1} f_p(nT) e^{-j(2\pi mn/N)} \tag{5.35}$$

$$= \sum_{i=-\infty}^{\infty} c_i \sum_{n=0}^{N-1} e^{j[2\pi n(i-m)/N]} \tag{5.36}$$

Die innere Summe in Gleichung 5.36 ist ersichtlich eine einfache geometrische Reihe und hat daher eine geschlossene Form

$$\begin{aligned} \sum_{n=0}^{N-1} e^{j[2\pi n(i-m)/N]} &= N \quad \text{wenn } i = m + kN \\ &= 0 \qquad \text{sonst} \end{aligned} \tag{5.37}$$

in der k eine beliebige positive oder negative ganze Zahl unter Einschluß der Null ist. Das Ergebnis in Gleichung 5.36 kann daher vereinfacht werden zu

$$\overline{F}_m = N \sum_{k=-\infty}^{\infty} c_{m+kN} \tag{5.38}$$

So ist für die DFT in dieser einfachen Weise die Beziehung zu den spektralen Koeffizienten von $f_p(t)$ hergestellt.

Mit diesem Ergebnis kann die Frage, ob $\hat{f}(t)$ und $f_p(t)$ gleich sind, beantwortet werden. Wenn $f_p(t)$ auf Frequenzen unterhalb von 1/2T Hz begrenzt wird, dann wird c_i in Gleichung 5.33 für $|i| \geq N/2$ gleich Null sein. Daher gilt in Gleichung 5.38

$$\overline{F}_m = Nc_m; \qquad m < \frac{N}{2} \quad \text{wenn kein Aliasing} \tag{5.39}$$

Dann werden die Gleichungen 5.32 und 5.33 identisch, d.h. in Gleichung 5.32 ist

$$\begin{aligned} \hat{f}(t) &= \sum_{|m|<N/2} c_m e^{j(2\pi mt/NT)} \\ &= f_p(t) \quad \text{wenn kein Aliasing} \end{aligned} \tag{5.40}$$

Damit ist $\hat{f}(t)$ eine exakte Rekonstruktion von f(t) zu allen Zeiten von t = 0 bis t = NT, sofern keine spektralen Überschneidungen vorliegen.

Wenn spektrale Überschneidungen vorhanden sind, zeigt Gleichung 5.38 die Wirkung auf die Rekonstruktion: Die Koeffizienten von $\hat{f}(t)$ in Gleichung 5.32 sind Summen der Koeffizienten von $f_p(t)$, und so sind die Funktionen im allgemeinen ungleich. Dieses Ergebnis war zu erwarten, da eine exakte Rekonstruktion nicht möglich ist, wenn das Abtasttheorem verletzt ist. Man beachte, daß

$$\begin{aligned} \hat{f}(nT) &= f_p(nT) \\ &= f(nT); \qquad n = 0, 1, \ldots, N-1 \end{aligned} \tag{5.41}$$

wie oben gezeigt gilt, ob nun spektrale Überschneidungen vorhanden sind oder nicht. Aus diesem Grund sorgt $\hat{f}(t)$ für eine praktische Rekonstruktion von f(t) in vielen Fällen. Es enthält natürlich keine Frequenzen oberhalb von 1/2T Hz und liefert so oft einen nützlichen Glättungseffekt.

Als letzter Punkt sei zu der Rekonstruktion mit Fourier-Reihen bemerkt, daß $\hat{f}(t)$ eine reelle Funktion ist, wenigstens für die hier geführte Diskussion. Doch in Gleichung 5.32 ist sie in Form komplexer Größen ausgedrückt. Nutzt man die Tatsache aus, daß $\overline{F}_m$ und $\overline{F}_{-m}$ zueinander konjugiert sind (Gleichung 5.10), kann Gleichung 5.32 für Rechenzwecke vereinfacht werden. Das Ergebnis lautet in der bevorzugten Fourierreihen-Rekonstruktionsformel

$$\hat{f}(t) = \frac{1}{N}\left\{\overline{F}_0 + 2\sum_{m=1}^{m \le N/2}\left[\mathrm{Re}(\overline{F}'_m)\cos\left(\frac{2\pi mt}{NT}\right) - \mathrm{Im}(\overline{F}'_m)\sin\left(\frac{2\pi mt}{NT}\right)\right]\right\}$$

wobei (5.42)

$$\begin{aligned} \overline{F}'_m &= \frac{\overline{F}_{N/2}}{2}; \qquad m = \frac{N}{2} \\ &= \overline{F}_m; \qquad m < \frac{N}{2} \end{aligned}$$

Beispiel 5.3: Wir nehmen wieder wie in Beispiel 5.1 an, daß $[f_n]$ der Satz von Abtastwerten der Funktion

$$f(t) = 2.5e^{-t}\sin 4t \tag{5.43}$$

ist. Man rekonstruiere nun f(t) mit Hilfe einer Fourier-Reihe. Die Rekonstruktionen für zwei Werte von T mit Hilfe von Gleichung 5.42 sind in Bild 5.8 gezeigt, zusammen mit der Ursprungsfunktion. Die Wirkung der spektralen Überschneidungen kann bei dem größeren Abtastintervall besonders gut festgestellt werden. In beiden Fällen kann die Wirkung der Periodizität von $\hat{f}(t)$ (und die plötzliche Änderung der Steigung bei t = 0) in der Nähe von t = 5 beobachtet werden.

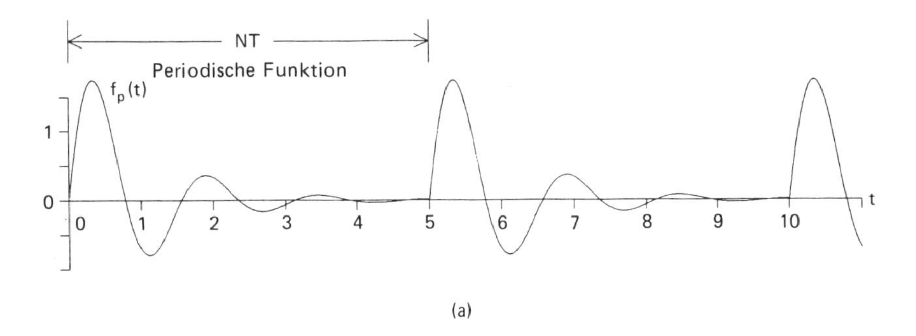

(a)

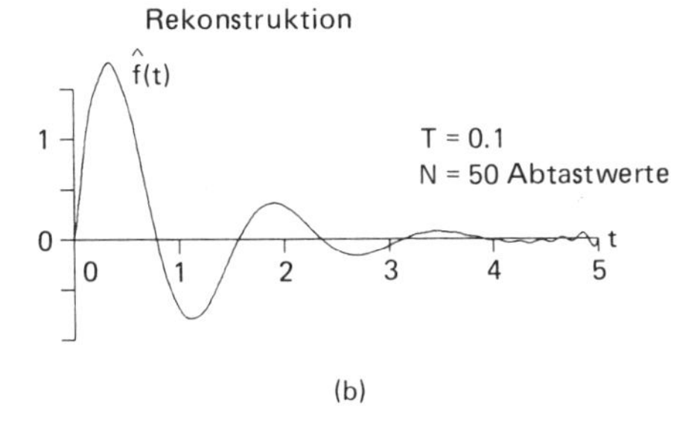

(b)

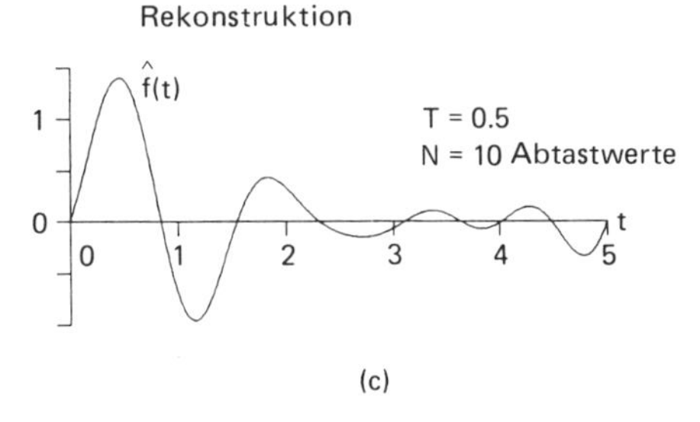

(c)

Bild 5.8: Rekonstruktion mit der Fourier-Reihe. (oben) periodische Darstellung von f(t); (Mitte) Rekonstruktion mit 50 Abtastwerten; (unten) Rekonstruktion mit nur 10 Abtastwerten

In Beispielen dieser Art, in denen ein endlicher, bei t = 0 beginnender und bei etwa t = NT verschwindender Impuls abgetastet und dann mit Hilfe der Fourier-Reihe wieder rekonstruiert wird, schlug Campbell (1973) eine Methode vor, die im allgemeinen eine verbesserte Rekonstruktion ergibt. Die Methode besteht im wesentlichen darin, die periodische Form $f_p(t)$ aus f(t) und einer verschobenen spiegelbildlichen Version - f(NT-t)- zusammenzusetzen, wie das im oberen Teil von Bild 5.9 gezeigt ist. Jetzt hat die modifizierte Funktion $f_p(t)$ nicht mehr die abrupten Änderungen in der Steilheit wie in Bild 5.8, und im allgemeinen ist, genauso wie in den beiden Beispielen in Bild 5.9, die

Rekonstruktion genauer. Die modifizierte (ungerade) Funktion $f_p(t)$ ist zudem periodisch, und daher sind die Berechnungen in Bild 5.9 nicht komplexer als die in Bild 5.8. Aus Gleichung 5.15 und der Beziehung $f_{N-n} = -f_n$ in Bild 5.9 und mit der Annahme, daß $F_0 = f_{N/2} = 0$, ergibt sich die DFT in diesem Fall zu

$$\overline{F}_m = -2j \sum_{n=1}^{(N/2)-1} f_n \sin\left(\frac{2\pi mn}{N}\right) \tag{5.44}$$

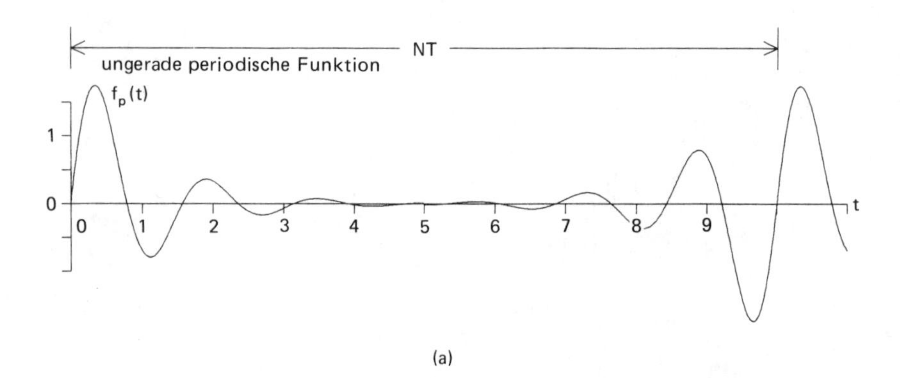

(a)

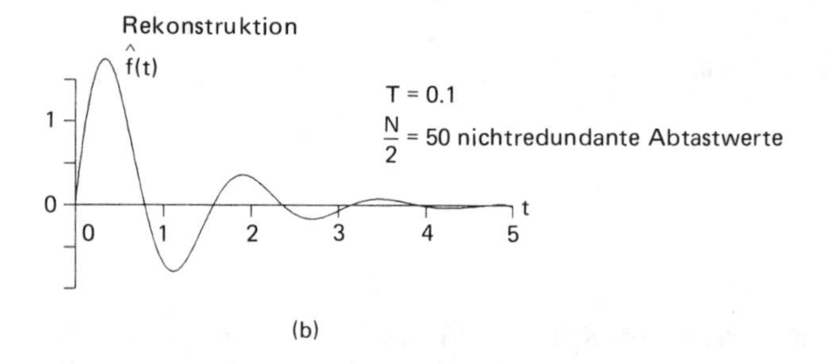

(b)

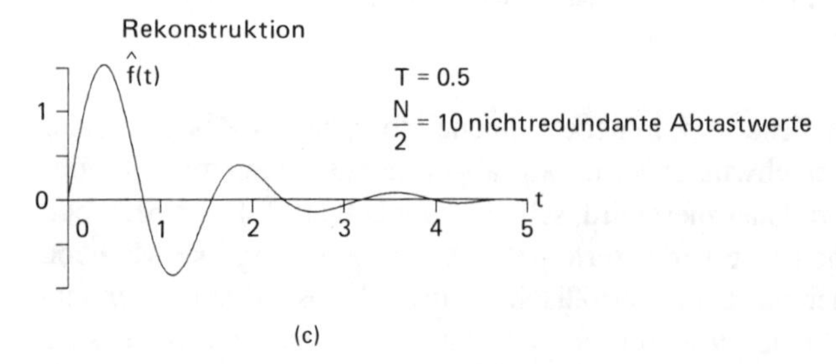

(c)

Bild 5.9 Campbells Rekonstruktionen mit der Fourier-Reihe; (oben) ungerade periodische Darstellung von f(t); (Mitte) Rekonstruktion mit 50 Abtastwerten; (unten) Rekonstruktion mit 10 Abtastwerten.

Daher hat die Rekonstruktionsformel Gleichung 5.42 dieselbe Anzahl von Ausdrücken wie bisher, da N nun zweimal so groß ist, es aber jetzt keine Terme $Re(\bar{F}'_m)$ gibt.

5.6 Whittakersche Rekonstruktion

Die Arbeit von E. T. Whittaker in Verbindung mit dem Abtasttheorem wurde schon in Kapitel 4 erwähnt. Als Teil dieser Arbeit entwickelte Whittaker eine Formel, in der die "Kardinalfunktion" zum Interpolieren einer Funktion zwischen ihren Abtastpunkten verwendet wird. Sie ist eine wichtige und grundlegende Formel und kann in der folgenden Weise, basierend auf der obigen Diskussion der Fourier-Summation und ihrer Inversen, abgeleitet werden, siehe die Gleichungen 5.3 und 5.5.

Man betrachte wieder die Bilder 5.3 und 5.5, die veranschaulichen, wie die Fourier-Summation durch Überlagerung verschobener Fourier-Transformierter von f(t) entsteht. Diese Bilder legen den Gedanken nahe, daß man, wenn man an der Rekonstruktion von f(t) aus seinem Abtastwertesatz$[f_n]$ interessiert ist, die Impulsfolge $\bar{f}(t)$ in Gleichung 5.2 durch ein Tiefpaßfilter schicken muß, das Frequenzen im Bereich $|\omega| \leq \pi/T$ durchläßt und das alle Frequenzen in $\bar{f}(t)$ "ausblendet", die nicht in f(t) enthalten sind. Diese naheliegende Operation ist in Bild 5.10 skizziert. Man beachte, daß man selbst bei sich überlappenden Teilen der DFT, wie z.B. für $T = T_2$ in Bild 5.3 hinreichenden Verdacht haben kann, daß die beste Annäherung an f(t) erreicht wird, wenn $\bar{f}(t)$ in gleicher Weise gefiltert wird. Man beachte auch, daß in Bild 5.10 innerhalb des Durchlaßbereichs die Beziehung $H(j\omega) = T$ gilt, womit dem Skalierungsfaktor zwischen $\bar{F}(j\omega)$ und $F(j\omega)$ Rechnung getragen wird, siehe z.B. Gl. 5.21.

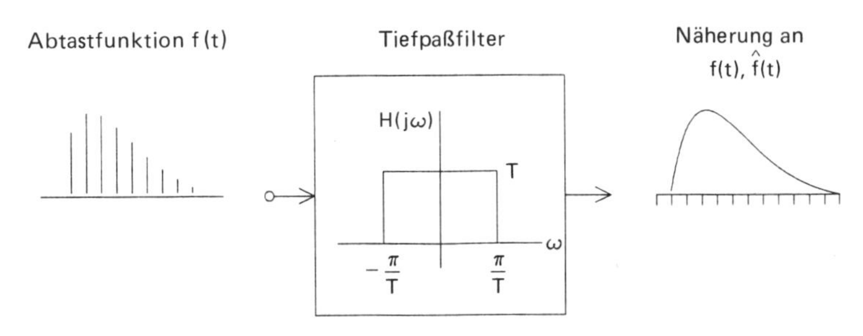

Bild 5.10 Prinzip der Gewinnung der Whittakerschen Rekonstruktion

Man kann eine allgemeine Formel für die rekonstruierte Version von f(t), die wir $\hat{f}(t)$ nennen wollen, ableiten, indem man die Operation in Bild

5.10 ausführt. Wenn H(jω) die Übertragungsfunktion des Filters ist, dann gilt

$$\hat{F}(j\omega) = H(j\omega)\overline{F}(j\omega) \tag{5.45}$$

Im Zeitbereich ist $\hat{f}(t)$ daher die Faltung (Kapitel 3, Abschnitt 3.3) von h(t) mit $\overline{f}(t)$

$$\hat{f}(t) = \int_{-\infty}^{\infty} h(\tau)\overline{f}(t - \tau)\, d\tau \tag{5.46}$$

Die (Nadel-) Impulsantwort h(t) des Filters findet man, indem man wie in der Übung 20 von Kapitel 3 die inverse Transformierte von H(jω) bildet

$$\begin{aligned} h(t) &= \int_{-\infty}^{\infty} H(j\omega)e^{j\omega t} d\left(\frac{\omega}{2\pi}\right) \\ &= \frac{T}{2\pi}\int_{-\pi/T}^{\pi/T} e^{j\omega t}\, d\omega \\ &= \frac{\sin(\pi t/T)}{\pi t/T} \end{aligned} \tag{5.47}$$

Führt man diese Form von h(t) und Gleichung 5.2 für $\overline{f}(t)$ in das Faltungsintegral in Gleichung 5.46 ein, so folgt

$$\begin{aligned} \hat{f}(t) &= \int_{-\infty}^{\infty} h(\tau) \sum_{n=0}^{N-1} f(t - \tau)\delta(t - \tau - nT)\, d\tau \\ &= \sum_{n=0}^{N-1} f_n h(t - nT) \\ &= \sum_{n=0}^{N-1} f_n \frac{\sin[(\pi/T)(t - nT)]}{(\pi/T)(t - nT)} \end{aligned} \tag{5.48}$$

Die Summe in Gleichung 5.48 it die Whittakersche Kardinalfunktion. Sie ist eine allgemeine Formel für die Rekonstruktion einer Funktion aus einem Satz von Abtastwerten. Die Whittaker-Funktion hat die gleichen wichtigen Eigenschaften, die oben in Verbindung mit der Rekonstruktion durch eine Fourier-Reihe diskutiert worden waren.

Zunächst enthält $\hat{f}(t)$ keine höheren Frequenzen als die halbe Abtastfrequenz, d.h. keine Frequenzen höher als 1/2T Hz (dies ist evident, da die Grenzfrequenz von H(jω) bei ω = π/T liegt). Da solche eventuell vorher vorhandenen Frequenzen durch den Abtastprozeß nicht übertragen werden können, würde jede Rekonstruktion, die sie nach $\hat{f}(t)$ brächte, ersichtlich eine falsche "Datenanreicherung" sein, wenn nicht noch andere Informationen über f(t) mit in Betracht kommen.

Weiterhin ist $\hat{f}(t)$ an den Abtastpunkten mit f(t) identisch. Dies erkennt man, indem man in Gleichung 5.48 setzt t = nT, (n = ganze Zahl). In diesem Fall ist nur der n-te Term in der Summe von Null verschieden, und die ganze Summe ist gleich f_n, d.h. gleich dem Wert von f(t) bei t = nT.

Schließlich ist, wenn die Whittaker-Formel wirklich praktisch benutzt wird, die Berechnung sehr viel schneller durchzuführen, wenn die Sinusfunktion zuerst von der inneren Summe in Gleichung 5.48 gebildet wird. Wie in Gleichung 1.2 von Kapitel 1 findet man

$$\begin{aligned} \sin[(\pi/T)(t - nT)] &= \sin\left(\frac{\pi t}{T}\right)\cos(n\pi) - \cos\left(\frac{\pi t}{T}\right)\sin n\pi \\ &= (-1)^n \sin\left(\frac{\pi t}{T}\right) \end{aligned} \tag{5.49}$$

und deshalb wird die Kardinalfunktion

$$\hat{f}(t) = \frac{\sin(\pi t/T)}{\pi/T} \sum_{n=0}^{N-1} f_n \frac{(-1)^n}{t - nT} \tag{5.50}$$

Man muß aber sorgfältig darauf achten, $\hat{f}(t)$ nicht an den Abtastpunkten mit Gleichung 5.50 zu berechnen, sondern stattdessen $\hat{f}(nT) = f_n$ an diesen Punkten zu setzen.

Beispiel 5.4: Wir nehmen wie in Beispiel 5.1 an, daß $[f_n]$ der Satz von Abtastwerten der Funktion

$$f(t) = 2.5e^{-t}\sin 4t \tag{5.51}$$

ist. Man rekonstruiere f(t) unter Benutzung der Whittakerschen Kardinalfunktion. Die Rekonstruktion für zwei Werte von T sind in Bild 5.11 dargestellt und können mit denen in Abschnitt 5.5 verglichen werden. Wieder ist der Effekt der spektralen Überschneidungen bei dem größeren Wert von T offensichtlich. Der Leser sollte diese Ergebnisse sorgfältig mit denen von Beispiel 5.3 vergleichen. Man beachte, daß $\hat{f}(t)$ hier nicht periodisch ist, sondern außerhalb des Intervalls von t = 0 bis 5 in der Tat nahe bei Null liegt.

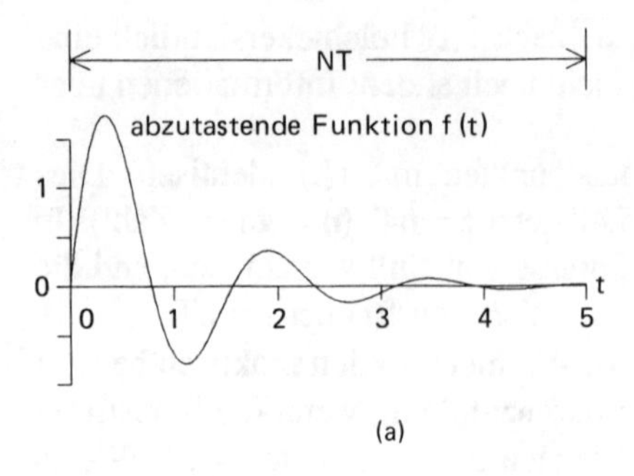

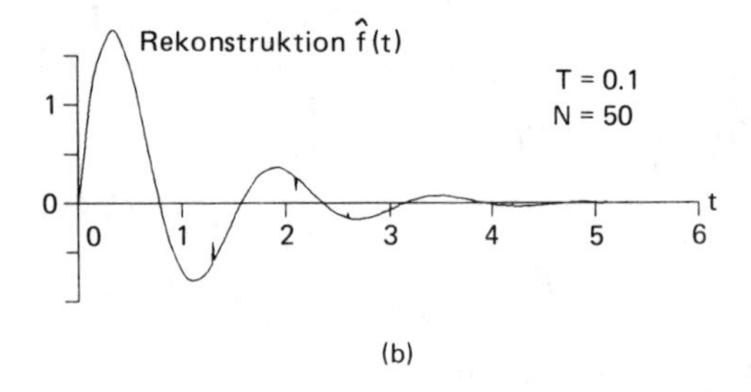

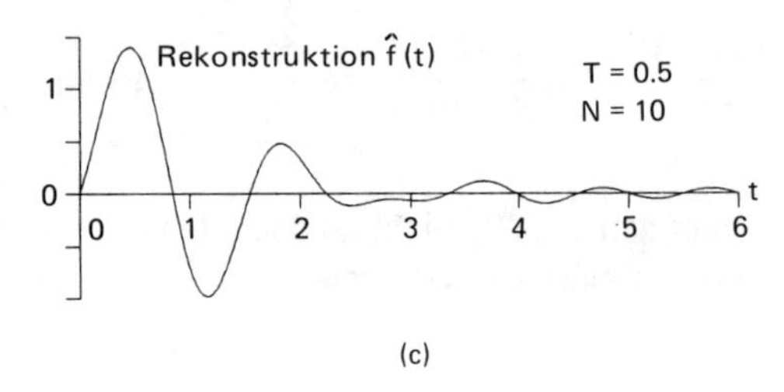

Bild 5.11 **Whittakersche Rekonstruktion. (Oben) abgetastete Funktion f(t); (Mitte) Rekonstruktion mit T = 0.1; (unten) Rekonstruktion mit T = 0,5**

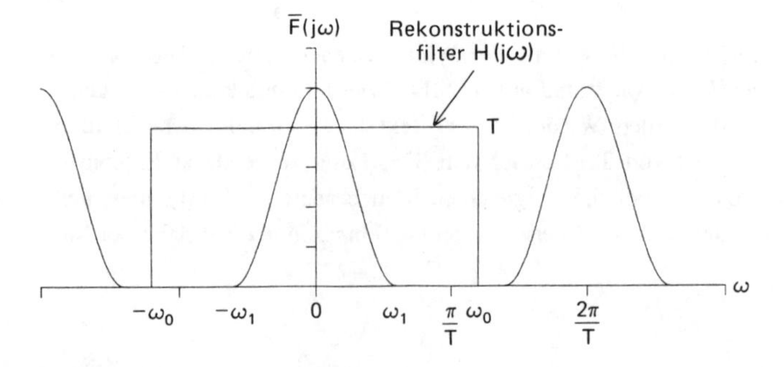

Bild 5.12 Rekonstruktionsfilter mit Grenzfrequenz bei $\omega_0 \neq \pi/T$

Eine Verallgemeinerung der Whittakerschen Kardinalfunktion ist durch Papoulis (1966) beschrieben worden. Man nehme wie in Bild 5.12 dargestellt an, daß die Abtastrate so gewählt wird, daß sie beträchtlich größer als das Doppelte der höchsten Frequenz in f(t) ist. In dem Bild ist also $\pi/T > \omega_1$. Dann hat man ersichtlich einige Freiheit in der Wahl von ω_0, der Grenzfrequenz des Tiefpaß-Rekonstruktionsfilters. In der Tat ersieht man aus dem Bild, daß bei

$$\omega_1 < \omega_0 < \frac{2\pi}{T} - \omega_1 \tag{5.52}$$

eine gute Rekonstruktion erreicht werden kann. Bild 5.10 wird nun zu einem speziellen Fall von Bild 5.12 mit $\omega_0 = \pi/T$, und die verallgemeinerte Version von Gleichung 5.48 wird

$$\hat{f}(t) = \sum_{n=0}^{N-1} f_n \frac{\sin[\omega_0(t - nT)]}{(\pi/T)(t - nT)} \tag{5.53}$$

Noch allgemeiner läßt sich feststellen, daß das Rekonstruktionsfilter zwischen ω_1 und ω_0 jede Gestalt haben kann, da ja dort $\bar{F}(j\omega)$ gleich Null ist, und so lange, wie $H(j\omega) = T$ für $|\omega| \leq \omega_1$ ist, muß die Rekonstruktion richtig bleiben. Wie in der Ableitung von Gleichung 5.48 kann die Rekonstruktion in ihrer allgemeinsten Form wie folgt geschrieben werden

$$\hat{f}(t) = \sum_{n=0}^{N-1} f_n h(t - nT) \tag{5.54}$$

wobei h(t) die inverse Transformierte von $H(j\omega)$ ist, welche die gerade beschriebenen Eigenschaften hat.

5.7 Rekonstruktion durch digitale Interpolation

In diesem Abschnitt wird eine Interpolationsmethode für die Rekonstruktion des Signals zwischen den Abtastwerten der ursprünglichen Folge entwickelt. Diese Interpolationsmethode ist ähnlich zu den Methoden, die schon in den vorangegangenen zwei Abschnitten diskutiert wurden, unterscheidet sich aber insofern, als beide schon besprochenen Methoden die Rekonstruktion von f(t) kontinuierlich über jeden Bereich von t gestatten, während die nun zu besprechende Methode die Funktion f(t) nur mit diskreten Werten rekonstruiert. Ferner ist die Interpolationsmethode leichter durchzuführen als jede der zuvor besprochenen Methoden und ist sowohl für den Zeitbereich als auch für den

Frequenzbereich geeignet. Wir betrachten zuerst die Durchführung im Zeitbereich, die sich für Echtzeit-Anwendungen empfiehlt.

Bei der Interpolation im Zeitbereich unterscheidet man zwei Schritte. Der erste besteht im Einsetzen von Nullen zwischen den ursprünglich vorhandenen abgetasteten Werten. Der zweite besteht in einer, der ergänzten Folge angepaßten Tiefpaßfilterung. Das Filter gibt dann die interpolierte Folge ab. Sie enthält die ursprünglichen und unveränderten Abtastwerte mit dazwischen liegenden diskreten Interpolationswerten. Die interpolierte Folge hat eine höhere effektive Abtastfrequenz und demzufolge auch eine höhere Faltungsfrequenz. Nimmt man an, daß die anfängliche Folge in Übereinstimmung mit dem Abtasttheorem gewonnen wurde (d.h., daß sie mit einer Frequenz abgetastet wurde, die größer als das Zweifache der höchsten Frequenz im Spektrum ist), so ist das Spektrum der interpolierten Folge identisch mit dem Spektrum, das sich bei einer entsprechend rascheren Abtastung des ursprünglichen Signals ergeben würde. Infolgedessen ist das Spektrum der interpolierten Folge zwischen der Hälfte der ursprünglichen Abtastfrequenz (N/2) bis zur neuen Faltungsfrequenz gleich Null zu setzen.

Um zu verstehen, wie diese Methode arbeitet, wollen wir zuerst die Wirkung bestimmen, die das Einsetzen der Nullen auf das Spektrum der Abtastfrequenz hat. Bezeichnen wir mit $[x_n]$ die ursprüngliche Folge der Länge N und mit $[y_n]$ dieselbe Folge mit den nach jedem Abtastwert eingesetzten Z Nullen, so ergibt sich folgende Darstellung

$$[y_n] = [x_0 \quad \underbrace{0 \cdots 0}_{Z \text{ zeros}} \quad x_1 \quad \underbrace{0 \cdots 0}_{Z \text{ zeros}} \quad \cdots \quad x_{N-1} \quad \underbrace{0 \cdots 0}_{Z \text{ zeros}}] \tag{5.55}$$

Die DFT von $[y_n]$ ist gegeben durch

$$\overline{Y}_k = \sum_{n=0}^{N(Z+1)-1} y_n e^{-j[2\pi nk/N(Z+1)]}; \qquad k = 0, 1, \ldots, N(Z+1) - 1 \tag{5.56}$$

Aus Gl.5.55 entnehmen wir, daß die einzigen von Null verschiedenen Ausdrücke in der Summe von Gl.5.56 jeweils nach Z + 1 Elementen vorkommen. Die Summe läßt sich daher auch nur mit den Ausdrücken dieser Elemente anschreiben, wobei ein neuer Index i so gewählt wird, daß n = (Z + 1)i. Mit dieser Substitution und der Tatsache, daß $y_{(Z+1)i} = x_i$ ist, läßt sich Gl.5.56 wie folgt schreiben.

$$\begin{aligned}\overline{Y}_k &= \sum_{i=0}^{N-1} x_i e^{-j[2\pi k(Z+1)i/N(Z+1)]} \\ &= \sum_{i=0}^{N-1} x_i e^{-j(2\pi ki/N)} \\ &= \overline{X}_k; \qquad k = 0, 1, \ldots, N(Z+1) - 1\end{aligned} \tag{5.57}$$

Hier sieht man, daß der Frequenzindex des Spektrums $\bar{Y}_k$ von 0 bis (Z + 1)N-1 läuft, d.h. über Z + 1 Perioden des Spektrums $\bar{X}_k$ (man erinnere sich daran, daß $\bar{X}_k$ periodisch ist mit der Periode N). Infolgedessen ist die DFT von $[y_n]$ gleich der DFT von $[x_n]$, die zusätzlich Z-mal wiederholt wird. Wir schließen daraus, daß im allgemeinen das Spektrum jeder Folge, die durch Einsetzen von Z Nullen nach jedem Element gebildet wird, identisch mit dem ursprünglichen Spektrum ist, das Z mal wiederholt wird.

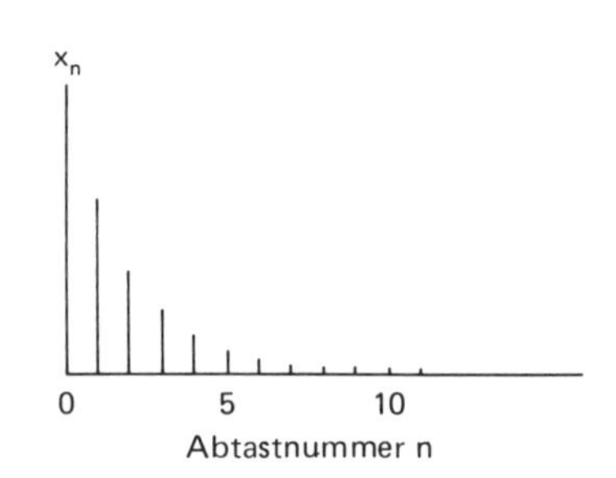

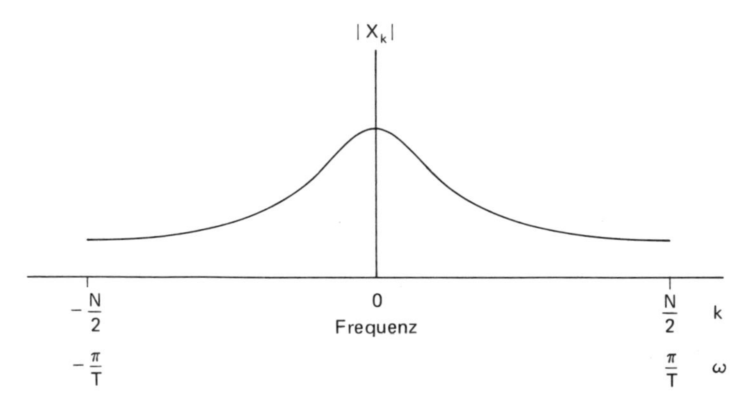

Bild 5.13 Eine exponentielle Abtastfolge und ihre DFT.

Als Beispiel für $[x_n]$ betrachte man die exponentielle Folge, die zusammen mit ihrer DFT in Bild 5.13 gezeigt ist. Man beachte, daß die DFT-Werte von N/2 bis N-1 als negative Frequenzen aufzufassen sind, wie dies in

Abschnitt 5.2 beschrieben wurde. Nehmen wir an, daß $[y_n]$ aus $[x_n]$ gebildet wird, indem wir vier Nullen nach jedem Element einfügen. Die entstehende Folge und ihre DFT sind in Bild 5.14 dargestellt (man beachte die erhöhte Zahl der Abtastwerte). Wie in Gl. 5.57 dargelegt, ist $[\bar{Y}_k]$ mit $[\bar{X}_k]$ identisch im Bereich von $k = -N/2$ bis $k = N/2$ (d.h., von $\omega = -\pi/T$ bis $\omega = \pi/T$). Das Spektrum $[\bar{X}_k]$ wird dann viermal wiederholt, zweimal bei positiven Frequenzen und zweimal bei negativen Frequenzen. Die Frequenzlinien (Abtastwerte) in Bild 5.14 liegen zwischen den neuen Faltungsfrequenzen $-5\pi/T$ und $5\pi/T$.

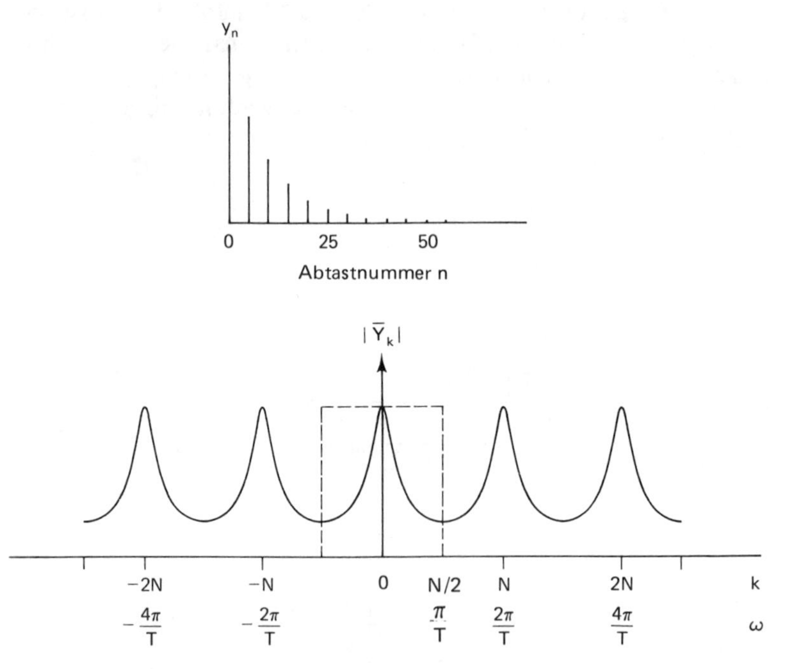

Bild 5.14 Eine exponentielle Abtastfolge mit vier Nullen nach jedem Abtastwert und zugehörige DFT

Da wir jetzt die Wirkung des Einsetzens von Nullen kennen (höhere Abtastfrequenz bzw. Faltungsfrequenz bei Wahrung der Form der Einzelspektren), wird der Zweck des Tiefpaßfilters klar. Um ein Signal mit dem gewünschten Spektrum zu erhalten, braucht man nur $[y_n]$ durch ein ideales Tiefpaßfilter mit der Grenzfrequenz $\omega = \pi/T$ zu schicken.

Wie schon zu Beginn dieses Abschnitts erwähnt, gibt es auch die Variante der digitalen Interpolation im Frequenzbereich. Bei dieser bildet man zuerst die DFT der Folge $[x_n]$ mit seinen N Abtastwerten, füllt dann die DFT außerhalb dieses Bereiches mit Nullstellen auf, um so nur die gefilterte Version von $[\bar{Y}_k]$ wie in Bild 5.14 (innerhalb des Rechtecks) zu gewinnen, benutzt schließlich die inverse DFT, und findet schließlich die interpolierte Folge im Zeitbereich mit (Z + 1)N Abtastwerten. Wenn insbesondere $[x_n]$ eine reelle Folge ist und N gerade, wird die gefilterte Version $[\bar{Y}_k]$ in Bild 5.14 zur DFT $[\bar{X}_k]$ im Bereich $0 \leq k \leq N/2$, wobei das Spektrum nach rechts mit Z(N/2) Nullen aufgefüllt und dadurch verlängert wird. Die interpolierte Folge im Zeitbereich erhält man dann als skalierte Inverse dieser verlängerten DFT. Infolgedessen erzeugen die Frequenzbereichs- und die Zeitbereichsvarianten im wesentlichen dieselben interpolierten Folgen.

Wir wollen daher in jedem dieser beiden Fälle mit $[v_n]$ die reelle Folge bezeichnen, die durch das Tiefpaßfiltern von $[y_n]$ entsteht, oder die in äquivalenter Weise durch das Bilden der inversen DFT von $[\bar{V}_k]$ zustande kommt, wobei mit diesem Ausdruck das Spektrum $[\bar{X}_k]$ gemeint ist, das mit Z(N/2) Nullen aufgefüllt wird. Es soll nun gezeigt werden, daß $[v_n]$ noch mit (Z + 1) skaliert werden muß, um die korrekte Interpolationsfolge $[w_n]$ zu erhalten. Der Beweis stützt sich auf die Tatsache, daß jedes (Z + 1)ste Element von v_n, indem man es wie angegeben skaliert, gleich x_n wird. Wir beginnen, indem wir v_n durch seine inverse DFT ausdrücken (siehe Gl. 5.15):

$$v_n = \frac{1}{N(Z+1)} \sum_{k=0}^{N(Z+1)-1} \bar{V}_k e^{j[2\pi nk/N(Z+1)]}; \qquad n = 0, 1, \ldots, Z(N+1) - 1 \tag{5.58}$$

Der Einfachheit halber sei angenommen, daß N ungerade ist. (Der folgende Beweis kann auch leicht für den Fall von geradem N modifiziert werden). Wegen des Tiefpaßfilters ist $[\bar{V}_k]$ identisch mit $[\bar{X}_k]$ im Frequenzbereich zwischen $-\pi/T$ und π/T. Für die Indizes bedeutet das von 0 bis (N-1)/2 und von ZN + (N + 1)/2 bis N(Z + 1)-1. Ansonsten ist $[\bar{V}_k]$ gleich Null. Daher läßt sich Gl. 5.58 umschreiben

$$v_n = \left[\frac{1}{Z+1}\right] \frac{1}{N} \left[\sum_{k=0}^{(N-1)/2} \bar{X}_k e^{j[2\pi nk/N(Z+1)]} + \sum_{k=NZ+(N+1)/2}^{N(Z+1)-1} \bar{X}_k e^{j[2\pi nk/N(Z+1)]} \right]$$

Dieser Ausdruck läßt sich vereinfachen, indem man bemerkt, daß die Linien (Abtastwerte) von $[\bar{X}_k]$ von k = ZN + (N + 1)/2 bis N(Z + 1)-1 identisch sind mit denen von k = (N + 1)/2 bis N-1, was auf die Periodizität von $[\bar{X}_k]$ zurückzuführen ist, die schon oben erwähnt und in Bild 5.14 dargestellt wurde. Infolgedessen kann v_n wie folgt geschrieben werden

$$v_n = \left[\frac{1}{Z+1}\right] \frac{1}{N} \sum_{k=0}^{N-1} \bar{X}_k e^{j[2\pi nk/N(Z+1)]} \tag{5.59}$$

Wir wollen nun diesen Ausdruck bei jedem (Z + 1)sten Element auswerten, d.h. für n = i(Z + 1), i = 0,1,...,N. Mit dieser Substitution findet man

$$
\begin{aligned}
v_{i(Z+1)} &= \left[\frac{1}{Z+1}\right]\frac{1}{N}\sum_{k=0}^{N-1}\overline{X}_k e^{j[2\pi k i(Z+1)/N(Z+1)]} \\
&= \left[\frac{1}{Z+1}\right]x_i; \qquad i = 0, 1, \ldots, N
\end{aligned}
\tag{5.60}
$$

Setzt man daher $w_n = (Z + 1)v_n$, so wird wie gewünscht w_n gleich x_n.

Die Methode des Null-Einsetzens (im Zeitbereich) ist in Bild 5.15 im Blockschaltbild dargestellt. Die entsprechende Methode im Frequenzbereich ist in Bild 5.16 wiedergegeben. Die Frequenzbereichsmethode ist allgemeiner als die Zeitbereichsmethode in dem Sinn, daß die DFT von x_n mit jeder Zahl (K) von Nullen aufgefüllt werden kann (nicht nur mit NZ Nullen). Die sich ergebende interpolierte Folge wird immer das gewünschte Spektrum aufweisen. Nur dann, wenn die Zahl der Nullen ein ganzes Vielfaches von N ist, werden jedoch die ursprünglichen Abtastwerte $[x_n]$ in der interpolierten Folge erscheinen. In diesem Fall ist K = ZN in Bild 5.16 und wir erkennen, daß die Skalierung in Bild 5.16 dieselbe ist wie in Bild 5.15, d.h. sie ist gleich Z + 1.

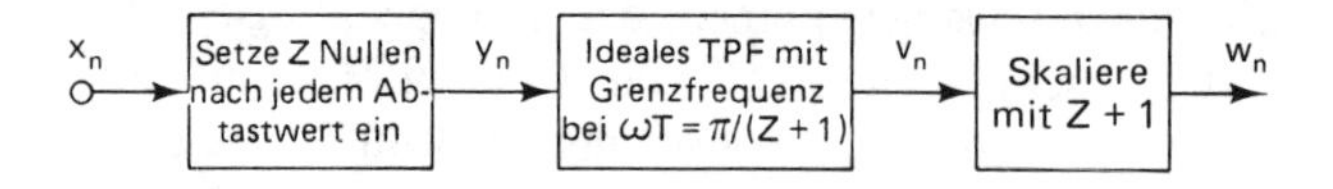

Bild 5.15 Digitale Interpolation: Ansatz im Zeitbereich

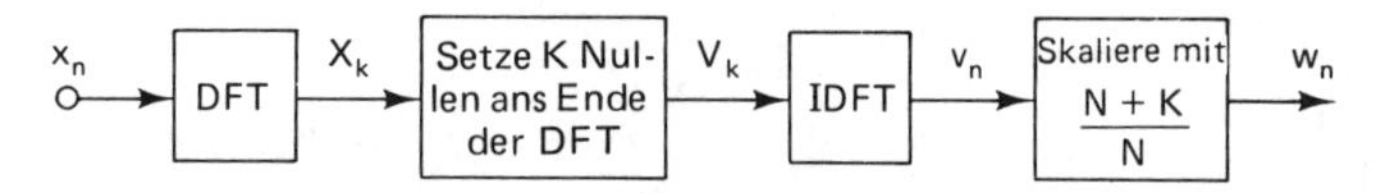

Bild 5.16 Digitale Interpolation: Ansatz im Frequenzbereich

Wir haben gesehen, daß das Auffüllen mit Nullen (Zero Padding) im Frequenzbereich dazu benutzt werden kann, die Auflösung im Zeitbereich zu verbessern (d.h. das Null-Auffüllen der DFT erzeugt mehr Abtastimpulse innerhalb eines festen Zeitabschnittes). Man könnte sich jetzt fragen, ob das Umgekehrte auch wahr ist, d.h., daß das Auffüllen mit Nullen im Zeitbereich dazu benutzt werden kann, die Auflösung im Frequenzbereich zu verbessern. Die Anwort hängt von der Art des Signals ab, das mit Nullen aufgefüllt werden soll. In der vorangehenden Diskussion kann das Null-Auffüllen im Frequenzbereich als ein verlängertes Abtasten des Spektrums des kontinuierlichen Signals angesehen werden. Da wir von einem bandbegrenzten Signal ausgehen, sind die zusätzlichen Abtastwerte natürlich alle gleich Null. Ähnlich ist auch das Null-Auffüllen im Zeitbereich gerechtfertigt, wenn das kontinuierliche Signal selbst über den ursprünglichen Abtastbereich hinaus gleich Null ist. Infolgedessen ist das Null-Auffüllen für diejenigen Signale endlicher Dauer gerechtfertigt, die schon über allen nicht verschwindenden Amplitudenbereichen abgetastet wurden. Ersichtlich bleibt die allgemeine Form der DFT in Gl. 5.3 unverändert, ob nun die zusätzlichen Nullen in der Summe enthalten sind oder nicht. Der Vorteil des Null-Auffüllens besteht darin, daß es dazu benutzt werden kann, eine größere Zahl diskreter Frequenzwerte zu erhalten, wenn man die DFT von Gl. 5.9 auf einem Digitalrechner implementiert.

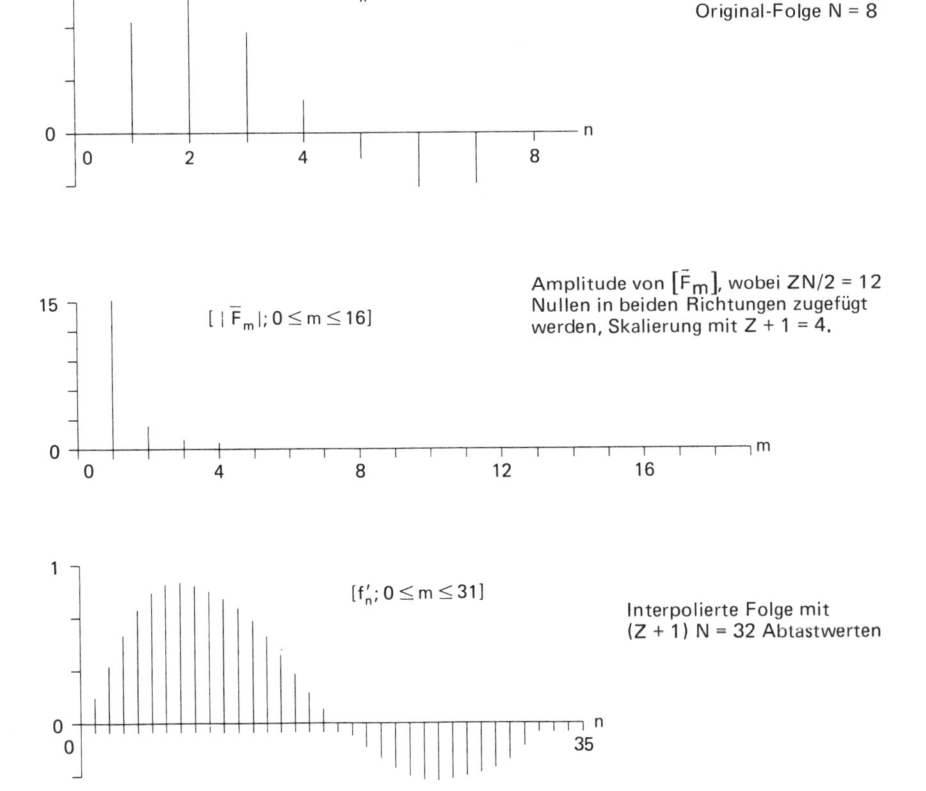

Bild 5.17 Digitale Interpolation einer Zeitfolge mit "Zero Padding" im Frequenzbereich mit Z=3.

Beispiele der Zeit- und Frequenzbereichs-Interpolation sind in den Bildern 5.17 und 5.18 wiedergegeben. In Bild 5.17 ist die Interpolation einer Zeitfolge $[f_n]$ mit drei zusätzlichen Abtastwerten zwischen je zwei ursprünglichen Abtastwerten dargestellt. Man erhält diese Interpolation, indem man die DFT $[\bar{F}_m]$ mit Nullen verlängert, skaliert und dann die inverse DFT nimmt. In Bild 5.18 ist die Interpolation der DFT dargestellt, bei der die Zeitfolge $[f_n]$ mit Nullen verlängert wurde, worauf sich eine DFT anschließt. In den beiden Bildern 5.17 und 5.18 bemerkt man, daß die Abtastwerte der ursprünglichen Folge mit denen der interpolierten Folge übereinstimmen, wann immer die beiden koinzidieren.

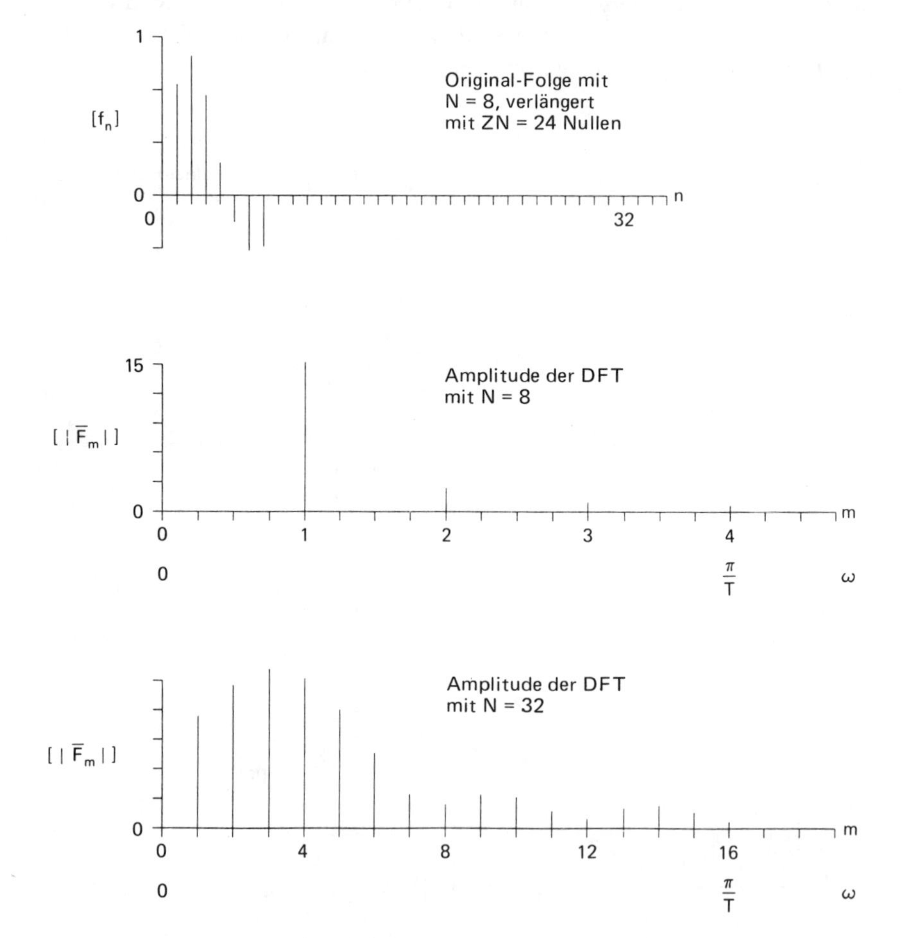

Bild 5.18 Digitale Interpolation der DFT mit "Zero Padding" im Zeitbereich mit Z=3.

Wenn das Signal keine endliche Dauer hat und z.B. periodisch ist, kann das Auffüllen mit Nullen zu fehlerhaften Ergebnissen führen. Wenn z.B. ein periodisches Signal über eine Periode hin abgetastet und dann mit Nullen verlängert wird, ist die resultierende DFT diejenige einer mit Nullen aufgefüllten periodischen Folge und nicht die der ursprünglichen periodischen Folge, wie dies in Bild 5.19 veranschaulicht ist. Ersichtlich ist die DFT einer mit Nullen verlängerten Folge nicht einfach eine Version mit hoher Auflösung von der ursprünglichen DFT. Daher muß man bei der Anwendung des Nullen-Auffüllens (Zero-Padding) bei abgetasteten Signalen vorsichtig sein. Es ist nur gerechtfertigt, wenn das Signal eine endliche Dauer hat und schon über den Bereich hin abgetastet wurde, in dem es nicht Null ist.

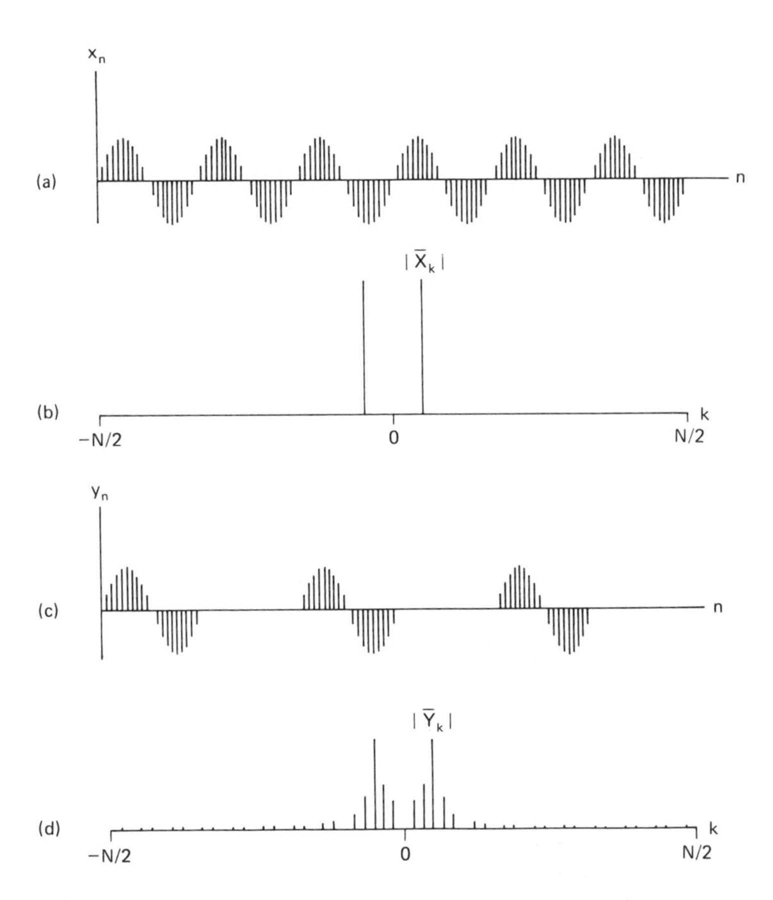

Bild 5.19 Beispiel des Einfügens von Nullen (Padding) in einer abgetastete periodische Folge: (a) abgetastete periodische Folge $[x_n]$; (b) $[X_k]$, die DFT einer Periode von $[x_n]$; (c) abgetastetes periodisches Signal mit Einfügen von Nullen $[y_n]$; (d) die DFT $[Y_k]$ einer Periode von $[y_n]$.

5.8 Endliche Dauer der Abtastung

Wie schon in Abschnitt 4.4 erwähnt, gibt es manchmal Fälle, in denen die Abtastwerte der Funktion f(t) keine Nadelimpulsfunktionen sind und auch nicht als solche behandelt werden können. Wenn es bei dem Abtastprozeß darum geht, eine physikalische Größe zu messen und eine Analog-Digital-Umwandlung durchzuführen, muß gewöhnlich Energie vom Meßgerät absorbiert werden. Wenn es nicht nur um die Absorption eines einzigen Energiequants geht, erfordert die Absorption Zeit, und daher benötigt die Abtastung eine von Null verschiedene Zeit.

In vielen Fällen können die Abtastungen so behandelt werden, als ob sie Nadelimpulsabtastungen wären, obgleich sie es nicht sind. Das Urteil, ob sie (oder ob sie nicht) so behandelt werden können, kann man darauf stützen, ob f(t) während der Zeit, in der jeder Abtastwert genommen wird, relativ konstant ist (oder nicht). Hier sei nun angenommen, daß Änderungen von f(t) während des Abtastintervalls in Rechnung gestellt werden müssen.

In gewissem Sinn werden zwei Arten von spektralen Effekten durch die endliche Abtastzeit verursacht. Der erste ist der auf das Spektrum des Satzes der Abtastwerte selbst wirkende Effekt, der am wichtigsten bei reinen Abtastsystemen ist. Der zweite ist der auf das berechnete Spektrum von f(t), d.h. auf die DFT gerichtete Effekt.

Was das Spektrum des Satzes von Abtastwerten selbst betrifft, erinnern wir uns zuerst daran, daß von $\bar{F}_s(j\omega)$, der Transformierten des Abtastergebnisses in Kapitel 4, gezeigt wurde, daß es die Fourier-Transformierte (nicht die DFT) der Folge von Impulsabtastungen ist, so daß Gleichung 5.21 für das Impulsabtasten das Ergebnis liefert

$$\bar{F}_s(j\omega) = \frac{1}{T} \sum_{n=-\infty}^{\infty} F\left(j\omega - j\frac{2\pi n}{T}\right) \tag{5.61}$$

Hierbei ist ein Abtasten mit Nadelimpulsen angenommen. Was ändert sich nun an $F_s(j\omega)$, jetzt als Fourier-Transformierte der Abtastfolge betrachtet, wenn die Impulsabtastzeiten endlich werden? Diese Frage wird (nach [Ragazzini und Franklin 1958]) wie oben in Abschnitt 5.3 für den Nadelimpulsfall beantwortet, indem man eine Folge von endlichen Impulsen p(t) ansetzt, wie dies in Bild 5.20 veranschaulicht ist. Die Dauer jedes Impulses beträgt w sec, und die Amplitude ist als T/w angegeben. (Für irgendeine andere konstante Amplitude kann p(t) einfach in der folgenden Diskussion mit einer Konstanten multipliziert werden.) Das Produkt $f_s(t) = f(t) \cdot p(t)$ stellt nun die Folge endlich langer Abtastwerte von f(t) dar, d.h. das Ergebnis eines Abtasters in einem reinen Abtastsystem.

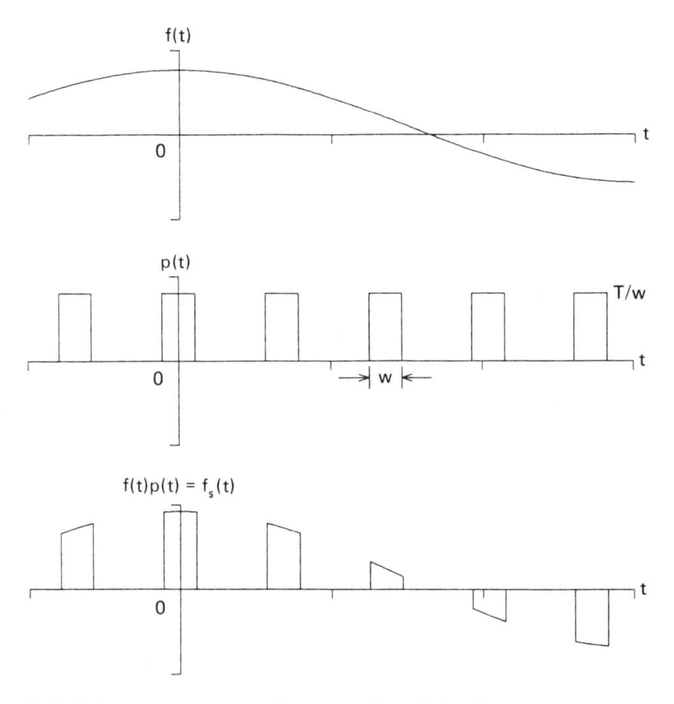

Bild 5.20 Arbeitsweise des Abtasters mit endlicher Dauer

Die Impulsfolge p(t) kann, da sie eine periodische Funktion ist, in folgender Weise in eine Fourier-Reihe entwickelt werden:

$$p(t) = \sum_{n=-\infty}^{\infty} c_n e^{j(2\pi nt/T)}$$

$$c_n = \frac{1}{T}\int_{-T/2}^{T/2} p(t) e^{-j(2\pi nt/T)}\,dt$$

$$= \frac{1}{T}\int_{-w/2}^{w/2} \frac{T}{w} e^{-j(2\pi nt/T)}\,dt$$

$$= \frac{T}{n\pi w}\sin\left(\frac{n\pi w}{T}\right)$$

Es folgt:

$$p(t) = \sum_{n=-\infty}^{\infty} \frac{T}{nw\pi}\sin\left(\frac{n\pi w}{T}\right) e^{j(2\pi nt/T)} \tag{5.62}$$

Daher ergibt sich die Abtastfolge von f(t) zu

$$f_s(t) = f(t)p(t)$$
$$= \sum_{n=-\infty}^{\infty} \frac{Tf(t)}{nw\pi} \sin\left(\frac{n\pi w}{T}\right) e^{j(2\pi nt/T)} \tag{5.63}$$

Das Spektrum erhält man aus Zeile 6, Tabelle 3.1, Kapitel 3

$$F_s(j\omega) = \sum_{n=-\infty}^{\infty} \frac{T}{nw\pi} \sin\left(\frac{n\pi w}{T}\right) F\left(j\omega - j\frac{2\pi n}{T}\right) \tag{5.64}$$

Daher wird, im Gegensatz zu Gleichung 5.61, noch eine Einhüllende der Form (sin x)/x bei der Überlagerung der ursprünglichen Spektren wirksam.

Zwei Grenzfälle der Gleichung 5.64 erkennt man sofort. Der erste besteht darin, daß die Abtastdauer w gegen Null geht, und da

$$\lim_{w\to 0}\left[\frac{T}{nw\pi} \sin\left(\frac{nw\pi}{T}\right)\right] = 1 \tag{5.65}$$

werden die Gleichungen 5.64 und 5.61 identisch, abgesehen von einer Konstanten, d.h.

$$F_s(j\omega) = \sum_{n=-\infty}^{\infty} F\left(j\omega - j\frac{2\pi n}{T}\right) \quad \text{wenn } w \to 0 \tag{5.66}$$

Die fehlende Konstante 1/T in Gleichung 5.66 ist daraus zu erklären, daß die Fläche jedes Impulses in p(t) zu T anstatt zu 1 angenommen war, siehe Bild 5.20.

Der zweite Grenzfall in Gleichung 5.64 besteht für w = T, so daß kein Zeitintervall zwischen den Abtastungen übrig bleibt. Dann ist nur der Term für n = 0 von Null verschieden und es folgt

$$F_s(j\omega) = F(j\omega) \quad \text{wenn } w \to T \tag{5.67}$$

Dieses Ergebnis ist natürlich ebenfalls sinnvoll, da das Ausgangssignal des Abtasters in diesem Grenzfall genau gleich f(t) ist.

Wenden wir uns nun dem zweiten Effekt des endlich langen Abtastens zu, der zu Anfang dieses Abschnittes erwähnt wurde, nämlich der Frage, welche Änderungen sich in dem berechneten Spektrum von f(t) im Gegensatz zu dem Spektrum der oben diskutierten Abtast-Impulsfolge ergeben.

Hier muß man natürlich annehmen, daß sich die Spektralberechnung auf das Ausgangssignal eines A-D-Wandlers bezieht. Dann beeinflussen die Charakteristiken des Wandlers das Ergebnis. Viele Wandler erfassen den Spitzenwert der endlichen langen Abtastung und verursachen so einen "jitter" (d.h. ein Zittern) in der Folge von Abtastwerten. Der Effekt dieses "jitters" ist in allgemeiner Weise schwer abzuschätzen, da er von den Einzelheiten der Impulsform abhängt (siehe Kapitel 4, Abschnitt 4.4).

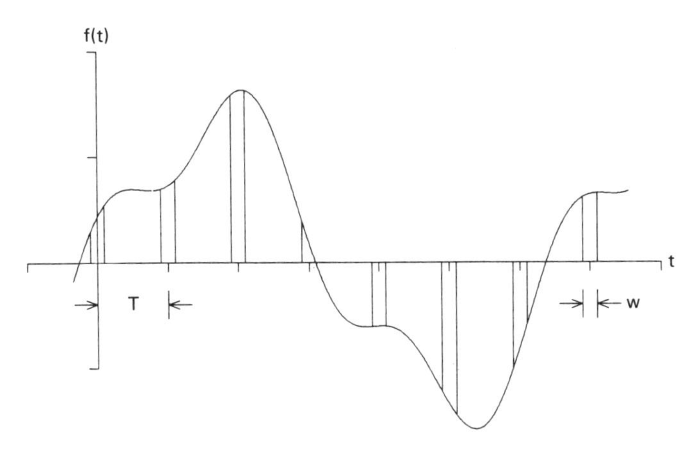

Bild 5.21 Abtastwerte endlicher Dauer für die A-D-Wandlung

Wenn man andererseits annimmt, daß von jedem endlich langen Abtastwert der Mittelwert erfaßt wird, kann die allgemeine Auswirkung auf die Spektralberechnungen wie folgt gefunden werden. Man nehme an, daß ein Segment von f(t) von t = 0 bis t = (N-1)T wie in Bild 5.21 abgetastet wird mit der Absicht, die DFT zu berechnen - oder eine äquivalente Fourier-Komponente -bei einem Satz von Frequenzen, der die Frequenz ω einschließt. Für diesen Zweck kann man bezüglich f(t) behaupten, daß es einen unbekannten Anteil bei der Frequenz ω enthält, plus Anteile bei anderen Frequenzen:

$$f(t) = A \sin(\omega t + \alpha) + g(t) \tag{5.68}$$

Hierbei ist A die Amplitude und α die Phase des unbekannten Anteiles von f(t) und g(t) enthält keine bei ω liegenden Anteile.

Wenn der A-D-Wandler jeden Abtastwert von f(t) mittelt, muß der Wert des n-ten Abtastwertes von f(t) in Gleichung (5.68) sein

$$
\begin{aligned}
f_n &= \frac{1}{w} \int_{nT-w/2}^{nT+w/2} f(t)\, dt \\
&= \frac{1}{w} \int_{nT-w/2}^{nT+w/2} A \sin(\omega t + \alpha)\, dt + g_n \\
&= \left[\frac{\sin(\omega w/2)}{\omega w/2} \right] A \sin(\omega n T + \alpha) + g_n
\end{aligned} \tag{5.69}
$$

Hierbei ist g_n der n-te Abtastwert von g(t).

Somit zeigt Gleichung 5.69 an, daß ein Abtastintervall der Breite w den Effekt hat, den berechneten Anteil von f(t) bei der Frequenz ω um den Betrag in den eckigen Klammern herunterzuteilen. Das bedeutet, Abtasten bei endlicher Impulsbreite legt dem berechneten Spektrum von f(t) eine Einhüllende der Form

$$
E = \frac{\sin(\omega w/2)}{\omega w/2} \tag{5.70}
$$

auf, sofern f(t) über die Impulsdauer gemittelt wird. Man beachte den Spezialfall für $w = 2\pi/\omega$, bei dem die Einhüllende E gleich Null ist. Dies Ergebnis ist sinnvoll, da hier ein Abtastwert das Mittel von f(t) über eine vollständige Periode der in Frage stehenden Frequenzkomponente darstellt. Der andere Spezialfall ergibt sich für w = 0 und bedeutet ein Abtasten mit Dirac-Impulsen, für die E = 1 gilt.

Faßt man die Ergebnisse dieses Abschnittes zusammen, so kann man dies mit den zwei folgenden Formeln, die die Auswirkungen des endlich langen Abtastens auf das Spektrum der Impulsfolge und auf das berechnete Spektrum, d.h. die DFT von f(t), wiedergeben. Die erste ist Gleichung 5.64, die zweite ist Gleichung 5.61 multipliziert mit der Einhüllenden E in Gleichung 5.70.

Das Spektrum der Folge endlich langer Impulse ist also

$$
F_s(j\omega) = \sum_{n=-\infty}^{\infty} \frac{T}{nw\pi} \sin\left(\frac{nw\pi}{T}\right) F\left(j\omega - j\frac{2\pi n}{T}\right) \tag{5.71}
$$

Das berechnete Spektrum der endlich langen Abtastzeiten, unter der Annahme, daß der A-D-Wandler f(t) über jedes Abtastintervall mittelt, ist

$$
\overline{F}(j\omega) = \frac{1}{T} \sum_{n=-\infty}^{\infty} \frac{\sin((\omega - 2\pi n/T)w)}{(\omega - 2\pi n/T)w} F\left(j\omega - j\frac{2\pi n}{T}\right) \tag{5.72}
$$

Beispiel 5.5: Eine Funktion f(t) habe das Spektrum

$$\begin{aligned} F(j\omega) &= 1 + \cos\omega; \qquad |\omega| \leq \pi \\ &= 0; \qquad\qquad\quad\; |\omega| \geq \pi \end{aligned} \tag{5.73}$$

und werde in Abständen von 0,8 sec abgetastet (schnell genug, damit keine spektralen Überschneidungen entstehen) mit einer Abtastbreite von w = 0,4 sec. Wie lautet das Spektrum $F_s(j\omega)$ der Abtastimpulsfolge und wie lautet die berechnete DFT $\bar{F}(j\omega)$, wenn der A-D-Wandler f(t) über jede Abtastbreite mittelt? Die Antwort ist in Bild 5.22 gezeigt. Man beachte, wie in beiden Fällen die endlich lange Abtastung eine Einhüllende über die Überlagerung der Fourier-Transformierten legt. Den Verlauf von $\bar{F}(j\omega)$ sollte man mit dem des Impulsabtastens in Beispiel 5.2 vergleichen.

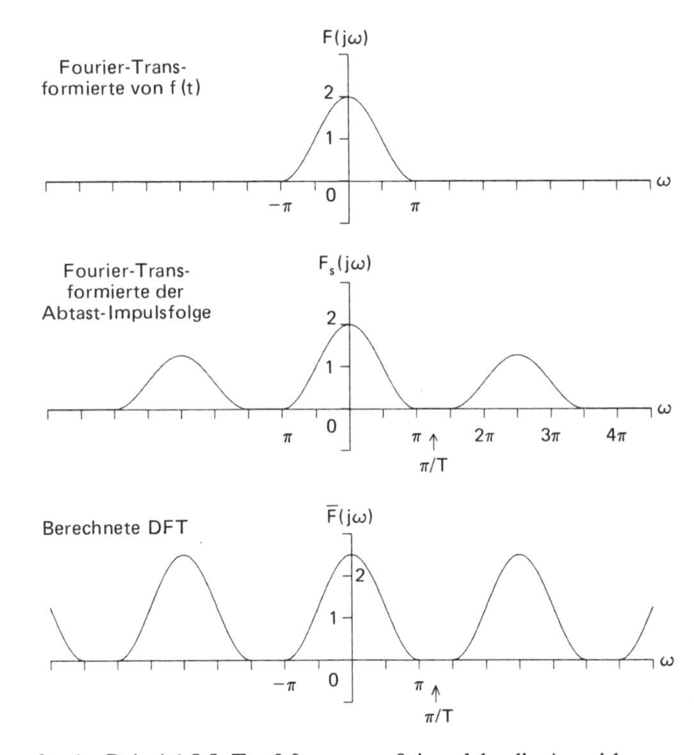

Bild 5.22 Spektren für das Beispiel 5.5; T = 0,8 sec, w = 0,4, welche die Auswirkungen der Abtastung mit endlich breiten Impulsen auf die Abtast-Impulsfolge und auf die berechnete DFT zeigen.

5.9 Die DFT zur Faltung und Korrelation

Gerade wie im Fall der kontinuierlichen Faltung, die in Abschnitt 3.3 beschrieben wurde, ergibt sich die diskrete Faltung im Zeitbereich oft aus der Faltung einer Eingangsfolge mit einer Impulsantwort, die dann zur Ausgangsfolge führt, was auch mit einem entsprechenden Produkt von DFTs beschrieben werden kann. Umgekehrt entspricht eine Faltung von DFTs im Frequenzbereich einem Produkt von Funktionen im Zeitbereich. Die zwei eng zusammenhängenden Faltungstheoreme sollen in diesem Abschnitt behandelt werden. Da Faltung und Korrelation ähnliche Operationen sind, sei auch gleich ein Korrelationstheorem dazugenommen.

Das Theorem für die diskrete Faltung im Zeitbereich (Gold und Rader, 1969; Bergland 1969) macht einen wichtigen Unterschied zwischen dem Produkt kontinuierlicher Transformierter und dem Produkt von DFTs deutlich: In Kapitel 3 wurde gezeigt, daß die inverse Transformierte des Produktes F(jω) · H(jω) die Faltung von f(t) mit h(t) ist, aber im folgenden wird sich ergeben, daß die inverse Transformierte des DFT-Produktes $\bar{F}_m \cdot \bar{H}_m$ die "zirkulare" Faltung eines Abtastwertesatzes $[h_n]$ mit der periodischen Verlängerung des anderen Abtastwertesatzes $[\bar{f}_n]$ ist, wobei der Querstrich über f_n die Periodizität andeuten soll, d.h. es gilt für die periodische Funktion

$$\text{periodisch } \bar{f}_{n+kN} = f_n; \qquad \begin{array}{l} n = 0, 1, \ldots, N-1 \\ k = 0, \pm 1, \ldots, \pm\infty \end{array} \tag{5.74}$$

Das Theorem kann wie folgt formuliert werden:

Diskrete Faltung in der Zeit
Die inverse DFT des Produktes zweier DFTS ist eine periodische oder zirkulare Faltung, d.h.

$$\begin{array}{ll} \textbf{wenn } \overline{G}_m = \overline{F}_m \overline{H}_m; & m = 0, 1, \ldots, N-1 \\ \textbf{dann } g_n = \sum_{m=0}^{N-1} f_m \bar{h}_{n-m} = \sum_{m=0}^{N-1} h_m \bar{f}_{n-m} & \end{array} \tag{5.75}$$

Der Beweis für dieses Theorem geht von der inversen DFT-Formel in Gl. 5.13 aus:

$$\begin{aligned} g_n &= \frac{1}{N} \sum_{i=0}^{N-1} \overline{G}_i e^{j(2\pi ni/N)} \\ &= \frac{1}{N} \sum_{i=0}^{N-1} \overline{F}_i \overline{H}_i W_N^{-ni} \end{aligned} \tag{5.76}$$

wobei $W_N = e^{-j(2\pi/N)}$ eingeführt wurde, um die Schreibweise zu vereinfachen. Darauf werden die DFT-Formeln für $\bar{F}_i$ und $\bar{H}_i$ eingeführt und die Summen umgestellt:

$$\begin{aligned} g_n &= \frac{1}{N}\sum_{i=0}^{N-1}\left[\sum_{m=0}^{N-1} f_m W_N^{mi} \sum_{k=0}^{N-1} h_k W_N^{ki}\right] W_N^{-ni} \\ &= \frac{1}{N}\sum_{m=0}^{N-1}\sum_{k=0}^{N-1} f_m h_k \sum_{i=0}^{N-1} W_N^{(m+k-n)i} \end{aligned} \tag{5.77}$$

Zieht man die Formel für die geometrische Reihe in Kapitel 1, Gl. 1.19 heran, so ersieht man, daß die Summe auf der rechten Seite von Gl. 5.77 gleich Null ist, sofern (m+k-n) nicht gleich Null oder einem Vielfachen von N ist. In diesem Falle ist jeder Term gleich Eins und die Summe wird zu N. Deshalb kann die Doppelsumme nur endliche Werte für k=n-m+ (Vielfache von N) haben. Daher ist die Doppelsumme in Wirklichkeit eine einfache Summe, in der h_k durch $\bar{h}_{n-m}$ ersetzt wird, wodurch man g_n wie folgt erhält

$$g_n = \sum_{m=0}^{N-1} f_m \bar{h}_{n-m} \tag{5.78}$$

Damit ist das Theorem bewiesen. (Die zweite Form in Gl. 5.75 folgt einfach durch Vertauschen der Rollen von $\bar{F}$ und $\bar{H}$).

Die periodische Faltung ist in Bild 5.23 veranschaulicht. Auf der linken Seite sind die zwei Abtastwertesätze [f] und [h_n] gezeigt, und auf der rechte Seite die Terme f_m und $\bar{h}_{n-m}$ in der periodischen Faltung nach Gl. 5.75. Die Faltung ist das Produkt der zwei Zeitfunktionen auf der rechten Seite, summiert über m.

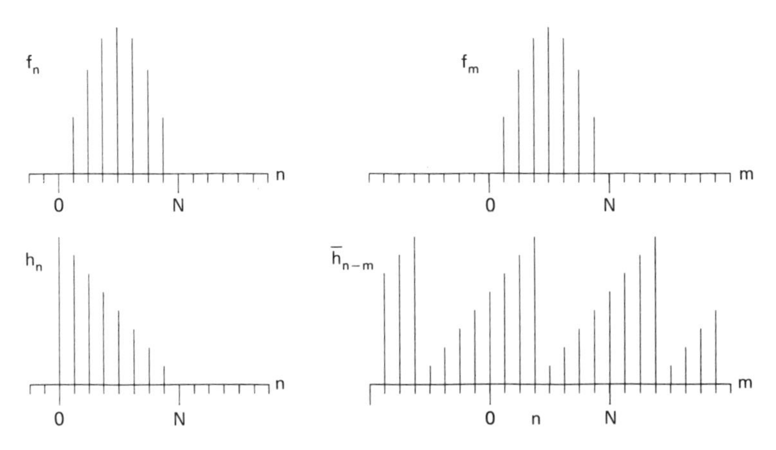

Bild 5.23 Veranschaulichung der periodischen oder zirkularen Faltung von Gl. 5.75. Die Faltung ist gleich der Summe (über m) von f_m mal $\bar{h}_{n-m}$ auf der rechten Seite.

Die Form des obigen Theorems legt ein mögliches Problem nahe: Angenommen, man möchte die kontinuierliche Faltung von f(t) und h(t) annähern, indem man das Produkt der DFTs bildet. Wie kann man dann den Fehler vermeiden, der sich durch die in Bild 5.23 dargestellte Periodiztität ergibt? Eine Lösung (Bergland 1969) ist in Bild 5.23 dargestellt, bei der N durch Auffüllen von Nullen (Padding) verdoppelt wird. Die revidierte Form von Gl. 5.75 ist in diesem Bild zu erkennen, und sie ist offensichtlich die "richtige" Näherung an das Faltungsintegral. Dieses Vorgehen, bei dem man die einfache Faltung über ein Produkt speziell gewählter DFTs erhält, ist bei der Anwendung digitaler Filter nützlich. Hier gibt es den Eingangswertesatz $[f_n]$, die Filterimpulsantwort $[h_n]$ wird mit Nullen wie in Bild 5.24 aufgefüllt, und das Filtern wird dann praktisch durchgeführt, indem man die inverse Transformierte des Produktes $[\bar{F}_m \cdot \bar{H}_m]$ bildet.

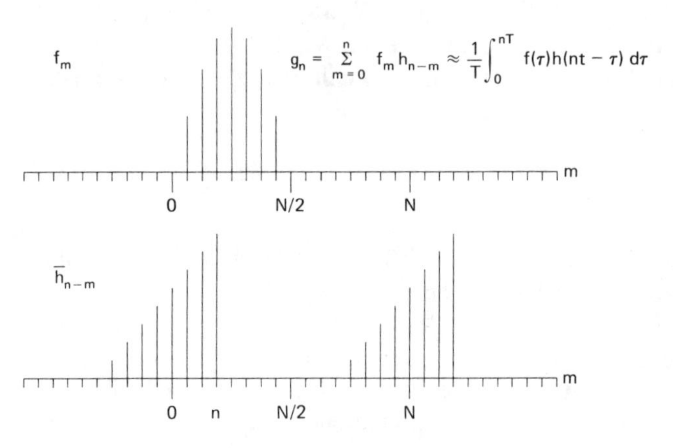

Bild 5.24 Näherung an die kontinuierliche Faltung, die durch Einfügen von Nullen in die Abtastfolge erreicht wird.

Das Theorem für die Faltung im Frequenzbereich, das dem vorangehenden Theorem ähnlich ist, kann wie folgt ausgedrückt werden:

Diskrete Faltung im Frequenzbereich

Die DFT des Produktes zweier Abtastwertesätze ist eine periodische Faltung zweier DFTs, d.h.

$$\text{wenn f } g_n = f_n h_n; \qquad n = 0, 1, \ldots, N-1$$

$$\text{dann } \overline{G}_m = \frac{1}{N}\sum_{n=0}^{N-1} \overline{F}_n \overline{H}_{m-n} = \frac{1}{N}\sum_{n=0}^{N-1} \overline{H}_n \overline{F}_{m-n} \qquad (5.79)$$

Der Beweis verläuft wie in den Gln. 5.76 bis 5.78 für die Faltung im Zeitbereich, d.h.

$$\begin{aligned}\overline{G}_m &= \sum_{i=0}^{N-1} g_i W_N^{mi} \\ &= \sum_{i=0}^{N-1} \left[\frac{1}{N^2} \sum_{n=0}^{N-1} \sum_{k=0}^{N-1} \overline{F}_n \overline{H}_k \right] W_N^{(m-n-k)i} \\ &= \frac{1}{N^2} \sum_{n=0}^{N-1} \sum_{k=0}^{N-1} \overline{F}_n \overline{H}_k \sum_{i=0}^{N-1} W_N^{(m-n-k)i} \\ &= \frac{1}{N} \sum_{n=0}^{N-1} \overline{F}_n \overline{H}_{m-n}\end{aligned} \tag{5.80}$$

Die letzte Zeile folgt wieder wie in Gl. 5.78, weil die Summe der W_n-Terme nur dann gleich N ist, wenn k=m-n plus ein Vielfaches von N ist. Natürlich wird dann $[\overline{H}_k]$ periodisch, $\overline{H}_k = \overline{H}_{k+N}$, usw.

Wir haben bis jetzt die Beziehungen zwischen der Faltung in der Zeit, der Multiplikation in der Frequenz und das Umgekehrte diskutiert. Da die Faltung und die Korrelation ähnliche Operationen sind, wird es nicht überraschen, daß auch ähnliche Beziehungen für die Korrelation existieren. Wir definieren eine periodische Korrelationsfunktion ähnlich Gl. 5.75:

$$g_n = \sum_{m=0}^{N-1} f_m \overline{h}_{m+n} = \sum_{m=0}^{N-1} h_m \overline{f}_{m-n} \tag{5.81}$$

Im Vergleich zu Gl. 5.75 wurden die periodischen Zeitfolgen hier nicht umgekehrt. Benutzen wir die umgekehrte Folge $f'_k = \overline{f}_{-k}$ im zweiten Ausdruck von Gl. 5.81, so haben wir in der Tat wieder eine Faltung

$$g_n = \sum_{m=0}^{N-1} h_m \overline{f}'_{n-m} \tag{5.82}$$

Mit den Gln. 5.9 und 5.10 ergibt sich die DFT jeder umgekehrten Folge aber zu

$$\mathrm{DFT}[f_{-n}] = [\overline{F}_{-m}] = [\overline{F}^*_m] \tag{5.83}$$

Daher haben wir mit dem schon vorliegenden Theorem für die diskrete Faltung im Zeitbereich auch das folgende ähnliche Theorem bewiesen:

Diskrete Korrelation im Zeitbereich
Die DFT der Korrelationsfunktion ist ein Produkt zweier DFTs, d.h.

$$\begin{aligned} &\text{wenn } g_n = \sum_{m=0}^{N-1} f_m \overline{h}_{m+n} = \sum_{m=0}^{N-1} h_m \overline{f}_{m-n} \\ &\text{dann } \overline{G}_m = \overline{F}_m^* \overline{H}_m; \qquad m = 0, 1, \ldots, N-1 \end{aligned} \tag{5.84}$$

Die Korrelationsfunktion wird in Kapitel 13 noch genauer definiert und in den Kapiteln 14 und 15 benutzt. Das hier dargelegte Korrelationstheorem ist von beträchtlichem praktischen Interesse, weil man mit seiner Hilfe und unter Benutzung der schnellen Fourier-Transformation (FFT in Kapitel 6) den Aufwand für die Berechnung der Korrelationsfunktion stark verringern kann.

5.10 Beispiele diskreter Spektren

In den folgenden Bildern seien einige Beispiele digitaler Spektralrechnungen gezeigt, die sich auf reale physikalische Daten stützen. In jedem dieser Fälle wurden die Rechnungen mit Hilfe eines Allzweckrechners und unter Benutzung der SPFFT-Routine in Anhang B durchgeführt. Im ersten Beispiel ist das Signal ein Impuls, aber in den anderen Fällen erstrecken sich die Signale über die Beobachtungsgrenzen und haben unterschiedliche periodische Anteile.

Das erste Beispiel in Bild 5.25 zeigt das Amplitudenspektrum eines empfangenen Radarimpulses (mit freundlicher Genehmigung der "Sandia National Laboratories"), das im 100 ns Intervall abgetastet wurde. Die Faltungsfrequenz beträgt in diesem Beispiel also 5 MHz. Um spektrale Überschneidungen (aliasing) zu verhindern, wurde der Impuls durch ein analoges Tiefpaßfilter geschickt, das vor der Digitalisierung die Frequenzanteile oberhalb von 2 MHz abschnitt. Die bei tiefen Frequenzen liegenden Anteile im Amplitudenspektrum spiegeln die im wesentlichen bestehende Dreiecksgestalt des Impulses wieder, während die Anteile bei höheren Frequenzen mehr die Information über die Feinstruktur tragen. Im vorliegenden Fall ist das die "Signatur" bzw. "Kennung" des Radarziels. Die Anteile oberhalb von m = 25 sind wegen der Wirkung des analogen Tiefpaßfilters etwas niedriger.

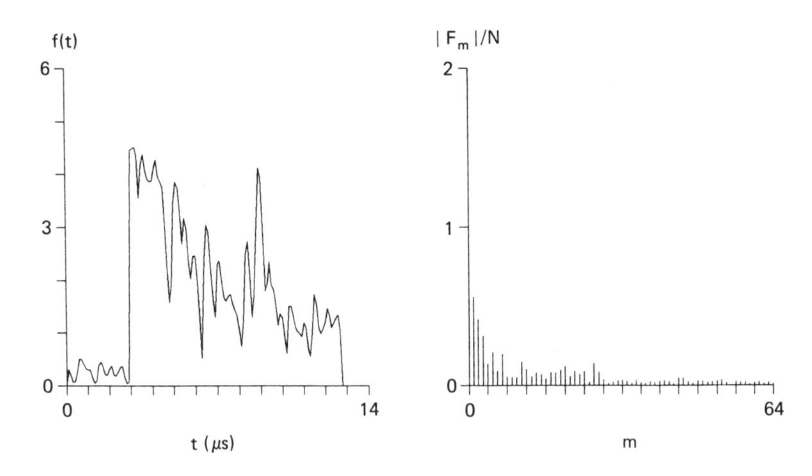

Bild 5.25 Ein Radar-Echoimpuls und sein Amplitudenspektrum. Abtastintervall T = 100 ns; N = 128.

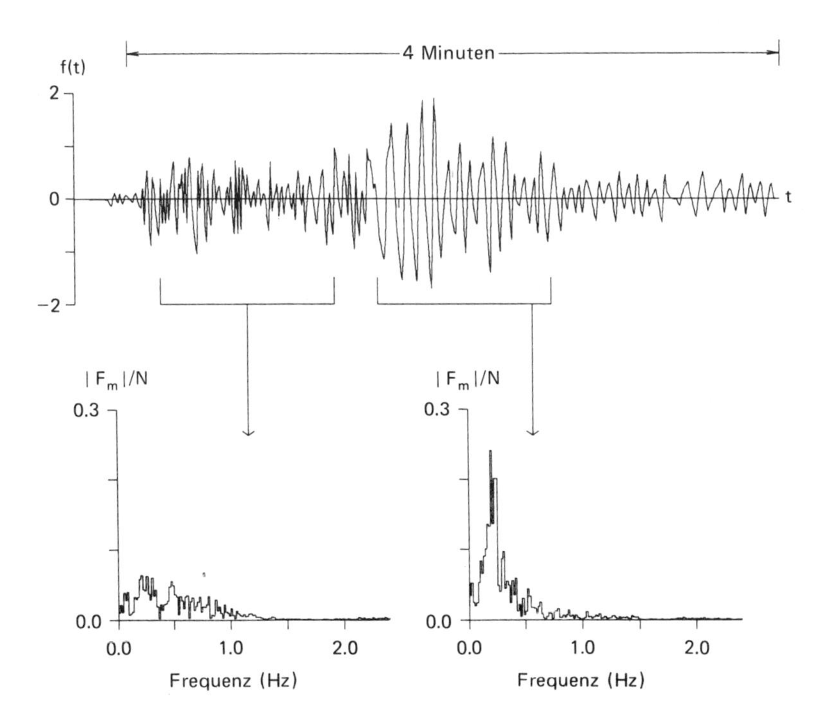

Bild 5.26 Seismischer Signalverlauf mit Spektren zweier verschiedener Ausschnitte. Zeitschritt T = 0.125 s, N = 512 für jedes Spektrum.

Das zweite Beispiel mit echten physikalischen Daten ist in Bild 5.26 dargestellt. In diesem Fall ist das Signal ein seismischer Impuls (mit freundlicher Genehmigung von Professor Ion Berger, University of California in San Diego), der ungefähr 4 Minuten andauernde Erdbebenwellen enthält, die von einer unterirdischen Explosion herrühren. Die Aufzeichnung wurde an der Erdoberfläche, einige hundert Meilen vom Ort der Explosion entfernt, gemacht. Die Abtastrate betrug in diesem Fall acht Abtastungen pro Sekunde. Die Amplitudeneinheiten (Druck) sind beliebig.

Die zwei zugehörigen Spektren in Bild 5.26 tendieren dazu, die direkte Beobachtung des Erdbebenimpulses zu bestätigen: Die stärksten Anteile liegen bei Frequenzen, die man in dem späteren Verlauf des Impulses findet. Seismologen verwenden diese Information, um Hinweise auf den Ursprung des seismischen Signals und die Ausbreitungsmoden zu gewinnen.

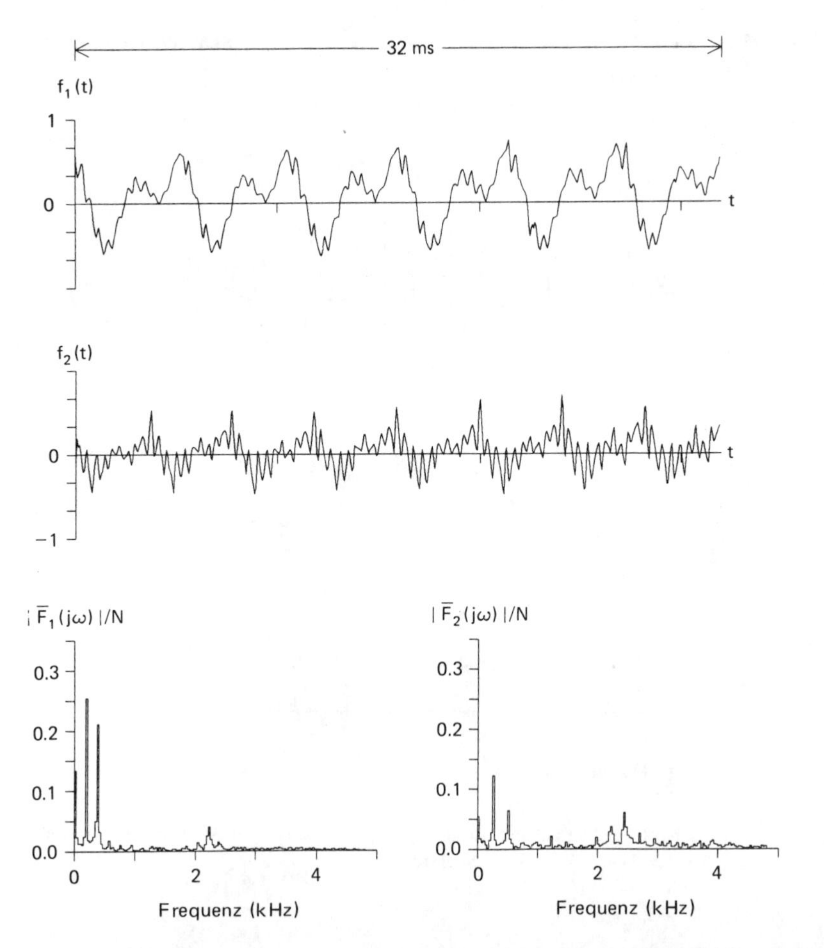

Bild 5.27 Zwei Sprachkurven (i wie in engl. "Bee" oder deutsch "die") und ihre Spektren. Der obere Laut wurde von einem Mann, der untere von einer Frau gesprochen. Abtastintervall T = 62.5 µsec; N = 512.

Das dritte Beispiel berechneter Spektren in Bild 5.27 liegt bezüglich der Frequenz zwischen den beiden vorangegangenen. Das Bild zeigt zwei Sprachverläufe, nämlich zwei harte E-Laute (wie in englisch "bee") und ihre Amplitudenspektren. Der obere Laut wurde von einem Mann gesprochen und der untere von einer Frau. Man beachte, wie sehr sich die beiden Laute und ihre Spektren unterscheiden. Wie erstaunlich ist es, daß das menschliche Ohr so leicht die Gestalt des E-Lautes aus solchen unterschiedlichen Verläufen erkennen kann.

Schließlich zeigt Bild 5.28 wieder 32 ms eines Tones und seines Spektrums, wobei dieses Mal jedoch der Sprachlaut durch den Ton einer Gitarre ersetzt wurde. Es wurde eine Western-Gitarre üblicher Art verwendet. Die Gitarre war nicht auf eine absolute musikalische Frequenzskala abgestimmt. Hier ist, wie überhaupt bei den Tönen musikalischer Saiten, das Spektrum reicher an Harmonischen der Grundfrequenz als bei Stimmen. Die Grundfrequenz., bzw. "Pitch-Frequenz" beträgt in diesem Fall etwa 290 Hz, und die anderen Anteile des Spektrums liegen bei Vielfachen dieser Frequenz.

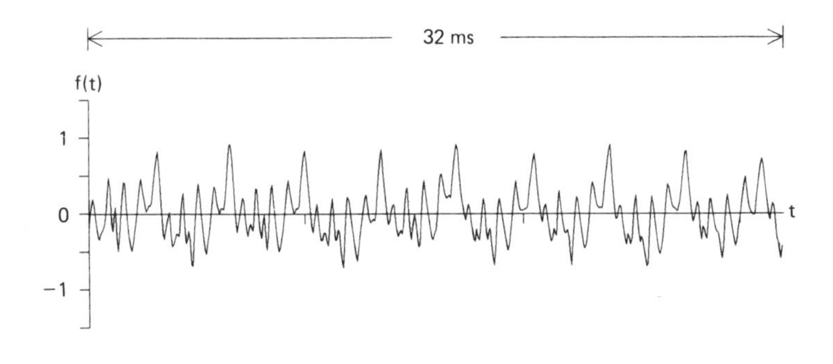

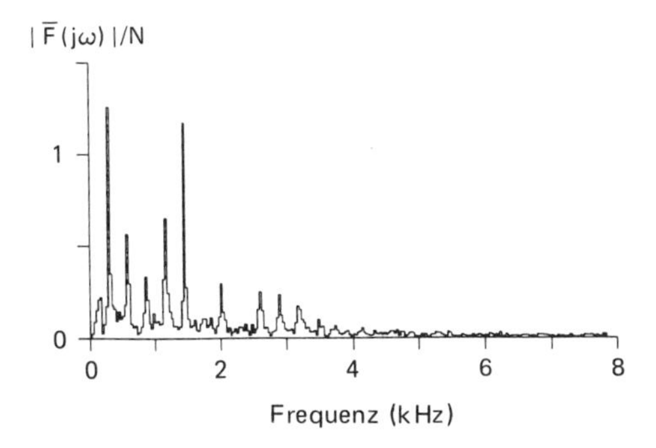

Bild 5.28 Ton und berechnetes Amplitudenspektrum einer Gitarren-E-Saite. T = 61.5 µsec; N = 512.

5.11 Übungen

1. Beweise die Eigenschaften 1 bis 4 in Abschnitt 5.2

2. Gegeben sei der abgebildete Impuls f(t).

   (a) Leite die Fourier-Transformierte F(jω) ab und skizziere ihren Betrag

   (b) Nimm an, daß a = 1 sei und daß f(t) in Abständen von T = 0,2s abgetastet wird, so daß eine Impulsfolge $\bar{f}(t)$ entsteht. Leite die Fourier-Transformierte $\bar{F}(j\omega)$ ab und skizziere ihren Betrag.

   (c) Nimm an, daß a = 1 sei und daß f(t) alle zwei Sekunden wiederholt wird, so daß ein periodisches Signal $f_p(t)$ entsteht. Leite die Koeffizienten $[c_n]$ der Fourier-Reihe ab und skizziere das Amplitudenspektrum.

   (d) Nimm an, daß a = 1 sei und daß das periodische Signal $f_p(t)$ von Teil (c) alle T = 0,2s abgetastet wird. Leite die Koeffizienten $[kc_n]$ der Fourier-Reihe ab und skizziere das Amplitudenspektrum.

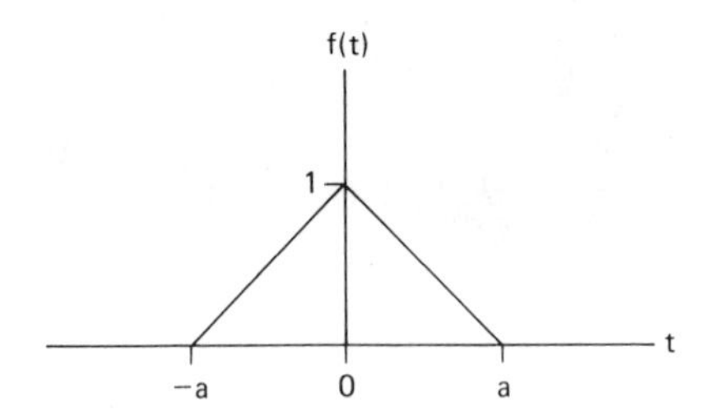

3. Ein Impuls s(t) habe das folgende Spektrum

$$S(j\omega) = 1 - \left|\frac{\omega}{4\pi}\right|; \qquad |\omega| < 4\pi$$

$$= 0; \qquad |\omega| \geq 4\pi$$

und werde über seinem ganzen von Null verschiedenen Bereich in Abständen von T Sekunden abgetastet. Skizziere die DFT und $\bar{S}(j\omega)$,
a) wenn T = 0,5 sec;
b) wenn T = 0,3 sec;
c) wenn T = 0,2 sec.

4. Ein Impuls u(t) habe das Spektrum

$$U(j\omega) = \cos(10^{-3}\pi\omega); \qquad |\omega| < 500$$
$$= 0; \qquad |\omega| \geq 500$$

und werde in Abständen von einer Millisekunde über seinem von Null verschiedenen Bereich abgetastet,
a) Skizziere die Fourier-Transformierte $\bar{U}(j\omega)$ in Gl. 5.21
b) Skizziere das Spektrum der Whittakerschen Rekonstruktion $\hat{u}(t)$.

5. **Ermittle für die abgebildete abgetastete Funktion die DFT in Gl. 5.3, (a) durch Heranziehung von N = 5 von Null verschiedenen Abtastwerten und (b) von N = 11.**
Wenn es einen Unterschied gibt, kommentiere ihn

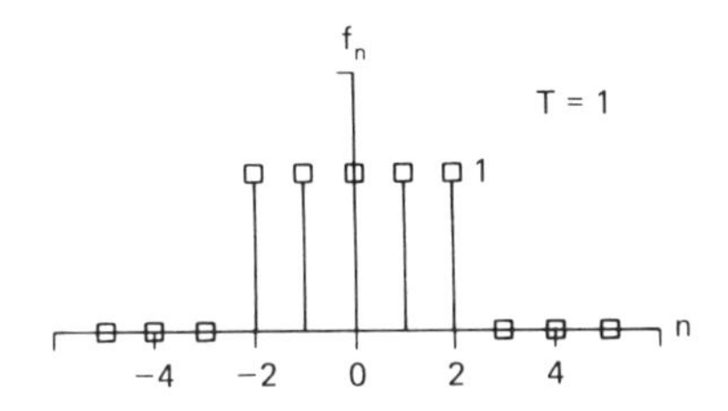

6. Gegeben sei die Funktion $f(t) = 200\, t\, e^{-10t}$ für $t \geq 0$ und ein Abtastintervall von $T = \pi/30$ sec.
a) Leite $F(j\omega)$ ab und skizziere den Betrag.
b) Leite eine Formel für $\bar{F}(j\omega)$ ab.
c) Mache unter Benutzung von $|F(j\omega)|$ eine ungefähre Skizze von $|\bar{F}(j\omega)|$.

7. **Wenn f(t) das abgebildete Spektrum hat, skizziere die DFT in Gl. 5.3 für Abtastraten von r,r/2 und r/4 Abtastungen/sec.**

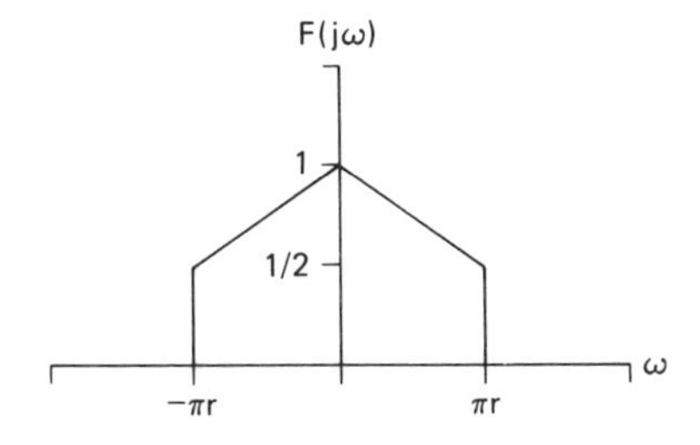

8. **Gegeben seien die hier wiedergegebenen Abtastwerte von f(t). Berechne die DFT in Gl. 5.9 für**
a) N = 4 und
b) N = 6 Abtastpunkte.

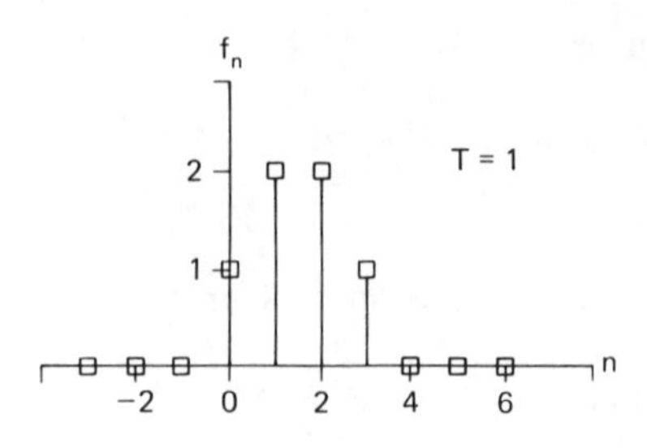

9. Wenn $f(t) = e^{-t} \cos(t + \gamma)$ im Bereich (0,10) oft genug abgetastet wird, um seinen wesentlichen Frequenzinhalt zu erfassen, gib eine Fehlergrenze im berechneten Amplitudenspektrum $|\bar{F}(j\omega)|$ an. Nimm an, daß der gesamte Fehler auf die Verkürzung von f(t) zurückzuführen ist.

10. Stelle für f(t) in Aufgabe 8 eine Formel für die Rekonstruktion $\hat{f}(t)$ auf, und zwar für
a) N = 4 Abtastungen und
b) N = 6.

11. (Mit Rechner) Die Funktion $f(t) = 3\, e^{-t/10}$ für $t \geq 0$ werde bei t = 0,1, ..., 63 abgetastet.
a) Finde die Fourier-Transformierte $F(j\omega)$.
b) Gib Erläuterungen über die Zulässigkeit der Abtastrate.
c) Gib Erläuterungen über die Zahl der Abtastpunkte.
d) Finde die Fourier-Transformierte $\bar{F}(j\omega)$.
e) Trage die Beträge von $F(j\omega)$ und $\bar{F}(j\omega)$ auf und betrachte den relativen Fehler.

12. (Mit Rechner) Die Funktion $f(t) = t\, e^{-t/10}$ für $t \geq 0$ werde bei t = 0,1, ..., 127 abgetastet.
a) Finde die Fourier-Transformierte $F(j\omega)$.
b) Finde die Fourier-Transformierte $\bar{F}(j\omega)$.
c) Zeichne und vergleiche die Funktionen $|F(j\omega)|$ und $|\bar{F}(j\omega)|$.
d) Errechne die Rekonstruktion $\hat{f}(t)$ für die Abtastpunkte und in der Mitte zwischen ihnen.
e) Zeichne und vergleiche f(t) und $\hat{f}(t)$.

13. **Abtastwerte werden im wesentlichen über den ganzen von Null verschiedenen Bereich der Funktion**

$$f(t) = e^{-t}; \qquad t \geq 0$$

genommen. Sie beginnen bei t = 0 und schreiten in Abständen von T Sekunden fort. Zeichne das Amplitudenspektrum $|F(j\omega)|$ zusammen mit dem Betrag $|\bar{F}(j\omega)|$ für T = 0.1 und T = 0.2 und vergleiche die drei Zeichnungen.

14. Leite die vereinfachte Form von

$$\sum_{n=0}^{N-1} e^{j2\pi n(i-m)/N}$$

in Gleichung 5.37 ab.

15. Gegeben sei die gezeigte DFT mit N = 5. Finde die Rekonstruktion von f(t) auf der Basis der Fourier-Reihe.

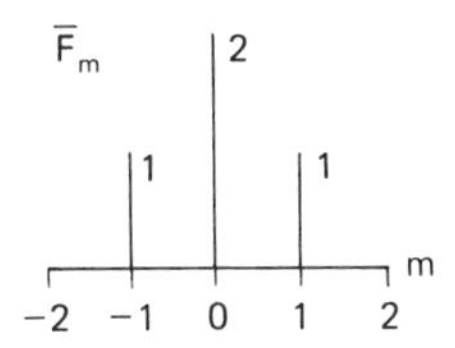

16. Beweise in Gleichung 5.32, daß $\hat{f}(nT) = f_n$ für den Fall, daß N gerade ist.

17. Es seien R_m und I_m die reellen und imaginären Teile von $\bar{F}_m$. Drücke dafür die Rekonstruktionsformel in Gleichung 5.42 als eine reelle Fourier-Reihe der Form $\hat{f}(t) = a_0/2 + \Sigma_m (a_m \cos m\, \omega_0 t + b_m \sin m\, \omega_0 t)$ aus.

18. Eine Funktion f(t) mit dem Spektrum $F(j\omega) = \cos(\omega/2)$ für $|\omega| \le 3\pi$ und gleich Null außerhalb dieses Bereiches werde in Abständen von einer halben Sekunde abgetastet und mit der Whittakerschen Formel rekonstruiert. Skizziere das Spektrum der Rekonstruktion.

19. Gegeben sei der hier gezeigte Satz von Abtastwerten, wobei t in Sekunden gemessen wurde.

t	0	1	2	3	4	5
$f(t)$	0	3	5	2	1	0

Finde eine Funktion $\hat{f}(t)$, welche den gleichen Satz von Abtastwerten hat und keine Frequenzen oberhalb von 1/2 Hz enthält. Zeichne $\hat{f}(t)$ für $0 \le t \le 5$.

20. Beginne mit Gl. 5,58 und leite Gl. 5.60 für gerades N ab. (Bemerkung: Nimm an, daß das ideale Tiefpaßfilter die Frequenzabtastwerte bei π/T und $-\pi/T$ auf die Hälfte reduziert.)

21. Das Spektrum $X(j\omega)$ eines Signals x(t) ist unten angegeben. Das Signal werde mit 10 Abtastungen pro Sekunde abgetastet. Skizziere das Spektrum von $[y_n]$, das man aus $[x_n]$ durch Einsetzen dreier Nullen nach jedem Abtastwert bildet. Wie heißt die effektive Faltungsfrequenz? Nimm an, daß wir gerne eine interpolierte Version von $[x_n]$ bilden möchten, indem wir $[y_n]$ durch ein

Tiefpaßfilter schicken. Was kann man in diesem Fall über die besonderen Anforderungen an das Filter sagen?

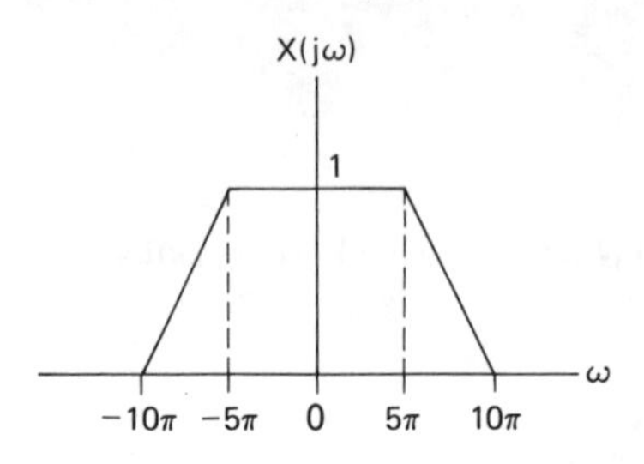

22. **Gegeben sei ein A-D-Wandler mit einem Abtastintervall von 10 µ sec, der jede Abtastung von f(t) über ein Fenster der Breite w mittelt. Wähle w so, daß spektrale Überschneidungen, die von einer 1-MHz-Rauschkomponente in f(t) herrührt, im wesentlichen eliminiert werden.**

23. Zeige, daß die inverse DFT des Produktes $\bar{F}^*_m$ und $\bar{H}_m$ (wobei * die konjugiert komplexe Größe bedeutet) die periodische Korrelation darstellt

$$g_n = \sum_{m=0}^{N-1} f_m \bar{h}_{n+m}$$

24. Gegeben sei die Abtastfolge

$$f(n) = \sin(0.4n); \qquad n = 0, 1, \ldots, 127$$

(a) Benutze die Zeitbereichsmethode der digitalen Interpolation, um eine interpolierte Version von f(n) zu erzeugen mit der vierfachen Zahl von Abtastwerten. Zeichne die Ergebnisse.

(b) Führe dieselbe Interpolation wie in Teil (a) mit der Frequenzbereichsmethode durch. Sind die Ergebnisse identisch? Erkläre sie.

Einige Antworten

2. (**a**) $F(j\omega) = a\left[\dfrac{\sin(\omega a/2)}{\omega a/2}\right]^2$ **5.** $\bar{F}(j\omega) = 1 + 2\cos\omega + 2\cos 2\omega$

6. $|F(j\omega)| = 200/(\omega^2 + 100)$

8. (a)

Reell	Imaginär
6.00	0.00
−1.00	−1.00
0.00	0.00
−1.00	1.00

(b)

Reell	Imaginär
6.00	0.00
0.00	−3.46
0.00	0.00
0.00	0.00
0.00	0.00
0.00	3.46

11. (a) $F(j\omega) = 3/(j\omega + 0.1)$ (d) $\overline{F}(j\omega) = 3(1 - e^{-64(j\omega+0.1)})/(1 - e^{-(j\omega+0.1)})$

15. $\hat{f}(t) = \frac{2}{5}[1 + \cos(2\pi t/5T)],\ 0 \leq t \leq 5T$

17. $\omega_0 = 2\pi/NT;\ a_0 = 2\overline{F}_0/N;\ a_m = 2R_m/N;\ b_m = -2I_m/N$

19. $\hat{f}(t) = \sum_{n-1}^{4} f_n \sin[(t - n)\pi]/[(t - n)\pi]$ **22.** $w = 1\ \mu s$

24. Die Ergebnisse sollten identisch sein, da die Prozesse (a) und (b) äquivalent sind.

Literaturhinweise

BERGLAND, G. D., A Guided Tour of the Fast Fourier Transform. *IEEE Spectrum*, July 1969, p. 41.

BRACEWELL, R., *The Fourier Transform and Its Applications*, Chap. 10. New York: McGraw-Hill, 1965.

CAMPBELL, A. B., *A New Sampling Theorem for Causal (Non-bandlimited) Functions*, Ph.D. dissertation. University of New Mexico, Albuquerque, July 1973.

COOLEY, J. W., LEWIS, P. A. W., and WELCH, P. D., The Finite Fourier Transform. *IEEE Trans. Audio Electroacoust.*, Vol. AU-17, No. 2, June 1969, p. 77.

GOLD, B., and RADER, C. M., *Digital Processing of Signals*, Chap. 6. New York: McGraw-Hill, 1969.

HOVANESSIAN, S. A., and PIPES, L. A., *Digital Computer Methods in Engineering*, Chap. 4. New York: McGraw-Hill, 1969.

PAPOULIS, A., Error Analysis in Sampling Theory. *Proc. IEEE*, Vol. 54, No. 7, July 1966, p. 947.

RAGAZZINI, J. R., and FRANKLIN, G. F., *Sampled-Data Control Systems*. New York: McGraw-Hill, 1958.

TOU, J. T., *Digital and Sampled-Data Control Systems*, Chap. 3. New York: McGraw-Hill, 1959.

WHITTAKER, E. T., Expansions of the Interpolation-Theory. *Proc. Roy. Soc. Edinburgh*, Vol. 35, 1915, p. 181.

KAPITEL 6

Die schnelle Fourier-Transformation

6.1 Einleitung

Die schnelle Fourier-Transformation (Fast Fourier Transform = FFT) ist keine neue Transformationsart. Vielmehr stellt sie einen Algorithmus dar, um die gerade in Kapitel 5 beschriebene DFT zu berechnen. Sie ist deswegen wichtig, weil sie durch Eliminierung der meisten Wiederholungen in der DFT-Formel eine sehr viel schnellere Berechnung der DFT erlaubt. Die FFT erlaubt im allgemeinen auch eine genauere Berechnung der DFT, indem Abrundungsfehler klein gehalten werden.

Die FFT findet im Bereich der digitalen Signalverarbeitung vielfältige Anwendungen. Die Methoden der Spektralanalyse in solchen Bereichen wie Sprachübertragung, Kristallographie, Seismologie, Schwingungsmechanik und anderen erfordern oft die direkte Berechnung von Spektren aus einem großen Satz von Abtastwerten oder auch wiederholte Berechnungen von Spektren aus großen Anzahlen von Wertesätzen. In diesen Fällen kann die FFT das einzig mögliche Mittel für Spektralberechnungen im Rahmen der vorgegebenen Zeit und der Rechenkosten darstellen.

Der Algorithmus der FFT kann als Programm in einem Allzweck-Rechner realisiert sein oder als Teil einer speziellen Schaltung. Ein Beispiel für die erste Möglichkeit ist in Form einer FORTRAN-Subroutine im Anhang B angegeben. Beispiele von Spezialschaltungen kann man in den FFT-Komponenten ("black boxes") von modernen Spektrum-Analysatoren finden.

Der Zweck dieses Kapitels ist es, die Redundanz zu veranschaulichen, auf die man bei der Berechnung der DFT trifft, ferner zu zeigen, wie der FFT-Algorithmus die Redundanz eliminiert, und schließlich, verschiedene Versionen der FFT zu erläutern. Die Theorie ist sowohl auf Schaltungs- als auch auf Programmierungsimplementierungen der FFT allgemein anwendbar.

6.2 Die Redundanz in der DFT

Wie in Kapitel 5 sei ein vollständiger Wertesatz der DFT gegeben durch

$$\overline{F}_m = \sum_{n=0}^{N-1} f_n e^{-j(2\pi mn/N)}; \qquad m = 0, 1, \ldots, N-1 \tag{6.1}$$

in dem m der Frequenzindex ist (d.h. $\omega = 2\pi m/NT$ rad sec^{-1}), f_n der n-te Abtastwert von f(t) und N die gesamte Zahl von Abtastungen. Der Bereich von m in Gleichung 6.1 braucht, wenn f(t) reell ist, nur von 0 bis N/2 zu gehen, aber wie in Kapitel 5 wird die Diskussion vereinfacht, wenn man annimmt, daß der ganze Wertesatz $\bar{F}_0, \bar{F}_1, \ldots, \bar{F}_{N-1}$ berechnet werden soll.

Ein einfaches Maß des Rechenaufwandes in Gleichung 6.1 ist die Zahl der komplexen Produkte, die durch die Gleichung und durch den Bereich von m impliziert werden. Man sieht leicht, daß es bei der Gesamtberechnung des Wertesatzes $[\bar{F}_m]$ N Summen bezüglich m gibt, jede mit N Produkten aus f_n und der Exponentialfunktion, oder N^2-Produkte insgesamt. Wegen der zyklischen Eigenschaft der Exponentialfunktion kann man vermuten, daß einige dieser Produkte redundanz sind, d.h. daß sie ein- oder mehrmals im Verlaufe der gesamten Rechnung wiederholt werden.

Um die Schreibweise in Gleichung 6.1 zu vereinfachen, möge W_N den invarianten Teil des Exponentialtermes darstellen, d.h.

$$W_N = e^{-j(2\pi/N)} \tag{6.2}$$

so daß die DFT-Formel in Gleichung 6.1 sich jetzt schreibt

$$\overline{F}_m = \sum_{n=0}^{N-1} W_N^{mn} f_n; \qquad m = 0, 1, \ldots, N-1 \tag{6.3}$$

Jede Funktion $\bar{F}_m$ kann als Linearkombination des Wertesatzes $[f_n]$ mit dem Koeffizientensatz $[W_N^{mn}]$ aufgefaßt werden.

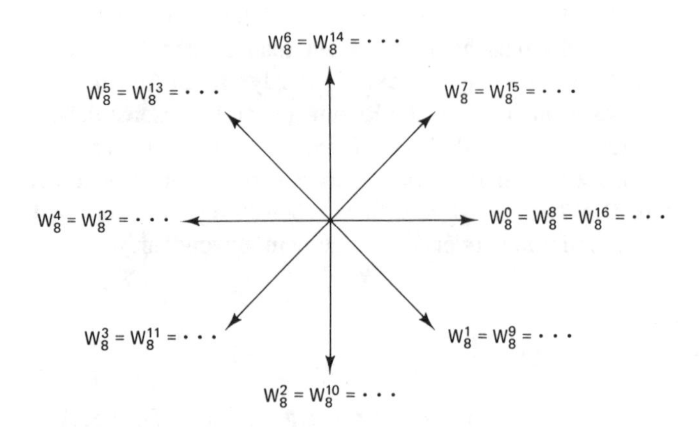

Bild 6.1 Darstellung der Äquivalenz verschiedener Potenzen von W_N mit N = 8

Der zyklische Charakter der Koeffizienten, der bei Beachtung von W_N in Gleichung 6.2 leicht zu erkennen ist, ist in Bild 6.1 für N = 8 veranschaulicht. Man beachte, daß N benannt werden muß, um exakt die Äquivalenz verschiedener Potenzen von W_N angeben zu können. Diese Tatsache schafft Probleme für eine allgemeine Diskussion der FFT, und daher soll der spezielle Fall mit N = 8 für die meisten Darstellungen in diesem Kapitel verwendet werden.

Wie kann man nun aus der zyklischen Eigenschaft W_N^{mn} Vorteil ziehen, um einige der N^2 Produkte in Gleichung 6.3 zu eliminieren? Eine teilweise, aber einfache Antwort auf diese Frage kann man finden, indem man zuerst annimmt, daß N keine Primzahl ist, sondern z.B. einen Faktor 2 hat, so daß N = 2 P und P ebenfalls eine ganze Zahl ist. (Diese Ableitung geht auf [Cochran, Cooley u.a. 1967] zurück.) Man könnte dann den Wertesatz $[f_n]$ in zwei Teilsätze zerlegen, wobei einer von ihnen geradzahlige Abtastwerte und der andere ungeradzahlige Abtastwerte enthält, und man könnte Gleichung 6.3 wie folgt schreiben:

$$\overline{F}_m = \sum_{n=0}^{P-1} f_{2n} W_N^{2mn} + W_N^m \sum_{n=0}^{P-1} f_{2n+1} W_N^{2mn} \tag{6.4}$$

Der Wertebereich von m geht hier wieder von 0 bis N - 1, und P ist durch Definition gleich N/2. Daher hat jede Summe in Gleichung 6.4 gerade N/2 Produkte, und es scheint zunächst, daß es jetzt N + 1 Produkte für jedes m gibt (unter Einschluß des Produktes von W_N^m mal der zweiten Summe) oder N^2 + N Produkte insgesamt.

Bei genauerer Untersuchung jedoch kann jede Summe in Gleichung 6.4 in der Form einer DFT geschrieben werden. Wir setzen $[a_n] = [f_{2n}]$ und $[b_n] = [f_{2n+1}]$, fassen also jeweils den Satz von gerad- und ungeradzahligen Abtastwerten zusammen. Die DFTs von $[a_n]$ und $[b_n]$ lauten

$$\begin{aligned} \overline{A}_m &= \sum_{n=0}^{P-1} a_n W_P^{mn}; \qquad m = 0, 1, \ldots, P-1 \\ \overline{B}_m &= \sum_{n=0}^{P-1} b_n W_P^{mn}; \qquad m = 0, 1, \ldots, P-1 \end{aligned} \tag{6.5}$$

Aus Gleichung 6.2 folgt ersichtlich auch

$$W_P = e^{-j(2\pi/P)} = e^{-j(2\pi \cdot 2/N)} = (e^{-j(2\pi/N)})^2 = W_N^2 \tag{6.6}$$

Daher ist $W_N^{2mn} = W_P^{mn}$, und für m < P können die Größen $\overline{A}_m$ und $\overline{B}_m$ in Gleichung 6.4 eingesetzt werden, um folgendes Ergebnis zu erhalten:

$$\overline{F}_m = \overline{A}_m + W_N^m \overline{B}_m; \qquad m = 0, 1, \ldots, P-1 \tag{6.7}$$

Aber auch, wenn m ≥ P, wiederholt sich die DFT in Gleichung 6.5 einfach, denn Gleichung 5.11 von Kapitel 5 gibt in der Tat

$$\overline{A}_m = \overline{A}_{m+P} \quad \text{und} \quad \overline{B}_m = \overline{B}_{m+P} \tag{6.8}$$

Daher kann m in Gleichung 6.5 bis zu N - 1 erstreckt und die vollständige DFT von N Abtastwerten wie folgt ausgedrückt werden

$$\overline{F}_m = \overline{A}_m + W_N^m \overline{B}_m; \qquad m = 0, 1, \ldots, N-1 \tag{6.9}$$

Die Bedeutung dieses Ergebnisses liegt darin, daß die DFT von N Abtastwerten eine Linearkombination von zwei kleineren DFTs geworden ist, jede mit N/2 Abtastwerten. Jede kleinere DFT erfordert $(N/2)^2$ Produkte, und so erfordert Gleichung 6.9 alles in allem $2(N/2)^2 + N = N(N/2 + 1)$ Produkte, was, wenn N groß ist, eine beträchtliche Ersparnis gegenüber den ursprünglichen N^2 Produkten ist.

Man beachte, daß, wenn N durch 4 teilbar gewesen wäre (d.h. P teilbar durch 2), die zwei DFTs $[\overline{A}_m]$ und $[\overline{B}_m]$ dann noch weiter in zwei kleinere DFTs zerlegt werden könnten und so weiter, wobei dann immer mehr redundante Produkte der ursprünglichen DFT eliminiert würden. Die kleineren DFTs ergeben sich dadurch, daß der ursprüngliche Wertesatz in Teilsätze zerlegt wird. Die Betrachtung möglicher Zerlegungen im nächsten Abschnitt wird uns befähigen, allgemeine Formen der FFT zu entwickeln.

6.3 Zerlegungen des Abtastwertesatzes

Bei der Ableitung der Gleichung 6.5 wurde der ursprüngliche Wertesatz $[f_n]$ in zwei kleinere Sätze zerlegt, indem man nur jeweils den übernächsten Abtastwert nahm. Diese Zerlegung wird in Bild 6.2 veranschaulicht, in dem ganze Zahlen anstelle der Abtastwerte benutzt werden, um die Schreibweise zu vereinfachen. Die direkteste Ableitung der FFT geht davon aus, daß N eine Potenz (nicht ein Vielfaches) von 2 ist, so daß die Zerlegung, wie unten erklärt, wiederholt werden kann. Die oben beschriebene Zurückführung auf Produkte hängt jedoch nicht davon ab und $[f_n]$ kann daher auch genausogut in anderer Weise zerlegt werden.

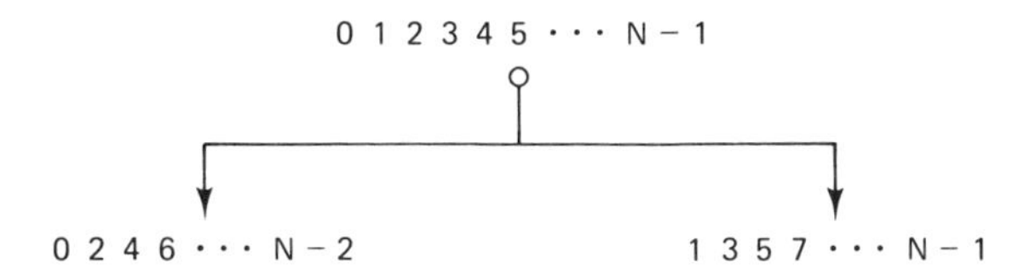

Bild 6.2 Zerlegung des Abtastwertesatzes in zwei Teile, indem man nur jeweils jeden zweiten Abtastwert nimmt.

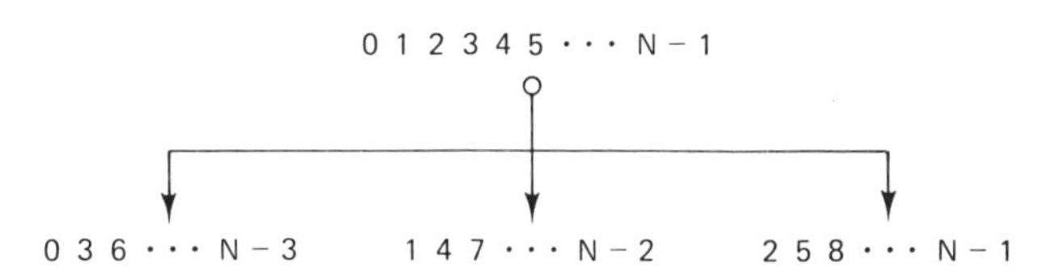

Bild 6.3 Zerlegung des Abtastwertesatzes in drei Teile, indem man nur jeweils jeden dritten Abtastwert nimmt.

Man nehme z.B. an, daß N ein Vielfaches von 3 ist, d.h. daß N = 3 Q. Dann könnte man eine Zerlegung vornehmen, indem man nur jeden dritten Abtastwert wie in Bild 6.3 nimmt. Die ursprüngliche DFT könnte man dann in eine Kombination von drei kleineren DFTs zerlegen, in einer Weise, die im wesentlichen dieselbe wie im vorstehenden Abschnitt ist. In der Tat kann mit N = 3 Q die DFT-Formel wie folgt geschrieben werden:

$$\begin{aligned}\overline{F}_m &= \sum_{n=0}^{N-1} f_n W_N^{mn} \\ &= \sum_{n=0}^{Q-1} f_{3n} W_N^{3mn} + W_N^m \sum_{n=0}^{Q-1} f_{3n+1} W_N^{3mn} + W_N^{2m} \sum_{n=0}^{Q-1} f_{3n+2} W_N^{3mn}\end{aligned} \tag{6.10}$$

Die Prozedur in Abschnitt 6.2 könnte man nun dazu verwenden, um die DFT als eine Linearkombination dreier kleinerer DFTs auszudrücken, wieder mit dem Ergebnis einer Reduzierung der erforderlichen Zahl komplexer Produkte.

Vergleicht man die Gleichungen 6.4 und 6.10 miteinander, so ist die Erweiterung auf Fälle, in denen N einen Faktor von 45 usw. hat, leicht durchzuführen.

Die FFT beruht jedoch mehr auf einer wiederholten Zerlegung als auf der bisher besprochenen Einzelzerlegung. Es ist dafür am bequemsten, N als Potenz von 2 anzunehmen.

$$N = 2^q \tag{6.11}$$

(Es ist wichtig zu bemerken, daß auch irgendeine andere Basis als 2 für die folgende Diskussion ausgewählt werden könnte und daß 2 nur die bequemste Basis ist, um die FFT zu veranschaulichen).

Mit $N = 2^q$ kann jede folgende Zerlegung des ursprünglichen Wertesatzes $[f_n]$ weiter zerlegt werden, bis man insgesamt q Zerlegungen hat. Zum Beispiel zeigt Bild 6.4 die vollständige Zerlegung mit N = 8 bzw. q = 3. Jede Ebene in dem Diagramm ist einfach eine Wiederholung von Bild 6.2. Im allgemeinen bewirkt der Satz von q Zerlegungen ein Phänomen, das man Bitumkehr nennt und das auch in Bild 6.4 dargestellt ist.

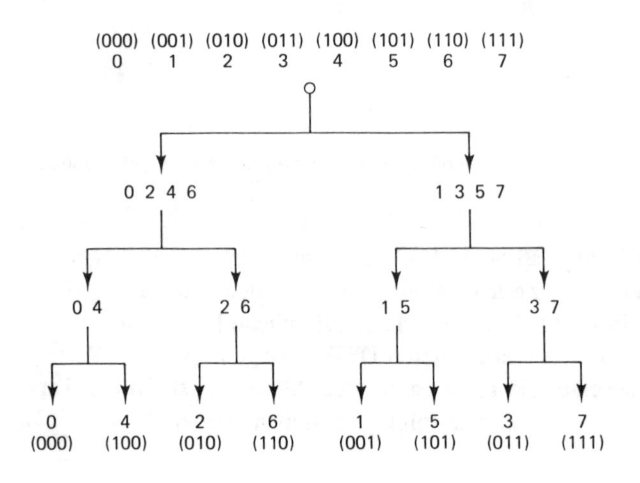

Bild 6.4 Vollständige Zerlegung des Abtastwertesatzes mit N = 8, was eine Bitumkehr ergibt.

Während der Zerlegung bleibt innerhalb der Teilwertesätze die Ordnung der Abtastwerte unverändert, aber in der letzten Ebene ist die Ordnung so, als ob jede Numerierung in binärer Notation geschrieben und dann bezüglich der Reihenfolge umgekehrt worden wäre. Zum Beispiel bleibt die Numerierung bei Position Null (000) unverändert, die Numerierung bei Position Eins (001) wird Vier (100) usw. Diese Bitumkehr geschieht in gleicher Weise für alle Werte von q und ist daher ein bequemes Mittel, eine vollständige Zerlegung an der Ordnung der Abtastwerte zu erkennen.

Jede Stufe in der vollständigen Zerlegung des Abtastwertesatzes entspricht einer Zerlegung der DFT in einen Satz von kleineren DFTs, wobei die FFT das Endergebnis ist. Daher könnte Gleichung 6.9 rekursiv benutzt werden, um die FFT auszudrücken. Dabei würde jedoch die Schreibweise recht kompliziert werden. Ein besseres Ausdrucksmittel für die FFT ist das Signalflußdiagramm, das von S.J. Mason (1953) stammt und welches das Thema des nächsten Abschnittes ist.

6.4 Signalflußdiagramme

Das Signalflußdiagramm ist ein Netzwerk aus Knoten, die durch Zweige miteinander verbunden sind, und es wird im allgemeinen benutzt, um zu beschreiben, wie ein Satz von Ausgangssignalen durch Kombination aus einem Satz von Eingangssignalen entsteht. Eine ziemlich spezielle Form des allgemeinen Signalflußdiagramms [Truxal 1955] soll hier benutzt werden, um die FFT zu veranschaulichen. Alle wesentlichen Eigenschaften dieser speziellen Form sind in Bild 6.5 dargestellt. Man beachte, daß der Signalfluß von links nach rechts geht, daß n den Exponenten von W_N bezeichnet und daß eine durchgehende Linie den Exponenten Null darstellt, d.h. einen Koeffizienten Eins. Bild 6.6 zeigt zur weiteren Veranschaulichung eine vollständige DFT (oder FFT, da in diesem Fall keine Vereinfachung möglich ist) für N = 2. Das Diagramm hat die nützliche Eigenschaft, auf einen Blick zu zeigen, wie die Abtastwerte kombiniert werden, um die DFT-Werte zu erhalten. Es gibt auch die Zahl der komplexen Produkte wieder (zwei in diesem Beispiel), da jedes komplexe Produkt durch eine unterbrochene Linie dargestellt wird, d.h. einen einzelnen Exponenten im Diagramm. (Da $W_N^0 = 1$ ist, bedeutet eine unterbrochene Linie mit n = 0 natürlich das gleiche wie eine durchgehende Linie im Diagramm. Unterbrochene Linien mit n = 0 sind in Bild 6.6 und in den folgenden Diagrammen aus Gründen der Symmetrie und der leichten Programmierbarkeit hinzugefügt.)

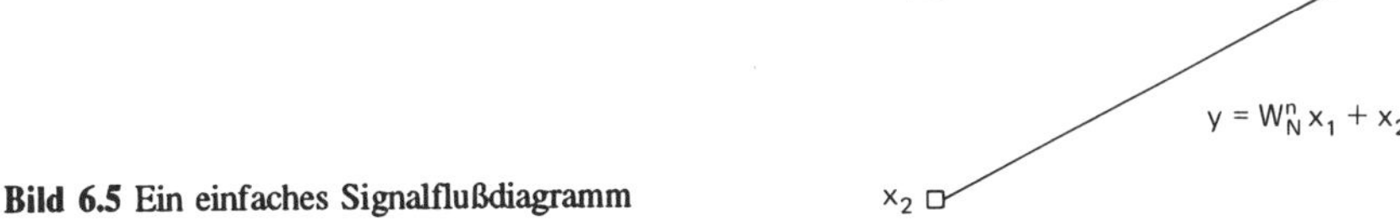

Bild 6.5 Ein einfaches Signalflußdiagramm

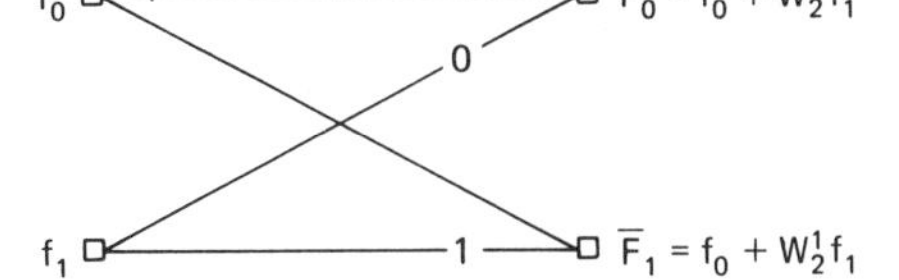

Bild 6.6 Signalflußdiagramm für die DFT (oder FFT) mit N = 2

6.5 Die FFT mit Zeitzerlegung

Der in Abschnitt 6.2 diskutierte und in Abschnitt 6.3 veranschaulichte Prozeß ist als "Zeitzerlegung" bekannt, da die Zeitfolge, d.h. der Satz von Abtastwerten $[f_n]$ wie oben beschrieben zerlegt wird. Das in Abschnitt 6.4

eingeführte Signalflußdiagramm werde jetzt dazu benutzt, die Zeitzerlegungs-FFT zu veranschaulichen.

Man betrachte wieder den speziellen Fall mit N = 8. Bild 6.4 stellt die Zerlegung des Abtastwertesatzes dar und enthält, wie erwähnt, drei Anwendungen der Gleichung 6.5, wobei schließlich die FFT entsteht. Dieses Ergebnis ist jetzt auch in Bild 6.7 wiedergegeben, wobei das Signalflußdiagramm benutzt wurde. Das Diagramm zeigt explizit alle Summen und Produkte, die entstehen, wenn die Gleichung 6.5 dreimal auf die ursprüngliche DFT-Formel angewendet wird. Die Abtastwerte links sind vertikal in der Bit-Umkehr-Ordnung aufgelistet, da dies wie in Bild 6.4 die Ordnung ist, die sich nach der vollständigen Zerlegung ergibt.

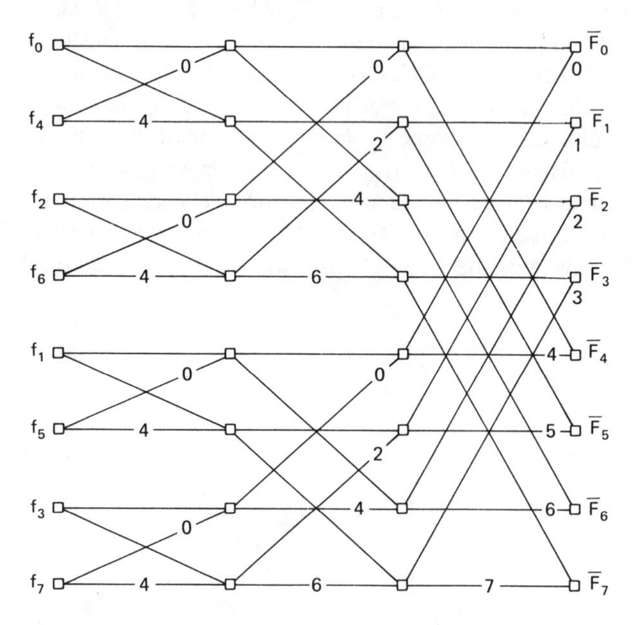

Bild 6.7 FFT für N = 8 im Falle der Zeitzerlegung mit Bitumkehr am Eingang

Um zu verifizieren, daß Bild 6.7 wirklich korrekt ist, kann man die Signalpfade nachverfolgen und prüfen, daß jede DFT-Summe korrekt ist, z.B. für m = 1, $\bar{F}_1 = f_0 + f_1 W_8^1 + \dots + f_7 W_8^7$ usw.

Geht man von Bild 6.7 aus, so ist es leicht, auch andere Werte von q zu wählen (mit $N = 2^q$. Um z.B. q von 3 auf 4 zu vergrößern, würde man jeden der Exponenten in Bild 6.7 verdoppeln, das ganze Diagramm darunter noch einmal wiederholen und einen dritten Abschnitt rechts anfügen, um die zwei Diagramme zusammenzubinden. Um q von 3 auf 2 zu verkleinern, nehme man einfach das obere linke Netzwerk, das aus 3 Spalten zu je 4 Knoten besteht, und teile jeden der Exponenten durch zwei. (In allen Fällen müssen die Eingänge natürlich die Bitumkehr aufweisen.)

Da jedes komplexe Produkt in der FFT durch einen Exponenten im Diagramm dargestellt ist, sieht man leicht, daß es q Spalten von Produkten mit N Produkten in jeder Spalte gibt. Aber auch, daß die Hälfte der Produkte in jeder Spalte redundant ist, da aus Bild 6.1 ersichtlich $W_N^n = -W_N^{n-N/2}$ für $n \geq N/2$. Daher gibt es q Spalten mit jeweils N/2 Produkten und

$$\text{Anzahl der komplexen Produkte} = \frac{Nq}{2} = \frac{N}{2}\log_2 N \tag{6.12}$$

Vergleicht man diese Zahl mit N^2, der Zahl der Produkte in der DFT, so folgt

$$\frac{\text{Anzahl der FFT-Produkte}}{\text{Anzahl der DFT-Produkte}} = \frac{1}{2N}\log_2 N \tag{6.13}$$

Dieses Verhältnis wird eindrucksvoll klein, wenn N anwächst. Zum Beispiel ist es kleiner als 1% für N = 512. Auf diese Weise ergibt die FFT eine signifikante Ersparnis im Rechenaufwand.

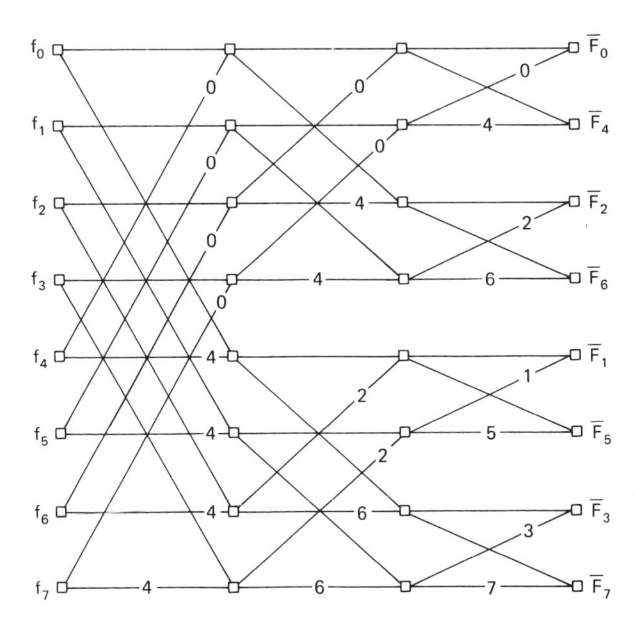

Bild 6.8 FFT für N = 8 im Falle der Zeitzerlegung mit Bitumkehr am Ausgang

Das Bild 6.7 gibt natürlich auch einen Rechenalgorithmus an, und in der Tat enthält Anhang B FORTRAN-Subroutinen, die auf der Zeitzerlegung mit Bitumkehr der Eingangssignale beruhen. Andere Zeitzerlegungs-Algorithmen kann man erhalten, indem man die Knoten in Bild 6.7 umordnet. Wenn zum Beispiel die Zeilen der Knoten (jede Zeile hat 4 Knoten) miteinander vertauscht werden und die Zweige bei jeder Vertauschung unverändert bleiben, so daß sich die Eingänge schließlich in der richtigen Reihenfolge befinden, ergibt sich Bild 6.8. In dieser Darstellung werden die Eingangssignale in der richtigen Reihenfolge genommen, aber die Ausgangssignale sind jetzt in der Bit-Umkehr-Ordnung. Daher erfordert Bild 6.7 ein Umordnen des am Eingang liegenden Abtastwertesatzes, während Bild 6.8 ein Umordnen der berechneten DFT-Werte erfordert.

Die dritte Zeitzerlegungsform der FFT [Cochran und Cooley, 1967] ist für N = 8 in Bild 6.9 wiedergegeben. Hier sind die Eingänge und Ausgänge in natürlicher Ordnung vorhanden, aber das einfache Muster des Netzwerkes ist verlorengegangen.

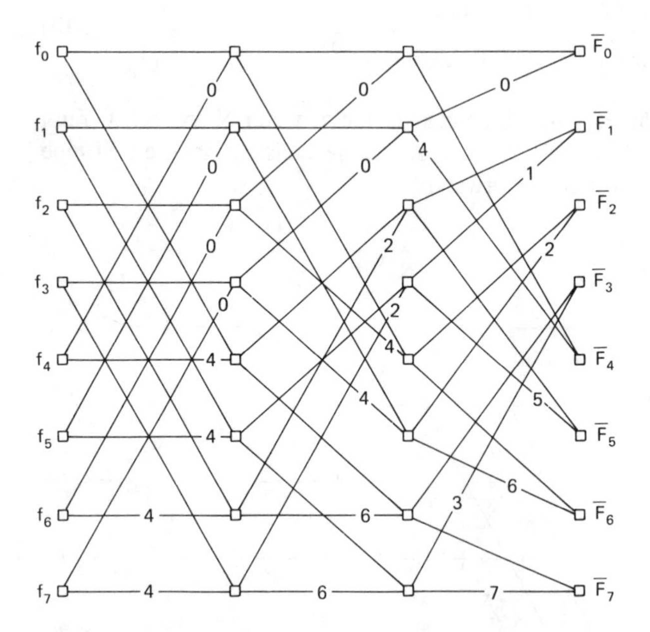

Bild 6.9 FFT für N = 8 im Falle der Zeitzerlegung ohne Bitumkehr

Wenn man wieder die durch diese Diagramme implizierten Rechenalgorithmen ins Auge faßt, ist zu bemerken, daß die Diagramme auch aussagen, wie die Algorithmen gebildet werden müssen: Jeder Algorithmus muß von links nach rechts fortschreiten, indem er beim Abtastwertesatz beginnt und mit der DFT endet.

Weiterhin enthält jedes Diagramm Folgerungen in bezug auf die zeitlichen Speichererfordernisse während der Rechnung. Man beachte, daß die Bilder 6.7 bis 6.9 Überlagerungen von Zweielement-DFT-Formen sind, d.h.

Wiederholungen des Musters von Bild 6.6. Daher kann die Berechnung in diesen Fällen aufaddierend durchgeführt werden bei Benutzung von nur zwei hilfsweisen Speicherzellen für die komplexen Produkte. Zum Beispiel könnten in Bild 6.7 die Summen $f_0 + W_8^0 f_4$ und $f_0 + W_8^4 f_4$ berechnet und dann anstelle von f_0 und f_4 gespeichert werden usw.

6.6 Die FFT mit Frequenzzerlegung

Zusätzlich zu den drei gerade behandelten verschiedenen Formen der FFT gibt es drei analoge Formen, die auf der Zerlegung des Wertesatzes $[\bar{F}_m]$ der DFT beruhen, anstatt auf der des Wertesatzes $[f_n]$. (Die hier folgende Ableitung geht auf [Cochran, Cooley, u.a. 1967] zurück sowie auf [Gentleman und Sande, 1966].) Um diese Formen einzuführen, gibt es eine Zerlegungsformel, die ähnlich der in Gleichung 6.9 ist.

Um diese Zerlegungsformel abzuleiten, wollen wir wieder mit dem Abtastwertesatz $[f_n]$ beginnen und wie früher $P = N/2$ bestehen lassen, aber diesmal die Folge $[f_n]$ einfach in der Mitte teilen. Es sei

$$\begin{aligned} a_n &= f_n; \qquad n = 0, 1, \ldots, P-1 \\ b_n &= f_{n+P}; \qquad n = 0, 1, \ldots, P-1 \end{aligned} \tag{6.14}$$

Dann schreibt sich die DFT-Formel wie folgt, wobei der Zeitversatz N/2 im Exponenten von W berücksichtigt wird:

$$\begin{aligned} \bar{F}_m &= \sum_{n=0}^{N-1} f_n W_N^{mn} \\ &= \sum_{n=0}^{P-1} (a_n + W_N^{mN/2} b_n) W_N^{mn} \end{aligned} \tag{6.15}$$

Nun benutzen wir wieder Gleichung 6.6, d.h. wir setzen $W_P = W_N^2$ und lesen aus Bild 6.1 ab, daß $W_N^{N/2} = -1$. Die DFT lautet jetzt

$$\bar{F}_m = \sum_{n=0}^{P-1} [a_n + (-1)^m b_n] W_P^{mn/2} \tag{6.16}$$

Diese Art der DFT legt eine "Frequenzzerlegung" nahe, da sie verschiedene Formen für gerade und ungerade Werte von m hat. Für gerades m setzen wir zunächst $k = m/2$ und erhalten

$$\bar{F}_{2k} = \sum_{n=0}^{P-1} (a_n + b_n) W_P^{nk}; \qquad k = \frac{m}{2} = 0, 1, \ldots, P-1 \tag{6.17}$$

Für ungerades m setzen wir entsprechend k = (m-1)/2 und erhalten, wenn wir wieder $W_P = W_N^2$ benutzen,

$$\begin{aligned}\overline{F}_{2k+1} &= \sum_{n=0}^{P-1} (a_n - b_n) W_P^{(2k+1)n/2} \\ &= \sum_{n=0}^{P-1} [(a_n - b_n) W_N^n] W_P^{nk}; \qquad k = \frac{m-1}{2} = 0, 1, \ldots, P-1\end{aligned} \tag{6.18}$$

Zusammengenommen ergeben die Gleichungen 6.17 und 6.18 alle N Werte der DFT. Einzeln genommen stellt jedoch jede eine DFT der Ordnung P anstatt der von N dar. Die Abtastwertesätze sind $[a_n + b_n]$ für Gleichung 6.17 und $[(a_n - b_n) W_N^n]$ für Gleichung 6.18.

Daher ist in den Gleichungen 6.17 und 6.18 die DFT zerlegt in Sätze mit geraden und ungeraden Werten, wobei jeder Wertesatz sich aus einer kleineren DFT ergibt. Genau wie im Falle der Gleichung 6.9 können diese Gleichungen iterativ angewandt werden, um die DFT vollständig in die FFT zu zerlegen.

Bild 6.10 veranschaulicht die Zerlegung des Abtastwertesatzes in die Sätze $[a_n]$ und $[b_n]$ bei N = 8 und einmaliger Anwendung von Gleichung 6.14. In diesem Fall gibt es keine Bitumkehr; die Werte bleiben in ihrer ursprünglichen Ordnung. Wegen der in den Gleichungen 6.17 und 6.18 vorliegenden Kombination der Terme kann Bild 6.10 nicht in der einfachen Art von Bild 6.4 erweitert werden.

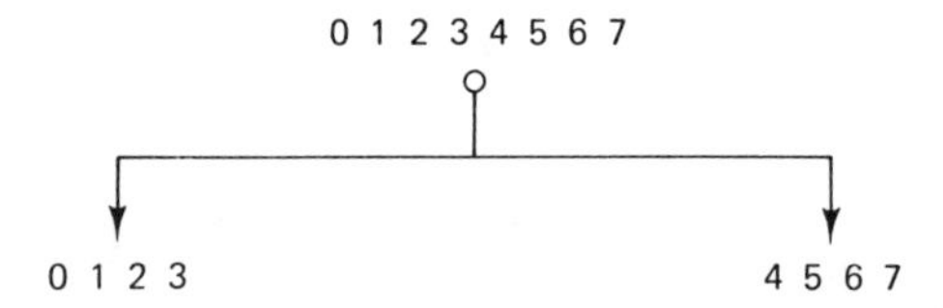

Bild 6.10 Zerlegung des Abtastwertesatzes mit N = 8 und ohne Bitumkehr

Das Signalflußdiagramm in Bild 6.11 veranschaulicht, wieder für N = 8, die dreimalige Anwendung der Gleichungen 6.17 und 6.18. Von links nach rechts fortschreitend werden bei jeder Stufe die Summen der Form $(a_n + b_n)$ und $(a_n - b_n)$ mit den zugehörigen Koeffizienten multipliziert und dann zusammengefaßt. Wie schon in Bild 6.10 ist keine Bitumkehr am Eingang zu finden; die DFT-Werte, die nun jedoch wie in Bild 6.4 zerlegt werden, kommen jetzt in der Bit-Umkehr-Ordnung am Ausgang zum Vorschein. Die Richtigkeit der DFT kann wie in allen diesen Diagrammen verifiziert werden, indem man jeden vollständigen Signalpfad vom Eingang zum Ausgang verfolgt, um zum Beispiel $\overline{F}_1 = f_0 + f_1 W_8^1 + f_2 W_8^2 + \ldots$ zu erhalten.

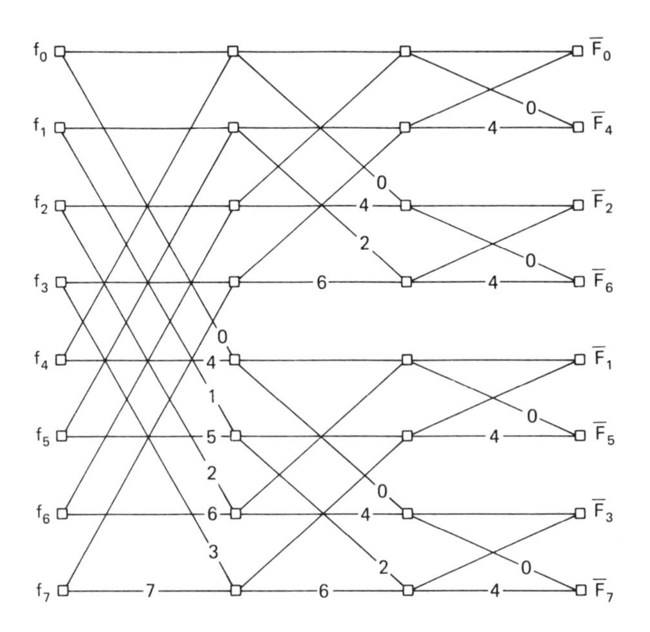

Bild 6.11 FFT für N = 8 im Falle der Frequenzzerlegung mit Bitumkehr am Ausgang

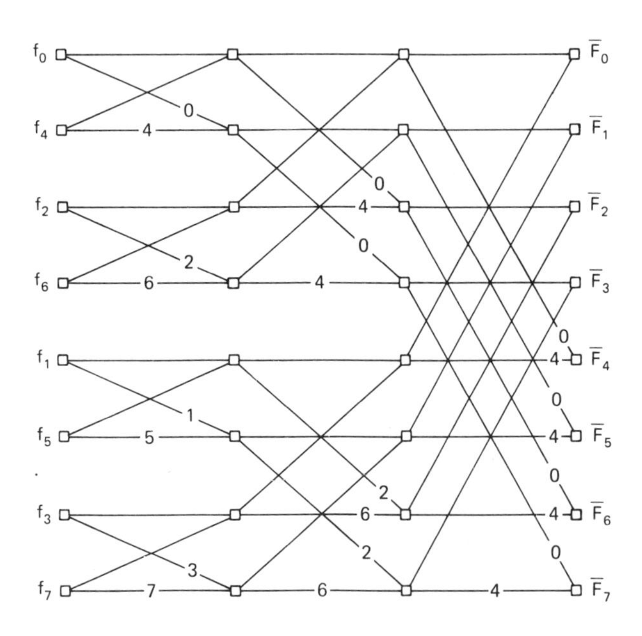

Bild 6.12 FFT für N = 8 im Falle der Frequenzzerlegung mit Bitumkehr am Eingang

Wie im Falle der Zeitzerlegung kann man andere Versionen der Frequenzzerlegungs-FFT erhalten, indem man in Bild 6.11 die Knoten umordnet (und die Zweige wie vorher beibehält). Die Bilder 6.12 und 6.13 zeigen die beiden anderen Versionen, die sich zuerst durch Bitumkehr am Eingang und schließlich durch keine Bitumkehr ergeben.

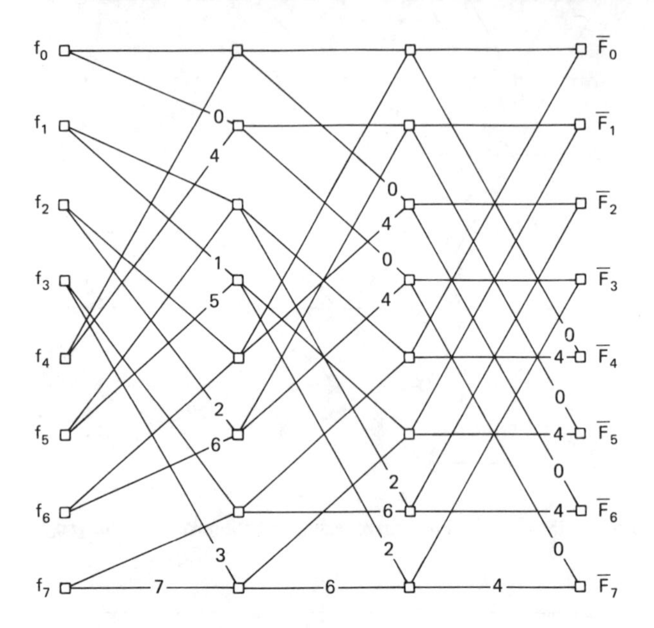

Bild 6.13 FFT für N = 8 im Falle der Frequenzzerlegung ohne Bitumkehr

Zusammengenommen bilden die drei Frequenzzerlegungsdiagramme in den Bildern 6.11 bis 6.13 und die drei Zeitzerlegungsdiagramme in den Bildern 6.7 bis 6.9 einen grundlegenden Satz von FFTs. Die vier Diagramme mit Bitumkehr sind im wesentlichen Überlagerungen von Zweipunkt-DFTs und erlauben daher, wie oben diskutiert, eine aufaddierende Berechnung. Es ist schließlich noch interessant zu bemerken, daß man für das Wechseln von der Zeitzerlegung zur Frequenzzerlegung oder umgekehrt einfach die Richtung des Signalflusses umkehren und die Rolle von f und $\bar{F}$ in jedem der sechs Diagramme austauschen kann. So ist zum Beispiel Bild 6.11 die Umkehr von Bild 6.7 usw.

6.7 Matrix-Faktorisierung

Die Ableitung der FFT von der usprünglichen DFT-Formel in Gleichung 6.1 kann man auch erhalten, indem man die Koeffizientenmatrix in dem Satz von linearen Gleichungen zur Darstellung der DFT in Faktoren zerlegt, wie dies beschrieben wurde von Good (1958), Andrews und Caspari (1970) und Kahaner (1970). In der Tat kann die FFT oder jede andere Zerlegung als ein Produkt von Matrixfaktoren ausgedrückt werden.

Um dies darzulegen, wählen wir wieder N = 8, so daß die Matrix-Faktorisierung für die oben gezeigten Signalflußdiagramme gezeigt werden kann. Die DFT in Gleichung 6.1 sei wie folgt ausgedrückt:

$$\begin{bmatrix} \overline{F}_0 \\ \overline{F}_1 \\ \overline{F}_2 \\ \overline{F}_3 \\ \overline{F}_4 \\ \overline{F}_5 \\ \overline{F}_6 \\ \overline{F}_7 \end{bmatrix} = \begin{bmatrix} 0 & 0 & 0 & 0 & 0 & 0 & 0 & 0 \\ 0 & 1 & 2 & 3 & 4 & 5 & 6 & 7 \\ 0 & 2 & 4 & 6 & 0 & 2 & 4 & 6 \\ 0 & 3 & 6 & 1 & 4 & 7 & 2 & 5 \\ 0 & 4 & 0 & 4 & 0 & 4 & 0 & 4 \\ 0 & 5 & 2 & 7 & 4 & 1 & 6 & 3 \\ 0 & 6 & 4 & 2 & 0 & 6 & 4 & 2 \\ 0 & 7 & 6 & 5 & 4 & 3 & 2 & 1 \end{bmatrix} \cdot \begin{bmatrix} f_0 \\ f_1 \\ f_2 \\ f_3 \\ f_4 \\ f_5 \\ f_6 \\ f_7 \end{bmatrix} \qquad (6.19)$$

Hier ist, gerade wie in den Signalflußdiagrammen, jedes Element der 8 x 8-Koeffizientenmatrix ein Exponent (n) im Ausdruck W_8^n, um die Schreibweise zu vereinfachen. Auch werden in Übereinstimmung mit Bild 6.1 Exponenten, die größer als 7 sind, modulo 8 genommen.

Nun können mit der Exponentenangabe in Gleichung 6.19 die drei FFT-Faktorisierungen, die den Zeitzerlegungsdiagrammen entsprechen, wie folgt ausgedrückt werden (da eine Null in der Matrix den Wert W_8^0 darstellt, wird jetzt ein Punkt benutzt, um einen Koeffizienten 0 zu bezeichnen):

Zeitzerlegung mit Bitumkehr am Eingang:

$$\begin{bmatrix} \overline{F}_0 \\ \overline{F}_1 \\ \overline{F}_2 \\ \overline{F}_3 \\ \overline{F}_4 \\ \overline{F}_5 \\ \overline{F}_6 \\ \overline{F}_7 \end{bmatrix} = \begin{bmatrix} 0 & \cdot & \cdot & \cdot & 0 & \cdot & \cdot & \cdot \\ \cdot & 0 & \cdot & \cdot & \cdot & 1 & \cdot & \cdot \\ \cdot & \cdot & 0 & \cdot & \cdot & \cdot & 2 & \cdot \\ \cdot & \cdot & \cdot & 0 & \cdot & \cdot & \cdot & 3 \\ 0 & \cdot & \cdot & \cdot & 4 & \cdot & \cdot & \cdot \\ \cdot & 0 & \cdot & \cdot & \cdot & 5 & \cdot & \cdot \\ \cdot & \cdot & 0 & \cdot & \cdot & \cdot & 6 & \cdot \\ \cdot & \cdot & \cdot & 0 & \cdot & \cdot & \cdot & 7 \end{bmatrix} \cdot \begin{bmatrix} 0 & \cdot & 0 & \cdot & \cdot & \cdot & \cdot & \cdot \\ \cdot & 0 & \cdot & 2 & \cdot & \cdot & \cdot & \cdot \\ 0 & \cdot & 4 & \cdot & \cdot & \cdot & \cdot & \cdot \\ \cdot & 0 & \cdot & 6 & \cdot & \cdot & \cdot & \cdot \\ \cdot & \cdot & \cdot & \cdot & 0 & \cdot & 0 & \cdot \\ \cdot & \cdot & \cdot & \cdot & \cdot & 0 & \cdot & 2 \\ \cdot & \cdot & \cdot & \cdot & 0 & \cdot & 4 & \cdot \\ \cdot & \cdot & \cdot & \cdot & \cdot & 0 & \cdot & 6 \end{bmatrix}$$

$$\cdot \begin{bmatrix} 0 & 0 & \cdot & \cdot & \cdot & \cdot & \cdot & \cdot \\ 0 & 4 & \cdot & \cdot & \cdot & \cdot & \cdot & \cdot \\ \cdot & \cdot & 0 & 0 & \cdot & \cdot & \cdot & \cdot \\ \cdot & \cdot & 0 & 4 & \cdot & \cdot & \cdot & \cdot \\ \cdot & \cdot & \cdot & \cdot & 0 & 0 & \cdot & \cdot \\ \cdot & \cdot & \cdot & \cdot & 0 & 4 & \cdot & \cdot \\ \cdot & \cdot & \cdot & \cdot & \cdot & \cdot & 0 & 0 \\ \cdot & \cdot & \cdot & \cdot & \cdot & \cdot & 0 & 4 \end{bmatrix} \cdot \begin{bmatrix} f_0 \\ f_4 \\ f_2 \\ f_6 \\ f_1 \\ f_5 \\ f_3 \\ f_7 \end{bmatrix} \qquad (6.20)$$

Zeitzerlegung mit Bitumkehr am Ausgang:

$$
\begin{bmatrix} \overline{F}_0 \\ \overline{F}_4 \\ \overline{F}_2 \\ \overline{F}_6 \\ \overline{F}_1 \\ \overline{F}_5 \\ \overline{F}_3 \\ \overline{F}_7 \end{bmatrix}
=
\begin{bmatrix}
0 & 0 & \cdot & \cdot & \cdot & \cdot & \cdot & \cdot \\
0 & 4 & \cdot & \cdot & \cdot & \cdot & \cdot & \cdot \\
\cdot & \cdot & 0 & 2 & \cdot & \cdot & \cdot & \cdot \\
\cdot & \cdot & 0 & 6 & \cdot & \cdot & \cdot & \cdot \\
\cdot & \cdot & \cdot & \cdot & 0 & 1 & \cdot & \cdot \\
\cdot & \cdot & \cdot & \cdot & 0 & 5 & \cdot & \cdot \\
\cdot & \cdot & \cdot & \cdot & \cdot & \cdot & 0 & 3 \\
\cdot & \cdot & \cdot & \cdot & \cdot & \cdot & 0 & 7
\end{bmatrix}
\cdot
\begin{bmatrix}
0 & \cdot & 0 & \cdot & \cdot & \cdot & \cdot & \cdot \\
\cdot & 0 & \cdot & 0 & \cdot & \cdot & \cdot & \cdot \\
0 & \cdot & 4 & \cdot & \cdot & \cdot & \cdot & \cdot \\
\cdot & 0 & \cdot & 4 & \cdot & \cdot & \cdot & \cdot \\
\cdot & \cdot & \cdot & \cdot & 0 & \cdot & 2 & \cdot \\
\cdot & \cdot & \cdot & \cdot & \cdot & 0 & \cdot & 2 \\
\cdot & \cdot & \cdot & \cdot & 0 & \cdot & 6 & \cdot \\
\cdot & \cdot & \cdot & \cdot & \cdot & 0 & \cdot & 6
\end{bmatrix}
$$

$$
\cdot
\begin{bmatrix}
0 & \cdot & \cdot & \cdot & 0 & \cdot & \cdot & \cdot \\
\cdot & 0 & \cdot & \cdot & \cdot & 0 & \cdot & \cdot \\
\cdot & \cdot & 0 & \cdot & \cdot & \cdot & 0 & \cdot \\
\cdot & \cdot & \cdot & 0 & \cdot & \cdot & \cdot & 0 \\
0 & \cdot & \cdot & \cdot & 4 & \cdot & \cdot & \cdot \\
\cdot & 0 & \cdot & \cdot & \cdot & 4 & \cdot & \cdot \\
\cdot & \cdot & 0 & \cdot & \cdot & \cdot & 4 & \cdot \\
\cdot & \cdot & \cdot & 0 & \cdot & \cdot & \cdot & 4
\end{bmatrix}
\cdot
\begin{bmatrix} f_0 \\ f_1 \\ f_2 \\ f_3 \\ f_4 \\ f_5 \\ f_6 \\ f_7 \end{bmatrix}
\tag{6.21}
$$

Zeitzerlegung ohne Bitumkehr:

$$
\begin{bmatrix} \overline{F}_0 \\ \overline{F}_1 \\ \overline{F}_2 \\ \overline{F}_3 \\ \overline{F}_4 \\ \overline{F}_5 \\ \overline{F}_6 \\ \overline{F}_7 \end{bmatrix}
=
\begin{bmatrix}
0 & 0 & \cdot & \cdot & \cdot & \cdot & \cdot & \cdot \\
\cdot & \cdot & 0 & 1 & \cdot & \cdot & \cdot & \cdot \\
\cdot & \cdot & \cdot & \cdot & 0 & 2 & \cdot & \cdot \\
\cdot & \cdot & \cdot & \cdot & \cdot & \cdot & 0 & 3 \\
0 & 4 & \cdot & \cdot & \cdot & \cdot & \cdot & \cdot \\
\cdot & \cdot & 0 & 5 & \cdot & \cdot & \cdot & \cdot \\
\cdot & \cdot & \cdot & \cdot & 0 & 6 & \cdot & \cdot \\
\cdot & \cdot & \cdot & \cdot & \cdot & \cdot & 0 & 7
\end{bmatrix}
\cdot
\begin{bmatrix}
0 & \cdot & 0 & \cdot & \cdot & \cdot & \cdot & \cdot \\
\cdot & 0 & \cdot & 0 & \cdot & \cdot & \cdot & \cdot \\
\cdot & \cdot & \cdot & \cdot & 0 & \cdot & 2 & \cdot \\
\cdot & \cdot & \cdot & \cdot & \cdot & 0 & \cdot & 2 \\
0 & \cdot & 4 & \cdot & \cdot & \cdot & \cdot & \cdot \\
\cdot & 0 & \cdot & 4 & \cdot & \cdot & \cdot & \cdot \\
\cdot & \cdot & \cdot & \cdot & 0 & \cdot & 6 & \cdot \\
\cdot & \cdot & \cdot & \cdot & \cdot & 0 & \cdot & 6
\end{bmatrix}
$$

$$
\cdot
\begin{bmatrix}
0 & \cdot & \cdot & \cdot & 0 & \cdot & \cdot & \cdot \\
\cdot & 0 & \cdot & \cdot & \cdot & 0 & \cdot & \cdot \\
\cdot & \cdot & 0 & \cdot & \cdot & \cdot & 0 & \cdot \\
\cdot & \cdot & \cdot & 0 & \cdot & \cdot & \cdot & 0 \\
0 & \cdot & \cdot & \cdot & 4 & \cdot & \cdot & \cdot \\
\cdot & 0 & \cdot & \cdot & \cdot & 4 & \cdot & \cdot \\
\cdot & \cdot & 0 & \cdot & \cdot & \cdot & 4 & \cdot \\
\cdot & \cdot & \cdot & 0 & \cdot & \cdot & \cdot & 4
\end{bmatrix}
\cdot
\begin{bmatrix} f_0 \\ f_1 \\ f_2 \\ f_3 \\ f_4 \\ f_5 \\ f_6 \\ f_7 \end{bmatrix}
\tag{6.22}
$$

Man beachte, wie diese drei Gleichungen mit den Bildern 6.7, 6.8 und 6.9 jeweils korrespondieren. Das erste rechts stehende Matrixprodukt (d.h. die rechts stehende Koeffizientenmatrix mal dem Abtastvektor) korrespondiert mit der ersten Stufe des FFT-Diagrammes auf der linken Seite usw. Auf diese Weise kann man das Muster der Zeitzerlegungs-FFT in jeder dieser Gleichungen sehen. Die Ableitung der Frequenzzerlegungsgleichungen sei als Übung empfohlen.

6.8 Die FFT in der Praxis

Einige Details, die das Programmieren der FFT oder das Bauen von FFT-Schaltungen betreffen, seien in diesem Abschnitt noch angefügt.

Zunächst gibt es, wenn man die Zahl der komplexen Produkte betrachtet, nach Gleichung 6.12 genau (N/2) log, $\log_2 N$ Produkte, wenn die Redundanz der Form $W_N^n = -W_N^{n-N/2}$ beim Programmieren in Abzug gebracht worden ist. Hält man es der Mühe für wert, kann diese Zahl noch weiter verkleinert werden, indem man berücksichtigt, daß im Algorithmus auch $W_N^0 = 1$ gilt.

Weiterhin können die Zahl der Produkte sowie die Speicheranforderungen verringert werden, wenn die abgetastete Funktion f(t) spezielle Eigenschaften hat. Wenn f(t) reell ist, wird nur die Hälfte des Speicherraumes benötigt (man muß nur $\bar{F}_0$ bis $\bar{F}_{N/2}$ ermitteln).

Da f(t) in der Mehrzahl aller Fälle in der Tat reell ist, wird bei den FFT-Routinen in Anhang B angenommen, daß $[f_n]$ eine reelle Folge ist und diese Eigenschaft wird ausgenutzt. Infolgedessen ersetzt in der einen Transformationsrichtung das komplexe Spektrum $[\bar{F}_m; m = 0,\ldots,N/2]$ die Zeitfolge $[f_n; n = 0,\ldots, N-1]$. Es werden zwei separate Speicherplätze für jeden Spektralwert benötigt. Ist jedoch $[f_n]$ eine komplexe Folge, z.B.

$$[f_n] = [r_n + ji_n] \tag{6.23}$$

kann man die FFT-Routinen in Anhang B benutzen.

In diesem Fall erhält man die FFT der komplexen Folge leicht aus zwei FFTs der reellen Folgen und bildet dann:

$$[\bar{F}_m] = [\bar{R}_m + j\bar{I}_m] \tag{6.24}$$

(siehe Gl. 6.28 in Abschnitt 6.10). Man beachte, daß sowohl $\bar{R}_m$ als auch $\bar{I}_m$ im allgemeinen komplex sind.

Wenn f(t) eine gerade Funktion von t ist, so ist nur der reelle Teil von $[\bar{F}_m]$ von Null verschieden, und wenn f(t) eine ungerade Funktion ist, so ist nur der imaginäre Teil von Null verschieden (Kapitel 5, Abschnitt 5.2). Wenn ein großer Anteil der Abtastwerte von $[f_n]$ Null ist, kann man ein Verfahren anwenden, das "FFT-Ausästen" (engl. pruning) genannt wird (Markel, 1971), bei dem man die Operationen mit Nullen erfolgreich vermeidet.

Die Berechnung einer Sinus- oder Cosinusfunktion braucht im allgemeinen eine längere Zeit als die eines komplexen Produktes. In den meisten Allzweck-FFT-Programmen sind die Sinus- und Cosinusberechnungen der Bequemlichkeit wegen enthalten, aber es ist besonders bei festem N besser, aus Geschwindigkeitsgründen die Sinus- oder Cosinuswerte zu tabellieren, so daß man sie während der Rechnung nur nachzuschlagen braucht.

Wenn dann die FFT wiederholt mit der Konstanten N zu berechnen ist, braucht man die trigonometrischen Rechnungen nicht auch noch zu wiederholen. Solch eine Tabellierung ist mit einer Modifikation der FFT-Routinen im Anhang B möglich.

Mit einer guten Bereichswahl und einer Prüfung auf Überschreiten und Unterschreiten der Bereiche kann die FFT auch so programmiert werden, daß sie nur eine Ganzzahlarithmetik und keine Gleichpunktarithmetik benutzt [De Jong und De Boer 1971]. Diese Technik kann signifikante Einsparungen an Rechenzeit erbringen, besonders in kleinen Rechnern ohne Gleitkommaschaltungen.

6.9 Die FFT zur Berechnung der diskreten Faltung

In Abschnitt 5.9 des Kapitels 5 hatten wir gefunden, daß die DFT dazu benutzt werden kann, die "periodische" Faltung durchzuführen, d.h. die Faltung einer Folge mit der periodisch fortgesetzten anderen Folge. Wir hatten auch gesehen, daß diese Faltung so modifiziert werden kann, daß man damit die "richtige" Näherung an die kontinuierliche Faltung bekommt, wobei diese mit den modifizierten Abtastfolgen gewonnene Faltung dann die "lineare" Faltung heißt. Nur diese ist auch hier von Interesse. Wir setzen nun die Diskussion von Kapitel 5 fort, indem wir zeigen, wie die FFT sich einsetzen läßt, um die lineare Faltung in einer rechnerisch wirksamen Weise durchzuführen. Das entsprechende Verfahren heißt die "schnelle Faltung". Verglichen mit einer direkten Berechnung der Faltungssumme ergibt die schnelle Faltung eine bedeutende Verringerung des Rechenaufwandes.

Die schnelle Faltung wird oft dazu benutzt, die FIR-Filterung (finite impulse response - endliche Nadelimpulsantwort) durchzuführen, die in Kapitel 8 diskutiert wird. Bei dieser FIR-Filterung muß das Eingangssignal mit einer Nadelimpulsantwort gefaltet werden, die zwar eine endliche aber oft recht große Länge hat. In Fällen, in denen bei der Faltung sogar beide Folgen eine beträchtliche Länge haben, stellt die schnelle Faltung häufig die einzige Methode für eine kostenbewußte Echtzeitberechnung dar.

Die lineare Faltung (auch aperiodische oder nichtzyklische Faltung genannt) zweier kausaler Folgen f_n und h_n ist wie folgt definiert:

$$g_n = \sum_{m=0}^{\infty} f_m h_{n-m} = \sum_{m=0}^{\infty} h_m f_{n-m} \tag{6.25}$$

Wenn die kausalen Folgen f_n und h_n jeweils die Längen N_1 und N_2 haben, dann hat das Ergebnis g_n im allgemeinen die Länge $N_3 = N_1 + N_2 - 1$. Ohne Verlust an Allgemeinheit läßt sich annehmen, daß $N_1 \geq N_2$. In diesem Falle kann die obige Gl. 6.25 geschrieben werden

$$g_n = \sum_{m=0}^{N_1-1} f_m h_{n-m} = \sum_{m=0}^{N_1-1} h_m f_{n-m} \tag{6.26}$$

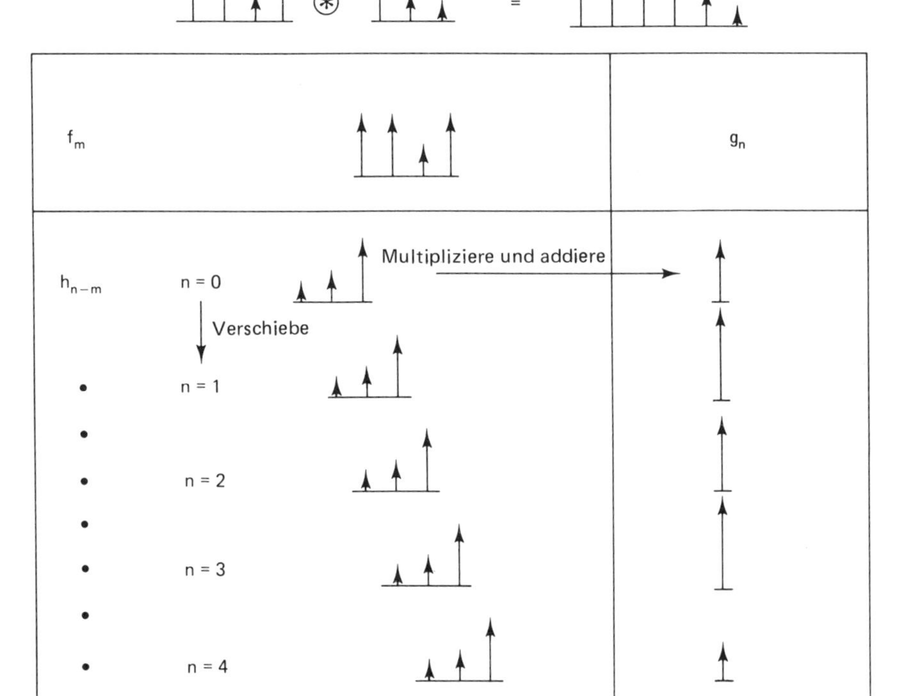

Bild 6.14 Lineare Faltung: Spiegele an der vertikalen Achse, verschiebe, multipliziere und addiere

Die durch diese Gleichung beschriebene Operation besteht darin, eine der Folgen an der vertikalen Achse zu spiegeln und sie dann gegenüber der anderen Folge zu verschieben, wobei nach jeder Verschiebung, wie in Bild 6.14 dargestellt, eine Summe von Produkten gebildet wird. In erster Näherung erfordert die Anwendung der Gleichung, daß N_1 Produktterme bei jeder von $N_1 + N_2 - 1$ verschobenen Positionen summiert werden müssen, was insgesamt zu $N_1(N_1 + N_2 - 1)$ Multiplikationen und $(N_1 - 1)(N_1 + N_2 - 1)$ Additionen führt. Wenn wir während der Rechnung geschickt genug sind, die Berechnung der Produktterme mit dem Wert Null an den Stellen zu vermeiden, an denen sich die Folgen nicht überlappen, kann die Gesamtzahl der Rechnungsschritte auf N_1N_2 Multiplikationen und $(N_1-1)(N_2-1)$ Additionen vermindert werden.

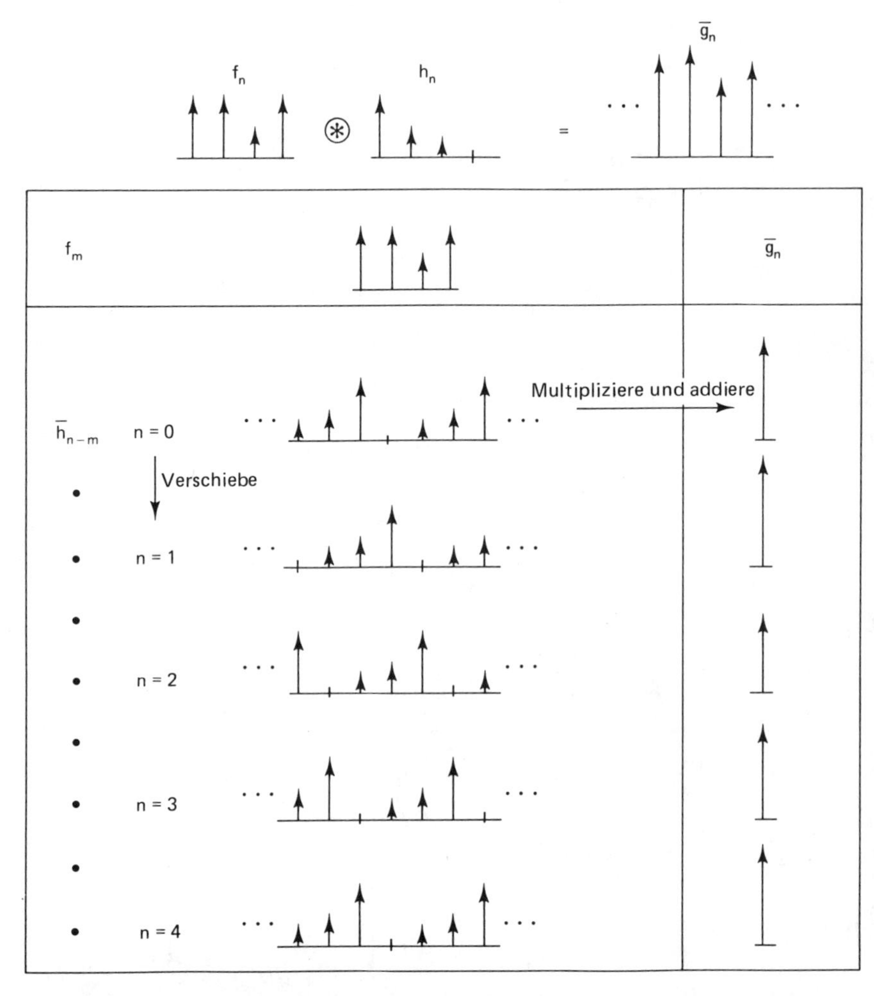

Bild 6.15 Periodische Faltung: Bilde eine periodische Fortsetzung, spiegele an der vertikalen Achse, verschiebe, multipliziere und addiere.

Die in Kapitel 5 diskutierte DFT-Methode für die Faltung beruht auf dem Umstand, daß die Faltung im Zeitbereich durchgeführt werden kann, indem man die Multiplikation im Frequenzbereich nutzt. Wir haben dabei gefunden, daß die inverse DFT des Produktes zweier DFTs eine periodische Faltung ergibt, wie sie in Bild 6.15 veranschaulicht ist. Man beachte, daß die DFTs von gleicher Länge sein müssen, damit man das Produkt berechnen kann. Das bedeutet, daß die kürzere der beiden ursprünglichen Folgen mit Nullen bis zur Länge der anderen Folge verlängert werden muß, bevor man ihre DFT bildet. Selbst mit DFTs derselben Länge ist die sich ergebende Faltung im allgemeinen nicht dieselbe wie die lineare Faltung, man vergleiche Bild 6.15 mit Bild 6.14. Wollen wir jedoch DFT-Produkte nutzen, um die lineare Faltung durchzuführen, muß man die Folgen zuerst etwas modifizieren, wobei wir einen ähnlichen Weg wie in Kapitel 5 einschlagen können. Da das Produkt von DFTs immer eine periodische Faltung ergibt, müssen wir die Daten so modifizieren, daß die periodische Faltung und die lineare Faltung äquivalent werden. Der Schlüssel dazu liegt in der Erkenntnis, daß, wenn man bei der linearen Faltung die ersten (und letzten) $N_2 - 1$ Summationen durchführt, die zwei Folgen sich nicht vollständig überlappen und viele der Produktterme in Gl. 6.25 gleich Null sind (siehe Bild 6.14). Bei der periodischen Faltung überlappen sich die zwei Folgen jedoch stets vollständig, da jedesmal dann, wenn das Ende einer Periode herausgeschoben wird, der Beginn der nächsten Periode gleichzeitig hereinkommt (siehe Bild 6.15). Wir müssen daher, um die lineare Faltung zu erhalten, genügend Nulldaten einsetzen, um zu erreichen, daß die aus dem Ende der Periode herausgeschobenen Produktterme gleich Null werden. Infolgedessen füllen wir die ursprüngliche Folge mit Nullen auf, bevor wir ihre periodische Verlängerung bilden. Für die lineare Faltung muß die Folge auf eine Länge $N_1 + N_2 - 1$ oder mehr gebracht werden, wie dies in Bild 6.16 dargestellt ist.

Um die lineare Faltung mit Hilfe der FFT durchführen zu können, muß die DFT eine Länge haben, die zu dem FFT-Algorithmus paßt. Deshalb müssen die Folgen mit zusätzlichen Nullen so aufgefüllt werden (über die Länge $N_1 + N_2 - 1$ hinaus), daß ihre Länge mit der zugelassenen FFT-Länge übereinstimmt. Diese zusätzlichen Nullen erzeugen im Ergebnis zusätzliche Nullen am Ende der gewünschten Faltung, die einfach ignoriert werden können. Die Methode der schnellen Faltung ist in Bild 6.17 schematisch zusammengefaßt. Der erste Schritt besteht darin, beide Eingangsfolgen mit Nullen aufzufüllen, bis zu einer Länge, die mit einer zugelassenen FFT-Länge L übereinstimmt, d.h. die größer oder gleich $N_1 + N_2 - 1$ ist. Als nächstes wird die FFT für beide Folgen berechnet und das komplexe Produkt gebildet. Schließlich wird die inverse FFT eingesetzt, um das Ergebnis zu erhalten. Die gesuchte lineare Faltung befindet sich in den ersten $N_1 + N_2 - 1$ Termen dieses Ergebnisses.

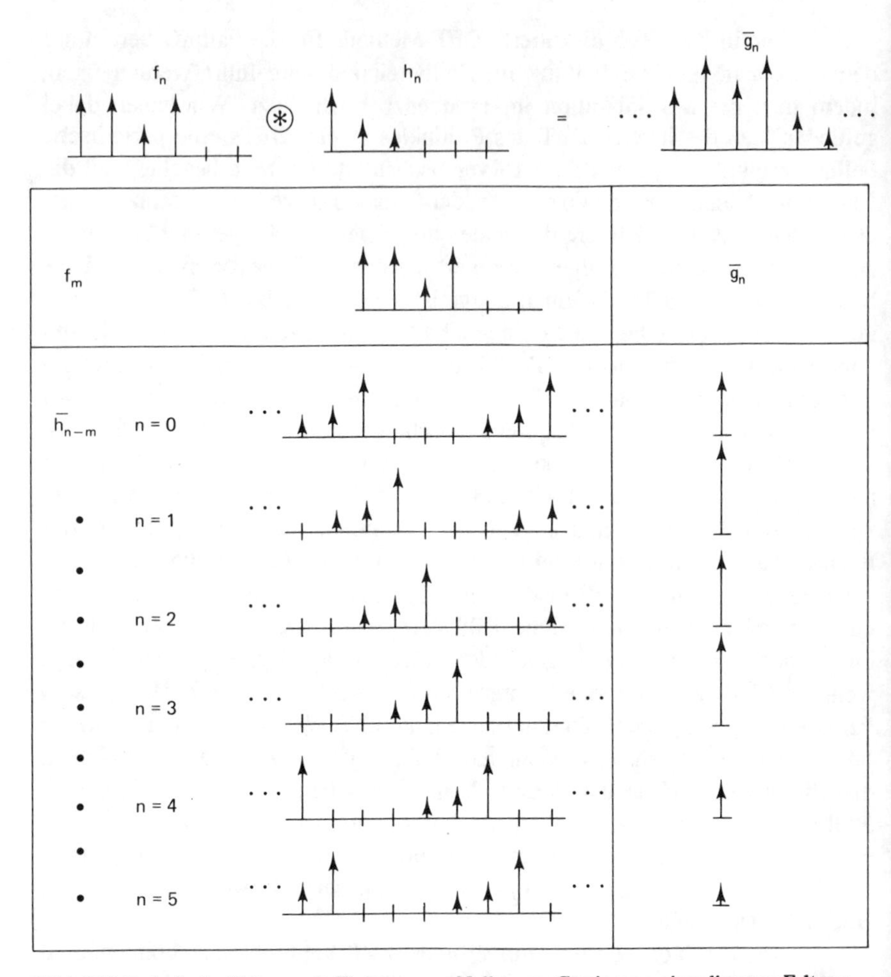

Bild 6.16 Periodische Faltung mit Einfügen von Nullen zur Gewinnung einer linearen Faltung

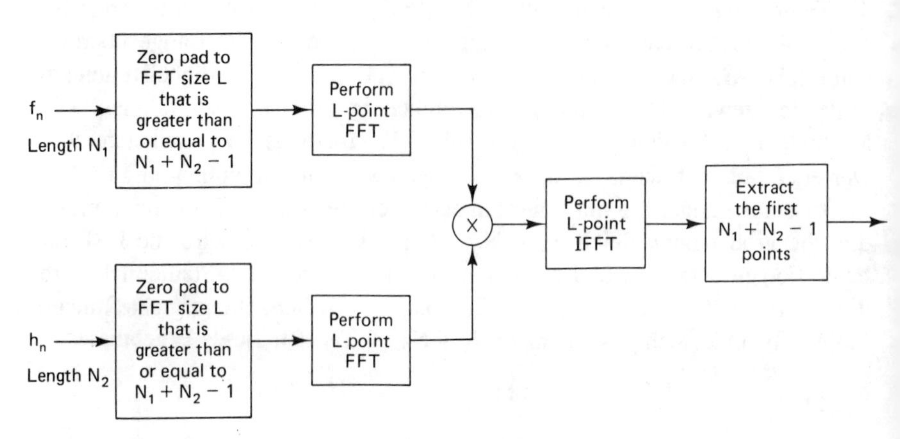

Bild 6.17 Blockdiagramm der Methode der schnellen Faltung

Den Rechenaufwand dieser Methode kann man wie folgt zusammenfassen. Wir bezeichnen zunächst mit L die FFT-Länge (das ist typischerweise die erste Zweierpotenz, die größer oder gleich $N_1 + N_2 - 1$ ist). Dann läßt sich feststellen, daß man drei L-stellige FFTs benötigt, jede mit $L \log_2 L$ komplexen Additionen und $(L/2)\log_2 L$ komplexen Multiplikationen. Zusätzlich benötigt man L komplexe Multiplikationen, um die Multiplikation im Frequenzbereich durchzuführen. Da eine komplexe Multiplikation vier normale Multiplikationen und zwei Additionen umfaßt, und eine komplexe Addition zwei normale Additionen beinhaltet, wird die Gesamtzahl an Rechenschritten

sämtliche Multiplikationen: $6L \log_2 L + 4L$
sämtliche Additionen: $9L \log_2 L + 2L$

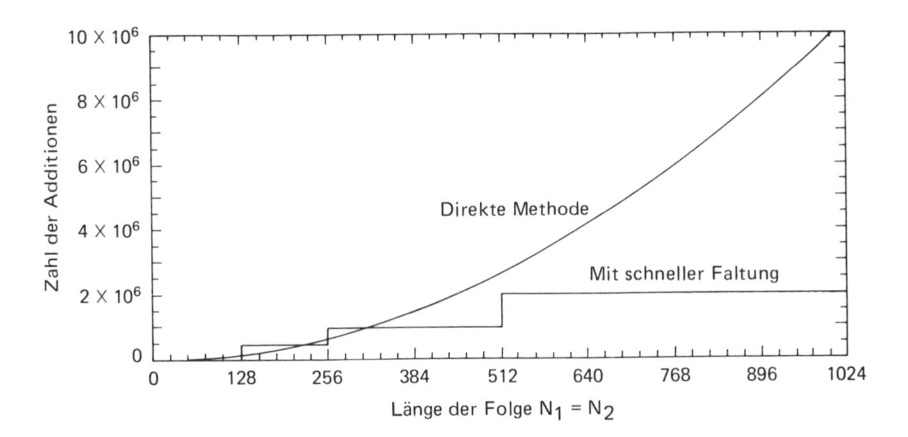

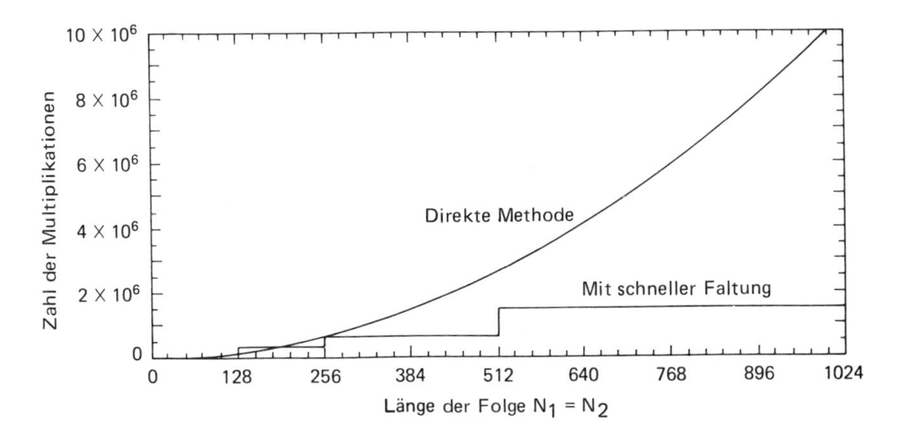

Bild 6.18 Rechen-Vergleiche zwischen der direkten und der schnellen Faltung, wenn beide Folgen von gleicher Länge sind.

Es ist schwierig, quantitative Vergleiche zwischen diesen Ergebnissen und jenen für die direkte Berechnung nach Gl. 6.26 anzustellen, ohne genaueres über die Länge festzustellen. Als Beispiel wollen wir daher einmal annehmen, daß die Folgen die gleiche Länge haben ($N_1 = N_2$). Für diesen Fall sind in Bild 6.18 die Rechenanforderungen für die zwei Methoden angegeben. Augenscheinlich liefert die schnelle Faltung für größere Längen der Folgen eine beachtliche Verringerung des Rechenaufwandes.

6.10 FFT-Routinen

In Anhang B sind zwei FFT-Subroutinen angegeben, SPFFT und SPIFFT. Diese Routinen leisten die diskrete Fourier-Transformation (vorwärts und rückwärts) in der Anwendung auf eine Folge, die im Zeitbereich reell ist. Die Länge N der Zeitbereichsfolge muß eine Zweierpotenz sein. Der Programmaufruf lautet wie folgt:

```
              initialized. After execution, the FFT
              components Re[X̄0], Im[X̄0], Re[X̄1],
              Im[X̄1], . . . , Re[X̄N/2], Im[X̄N/2] are
              contained in order in X(0) through
              X(N+1).
          N = Number of time-sequence samples. Must
              be a power of 2 greater than 2.

            CALL SPIFFT(X,N)
X(0:N+1) = REAL array containing the complex
            spectral components Re[X̄0],Im[X̄0],
            Re[X̄1], Im[X̄1], . . . , Re[X̄N/2],
            Im[X̄N/2]. After execution, X(0:N-1)
            contains the time sequence scaled by N.
        N = Number of time-sequence samples. Must
            be a power of 2 greater than 2.
```

SPIFFT erzeugt damit eine skalierte Version der ursprünglichen Zeitfolge aus der komplexen Transformierten, die mit SPFFT erzeugt wird. D.h., wenn man SPFFT und SPIFFT nacheinander aufruft, ist das Ergebnis eine skalierte Version der ursprünglichen Zeitfolge, wie dies in Bild 6.19 anschaulich wiedergegeben ist.

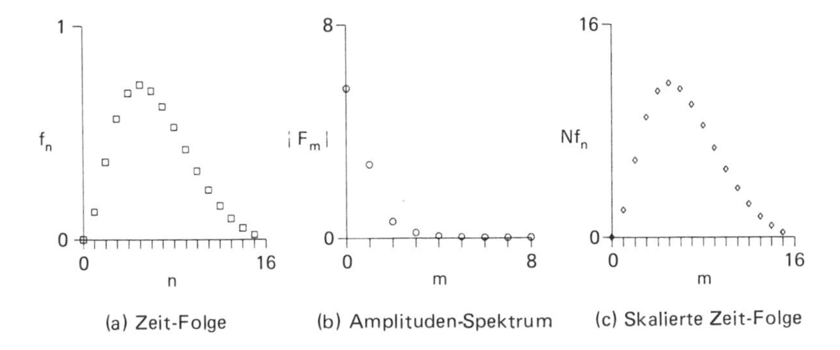

Bild 6.19 Für den Übergang von (a) nach (b) wurde SPFFT benutzt und für den Übergang von (b) nach (c) SPIFFT.

Bei der Anwendung von SPFFT sieht man, daß die Zweierpotenz-Bedingung für N immer durch Verlängerung der Zeitfolge mit Nullen erfüllt werden kann, wie dies oben schon beschrieben wurde. Wir nehmen als nächstes an, die Zeitfolge sei komplex

$$x_n = r_n + ji_n; \qquad n = 0, \ldots, N-1 \tag{6.27}$$

Auch hierfür kann man SPFFT einsetzen, um die Transformierte $[\bar{X}_m]$ zu finden, indem man einfach $[r_n]$ und $[i_n]$ jedes für sich transformiert und die Transformierten addiert:

$$\begin{aligned} \bar{X}_m &= \bar{R}_m + j\bar{I}_m; \qquad & m &= 0, 1, \ldots, \frac{N}{2} \\ &= \bar{R}^*_{N-m} + j\bar{I}^*_{N-m}; \qquad & m &= \frac{N}{2} + 1, \ldots, N-1 \end{aligned} \tag{6.28}$$

Eine Technik, die im wesentlichen auf eine Umkehrung dieses Verfahrens hinausläuft, ist von Brigham (1974) beschrieben und von Stearns und David (1988) diskutiert worden. Diese Technik kann die Transformierte einer reellen N-stelligen Folge aus der Transformierten einer komplexen (N/2)-stelligen Folge gewinnen. Sie wird in der SPFFT-Routine angewandt.

6.11 Übungen

1. Schreibe unter Benutzung von Gleichung 6.1 die vier Gleichungen für die vollständige DFT mit N = 4 an.

2. Zeichne ein Diagramm, das die äquivalenten Potenzen von W_N mit N = 4 zeigt.

3. Zeige unter Benutzung von Diagrammen wie in Bild 6.3 alle möglichen Zeitzerlegungen für N = 10 Abtastwerte.

4. Drücke die DFT in der Form der Gleichung 6.10 aus (a) mit fünf Summen und (b) mit drei Summen, wenn N = 15 ist.

5. Zeige die vollständige Zeitzerlegung mit Bitumkehr, (a) wenn N = 4 und (b) wenn N = 16 ist.

6. Konstruiere das Signalflußdiagramm der FFT für N = 4 und benutze dabei die Zeitzerlegung mit Bitumkehr am Ausgang.

7. Konstruiere das Signalflußdiagramm der FFT für N = 4 und benutze dabei die Zeitzerlegung ohne Bitumkehr.

8. Beschreibe, wie man Bild 6.7 modifizieren muß, um das Signalflußdiagramm der FFT für N = 16 zu erhalten, wobei die Zeitzerlegung mit Bitumkehr am Eingang verwendet werden soll.

9. Wie viele komplexe Produkte benötigt man für die vollständige FFT von 4096 Abtastwerten?

10. Welcher Teil der N^2 DFT-Produkte ist redundant, wenn N = 4096 ist?

11. Diskutiere die Benutzung einer Hilfsspeichereinheit bei der Zeitzerlegungs-FFT ohne Bitumkehr.

12. Schreibe eine FORTRAN-Subroutine zur Durchführung der Bitumkehr durch Mischen der Abtastwerte in $[f_n]$. Benutze $k = \log_2 N$ und auch die Reihe $[f_n]$ als Eingabedaten im Programmaufruf .

13. Konstruiere das Signalflußdiagramm der FFT für N = 4 unter Benutzung der Frequenzzerlegung mit Bitumkehr am Ausgang.

14. Konstruiere das Signalflußdiagramm der FFT für N = 16 unter Benutzung der Frequenzzerlegung mit Bitumkehr am Eingang.

15. Konstruiere das Signalflußdiagramm der FFT für N = 4 unter Benutzung der Frequenzzerlegung ohne Bitumkehr.

16. Gib die Matrix-Faktorisierung an für die Frequenzzerlegungs-FFT mit Bitumkehr am Ausgang; N = 8.

17. Gib die Matrix-Faktorisierung an für die Frequenzzerlegungs-FFT mit Bitumkehr am Eingang; N = 8.

18. Gib die Matrix-Faktorisierung an für die Frequenzzerlegungs-FFT ohne Bitumkehr; N = 8.

19. Ermittle die matrixfaktorisierte Form der Zeitzerlegungs-FFT; N = 2.

20. Ermittle die matrix-faktorisierte Form der Zeitzerlegungs-FFT ohne Bitumkehr; N = 4.

21. Ermittle die matrixfaktorisierte Form der Frequenzzerlegungs-FFT ohne Bitumkehr; N = 4.

22. Benutze die Routine SPFFT, um die komplexen Spektren der folgenden Folgen zu berechnen:

    (a) $[0 \quad 1 \quad -1 \quad 0]$
    (b) $[0 \quad 2 \quad 4 \quad 6 \quad 4 \quad 2 \quad 0 \quad 0]$
    (c) $[0 \quad 0 \quad 2 \quad -2 \quad 0 \quad 0 \quad 0 \quad 0]$
    (d) $[1 \quad -1 \quad 1 \quad -1 \quad 1 \quad -1 \quad 1 \quad -1]$
    (e) $[1 \quad 1 \quad 1 \quad 1 \quad 1 \quad 1 \quad 1 \quad 1]$

23. Zeichne (drucke) die Amplitudenspektren in Übung 22.

24. Berechne mit Hilfe der schnellen Transformationsroutinen die lineare Faltung je zweier Folgen von Übung 22:

    (a) Folgen (a) und (c)
    (b) Folgen (b) und (c)
    (c) Folgen (b) und (a)
    (d) Folgen (d) und (e)

25. Berechne und zeichne mit Hilfe von SPFFT die Amplitudenspektren von:

    (a) $[1 + j0 \quad 2 - j1 \quad 1 - j2 \quad 1 + j0]$
    (b) $[0 + j0 \quad 1 + j1 \quad 2 + j2 \quad 3 + j3]$

Einige Antworten

1. $\overline{F}_0 = f_0 + f_1 + f_2 + f_3;\ \overline{F}_1 = f_0 + f_1 W_4 - f_2 - f_3 W_4;$
$\overline{F}_2 = f_0 - f_1 + f_2 - f_3;\ \overline{F}_3 = f_0 - f_1 W_4 - f_2 + f_3 W_4$

4. **(b)** $\overline{F}_m = \sum_{n=0}^{4} f_{3n} W_{15}^{3mn} + W_{15}^{m} \sum_{n=0}^{4} f_{3n+1} W_{15}^{3mn} + W_{15}^{2m} \sum_{n=0}^{4} f_{3n+2} W_{15}^{3mn}$

9. 24,576 **10.** 99.9%
22. **(a)** $0 + j0,\ 1 - j1,\ -2 + j0$ **(e)** $8 + j0,\ 0 + j0,\ 0 + j0,\ 0 + j0,\ 0 + j0$
24. **(a)** $[0, 0, 0, 2, -4, 2, 0, 0, 0, 0, 0]$ **(c)** $[0, 0, 2, 2, 2, -2, -2, -2, 0, 0, 0, 0, 0, 0, 0]$
25. **(a)** 5.831, 1.414, 1.414, 3.162

Literaturhinweise

ANDREWS, H. C., and CASPARI, K. L., A Generalized Technique for Spectral Analysis. *IEEE Trans. Audio Electroacoust.*, Vol. C-19, No. 1, January 1970, p. 16.

BERGLAND, G. D., A Guided Tour of the Fast Fourier Transform. *IEEE Spectrum*, July 1969, p. 41.

BRIGHAM, E. O., *The Fast Fourier Transform*, Chap. 10. Englewood Cliffs, N.J.: Prentice Hall, 1974.

COCHRAN, W. T., COOLEY, J. W., ET AL., What Is the Fast Fourier Transform? *IEEE Trans. Audio Electroacoust.*, Vol. AU-15, No. 2, June 1967, p. 45.

COOLEY, J. W., and TUKEY, J. W., An Algorithm for the Machine Calculation of Complex Fourier Series. *Math Comput.*, Vol. 19, April 1965, p. 297.

DEJONGH, H. R., and DEBOER, E., The Fast Fourier Transform and Its Use. *1971 DECUS Proceedings*, Maynard, Mass.: Digital Equipment Corp.

GENTLEMAN, W. M., and SANDE, G., Fast Fourier Transforms—For Fun and Profit. *1966 Fall Joint Computer Conf. AFIPS Proc.*, Vol. 29, p. 563. Washington, D.C.: Spartan, 1966.

GLISSON, T. H., BLACK, C. I., and SAGE, A. P., The Digital Computation of Discrete Spectra Using the Fast Fourier Transform. *IEEE Trans. Audio Electroacoust.*, Vol. AU-18, No. 3, September 1970, p. 271.

GOLD, B., and RADER, C. M., *Digital Processing of Signals*, Chap. 6. New York: McGraw-Hill, 1969.

GOOD, I. J., The Interaction Algorithm and Practical Fourier Series. *J. Roy. Statist. Soc. Ser. B*, Vol. 20, 1958, p. 361; Vol. 22, 1960, p. 372.

HOVANESSIAN, S. A., and PIPES, L. A., *Digital Computer Methods in Engineering*, Chap. 4. New York: McGraw-Hill, 1969.

IEEE Transactions on Audio and Electroacoustics (Special Issues on the Fast Fourier Transform), Vol. AU-15, No. 2, June 1967; Vol. AU-17, No. 2, June 1969.

KAHANER, D. K., Matrix Description of the Fast Fourier Transform. *IEEE Trans. Audio Electroacoust.*, Vol. AU-18, No. 4, December 1970, p. 442.

MARKEL, J. D., FFT Pruning. *IEEE Trans. Audio Electroacoust.*, Vol. AU-19, No. 4, December 1971, p. 305.

MASON, S. J., Feedback Theory—Some Properties of Signal Flow Graphs. *Proc. IRE*, Vol. 41, No. 9, September 1953, p. 1144.

STEARNS, S. D., and DAVID, R. A., *Signal Processing Algorithms*, Chap. 3. Englewood Cliffs, N.J.: Prentice Hall, 1988.

TRUXAL, J. G., *Control System Synthesis*, Chap. 2. New York: McGraw-Hill, 1955.

KAPITEL 7

Die z-Transformation

7.1 Einführung

Die z-Transformation spielt in der Analyse und Darstellung linearer verschiebeinvarianter zeitdiskreter Systeme eine wichtige Rolle. Sie ist für zeitdiskrete Systeme das, was die Laplace-Transformation für zeitkontinuierliche Systeme ist. Sie kann als eine Verallgemeinerung der DFT gesehen werden, so wie die Laplace-Transformation als Verallgemeinerung der Fourier-Transformation betrachtet werden kann. Wir werden in diesem Kapitel die z-Transformation einführen und einige ihrer Eigenschaften diskutieren.

7.2 Die Definition der z-Transformation

Die z-Transformierte einer Abtastfolge $[x_n]$ wird mit $\tilde{X}(z)$ oder $Z[x_n]$ bezeichnet (man spricht "X Schlange") und ist wie folgt definiert:

$$\tilde{X}(z) = \mathcal{Z}[x_n] = \sum_{n=-\infty}^{\infty} x_n z^{-n} \tag{7.1}$$

Hierbei ist z eine komplexe Variable. Das Symbol $\tilde{X}$ wird verwendet, um zu betonen, daß $\tilde{X}(z)$ eine neue Funktion ist, völlig verschieden von $X(j\omega)$ und $\bar{X}(j\omega)$. Die obige Definition wird üblicherweise die zweiseitige z-Transformation genannt. Gelegentlich wird auch die einseitige Transformation benutzt. Sie ist definiert durch

$$\tilde{X}(z) = \sum_{n=0}^{\infty} x_n z^{-n} \tag{7.2}$$

Für kausale Folgen, bei denen $x_n = 0$ für $N < 0$, reduziert sich die zweiseitige z-Transformation auf eine einseitige z-Transformation. Im vorliegenden Buch bleibt Gl. 7.1 unsere formale Defintion. Da wir jedoch oft mit kausalen Folgen arbeiten, werden wir auch die einseitige Definition nützlich finden.

Aus Gl. 7.1 ist zu sehen, daß die z-Transformation die folgenden wichtigen Eigenschaften hat:

1. $\tilde{X}(z)$ ist ein Polynom von z, welches durch den vollständigen Abtastwertesatz $[x_n]$ bestimmt wird.

2. Jeder Faktor z^{-n} dient dazu, das zugehörige x_n vom Rest des Abtastwertesatzes zu isolieren, so daß der vollständige Wertesatz gewonnen werden kann, wenn $\tilde{X}(z)$ gegeben ist.

3. $\tilde{X}(z)$ ist formal unabhängig vom Abtastintervall, aber es gilt folgender Zusammenhang:

4. Der Faktor z^{-n}, zusammen mit x_n, steht in Beziehung zur Zeit nT, und in diesem Sinne beinhaltet z^{-n} eine Verzögerung von nT Sekunden von der Zeit t = 0 an.

5. Wenn man in $\tilde{X}(z)$ das Argument z durch $e^{j\omega T}$ ersetzt, ergibt sich die DFT; d.h. es gilt

$$\overline{X}(j\omega) = \tilde{X}(e^{j\omega T})$$

   Infolgedessen findet man die DFT durch Auswerten der z-Transformation entlang des Einheitskreises in der z-Ebene.

Die in Gl. 7.1 definierte z-Transformation existiert nicht notwendigerweise für alle Werte von z in der komplexen Ebene. Soll die z-Transformation existieren, muß die Summation in Gl. 7.1 konvergieren. Der Bereich der z-Ebene, in dem die Summation konvergiert, heißt der Konvergenzbereich. Die Lage dieses Bereiches hängt von der Folge $[x_n]$ ab, wie das folgende Beispiel zeigt.

Beispiel 7.1: Gegeben sei die exponentielle Folge $[x_n]$

$$x_n = a^n; \qquad n \geq 0$$
$$= 0; \qquad n < 0$$

Die z-Transformation lautet

$$\tilde{X}(z) = \sum_{n=-\infty}^{\infty} x_n z^{-n} = \sum_{n=0}^{\infty} a^n z^{-n} = \sum_{n=0}^{\infty} (az^{-1})^n$$

Dies ist nichts anderes als eine geometrische Reihe, die zu folgendem Werte konvergiert (siehe Gl. 1.18)

$$\tilde{X}(z) = \frac{1}{1 - az^{-1}} = \frac{z}{z - a}$$

für $| az^{-1} | < 1$, d.h.

$$|z| > |a|$$

Infolgedessen schließt der Konvergenzbereich alle Werte von z mit einem Betrag größer | a | d.h. alle Werte außerhalb eines Kreises mit dem Radius | a |in der z-Ebene, siehe Bild 7.1

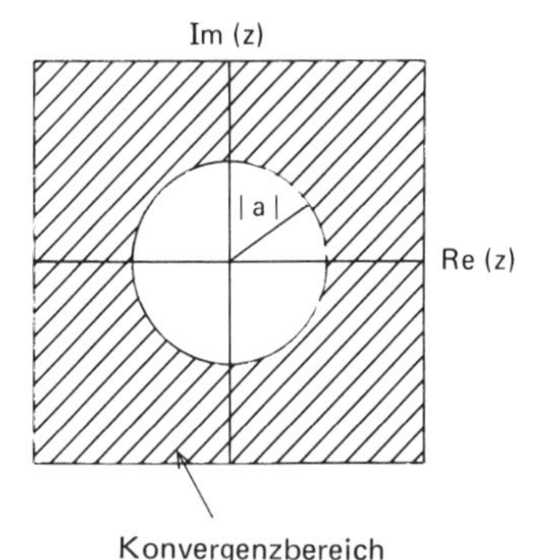

Bild 7.1 Konvergenzbereich für Beispiel 7.1.

Beispiel 7.2: Gegeben sei die linksseitige Folge

$$x_n = b^n; \qquad n \leq 0$$
$$= 0; \qquad n > 0$$

Die z-Transformation lautet

$$\tilde{X}(z) = \sum_{n=-\infty}^{0} b^n z^{-n}$$

Mit der Substitution m = - n kann man die Summe schreiben

$$\tilde{X}(z) = \sum_{m=0}^{\infty} b^{-m} z^m = \sum_{m=0}^{\infty} (b^{-1}z)^m$$

Dies ist wiederum eine geometrische Reihe, die auf den Wert hin konvergiert

$$\tilde{X}(z) = \frac{1}{1 - b^{-1}z} = \frac{b}{b - z}$$

unter der Bedingung $| b^{-1}z | < 1$ oder

$$|z| < |b|$$

In diesem Beispiel liegt der Konvergenzbereich innerhalb eines Kreises vom Radius | b | in der komplexen Ebene, siehe Bild 7.2

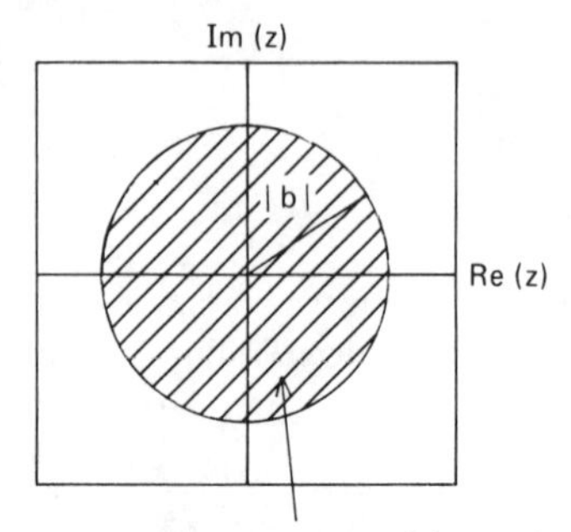

Bild 7.2 Konvergenzbereich für Beispiel 7.2.

Beispiel 7.3: Man betrachte jetzt die zweiseitige Folge

$$x_n = a^n; \qquad n \geq 0$$
$$= b^n; \qquad n < 0$$

Die z-Transformierte kann in diesem Falle mit Hilfe der Ausdrücke der zwei einseitigen Transformierten in den vorangegangenen Beispielen geschrieben werden:

$$\tilde{X}(z) = \sum_{n=-\infty}^{0} b^n z^{-n} + \sum_{n=0}^{\infty} a^n z^{-n} - 1$$

Dieser Ausdruck konvergiert zu

$$\tilde{X}(z) = \frac{b}{b-z} + \frac{z}{z-a} - 1 = \frac{z(a-b)}{(z-a)(z-b)}$$

für | z | > | a | und | z | < | b |, d.h.

$$|a| < |z| < |b|$$

Daher ergibt sich in diesem Beispiel der Konvergenzbereich als Überlagerung der zwei Bereiche in den Beispielen 7.1 und 7.2 (siehe Bild 7.3). Damit sich die Bereiche überlappen können, muß | a | kleiner als | b | sein. Hat die Folge $[x_n]$ endliche Energie, so gilt für die rechte Seite | a | < 1 und für die linke Seite | b | > 1. In diesem Fall ist die Überlappung sichergestellt.

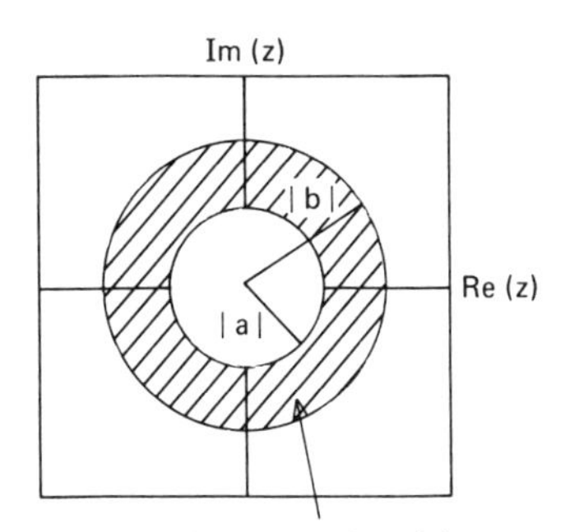

Bild 7.3 Konvergenzbereich für Beispiel 7.3.

Beispiel 7.4: Die Folge $[f_n]$ sei als gedämpfte Sinusschwingung definiert

$$x_n = e^{-anT}\cos(bnT); \qquad n \geq 0$$
$$= 0; \qquad n < 0$$

Mit Hilfe der z-Transformation in Gl. 7.2 erhält man

$$\tilde{X}(z) = \sum_{n=0}^{\infty} e^{-anT}\cos(bnT)z^{-n}$$

Es erleichtert die Rechnung, wenn man jetzt den Cosinus mit Hilfe der Euler'schen Beziehung in Gl. 1.8 durch komplexe exponentielle Funktionen ausdrückt:

$$\tilde{X}(z) = \sum_{n=0}^{\infty} \frac{e^{-anT}}{2}(e^{jbnT} + e^{-jbnT})z^{-n}$$
$$= \frac{1}{2}\left[\sum_{n=0}^{\infty}(e^{-aT}e^{jbT}z^{-1})^n + \sum_{n=0}^{\infty}(e^{-aT}e^{-jbT}z^{-1})^n\right]$$

Dies konvergiert zu

$$\tilde{X}(z) = \frac{1}{2}\left(\frac{z}{z - e^{-aT}e^{jbT}} + \frac{z}{z - e^{-aT}e^{-jbT}}\right)$$
$$= \frac{z(z - e^{-aT}\cos(bT))}{z^2 - 2e^{-aT}\cos(bT)z + e^{-2aT}}$$

für

$$|z| > e^{-aT}$$

Bei diesem Ergebnis haben wir die Beziehung $| e^{-aT} e^{jbT} | = | e^{-aT} | \, | e^{jbT} | = e^{-aT}$ benutzt. Wieder ist der Konvergenzbereich die ganze Fläche außerhalb eines Kreises in der z-Ebene, diesmal mit dem Radius e^{-aT}.

Es ist eine wichtige Beobachtung, daß bei allen Folgen mit endlicher Energie (wie in den vier Beispielen) der Konvergenzbereich den Einheitskreis einschließt. Wir haben schon gefunden, daß die entlang des Einheitskreises berechnete z-Transformierte die DFT ist. Wenn der Konvergenzbereich den Einheitskreis nicht enthält, ist die DFT für diese Folge nicht definiert.

7.3 Eigenschaften der z-Transformation

Im folgenden sind einige wichtige Eigenschaften der z-Transformation zusammengestellt, die man mit Gl. 7.1 leicht findet. Wie dort wollen wir die Schreibweise Z[·] benutzen, die für den Ausdruck "z-Transformierte von" steht.

1. Die z-Transformation ist eine lineare Transformation, d.h.

$$\mathcal{Z}[a_1 x_n + a_2 y_n] = a_1 \mathcal{Z}[x_n] + a_2 \mathcal{Z}[y_n]$$

für beliebige Konstante a_1 und a_2.

2. Die Auswirkung der Verschiebung einer Folge auf die z-Transformierte läßt sich wie folgt beschreiben:

Verschiebesatz

Wenn $\tilde{X}(z)$ die z-Transformierte von x_n ist, dann ergibt sich die z-Transformierte der verschobenen Folge x_{n+m} zu

$$\mathcal{Z}[x_{n+m}] = z^m \tilde{X}(z) \tag{7.3}$$

3. Die Differentiation der z-Transformierten hat die Wirkung einer Multiplikation der Folge mit dem negativen Zeitindex, d.h.

$$\mathcal{Z}[n x_n] = -z \frac{d\tilde{X}(z)}{dz} \tag{7.4}$$

4. Die Multiplikation einer Folge x_n mit dem Exponentialausdruck a^n ergibt wie folgt eine Skalierung der z-Variablen

$$\mathcal{Z}[a^n x_n] = \tilde{X}(a^{-1} z) \tag{7.5}$$

5. Die z-Transformierte der Faltung zweier Folgen ist gleich dem Produkt ihrer z-Transformierten, d.h.

$$\mathscr{Z}\left(\sum_{m=-\infty}^{\infty} x_m y_{n-m}\right) = \tilde{X}(z)\tilde{Y}(z) \tag{7.6}$$

Der Beweis für diese Beziehung verläuft wie folgt. Die z-Transformierte der Faltung ist definitionsgemäß

$$\begin{aligned}\tilde{W}(z) &= \sum_{n=-\infty}^{\infty} \sum_{m=-\infty}^{\infty} x_m y_{n-m} z^{-n} \\ &= \sum_{m=-\infty}^{\infty} x_m \sum_{n=-\infty}^{\infty} y_{n-m} z^{-n}\end{aligned}$$

Mit der Substitution k = n · m reduziert sich der Ausdruck auf

$$\begin{aligned}\tilde{W}(z) &= \sum_{m=-\infty}^{\infty} x_m \sum_{k=-\infty}^{\infty} y_k z^{-k-m} \\ &= \sum_{m=-\infty}^{\infty} x_m z^{-m} \sum_{k=-\infty}^{\infty} y_k z^{-k} \\ &= \tilde{X}(z)\tilde{Y}(z)\end{aligned} \tag{7.7}$$

womit der Beweis geführt ist.

6. Die z-Transformierte einer Abtastfolge, die an der imaginären Achse gespiegelt wird, ergibt sich durch Einsetzen von z anstelle von z^{-1}, d.h.

$$\mathscr{Z}[x_{-n}] = \tilde{X}(z^{-1}) \tag{7.8}$$

7.4 Tabelle von z-Transformationen

Eine kurze Liste von z-Transformationsbeziehungen ist in der Tabelle 7.1 auf den Seiten 180-181 zu finden. Genauso wie in der Tabelle 3.1 können die Beziehungen in den numerierten Zeilen im oberen Teil der Tabelle dazu benutzt werden, die spezielleren Transformationen in den Buchstabenzeilen im unteren Teil der Tabelle zu verallgemeinern.

Tabelle 7.1 Kurze Tabelle von Transformationen

Zeile	Funktion	m-ter Abtastwert
0	$f(t)$	$f_m = f(mT)$
1	$Af(t)$	Af_m
2	$f(t) + g(t)$	$f_m + g_m$
3	$tf(t)$	mTf_m
4	$e^{-at}f(t); \quad a > 0$	$e^{-maT}f_m$
5	$f(t - nT); \quad n > 0$	f_{m-n}
6	$f\left(\frac{t}{a}\right); \quad a > 0$	f_m
	(Anmerkung: In den folgenden Zeilen gilt $f(t) = 0$ für $t < 0$)	
A	$d(t)$	$d_0 = \frac{1}{T}$
B	$u(t)$	$u_m = 1; \quad m \geq 0$
C	$a^{t/T}$	a^m
D	$\left(\frac{a}{a-b}\right)a^{t/T} + \left(\frac{b}{b-a}\right)b^{t/T}$	$\frac{a^{m+1} - b^{m+1}}{a - b}$
E	$e^{-at}; \quad a > 0$	e^{-maT}
F	$\sin at$	$\sin maT$
G	$\cos at$	$\cos maT$
H	$1 - e^{-aT}; \quad a > 0$	$1 - e^{-maT}$
I	$e^{-at} \sin bt; \quad a > 0$	$e^{-maT} \sin mbT$
J	$e^{-at} \cos bt; \quad a > 0$	$e^{-maT} \cos mbT$
K	$\frac{1}{b} R^{(t/T)+1} \sin\left[\left(\frac{t}{T} + 1\right)\theta\right];$ $R = \sqrt{a^2 + b^2} < 1;$ $\theta = \tan^{-1}\left(\frac{b}{a}\right)$	$\frac{1}{b} R^{m+1} \sin[(m + 1)\theta]$

z-Transform	DFT
$\tilde{F}(z) = \sum_{m=-\infty}^{\infty} f_m z^{-m}$	$\overline{F}(j\omega) = \tilde{F}(e^{j\omega T})$
$A\tilde{F}(z)$	$A\overline{F}(j\omega)$
$\tilde{F}(z) + \tilde{G}(z)$	$\overline{F}(j\omega) + \overline{G}(j\omega)$
$-Tz\frac{d}{dz}[\tilde{F}(z)]$	$j\frac{d}{d\omega}[\overline{F}(j\omega)]$
$\tilde{F}(ze^{aT})$	$\overline{F}(j\omega + a)$
$z^{-n}\tilde{F}(z)$	$e^{-jn\omega T}\overline{F}(j\omega)$
$\tilde{F}(z)$ mit $\frac{T}{a} \to T$	$a\overline{F}(aj\omega)$
$\frac{1}{T}$	$\frac{1}{T}$
$\frac{z}{z-1}$	—
$\frac{z}{z-a}$	—
$\frac{z^2}{(z-a)(z-b)}$	—
$\frac{z}{z-e^{-aT}}$	$\frac{1}{1-e^{-(a+j\omega)T}}$
$\frac{z \sin aT}{(z^2 - 2z\cos aT + 1)}$	—
$\frac{z(z-\cos aT)}{(z^2 - 2z\cos aT + 1)}$	—
$\frac{(1-e^{-aT})z}{(z-1)(z-e^{-aT})}$	—
$\frac{(e^{-aT}\sin bT)z}{z^2 - (2e^{-aT}\cos bT)z + e^{-2aT}}$	$\frac{e^{-aT}\sin bT}{e^{j\omega T} + e^{-(2a+j\omega)T} - 2e^{-aT}\cos bT}$
$\frac{z(z-e^{-aT}\cos bT)}{z^2 - (2e^{-aT}\cos bT)z + e^{-2aT}}$	$\frac{e^{j\omega T} - e^{-aT}\cos bT}{e^{j\omega T} + e^{-(2a+j\omega)T} - 2e^{-aT}\cos bT}$
$\frac{z^2}{(z-a)^2 + b^2}$	$\frac{1}{1 - 2ae^{-j\omega T} + (a^2+b^2)e^{-2j\omega T}}$

Wie schon in der Tabelle angemerkt, wird in den Buchstabenzeilen f(t) 0 für t < 0 angenommen. Daher könnte man die z-Transformationsformeln für diese Zeilen auch für die einseitige Definition in Gl. 7.2 nehmen. Dieser Umstand kann bei oberflächlichem Verständnis zu fehlerhaften Schlüssen führen, wenn der Verschiebesatz in Zeile 5 der Tabelle auf eine der Buchstabenzeilen angewendet wird. Die Quelle des Fehlers kann man aus folgendem Beispiel ersehen.

Beispiel 7.5: Finde mit den Zeilen 5 und C der Tabelle 7.1 die inverse Transformierte von

$$\tilde{G}(z) = \frac{z^{-1}}{z - a}$$

Wir setzen n = 2 in Zeile 5. Dann muß m in Zeile C durch m-2 ersetzt werden, was zu $g_m = a^{m-2}$ führt. Damit wird die ursprüngliche Funktion a^m um zwei Intervalle verzögert, wie dies in Bild 7.4 gezeigt ist. Man beachte jedoch, daß die ursprüngliche, nicht verzögerte Funktion für m < 0 gleich 0 ist. Deshalb ist $g_m = a^{m-2}$ als verzögerte Funktion für m < 2 nicht korrekt. Die korrekte inverse Transformierte ist vielmehr

$$\begin{aligned} g_m &= 0; \qquad && m < 2 \\ &= a^{m-2}; \qquad && m \geq 2 \end{aligned}$$

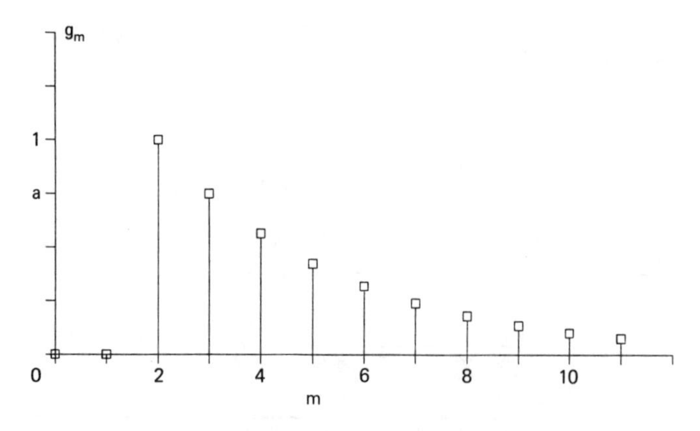

Bild 7.4 Inverse Transformierte von $z^{-1}/(z.)$, mit = 0.75.

7.5 Die inverse z-Transformation

Nun wollen wir annehmen, daß die z-Transformierte $\tilde{X}(z)$ vorgegeben sei, und daß wir gerne die Abtastfolge $[x_n]$ ermitteln möchten. Für die Berechnung der inversen z-Transformierten gibt es nun zwei Methoden. Die erste bezieht sich im wesentlichen auf die Nutzung der Tabellen und die zweite stützt sich auf eine Integralbeziehung aus der Funktionentheorie (aus der Theorie komplexer Variablen). In jedem dieser Fälle nimmt man an, die z-Transformierte sei als Verhältnis von Polynomen in z gegeben

$$\tilde{X}(z) = \frac{\tilde{B}(z)}{\tilde{A}(z)} = K\left(\frac{z^M + b_{M-1}z^{M-1} + \cdots + b_1 z + b_0}{z^N + a_{N-1}z^{N-1} + \cdots + a_1 z + a_0}\right) \tag{7.9}$$

Durch Faktorisierung des Zählers und Nenners kann man $\tilde{X}(z)$ schreiben

$$\tilde{X}(z) = K\left(\frac{(z - q_0)(z - q_1)\cdots(z - q_{M-1})}{(z - p_0)(z - p_1)\cdots(z - p_{N-1})}\right) \tag{7.10}$$

Wir nehmen zunächst noch an, daß es keine mehrfachen Wurzeln im Zähler oder Nenner gibt. Wenn man $\tilde{X}(z)$ in dieser Form ausdrückt, werden die Werte q_i die Nullstellen von $\tilde{X}(z)$ genannt, weil bei diesen Werten $\tilde{X}(z)$ gleich Null ist. Entsprechend werden die Werte p_i die Polstellen von $\tilde{X}(z)$ genannt. Bei diesen Werten wird $\tilde{X}(z)$ unendlich. In beiden Methoden für die Berechnung der inversen z-Transformation muß man üblicherweise den Nenner in Faktoren zerlegen, so daß man die Polstellen kennen muß. Dieses kann für sich schwierig zu ermitteln sein, wenn die Ordnung des Polynoms größer als 2 ist. Wir wollen hier einfach annehmen, daß man die Polstellen finden kann. Dann kann man die inverse Transformierte mit einer der zwei folgenden Methoden berechnen.

Bei der ersten Methode ist es das Ziel, die z-Transformierte so umzuwandeln, daß sie als Summe einer oder mehrerer der Formen in der Spalte 3 von Tabelle 7.1 erscheint. Darauf erhält man die inverse Transformierte direkt aus den Beziehungen der Tabelle. Im einfachsten Fall erfolgt die erforderliche Umwandlung in folgenden Schritten:

1. Finde die Pole von $\tilde{X}(z)$ so, daß man den Nenner als ein Produkt von Ausdrücken erster Ordnung ausdrücken kann,

$$\tilde{X}(z) = \frac{\tilde{B}(z)}{(z - p_0)\cdots(z - p_{N-1})} \tag{7.11}$$

2. Führe eine Partialbruchzerlegung durch, d.h. erzeuge eine Summe von Ausdrücken erster Ordnung

$$\frac{\tilde{X}(z)}{z} = \frac{b_0}{z - p_0} + \frac{b_1}{z - p_1} + \cdots + \frac{b_{N-1}}{z - p_{N-1}}, \quad \text{oder}$$

$$\tilde{X}(z) = \frac{b_0 z}{z - p_0} + \frac{b_1 z}{z - p_1} + \cdots + \frac{b_{N-1} z}{z - p_{N-1}} \tag{7.12}$$

Gefordert wird die Auflösung nach den Zähler-Koeffizienten b_0, b_1, ..., b_N. Man beachte zunächst, daß dann, wenn die Pole komplex sind, sie als konjugiert komplexe Paare auftreten werden. D.h., wenn p_i eine komplexe Polstelle ist, dann gibt es einen anderen Pol bei dem konjugierten Wert p_i^*. Setzt man $p_i^* = p_{i+1}$, so kann man zeigen, daß die Zählerkoeffizienten b_i und b_{i+1} ebenfalls konjugiert komplex sind (siehe Übung 4). Infolgedessen braucht man bei konjugierten Polpaaren nur nach einem der Zählerkoeffizienten aufzulösen. Der andere folgt automatisch als konjugierter Wert. Wenn man dann die Zählerkoeffizienten gefunden hat, sollte man die konjugierten Paare in einem einzigen Ausdruck zweiter Ordnung zusammenfassen, bevor man den nächsten Schritt tut.

3. Hat man schließlich $\tilde{X}(z)$ als Summe von Ausdrücken erster und zweiter Ordnung ausgedrückt, schauen wir einfach in Spalte 3 von Tabelle 7.1 nach denjenigen Formen, die am besten zu den Ausdrücken von $\tilde{X}(z)$ passen. Die meisten Ausdrücke erster Ordnung werden zu Zeile C passen, während die Ausdrücke zweiter Ordnung zu den Zeilen F, G, I. J oder K passen können. Die inverse z-Transformierte läßt sich unmittelbar aus Spalte 2 der Tabelle entnehmen.

Diese Methode sei mit den zwei folgenden Beispielen erläutert.

Beispiel 7.6: Finde die inverse z-Transformierte von

$$\tilde{X}(z) = \frac{0.9z}{z^2 - 0.1z - 0.2}$$

Die Polstellen findet man leicht bei z = 0,5 und - 0,4, so daß folgt

$$\tilde{X}(z) = \frac{0.9z}{(z - 0.5)(z + 0.4)}$$

Die Partialbruchzerlegung erfordert, daß wir die Lösungen b_0 und b_1 in folgendem Ausdruck suchen:

$$\tilde{X}(z) = \frac{b_0 z}{z - 0.5} + \frac{b_1 z}{z + 0.4}$$

Wir finden b_0 und b_1 durch kreuzweises Multiplizieren und durch Einsetzen der entsprechenden Werte für z, zum Beispiel

$$b_0 = (z - 0.5)\frac{\tilde{X}(z)}{z}\bigg|_{z=0.5}$$

Mit diesem Ansatz ergeben sich $b_0 = 1$ und $b_1 = -1$. Damit lautet $\tilde{X}(z)$

$$\tilde{X}(z) = \frac{z}{z - 0.5} - \frac{z}{z + 0.4}$$

Mit Zeile C in Tabelle 7.1 folgt dann die inverse z-Transformation zu

$$x_n = 0.5^n - (-0.4)^n; \qquad n \geq 0$$
$$= 0; \qquad n < 0$$

Beispiel 7.7: Finde die inverse z-Transformierte von

$$\tilde{X}(z) = \frac{z^3 - 0.566z^2 + 0.527z}{z^3 - 1.33z^2 + 0.866z - 0.128}$$

In diesem Fall sind die Pole bei 0,2, 0,8 $e^{j\pi/4}$ und 0,8 $e^{-j\pi/4}$. Die benötigte Partialbruchzerlegung hat die Form

$$\tilde{X}(z) = \frac{b_0 z}{z - 0.2} + \frac{b_1 z}{z - 0.8e^{j\pi/4}} + \frac{b_1^* z}{z - 0.8e^{-j\pi/4}}$$

Zuerst ergibt sich die Lösung $b_0 = 1$. Die Lösung für b_1 ist - 0,5j, was zur Folge hat, daß $b_1^* = 0{,}5j$. Mit diesen Ergebnissen kann man $\tilde{X}(z)$ schreiben, wobei wir zuvor noch die konjugiert komplexen Terme zusammenfassen

$$\tilde{X}(z) = \frac{z}{z - 0.2} + \frac{0.564z}{z^2 - 1.13z + 0.64}$$

Die inverse z-Transformierte für den Ausdruck erster Ordnung findet sich wieder in Zeile C von Tabelle 7.1. Für den Ausdruck zweiter Ordnung benutzen wir Zeile I mit aT = 0,223 und bT = π/4. Die inverse z-Transformierte lautet dann insgesamt

$$x_n = 0.2^n + e^{-0.223n} \sin(n\pi/4); \qquad n \geq 0$$
$$= 0; \qquad n < 0$$

Die gerade beschriebene Methode mit den Partialbrüchen kann man für die Inversion fast jeder z-Transformierten einsetzen. Sie muß jedoch für die Behandlung von Transformierten verschobener Folgen und für Transformierte mit mehrfachen Polen modifiziert werden. Statt diesen Modifikationen nachzugehen, ist es jedoch besser, zur zweiten Methode überzugehen, die diese Situationen automatisch berücksichtigt.

Die zweite Methode zur Berechnung der inversen z-Transformierten stützt sich auf einige grundlegende Ergebnisse aus der Theorie komplexer Variablen (Funktionentheorie). Es besteht nicht die Absicht, hier diese Ergebnisse abzuleiten; vielmehr soll der Nachdruck darauf gelegt werden, zu zeigen, wie man sie zur Erlangung der inversen Transformierten einsetzt. Wir beeilen uns, hinzuzufügen, daß der Leser keine umfassenden Kenntnisse der komplexen Analysis haben muß, um die Methode zu verstehen.

Die formale Definition der inversen z-Transformation wird durch die Integralgleichung beschrieben

$$x_n = \frac{1}{2\pi j} \oint_C \tilde{X}(z) z^{n-1}\, dz \tag{7.13}$$

wobei sich der geschlossene Integrationsweg entgegen der Richtung des Uhrzeigers entlang einer Kreislinie (C) erstreckt. Die Kreislinie liegt dabei innerhalb des Konvergenzbereiches von $\tilde{X}(z)$ mit dem Kreismittelpunkt im Ursprung. Die Berechnung des Integrals wird durch den Gebrauch des Residuen-Satzes außerordentlich erleichtert [siehe Churchill u.a. (1976), oder jedes Lehrbuch über komplexe Varible]. Der Residuen-Satz stellt fest, daß

$$x_n = \sum_k \text{Res}[z^{n-1}\tilde{X}(z) \text{ beim Pol } p_k] \tag{7.14}$$

Das heißt, das Integral ist gleich einer endlichen Summe von Größen, die Residuen genannt werden, und die an denjenigen Polstellen von $z^{n-1}\ \tilde{X}(z)$ berechnet werden, die innerhalb des Integrationsweges (Kreis) liegen. Man findet die Residuen wie folgt.

Es sei $\tilde{Y}(z) = z^{n-1}\ \tilde{X}(z)$ eine rationale Funktion von z, und p_k sei eine m-fache Polstelle von $\tilde{Y}(z)$, d.h. es handelt sich um einen Pol, der sich m-fach wiederholt. Schließlich bilden wir eine Funktion $\tilde{W}(z)$ wie folgt:

$$\tilde{W}(z) = (z - p_k)^m \tilde{Y}(z) \tag{7.15}$$

Dann ergibt sich das Residuum von $\tilde{Y}(z)$ beim Pol p_k durch den folgenden Ausdruck

Pol der Ordnung m bei p_k

$$\text{Res}[\tilde{Y}(z) \text{bei}\, p_k] = \frac{1}{(m-1)!} \left[\frac{d^{m-1}\tilde{W}(z)}{dz^{m-1}} \right]_{z=pk} \tag{7.16}$$

Für einfache Pole mit m = 1 vereinfacht sich Gl. 7.16 zu

Einfacher Pol bei p_k

$$\text{Res}[\tilde{Y}(z) \text{bei}\, p_k] = \tilde{W}(p_k) \tag{7.17}$$

Der Residuen-Satz gibt also an, daß die inverse z-Transformierte $[x_n]$ durch die Summe der Residuen von $\tilde{Y}(z) = z^{n-1}\,\tilde{X}(z)$ an jenen Polstellen gebildet werden kann, die innerhalb des Integrationsweges liegen. (Einige Autoren gebrauchen einen Faktor $2\pi j$ in Gl. 7.14, der dann in den Gleichungen 7.16 und 7.17 einen entsprechenden Faktor $1/2\pi j$ zur Folge hat). Die Residuen-Methode sei in den folgenden Beispielen erläutert.

Beispiel 7.8: Benutze die Residuen-Methode, um die inverse z-Transformierte von $\tilde{X}(z)$ in Beispiel 7.6 zu finden. In diesem Fall ist

$$\tilde{Y}(z) = z^{n-1}\tilde{X}(z) = \frac{0.9z^n}{(z-0.5)(z+0.4)}$$

und der Konvergenzbereich ist $|z| > 0{,}5$. Die Wahl des Integrationsweges ist beliebig, so lange er auf einer Kreislinie mit einem Radius größer 0,5 liegt. (Es ist oft bequem, den Einheitskreis als Integrationsweg zu wählen. Der Grund für diese Wahl wird gleich deutlich werden).

Für $n \geq 0$ gibt es nur zwei Pole innerhalb der Integrationsgrenzen, nämlich 0,5 und -0,4. Infolgedessen ergibt sich die inverse z-Transformierte zu

$$x_n = \text{Res}(0.5) + \text{Res}(-0.4)$$

Die Residuen errechnen sich wie folgt:

$$\text{Res}(0.5) = \left.\frac{0.9z^n}{z+0.4}\right|_{z=0.5} = 0.5^n$$

$$\text{Res}(-0.4) = \left.\frac{0.9z^n}{z-0.5}\right|_{z=-0.4} = -(-0.4)^n$$

Daher ist x_n gleich der Summe dieser Residuen, d.h. für $n \geq 0$ gilt

$$x_n = 0.5^n - (-0.4)^n; \qquad n \geq 0$$

Für $n < 0$ hat $\tilde{Y}(z)$ einen zusätzlichen Pol der Ordnung n im Ursprung. Z.B. ist $\tilde{Y}(z)$ für $n = -1$ gegeben durch

$$\tilde{Y}(z) = \frac{0.9}{z(z-0.5)(z+0.4)}$$

und die inverse z-Transformierte ist

$$y_{-1} = \text{Res}(0.0) + \text{Res}(0.5) + \text{Res}(-0.4)$$

Die Residuen ergeben sich wie folgt:

$$\text{Res}(0.0) = \left.\frac{0.9}{(z-0.5)(z+0.4)}\right|_{z=0} = -4.5$$

$$\text{Res}(0.5) = \left.\frac{0.9}{z(z+0.4)}\right|_{z=0.5} = 2.0$$

$$\text{Res}(-0.4) = \left.\frac{0.9}{z(z-0.5)}\right|_{z=-0.4} = 2.5$$

Summiert man diese Ergebnisse, kommt man zu

$$y_{-1} = 0.0$$

In ähnlicher Weise könnten wir y_n für n = -2, -3, usw. berechnen. Dies wäre jedoch ein langer und mühsamer Weg. Glücklicherweise gibt es eine leichtere Methode, die inverse z-Transformierte für n < 0 zu berechnen. Durch eine einfache Reihe von Umformungen kann man zeigen, daß das Integral in Gl. 7.13 identisch mit folgendem Integral ist:

$$\boxed{x_n = \frac{1}{2\pi j}\oint_{C'} \tilde{X}(z^{-1})z^{-n-1}\,dz} \tag{7.18}$$

Hierbei ist C' ein neuer Weg (Contour C'), der wie folgt definiert ist. Ist C der Weg (Contour C) mit | z | = r, so ist C' der Weg mit | z | = 1/r. Man bemerkt sogleich, daß C' identisch mit C ist, wenn es sich um den Einheitskreis handelt. Im Integrand hat das Argument z^{-1} von $\tilde{X}$ die Wirkung einer Versetzung der Pole. Im besonderen wird dann, wenn ein Pol von $\tilde{X}(z)$ bei $z = p_i$ liegt, der entsprechende Pol von $\tilde{X}(z^{-1})$ bei $z = 1/p_i$ liegen. Infolgedessen werden alle Pole innerhalb des Einheitskreises aus dem Kreise herausgespiegelt und umgekehrt. Der Residuen-Satz kann nun zur Berechnung von Gl. 7.18 gerade so benutzt werden als wäre Gl. 7.13 zu berechnen. Um dies zu zeigen, wollen wir das Beispiel 7.8 zu Ende bringen, indem wir auch x_n für n < 0 berechnen. Um dies zu tun, müssen wir das Integral lösen

$$\begin{aligned} x_n &= \frac{1}{2\pi j}\oint_{C'} \frac{0.9z^{-1}}{(z^{-1}-0.5)(z^{-1}+0.4)} z^{-n-1}\,dz \\ &= \frac{1}{2\pi j}\oint_{C'} \frac{(5)(0.9)z^{-n}}{(2-z)(2.5+z)}\,dz \end{aligned}$$

Hierbei ist C' der Einheitskreis. Für n ≤ 0 gibt es zwei Pole, einen bei z = 2 und einen anderen bei z = -2,5. Beide liegen außerhalb des Integrationsweges, was heißt, daß sie die Residuen Null haben. Daher ist $x_n = 0$ für alle n ≤ 0. Man beachte, daß für n > 0 der Integrand einen Pol der Ordnung n bei z = 0 hat. Um daher das Integral für n > 0 zu berechnen, müßten wir dieselbe mühsame Prozedur durchführen, die wir für die Berechnung von x_n für n < 0 inm ersten Integral nötig gehabt hätten.

Beispiel 7.9: Man benutze den Residuen-Satz, um die inverse z-Transformierte von folgender Funktion zu finden

$$\tilde{X}(z) = \frac{3.8z}{(z-0.2)(z-4)}$$

Hierbei ist der Konvergenzbereich 0,2 < | z | < 4. Beginnt man mit dem Integral in Gl. 7.13, so hat man zu berechnen

$$x_n = \frac{1}{2\pi j}\oint_C \frac{3.8z^n}{(z-0.2)(z-4)}\,dz$$

Der Weg C sei wiederum der Einheitskreis. Für n ≥ 0 hat der Integrand nur einen Pol innerhalb des Einheitskreises bei z = 0,2. Daher

$$\begin{aligned} x_n &= \mathrm{Res}(0.2) \\ &= \left.\frac{3.8z^n}{z-4}\right|_{z=0.2} \\ &= -(0.2)^n; \qquad n \geq 0 \end{aligned}$$

Für n < 0 benutzen wir das Integral in Gl. 7.18

$$\begin{aligned} x_n &= \frac{1}{2\pi j}\oint_{C'} \frac{3.8z^{-1}z^{-n-1}}{(z^{-1}-0.2)(z^{-1}-4)}\,dz \\ &= \frac{1}{2\pi j}\oint_{C'} \frac{(3.8)(1.25)z^{-n}}{(z-5)(z-0.25)}\,dz \end{aligned}$$

wobei C' wieder der Einheitskreis ist. Für n ≤ 0 befindet sich der einzige Pol innerhalb von C' bei z = 0,25. Infolgedessen

$$\begin{aligned} x_n &= \mathrm{Res}(0.25) \\ &= \left.\frac{4.75z^{-n}}{(z-5)}\right|_{z=0.25} \\ &= -(0.25)^{-n}; \qquad n \leq 0 \end{aligned}$$

Beispiel 7.10: Finde mit Hilfe des Residuen-Satzes die inverse Transformierte von $\tilde{X}(z)$ in Beispiel 7.7. Geht man vom Integral in Gl. 7.13 aus, nimmt der Integrand $\tilde{Y}(z)$ die Form an

$$\tilde{Y}(z) = z^{n-1}\tilde{X}(z) = \frac{z^{n+2} - 0.566z^{n+1} + 0.527z^n}{(z-0.2)(z-0.8e^{j\pi/4})(z-0.8e^{-j\pi/4})}$$

Der Konvergenzbereich ist | z | > 0,8. Für n ≥ 0 liegen alle drei Pole innerhalb des Integrationsweges, so daß x_n zur Summe der Residuen wird

$$x_n = \mathrm{Res}(0.2) + \mathrm{Res}(0.8e^{j\pi/4}) + \mathrm{Res}(0.8e^{-j\pi/4})$$

Die Residuen erhält man wie folgt

$$\mathrm{Res}(0.2) = \left.\frac{z^n(z^2 - 0.566z + 0.527)}{z^2 - 1.13z + 0.64}\right|_{z=0.2} = 0.2^n$$

$$\mathrm{Res}(0.8e^{j\pi/4}) = \left.\frac{z^n(z^2 - 0.566z + 0.527)}{(z - 0.2)(z - 0.8e^{-j\pi/4})}\right|_{z=0.8e^{j\pi/4}} = \frac{j}{2}0.8^n e^{jn\pi/4}$$

$$\mathrm{Res}(0.8e^{-j\pi/4}) = \left.\frac{z^n(z^2 - 0.566z + 0.527)}{(z - 0.2)(z - 0.8e^{j\pi/4})}\right|_{z=0.8e^{-j\pi/4}} = \frac{j}{2}0.8^n e^{-jn\pi/4}$$

Zusammengenommen gibt das

$$x_n = 0.2^n + 0.8^n \sin\left(\frac{n\pi}{4}\right); \qquad n \geq 0$$

In diesem Ergebnis wurden die komplexen Residuen zu einem einzigen Sinusterm zusammengefaßt. Da $e^{-0,223} = 0,8$, zeigt sich, daß das Ergebnis mit dem in Beispiel 7.7 übereinstimmt. Mit Hilfe des Integrals in Gl. 7.18 findet man schließlich, daß alle Pole in den Außenraum des Integrationsweges gespiegelt werden, so daß $x_n = 0$ für $n < 0$.

Beispiel 7.11: Man benutze den Residuen-Satz, um die inverse z-Transformierte des folgenden Ausdrucks zu finden

$$\tilde{X}(z) = \frac{0.6}{z^2 - 1.2z + 0.36}$$

Löst man nach den Polen von $\tilde{X}(z)$ auf, so erkennt man, daß der Nenner eine mehrfache Wurzel bei $z = 0,6$ hat. Daher kann man $\tilde{Y}(z)$ schreiben

$$\tilde{Y}(z) = z^{n-1}\tilde{X}(z) = \frac{0.6z^{n-1}}{(z - 0.6)^2}$$

Für eine stabile Lösung sollte der Konvergenzbereich $|z| > 0,6$ sein. Infolgedessen ist x_n für $n \geq 1$ durch ein einziges Residuum gegeben

$$x_n = \mathrm{Res}(0.6) = \frac{1}{(2-1)!}\left[\frac{d}{dz}(0.6z^{n-1})\right]_{z=0.6}$$

$$= 0.6(n-1)z^{n-2}\big|_{z=0.6}$$

$$= (n-1)0.6^{n-1}$$

Mit dem Integral in Gl. 7.18 findet man die Lösung für $n \leq 0$ zu Null. Daher lautet das Gesamtergebnis

$$x_n = (n-1)0.6^{n-1}; \qquad n \geq 1$$

$$= 0; \qquad n < 1$$

7.6 Die Chirp-z-Transformation

In Abschnitt 5.2 leiteten wir die DFT ab, indem wir die Fourier-Transformierte in gleichen Frequenzabständen über eine ihrer Perioden abtasteten, was meist in der Periode von $-\pi/T$ bis π/T geschieht. (Die Fourier-Transformierte ist in Gl. 5.6 angegeben und die DFT in Gl. 5.9). In Kapitel 6 wurde die FFT als effizienter Algorithmus für die Berechnung der DFT entwickelt. In vielen Anwendungen werden nur die DFT Abtastwerte (Spektrallinien) benötigt. In einigen Anwendungen sind wir jedoch nicht an dem gesamten Frequenzbereich von $-\pi/T$ bis π/T interessiert, sondern nur an einem schmalen Band innerhalb dieses Bereiches. Wir möchten zum Beispiel gerne zwei eng benachbarte Spektralkomponenten in einem kleinen Teil des Spektrums genauer untersuchen, wozu man eine höhere Frequenzauflösung benötigt als sie von der DFT geliefert wird. Damit hat man das Problem der Berechnung einer großen Zahl von Spektralkomponenten in einem schmalen Frequenzband. Ein Ansatz besteht darin, die Abtastwerte direkt zu berechnen, indem man in Gl. 5.6 eine gewisse Anzahl von ω-Werten direkt berechnet. Dieser Ansatz leidet jedoch unter demselben Rechenaufwand wie eine direkte Berechnung der DFT. Bei einem zweiten Ansatz könnte man die ursprüngliche Folge mit Nullen auffüllen, um eine größere FFT mit der gewünschten Auflösung zu erhalten. Die spektralen Komponenten außerhalb des interessierenden Bandes würden dann ausgeschieden. Dieser Ansatz kann zu großen FFT-Längen führen, die wiederum genauso viele oder mehr Berechnungsschritte erfordern als die direkte Methode, da fast alle Anstrengungen auf die Berechnung von Abtastwerten gerichtet sind, die man wieder ausscheiden muß. Die in diesem Abschnitt beschriebene Chirp-z-Transformation liefert eine Lösung des Problems. Es ist ein effizienter Algorithmus für das Berechnen von Abtastwerten der Fourier-Transformierten über ein schmales Frequenzband.

Im besonderen ist die Chirp-z-Transformation (CZT) ein wirksamer Algorithmus für die Berechnung der z-Transformierten einer Folge endlicher Länge mit Abtastwerten (Spektrallinien), die in gleichmäßigen Abständen entlang eines verallgemeinerten Weges in der z-Ebene gesetzt werden. Dieser Algorithmus macht zudem von der FFT Gebrauch, um den größten Teil des Rechenaufwandes der Transformation vorteilhaft zu bewältigen. Da wir daran interessiert sind, Abtastwerte der Fourier-Transformierten zu erhalten, werden die Integrationswege in der z-Ebene auf Bogenstücke auf dem Einheitskreis beschränkt. Der Algorithmus ist dagegen grundsätzlich nicht auf solche Integrationswege angewiesen. Eine allgemeinere Klasse von Integrationswegen (Contouren) wird in Übung 10 am Ende des Kapitels behandelt.

Es sei $[x_n]$ die N-stellige Folge, deren Spektrum interessiert. Die z-Transformierte von $[x_n]$ ist gegeben durch

$$\tilde{X}(z) = \sum_{n=0}^{N-1} x_n z^{-n} \tag{7.19}$$

Die Fourier-Transformierte von $[x_n]$ erhält man durch die Ersetzung $z = e^{j\omega T} = e^{j\theta}$, wobei $\theta = \omega T$ die Kreisfrequenz in Bogenmaß ist. Nehmen wir an, wir möchten die Fourier-Transformierte bei M diskreten Frequenzen abtasten, wobei wir bei der Kreisfrequenz θ_0 beginnen und mit der Auflösung Φ_0 bei der Abtastung fortschreiten. Dies entspricht dem Abtasten der z-Transformierten entlang eines Bogens auf dem Einheitskreis, wie in Bild 7.5 gezeigt.

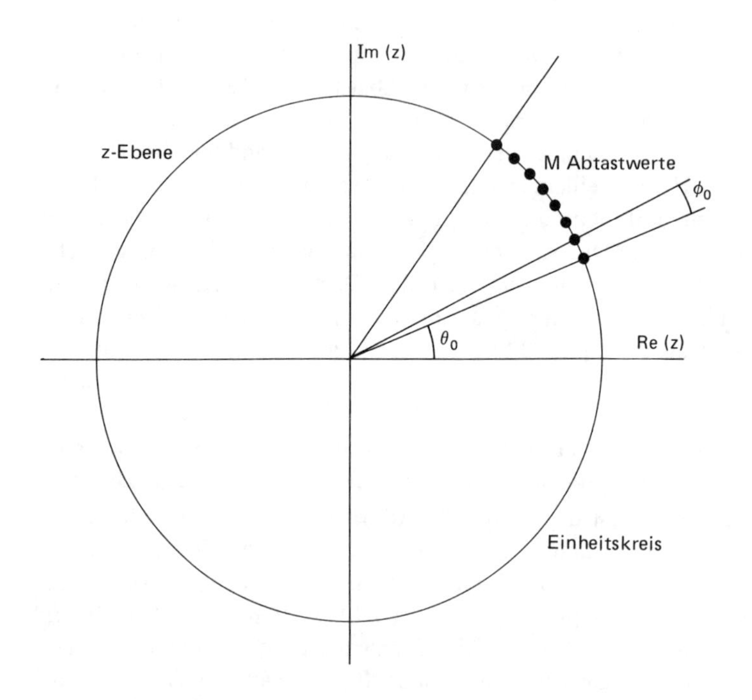

Bild 7.5 Das Abtasten der z-Transformierten entlang eines Bogens auf dem Einheitskreis

Die Abtastungen entlang dieses Bogens lassen sich wie folgt beschreiben

$$z_k = AB^{-k}; \qquad k = 0, 1, \ldots, M - 1$$

wobei (7.20)

$$A = e^{j\theta_0}; \qquad B = e^{-j\phi_0}$$

Setzt man die Abtastwerte von z in Gl. 7.19 ein, so erhält man

$$\begin{aligned} \tilde{X}(z_k) &= \sum_{n=0}^{N-1} x_n (AB^{-k})^{-n} \\ &= \sum_{n=0}^{N-1} x_n A^{-n} B^{nk}; \qquad k = 0, 1, \ldots, M-1 \end{aligned} \tag{7.21}$$

Der nächste Schritt in der Ableitung, die man Bluestein (1970) verdankt, scheint den Ausdruck eher komplizierter als einfacher zu machen, aber er ist der wesentliche Schritt des Verfahrens. Bei diesem Schritt benutzt man die folgende Identität:

$$nk = \tfrac{1}{2}[n^2 + k^2 - (k - n)^2]$$

Mit dieser Substitution wird Gl. 7.21 zu

$$\begin{aligned} \tilde{X}(z_k) &= \sum_{n=0}^{N-1} x_n A^{-n} B^{n^2/2} B^{k^2/2} B^{-(k-n)^2/2} \\ &= B^{k^2/2} \sum_{n=0}^{N-1} (x_n A^{-n} B^{n^2/2}) B^{-(k-n)^2/2} \end{aligned} \tag{7.22}$$

Wenn wir nun setzen

$$g_n = x_n A^{-n} B^{n^2/2}$$

und

$$b_n = B^{-n^2/2} \tag{7.23}$$

können wir Gl. 7.21 wie folgt schreiben

$$\tilde{X}(z_k) = B^{k^2/2} \sum_{n=0}^{N-1} g_n b_{k-n}; \qquad k = 0, 1, \ldots, M-1 \tag{7.24}$$

Auf diese Weise haben wir mit Bluestein's Substitution die Summe von Produkten in Gl. 7.21 in die lineare Faltung von Gl. 7.24 verwandelt. Der Schlüssel für eine effiziente Berechnung ist danach diese lineare Faltung, wobei wir die schnelle Faltungsmethode von Abschnitt 6.9 anwenden. Das Ergebnis wird die Chirp-z-Transformation (CZT) genannt, die in Bild 7.6 dargestellt ist.

Der Name "Chirp" bezieht sich auf das Verhalten von b_n. Diese Folge ist von der Form

$$b_n = e^{jn^2\phi_0/2} = e^{jn(n\phi_0/2)}$$

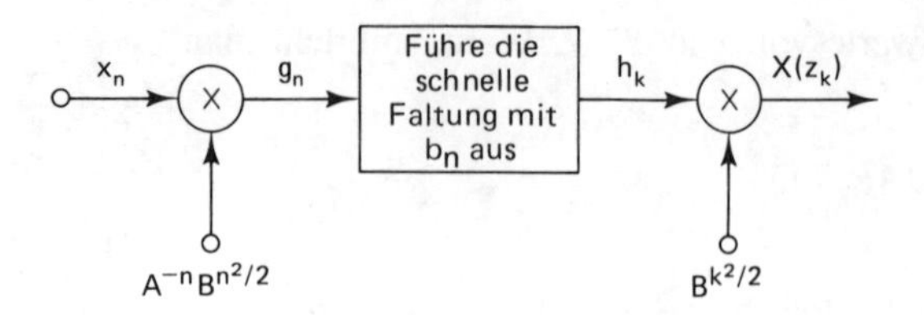

Bild 7.6 Blockdiagramm für den Algorithmus der Chirp-z-Transformation

Das bedeutet, daß b_n eine komplexe Sinusschwingung ist mit linear wachsender Frequenz, die man oft ein "Chirp"-Signal nennt (man denke an das Schilpen der Spatzen, das man auch Gezirp oder englisch "Chirp" nennt).

Ein Beispiel eines Chirp-Signals ist in Bild 7.7. gezeigt. (Diese Art von Signalen wird in Radarsystemen zur Frequenzkompression benutzt, ähnlich der hier gezeigten Anwendung). Es ist wichtig, zu bemerken, daß die b_n- Folge in Gl. 7.24 nicht kausal ist, d.h. sie ist nicht Null für n < 0.

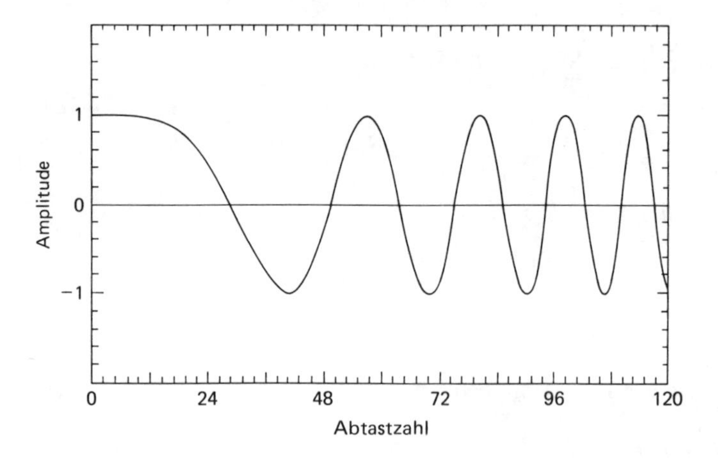

Bild 7.7 Das Chirp-Signal; sinusförmig mit linear ansteigender Frequenz

Die notwendigen Schritte für den CZT-Algorithmus sind die folgenden:

1. Wähle die FFT-Länge L als ersten passenden Wert (üblicherweise eine Zweierpotenz), der größer oder gleich N + M - 1 ist.

2. Bilde die L-stellige Folge $[g_n]$:

$$g_n = A^{-n}B^{n^2/2}x_n; \qquad n = 0, 1, \ldots, N-1$$
$$= 0; \qquad n = N, N+1, \ldots, L-1$$

[Beachte, daß das Produkt ($A^{-n}B^{n2/2}$) oft schon vorweg ermittelt werden kann]

3. Gebrauche die FFT, um die L-stellige DFT von [g_n] zu berechnen. Sie hat die Bezeichnung [$\bar{G}_m$].

4. Bilde die L-stellige Folge [b_n]:

$$
\begin{aligned}
b_n &= B^{-n^2/2}; && 0 \le n \le M-1 \\
&= 0; && M \le n \le L-N \\
&= B^{-(L-n)^2/2}; && L-N+1 \le n \le L-1
\end{aligned}
$$

Der letzte Term enthält Werte in den letzten N Stellen der Folge, die bei der schnellen Faltung die Abtastwerte von [b_n] für $n < 0$ sind.

5. Benutze die FFT, um die L-stellige DFT von [b_n] zu berechnen. Sie heißt [$\bar{B}_m$]. Auch [$\bar{B}_m$] kann wie das Produkt unter Punkt 2 oft schon vorweg berechnet werden.

6. Multipliziere die DFTs Punkt für Punkt, um damit [$\bar{H}_m$] = [$\bar{G}_m$ $\bar{B}_m$] zu bekommen.

7. Berechne die L-stellige IFFT, um [h_k] zu gewinnen (IFFT = inverse FFT).

8. Multipliziere h_k mit $B^{K2/2}$ für k = 0,1, ..., M-1, womit man die gewünschte Transformierte [$\tilde{X}(z_k)$] hat.

Der Rechenaufwand beträgt für die verschiedenen Schritte:

1. N komplexe Multiplikationen, um [g_n] zu berechnen (es sei angenommen, daß A^{-n} $B^{n2/2}$ vorweg bestimmt wurde).

2. L $\log_2$ L komplexe Multiplikationen und 2L $\log_2$ L komplexe Additionen für die FFT und die IFFT.

3. L komplexe Multiplikationen, um das Produkt $\bar{B}_m$ $\bar{G}_m$ im Frequenzbereich zu berechnen.

4. M komplexe Multiplikationen für die Bildung des endgültigen Ergebnisses $\tilde{X}(z_k) = h_k\, b_k$.

Der gesamte Rechenaufwand beläuft sich bei dieser Methode auf (N + M + L $\log_2$ L) komplexe Multiplikationen und 2L $\log_2$ L komplexe Additionen. Andererseits erfordert die direkte Methode zur Berechnung von $\tilde{X}(z_k)$ bei M verschiedenen Frequenzen insgesamt NM komplexe Multiplikationen und (N-1)M komplexe Additionen. Es sei z.B. die Länge von x_n gleich N = 100. Wir nehmen an, daß wir $\tilde{X}(z_k)$ bei M = 100 verschiedenen Frequenzen wissen möchten. Die CZT (mit L = 256) würde 2504 komplexe Multiplikationen und 4096 komplexe Additionen benötigen, während für die direkte Methode 10 000 komplexe Multiplikationen und 9 900 komplexe Additionen erforderlich wären. Die Einsparungen sind für größere Werte von N und/oder M sogar noch größer. Der eingesparte Rechenaufwand bei der CZT verkürzt nicht nur die Ausführungszeit der Algorithmen, sondern reduziert auch numerische Rundungsfehler.

Die CZT ist wie die FFT ein effizienter Algorithmus für die Berechnung von Komponenten der Fourier-Transformierten einer Folge endlicher Länge. In vielerlei Hinsicht überwindet die CZT einige der inherenten Begrenzungen der FFT. Aus diesem Grunde ist es lehrreich, im folgenden einige Vergleiche zwischen der CZT und der FFT zusammenzustellen.

1. Bei geeigneter Auswahl von θ_0, Φ_0 und M kann die CZT dazu benutzt werden, die DFT zu berechnen. Die FFT ist jedoch in diesem Falle weit wirksamer.

2. Bei der CZT braucht die Zahl der Abtaststellen (N) der Eingangsfolge nicht gleich der Zahl der Frequenzabtaststellen (M) der Ausgangsfolge zu sein. Das gilt nicht für die FFT.

3. Auch bei der CZT gibt es keine Einschränkungen für N und M. D.h., sie müssen keine Zweierpotenzen sein, wie es bei der FFT die Regel ist. Infolgedessen kann die CZT dazu dienen, die DFT jeder Größe in einer verhältnismäßig effizienten Weise zu berechnen.

4. Der Frequenzbereich der CZT ist beliebig; für die FFT ist er immer gleich einer Periode der Fourier-Transformierten, üblicherweise von $-\pi/T$ bis π/T.

5. Die Frequenzauflösung der CZT ist beliebig; für die FFT ist sie immer eine Funktion der FFT-Länge, d.h. $\Delta\omega = 2\pi/T$.

7.7 Übungen

1. Finde die z-Transformierte der folgenden Folgen und gebe für jede den Konvergenzbereich an.

   (a) $x_n = 3e^{-4n}; \quad n \geq 0$
   (b) $x_n = 2a^{-3|n|}$
   (c) $x_n = a^{-2n}\cos(0.2\pi n); \quad n \geq 0$
   (d) $x_n = na^{-4n}; \quad n \geq 0$
   (e) $[x_n] = [1, 2, -3, -2]; \quad n = 0, 1, 2, 3$

2. Verifiziere die Eigenschaften 1-4 und 6 in Abschnitt 7.3

3. Zeige, daß die z-Transformierte der Korrelation zweier Folgen $[x_n]$ und $[y_n]$ gleich dem Produkt $\tilde{X}(z^{-1})\ \tilde{Y}(z)$ ist

$$\mathcal{Z}\left[\sum_{n=-\infty}^{\infty} x_n y_{n+m}\right] = \tilde{X}(z^{-1})\tilde{Y}(z)$$

4. Gegeben ist die Partialbruchzerlegung

$$\tilde{X}(z) = \frac{Kz}{(z - p_0)(z - p_1)} = \frac{b_0 z}{z - p_0} + \frac{b_1 z}{z - p_1}$$

   Wenn K reell ist und > 0, und wenn (p_0, p_1) konjugiert komplexe Werte sind, zeige, daß dann auch (b_0, b_1) konjugiert komplex sind.

5. Benutze die Tabellen-Methode (mit Partialbruchzerlegung) von Abschnitt 7.5, um die inverse z-Transformierte zu folgendem Ausdruck zu finden:

   (a) $\tilde{X}(z) = \dfrac{z}{z^2 - 0.2z - 0.24}$

   (b) $\tilde{X}(z) = \dfrac{z}{(z - e^{-2})(z - e^{-0.4})}$

   (c) $\tilde{X}(z) = \dfrac{1}{(z - a)(z - b)}$ mit $|a| < 1$ und $|b| < 1$

   (d) $\tilde{X}(z) = \dfrac{0.647z}{z^2 - 0.94z + 0.64}$

   (e) $\tilde{X}(z) = \dfrac{z(z + 0.185)}{z^2 + 0.37z + 0.36}$

6. Benutze den Residuen-Satz, um die inversen z-Transformierten in Übung 5 zu finden (Nimm an, daß alle Folgen kausal sind.)

7. **Benutze die Residuen-Methode, um die inverse z-Transformierte von folgendem Ausdruck zu finden**

$$\tilde{H}(z) = \frac{z}{(z - 0.5)(z - 4)}$$

wobei der Konvergenzbereich sei

(a) $|z| > 4$
(b) $0.5 < |z| < 4$
(c) $|z| < 0.5$

Welches diese Ergebnisse erzeugt eine Folge mit endlicher Energie?

8. Benutze die Residuen-Methode, um die inverse z-Transformation von jedem der folgenden Ausdrücke zu finden, unter der Annahme, daß der Konvergenzbereich den Einheitskreis umschließt.

(a) $\tilde{H}(z) = \dfrac{z}{z^2 - 0.6z + 0.09}$

(b) $\tilde{H}(z) = \dfrac{z^{-1}}{z^2 - 3.2z + 0.6}$

(c) $\tilde{H}(z) = \dfrac{z^4 - 0.707z^3 + 1.283z^2}{(z + 0.4)(z^2 - 1.414z + 1)}$

(d) $\tilde{H}(z) = 1 + 4z^{-1} - 0.7z^{-2} + 3.2z^{-3} - 4z^{-5}$

9. (Computer) Benutze den CZT-Algorithmus in Abschnitt 7.6, um 40 Abtastwerte der Fouriertransformierten der unten gegebenen Folge $[x_n]$ zu berechnen. Beginne mit $\theta_0 = 0{,}05\pi$ und arbeite mit der Abtastauflösung $\Phi_0 = 0{,}01\pi$.

$$x_n = e^{-n/50} \sin\left(\frac{2\pi n}{10}\right); \qquad 0 \le n \le 199$$

10. In dieser Übung ist eine allgemeinere Form des Algorithmus der Chirp-z-Transformation abzuleiten. Die z-Transformierte einer Folge der Länge N soll an M Punkten entlang eines Bogens in der z-Ebene berechnet werden, der wie folgt gegeben ist (siehe auch das Bild):

$$z_k = A_0 B_0^k e^{j(\theta_0 + k\phi_0)}; \qquad k = 0, 1, 2, \ldots, M - 1$$

Hierbei ist A_0 der anfängliche Radius des Bogens, θ_0 ist der Anfangswinkel, Φ_0 die Winkelschrittweite von einem Punkt zum nächsten auf dem Bogen, und B_0 bestimmt die Radiusänderung von einem Punkt zum nächsten. Zeige, daß der in Abschnitt 7.6 abgeleitete Algorithmus auch für dieses Problem gilt, wenn man $A = A_0\, e^{j\theta_0}$ und $B = B_0\, e^{-j\Phi_0}$ setzt.

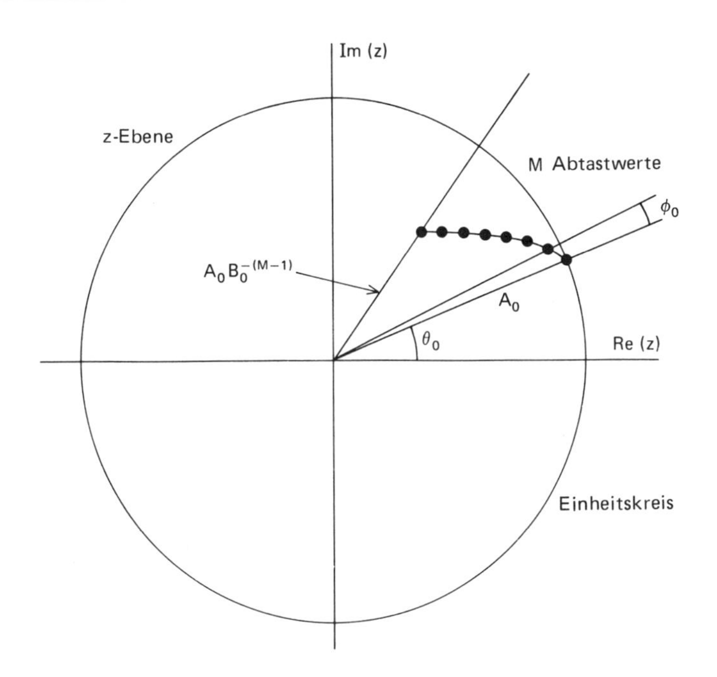

Einige Antworten

1. **(a)** $\dfrac{3z}{z - e^{-4}}$; $|z| > e^{-4}$ **(b)** $\dfrac{2z(a^{-3} - a^{3})}{z^{2} - (a^{3} + a^{-3})z + 1}$; $a^{-3} < |z| < a^{3}$

(c) $\dfrac{z^{2} - a^{-2}\cos(0.2\pi)z}{z^{2} - 2a^{-2}\cos(0.2\pi)z + a^{-4}}$; $|z| > a^{-2}$ **(d)** $\dfrac{a^{-4}z}{z^{2} - 2a^{-4}z + a^{-8}}$; $|z| > a^{-4}$

(e) $1 + 2z^{-1} - 3z^{-2} - 2z^{-3}$; $|z| > 0$

6. **(a)** $0.6^{n} - (-0.4)^{n}$; $n \geq 0$ **(b)** $\left(\dfrac{1}{e^{-0.4} - e^{-2.0}}\right)(e^{-0.4n} - e^{-2n})$; $n \geq 0$

(c) $\left(\dfrac{1}{a - b}\right)(a^{n-1} - b^{n-1})$; $n \geq 1$ **(d)** $(0.8)^{n}\sin(0.3\pi n)$; $n \geq 0$

(e) $(0.6)^{n}\cos(0.6\pi n)$; $n \geq 0$

7. **(a)** $\left(\dfrac{1}{3.5}\right)(4^{n} - 0.5^{n})$; $n \geq 0$
0; $n < 0$

(b) $-\left(\dfrac{1}{3.5}\right)(0.5)^{n}$; $n \geq 0$
$-\left(\dfrac{1}{3.5}\right)4^{n}$; $n < 0$

(c) $\left(\dfrac{1}{3.5}\right)(0.5^{n} - 4^{n})$; $n \leq 0$
0; $n > 0$

8. **(a)** $n(0.3)^{n-1}$; $n \geq 0$ **(b)** $-\left(\frac{1}{2.8}\right)(0.2)^{n-2}$; $n \geq 2$

0; $n < 0$ $-\left(\frac{1}{2.8}\right)3^{n-2}$; $n \leq 1$

Literaturhinweise

AHMED, N., and NATARAJAN, T., *Discrete-Time Signals and Systems*. Reston, Va.: Reston, 1983.

BLUESTEIN, L. I., A Linear Filtering Approach to the Computation of the Discrete Fourier Transform. *IEEE Trans. Audio Electroacoust.*, Vol. AU-18, December 1970, p. 451.

CHURCHILL, R. V., BROWN, J. W., and VERHEY, R. F., *Complex Variables and Applications*. New York: McGraw-Hill, 1976.

JURY, E. I., *Theory and Application of the z-Transform Method*. Melbourne, Fla.: R. E. Krieger, 1984.

OPPENHEIM, A. V., and SCHAFER, R. W., *Digital Signal Processing*. Englewood Cliffs, N.J.: Prentice-Hall, 1975.

RABINER, L. R., and GOLD, B., *Theory and Application of Digital Signal Processing*. Englewood Cliffs, N.J.: Prentice-Hall, 1975.

KAPITEL 8

Nichtrekursive digitale Systeme

8.1 Digitale Filterung

Der Begriff des "Filterns", d.h. das Durchlassen gewisser Frequenzen eines Signals und das Zurückweisen anderer Frequenzen desselben Signals kommt ursprünglich aus der Theorie der linearen kontinuierlichen Systeme in die digitale Signalanalysis. Bild 8.1 soll die Entsprechungen verdeutlichen. Im analogen oder kontinuierlichen Fall ist f(t) eine kontinuierliche Funktion der Zeit und g(t) ist die abgegebene gefilterte Version von f(t). Im digitalen Fall wird f(t) ersetzt durch den Wertesatz $[f_m]$ aus diskreten Werten, der als Abtastwertesatz von f(t) betrachtet werden kann (siehe Kapitel 1, Abschnitt 1), und eine digitale Rechnung wird durchgeführt, um den Wertesatz $[g_m]$ zu erzeugen.

Im weitesten Sinne bezieht sich der Begriff der "digitalen Filterung" auf die Betrachtung der Effekte im Frequenzbereich eines jeden digitalen Systems oder eines jeden Verarbeitungsalgorithmus, jeden digitalen Systems oder eines jeden Verarbeitungsalgorithmus, für die es einen "Eingang" und einen "Ausgang" gibt - in dieser Auffassung ein wahrhaft umfassender Begriff. Manchmal besteht das Ziel in der Simulation eines analogen Systems - ein Schaltkreis, ein Regelsystem oder irgendein kontinuierlicher Prozeß (wie in Kapitel 11). Ein andermal ist kein kontinuierlicher Prozeß beteiligt und nur die spektralen Eigenschaften des digitalen Verarbeitungsschemas sind von Interesse.

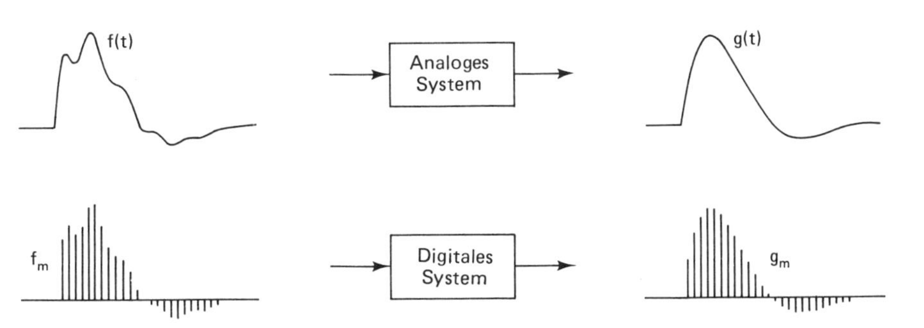

Bild 8.1 Filteranalogie

In jedem Fall ist bei den hier diskutierten digitalen Filtern ein Rechenalgorithmus beteiligt, durch den der Satz $[g_m]$ als Ergebnis der Verarbeitung des Satzes $[f_m]$ erzeugt wird. Jeder Wert g_m ist daher eine Funktion des Satzes $[f_m]$, wie dies in Bild 8.1 nahegelegt wird. Wenn diese Funktion linear ist, dann existiert das Äquivalent einer linearen Übertragungsfunktion, wie unten noch gezeigt wird.
Die entsprechenden Probleme des Analysierens, Synthetisierens und Realisierens von digitalen Filtern werden in diesem und den folgenden Kapiteln diskutiert. Das vorliegende Kapitel richtet sich auf "nichtrekursive" Filter und beginnt mit der Definition dieses Filters und seiner Übertragungsfunktion in den Abschnitten 8.2 und 8.3. Die Diskussion schreitet dann in den Abschnitten 8.4 und 8.6 weiter bis zu dem Entwurf von Tiefpaß-Nichtrekursiv-Filtern und einer Definition der digitalen Impulsantwort. Schließlich wird in den Abschnitten 8.7 bis 8.10 die Realisierung und Synthese nichtrekursiver Filter besprochen.

8.2 Der nichtrekursive Algorithmus

Digitale Filter kann man in zwei große Klassen einteilen: solche, in denen die Formel für g_m die "vergangenen" Werte g_{m-1}, g_{m-2}, usw. genauso wie den Satz $[f_m]$ explizit enthält, und solche, in denen g_m nur mit den Ausdrücken von $[f_m]$ explizit gegeben ist. Die ersteren nennt man "rekursive" Filter, da die Abtastwerte von g(t) rekursiv mit Ausdrücken der vergangenen Werte von g(t) gegeben sind, und die letzteren nennt man "nichtrekursive" Filter, da die Abtastwerte von g(t) direkt nur mit Abtastwerten von f(t) berechnet werden. In diesem Abschnitt interessieren uns die nichtrekursiven Filter; die rekursiven werden im nächsten Kapitel betrachtet.

Eine allgemeine Form des linearen nichtrekursiven Algorithmus lautet

$$g_m = \sum_{n=-N}^{N} b_n f_{m-n} \tag{8.1}$$

so daß, wie gerade beschrieben, jeder Wert des Ausgangssignals eine lineare Funktion des Abtastwertesatzes am Eingang ist. Der Grenzwert N könnte theoretisch jeden Wert von Null bis Unendlich annehmen, aber er muß offensichtlich für jedes realisierbare nichtrekursive Filter endlich sein. Jeder Koeffizient b_n kann als irgendein reeller Wert unter Einschluß der Null angenommen werden. Die Gleichung 8.1 erlaubt einem daher, g(t) als ein "dynamisch gewichtetes Mittel" von f(t) anzusehen, und das Analyseproblem wird einfach zu einem solchen, die Frequenzbereichseffekte dieses Mittelwertprozesses herauszufinden. Man beachte auch, daß, wenn eine der Größen b_n in

Gleichung 8.1 für negative n nicht Null ist, die Funktion g(t) ersichtlich durch zukünftige Werte von f(t) gegeben ist. In analogen Systemen erzeugt dies gewöhnlich ein Realisierungsproblem, aber in der digitalen Verarbeitung kann man die Werte von f(t), die man für die Berechnung von g_m benötigt, in vielen praktischen Fällen im voraus speichern. Wenn eine "Echtzeitrechnung" oder andere Beschränkungen fordern, daß g_m nur in Ausdrücken der gegenwärtigen und vergangenen Werte f_m, f_{m-1} usw. gegeben seien, dann muß b_n für $n < 0$ gleich Null sein.

Man beachte ferner, daß die nichtrekursive Formel in Gleichung 8.1 die Form einer diskreten Faltung hat. Deshalb kann ein Satz $[g_m]$ rasch berechnet werden, indem man die inverse FFT des Produktes der zwei FFTs $[\bar{F}_m]$ mal $[\bar{B}_m]$, wie in Kapitel 6 bildet. Wenn man die Gleichung 8.1 in dieser Art berechnet, muß man oft noch folgendes beachten. Die Länge der Datenfolge $[f_m]$ in Gleichung 8.1 ist oft sehr lang. Dadurch wird es völlig unpraktisch, die FFT der gesamten Folge zu berechnen. Eine Lösung des Problems besteht darin, die Folge $[f_m]$ in Blöcke einer vernünftigen Länge zu zerlegen und dann die Faltung jedes Blockes mit der FFT-Methode zu berechnen. Wenn man so vorgeht, müssen entweder die Blöcke überlappen oder die Ergebnisse der einzelnen Blöcke in einer solchen Weise überlappt und kombiniert werden, daß dasselbe Ergebnis wie bei einer einzigen großen Faltung entsteht. Die zwei Methoden, welche die gewünschte Überlappung zuwege bringen, heißen die "Overlap-Add"-Methode und die "Overlap-Save"-Methode. Eine ausführliche Beschreibung dieser Methoden ist in Rabiner, Gold (1975) zu finden.

8.3 Übertragungsfunktion

Wenn der Wertesatz $[f_m]$ wie in Gleichung 8.1 verarbeitet wird, um den Wertesatz $[g_m]$ zu erzeugen, ist eine Übertragungsfunktion in dem in Bild 8.1 dargestellten Sinne beteiligt: eine ursprünglich vorliegende Funktion f(t) wird gefiltert und Abtastwerte des Ausgangssignal g(t) werden berechnet.

Ein lineares System ändert im allgemeinen nur die Amplitude und die Phase eines sinusförmigen Eingangssignals. Daher kann die lineare Übertragungsfunktion immer bestimmt werden, wenn man Amplitude und Phase des Ausgangssignals bei bekanntem sinusförmigem Eingangssignal ermitteln kann. Das Ausgangssignal ist natürlich auch eine Sinuswelle mit derselben Frequenz.

Bezeichnen wir mit $e^{j\omega t}$ die bekannte Sinuswelle der Frequenz ω, so läßt sich schreiben

$$\text{wenn } f(t) = e^{j\omega t}, \quad \text{dann } g(t) = Ae^{j(\omega t + a)}$$

Daraus folgt die Übertragungsfunktion

$$\overline{H}(j\omega) = Ae^{ja} \tag{8.2}$$

Der Querstrich über der Übertragungsfunktion wird benutzt, weil $\overline{H}(j\omega)$ die DFT einer Abtastfolge ist, wie unten gezeigt wird.) Läßt man t die diskreten Werte annehmen, an denen die Abtastwerte von f(t) und g(t) existieren, d.h. ist t = mT mit m als ganzer Zahl und T als Abtastintervall, so kann Gleichung 8.2 mit Abtastwerten geschrieben werden:

$$\text{wenn } f_m = e^{jm\omega T}, \quad \text{dann } g_m = \overline{H}(j\omega)e^{jm\omega T} \tag{8.3}$$

Diese Abtastwerte liefern, wenn sie in Gleichung 8.1 eingesetzt werden, eine Lösung für $\overline{H}(j\omega)$:

$$\overline{H}(j\omega)e^{jm\omega T} = \sum_{n=-N}^{N} b_n e^{j(m-n)\omega T} \tag{8.4}$$

Daraus folgt:

$$\overline{H}(j\omega) = \sum_{n=-N}^{N} b_n e^{-jn\omega T} \tag{8.5}$$

Die Gleichung 8.5 beschreibt $\overline{H}(j\omega)$ in Abhängigkeit vom Abtastintervall T und dem Satz $[b_n]$ der Glättungsgewichte; wie in Kapitel 5 gezeigt, drückt Gleichung 8.5 weiterhin $\overline{H}(j\omega)$ aus als diskrete Fourier-Transformierte der Funktion b(t) mit den Abtastwerten $[b_n]$ und auch als eine komplexe Fourier-Reihe mit reellen Koeffizienten $[b_{-n}]$.

Nachdem so die Übertragungsfunktion als DFT erkannt ist, sind einige ihrer Eigenschaften evident:

(1) $\overline{H}(j\omega)$ ist eine periodische Funktion von ω mit der Periode $2\pi/T$, d.h. mit der Abtastfrequenz.

(2) $\overline{H}(j\omega)$ und $\overline{H}(-j\omega)$ sind konjugiert komplex, und deshalb ist das Amplitudenspektrum $|\overline{H}(j\omega)|$ eine gerade Funktion von ω.

(3) Ist $b_n = b_{-n}$ für alle n, dann ist $\overline{H}(j\omega)$ reell, und in diesem Falle ergibt sich

$$\overline{H}(j\omega) = b_0 + 2\sum_{n=1}^{N} b_n \cos n\omega T = \overline{H}(-j\omega) \tag{8.6}$$

(4) Die Formel für die komplexen Fourier-Koeffizienten, Gleichung 2.42 in Kapitel 2, ergibt jeweils b_n in Abhängigkeit von $\overline{H}(j\omega)$ und stellt somit eine Filtersynthese-Formel dar:

$$b_n = \frac{T}{2\pi} \int_{-\pi/T}^{\pi/T} \overline{H}(j\omega) e^{jn\omega T} d\omega; \qquad -N \leq n \leq N \tag{8.7}$$

(Gleichung 8.7 ist leicht zu beweisen, indem man Gleichung 8.5 für $\overline{H}(j\omega)$ einsetzt.) Bei reellem $\overline{H}(j\omega)$ vereinfacht sich Gleichung 8.7 wieder zu

$$b_n = \frac{T}{\pi} \int_{0}^{\pi/T} \overline{H}(j\omega) \cos n\omega T \, d\omega = b_{-n} \tag{8.8}$$

Wie schon gezeigt, muß b_n reell sein und über einen maximalen Wert von n hinaus verschwinden, damit $\overline{H}(j\omega)$ in nichtrekursiver Form realisierbar wird. Das heißt, daß $\overline{H}(j\omega)$ als eine endliche Fourier-Reihe mit reellen Koeffizienten wie in Gleichung 8.5 ausdrückbar sein muß. Andererseits gibt es den Fall, daß die gewünschte (engl.: "desired") Übertragungsfunktion $H_d(j\omega)$ scharfe Ecken oder andere Merkmale hat, die eine unendliche Fourier-Reihe nötig machen. Dann kann man, wie ebenfalls aus Kapitel 2 ersichtlich, die Funktion $\overline{H}(j\omega)$ als Näherung der kleinsten Quadrate für $H_d(j\omega)$ ansetzen, indem man einfach Gleichung 8.7 mit b_n für n im Intervall [- N,N] benutzt. Die Näherung verbessert sich natürlich mit wachsendem N; aber die Komplexität der digitalen Berechnung in Gleichung 8.1 wächst ebenfalls mit N.

Diese Eigenschaften des nichtrekursiven Filters und seiner Übertragungsfunktion werden in den folgenden Beispielen veranschaulicht.

Beispiel 8.1: Ein Abtastwertesatz $[f_m]$ wird geglättet, indem jeder Wert mit seinen zwei nächsten Nachbarn wie in Bild 8.2 gezeigt gemittelt wird, so daß

$$g_m = \tfrac{1}{3}(f_{m-1} + f_m + f_{m+1}) \tag{8.9}$$

Wie heißt die Übertragungsfunktion $\overline{H}(j\omega)$? In diesem Falle ist Gleichung 8.9 ein Beispiel für Gleichung 8.1 mit $b_{-1} = b_0 = b_1 = 1/3$ und $N = 1$. Da $b_1 = b_{-1}$, kann Gleichung 8.6 anstelle von Gleichung 8.5 herangezogen werden, und deshalb ergibt sich

$$\overline{H}(j\omega) = \tfrac{1}{3}(1 + 2\cos\omega T) \tag{8.10}$$

als reelle Funktion. $\overline{H}(j\omega)$ ist in Bild 8.3 über ωT aufgetragen. Man beachte folgendes: Obgleich Gleichung 8.9 in der Tat eine Glättung bewirkt, in dem Sinne, daß höhere Frequenzen im Intervall $(-\pi/T \leq \omega \leq \pi/T)$ etwas gedämpft werden, ist $\overline{H}(j\omega)$ nicht eine besonders gute Tiefpaßfunktion. Wie im nächsten Beispiel noch gezeigt wird, kann man es etwas besser mit einem nichtrekursiven Filter machen, das gerade so einfach wie jenes in Gleichung 8.9 ist. Außerhalb des Intervalls $(-\pi/T \leq \omega \leq \pi/T)$ ist $\bar{H}(j\omega)$ natürlich periodisch, und wie die Eigenschaft 1 oben anzeigt, kann die Periode nur vergrößert werden, indem man das Abtastintervall T verkleinert.

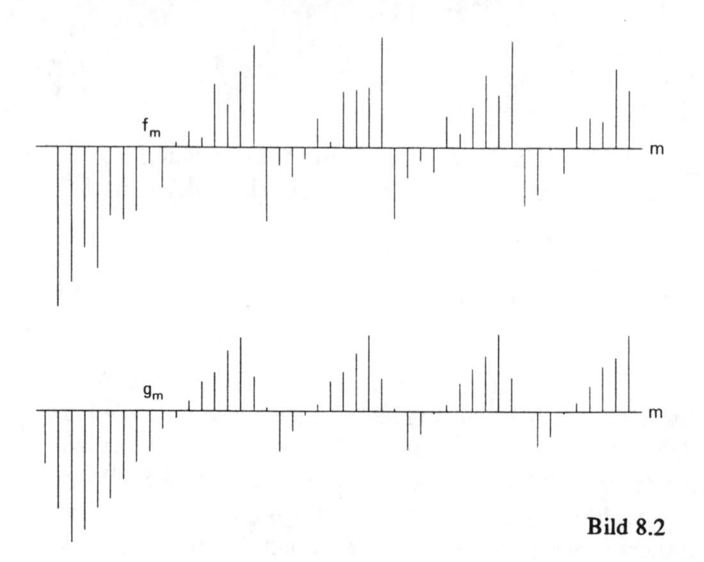

Bild 8.2

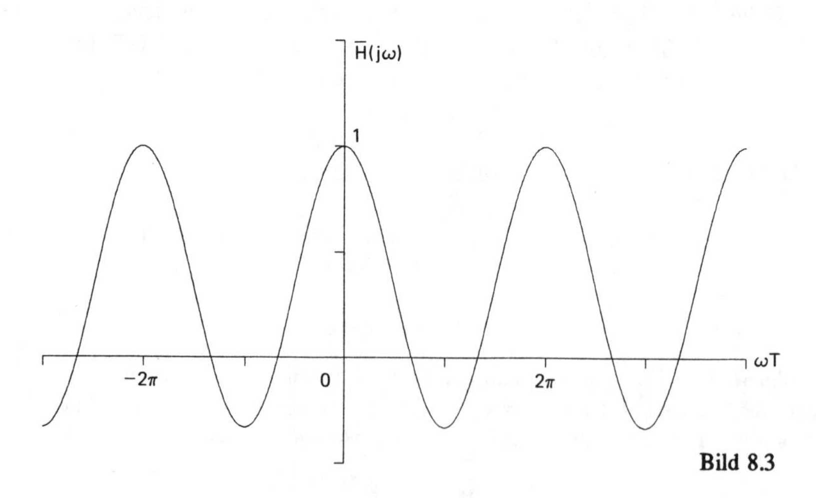

Bild 8.3

Beispiel 8.2: Angenommen, der gewünschte Effekt eines nichtrekursiven Filters sei durch die in Bild 8.4 gezeigte Übertragungsfunktion $H_d(j\omega)$ gegeben und das Abtastintervall sei $T = \pi/2$ sec. (Man beachte, daß $\bar{H}(j\omega)$ im Bild 8.1 eine rohe Näherung von diesem $H_d(j\omega)$ bildet.) Nun entwerfe man ein nichtrekursives Filter, das eine Näherung der kleinsten Quadrate an $H_d(j\omega)$ mit $N = 1$ bildet, so daß es, wie in dem vorigen Beispiel 8.1, nur drei Terme im Algorithmus gibt.

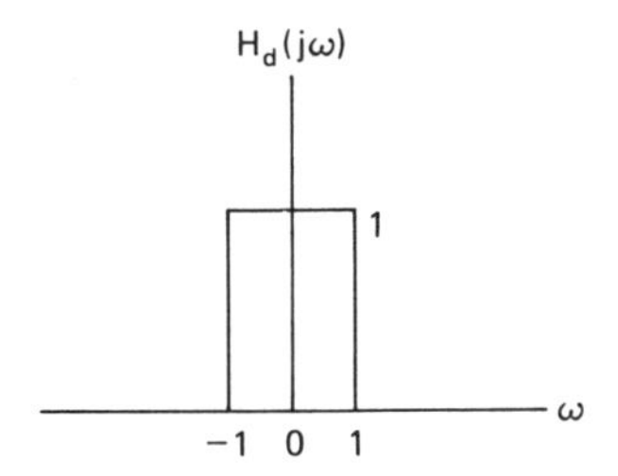

Bild 8.4

Da $H_d(j\omega)$ reell ist, liefert Gleichung 8.8 die Lösung für dieses Beispiel.

$$
\begin{aligned}
b_n = b_{-n} &= \frac{T}{\pi} \int_0^{\pi/T} H_d(j\omega) \cos n\omega T \, d\omega \\
&= \frac{1}{2} \int_0^1 \cos\left(\frac{n\omega\pi}{2}\right) d\omega \qquad (8.11) \\
&= \frac{1}{2} \quad \text{für } n = 0; \qquad \frac{\sin(n\pi/2)}{n\pi} \quad \text{für } n \neq 0
\end{aligned}
$$

Wie durch die Lösung angezeigt, kann man die scharfen Ecken von $H_d(j\omega)$ nur erreichen, indem man N, den Maximalwert von n im Filteralgorithmus Gl. (8.7) unbeschränkt anwachsen läßt. Mit N = 1 wie es in diesem Beispiel vorgeschrieben ist, ergeben sich Algorithmus und Übertragungsfunktion wie folgt:

$$g_m = \frac{f_m}{2} + \frac{1}{\pi}(f_{m-1} + f_{m+1}) \qquad (8.12)$$

$$\overline{H}(j\omega) = \frac{1}{2} + \frac{2}{\pi} \cos\left(\frac{\omega\pi}{2}\right) \qquad (8.13)$$

Die Übertragungsfunktion $\overline{H}(j\omega)$ ist natürlich aus den zwei ersten Termen der Fourier-Reihe für $H_d(j\omega)$ zusammengesetzt. Die in Bild 8.5 dargestellte Näherung ist besser als die von Beispiel 8.1, aber noch nicht sehr gut, und deutet an, daß N auf einen Wert größer als Eins anwachsen sollte, um eine bessere Annäherung an $H_d(j\omega)$ zu erhalten.

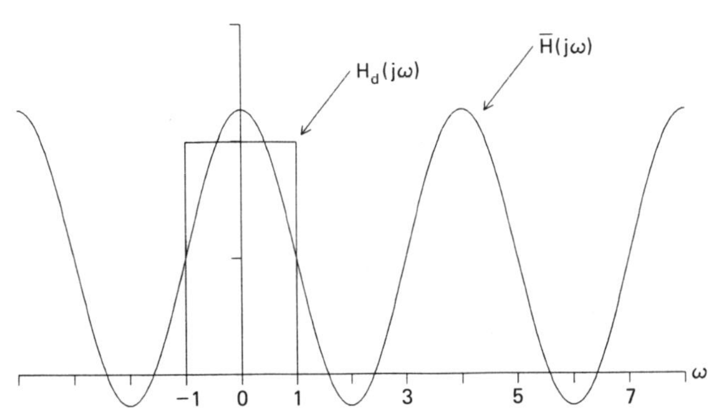

Bild 8.5

8.4 Tiefpaßfilter mit Phasenverschiebung Null

Das Beispiel 8.2 kann verallgemeinert werden, um den Entwurf eines nichtrekursiven Tiefpaßdigitalfilters ohne Phasenverschiebung bei allen Frequenzen zu erhalten - ein Filter, das zum Beispiel dazu benutzt werden könnte, Hochfrequenzrauschen zu eliminieren und ein Niederfrequenzsignal ohne Phasenverschiebung durchzulassen. Die gewünschte Übertragungsfunktion sei, wie in Bild 8.6 gezeigt, diesmal in periodischer Form angesetzt, mit der Verstärkung Eins unterhalb der Grenzfrequenz ω_c und an jeder Stelle mit der Phasenverschiebung Null.

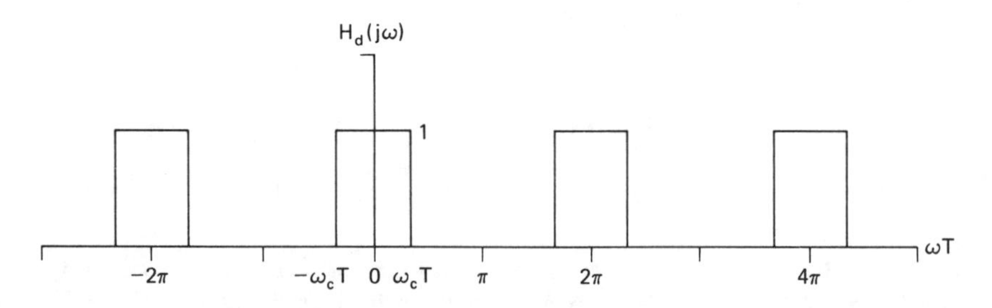

Bild 8.6 Tiefpaß-Übertragungsfunktion

Offensichtlich muß die spektrale Verteilung sowohl des Signals als auch des Rauschens in die Wahl des Abtastintervalles T in Bild 8.6 eingehen.

Die Gleichung 8.8 ergibt nun die Filterkoeffizienten, d.h. Gl. 8.8 ist die verallgemeinerte Version von Gleichung 8.11:

$$\begin{aligned} b_n = b_{-n} &= \frac{T}{\pi} \int_0^{\pi/T} H_d(j\omega) \cos n\omega T \, d\omega \\ &= \frac{T}{\pi} \int_0^{\omega_c} \cos n\omega T \, d\omega \\ &= \frac{\omega_c T}{\pi} \frac{\sin n\omega_c T}{n\omega_c T} \end{aligned} \tag{8.14}$$

Hierbei ergibt sich der Koeffizient $b_0 = \omega_c T/\pi$. Mit diesen Koeffizienten sind Filter-Ausgangssignal und Übertragungsfunktion jetzt gegeben durch die Gleichungen 8.1 und 8.6:

$$g_m = \frac{\omega_c T}{\pi} \sum_{n=-N}^{N} \frac{\sin n\omega_c T}{n\omega_c T} f_{m-n} , \tag{8.15}$$

und

$$\overline{H}(j\omega) = \frac{\omega_c T}{\pi}\left(1 + 2\sum_{n=1}^{N} \frac{\sin n\omega_c T}{n\omega_c T} \cos n\omega T\right) \tag{8.16}$$

Für N gegen Unendlich ist die letzte Gleichung natürlich genau die Fourier-Reihe für $H_d(j\omega)$, wie man erwarten konnte. Mit endlichem N wird dagegen das Filter überhaupt erst realisierbar, und dafür ist $\overline{H}(j\omega)$ die Näherung der kleinsten Quadrate an $H_d(j\omega)$. Die Güte der Anpassung hängt von dem Verhältnis ω_c zu der spektralen Überschneidungsfrequenz π/T wie auch von N ab. Das heißt, die Form sowohl von g(t) als auch von $\overline{H}(j\omega)$ wird, wie man in den Gleichungen 8.15 und 8.16 sieht, bestimmt einerseits durch das Produkt $\omega_c T$ und andererseits auch durch N.

Darstellungen einer Periode von $\overline{H}(j\omega)$ für zwei Werte von N und zwei relative Werte der Grenzfrequenz ω_c sind in Bild 8.7 wiedergegeben. Wie in diesem Bild zu sehen ist, wird die Näherung an $H_d(j\omega)$ für jeden Wert von ω_c verbessert, wenn man N erhöht.

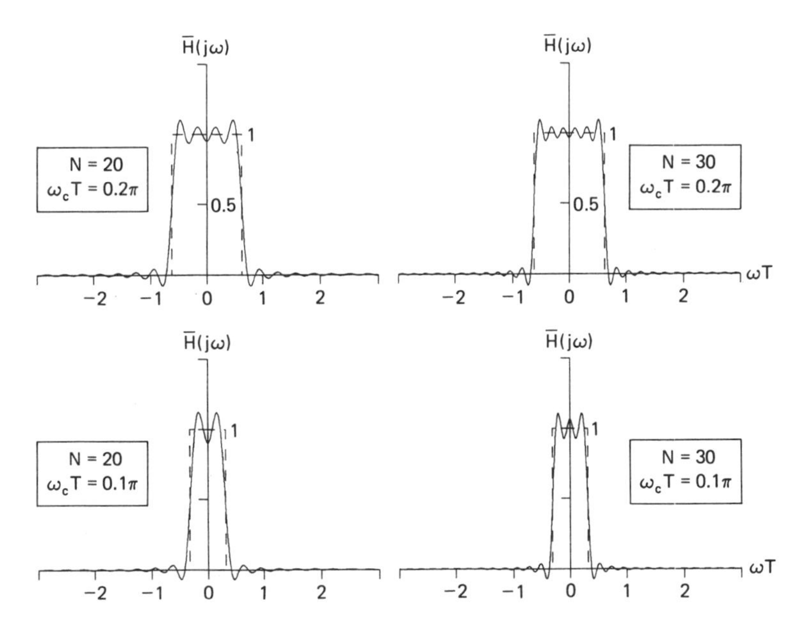

Bild 8.7 Erste Periode der nichtrekursiven Tiefpaß-Übertragungsfunktion für zwei Werte von N und $\omega_c T$

Die Tiefpaß-Übertragungsfunktionen, die in Gl. 8.16 angegeben und in Bild 8.7 dargestellt sind, weisen eine Eigenschaft auf, die als das "Gibbssche Phänomen" bekannt ist [Stockham 1969, Wait 1970]: Das Abschneiden der

Fourier-Reihe einer Rechteck-Funktion führt zu einem ganz bestimmten und prozentual konstanten Überschwingen in der Näherung. Man beachte, daß sich das Ausmaß des Überschwingens in Bild 8.3 nicht ändert, wenn sich N von 20 auf 30 ändert.

Das Gibbsche Phänomen kann man wie folgt erklären. Bezeichnen wir die verkürzte Folge $[b_n]$ mit $[h_n]$. Dann kann $[h_n]$ als Produkt von $[b_n]$ mit einer rechteckigen Fensterfunktion $[w_n]$ aufgefaßt werden, d.h. $[h_n] = [b_n\, w_n]$ mit

$$\begin{aligned} w_n &= 1; \qquad |n| \leq N \\ &= 0; \qquad \text{sonst} \end{aligned} \tag{8.17}$$

Im Ergebnis ist die Übertragungsfunktion $\bar{H}(j\omega)$ die Faltung der gewünschten Übertragungsfunktion $H_d(j\omega)$ mit der DFT der Fensterfunktion. Um dies zu beweisen, betrachten wir die Fourier-Transformierte von $[h_n]$

$$\begin{aligned} \overline{H}(j\omega) &= \sum_{n=-\infty}^{\infty} h_n e^{-jn\omega T} \\ &= \sum_{n=-\infty}^{\infty} b_n w_n e^{-jn\omega T} \end{aligned}$$

Setzt man hier die inverse Transformierte von Gl. 5.5 in Kapitel 5 für $[b_n]$ ein, folgt

$$\begin{aligned} \overline{H}(j\omega) &= \sum_{n=-\infty}^{\infty} \left(\frac{T}{2\pi} \int_{-\pi/T}^{\pi/T} \overline{H}_d(j\theta) e^{jn\theta T}\, d\theta \right) w_n e^{-jn\omega T} \\ &= \frac{T}{2\pi} \int_{-\pi/T}^{\pi/T} \overline{H}_d(j\theta) \left(\sum_{n=-\infty}^{\infty} w_n e^{-jn(\omega-\theta)T} \right) d\theta \\ &= \frac{T}{2\pi} \int_{-\pi/T}^{\pi/T} \overline{H}_d(j\theta) \overline{W}(j(\omega - \theta))\, d\theta \\ &= \overline{H}_d(j\omega) * \overline{W}(j\omega) \end{aligned} \tag{8.18}$$

Infolgedessen hängt das Ausmaß der Abweichung des tatsächlichen Spektrums vom gewünschten Spektrum vom Fensterspektrum $\bar{W}(j\omega)$ ab. Für die obige rechteckige Fensterfunktion ist das Spektrum gegeben durch

$$\overline{W}_R(j\omega) = \sum_{n=-N}^{N} e^{-jn\omega T} \tag{8.19}$$

woraus man mit Hilfe der geometrischen Reihe in Gl. 1.17 die einfachere Form gewinnt

$$\overline{W}_R(j\omega) = \frac{\sin[(\omega T/2)(2N+1)]}{\sin(\omega T/2)} \tag{8.20}$$

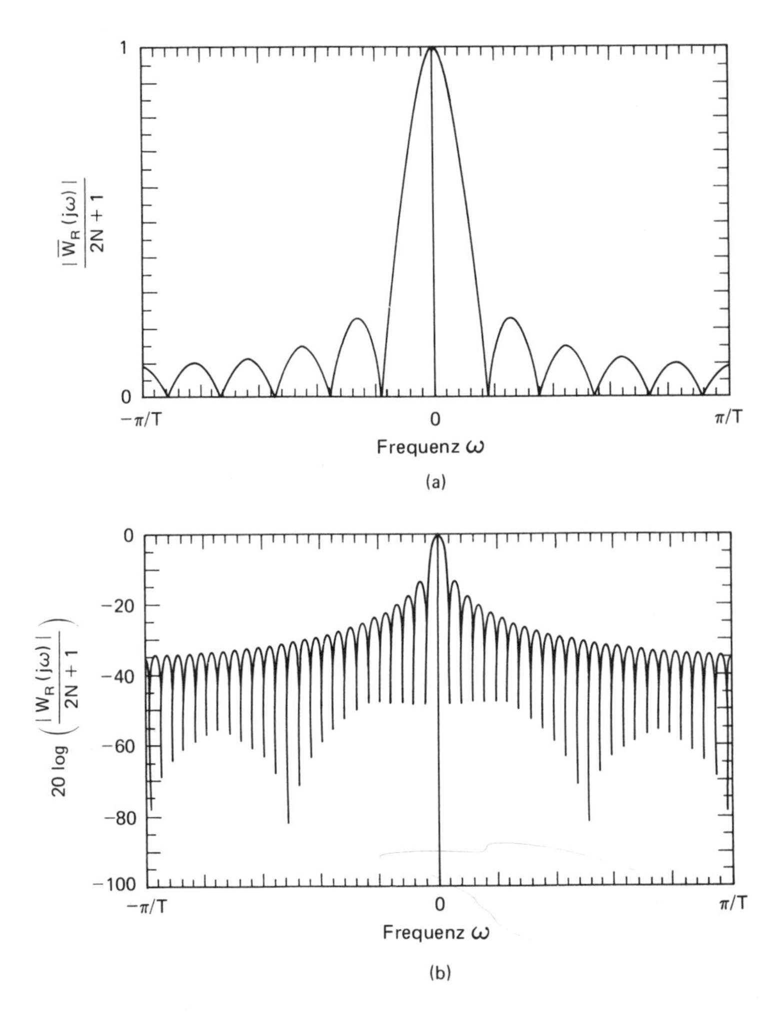

Bild 8.8 Spektrum des Rechteck-Fensters: (a) Lineare Darstellung mit N = 5; (b) Darstellung in dB mit N = 25.

Bei $\omega=0$ ist dieser Ausdruck gleich 2N+1 (siehe Gl. 8.19). Wächst ω bis zur Nyquist-Frequenz π/T, wird der Nenner größer. Dies vermindert den höherfrequenteren Zählerausdruck, was schließlich zu der in Bild 8.8 gezeigten nach beiden Seiten schwächer werdenden Sinusfunktion führt. Da $[w_n]$

abgetastet wurde, wiederholt sich $\bar{W}(j\omega)$ jeweils nach ω_S. Innerhalb einer Periode erinnert diese Funktion sehr an die (sinx/x)-Funktion, obwohl es sich um zwei verschiedene Funktionen handelt. Wird die gefundene Funktion $\bar{W}_R(j\omega)$ mit dem gewünschten idealen Spektrum $H_d(j\omega)$ in Bild 8.6 gefaltet, erzeugen die seitlichen Anteile (sidelobes) des Fensterspektrums das Überschwingen (rippling) des Gibbschen Phänomens, wie man es im tatsächlichen Filterergebnis in Bild 8.7 sieht. Diese seitlichen Spektralanteile kann man im wesentlichen auf den scharfen Übergang der Folgen an den Enden des Fensters zurückführen. Wie wir noch sehen werden, kann man die seitlichen Spektralanteile beachtlich reduzieren, indem man dafür sorgt, daß das Fenster in einer etwas allmählicheren Weise auf Null abfällt. Das ist das Thema des nächsten Abschnitts.

8.5 Zeitdiskrete Fensterfunktionen und ihre Eigenschaften

Ein Blick auf Gl. 8.18 lehrt uns, daß das ideale Fensterspektrum ein Nadelimpuls ist, d.h. $\bar{W}(j\omega) = \delta(j\omega)$, womit man $\bar{H}(j\omega) = H_d(j\omega)$ erhält. Jedoch würde ein nadelförmiges Spektrum eine Fensterfolge unendlicher Länge nötig machen. Da ein unendlich langes Fenster aber nicht realisierbar ist, sucht man Fensterfolgen endlicher Länge mit Spektren, die denen der Nadelimpulsfunktion ähneln. In diesem Abschnitt sollen etliche solcher Fenster und ihre Eigenschaften beschrieben werden.

Um einen Vergleich mit anderen Fenstern durchführen zu können, wollen wir zuerst das rechteckförmige Fenster diskutieren, dessen Spektrum in Gl. 8.20 gegeben ist. Die erste Nullstelle findet sich in diesem Spektrum bei $\omega T = 2\pi/(2N + 1)$. Infolgedessen ist die Breite des Hauptzipfels (engl. "lobe" wird hier mit Zipfel oder Lappen übersetzt) gleich dem Abstand zwischen den Nullstellen auf jeder Seite des Nullpunkts und beträgt $4\pi/(2N+1)$. Wenn wir nun die Länge des Fensters vergrößern, verengt sich der Hauptzipfel und seine Höhe nimmt zu. In diesem Sinne wird mit wachsendem N das Fensterspektrum allmählich zu dem eines Nadelimpulses. Allerdings nehmen die Amplituden der Seitenzipfel ebenfalls zu. Sie wachsen in der Tat mit etwa derselben Geschwindigkeit wie der Hauptzipfel, was zu einem konstanten Verhältnis von globalem Spitzenwert zu lokalen Spitzenwerten der Zipfel führt (PSLR = peak-to- sidelobe ratio). Das Verhältnis der Amplitude des Hauptzipfels zur Amplitude des Nebenzipfels ist wie folgt definiert

$$\mathrm{PSLR} = \left|\frac{\overline{W}(0)}{\overline{W}(j\omega_1)}\right| \tag{8.21}$$

wobei ω_1 die Frequenz an der Stelle ist, an der der erste Seitenzipfel seinen Maximalwert erreicht. Für das Fensterspektrum in Gl. 8.20 folgt: $\omega_1 T = 3\pi/(2N+1)$. Setzt man diesen Wert in Gl. 8.20 ein, so ergibt sich nach einer Vereinfachung

$$\mathrm{PSLR} = (2N + 1)\sin\left(\frac{3\pi}{2(2N + 1)}\right) \tag{8.22}$$

Für große N gilt die Näherung

$$\sin\left(\frac{3\pi}{2(2N + 1)}\right) \approx \frac{3\pi}{2(2N + 1)}$$

so daß das Verhältnis wird

$$\mathrm{PSLR} \approx \frac{3\pi}{2} = 13.5 \text{ dB} \quad \text{(Rechteck-Fenster)} \tag{8.23}$$

Daraus folgt, daß das Vergrößern der Fensterlänge, das eine Verengung der Breite des Hauptzipfels zur Folge hat, wenig Auswirkung auf das "Peak- to- Sidelobe" - Verhältnis hat. Das Ergebnis ist ein konstantes Überschwingen in den tatsächlichen Filterantworten in Bild 8.7, das unabhängig von N ist. Das "Peak- to- Sidelobe" - Verhältnis kann jedoch verbessert werden, indem man eine Fensterfunktion benutzt, die in einer geglätteteren Art auf Null abfällt. Der Preis für diese Verbesserung besteht in einer vergrößerten Breite des Hauptzipfels. Infolgedessen muß man abwägen zwischen der Breite des Hauptzipfels und der Amplitude des Seitenzipfels, d.h. man hat eine sogenannte "trade-off"-Situation.

Einige der bekannteren Fensterfunktionen sind in Tabelle 8.1 dargestellt. Die Algorithmen in Tabelle 8.1 sind unter dem Namen FUNCTION SPWIND Teil des im Anhang B angegebenen Programms. Man beachte, daß alle Fenster symmetrisch sind. Das ist Voraussetzung, wenn wir an der Eigenschaft der linearen Phase des Filters festhalten wollen.

Das Bartlett-Fenster hat eine dreieckige Form und ist deshalb so bekannt, weil es sich bei standardisierten Methoden spektraler Schätzungen ergibt. Es ist Thema von Kapitel 15. Obgleich es nicht ein besonders gutes Fenster für den Filterentwurf darstellt, hat es doch offensichtlich einen allmählicheren Übergang auf Null aufzuweisen als das Rechteck-Fenster. Es kann in der Tat näherungsweise erzeugt werden, indem man zwei rechteckige Fenster der Länge N+1 miteinander faltet. Daher ist sein Spektrum näherungsweise gleich dem Quadrat des Spektrums eines rechteckigen Fensters der Länge N+1 (siehe Gl. 5.75). Damit ergibt sich aus Gl. 8.20

$$\overline{W}_{\mathrm{BT}}(j\omega) \approx \frac{\sin^2\left[\left(\frac{N + 1}{2}\right)\omega T\right]}{\sin^2(\omega T/2)} \tag{8.24}$$

Tabelle 8.1 Bekannte Fensterfunktionen.

1. Rechteck

$$w_n = 1; \quad |n| \leq N$$
$$= 0; \quad \text{sonst}$$

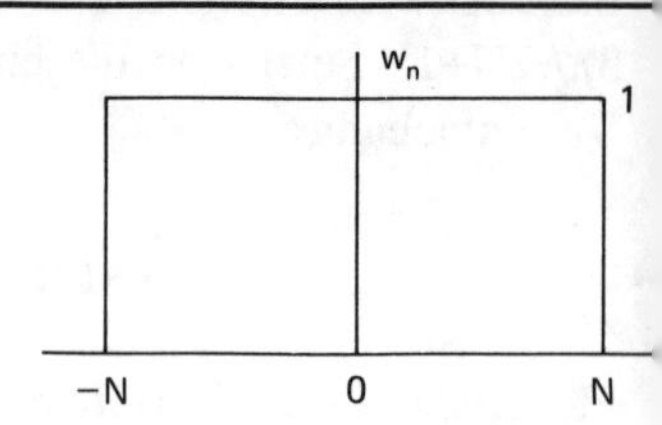

2. Bartlett

$$w_n = 1 - \frac{|n|}{N}; \quad |n| \leq N$$
$$= 0; \quad \text{sonst}$$

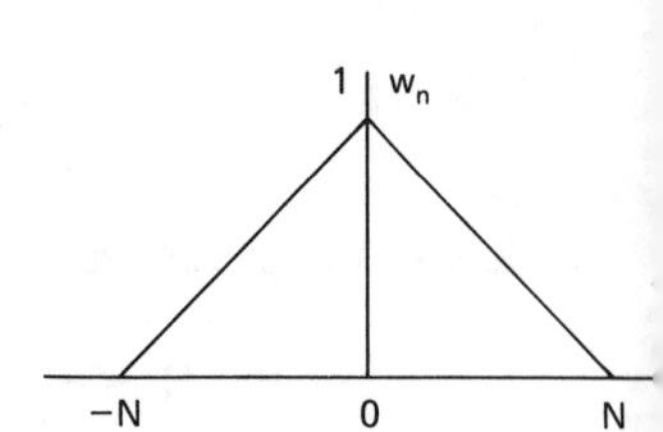

3. Hanning

$$w_n = 0.5\left(1.0 + \cos\left(\frac{\pi n}{N}\right)\right); \quad |n| \leq N$$
$$= 0; \quad \text{sonst}$$

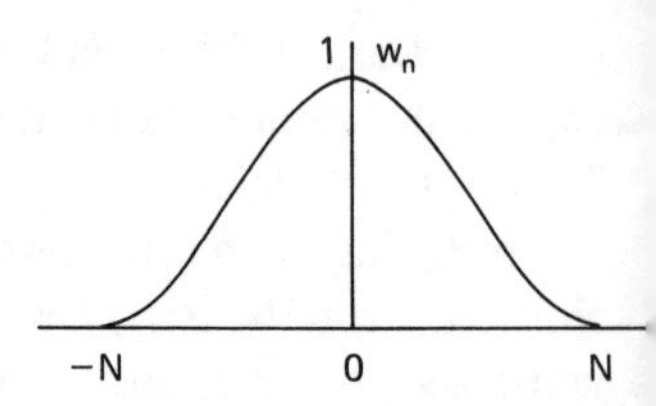

4. Hamming

$$w_n = 0.54 + 0.46\cos\left(\frac{\pi n}{N}\right); \quad |n| \leq N$$
$$= 0; \quad \text{sonst}$$

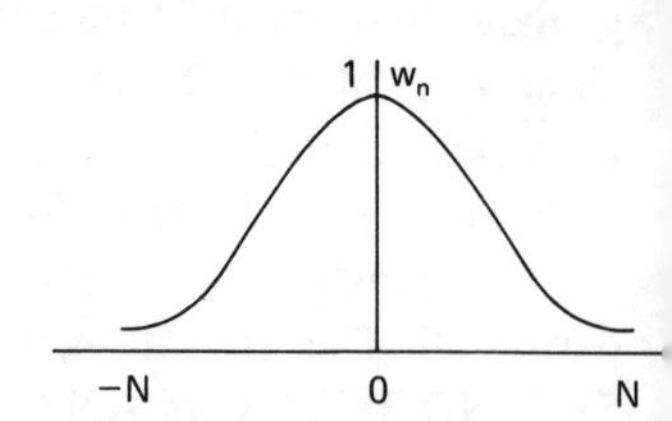

5. Blackman

$$w_n = 0.42 + 0.5\cos\left(\frac{\pi n}{N}\right) + 0.08\cos\left(\frac{2\pi n}{N}\right); \quad |n| \leq N$$
$$= 0; \quad \text{sonst}$$

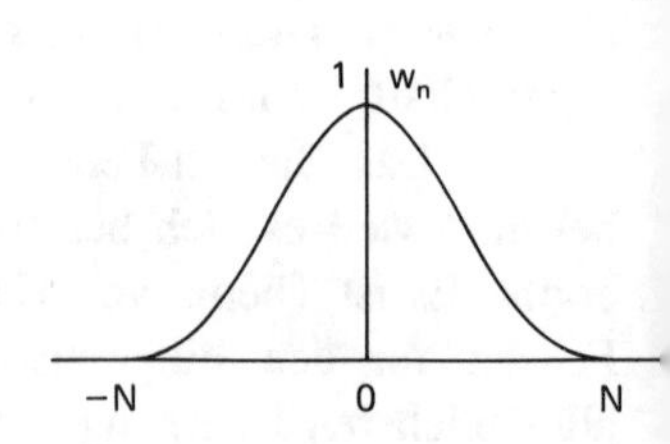

6. Kaiser

$$w_n = \frac{I_0(\beta\sqrt{1 - (n/N)^2})}{I_0(\beta)}; \quad |n| \leq N$$
$$= 0; \quad \text{sonst}$$

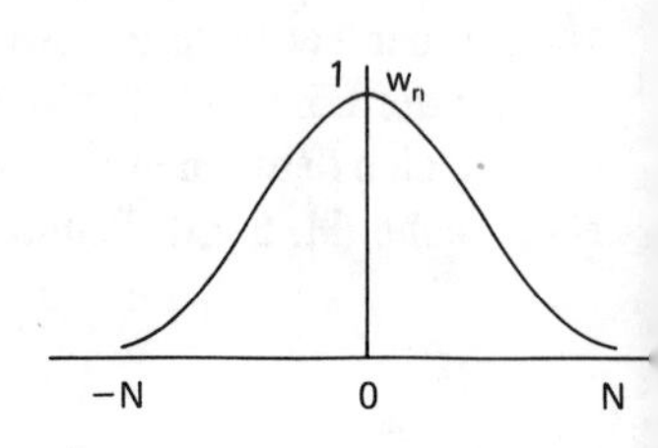

[a]These functions are encoded in FUNCTION SPWIND in Appendix B.
[b]Some authors define windows as shown, but with N replaced by $N + 1$ to keep from eliminating the Nth da samples with windows 2, 3, and 5, for which $w_N = 0$.

Die erste Nullstelle dieses Spektrums liegt bei $\omega=2\pi/(N+1)\approx 2\pi/N$. Infolgedessen ist die Breite des Hauptzipfels ungefähr zweimal so groß wie beim Rechteck-Fenster. Andererseits kann man zeigen, daß das "Peak-to-Sidelobe"-Verhältnis für das Bartlett-Fenster ungefähr 27 dB beträgt, d.h. das Zweifache des Wertes vom Rechteckfenster, siehe Gl. 8.23 und Bild 8.9.

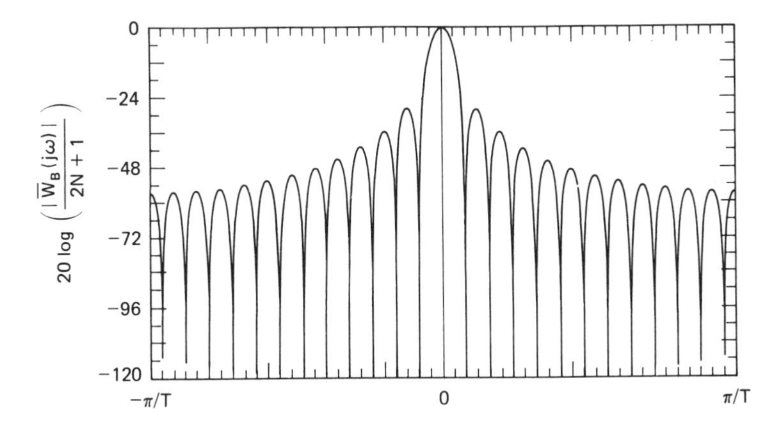

Bild 8.9 Bartlett-Fensterspektrum, N = 25.

Das Hanning-Fenster ist einfach eine Periode einer angehobenen Cosinus-Funktion. Zerlegt man den Cosinus-Term in zwei komplexe Exponentialfunktionen (siehe Gl. 1.8), kann man leicht zeigen, daß sein Fensterspektrum von der Form ist

$$\begin{aligned}\overline{W}_{\mathrm{HN}}(j\omega) &= 0.5\overline{W}_R(j\omega) + 0.25\overline{W}_R\left(j\left(\omega - \frac{\pi}{NT}\right)\right)\\ &+ 0.25\overline{W}_R\left(j\left(\omega + \frac{\pi}{NT}\right)\right)\end{aligned} \tag{8.25}$$

wobei $\overline{W}_R(j\omega)$ das Spektrum des Rechteckfensters in Gl. 8.20 ist. Die erste Nullstelle von $\overline{W}_{HN}(j\omega)$ liegt bei etwa $\omega T=2\pi/N$, was zu einer Breite des Hauptzipfels von etwa $4\pi/N$ führt. Daher ist wie beim Bartlett-Spektrum die Breite zweimal so groß wie die des Rechteckfensters. Für große N wird jedoch das "Peak-to-Sidelobe"-Verhältnis etwa 31 dB (siehe Bild 8.10), was eine Verbesserung von 4 dB gegenüber dem Bartlett-Spektrum ist.

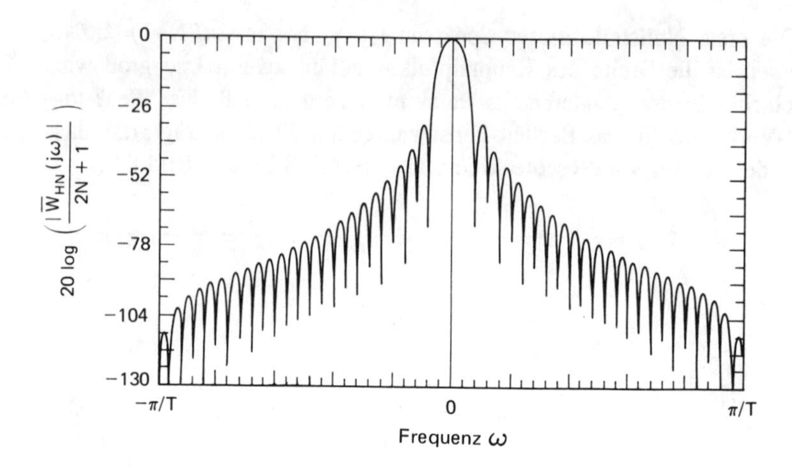

Bild 8.10 Hanning-Fensterspektrum, N = 25.

Das Hamming-Fenster ist dem Hanning-Fenster ähnlich mit dem Unterschied, daß es an den Enden nicht langsam auf Null abfällt. Mit demselben Ansatz wie eben ergibt sich das Spektrum des Hamming-Fensters zu

$$\begin{aligned}\overline{W}_{\mathrm{HM}}(j\omega) = 0.54\overline{W}_R(j\omega) &+ 0.23\overline{W}_R\left(j\left(\omega - \frac{\pi}{NT}\right)\right) \\ &+ 0.23\overline{W}_R\left(j\left(\omega + \frac{\pi}{NT}\right)\right)\end{aligned} \tag{8.26}$$

Die Hamming- und Hanning-Hauptzipfel sind ungefähr gleich breit. Das "Peak-to-Sidelobe"-Verhältnis des Hamming-Fensters ist ungefähr 41 dB, was eine beachtliche Verbesserung gegenüber dem Hanning-Fenster ist (siehe Bild 8.11).

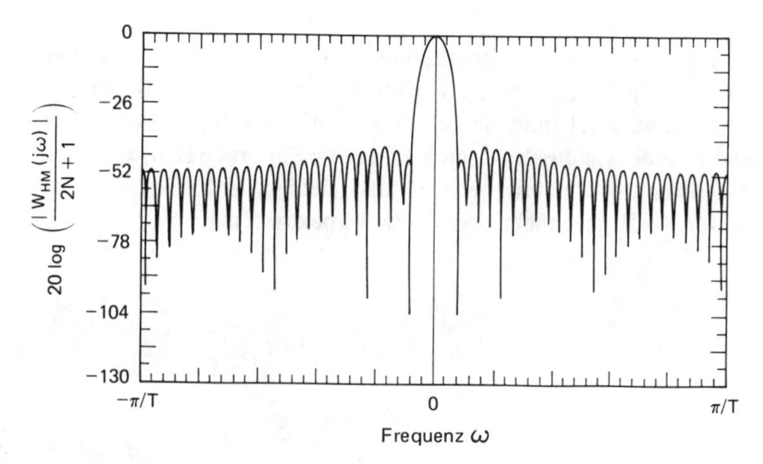

Bild 8.11 Hamming-Fensterspektrum, N = 25.

Die fünfte Fensterfunktion in Tabelle 8.1 ist das Blackman-Fenster. Es ist den Hanning- und Hamming-Fenstern ähnlich, weist aber zusätzlich einen höherfrequenten Cosinus-Term auf. Wie das Hanning-Fenster fällt auch das Blackmann-Fenster langsam auf Null ab. Benutzt man wiederum denselben Ansatz wie beim Hamming-Fenster, ergibt sich das Spektrum des Blackman-Fensters zu

$$\begin{aligned}\overline{W}_{\mathrm{BK}}(j\omega) = {} & 0.42\overline{W}_R(j\omega) \\ & + 0.25\left[\overline{W}_R\left(j\left(\omega - \frac{\pi}{NT}\right)\right) + \overline{W}_R\left(j\left(\omega + \frac{\pi}{NT}\right)\right)\right] \\ & + 0.04\left[\overline{W}_R\left(j\left(\omega - \frac{2\pi}{NT}\right)\right) + \overline{W}_R\left(j\left(\omega + \frac{2\pi}{NT}\right)\right)\right]\end{aligned} \tag{8.27}$$

Die Addition des zweiten Cosinus-Terms bewirkt eine Verbreiterung des Hauptzipfels auf $\omega T \approx 6\pi/N$, verbessert aber gleichzeitig das "Peak-to-Sidelobe"-Verhältnis auf etwa 57 dB (siehe Bild 8.12).

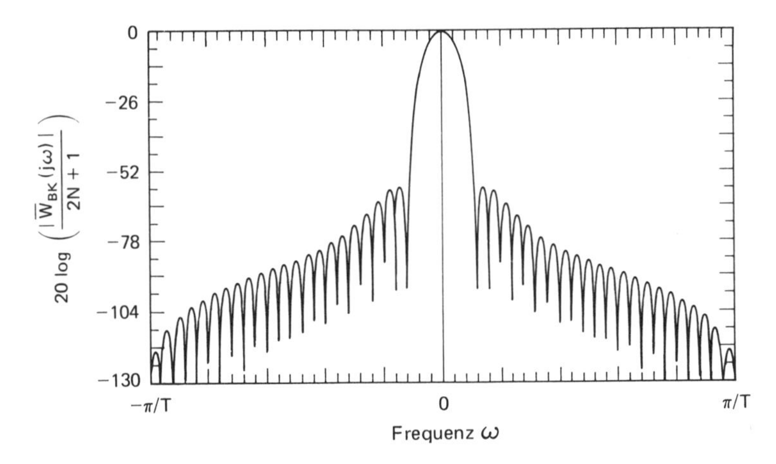

Bild 8.12 Blackman-Fensterspektrum, N = 25.

Welches Fenster ist das beste? Die Antwort hängt von den Spezifikationen des Filterentwurfs ab. Das Rechteckfenster ist das beste in dem Sinne, daß bei gegebener Länge N sein Spektrum den schmalsten Hauptzipfel aufweist, was zum kürzesten Übergang in der zeitlichen Filterantwort führt. Jedoch können die großen Seitenzipfel, die zu dem Gibbsschen Phänomen führen, im allgemeinen nicht hingenommen werden. Aus diesem Grunde wird im allgemeinen eine Fensterfunktion auf der Basis ihrer Fähigkeit ausgewählt, gewisse "Peak-to-Sidelobe"-Anforderungen zu erfüllen. Der Hauptzipfel kann immer verengt werden durch Vergrößern der Fensterlänge, was gleichbedeutend mit der Vergrößerung der Filterlänge ist. Infolgedessen könnte man vielleicht die "beste" Fensterfunktion unter dem Gesichtspunkt auswählen, daß sie für eine gegebene Amplitude der Seitenzipfel die größte Energie im Hauptzipfel ergibt. Für kontinuierliche Funktionen gibt es ein optimales Fenster in diesem Sinne, das zu einer Klasse von Funktionen gehört, die man "prolate spheroidal wave functions" nennt, was man mit "ellipsoiden Wellenfunktionen" übersetzen kann. Das Kaiser-Fenster (Hamming 1977) benutzt im Zeitbereich diskrete Näherungen an diese Funktionen. Es hat die Form

$$\begin{aligned} w_n &= \frac{I_0(\beta[1-(n/N)^2]^{1/2})}{I_0(\beta)}; \qquad |n| < N \\ &= 0; \qquad \text{sonst} \end{aligned} \tag{8.28}$$

wobei $I_0(\beta)$ die modifizierte Bessel-Funktion erster Art und nullter Ordnung ist, die sich wie folgt bestimmt

$$I_0(\beta) = 1 + \sum_{k=1}^{\infty} \left(\frac{(\beta/2)^k}{k!} \right)^2 \tag{8.29}$$

Das Argument β liegt beim Kaiser-Fenster üblicherweise zwischen 4 und 9 und wird variiert, um zwischen der Energie des Hauptzipfels und der Amplitude des Seitenzipfels abzuwägen. Ein Beispiel des Kaiser-Fensters und seines Spektrums für N=25 ist in Bild 8.13 zu sehen. Ähnlich wie das Hamming-Fenster fällt das Kaiser-Fenster langsam auf einen endlichen Wert ab.

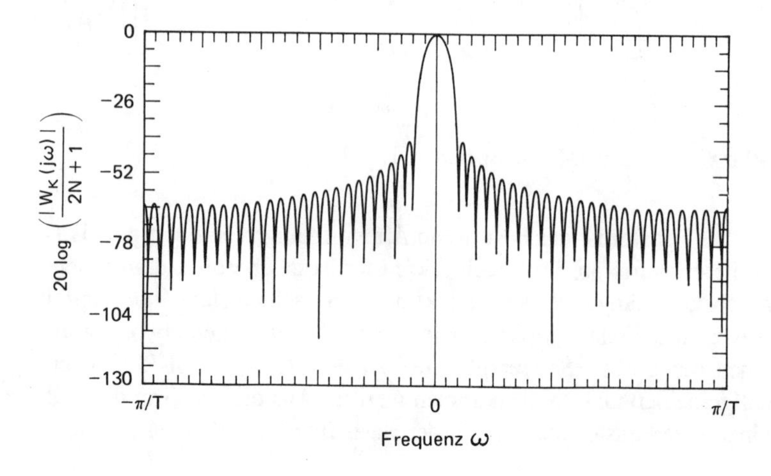

Bild 8.13 Kaiser-Fensterspektrum, N = 25, (β = 5.44).

Denn, setzt man in der obigen Definition n=N ein, so ergibt sich der Endwert zu $1/I_0(\beta)$. Bei $\beta = \sqrt{3}\pi$ hat das Kaiser-Fensterspektrum annähernd dieselbe Breite des Hauptzipfels, wie das Hamming-Fensterspektrum und, obwohl das "Peak-to-Sidelobe"-Verhältnis etwa gleich ist, wird die Energie in den Seitenzipfeln für das Kaiser-Fenster weit kleiner als beim Hamming-Fenster, siehe Bild 8.14. In gleicher Weise hat das Kaiser-Spektrum bei $\beta = 2\sqrt{2}\pi$ etwa dieselbe Breite des Hauptzipfels wie das Blackman-Fensterspektrum. In diesem Fall ist das "Peak-to-Sidelobe"-Verhältnis von Kaiser viel besser als das von Blackman, siehe Bild 8.15. Als allgemeine Regel findet man, daß das Kaiser-Fenster das beste Fenster in dem Sinne ist, daß es eine optimale Abwägung der Energie im Hauptzipfel und der Amplituden der Seitenzipfel durchführt.

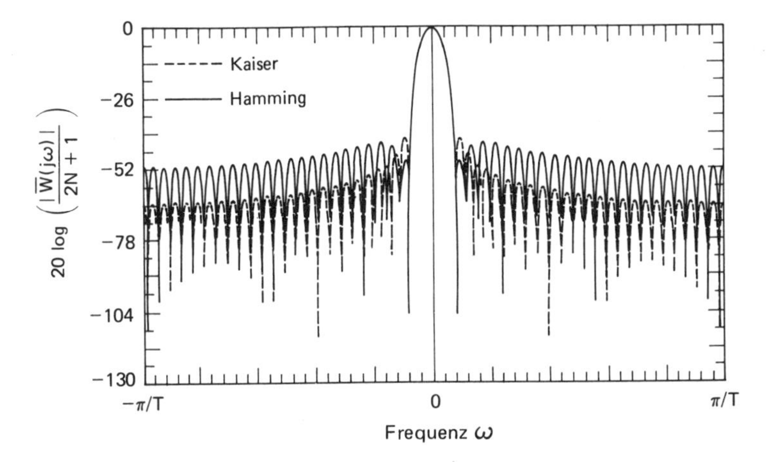

Bild 8.14 Kaiser- und Hamming-Fensterspektren, N = 25, (ß = 5.44).

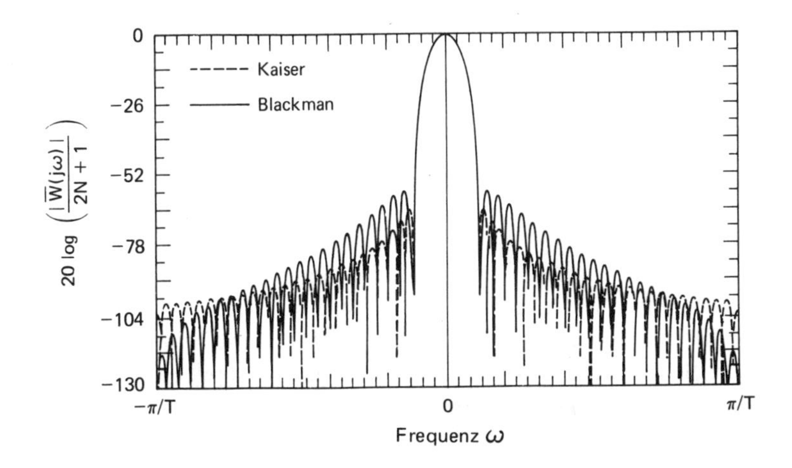

Bild 8.15 Kaiser- und Blackman-Fensterspektren, N = 25, (ß = 8.89).

Die Haupteigenschaften der Fensterfunktionen in Bezug auf den Entwurf von FIR-Filtern (bzw. von nichtrekursiven Filtern) kann man wie folgt zusammenfassen. Die Zahl der Koeffizienten des gewünschten Filters in Gl. 8.14 ist im allgemeinen nicht begrenzt. Jedes praktische Filter muß jedoch eine endliche Anzahl von Koeffizienten aufweisen. Fensterfunktionen sind ein Mittel zur Begrenzung auf die gewünschte Koeffizientenzahl, das sicherstellt, daß die realisierte Filterantwort die gewünschte Ähnlichkeit mit der idealen Antwort behält. Die Begrenzung durch ein Fenster führt zu zwei Arten von Verzerrungen. Die erste ist das Gibbssche Phänomen, das in einer Schwingungserscheinung (rippling) der Filterantwort besteht, die durch die Seitenzipfel des Fensterspektrums erzeugt wird. Die zweite ist eine Verbreiterung des spektralen Überganges zwischen Durchlaßbereich und Sperrbereich, die durch die Breite des Hauptzipfels des Fensterspektrums verursacht wird. Ein Fenster wird im allgemeinen hauptsächlich bezüglich seiner Fähigkeit ausgewählt, das Gibbssche Phänomen zu reduzieren (siehe zum Vergleich Bild 8.16). Die Schärfe des Übergangs vom Durchlaßbereich zum Sperrbereich wird durch die Filterlänge festgelegt.

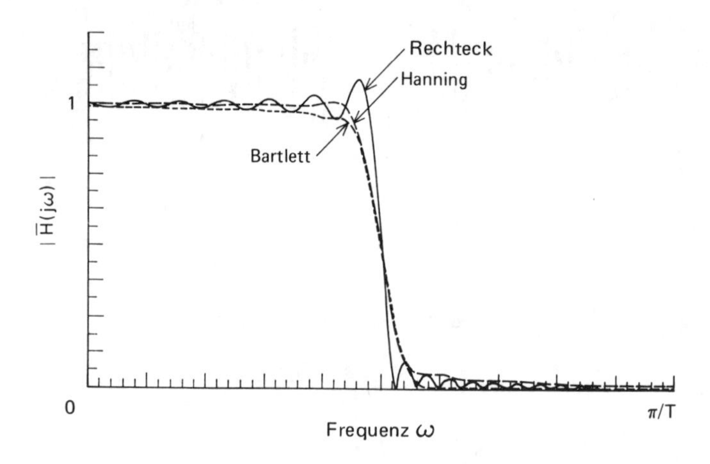

Bild 8.16 Tiefpaß-Filterantworten bei verschiedenen Fensterfunktionen: Rechteck, Bartlett und Hanning. Die Ergebnisse für Hamming, Blackman und Kaiser sind ähnlich wie bei Hanning.

Eine optimale Fensterfunktion ergibt jedoch nicht notwendigerweise einen optimalen Filterentwurf. Das heißt, die Filtercharakteristik, die man durch das Begrenzen der Koeffizientenzahl des gewünschten Filters mit einer optimalen Fensterfunktion erhält, ist nicht notwendigerweise die beste Näherung an die gewünschte Signalantwort.

Direkte Optimierungstechniken für den FIR-Filterentwurf, die solche Näherungen ergeben, sind im allgemeinen sehr komplex. Sie werden oft als Optimierungsproblem mit Nebenbedingungen formuliert, das mit Hilfe der linearen oder nichtlinearen Programmierung gelöst wird. Obgleich solche Techniken über den Rahmen des Buches hinausgehen, ist es lehrreich, sich wenigstens die grundsätzliche Formulierung der Probleme und der Lösungen anzusehen.

Wie oben erwähnt, ist das beste Filter im Sinne der Minimierung des mittleren quadratischen Fehlers (mean squared error) das Rechteckfenster. Die zu minimierende Funktion ist

$$\mathrm{MSE} = \frac{T}{2\pi} \int_{-\pi/T}^{\pi/T} [\overline{H}_d(j\omega) - \overline{H}(j\omega)]^2 \, d\omega \tag{8.30}$$

Unglücklicherweise werden bei diesem Ansatz keine Beschränkungen darüber auferlegt, wie der Fehler über der Frequenz zu verteilen ist. Im Ergebnis erlaubt er große Fehler in der Nähe des Übergangsbereiches (Gibbssches Phänomen), um damit Fehler an anderer Stelle minimal zu halten. Eine Methode, dieses Verhalten zu kompensieren, besteht darin, die Filterkoeffizienten so zu wählen, daß der gewichtete quadrierte Fehler (weighted squared error) zu einem Minimum wird

$$\mathrm{WMSE} = \frac{T}{2\pi} \int_{-\pi/T}^{\pi/T} (\overline{W}(j\omega)\,[\overline{H}_d(j\omega) - \overline{H}(j\omega)])^2 \, d\omega \tag{8.31}$$

Hierbei ist $\bar{W}(j\omega)$ eine frequenzabhängige Gewichtsfunkttion, die man einsetzt, um die Fehler im Übergangsbereich mehr zu gewichten. Obwohl diese Methode mit einigem Erfolg eingesetzt worden ist, besteht eine beliebtere Methode darin, den maximalen absoluten Fehler (maximum absolute error) zu minimieren.

$$\mathrm{AE}_{\max} = \underset{\omega \in R}{\mathrm{maximum}} \left| \overline{W}(j\omega)\,[\overline{H}_d(j\omega) - \overline{H}(j\omega)] \right| \tag{8.32}$$

Hierbei ist $\bar{W}(j\omega)$ wieder eine Gewichtsfunktion. Die Filterkoeffizienten werden so ausgewählt, daß der maximale absolute Fehler innerhalb eines interessierenden Frequenzbereichs (R) minimal wird. Diese Methode ist jedenfalls viel besser, als den Fehler gleichmäßig über alle Frequenzen zu verteilen. Für eine eingehendere Behandlung dieser Methode sei auf Rabiner und Gold, 1975, verwiesen.

8.6 Impulsantwort

Das Konzept der inversen Transformierten der Übertragungsfunktion, die die Antwort auf einen Einheitsnadelimpuls am Eingang darstellt, kann mit einigen Abänderungen auch auf digitale Filter angewandt werden. Für analoge Filter ist der Einheitsnadelimpuls δ(t) in Kapitel 3 definiert. Die Fourier-Transformierte Δ(jω) ist bei allen Frequenzen gleich Eins, d.h. es wird ein Eingangsimpuls mit einer konstanten Energiedichte bei allen Frequenzen benutzt, um die (Nadel) -Impulsantwort (impulse response) eines analogen Filters zu erhalten.

Wie in Gleichung 8.5 ist die Übertragungsfunktion des digitalen Filters $\bar{H}(j\omega)$ eine periodische Funktion von ω- eine Tatsache, die sowohl für rekursive wie auch für nichtrekursive digitale Filter zutrifft. Deshalb konvergiert das Integral von $|\bar{H}(j\omega)|$ im allgemeinen nicht, und die inverse Transformierte von $\bar{H}(j\omega)$ existiert gewöhnlich auch nicht in dem Sinne, wie sie es für realisierbare analoge Filter tut. Das heißt, die Antwort eines digitalen Filters auf δ(t) ist im allgemeinen nicht definiert. Man beachte, daß dies eine Konsequenz ist, die sich nicht durch das Unendlichwerden von δ(t) bei t = 0 ergibt, sondern vielmehr durch die konstante Energiedichte von δ(t) bei allen Frequenzen.

Man betrachtet die zwei Impulsfunktionen, die in Bild 8.17 zusammen mit ihren Fourier-Transformierten gezeigt sind. Der zweite Impuls d(t) ist die inverse Fourier-Transformierte eines Spektrums D(jω), das die konstante Amplitude T im Frequenzbereich $-\pi/T \le \omega \le \pi/T$ hat. Aus Kapitel 3, Übung 20 ergibt sich dafür

$$\begin{aligned} d(t) &= \frac{1}{2\pi}\int_{-\infty}^{\infty} D(j\omega)e^{j\omega t}\,d\omega \\ &= \frac{T}{2\pi}\int_{-\pi/T}^{\pi/T} e^{j\omega t}\,d\omega = \frac{\sin(\pi t/T)}{\pi t/T} \end{aligned} \tag{8.33}$$

Wenn man den Zeitschritt T gegen Null gehen läßt, wird das Spektrum D(jω) sehr breit und nähert sich dem Spektrum T·Δ(jω), während d(t) zu einer Nadelimpulsfunktion wird.

Wir definieren die "digitale Impulsfunktion" als eine Folge mit einem einzigen Abtastwert bei t=0 und Nullstellen an allen anderen Stellen des Abtastrasters, d.h.

$$\begin{aligned} d_n &= 1; \qquad n = 0 \\ &= 0; \qquad n \neq 0 \end{aligned} \tag{8.34}$$

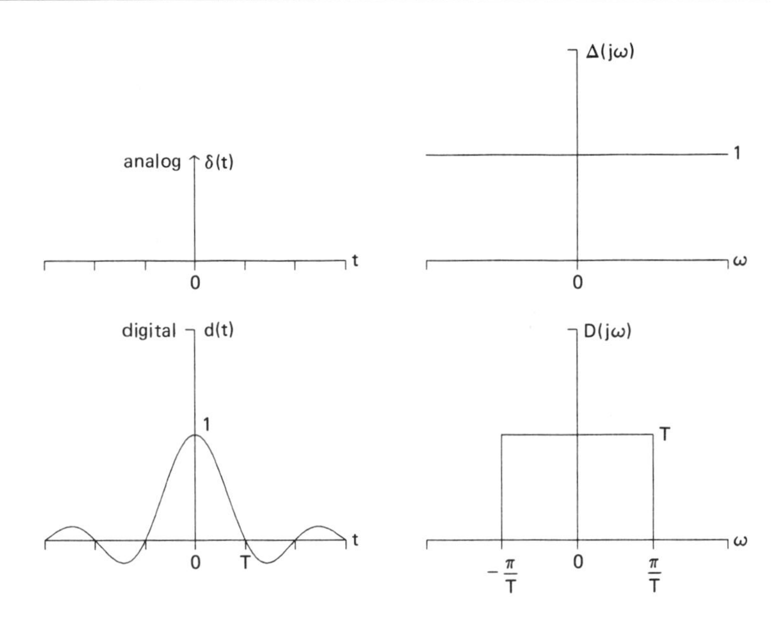

Bild 8.17 Impulsfunktionen und Spektren für analoge und digitale Filter

Infolgedessen kann man d_n als die Folge von Abtastwerten der Funktion d(t) in Gl. (8.33) bzw. Bild 8.17 betrachten. In diesem Sinne sind die digitalen und kontinuierlichen Nadelimpulsfunktionen durch einen Skalierungsfaktor T miteinander verbunden. (Man beachte noch, daß eine Amplitude 1 für D(jω) zur Maximalamplitude 1/T der Funktion d(t) im Nullpunkt führt. Siehe auch die generelle Beziehung in Gl. 5.21). Der Abtastwertesatz von δ(t) wird daher als einzelner Abtastwert 1/T bei n=0 definiert. Siehe Anhang A, Zeile 100.

Mit anderen Worten: Die folgenden zwei Filter haben Ausgangssignale, die in den Abtastpunkten t = 0, T, 2T,... gleich sind:

1. Ein digitales Filter mit der Übertragungsfunktion $\bar{H}(j\omega)$, mit dem Eingangssignal d_n.

2. Ein kontinuierliches Filter mit der Übertragungsfunktion gleich der ersten Periode von $T \cdot \bar{H}(j\omega)$ mit dem Eingangssignal δ(t).

Wenn der Zeitschritt T verschwindend klein wird, so daß die Abtastpunkte nahe zusammen rutschen, wird das kontinuierliche Filter (2) im wesentlichen zu einem Grenzfall des digitalen Filters (1).

Beschränken wir die Diskussion wieder auf nichtrekursive digitale Filter, so ist leicht zu erkennen, wie der Satz $[b_n]$ der Filterkoeffizienten mit der Impulsantwort verwandt ist. Die Gleichung 8.7, hier nochmals geschrieben, gibt jeden Filterkoeffizienten b_n an, ausgedrückt durch die erste Periode von $\bar{H}(j\omega)$:

$$b_n = \frac{T}{2\pi} \int_{-\pi/T}^{\pi/T} \overline{H}(j\omega) e^{jn\omega T} \, d\omega \tag{8.35}$$

Wenn b_n jetzt als b(nT) betrachtet wird, d.h. als ein Abtastwert einer Funktion b(t) bei t = nT, dann ist b(t) in der Tat die inverse Transformierte der ersten Periode von T $\bar{H}(j\omega)$, und so stellt der Satz [b_n] die Impulsantwort des nichtrekursiven digitalen Filters dar, wie dies in Bild 8.18 veranschaulicht ist.

Einheits-Nadelimpuls 1 if t = 0, 0 if t ≠ 0 → Nichtrekursives digitales Filter mit den Koeffizienten [b_n] → Antwort auf den Nadelimpuls [b_n] at t = [nT]

Bild 8.18 Impulsantwort des nichtrekursiven digitalen Filters

Aus Gleichung 8.5 folgt, daß die erste Periode von T $\bar{H}(j\omega)$ die Fourier-Transformierte der Impulsantwort b(t) ist, was auch dem analogen Fall entspricht. Man beachte auch, daß Gleichung 8.1 die Impulsantwort direkt ergibt: Wenn das Eingangssignal f_m für m = 0 gleich 1 ist und sonst überall Null, dann muß das Ausgangssignal g_m gleich b_m sein.

Beispiel 8.3: Man finde die Impulsantwort des nichtrekursiven Tiefpaßfilters. Benutzt man die unmodifizierten Filterkoeffizienten [b_n] in Gleichung 8.14, so wird die Impulsantwort ersichtlich

$$\begin{aligned} b_n &= \frac{\omega_c T}{\pi} \frac{\sin n\omega_c T}{n\omega_c T}; \qquad |n| \le N \\ &= 0; \qquad\qquad\qquad |n| > N \end{aligned} \tag{8.36}$$

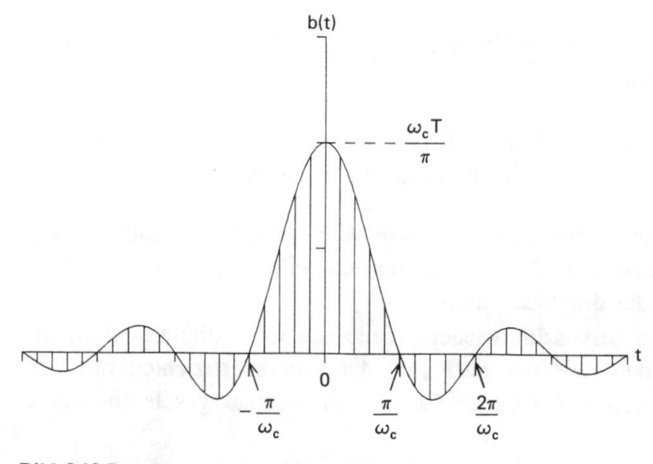

Bild 8.19 Impulsantwort des nichtrekursiven Tiefpaßfilters

Die Einhüllende dieser Antwort, die man findet, wenn man wie oben t = nT setzt, ist in Bild 8.19 gezeigt. Die Impulsantwort selbst findet man, indem man, wie im Bild angedeutet, die Werte von b(t) bei t = nT für $|n| < N$ nimmt. Die Tatsache, daß die Impulsantwort sowohl für negative als auch für positive Werte von t vorhanden ist, beeinträchtigt die praktische Realisierbarkeit des Tiefpaßtfilters in dem oben beschriebenen Sinne überhaupt nicht. Schließlich wird, wenn man ω_c in Bild 8.19 gleich π/T macht, das ganze Impulsspektrum D(jω) in Bild 8.17 unverändert das Filter passieren und b(t) in Bild 8.19 wird mit Td(t) in Bild 8.17 identisch.

8.7 Frequenzantwort und Blockschaltbilder

Wie in Abschnitt 7.2 schon beschrieben, erhalten wir durch Einsetzen von $z=e^{j\omega T}$ in die Übertragungsfunktion, Gl. 8.5, die nichtrekursive Übertragungsfunktion in Form einer z-Transformierten, d.h.

$$\tilde{H}(z) = \overline{H}(j\omega)\big|_{z=e^{j\omega T}} = \sum_{n=-N}^{N} b_n z^{-n} \tag{8.37}$$

Unter Verwendung von $\tilde{H}(z)$ können wir eine digitale Beziehung für die Übertragungsfunktion ableiten, die ähnlich zur kontinuierlichen Beziehung in Kapitel 3 ist. Wir nehmen dazu die z-Transformation von Gl. 8.1, wenden die Beziehung über das Faltungsprodukt in Gl. 7.6 an und erhalten

$$\begin{aligned} \tilde{G}(z) &= \mathcal{Z}\left[\sum_{n=-N}^{N} b_n f_{m-n}\right] \\ &= \tilde{B}(z)\tilde{F}(z) = \tilde{H}(z)\tilde{F}(z) \end{aligned} \tag{8.38}$$

Das heißt, die Übertragungsfunktion $\tilde{H}(z)$ ist die Transformierte der Koeffizientenfolge $[b_n]$ und zugleich auch das Verhältnis der Eingangs- und Ausgangstransformierten.

Eine Version der Gl. 8.38 mit Fourier-Transformierten ist leicht über die Substitution $z=e^{j\omega T}$ zu erhalten. Weiterhin werden wir sehen, daß trotz unterschiedlicher Form von $\tilde{H}(z)$ die Eingangs-Ausgangsbeziehung $\tilde{G}(z) = \tilde{H}(z)\,\tilde{F}(z)$ sowohl für rekursive als auch für nichtrekursive Systeme gilt. Daher haben wir dieselbe Art der Charakterisierung der Übertragungsfunktion sowohl für kontinuierliche als auch für digitale lineare Systeme, die eine enge Dualität zwischen beiden nahelegt, was in den Kapiteln 10 und 11 noch weiter verfolgt wird. Unter Verwendung der Transformationsbezeichnungen von Kapitel 3 und den vorstehenden Betrachtungen kann man zusammenfassen:

kontinuierliche Systeme	digitale Systeme	
$H(j\omega) = \dfrac{G(j\omega)}{F(j\omega)}$	$\bar{H}(j\omega) = \tilde{H}(e^{j\omega T}) = \dfrac{\bar{G}(j\omega)}{\bar{F}(j\omega)}$	
$H(s) = \dfrac{G(s)}{F(s)}$	$\tilde{H}(z) = \dfrac{\tilde{G}(z)}{\tilde{F}(z)}$	(8.39)

Die Schreibweise soll dazu dienen, zu betonen, daß einerseits $H(j\omega)$ und H(s) dieselben Funktionen mit verschiedenen Argumenten sind, und daß andererseits, wie in Gl. 8.37 zu sehen, $\bar{H}(j\omega)$ und H(z) verschiedene Funktionen sind.

Der Amplitudengang und die Phasenverschiebung jedes linearen digitalen Systems sind auch ähnlich zum kontinuierlichen Amplitudengang und der Phasenverschiebung, die in Kapitel 3, Abschnitt 3.2 beschrieben wurden, das heißt

	kontinuierliche Systeme	digitale Systeme	
Amplitudenantwort	$\lvert H(j\omega)\rvert$	$\lvert \tilde{H}(e^{j\omega T})\rvert$	(8.40)
Phasenverschiebung	$\arg[H(j\omega)]$	$\arg[\tilde{H}(e^{j\omega T})]$	

(Hierbei bedeutet arg die Phase; bei $H(j\omega) = |H(j\omega)|e^{j\Theta}$ ist arg $[H(j\omega)] = \Theta$).

Die einfache Darstellung der digitalen Übertragungsfunktion in Gl. 8.39 ist für viele Zwecke nützlich und führt direkt zu einer Blockschaltbild-Darstellung des digitalen Filters. Wie die z-Transformation selbst wird auch das Blockschaltbild hauptsächlich bei den rekursiven Filtern gebraucht, aber es sei hier schon eingeführt, um seine Form in einer einfachen Weise zu zeigen.

Unter Bezug auf Eigenschaft 4 des Abschnittes 7.2, die angibt, daß z^{-1} einer Einheitsverzögerung von T Sekunden äquivalent ist, kann man die nichtrekursive Übertragungsfunktion $\tilde{H}(z)$ in Gl. 8.37 in ein Blockschaltbild verwandeln. Das Ergebnis ist für N = 3 in Bild 8.20 gezeigt, wobei die Einheitsverzögerungen, die Koeffizienten $[b_n]$ und die Summation ganz im einzelnen dargestellt sind. Das Blockschaltbild legt die Realisierung des Filters in einer entsprechenden Schaltung oder einer algorithmischen Form sehr nahe, in der der "kommende" Wert f_{m+N} zur Zeit t = mT gerade zur Verfügung gestellt wird und die vorhergegangenen Werte $f_{m+N-1}, ..., f_m, ..., f_{m-N}$ allesamt gespeichert, verstärkt und summiert werden, um g_m zur Zeit t zu erzeugen.

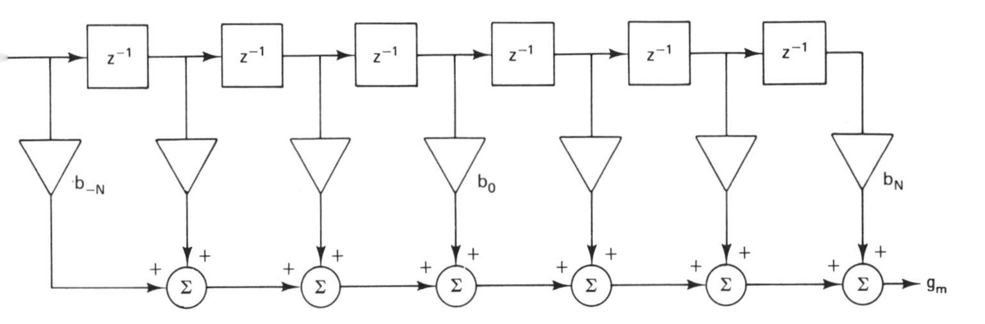

Bild 8.20 Nichtrekursives Filter mit N = 3

Eine äquivalente Realisierung des nichtrekursiven Filters ist in Bild 8.21 dargestellt. Für jeden vom Eingang zum Ausgang führenden Pfad in Bild 8.20 gibt es einen äquivalenten Pfad in Bild 8.21. Bild 8.21 gibt jedoch eine kleine Verschiedenheit in der Realisierung des Filters an: Die Abtastwerte von f(t) werden verstärkt, bevor sie gespeichert und verzögert werden, im Gegensatz zu Bild 8.20, wo sie zuerst gespeichert werden. Beide Diagramme benötigen denselben Speicherplatz, jedoch gibt es im nächsten Kapitel auch Fälle, in denen verschiedene Realisierungen derselben Übertragungsfunktion auch verschiedenen Speicherbedarf mit sich bringen.

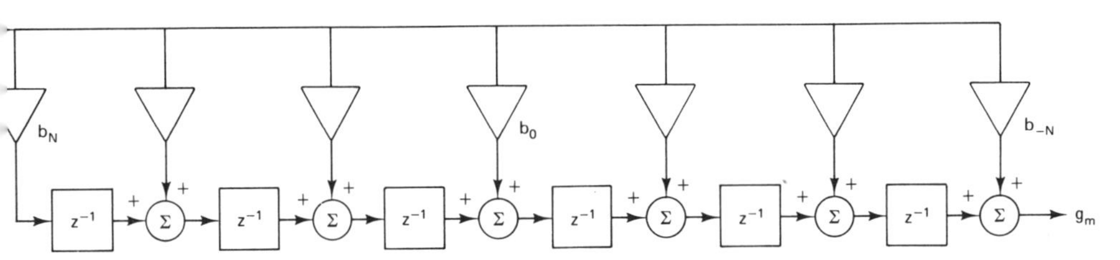

Bild 8.21 Zu Bild 8.20 äquivalentes Blockschaltbild zu Bild 8.20

8.8 Synthese nichtrekursiver Filter

Wie in Abschnitt 8.4 dieses Kapitels schließt die Synthese eines nichtrekursiven Filters die Auswahl eines Satzes von Filterkoeffizienten $[b_n]$ oder $[w_n b_n]$ ein, um die gewünschte Frequenzantwort des Filters zu erreichen. Zwei grundlegende Verfahren werden in diesem Abschnitt diskutiert.

Das erste Verfahren ist im wesentlichen dasjenige des Abschnitts 8.3, in dem die Koeffizienten dergestalt abgeleitet werden, daß $\bar{H}(j\omega)$, die digitale Übertragungsfunktion, eine Näherung der kleinsten Quadrate an die gewünschte Übertragungsfunktion $H_d(j\omega)$ ist. (Wenn ein nicht rechteckiges Fenster benutzt wird, wird die Näherung wie in Abschnitt 8.5 geglättet). Wie in Abschnitt 8.3 ist die allgemeine Koeffizientenformel

$$b_n = \frac{T}{2\pi} \int_{-\pi/T}^{\pi/T} H_d(j\omega) e^{jn\omega T} d\omega; \qquad -N \le n \le N \tag{8.41}$$

Eine Modifikation dieses Ansatzes, die von Helms (1968) und Rabiner (1971) beschrieben wurde, kann benutzt werden, wenn das Integral in Gleichung 8.41 schwierig auszuwerten ist. Verwendet man einen Satz von Abtastwerten von $H_d(j\omega)$, wir wollen ihn $[H_{dm}]$ nennen, so kann man effektiv die inverse DFT anstelle des Integrals in Gleichung 8.41 einsetzen, um eine Näherung nullter Ordnung an dieses zu erhalten. Der Wertesatz $[H_{dm}]$ sei z.B. an $M + 1$ regelmäßig verteilten Punktes des Frequenzbereiches von $\omega = 0$ bis π/T genommen (unter Einschluß der Endwerte), so daß der Abstand zwischen den Punkten $d\omega = \pi/MT$ beträgt. (Da $H_d(-j\omega)$ der konjugiert komplexe Wert zu $H_d(j\omega)$ ist, ist natürlich auch der Wertesatz für negative ω bekannt). Die Näherung nullter Ordnung für b_n kann nun aus Gleichung 8.41 wie folgt abgeleitet werden:

$$\begin{aligned} b_n &= \frac{T}{2\pi} \int_{-\pi/T}^{\pi/T} H_d(j\omega) e^{jn\omega T} d\omega; \qquad -N \le n \le N \\ &\approx \frac{T}{2\pi} \sum_{m=-M}^{M} H_{dm} e^{j(mn\pi/M)} \left(\frac{\pi}{MT}\right) \\ &\approx \frac{1}{2M} \sum_{m=-M}^{M} H_{dm} e^{j(mn\pi/M)}; \qquad -N \le n \le N \end{aligned} \tag{8.42}$$

(Die Endwerte H_{dm} für $m = \pm M$ sollten, wenn sie nicht Null sind, mit halbem Wert einbezogen werden.) In dieser Näherung sollte M größer als N sein und überdies groß genug, um $H_d(j\omega)$ mit einer adäquaten Rate abzutasten.

Das zweite Syntheseverfahren wird durch die in Abschnitt 8.6 beschriebene Äquivalenz der analogen und der digitalen Impulsantwort nahegelegt. Mit einer vorgegebenen gewünschten Übertragungsfunktion $H_d(j\omega)$ könnte die Einhüllende der digitalen Impulsantwort b(t) gleich dem T-fachen der gewünschten Impulsantwort $h_d(t)$ gesetzt werden. Dann müßte die digitale Übertragungsfunktion $\bar{H}(j\omega)$ näherungsweise gleich $H_d(j\omega)$ sein.

Die zwei Syntheseverfahren sind in Tabelle 8.2 zusammengefaßt. Sie sind sehr ähnlich, und in der Tat sind die zwei Koeffizientenlösungen sogar identisch, wenn $H_d(j\omega)$ außerhalb des Intervalls $|\omega| < \pi/T$ gleich Null ist. (In diesem Fall wird das Integral in Verfahren 1, multipliziert mit $1/2\pi$, gerade zur inversen Transformierten von $H_d(j\omega)$ oder zu $h_d(t)$ in Verfahren 2.) Wenn jedoch $H_d(j\omega)$ außerhalb dieses Intervalles nicht Null ist, ergeben sich aus den zwei Verfahren unterschiedliche Koeffizienten. In Verfahren 1 ergeben sich mit dem Rechteckfenster solche Koeffizienten, daß $\bar{H}(j\omega)$ im obigen Intervall eine Näherung der kleinsten Quadrate an $H_d(j\omega)$ ist, aber in Verfahren 2 sind die Koeffizienten so beschaffen, daß $\bar{H}(j\omega)$ die Näherung nullter Ordnung an $H_d(j\omega)$, d.h. $T\bar{H}_d(j\omega)$ ist. Die unten folgenden Beispiele werden die zwei Verfahren veranschaulichen.

Tabelle 8.2 Synthese-Prozeduren für nichtrekursive Filter

Beginn	Verfahren 1 Gewünschte Übertragungsfunktion $H_d(j\omega)$	Verfahren 2 Gewünschte Impulsantwort $h_d(t)$
‚ösung für Koeffizienten	$b_n = \frac{T}{2\pi}\int_{-\pi/T}^{\pi/T} H_d(j\omega)e^{jn\omega T}\,d\omega$ $\approx \frac{1}{2M}\sum_{m=-M}^{M} H_{dm}e^{j(mn\pi/M)}$	$b_n = Th_d(nT)$
‘ormel für digitales Filter	$g_m = \sum_{n=-N}^{N} w_n b_n f_{m-n}$	gleich
Jbertragungsfunktion des digitalen Filters	$\bar{H}(j\omega) = \sum_{n=-N}^{N} w_n b_n e^{-jn\omega T}$	gleich
:igenschaften von $H(j\omega)$, wenn $[x_n]$ das Rechteckfenster ist	Näherung der kleinsten Quadrate an $H_d(j\omega)$ für $|\omega| < \pi/T$	Fourier-Transformierte von $Th_d(t)$ [i.e., $T\bar{H}_d(j\omega)$]

* Anwendung des Datenfensters $[w_n]$ wird in Abschn. 8.5 besprochen.

Beispiel 8.4: Man entwerfe das allgemeine Tiefpaßfilter mit Phasenverschiebung Null mit den Gleichungen 8.14 bis 8.16 und mache Gebrauch von dem Verfahren 2. (Man beachte, daß das Verfahren 1 in Abschnitt 8.4 benutzt wurde, siehe Gleichung 8.14). Um Verfahren 2 anwenden zu können, muß die gewünschte Impulsantwort $h_d(t)$ bestimmt werden. Wie in Bild 8.22 dargestellt, ist $Th_d(t)$ exakt die Einhüllende von b_n in Gleichung 8.14, d.h. $b(nT) = Th_d(nT)$. (Siehe auch Bild 8.19). Deshalb ergibt das Verfahren 2 dasselbe Resultat wie Verfahren 1 für das Tiefpaßfilter, d.h. das in den Gleichungen 8.14 bis 8.16 angegebene Resultat. Es lautet wie erwartet, da die gewünschte Übertragungsfunktion $H_d(j\omega)$ in diesem Fall für $|\omega| \geq \pi/T$ gleich Null ist. So ist in diesem besonderen Beispiel gemäß Tabelle 8.2 die sich ergebende Übertragungsfunktion $\bar{H}(j\omega)$ sowohl gleich $T\bar{H}_d(j\omega)$ als auch gleich der Näherung der kleinsten Quadrate an $H_d(j\omega)$.

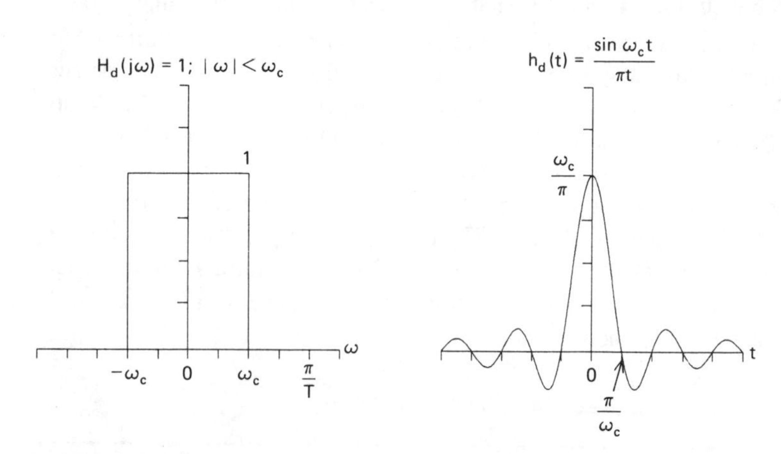

Bild 8.22 Tiefpaß-Übertragungsfunktion und Nadelimpulsantwort

8.9 Ein nichtrekursiver Differentiator

Als ein weiteres Beispiel des Filtersynthese-Verfahrens, das im vorigen Abschnitt diskutiert wurde, wollen wir ein nichtrekursives differenzierendes Filter entwerfen, d.h. ein Filter, das die Ableitung des Eingangssignals bildet. Bildet man solch eine zeitliche Ableitung, muß man die Fourier-Transformierte mit $j\omega$ multiplizieren (siehe Tabelle 3.1). Infolgedessen lautet die gewünschte Übertragungsfunktion des Differentiators

$$H_d(j\omega) = j\omega \tag{8.43}$$

In diesem Fall ist die gewünschte Übertragungsfunktion rein imaginär. Mit dem Verfahren 1 in Tabelle 8.2 ergeben sich die gewünschten Filterkoeffizienten wie folgt

$$
\begin{aligned}
b_n &= \frac{T}{2\pi}\int_{-\pi/T}^{\pi/T} j\omega e^{jn\omega T}\,d\omega: && -N \le n \le N \\
&= 0; && n = 0 \\
&= \frac{(-1)^n}{nT}; && n \neq 0
\end{aligned}
\tag{8.44}
$$

Diese Koeffizienten weisen eine ungerade Symmetrie auf, d.h. $b_{-n} = -b_n$. Daher kann das Filterausgangssignal $[y_k]$ als Funktion des Eingangssignals $[x_k]$ wie folgt geschrieben werden.

$$
\begin{aligned}
y_k &= \sum_{n=1}^{\infty} b_n(x_{k-n} - x_{k+n}) \\
&= \sum_{n=1}^{\infty} \frac{(-1)^n}{nT}(x_{k-n} - x_{k+n})
\end{aligned}
\tag{8.45}
$$

Dies nennt man eine Summe gewichteter symmetrischer Differenzen. Die Gewichtung ist geringer für Differenzen, die vom Filterzentrum weiter entfert sind. Diese Struktur erscheint sicher auch intuitiv recht vernünftig für einen Differentiator.

Für die Filterrealisierung müssen die gewünschten Koeffizienten durch den Einsatz einer passenden Fensterfunktion noch begrenzt werden. Aus Tabelle 8.2 entnehmen wir für eine Fensterfolge $[w_n]$ mit 2N+1 Abtastwerten

$$
\begin{aligned}
\overline{H}(j\omega) &= \sum_{n=-N}^{N} w_n b_n e^{-jn\omega T} \\
&= \sum_{n=1}^{N} w_n\left[\frac{(-1)^n}{nT}e^{-jn\omega T} - \frac{(-1)^n}{nT}e^{jn\omega T}\right] \\
&= \frac{-2j}{T}\sum_{n=1}^{N} w_n \frac{(-1)^n}{n}\sin(n\omega T)
\end{aligned}
\tag{8.46}
$$

Für N=10 ist $|\overline{H}(j\omega)|$ in Bild 8.23 dargestellt. Die beiden Kurven zeigen den Betrag der Übertragungsfunktion für das Rechteckfenster und das Blackman-Fenster. Beim Blackman-Fenster ist die Filterkurve glatter, während das Rechteckfenster die beste Näherung der kleinsten Quadrate an $H_d(j\omega)$, darstellt.

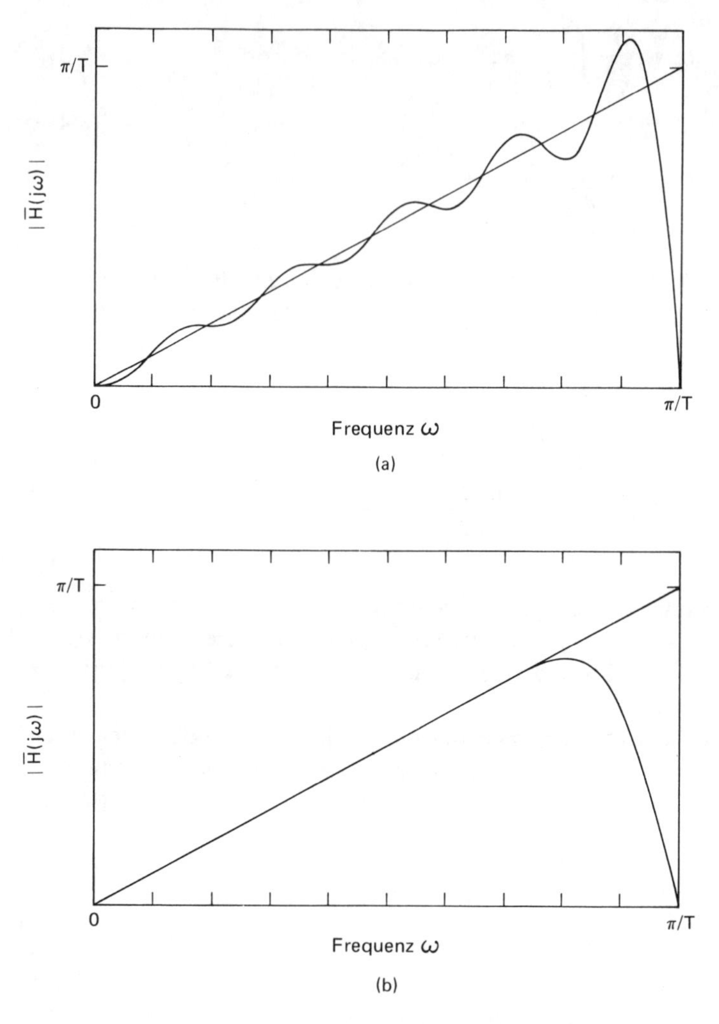

Bild 8.23 Amplitudenantwort des differenzierenden digitalen Filters, N = 10, mit (a) einem Rechteck-Fenster und (b) einem Blackman-Fenster

Definitionsgemäß verstärkt das differenzierende Filter höhere Frequenzen mehr als niedrigere Frequenzen. Wenn das interessierende Signal überabgetastet wird und wenn man weißt, daß es im Frequenzbereich von $\omega=0$ bis ω_c liegt, dann ist es nicht wünschenswert, irgend ein Rauschen, das im Bereich von ω_c bis π/T sein mag, zu verstärken. In diesem Fall wäre die gewünschte Frequenzkurve des Differentiators

$$H_d(j\omega) = j\omega; \qquad |\omega| \leq \omega_c$$
$$= 0; \qquad |\omega| > \omega_c$$

Zieht man wieder das Verfahren 1 von Tabelle 8.2 heran, ergeben sich die gewünschten Koeffizienten jetzt zu

$$
\begin{aligned}
b_n &= \frac{T}{2\pi}\int_{-\omega_c}^{\omega_c} j\omega e^{jn\omega T}\,d\omega \\
&= \frac{T}{\pi}\left[\frac{\omega_c\cos(n\omega_c T)}{nT} - \frac{\sin(n\omega_c T)}{(nT)^2}\right]; \qquad -N \le n \le N
\end{aligned}
\tag{8.47}
$$

Man prüft leicht nach, daß dieser Ausdruck äquivalent zu Gl. 8.44 ist, sobald $\omega_c = \pi/T$. Wird diese Folge wieder mit dem Rechteckfenster und dem Blackman-Fenster der Länge 21 begrenzt (d.h. N = 10), nimmt $|\bar{H}(j\omega)|$ die Formen an, die in Bild 8.24 gezeigt sind. Die Wirkung kann als Serienschaltung eines breitbandigen Differentiators mit einem Tiefpaßfilter beschrieben werden.

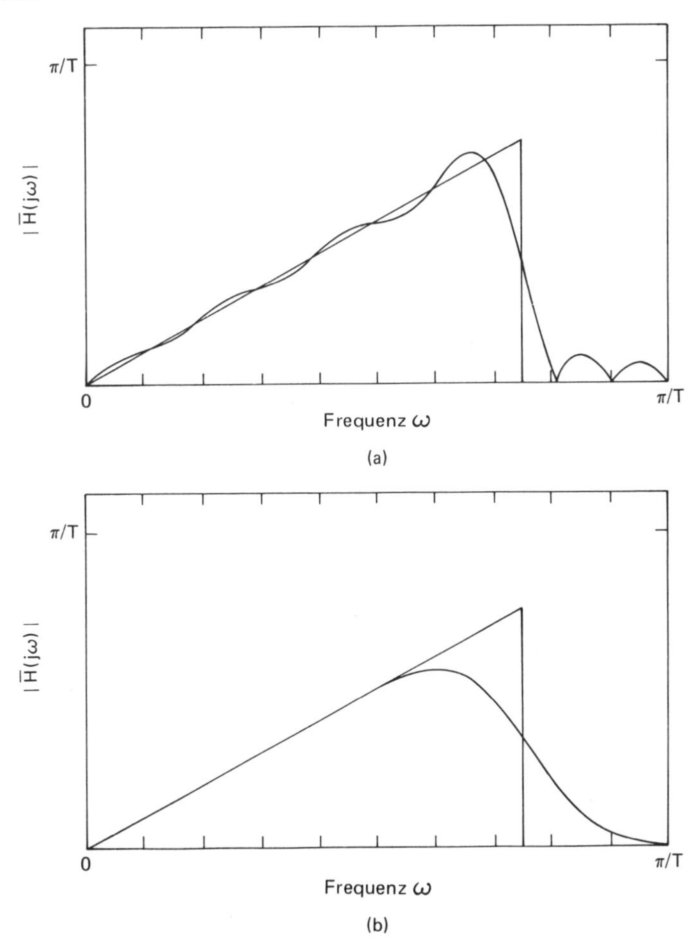

Bild 8.24 Amplitudenantwort des bandbegrenzten differenzierenden digitalen Filters, N = 10, mit (a) einem Rechteck-Fenster und (b) einem Blackman-Fenster; $\omega_c = 0.75\ \pi/T$.

8.10 Nichtrekursiver Hilbert-Transformator

In diesem Abschnitt wird ein weiteres Beispiel des Filtersynthese-Verfahrens von Abschnitt 8.8 behandelt. Die Hilbert-Transformation ist eine Transformation, welche die funktionale Abhängigkeit, falls vorhanden, zwischen dem reellen und dem imaginären Teil einer komplexen Funktion ausdrückt. Bei komplexen Zeitsignalen, deren Spektren einseitig sind, weiß man, daß solch eine Beziehung existiert, und diese Beziehung ist in der Tat auch ganz einfach. Der imaginäre Teil wird einfach um $\pm 90^o$ gegenüber dem reellen Teil phasenverschoben (-90°, wenn der von Null verschiedene imaginäre Teil des Spektrums größer als Null ist, und $+90^o$, wenn er kleiner als Null ist). Man betrachte z.B. das komplexe exponentielle Zeitsignal $e^{j\omega_0 t} = \cos \omega_0 t + j \sin \omega_0 t$. Augenscheinlich wird der imaginäre Teil, $\sin \omega_0 t$, um -90^0 gegenüber dem reellen Teil, $\cos \omega_0 t$, verschoben. Das Spektrum dieses Zeitsignals ist in der Tat einseitig, insofern, als es nur positive Frequenzkomponenten bei der positiven Frequenz ω_0 enthält. Entsprechend wird das Signal $e^{-j\omega_0 t} = \cos \omega_0 t + j \sin \omega_0 t$ dessen imaginärer Teil um $+ 90^o$ gegenüber dem reellen Teil verschoeben ist, ein einseitiges Spektrum bei $-\omega_0$ haben. Es ist lehrreich, zu bemerken, daß demgegenüber die Spektren von rein reellen Signalen immer zweiseitig sind. Dies kann man aus der Eigenschaft in Gl. 3.9 ersehen, die festlegt, daß für reelle Signale gilt: $|F(j\omega)| = |F(-j\omega)|$. Aufgrund dieser Eigenschaft ergibt sich, daß die einzige Möglichkeit, daß eine Hälfte des Spektrums Null ist, darin besteht, daß die andere Hälfte auch gleich Null ist. Bei komplexen Zeitsignalen sollten wir uns noch merken, daß sie nicht alle einseitige Spektren haben, sondern nur jene, deren reelle und imaginären Teile durch die oben erwähnte Hilbert-Transformation miteinander verbunden sind.

Die Hilbert-Transformation ist für komplexe Folgen definiert, deren DFT einseitig ist, d.h. im Bereich $-\pi/T \leq \omega \leq 0$ oder im Bereich $0 < \omega \leq \pi/T$ gleich Null ist. Im vorliegenden Abschnitt wollen wir ein Filter entwerfen, das die Hilbert-Transformation für solche Folgen durchführt. Das heißt, ein Filter, das bei gegebenem reellen Teil einer Folge den passenden imaginären Teil erzeugt. Diese Transformation ist z.B. nützlich für die Erzeugung der Quadraturkomponente von Schmalband-Signalen, wie sie in Radarsystemen Verwendung finden, und sie ist ganz allgemein nützlich, wenn eine 90°-Phasenverschiebung erzeugt werden soll.

Die Übertragungsfunktion des idealen Hilbert-Transformators lautet

$$\begin{aligned} H_d(j\omega) &= -j; \qquad \omega \geq 0 \\ &= j; \qquad \omega < 0 \end{aligned} \qquad \textbf{(8.48)}$$

Man sieht sofort, daß diese Übertragungsfunktion eine Phasenverschiebung von ±90° wie oben beschrieben bewirkt, wobei die Verstärkung über alle Frequenzen hin gleich Eins ist.

Mit dem Verfahren 1 in Tabelle 8.2 ergeben sich die Koeffizienten des idealen Hilbert-Transformators wie folgt

$$
\begin{aligned}
b_n &= \frac{T}{2\pi} \int_{-\pi/T}^{\pi/T} H_d(j\omega) e^{jn\omega T} d\omega; \qquad -N \leq n \leq N \\
&= \frac{Tj}{2\pi} \int_{-\pi/T}^{0} e^{jn\omega T} d\omega - \frac{Tj}{2\pi} \int_{0}^{\pi/T} e^{jn\omega T} d\omega \\
&= \frac{1}{\pi n} [1 - \cos(n\pi)] \qquad\qquad (8.49) \\
&= 0; \qquad n \text{ gerade} \\
&= \frac{2}{\pi n}; \qquad n \text{ ungerade}
\end{aligned}
$$

Nach einer Begrenzung der Koeffizienten mit einem Rechteck- und einem Blackman-Fenster der Längen 31 und 63 ergeben sich die in Bild 8.25 dargestellten Filterkurven. Die Annäherung an die Idealkurve wird umso besser, je länger man die Filterlänge macht.

Um ein Beispiel des Transformationsverhaltens zu geben, wählen wir als Eingangssignal des Filters die Funktion $-\cos(n\omega_0 T)$, wobei $\omega_0 T = 0{,}1\ \pi$. Benutzt man jetzt einen Hilbert-Transformator, dessen Länge durch ein Blackman-Fenster auf 51 (N=25) begrenzt wird, erhalten wir das in Bild 8.26 gezeigte Ausgangssignal. Man beachte, daß nach einer Zeitspanne, die der Hälfte des Filters, bzw. 25 Abtastungen entspricht, das Ausgangssignal etwa die gleiche Amplitude und Frequenz wie das Eingangssignal angenommen hat, jedoch um eine Viertelperiode verzögert, bzw. um -90° in der Phase verschoben ist.

Die Ergebnisse in Bild 8.26 sind mit einem nichtkausalen Filter erzeugt worden, bei dem die Koeffizienten von n = - 25 bis n = 25 wie in Gl. 8.49 laufen. Wäre das Filter als kausales Filter realisiert worden, würde sich das Ausgangssignal in Bild 8.26 um zusätzliche 25 Abtastungen verzögern, d.h. um eine weitere halbe Filterlänge.

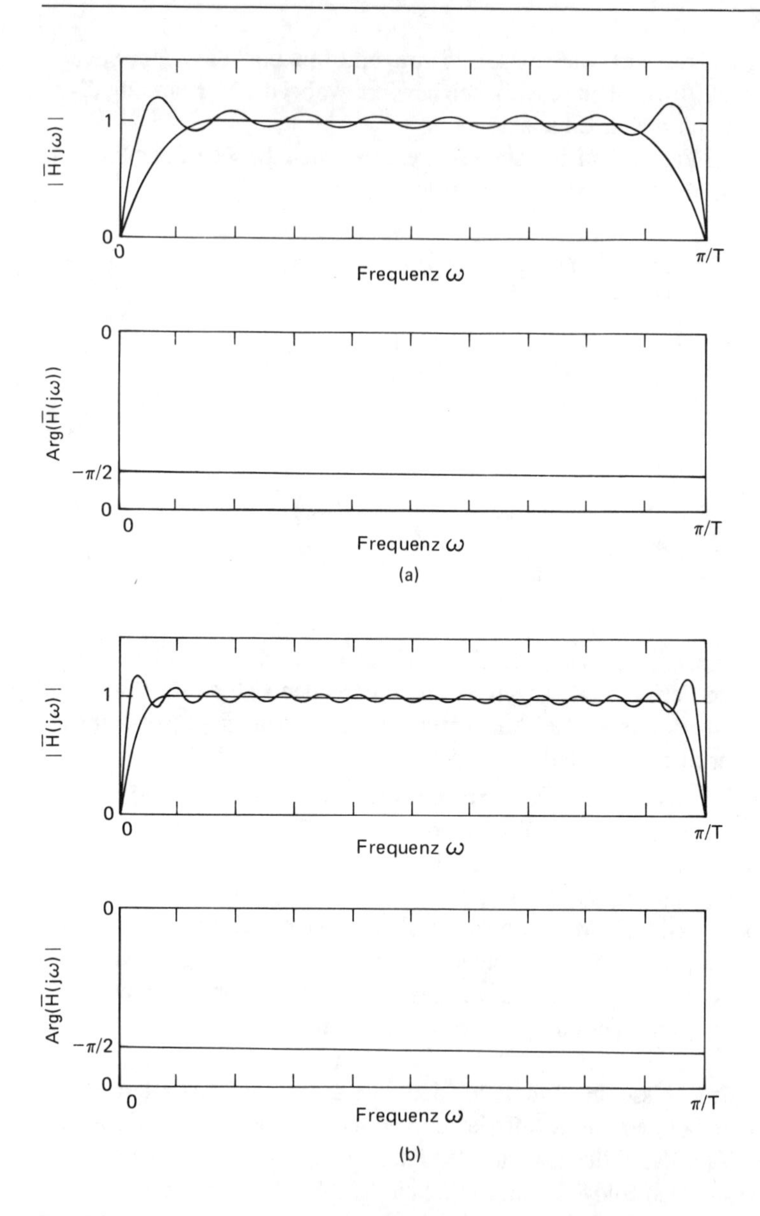

Bild 8.25 Amplituden- und Phasenantworten des Hilbert-Transformators:
(a) Länge = 31, (b) Länge = 63; Es wurde ein Blackman-Fenster benutzt, um einen glatteren Verlauf zu erhalten. Mit Arg ist wieder die Phase bezeichnet.

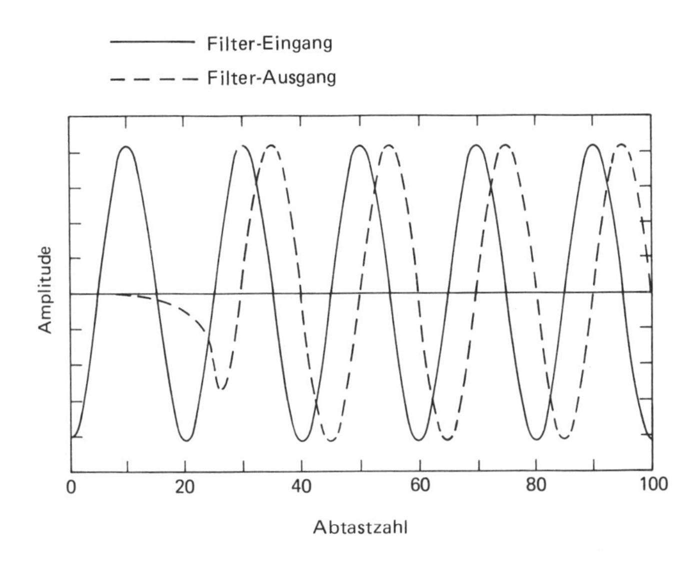

Bild 8.26 Eingangs- und Ausgangssignale für den Hilbert-Transformator.

8.11 Übungen

1. Leite Gleichung 8.7 ab und gehe dabei von Gleichung 8,5 und der Formel in Kapitel 2 für c_k, dem komplexen Koeffizienten der Fourier-Reihe, aus.

2. Ein Satz $[x_m]$ von regelmäßigen Abtastwerten wird geglättet,indem man berechnet $[y_m] = [2\,x_{m-1} + x_m + 2\,x_{m+1}]$. Skizziere die Übertragungsfunktion $\overline{H}(j\omega)$ für diese Operation.

3. Wie groß sind Verstärkung und Phasenverschiebung bei der Glättungsformel $v_m = u_m$ -. $(1/2)u_{m-1} + (1/6)u_{m-2}$?

4. Wie groß ist die komplexe Verstärkung, die man durch die Glättungsformel erreicht
$$y_m = \frac{1}{N} \sum_{n=0}^{N-1} x_{m-n} ?$$

5. Welche Verstärkung und Phasenverschiebung werden gebildet durch
$$y_m = \frac{1}{2N+1} \sum_{n=-N}^{N} x_{m-n} ?$$

6. Es ist eine "gewünschte" Bandpaßcharakteristik mit der Phasenverschiebung Null dargestellt. Zeige, welche Näherung $\overline{H}(j\omega)$ man mit einem nicht-rekursiven Filter erreichen kann und leite den Filteralgorithmus ab. Benutze ein rechteckiges Datenfenster.

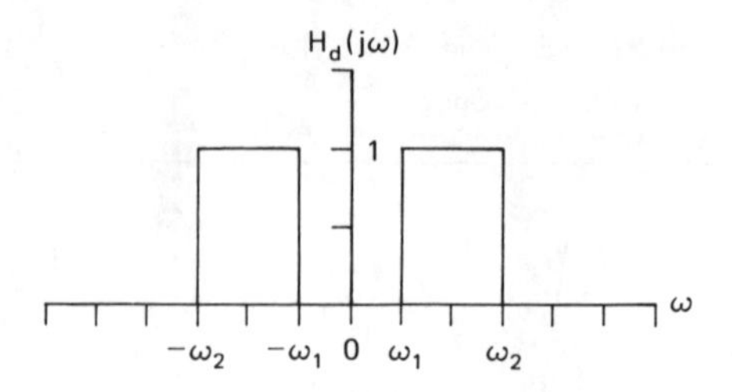

7. (Mit Rechner) Zeichne die optimalen Verstärkungsfunktionen für ein nichtrekursive Tiefpaßfilter für $\omega_c T = 0{,}2\,\pi$ mit N = 10 und N = 100 und vergleiche mit Bild 8.7. Benutze das Hanning-Datenfenster.

8. Ermittle die Impulsantwort des Filters in Aufgabe 2.

9. Wie heißt die Impulsantwort des Filters in Aufgabe 3?

10. Ermittle die Impulsantwort für Aufgabe 4.

11. Gib $\tilde{H}(z)$ für das Filter in Aufgabe 2 an.

12. Gib $\tilde{H}(z)$ für Aufgabe 3 an und zeichne ein Blockschaltbild ähnlich dem in Bild 8.20.

13. Zeichne ein Blockschaltbild wie in Bild 8.21 für Aufgabe 4.

14. Gib $\tilde{H}(z)$ für Aufgabe 5 an.

15. Beweise, daß das Multiplizieren einer Übertragungsfunktion $\tilde{H}(z)$ mit z^k, wobei k eine beliebige ganze Zahl ist, die Amplitudenverstärkung nicht beeinträchtigt.

16. Wenn $\Theta(j\omega)$ die Phasenverschiebung eines digitalen Filters im Bogenmaß darstellt, zeige, welche Wirkung es auf $\Theta(j\omega)$ hat (falls überhaupt), wenn man $\tilde{H}(z)$ mit z^{-1} multipliziert.

17. Ein digitales Filter mit der Übertragungsfunktion $\tilde{H}(z)$ wird beschrieben durch

$$y_m = \sum_{n=-N}^{N} b_n x_{m-n}$$

Gib einen ähnlichen Algorithmus für das untenstehende Filter an, dessen Übertragungsfunktion $\mathbf{z^k \tilde{H}(z)}$ beträgt.

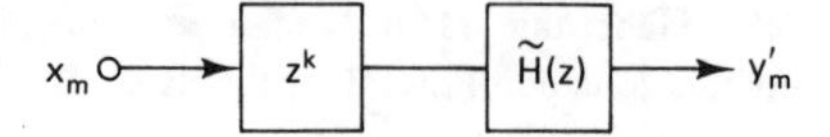

18. **Zwei verschiedene nichtrekursive Filter haben die folgenden Algorithmen:**

$$u_m = \sum_{n=-N}^{N} b_n x_{m-n}; \qquad v_m = \sum_{n=0}^{2N} b'_{n-N} x_{m-n}$$

Die Werte b sind dieselben in dem Sinne, daß $b_1 = b_{1'}$, $b_2 = b'_2$ usw. Unter Ausnutzung des Ergebnisses in der vorhergehenden Aufgabe

a) finde die Funktion $\tilde{H}_v(z)$ ausgedrückt durch $\tilde{H}_u(z)$;
b) finde $\bar{H}_v(j\omega)$, ausgedrückt durch $\bar{H}_u(j\omega)$, und vergleiche das Ergebnis mit dem in den Aufgaben 15 und 16 und
c) diskutiere die Realisierbarkeit der zwei Filter.

19. **(Mit Rechner) Das unten gezeigte gewünschte Tiefpaßspektrum hat seine Grenzfrequenz bei 125 kHz oder 785 krad sec^{-1} mit einer Phasenverschiebung Null bei allen Frequenzen. Das Abtastintervall beträgt 1 µsec.**

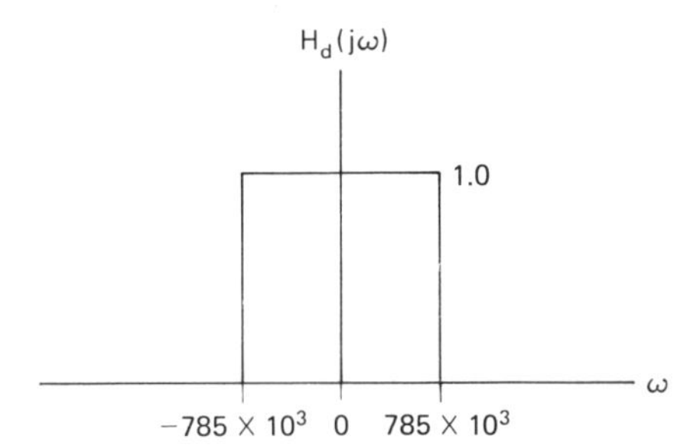

Nimm ein rechteckiges Datenfenster an.

a) **Schreibe einen allgemeinen Ausdruck für die Filterkoeffizienten $[b_n]$.**
b) **Zeichne die wirklichen Antwortfunktionen für Filter mit N = 4,8 und 32.**
c) **Zeichne die Einhüllende der Antwort g(t), wenn das Eingangssignal aus 100 Abtastwerten von f(t) = sin (5 x 10^5t) besteht und N gleich 32 ist.**
d) **Zeichne g(t), wenn f(t) = sin (8 x 10^5t) und N = 32 und vergleiche mit Teil c.**
e) **Zeichne g(t), wenn f(t) eine 50 kHz Rechteckschwingung ist und N gleich 32 gewählt wird.**

20. (Mit Rechner) Benutze die Ergebnisse in Aufgabe 6 und die Fenster-Routine SPWIND in Anhang B, um die Koeffizienten eines FIR-Bandpaßfilters mit 21 Gewichten (N=10) zu ermitteln, wobei $\omega_1 T = 0{,}2\pi$ und $\omega_2 T = 0{,}4\,\pi$ gesetzt werden soll und die folgenden Fenster zu wählen sind; Rechteckfenster, Bartlett, Hanning, Hamming, Blackman und Kaiser (ß = 5,44). Benutze die SPFFT-Routine in Anhang B, um die Abtastwerte der aktuellen Amplitudenantwort dieser Filter zu berechnen. Drucke die Ergebnisse aus und vergleiche sie miteinander.

21. (Mit Rechner). Wiederhole die Aufgabe 20 mit einem Filter der Länge 41 (N = 20). Wie unterscheiden sich die Ergebnisse von denen in Aufgabe 20?

22. Leite Gl. 8.25 ab. Bestätige, daß die erste Nullstelle in $\bar{W}_{HN}(j\omega)$ ungefähr bei $\omega T = 2\pi/N$ liegt.

23. Leite Gl. 8.27 ab. Bestätige, daß die erste Nullstelle in $\bar{W}_{BK}(j\omega)$ ungefähr bei $\omega T = 3\pi/N$ liegt.

24. (Mit Rechner). Berechne und zeichne die Kaiser-Fensterfunktion $[w_n]$ für ß = 5 und N = 10. Vergleiche mit der Blackman-Fensterfunktion.

25. (Mit Rechner). Benutze die Subroutinen in Abhang B, um mit ihrer Hilfe die Koeffizienten eines nichtrekursiven differenzierenden Filters der Länge 31 zu ermitteln, wobei die Kaiser-Fensterfunktion mit ß = 5,44 herangezogen werden soll. Filtere mit diesen Koeffizienten die Folge

$$x_n = 0.99^n; \qquad n = 0, 1, 2, \ldots, 999$$

Ist das Ergebnis eine Näherung an die Ableitung von n?

26. (Mit Rechner). Wiederhole Aufgabe 25 mit einem Differentiator der Grenzfrequenz $\omega_c T = 0{,}8\pi$. Vergleiche das Ergebnis mit dem in Aufgabe 25.

27. (Mit Rechner). Berechne die Filterkoeffizienten eines nichtkursiven Hilbert-Transformators der Länge 15 unter Benutzung eines Rechteckfensters. Filtere mit diesen Koeffizienten die folgenden Folgen

(a) $x_n = \cos(0.12\pi n); \qquad n = 0, 1, 2, \ldots, 200$

(b) $x_n = \cos(0.24\pi n); \qquad n = 0, 1, 2, \ldots, 200$

Vergleiche die Ergebnisse und erläutere sie. Hinweis: Drucke die Frequenzkurve des Filters aus.

28. (Mit Rechner). Überprüfe die Gültigkeit des Differentiators

$$y_k = \sum_{n=1}^{9} w_n b_n (x_{k-n} - x_{k+n})$$

wobei $[b_n]$ durch Gl. 8.44 gegeben ist und $[w_n]$ das Hanning-Fenster darstellt, durch Differenzieren einer Einheits-Rampenfunktion mit $x_k = k$.

Einige Antworten

2. $\overline{H}(j\omega) = 1 + 4\cos\omega T$ **3.** $|\overline{H}(j\omega)| = \frac{1}{6}(34 - 42\cos\omega T + 24\cos^2\omega T)^{1/2}$

4. $\overline{H}(j\omega) = \dfrac{1}{N}\dfrac{\sin(N\omega T/2)}{\sin(\omega T/2)} e^{j(1-N)\omega T/2}$ **5.** $\overline{H}(j\omega) = \dfrac{1}{2N+1}\left[\dfrac{\sin[(N+1/2)\omega T]}{\sin(\omega T/2)}\right]$

6. $g_m = \sum_{n=-N}^{N} \dfrac{1}{n\pi}(\sin n\omega_2 T - \sin n\omega_1 T) f_{m-n}$ **8.** $[2, 1, 2]$ at $t = -T, 0, T$

10. $1/N$ at $t = 0, T, \ldots, (N-1)T$

11. $\tilde{H}(z) = 2z + 1 + 2z^{-1}$ **14.** $\tilde{H}(z) = \dfrac{1}{2N+1}\sum_{n=-N}^{N} z^{-n} = \dfrac{1}{2N+1}\left[\dfrac{z^{-N} - z^{N+1}}{1-z}\right]$

16. $\theta(j\omega)$ verkleinert sich um ωT **17.** $y'_m = \sum_{n=-N-k}^{N-k} b_{n+k} x_{m-n}$

18. **(a)** $\tilde{H}_v(z) = z^{-N}\tilde{H}_u(z)$

Literaturhinweise

BRUCE, J. D., Discrete Fourier Transforms, Linear Filters, and Spectrum Weighting. *IEEE Trans. Audio Electroacoust.*, Vol. AU-16, No. 4, December 1968, p. 495.

CROOKE, A. W., and CRAIG, J. W., Digital Filters for Sample-Rate Reduction. *IEEE Trans. Audio Electroacoust.*, Vol. AU-20, No. 4, October 1972, p. 308.

GOLD, B., and JORDAN, K. L., JR., A Direct Search Procedure for Designing Finite Duration Impulse Response Filters. *IEEE Trans. Audio Electroacoust.*, Vol. AU-17, No. 1, March 1969, p. 33.

HADDAD, R. A., A Class of Orthogonal Nonrecursive Binomial Filters. *IEEE Trans. Audio Electroacoust.*, Vol. AU-19, No. 4, December 1971, p. 296.

HAMMING, R. W., *Digital Filters*. Englewood Cliffs, N.J.: Prentice-Hall, 1977.

HARRIS, F. J., On the Use of Windows for Harmonic Analysis with the Discrete Fourier Transform. *Proc. IEEE*, Vol. 66, No. 1, January 1978, p. 51.

HELMS, H. D., Nonrecursive Digital Filters: Design Methods for Achieving Specifications on Frequency Response. *IEEE Trans. Audio Electroacoust.*, Vol. AU-16, No. 3, September 1968, p. 336.

HOWARD, R. A., *Dynamic Programming and Markov Processes*, Chap. 1. Cambridge, Mass.: MIT Press, 1960.

KAISER, J. F., and KUO, F. F., *System Analysis by Digital Computer*, Chap. 7. New York: Wiley, 1966.

KELLOGG, W. C., Time Domain Design of Nonrecursive Least Mean-Square Digital Filters. *IEEE Trans. Audio Electroacoust.*, Vol. AU-20, No. 2, June 1972, p. 155.

NOWAK, D. J., and SCHMID, P. E., A Nonrecursive Digital Filter for Data Transmission. *IEEE Trans. Audio Electroacoust.*, Vol. AU-16, No. 3, September 1968, p. 343.

OPPENHEIM, A. V., and SCHAFER, R. W., *Digital Signal Processing*. Englewood Cliffs, N.J.: Prentice-Hall, 1975.

ORMSBY, J. F. A., Design of Numerical Filters with Applications to Missile Data Processing. *J. Assoc. Compute Mach.*, Vol. 8, No. 3, July 1961, p. 440.

RABINER, L. R., The Design of Wide-Band Recursive and Nonrecursive Digital Differentiators. *IEEE Trans. Audio Electroacoust.*, Vol. AU-18, June 1970, p. 204.

RABINER, L. R., Techniques for Designing Finite-Duration Impulse-Response Digital Filters. *IEEE Trans. Communication Tech.*, Vol. COM-19, April 1971, p. 188.

RABINER, L. R., and GOLD, B., *Theory and Application of Digital Signal Processing*. Englewood Cliffs, N.J.: Prentice-Hall, 1975.

REQUICHA, A. A. G., and VOELCKER, H. B., Design of Nonrecursive Filters by Specification of Frequency-Domain Zeros. *IEEE Trans. Audio Electroacoust.*, Vol. AU-18, No. 4, December 1970, p. 464.

STOCKHAM, T. G., High-Speed Convolution and Correlation with Applications to Digital Filtering, Chap. 7 in *Digital Processing of Signals*, B. Gold, C. M. Rader, et al. New York: McGraw-Hill, 1969.

WAIT, J. V., Digital Filters, Chap. 5 in *Active Filters: Lumped, Distributed, Integrated, Digital, and Parametric*, ed. L. P. Huelsman. New York: McGraw-Hill, 1970.

Kapitel 9

Rekursive digitale Systeme

9.1 Einleitung

Die verschiedenen Methoden, die in der Analysis der nichtrekursiven Filter benutzt wurden, sollen nun auf die rekursiven Filter übertragen werden. Nichtrekursive Filter werden sich als eine Untermenge der rekursiven Filter herausstellen, so daß die Übertragungsfunktion, die (Nadel-) Impulsantwort und andere Größen der rekursiven Filter sich als Verallgemeinerungen der Ergebnisse im letzten Kapitel herausstellen.

Rekursive Algorithmen, die von Natur aus allgemeiner sind, erlauben eine größere Vielfalt an Übertragungsfunktionen als nichtrekursive Algorithmen. Mit einer gegebenen Zahl von Filterkoeffizienten kann man gewöhnlich eine bessere Annäherung an eine "gewünschte" Übertragungsfunktion (d.h. an eine solche mit scharfen Ecken) erzielen, indem man einen rekursiven Algorithmus anwendet. Auch erfordert, wie im nächsten Kapitel gezeigt wird, die digitale Simulation analoger Schaltungen im allgemeinen den rekursiven Algorithmus.

Lineare rekursive Systeme benötigen dieselbe Art von "Hardware"- oder "Software"-Komponenten wie nichtrekursive Systeme, d.h. Einheitsverzögerungen, gespeicherte numerische Koeffizienten, Multiplikationen und Additionen. Wie schon im vorangegangenen Kapitel erklärt, ist das besondere Kennzeichen der rekursiven Systeme die Einbeziehung der früheren Werte des Ausgangssignals in die Berechnung des gegenwärtigen Wertes. Dieses Charakteristikum ergibt sich augenfällig durch das Vorhandensein von Rückkopplungsschleifen im Filter-Blockschaltbild. Man schaue sich z.B. noch einmal Bild 1.7 von Kapitel 1 an, das ein Schaltbild eines einfachen rekursiven Filters enthält.

Im vorliegenden Kapitel werden in den Abschnitten 9.2 und 9.3 der lineare rekursive Algorithmus und seine Übertragungsfunktion diskutiert. Durch Heranziehung der z-Transformation werden die Systeme dann für spezielle Eingangssignale in Abschnitt 9.4 "gelöst" und die Realisierung in Form von Blockschaltbildern wird in den Abschnitten 9.5 und 9.6 diskutiert. In Abschnitt 9.7 wird die Übertragungsfunktion wieder mit den Begriffen von Polen und Nullstellen in der z-Ebene erörtert. Schließlich handelt Abschnitt 9.8 von der Erreichbarkeit einer linearen Phasenverschiebung mit rekursiven Filtern.

9.2 Der rekursive Algorithmus

In der nichtrekursiven Formel Gleichung 8.1 des vorigen Kapitels war ein Wert des Filter-Ausgangssignals g_m in Abhängigkeit von vergangenen wie auch zukünftigen Abtastwerten des Eingangssignals f(t) gegeben. Um die rekursive Eigenschaft einzuschließen, kann man eine gewichtete Summe der vergangenen Abtastwerte von g(t) wie folgt addieren:

$$g_m = \sum_{n=-N}^{N} b_n f_{m-n} - \sum_{n=1}^{N} a_n g_{m-n} \tag{9.1}$$

(Die zweite Summe wird subtrahiert, um Gleichung 9.1 eine symmetrischere Form zu geben, siehe Gleichung 9.6). Man beachte, daß es praktisch ist, g_m nur mit Ausdrücken der vergangenen Abtastwerte von g(t), d.h. g_{m-1}, g_{m-2} usw. zu berechnen, und somit hat dann n in der zweiten Summe nur positive endliche Werte.

N kann wie in Kapitel 8 so groß wie gewünscht sein, es muß jedoch endlich sein, damit das Filter realisierbar bleibt, und ein Koeffizient (a_n oder b_n) kann jeden reellen Wert einschließlich der Null haben. Auch treffen die Bemerkungen im letzten Kapitel über die Realisierbarkeit des Filters für von Null verschiedenes b_n bei $n < 0$ auch hier noch zu. Beschränkt man dagegen n in Gleichung 9.1 auf positive Werte, so werden die Auswirkungen weiter unten noch diskutiert werden.

Der nichtrekursive Algorithmus ist offensichtlich eine Untermenge von Gleichung 9.1, wie man erkennt, wenn man $[a_n]$ in Gleichung 9.1 gleich Null setzt; daher ist Gleichung 9.1 ein allgemeiner linearer Algorithmus. Zudem kann Gleichung 9.1 in nichtrekursiver Form geschrieben werden, wenn man erlaubt, daß N unbegrenzt anwächst - eine Eigenschaft, die allen linearen Rekursionsformeln gemeinsam ist. Um diese Eigenschaft zu beweisen, kann man Gleichung 9.1 selbst benutzen, und sie für g_{m-n} in der zweiten Summe einsetzen, wobei man den Index bei der Substitution von n auf k ändert:

$$g_m = \sum_{n=-N}^{N} b_n f_{m-n} - \sum_{n=1}^{N} a_n \left(\sum_{k=-N}^{N} b_k f_{m-n-k} - \sum_{k=1}^{N} a_k g_{m-n-k} \right) \tag{9.2}$$

In dieser Formulierung hat sich auf der rechten Seite der gerade vorhergehende Abtastwert der Funktion g(t) von g_{m-1} zu g_{m-2} verändert. Wenn Gleichung 9.1 wiederum eingesetzt wird, diesmal für g_{m-n-k} in Gleichung 9.2, wird der gerade vorhergehende Abtastwert zu g_{m-3} usw. In den meisten interessierenden Fällen kann man annehmen, daß g(t) vor einem gewissen Wert von t gleich Null ist, so daß man durch wiederholtes Einsetzen von Gleichung

9.1 schließlich die vergangenen Abtastwerte von g(t) aus der rechten Seite eliminieren könnte. Dann hätte g_m die Form

$$g_m = \sum_{n=-N}^{\infty} c_n f_{m-n} \tag{9.3}$$

wobei jedes c_n eine Funktion der Werte a und b wäre.

Da der rekursive Algorithmus in Gleichung 9.1 die nichtrekursive Form in Gleichung 9.3 hat, müssen die allgemeinen Eigenschaften der nichtrekursiven Übertragungsfunktion in den Gleichungen 8.39 und 8.40 genausogut auch für rekursive Filter gelten, da diese Formeln nicht voraussetzen, daß N endlich ist. Die Eigenschaften seien hier wiederholt

$$\tilde{H}(z) = \frac{\tilde{G}(z)}{\tilde{F}(z)} \tag{9.4}$$

$$\overline{H}(j\omega) = \frac{\overline{G}(j\omega)}{\overline{F}(j\omega)} \tag{9.5}$$

Mit diesen Beziehungen können andere Eigenschaften der rekursiven Übertragungsfunktion leicht bestimmt werden.

9.3 Übertragungsfunktion

Die Gleichung 9.5, die, wie gezeigt, für jedes lineare digitale Filter gilt, gibt die Übertragungsfunktion als eine DFT wieder. Daher hat bei reellen Filterkoeffizienten $[a_n]$ und $[b_n]$ die Übertragungsfunktion die Eigenschaften einer jeden DFT für eine reelle Zeitfolge:

1. Wenn man $e^{j\omega T}$ für z in $\tilde{H}(z)$ einsetzt, ergibt sich $\overline{H}(j\omega)$.

2. $\overline{H}(j\omega)$ ist periodisch mit der Periode $2\pi/T$.

3. $\overline{H}(j\omega)$ und $\overline{H}(-j\omega)$ sind konjugiert komplex.

4. $|\overline{H}(j\omega)| = |\overline{H}(-j\omega)|$, d.h. die Amplitudenverstärkung ist eine gerade Funktion von ω.

Eine Formel über die Übertragungsfunktion, ausgedrückt durch die Filterkoeffizienten, kann man erhalten, indem man zunächst Gleichung 9.1 in symmetrischer Form schreibt:

$$\sum_{n=0}^{N} a_n g_{m-n} = \sum_{n=-N}^{N} b_n f_{m-n}; \qquad a_0 = 1 \tag{9.6}$$

Der Koeffizient a_0 wird der Bequemlichkeit wegen von jetzt an oft benutzt und ist immer zu 1 angenommen. Man nehme als nächstes die z-Transformierte von Gl. 9.6 und wende, wie in Kapitel 8, Gl. 8.38, die Gl. 7.6 an, um zu erhalten

$$\tilde{A}(z)\tilde{G}(z) = \tilde{B}(z)\tilde{F}(z) \tag{9.7}$$

Die Übertragungsfunktion $\tilde{H}(z)$ folgt daraus zu

$$\tilde{H}(z) = \frac{\tilde{G}(z)}{\tilde{F}(z)} = \frac{\tilde{B}(z)}{\tilde{A}(z)} \tag{9.8}$$

$$= \frac{b_{-N}z^{N} + \cdots + b_0 z^0 + \cdots + b_N z^{-N}}{1 + a_1 z^{-1} + \cdots + a_N z^{-N}} \tag{9.9}$$

Wir bemerken wieder, daß für kausale Systeme, d.h. Systeme, die in Echtzeit arbeiten, die Koeffizienten b mit negativen Indizes alle Null sein müssen, damit das System keine zukünftigen Werte des Eingangssignals benötigt. Die wesentlichen Beziehungen der Übertragungsfunktion sind in Tabelle 9.1 zusammengefaßt.

Tabelle 9.1 Lineare digitale Übertragungsfunktionen, die den Gleichungen 9.1 und 9.19 entsprechen.

Übertragungs-funktion	In Abhängigkeit von Ausgang/Eingang	In Abhängigkeit von den Koeffizienten	
$\tilde{H}(z)$	$= \frac{\tilde{G}(z)}{\tilde{F}(z)}$	$= \frac{\tilde{B}(z)}{\tilde{A}(z)}$	(9.10)
$\overline{H}(j\omega) = \tilde{H}(e^{j\omega T})$	$= \frac{\overline{G}(j\omega)}{\overline{F}(j\omega)}$	$= \frac{\overline{B}(j\omega)}{\overline{A}(j\omega)}$	(9.11)

Wieder ergeben sich die nichtrekursiven Übertragungsfunktionen des Kapitels 8, indem man $a_n = 0$ für $n > 0$ setzt und sich daran erinnert, daß $a_0 = 1$. Eine spezielle rekursive Übertragungsfunktion wird im folgenden Beispiel behandelt.

Beispiel 9.1: Gegeben sei der Algorithmus $g_m = f_m + 0{,}5\, g_{m-1}$ und gesucht ist hierzu die Übertragungsfunktion. Hier sind die Koeffizienten $a_0 = 1$, $b_0 = 1$ und $a_1 = -0{,}5$. Deshalb ist $\tilde{A}(z) = 1 - 0.5\, z^{-1}$ und $\tilde{B}(z) = 1$ und damit

$$\tilde{H}(z) = \frac{1}{1 - 0.5z^{-1}} = \frac{z}{z - 0.5} \tag{9.12}$$

$\bar{H}(j\omega)$ findet man einfach dadurch, daß man in $\tilde{H}(z)$ die Größe z durch $e^{j\omega T}$ ersetzt:

$$\overline{H}(j\omega) = \frac{1}{1 - 0.5e^{-j\omega T}} \tag{9.13}$$

Der Amplitudengang ist in Bild 9.1 aufgetragen, und sowohl $|\bar{H}(j\omega)|$ als auch $\bar{H}(j\omega)$ haben ersichtlich die oben von 1 bis 4 aufgelisteten Eigenschaften.

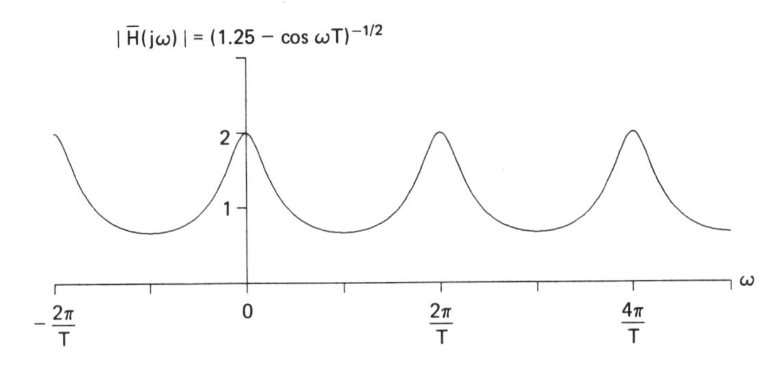

Bild 9.1 Amplitudenantwort für $g_m = f_m + 0{,}5\, g_{m-1}$

Mit den gefundenen Formen der Übertragungsfunktion, die in Tabelle 9.1 zusammengefaßt sind, ist es jetzt möglich, uns der vorher erwähnten Realisierungsfrage zuzuwenden, d.h. der Frage des Einschlusses "zukünftiger" Abtastwerte von f(t) im Filteralgorithmus. Durch Betrachtung von Gleichung 9.11 in Tabelle 9,1 ist es offensichtlich, daß $b_n = 0$ für $n < 0$ etwas mit einem begrenzenden Effekt bezüglich der Form der Übertragungsfunktion $\bar{H}(j\omega)$ zu tun hat. Die genaue Natur dieses Effektes läßt sich mit dem nochmals wiedergegebenen Verschiebesatz erläutern:

> *Verschiebesatz:* k sei eine beliebige ganze Zahl ≥ 0. Dann sind die folgenden Operationen in jedem linearen digitalen System einander äquivalent:
>
> 1. Das Ersetzen des Wertesatzes $[f_m]$ am Eingang durch den Wertesatz $[f_{m-k}]$.
> 2. Das Multiplizieren von $\tilde{H}(z)$ mit z^{-k} und
> 3. das Multiplizieren von $\bar{H}(j\omega)$ mit $e^{-jk\omega T}$.

Der Verschiebesatz wird wie folgt bewiesen: Wir nehmen an, daß die Operation (1) durchgeführt sei und daß $[g'_m]$ die geänderte Ausgangsfolge ist, womit sich Gl. 9.6 schreibt

$$\sum_{n=0}^{N} a_n g'_{m-n} = \sum_{n=-N}^{N} b_n f_{m-n-k} \tag{9.14}$$

Die Gleichung 9.7, die aus Gleichung 9.6 folgte, wird auch verändert:

$$\tilde{A}(z)\tilde{G}'(z) = z^{-k}\tilde{B}(z)\tilde{F}(z) \tag{9.15}$$

und deshalb ist die neue Übertragungsfunktion $\tilde{H}'(z)$

$$\tilde{H}'(z) = \frac{\tilde{G}'(z)}{\tilde{F}(z)} = \frac{z^{-k}\tilde{B}(z)}{\tilde{A}(z)} = z^{-k}\tilde{H}(z) \tag{9.16}$$

Damit ist die Operation (2) äquivalent. Die Operation (3) folgt dann durch Substitution von $e^{j\omega T}$ für z in Gleichung 9.16, d.h. aus Gleichung 8.39, womit das Theorem bewiesen ist (siehe auch Kapitel 8, Aufgaben 15-18).

Da eine Einheitsverzögerung von T sec in digitalen Filtern leicht zu erreichen ist, erhält das Verschiebetheorem eine beträchtliche praktische Bedeutung. Es bewirkt zum Beispiel, daß der Ausschluß der zukünftigen Abtastwerte von f(t) sich nur in einer Phasenverschiebung auswirken kann und daß

> ***jede Amplitudenantwort, die durch die Heranziehung zukünftiger Abtastwerte von f(t) realisiert werden kann, genauso auch durch Heranziehung von ausschließlich vergangenen Werten erreicht werden kann.***

Beispiel 9.2: Für den Fall, daß das Eingangssignal in Beispiel 9.1 um zwei Abtastintervalle verzögert wird, so daß $g_m = f_{m-2} + 0.5\, g_{m-1}$, ermittle man die resultierende Übertragungsfunktion. Das Verschiebetheorem liefert das Resultat in Form des Ergebnisses von Beispiel 9.1:

$$\tilde{H}'(z) = z^{-2}\tilde{H}(z) = \frac{1}{z(z-0.5)} \tag{9.17}$$

und

$$\overline{H}'(j\omega) = e^{-2j\omega T}\,\overline{H}(j\omega) = \frac{e^{-2j\omega T}}{1-0.5e^{-j\omega T}} \tag{9.18}$$

Der Amplitudengang $|\overline{H}'(j\omega)|$ ist natürlich derselbe wie in Bild 9.1.

Beachtet man das Verschiebetheorem, so wird es für das verbleibende Kapitel günstig sein, zukünftige Abtastwerte von f(t) aus dem Algorithmus auszuschließen, da man ja weiß, daß dies nur eine Phasenverschiebung betrifft. Wir wollen also fortan die beiden folgenden kausalen Folgen benutzen:

$$g_m = \sum_{n=0}^{N} b_n f_{m-n} - \sum_{n=1}^{N} a_n g_{m-n}$$
$$\tilde{H}(z) = \frac{b_0 + b_1 z^{-1} + \cdots + b_N z^{-N}}{1 + a_1 z^{-1} + \cdots + a_N z^{-N}} \tag{9.19}$$

Natürlich bleiben die Übertragungsfunktionen in Tabelle 9.1 anwendbar.

9.4 Lösung von Differenzengleichungen: Nadelimpuls- und Schrittfunktionsantwort

Wenn der Wertesatz $[f_m]$ am Eingang gegeben ist, wird Gleichung 9.19 eine Differenzengleichung, die, wenigstens theoretisch, nach $[g_m]$ auflösbar ist, wie dies durch Gleichung 9.3 angezeigt wird. Zwei spezielle Lösungen sind in der Analyse kontinuierlicher linearer Systeme von besonderem Interesse, nämlich die Lösungen, die sich als Antworten bei der Eingangsanregung mit dem Einheitsnadelimpuls und der Einheitssprungfunktion ergeben.

Wir betrachten zuerst die Impulsantwort, wobei die Impulsfunktion d(t), die im Frequenzintervall $(-\pi/T, \pi/T)$ die spektrale Amplitude Eins hat, nach dem vorangehenden Kapitel einen einzigen von Null verschiedenen Abtastwert $d_0 = 1$ bei $t = 0$ hat. Ihre z-Transformierte $\tilde{D}(z)$ ist deshalb auch gleich 1, und so ergibt die Gleichung 9.10 in Tabelle 9.1

$$\tilde{G}(z) = \frac{\tilde{B}(z)}{\tilde{A}(z)}\tilde{D}(z) = \frac{\tilde{B}(z)}{\tilde{A}(z)}, \tag{9.20}$$

oder

$$\sum_{m=-\infty}^{\infty} g_m z^{-m} = \frac{\sum_{n=0}^{N} b_n z^{-n}}{\sum_{n=0}^{N} a_n z^{-n}} = \tilde{H}(z) \tag{9.21}$$

Die Version in Gleichung 9.21 kann nach g_m aufgelöst werden, wenn die rechte Seite, die ein Verhältnis aus Polynomen in z ist, als geometrische Reihe in z geschrieben werden kann, denn dann kann der Koeffizient von z^{-m}

in dieser Reihe gleich g_m gesetzt werden. Ein triviales Beispiel ergibt sich, wenn $a_n = 0$ für $n > 0$ und das Filter nicht rekursiv ist. In diesem Fall ergibt Gleichung 9.21

$$\sum_{m=-\infty}^{\infty} g_m z^{-m} = \sum_{n=0}^{N} b_n z^{-n} \tag{9.22}$$

woraus folgt:

$$g_m = b_m \tag{9.23}$$

wobei $0 \leq m \leq N$.

Dies Ergebnis, das durch Gleichsetzen der Koeffizienten von gleicher Potenz z in Gleichung 9.22 erreicht wird, ist das gleiche wie im vorangehenden Kapitel 8.

Im allgemeinen kann die Lösung durch g_m in einer Differenzengleichung nacheinander erhalten werden durch

1. Faktorisierung des Nenners von $\tilde{G}(z)$,

2. Entwickeln von $\tilde{G}(z)$ nach Partialbrüchen,

3. Benutzung der Formel für die geometrische Reihe

$$\frac{z}{z-\alpha} = \sum_{m=0}^{\infty} \alpha^m z^{-m} \tag{9.24}$$

und nach Anwendung auf die Partialbrüche (mit der Annahme, daß $\tilde{G}(z)$ nur Pole erster Ordnung hat und schließlich

4. Gleichsetzen der Koeffizienten gleicher Potenz von z.

Die Schritte (1) und (4) werden in dem folgenden Beispiel veranschaulicht und Partialbrüche werden in Beispiel 9.4 benutzt.

Beispiel 9.3: Ermittle die Impulsantwort des Filters in Beispiel 9.1 mit $g_m=f_m+0{,}5\ g_{m-1}$. Wie in Gleichung 9.12 ist $\tilde{H}(z)$ in diesem Fall gleich $z/(z - 0.5)$, und so wird Gleichung 9.21 zu

$$\sum_{m=-\infty} g_m z^{-m} = \frac{z}{z-0.5} \tag{9.25}$$

$$= \sum_{m=0}^{\infty} (0.5)^m z^{-m} \tag{9.26}$$

Daraus folgt

$$g_m = (0.5)^m; \qquad m \geq 0 \tag{9.27}$$

Gleichung 9.26 folgt aus dem oben genannten Schritt (3) und Gleichung 9.27 aus Schritt (4). Das Ergebnis in Gleichung 9.27 ist in Bild 9.2 aufgetragen.

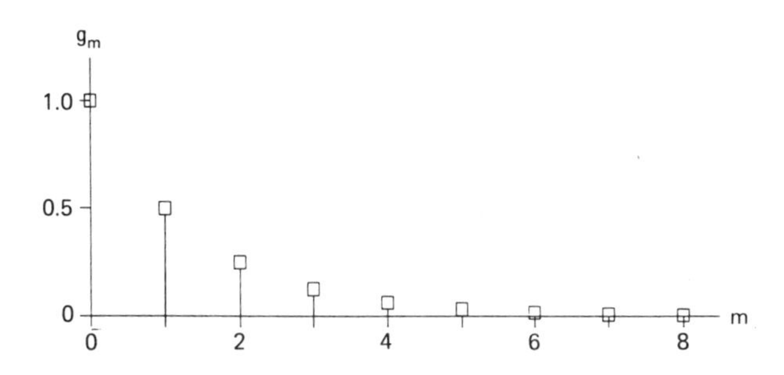

Bild 9.2 (Nadel-) Impulsantwort für $g_m = f_m + 0.5g_{m-1}$

Die Differenzengleichung für die Antwort eines digitalen Filters auf eine Sprungfunktion liefert eine Form ähnlich der in Gleichung 9.21 und die obigen Schritte (1-4) sind wieder anwendbar. Wie in Kapitel 2 ist die Einheitssprungfunktion u(t) gleich Null für $t < 0$ und gleich Eins für $t \geq 0$. Deshalb ist der Wertesatz am Eingang

$$\begin{aligned} u_m &= 0; \qquad m < 0 \\ &= 1; \qquad m \geq 0 \end{aligned} \tag{9.28}$$

(Der Wert bei $t = 0$ mag für einige Zwecke eine Neudefinition erfordern, aber hier kann $u_0 = 1$ angenommen werden.) So hat, wie im Falle des Einheitsimpulses, der Abtastwertesatz am Eingang eine einfache z-Transformierte. Mit Gleichung 9.24 ergibt sich

$$\tilde{U}(z) = \sum_{m=0}^{\infty} z^{-m} = \frac{z}{z-1} \tag{9.29}$$

Benutzt man $\tilde{U}(z)$ für die Sprungfunktion anstelle von $\tilde{D}(z)$ für die Impulsfunktion, so erhält man ähnliche Ergebnisse wie in den Gleichungen 9.20 und 9.21:

$$\tilde{G}(z) = \frac{\tilde{B}(z)}{\tilde{A}(z)} \tilde{U}(z) \tag{9.30}$$

$$= \frac{z\tilde{H}(z)}{z-1} \tag{9.31}$$

Da die rechte Seite von Gleichung 9.31 wieder ein Verhältnis von Polynomen in z ist, können die obigen Schritte (1) - (4) wieder angewandt werden, um eine Lösung für g_m zu erreichen.

Beispiel 9.4: Man ermittle die Sprungfunktionsantwort des oben verwendeten Filters mit $g_m = f_m + 0.5\ g_{m-1}$. Wieder gilt für dieses Filter $\tilde{H}(z) = z/(z-0.5)$, und so ergibt Gleichung 9.31

$$\tilde{G}(z) = \frac{z\tilde{H}(z)}{z-1} = \frac{z^2}{(z-1)(z-0.5)} \tag{9.32}$$

Wende dann Schritt (2) an, um Gleichung 9.32 in Partialbrüche zu entwickeln

$$\sum_{m=-\infty}^{\infty} g_m z^{-m} = \frac{Az}{z-1} + \frac{Bz}{z-0.5} \tag{9.33}$$

$$= \frac{2z}{z-1} - \frac{z}{z-0.5} \tag{9.34}$$

wobei die Lösungen für A und B durch Ausmultiplizieren in Gleichung 9.33 gewonnen werden. Als nächstes werden die Schritte (3) und (4) wie oben angewandt:

$$\sum_{m=-\infty}^{\infty} g_m z^{-m} = 2\sum_{m=0}^{\infty} z^{-m} - \sum_{m=0}^{\infty} (0.5)^m z^{-m}$$
$$= \sum_{m=0}^{\infty} (2 - 0.5^m) z^{-m} \tag{9.35}$$

Daraus folgt:

$$g_m = 2 - 0.5^m; \qquad m \geq 0 \tag{9.36}$$

womit die Sprungfunktionsantwort vorliegt. Sie ist in Bild 9.3 aufgetragen.

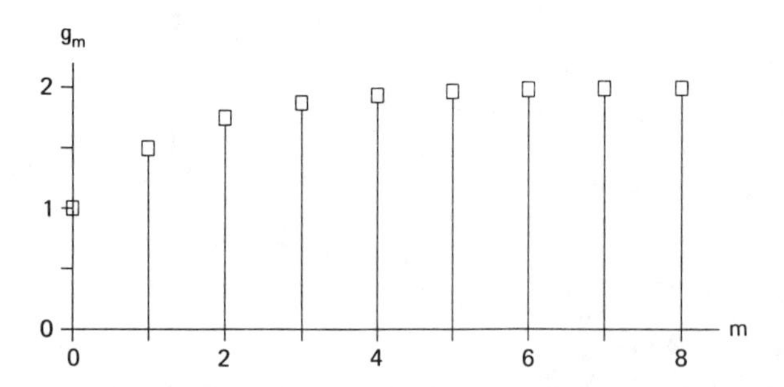

Bild 9.3 Sprungfunktionsantwort für $g_m = f_m + 0.5g_{m-1}$

Eine ziemlich große Klasse von Differenzengleichungen kann man durch die in diesem Abschnitt benutzte Methode lösen (siehe auch Gold und Rader 1969, Kapitel 2). Die zur Lösung nötigen Schritte, die obigen Schritte (1) - (4), haben in Wirklichkeit damit zu tun, die inverse z-Transformierte von $\tilde{G}(z)$ zu finden, nachdem $\tilde{G}(z)$ als ein Verhältnis von Polynomen in z geschrieben worden ist. Deshalb kann jemand, der mit einer Tabelle von z-Transformierten wie in Tabelle 7.1 oder im Anhang A ausgerüstet ist, gewöhnlich die Schritte (3) und (4) vermeiden und möglicherweise sogar den Schritt (2). Man beachte zum Beispiel, daß man die Lösungen von Gleichung 9.25 und Gleichung 9.32 in Tabelle 7.1 finden und direkt niederschreiben kann.

9.5 Blockschaltbilder

Gerade wie bei analogen Filtern sind Blockschaltbilder von digitalen Filtern eine Hilfe, um sich von Funktion und Wirkung des Filters ein anschauliches Bild zu machen und um auch verschiedene Realisierungen der Schaltung oder des Algorithmus leicht zu finden. Die nichtrekursiven Schaltungen des vorangehenden Kapitels werden jetzt auf allgemeine lineare Filter erweitert, was zu interessanten Ergebnissen führt.

Das allgemeine lineare Filter wird zuerst aus Gleichung 9.19 in Bild 9.4 als Blockschaltbild dargestellt. Es ist ersichtlich eine Erweiterung von Bild 8.20 im vorherigen Kapitel, mit der Ausnahme, daß f_m anstelle von f_{m+N} benutzt wird, da Gleichung 9.19 zukünftige Werte des Eingangssignals ausschließt. Wieder würde, wie beim Verschiebesatz gezeigt, die Übertragungsfunktion unverändert bleiben, wenn

$$f_{m+k} \longrightarrow \boxed{z^{-k}} \longrightarrow f_m$$

dem Eingang in Bild 9.4 vorgeschaltet würde. Zukünftige Werte werden nur der Bequemlichkeit halber ausgeschlossen, um dem Schriftbild eine symmetrische Form zu geben.

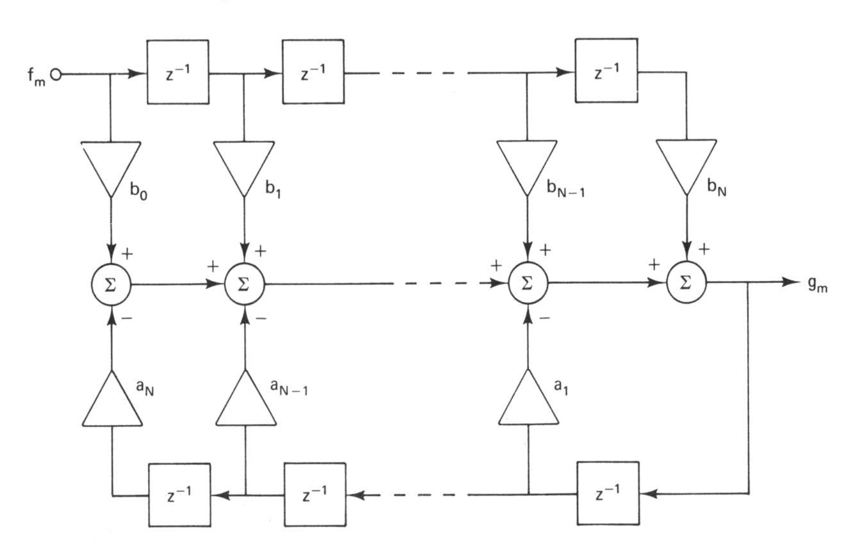

Bild 9.4 Schaltbild 1 des linearen Filters

Man beachte, wie die obere Hälfte von Bild 9.4 die erste Summe in Gleichung 9.19 darstellt und die untere Hälfte die zweite Summe. Alle Pfade brauchen natürlich nicht immer zu existieren - jeder der Werte a oder b im Bild kann auch Null sein.

Beispiel 9.5: Das Filter mit $g_m = f_m + 0.5g_{m-1}$ aus den obigen Beispielen beginnend mit Beispiel 9.1, ist in Bild 9.5 gezeigt

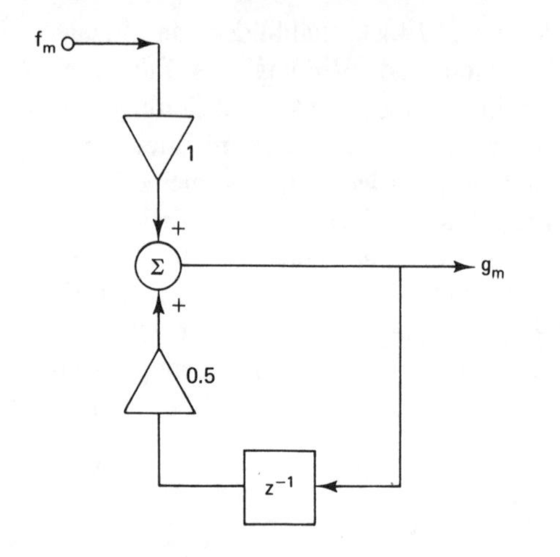

Bild 9.5

Da jedes Verzögerungselement $\boxed{z^{-1}}$ in einem Filterschaltbild die Speicherung eines Wertes bei t = (m-1) T beinhaltet, so daß dieser selbe Wert bei t = mT verfügbar ist, kann die Zahl der Elemente $\boxed{z^{-1}}$ im Schaltbild im allgemeinen gleich der Zahl der Speicherzellen gesetzt werden, die vom Filteralgorithmus oder der Schaltung benötigt werden. Jede "Zelle" stellt natürlich Speicherplatz für eine vollständige reelle Zahl bereit - nicht nur für ein einzelnes Bit.

Ein zweites lineares Blockschaltbild, Bild 9.6, kann aus Bild 9.4 genauso abgeleitet werden, wie Bild 8.21 im vorigen Kapitel aus Bild 8.20 abgeleitet wurde. Für jeden Pfad in Bild 9.4 vom Eingang zum Ausgang kann ein entsprechender Pfad in Bild 9.6 gefunden werden, obgleich die Reihenfolge der Operationen entlang des Pfades unterschiedlich sein kann. Es gibt jedoch einen wichtigen Unterschied zwischen den beiden Blockschaltbildern: Das Schaltbild 1 enthält 2 N Verzögerungen (Speicherzellen), während Schaltbild 2 nur N enthält. Das Schaltbild 2 beinhaltet einen Algorithmus, der verschieden von dem in Gleichung 9.19 ist - einen Algorithmus, der nur N vergangene Werte anstelle von 2 N enthält. Dieser Algorithmus kann ermittelt werden, indem man den Eingang zu jedem Verzögerungsglied in Schaltung 2 kennzeichnet, geradeso wie jeder Eingang eines Verzögerungsgliedes in Bild 9.4 implizit mit einem vergangenen Wert von f(t) oder g(t) gekennzeichnet ist. Kennzeichnen wir zum Beispiel in Schaltung 2 jede Zwischensumme durch

$$x_m^n = b_n f_m - a_n g_m + x_{m-1}^{n+1} \tag{9.37}$$

so daß m wie üblich die Zeit t = mT darstellt und der obenstehende Index n (kein Exponent) den jeweiligen Eingangspunkt eines Verzögerungsgliedes in der Schaltung bezeichnet. Zum Beispiel ist x_m^N das Eingangssignal des am weitesten links stehenden Verzögerungsgliedes. Der Algorithmus, der der Schaltung 2 entspricht, folgt dann daraus zu

$$\left.\begin{aligned} g_m &= b_0 f_m + x_{m-1}^1 \\ x_m^n &= b_n f_m + x_{m-1}^{n+1} - a_n g_m; \qquad n = 1, 2, \ldots, N-1 \\ x_m^N &= b_N f_m - a_N g_m \end{aligned}\right\} \tag{9.38}$$

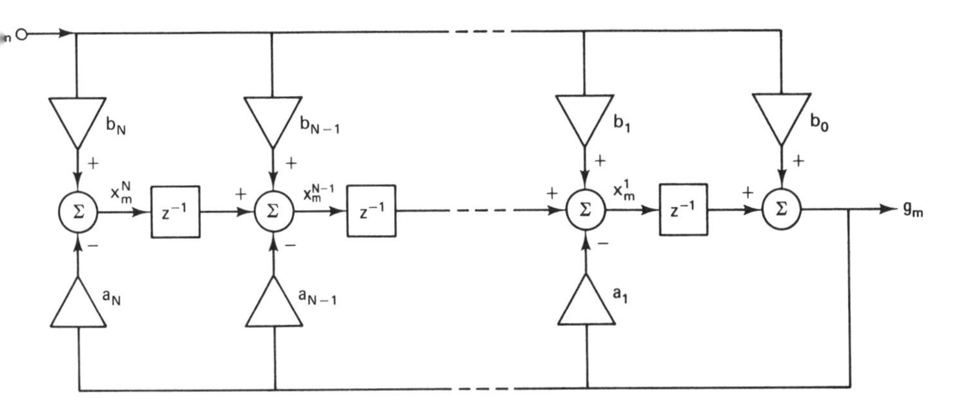

Bild 9.6 Schaltbild 2 des linearen Filters

Wenn die Berechnungen in dieser Reihenfolge gemacht werden, wobei die Werte bei t = mT die Werte bei t = (m-1)T sofort nach ihrer Berechnung ersetzen, benötigt man nur die N Speicherzellen von Schaltbild 2. Die Gleichungen 9.38 und 9.19 sind natürlich vollkommen äquivalent, und tatsächlich kann man die Gleichung 9.19 auch erhalten, indem man die Werte x in Gleichung 9.38 eliminiert.

Um zu zeigen, daß auch andere Realisierungen des linearen Filters aus N Zellen möglich sind, sei die Schaltung 3 in Bild 9.7 vorgestellt. Wieder gibt es zu jedem Pfad vom Eingang zum Ausgang in Schaltung 3 einen äquivalenten Pfad in den Schaltungen 1 oder 2. (Wie vorher, kann die Ordnung der Operationen entlang eines Pfades verändert sein, aber der Gesamtbeitrag zu g_m ist derselbe.) Benutzt man eine Zwischenvariable y_m^n, die in Schaltung 3 definiert ist, so ergibt sich der folgende Algorithmus für Schaltung 3

$$\left.\begin{aligned} y_m^n &= y_{m-1}^{n-1}, \qquad n = 1, 2, \ldots, N \\ y_m^0 &= f_m - \sum_{n=1}^{N} a_n y_m^n \\ g_m &= \sum_{n=0}^{N} b_n y_m^n \end{aligned}\right\} \tag{9.39}$$

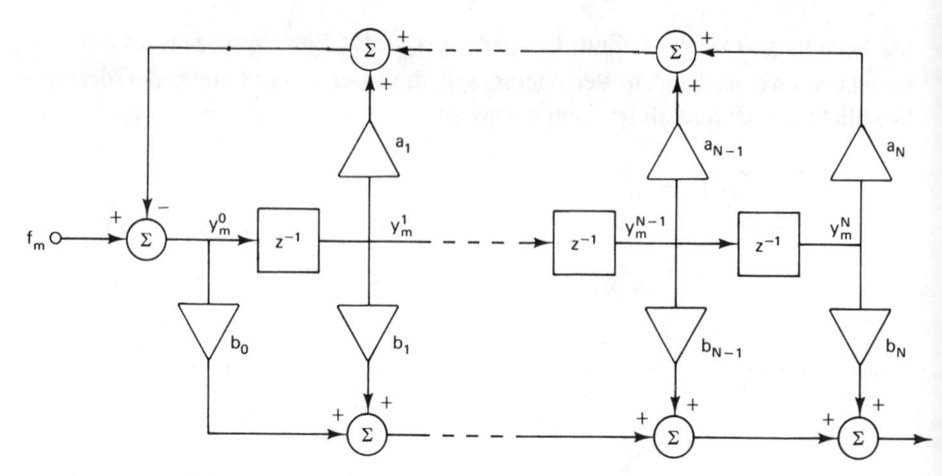

Bild 9.7 Schaltbild 3 des linearen Filters

Wieder erfordert der Algorithmus für das Speichern der vergangenen Werte nur N Zellen für y_m^0 bis y_m^{N-1}, da nur die vorherigen Größen y_{m-1}^0 bis y_{m-1}^{N-1} in Gleichung 9.39 vorkommen.

Beispiel 9.6: Für den rekursiven Algorithmus $g_m = 2\,f_m + 3\,f_{m-1} - 4\,g_{m-1}$ lassen sich die Schaltbilder 1-3 in Bild 9.8 ermitteln (im zweiten Schaltbild ist die zweite Verbindung in Gleichung 9.38 nicht existent, da es hier nur ein "x" gibt). Durch Eliminieren der Größen x und y können die drei Algorithmen ineinander überführt werden.

In Kapitel 3 war die lineare kontinuierliche Übertragungsfunktion in einem Blockschaltbild gezeigt worden, und natürlich kann das lineare digitale System in ähnlicher Form dargestellt werden. Bild 9.9 gibt zwei grundsätzliche Zerlegungen der digitalen Übertragungsfunktion $\tilde{H}(z)$ wieder (siehe [Gold und Rader 1969] Kapitel 2; auch [Wait 1970]). Diese Formen stehen im Gegensatz zu den Formen der Bilder 9.4, 9.6 und 9.7, weil diese die Zerlegung von $\tilde{H}(z)$ in einfachere Übertragungsfunktionen nicht enthalten. Hierzu müssen die Zähler- und Nennerpolynome von $\tilde{H}(z)$ in Produkte von einfacheren Polynomen zerlegbar sein, z. B. wie in der unten stehenden Gleichung 9.74.

Die Serienform drückt $\tilde{H}(z)$ als ein Produkt seiner Faktoren aus und ist einfach zu konstruieren, wenn man einmal $\tilde{H}(z)$ in Faktoren zerlegt hat. Die Parallelform drückt $\tilde{H}(z)$ als eine Summe aus und kann konstruiert werden, indem man $\tilde{H}(z)$ in eine Summe von Teilbrüchen entwickelt. Das folgende Beispiel veranschaulicht diese zwei grundsätzlichen Formen.

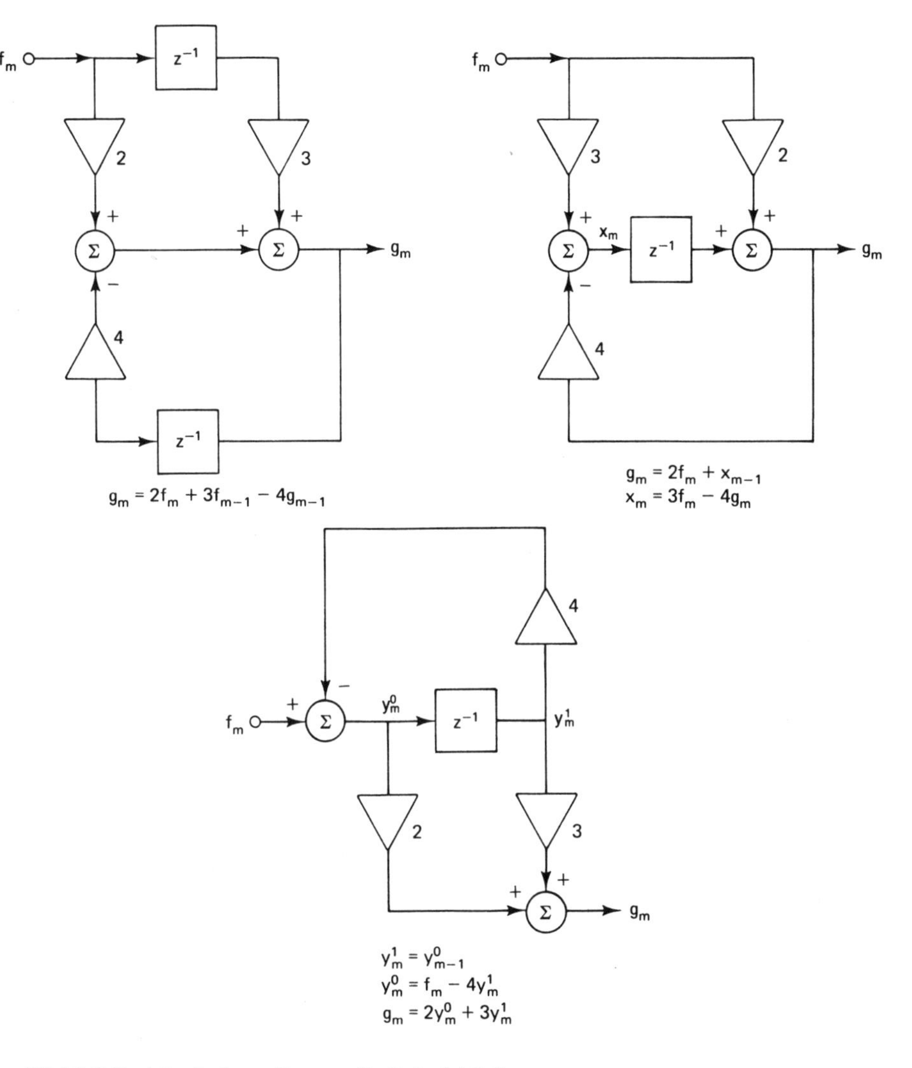

Bild 9.8 Drei äquivalente Formen für Beispiel 9.6.

Beispiel 9.7: Man zeige, wie man den folgenden Ausdruck

$$\tilde{H}(z) = \frac{3z^3 - 5z^2 + 10z}{z^3 - 3z^2 + 7z - 5} \tag{9.40}$$

in die Serien- und in die Parallelform zerlegt. Die faktorisierte Form von $\tilde{H}(z)$ ist

$$\tilde{H}(z) = \frac{z(3z^2 - 5z + 10)}{(z - 1)(z^2 - 2z + 5)} \tag{9.41}$$

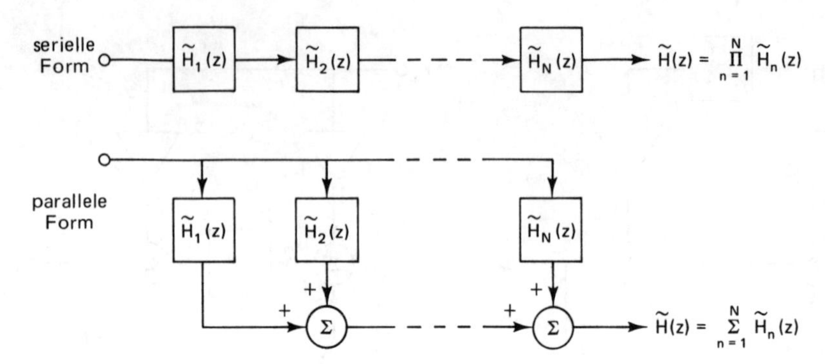

Bild 9.9 Zerlegungen der Übertragungsfunktion von $\tilde{H}(z)$

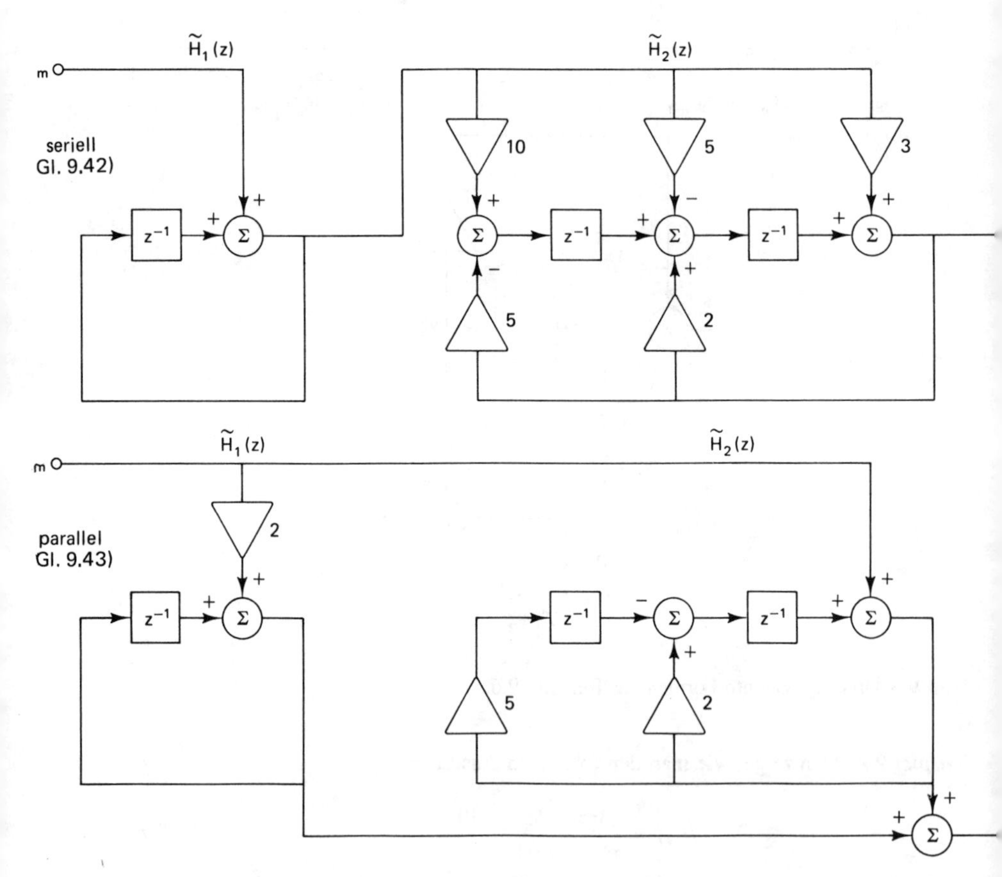

Bild 9.10 Serielle und parallele Versionen von $H(z) = 3z^3 - 5z^2 + 10z)/(z^3 - 3z^2 + 7z - 5)$.

Wenn man $\tilde{H}(z)$ weiter faktorisiert, ergeben sich imaginäre Koeffizienten. Daher ist Gleichung 9.41 die bevorzugte faktorisierte Form. Die Serien- und Parallelformen von $\tilde{H}(z)$ sind

$$\text{Serien} \quad \tilde{H}(z) = \tilde{H}_1(z)\tilde{H}_2(z) = \left(\frac{z}{z-1}\right)\left(\frac{3z^2 - 5z + 10}{z^2 - 2z + 5}\right) \tag{9.42}$$

$$\text{Parallel} \quad \tilde{H}(z) = \tilde{H}_1(z) + \tilde{H}_2(z) = \left(\frac{2z}{z-1}\right) + \left(\frac{z^2}{z^2 - 2z + 5}\right) \tag{9.43}$$

In der Parallelform ist Gleichung 9.43 die Partialbruchzerlegung. Die Gleichungen 9.42 und 9.43 haben die in Bild 9.9 geforderte Form, und die individuellen Faktoren können natürlich in der Form der Bilder 9.4 bis 9.6 und 9.7 realisiert werden. Unter Benutzung von Bild 9.5 sind die vollständigen Konstruktionen in Bild 9.10 wiedergegeben.

Neben der Serien- und Parallelform ist noch die digitale Rückkopplungsschaltung in Bild 9.11 wichtig, ganz besonders in geschlossenen Regelsystemen. Die Gesamt-Übertragungsfunktion $\tilde{H}(z)$ findet man als Funktion von $\tilde{H}_1(z)$ und $\tilde{H}_2(z)$ genauso wie in dem analogen Fall (Kapitel 3, Abschnitt 3.2).

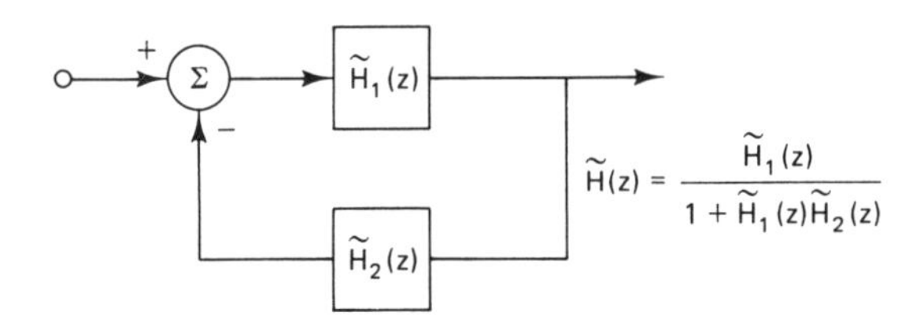

Bild 9.11 Schaltbild für die digitale Rückkopplung.

9.6 Gitterstrukturen

Wir wollen hier noch eine andere interessante Struktur einführen, nämlich die Gitterstruktur (lattice structure). Zwei Gitterelemente, die man "symmetrische Gitterstufen mit zwei Multiplikatoren" nennt (symmetric two multiplier lattice stages), sind in Bild 9.12 wiedergegeben. Wie in den vorangehenden Darstellungen sollen die hochgestellten Bezeichnungen bei den Signalen $\{x^n_m\}$ und $\{y^n_m\}$ auf den Ort des Signals im Gitter hinweisen. Verwendet man bei z-Transformierten tiefgestellte Indizes, die mit den hochgestellten Bezeichnungen der Zeitfunktionen korrespondieren, findet man für die Stufe (a) in Bild 9.12

$$\begin{bmatrix} \tilde{X}_{n+1}(z) \\ \tilde{Y}_{n+1}(z) \end{bmatrix} = \begin{bmatrix} 1 & z^{-1}\kappa_n \\ \kappa_n & z^{-1} \end{bmatrix} \begin{bmatrix} \tilde{X}_n(z) \\ \tilde{Y}_n(z) \end{bmatrix} \tag{9.44}$$

Für die Stufe (b) in Bild 9.12, bei der y_m^{n+1} ein Ausgangssignal ist, gilt

$$\begin{aligned} \tilde{X}_n(z) &= \tilde{X}_{n+1} - z^{-1}\kappa_n \tilde{Y}_n(z) \\ \tilde{Y}_{n+1}(z) &= \kappa_n \tilde{X}_n(z) + z^{-1}\tilde{Y}_n(z) \end{aligned} \tag{9.45}$$

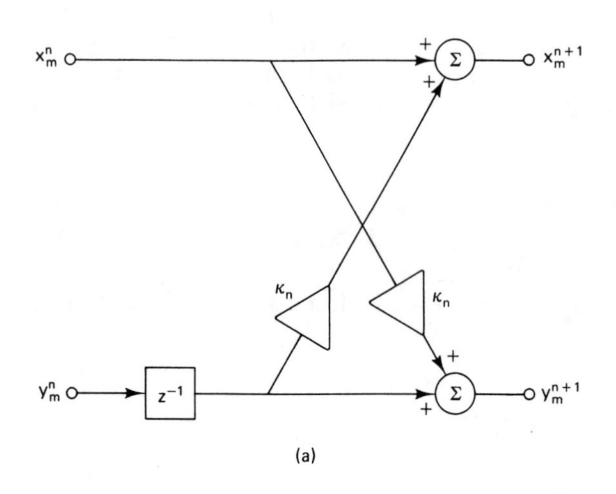

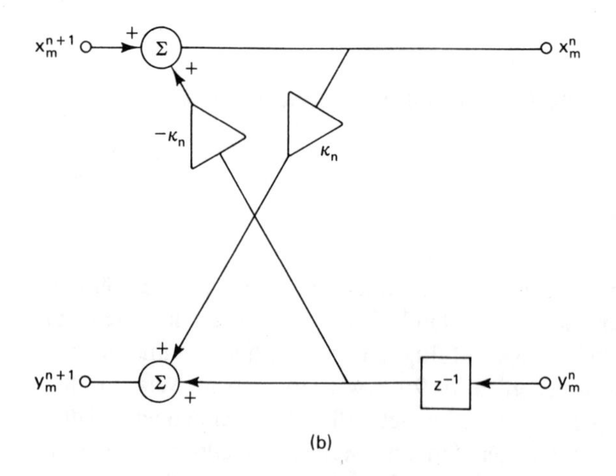

Bild 9.12 Symmetrische "Two Multiplier"-Gitterstufen.

Ordnet man diese Gleichungen um, folgt dasselbe Ergebnis wie in Gl. 9.44

$$\begin{bmatrix} \tilde{X}_{n+1}(z) \\ \tilde{Y}_{n+1}(z) \end{bmatrix} = \begin{bmatrix} 1 & z^{-1}\kappa_n \\ \kappa_n & z^{-1} \end{bmatrix} \begin{bmatrix} \tilde{X}_n(z) \\ \tilde{Y}_n(z) \end{bmatrix} \tag{9.46}$$

Daher kann man, selbst bei Beachtung der verschiedenen Signalbezeichnungen (hochgestellte Indizes) in Bild 9.12, wegen der Identität von Gl. 9.44 und 9.46 im Spektralbereich sagen, daß die zwei Stufen in Bild 9.12 sicher eng miteinander verwandt sind.

Eine Gitterstruktur läßt sich nun durch Serienschaltung der Stufen bilden. Um ein Gitter zu erhalten, das äquivalent zu einem allgemeinen rekursiven digitalen Filter ist, machen wir von Stufe (b) in Bild 9.12 Gebrauch. Diese Struktur, die 1973 von Gray und Markel angegeben wurde, ist in Bild 9.13 gezeigt. Wir bemerken, daß das Ausgangssignal g_m eine gewichtete Summe der Signale y^n_m ist, d.h.

$$\tilde{G}(z) = \sum_{n=0}^{N} \nu_n \tilde{Y}_n(z) \tag{9.47}$$

Es sei für Bild 9.13 zuerst gezeigt, daß $\tilde{G}(z)/\tilde{F}(z)$ gleich einer rationalen Übertragungsfunktion der Ordnung N in Form der Gleichung 9.19 ist. Zugleich sei gezeigt, wie man das Gitter in eine direkte Form umwandelt. Wir sehen zunächst in Bild 9.13, daß $\tilde{F}(z) = \tilde{X}_N(z)$, so daß sich mit Gleichung 9.47 die Übertragungsfunktion wie folgt ergibt

$$\tilde{H}(z) = \frac{\tilde{G}(z)}{\tilde{F}(z)} = \sum_{n=0}^{N} \frac{\nu_n \tilde{Y}_n(z)}{\tilde{X}_N(z)} \tag{9.48}$$

Um nun die Einzelterme in dieser Gleichung zu bestimmen, definieren wir zuerst Übertragungsfunktionen $\tilde{P}$ und $\tilde{Q}$ für die Übertragung von $\tilde{X}_0(z)$ und $\tilde{Y}_0(z)$ zu $\tilde{X}_n(z)$ und $\tilde{Y}_n(z)$

$$\tilde{P}_n(z) = \frac{\tilde{X}_n(z)}{\tilde{X}_0(z)} \quad ; \quad \tilde{Q}_n(z) = \frac{\tilde{Y}_n(z)}{\tilde{Y}_0(z)} \tag{9.49}$$

Da man in Bild 9.13 noch sieht, daß $\tilde{X}_0(z) = \tilde{Y}_0(z)$, können wir Gleichung 9.46 durch den einen oder anderen Term teilen und dabei die Form erhalten

$$\begin{bmatrix} \tilde{P}_n(z) \\ \tilde{Q}_n(z) \end{bmatrix} = \begin{bmatrix} 1 & z^{-1}\kappa_{n-1} \\ \kappa_{n-1} & z^{-1} \end{bmatrix} \cdots \begin{bmatrix} 1 & z^{-1}\kappa_0 \\ \kappa_0 & z^{-1} \end{bmatrix} \begin{bmatrix} 1 \\ 1 \end{bmatrix} \tag{9.50}$$

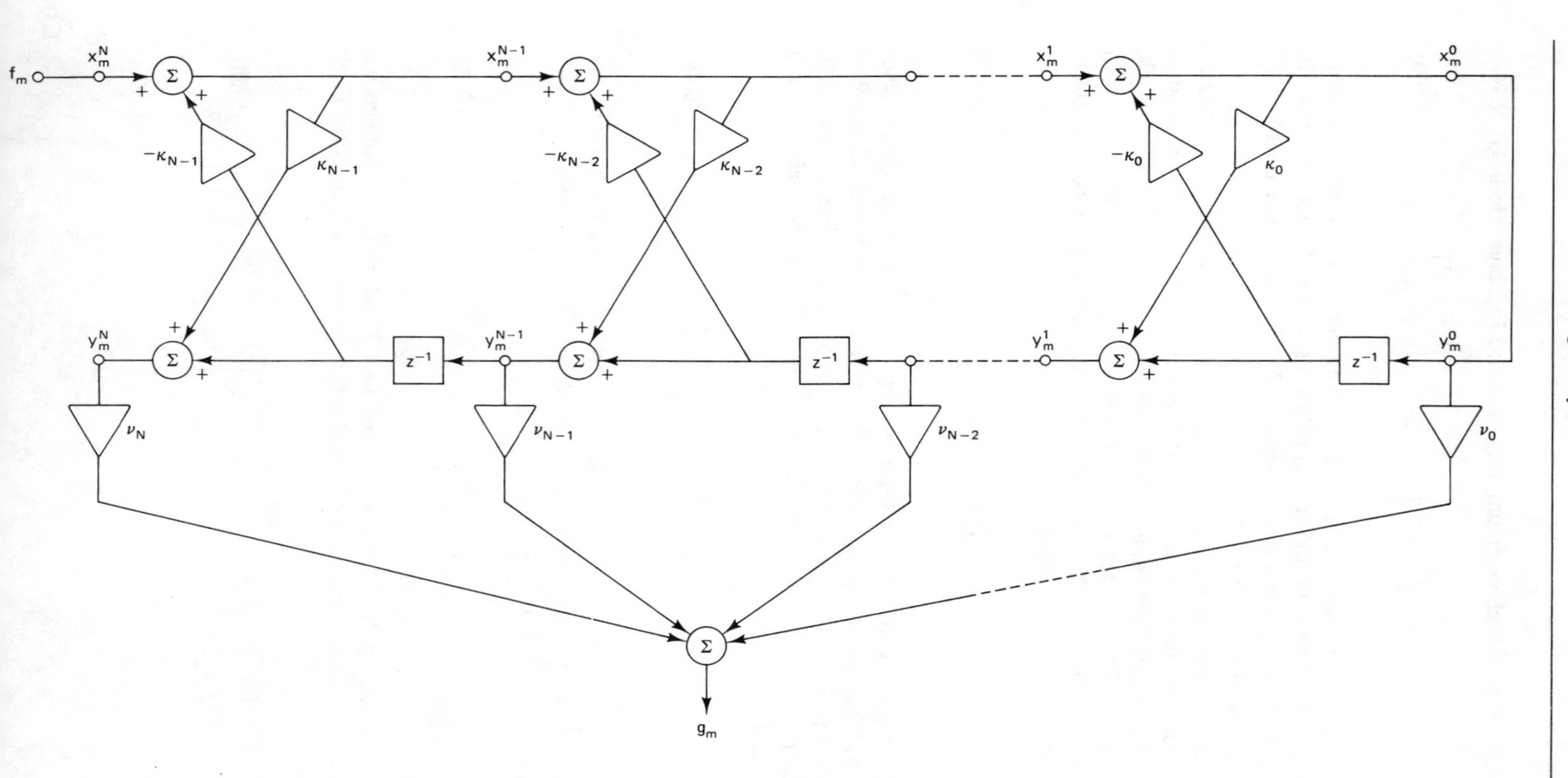

Bild 9.13 Symmetrische Gitterform eines linearen rekursiven digitalen Filters mit der Stufe (b) in Bild 9.12.

In der ersten dieser beiden Gleichungen ersetzen wir jetzt z^{-1} durch z, multiplizieren mit z^{-n} und erhalten

$$\begin{bmatrix} z^{-n}\tilde{P}_n(z^{-1}) \\ \tilde{Q}_n(z) \end{bmatrix} = \begin{bmatrix} z^{-1} & \kappa_{n-1} \\ \kappa_{n-1} & z^{-1} \end{bmatrix} \cdots \begin{bmatrix} z^{-1} & \kappa_0 \\ \kappa_0 & z^{-1} \end{bmatrix} \begin{bmatrix} 1 \\ 1 \end{bmatrix} \tag{9.51}$$

Denkt man sich dieses Produkt von rechts nach links ausgeführt, sieht man, daß die zwei Gleichungen gleich sind, das heißt

$$\boxed{\tilde{Q}_n(z) = z^{-n}\tilde{P}_n(z^{-1})} \tag{9.52}$$

Dieses Ergebnis ist für die Gittertheorie wichtig, weil es zeigt, daß $\tilde{P}_n(z)$ und $\tilde{Q}_n(z)$, und deshalb auch $\tilde{X}_n(z)$ und $\tilde{Y}_n(z)$ in symmetrischen Gittern einfach miteinander zusammenhängen.

Mit Hilfe der Definition in Gl. 9.49 kann man die Gleichungen 9.48 und 9.50 umwandeln und erhält

Umwandlung des symmetrischen Gitters in die direkte Form:

$$\tilde{H}(z) = \frac{\sum_{n=0}^{N} \nu_n \tilde{Q}_n(z)}{\tilde{P}_N(z)} \tag{9.53}$$

mit

$$\begin{bmatrix} \tilde{P}_n(z) \\ \tilde{Q}_n(z) \end{bmatrix} = \begin{bmatrix} 1 & z^{-1}\kappa_{n-1} \\ \kappa_{n-1} & z^{-1} \end{bmatrix} \begin{bmatrix} \tilde{P}_{n-1}(z) \\ \tilde{Q}_{n-1}(z) \end{bmatrix} \tag{9.54}$$

und

$$\tilde{P}_0(z) = \tilde{Q}_0(z) = 1 \tag{9.55}$$

Da jede Koeffizientenmatrix in Gl. 9.50 eine Eins in der oberen linken Ecke aufweist, erkennt man, daß P_0^N der Koeffizient von z^0 in $\tilde{P}_N(z)$, gleich 1 sein muß, wodurch $\tilde{P}_N(z)$ in Gl. 9.53 gleich dem Nenner $\tilde{A}(z)$ von $\tilde{H}(z)$ in Gl. 9.19 wird. In gleicher Weise ist zu sehen, daß der Zähler in Gl. 9.53 gleich $\tilde{B}(z)$ in Gl. 9.19 ist.

Daher haben wir in den Gleichungen 9.53 bis 9.55 einen Algorithmus erhalten, mit dem man die Gitterform in Bild 9.13 in die direkte Form von Bild 9.4 umwandeln kann. Eine Fortran-Implementierung dieses "Lattice-to-Direct"-Algorithmus ist im Anhang B enthalten. Das Aufrufprogramm lautet

```
CALL SPLTOD(KAPPA,NU,N,B,A)

KAPPA(0:N - 1) = REAL lattice coefficients in Fig. 9.13
NU(0:N)        = REAL lattice coefficients in Fig. 9.13
N              = Number of lattice stages (order of filter)
B(0:N)         = Numerator coefficients in direct form, Eq. 9.19
A(1:N)         = Denominator coefficients in direct form, Eq. 9.19
```

Man achte sorgfältig darauf, daß der erste Index von A gleich 1 und nicht gleich 0 ist. Die Routine wandelt in Übereinstimmung mit den Gleichungen 9.53 bis 9.55 die Gitterkoeffizienten, die in KAPPA und NU gespeichert sind, in die direkten Koeffizienten um und speichert sie in B und A. Sie wird im Beispiel 9.8 unten und in den Übungen am Ende dieses Kapitels benötigt.

Wenden wir uns jetzt dem Problem der Umwandlung der direkten Form in die Gitterform zu. Aus Gl. 9.53 gewinnen wir die Zähler- und Nennerpolynome von Gl. 9.19 wie folgt

$$\tilde{H}(z) = \frac{B(z)}{A(z)} = \frac{\sum_{n=0}^{N} \nu_n \tilde{Q}_n(z)}{\tilde{P}_N(z)} \tag{9.56}$$

Wir beginnen mit $\tilde{P}_N(z) = A(z)$ und zerlegen $\tilde{P}_N(z)$, um die Terme $\tilde{P}_{N-1}(z), \tilde{P}_{N-2}(z)$ und so weiter, zu gewinnen. In jedem n-ten Schritt der Zerlegung können wir den entsprechenden Gitterkoeffizienten κ_{n-1} finden. Mit der Beziehung von $\tilde{Q}_N(z)$ zu $\tilde{P}_n(z)$ in Gl. 9.52 können wir schließlich auch den Zählerkoeffizienten ν_N in Gl. 9.56 finden. Dieses Verfahren wird weiter unten noch genauer dargestellt. Hier benötigen wir zunächst noch einen Rekursionsalgorithmus, um $\tilde{P}_{n-1}(z)$ aus $\tilde{P}_n(z)$ zu erhalten. Wir erhalten ihn aus Gl. 9.54, die man wie folgt schreiben kann

$$\begin{bmatrix} \tilde{P}_n(z) \\ \tilde{Q}_n(z) \end{bmatrix} = \begin{bmatrix} 1 & \kappa_{n-1} \\ \kappa_{n-1} & 1 \end{bmatrix} \begin{bmatrix} \tilde{P}_{n-1}(z) \\ z^{-1}\tilde{Q}_{n-1}(z) \end{bmatrix} \tag{9.57}$$

Mit Gl. 1.30 läßt sich Gl. 9.57 invertieren

$$\begin{bmatrix} \tilde{P}_{n-1}(z) \\ z^{-1}\tilde{Q}_{n-1}(z) \end{bmatrix} = \frac{1}{1-\kappa_{n-1}^2} \begin{bmatrix} 1 & -\kappa_{n-1} \\ -\kappa_{n-1} & 1 \end{bmatrix} \begin{bmatrix} \tilde{P}_n(z) \\ \tilde{Q}_n(z) \end{bmatrix} \tag{9.58}$$

(Wir werden sofort sehen, daß κ_{n-1}^2 für die Stabilität kleiner als 1 sein muß, so daß der Nenner des Bruches in Gl. 9.58 in Ordnung geht.) Aus dieser Form ergibt sich der gewünschte Rekursionsalgorithmus

$$\tilde{P}_{n-1}(z) = \frac{\tilde{P}_n(z) - \kappa_{n-1}\tilde{Q}_n(z)}{1 - \kappa_{n-1}^2}; \qquad n = N, \ldots, 1 \tag{9.59}$$

Bei Benutzung dieses Algorithmus lautet das Verfahren für die Umwandlung der direkten Form in die Gitterform wie folgt:

Umwandlung der direkten Form in die Gitterform

Zu Anfang

$$\tilde{P}_N(z) = \tilde{A}(z) = 1 + a_1 z^{-1} + \cdots + a_N z^{-N}$$

$$\tilde{S}_N(z) = \tilde{B}(z) = b_0 + b_1 z^{-1} + \cdots + b_N z^{-N}$$

Für $n = N, N-1, \ldots, 1$:

$$\tilde{Q}_n(z) = z^{-n}\tilde{P}_n(z^{-1}) \tag{9.60}$$

$$\nu_n = \text{coef. } (s_n) \text{von} z^{-n} \text{ in } \tilde{S}_n(z) \tag{9.61}$$

$$\tilde{S}_{n-1}(z) = \tilde{S}_n(z) - \nu_n \tilde{Q}_n(z) \tag{9.62}$$

$$\kappa_{n-1} = \text{coef. } (p_n) \text{von} z^{-n} \text{ in } \tilde{P}_n(z) \tag{9.63}$$

$$\tilde{P}_{n-1}(z) = \frac{\tilde{P}_n(z) - \kappa_{n-1}\tilde{Q}_n(z)}{1 - \kappa_{n-1}^2} \tag{9.64}$$

Schließlich

$$\nu_0 = s_0 \tag{9.65}$$

Das Verfahren arbeitet wie oben beschrieben durch Zerlegung der Polynome der direkten Form. Am Anfang setzt man $\tilde{P}_N(z) = \tilde{A}(z)$ und $\tilde{S}_N(z) = \tilde{B}(z)$. Im nächsten Schritt des Verfahrens erkennt man, daß Gl. 9.60 dieselbe ist wie Gl. 9.52. In Gl. 9.61 ist $\nu_N = S_N$ der führende Koeffizient im n-ten Zählerterm von Gl. 9.53, der dann aus der Summe $\tilde{S}_n(z)$ in Gl. 9.62 entfernt wird. Daß Gl. 9.63 richtig ist, kann man in Gl. 9.50 sehen, in der κ_{n-1} offensichtlich der Koeffizient von z^{-n} ist. (Der Leser möge dieses Ergebnis mit n = 1 und dann mit n = 2 in Gl. 9.50 überprüfen.) Schließlich ist Gl. 9.64 dieselbe wie Gl. 9.59.

Eine Fortran-Routine, mit der man das gerade beschriebene "Direct-to-Lattice" Verfahren durchführen kann, ist im Anhang B enthalten. Ihr Programm-Aufruf lautet

```
                  CALL SPDTOL(B,A,N,KAPPA,NU,IERROR)
B(0:N)          = Numerator coefficients in Eq. 9.21
A(1:N)          = Denominator coefficients in Eq. 9.21
N               = Order of filter = number of lattice stages
KAPPA(0:N-1)    = REAL lattice coefficients in Fig. 9.13
NU(0:N)         = REAL lattice coefficients in Fig. 9.13
IERROR          = 0: no errors
                = 1: unstable filter
```

Wie zuvor, sei bemerkt, daß der erste Index von A gleich 1 und nicht gleich 0 ist. Die Routine wandelt die Koeffizienten der direkten Form, die in A und B gespeichert sind, in Gitterkoeffizienten in KAPPA und NU um. Dies geschieht, ohne daß die Werte A und B zerstört werden und ohne zusätzlichen Arbeitsspeicher. Die Routine wird in den Übungen am Ende des Kapitels benötigt. Das folgende Beispiel soll den Gebrauch der zwei Routinen SPDTOL und SPLTOD veranschaulichen.

Beispiel 9.8: Finde die symmetrische Gitterversion des folgenden rekursiven Filters

$$\tilde{H}(z) = \frac{4 + 3z^{-1} + 2z^{-2} + z^{-3}}{1 - 0.3z^{-1} + 0.2z^{-2} + 0.3z^{-3}}$$

Dann bringe das Gitter wieder in die direkte Form zurück. Das hier gezeigte Programm DSA 0908 erledigt beide Aufgaben. Die Gitterkoeffizienten, die während der Rechnungsdurchführung ausgedruckt werden, sind κ_0, κ_1 und κ_2 sowie ν_0, ν_1, ν_2 und ν_3 in Bild 9.13, und die Koeffizienten der direkten Form, die man mit SPLTOD erhält, sind natürlich diejenigen der oben angegebenen Funktion $\tilde{H}(z)$.

```
      PROGRAM DSA0908
C-DSA EXAMPLE 9.8 -- DIRECT TO LATTICE, THEN BACK TO DIRECT.
      REAL B(0:3),A(1:3),KAPPA(0:2),NU(0:3)
      DATA B/4.,3.,2.,1./, A/-.3,.2,.3/
      CALL SPDTOL(B,A,3,KAPPA,NU,IERR)
      IF(IERR.NE.0) STOP
      PRINT '(/''  KAPPA:'',3F10.6)', KAPPA
      PRINT '(''  NU:    '',4F10.6)',  NU
      CALL SPLTOD(KAPPA,NU,3,B,A)
      PRINT '(/''  B:    '',4F10.6)',   B
      PRINT '(''  A:     '',3F10.6/)',  A
      STOP
      END
$ RUN DSA0908
```

```
KAPPA: -0.300000 0.318681 0.300000
NU:      4.080000 3.709890 2.300000 1.000000

B:       4.000000 3.000000 2.000000 1.000000
A:      -0.300000 0.200000 0.300000

FORTRAN STOP
$
```

Eine andere wichtige allgemeine Eigenschaft der Gitter, die von Jury (1964) bewiesen wurde, kann im Prinzip aus der Rekursion entnommen werden, die implizit in Gl. 9.50 enthalten ist, oder auch aus Gl. 9.46. Wenn man die rechte Enden der Gitterstufe in Bild 9.12 (b) miteinander verbindet, wird die Übertragungsfunktion von der rechten Seite zum oberen linken Ende gleich $(1-z^{-1}\kappa_n)$. Infolgedessen liegt für $|\kappa_n| < 1$ die Nullstelle dieser Funktion innerhalb des Einheitskreises. Nach diesem Ergebnis ist es nicht überraschend, daß, wie Jury bewies, die Nullstellen von $\tilde{P}_N(z)$ innerhalb des Einheitskreises liegen, wenn für alle Stufen $|\kappa_n| < 1$ gilt. Das heißt, daß $\tilde{H}(z)$ in Gl. 9.53 nur dann stabil ist, wenn

$$|\kappa_n| < 1; \qquad n = 0, 1, \ldots, N-1 \tag{9.66}$$

Wir wenden uns nun in unserer Betrachtung der Gitterstrukturen der Formulierung eines nichtrekursiven Gitters zu, was im Prinzip schon geschehen ist. Nehmen wir in Bild 9.13 an, daß wir $\nu_0 = 1$ und $\nu_n = 0$ für $n = 1,2,\ldots, N$ setzen. Dann ist die Übertragungsfunktion von f_m nach g_m, die jetzt gleich $\tilde{Y}_0(z)/\tilde{X}_N(z)$ ist, gegeben durch die Gleichungen 9.53 und 9.55 als

$$\tilde{H}(z) = \frac{\tilde{Y}_0(z)}{\tilde{X}_N(z)} = \frac{\tilde{Q}_0(z)}{\tilde{P}_N(z)} = \frac{1}{\tilde{P}_N(z)} \tag{9.67}$$

Mit anderen Worten, setzen wir, wie schon früher festgestellt, $\tilde{Y}_0(z) = \tilde{X}_0(z)$ so folgt daraus

$$[\tilde{H}(z)]^{-1} = \frac{\tilde{X}_N(z)}{\tilde{X}_0(z)} = \tilde{P}_N(z) \tag{9.68}$$

Die Funktion $\tilde{P}_N(z)$ ist natürlich ein Polynom, d.h. eine nichtrekursive Übertragungsfunktion. Dieses Ergebnis weist darauf hin, daß wir ein nichtrekursives Gitter erhalten können, indem wir das Gitter in Bild 9.13 invertieren, wobei die Werte von $[\nu_n]$ wie oben zu wählen sind. Da die Gleichungen 9.44 und 9.46 dieselben sind, erreicht man die gewünschte Inversion, indem man Stufe (a) anstelle von Stufe (b) in Bild 9.12 verwendet, so daß x^N_m zum Ausgangssignal wird. Das Ergebnis, ein nichtrekursives Gitter, ist in Bild 9.14 dargestellt.

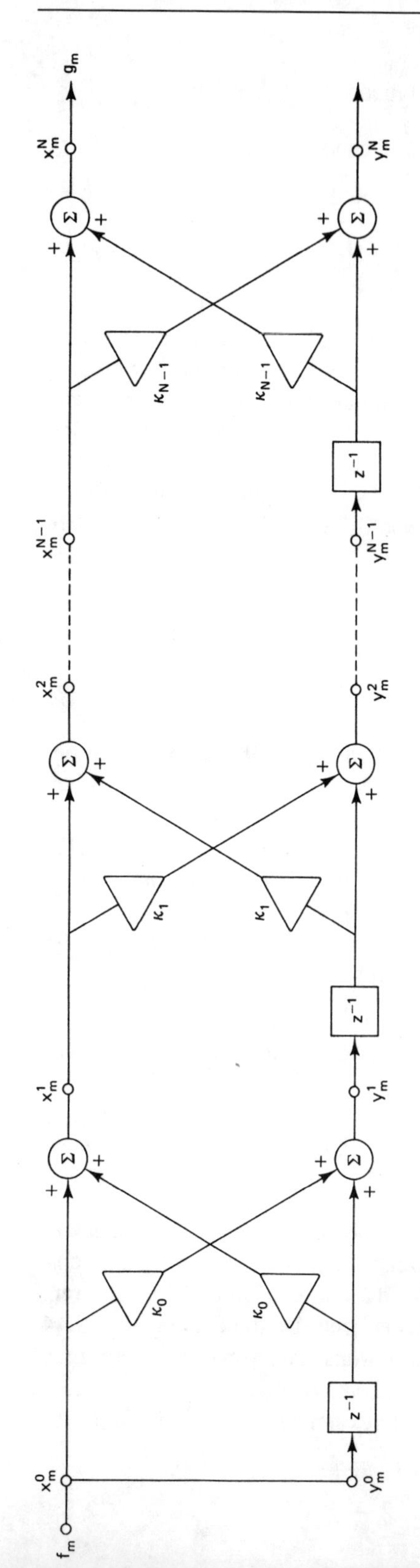

Bild 9.14 Symmetrische Gitterform eines linearen nichtrekursiven digitalen Filters.

Die Umwandlungs-Algorithmen zur Umwandlung zum oder vom nichtrekursivem Gitter in Bild 9.14 in Bild 9.14 sind im Prinzip schon entwickelt worden, da die zwei zuvor angegebenen Algorithmen zwischen den Gitterkoeffizienten $[\kappa_n]$ und den Koeffizienten von $\tilde{P}_n(z)$ umwandeln. In der Tat könnte man die zwei Routinen SPLTOD und SPDTOL, die oben beschrieben wurden, einsetzen, um zwischen der direkten Form in Gl. 9.19 und dem Gitter in Bild 9.14 zu wandeln. Es gibt jedoch zwei Gründe dafür, speziell zugeschnittene Routinen für nichtrekursive Routinen zu bevorzugen. Erstens sind die Werte von ν_1 bis ν_N, ebenso wie die Werte von a_1 bis a_N, sämtlich gleich Null, weshalb man für sie keinen Speicherplatz benötigt. Zweitens zeigen Werte von κ_n, die größer als 1 sind, in Bild 9.14 kein unstabiles System an - lediglich eine Übertragungsfunktion mit Nullstellen außerhalb des Einheitskreises.

Die Aufrufprogramme für die nichtrekursiven Umwandlungs-routinen "Lattice-to-Direct" und "Direct-to-Lattice" lauten

```
CALL SPNLTD(KAPPA,N,B)
CALL SPNDTL(B,N,KAPPA,IERROR)
```

KAPPA(0:N - 1) = REAL lattice coefficients in Fig. 9.14
N = Number of lattice stages (order of filter)
B(1:N) = Nonrecursive filter coefficients in
$\tilde{H}(z) = 1 + b_1 z^{-1} + \cdots + b_N z^{-N}$
IERROR = 0 : no error
= 1 : $|\kappa_n|$ too close to 1.0−conversion not possible

Der erste Koeffizient von $\tilde{B}(z)$, $b_0 = 1$, ist eine selbstverständliche logische Folge der oben beschriebenen Inversion, da für die rekursive Version $a_0 = 1$ gilt. Jeder andere Wert von b_o ergibt sich leicht, wenn wir $\tilde{H}(z)$ in der Form schreiben

$$\tilde{H}(z) = b_0\left(1 + \frac{b_1}{b_0}z^{-1} + \cdots + \frac{b_N}{b_0}z^{-N}\right) \tag{9.69}$$

Wir sollten dann die obigen Routinen mit den Koeffizienten b_n/b_0; $n = 1, 2, \ldots, N$) in Gleichung 9.69 benutzen und den Koeffizienten b_0 am Eingang oder Ausgang des Gitters anbringen.

Der Ansatz in Gleichung 9.69 erlaubt jedoch keine symmetrischen, linearphasigen Übertragungsfunktionen mit $b_0 = b_N$ (siehe Abschnitt 8.4 ebenso wie Abschnitt 9.9), weil dann p_N (und auch K_{N-1}) gleich 1 würde. Dieses Gitter wäre nicht zu realisieren (siehe die Gleichungen 9.63 und 9.64). Man bevorzugt daher einen anderen Ansatz, bei dem man jeden Eingangsabtastwert f_m von jedem Ausgangsabtastwert g_m abzieht, dann auch noch eine 1 von der Übertragungsfunktion abzieht, wodurch man erhält

$$\hat{H}(z) = b_1 z^{-1} + b_2 z^{-2} + \cdots + b_N z^{-N} \tag{9.70}$$

In gleicher Weise könnte jede nichtkausale Übertragungsfunktion, rekursiv oder nicht, durch eine der vier oben beschriebenen Routinen umgewandelt werden, indem man einfach die Eingangsfolge verschiebt. Im Zähler von Gleichung 9.8 könnten wir beispielsweise $\tilde{B}(z)$ in folgender Form schreiben

$$\tilde{B}(z) = z^N (b_{-N} + b_{-N+1} z^{-1} + \cdots + b_N z^{-2N}) \tag{9.71}$$

Dann ließen sich die Routinen mit den 2N + 1 Koeffizienten in Gleichung 9.71 heranziehen. (Wenn die Filter nichtrekursiv wären, könnten wir auch die Übertragungsfunktion wie in den Gleichungen 9.69 oder 9.70 ändern). Das folgende Beispiel soll dazu dienen, diese Verfahren zu veranschaulichen.

Beispiel 9.9: Man wandle das Filter von Gleichung 8.12, das gegeben ist durch

$$\tilde{H}(z) = \frac{1}{2} + \frac{2}{\pi}(z^{-1} + z)$$

aus der direkten Form in die Gitterform um, dann wieder zurück in die direkte Form. Das hier gezeigte Programm DSA 0909 enthält beide Umwandlungen. Die direkten Koeffizienten sind ersichtlich die oben angegebenen, d.h. $2/\pi$, $1/2$ und $2/\pi$.

```
      PROGRAM DSA0909
C-DSA EXAMPLE 9.9 -- NONRECURSIVE LATTICE AND DIRECT COEFFICIENTS.
      REAL KAPPA(0:2),B(3)
      PI = 4.*ATAN(1.)
      B(1) = 2./PI
      B(2) = 1./2.
      B(3) = 2./PI
      CALL SPNDTL(B,3,KAPPA,IERROR)
      IF(IERROR.NE.0) STOP
      PRINT '(/'' LATTICE COEFFICIENTS:'',3F10.6)', KAPPA
      CALL SPNLTD(KAPPA,3,B)
      PRINT '(/'' DIRECT COEFFICIENTS: '',3F10.6/)', B
      STOP
      END
$ RUN DSA0909

 LATTICE COEFFICIENTS: 0.461700 0.159262 0.636620

 DIRECT COEFFICIENTS:  0.636620 0.500000 0.636620

FORTRAN STOP
$
```

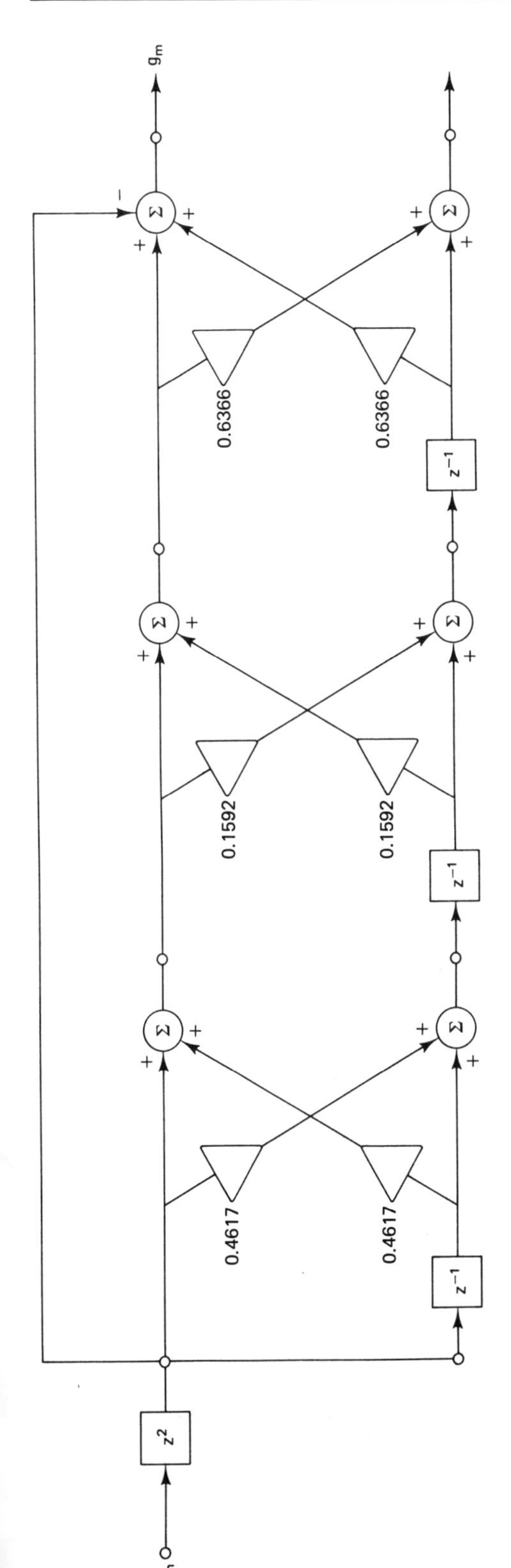

Bild 9.15 Symmetrische Gitterversion von $\tilde{H} = (1/2) + (2/\pi)(z^{-1} + z)$, berechnet mit der SPNDTL-Routine.

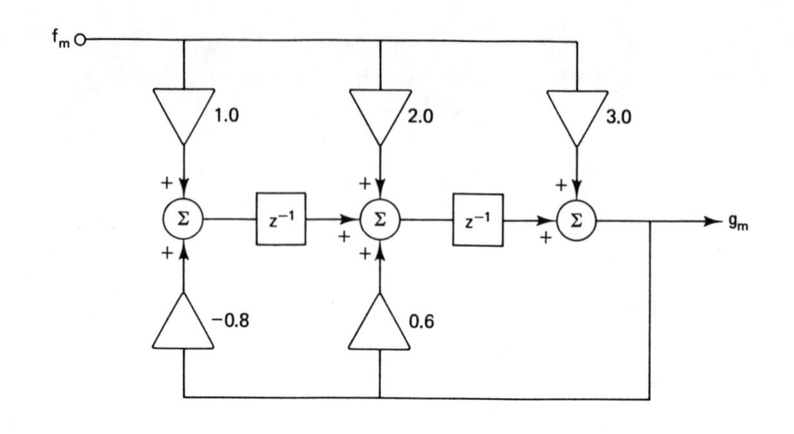

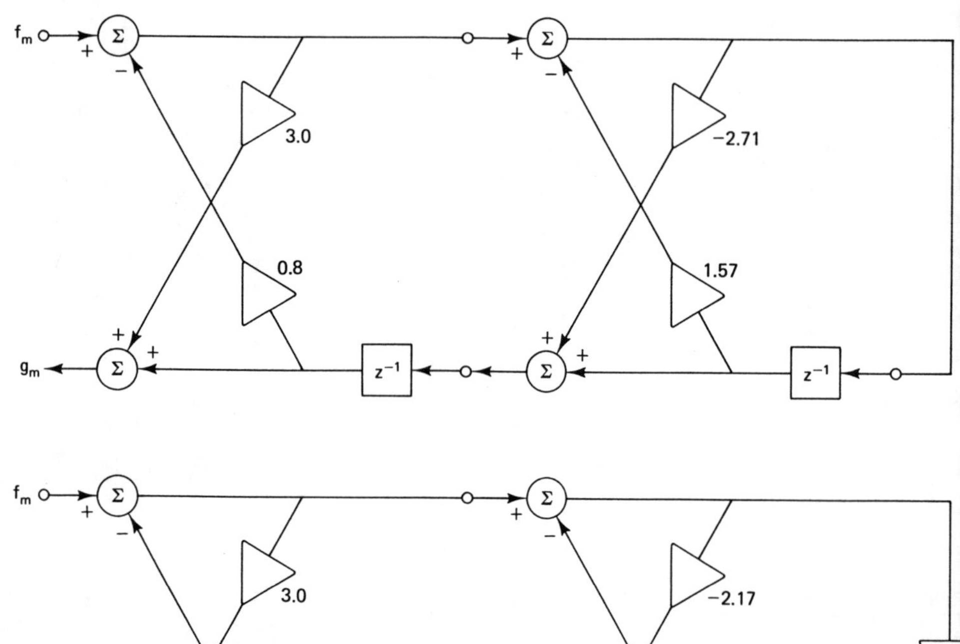

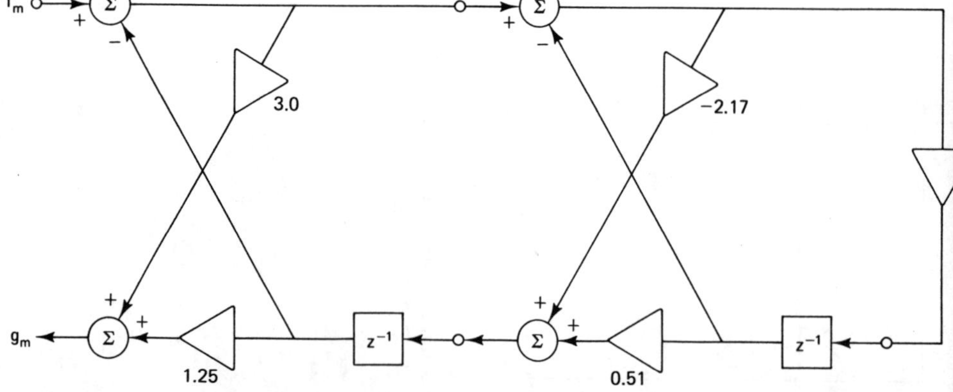

Bild 9.16 Ein direkt gebildetes Filter und zwei asymmetrische Gitter, alle mit derselben Übertragungsfunktion.

Die mit Hilfe der oben beschriebenen Verfahren gewonnene Gitterform ist in Bild 9.15 gezeigt. Man beachte, daß das Eingangssignal f_m in Übereinstimmung mit Gleichung 9.71 verschoben und zudem noch vom Ausgangssignal abgezogen wird, um die Form von Gleichung 9.70 zu erhalten. Die Verschiebung beträgt in diesem Fall z^2, weil die Einheitsverschiebung (z^1) in $\tilde{H}(z)$ und die Einheitsverschiebung in der revidierten Gitter-Übertragungsfunktion in Gleichung 9.70 zu berücksichtigen sind.

Andere Gitterstrukturen ähnlich den oben beschriebenen sind möglich und können im allgemeinen etwa in der beschriebenen Art analysiert und synthetisiert werden (siehe Mitra et. al. 1977). Bild 9.16 zeigt zum Beispiel eine direkte Form zusammen mit zwei äquivalenten asymmetrischen Gitterformen, deren Koeffizienten nicht wie bisher paarweise gleich sind. Diese asymmetrischen Formen sind ähnlich zu Bild 9.13, benötigen jedoch keine ν-Koeffizienten.

Tabelle 9.2 enthält die wesentlichen Analyse- und Synthese-Formeln für die zwei asymmetrischen Gitterformen in Bild 9.16. Die erste Form hat eine mit dem Koeffizienten 1 abgeschlossene Stufe 0. In der Übertragungsfunktion $\tilde{H}(z)$ benötigt man $a_0 = b_N = 1$. Die zweite Form hat eine mit dem Koeffizienten 8 abgeschlossene Stufe 0. In der Übertragungsfunktion $\tilde{H}(z)$ benötigt man $a_0 = 1$ und $a_N \neq 0$. Um die Tabelle 9.2 übersichtlicher zu schreiben, ist das Argument (z) bei den meisten Funktionen weggelassen worden. Man sollte in der Lage sein, die Formeln mit denen der Gleichungen 9.45, 9.46, 9.61, 9.63 und der Matrixversion von Gleichung 9.64 zu vergleichen und sehen, daß die Entwicklung ähnlich ist.

Umwandlungs-Routinen für die asymmetrischen Gitter in Tabelle 9.2 sind im Anhang B enthalten. Um von der direkten Form in die erste Gitterform umzuwandeln, setzt die SPDTAL1-Routine zuerst GAIN gleich b_N und dividiert dann $\tilde{B}(z)$ durch b_N (welcher Wert nicht gleich Null sein darf), so daß die Forderung $b_N = 1$ erfüllt ist. Der GAIN-Koeffizient muß dann in Serie mit dem Gitter verwendet werden. (Man beachte, daß in Bild 9.16 GAIN = 1). Im übrigen sind die Routinen ähnlich zueinander und leicht zu handhaben.

Einige direkte Formen lassen sich nicht in eine besondere Gitterform umwandeln. Die "Direct-to-Lattice"-Umwandlungs-Routinen im Anhang B zeigen diese Eigenschaft an, indem sie IERROR = 1 ausgeben.

Tabelle 9.2 Asymmetrische rekursive Gitter und ihre Formeln.

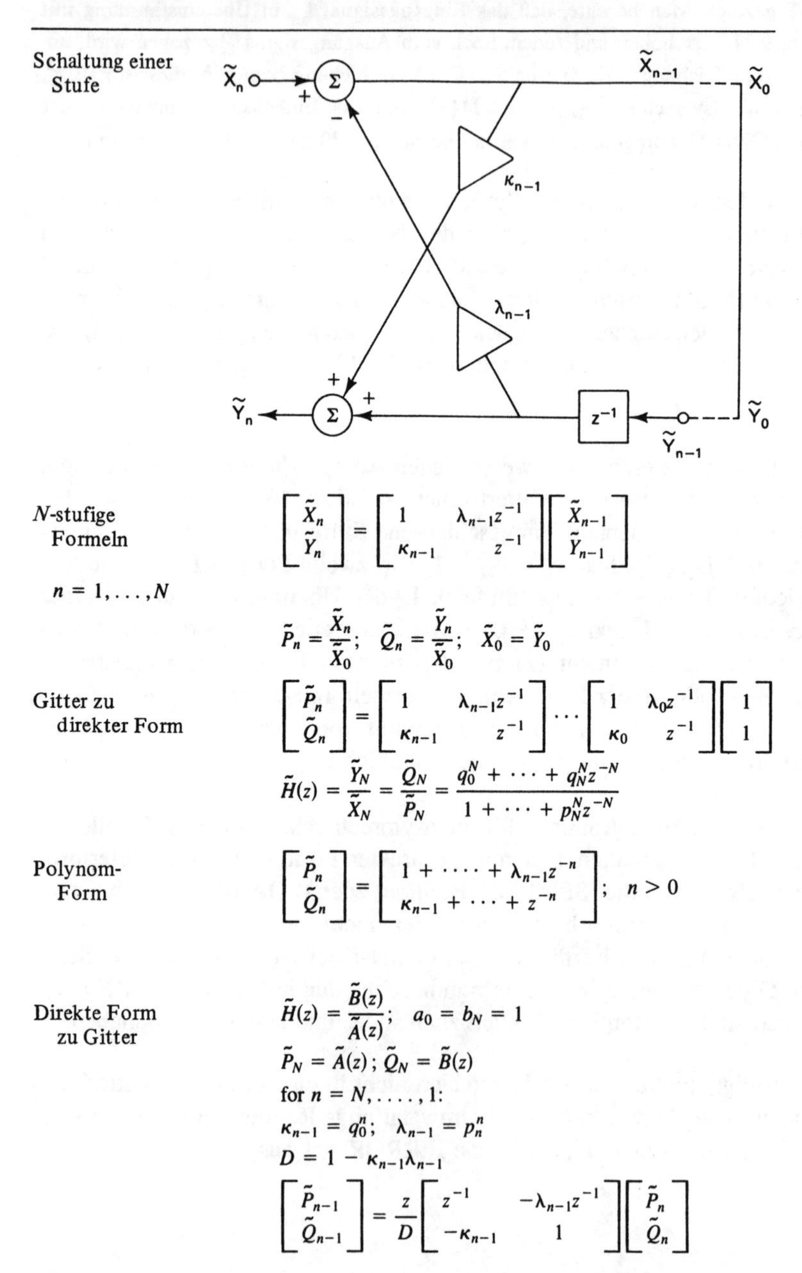

Schaltung einer Stufe	
N-stufige Formeln $n = 1, \dots, N$	$\begin{bmatrix}\tilde X_n\\ \tilde Y_n\end{bmatrix} = \begin{bmatrix}1 & \lambda_{n-1}z^{-1}\\ \kappa_{n-1} & z^{-1}\end{bmatrix}\begin{bmatrix}\tilde X_{n-1}\\ \tilde Y_{n-1}\end{bmatrix}$ $\tilde P_n = \dfrac{\tilde X_n}{\tilde X_0};\quad \tilde Q_n = \dfrac{\tilde Y_n}{\tilde X_0};\quad \tilde X_0 = \tilde Y_0$
Gitter zu direkter Form	$\begin{bmatrix}\tilde P_n\\ \tilde Q_n\end{bmatrix} = \begin{bmatrix}1 & \lambda_{n-1}z^{-1}\\ \kappa_{n-1} & z^{-1}\end{bmatrix}\cdots\begin{bmatrix}1 & \lambda_0 z^{-1}\\ \kappa_0 & z^{-1}\end{bmatrix}\begin{bmatrix}1\\ 1\end{bmatrix}$ $\tilde H(z) = \dfrac{\tilde Y_N}{\tilde X_N} = \dfrac{\tilde Q_N}{\tilde P_N} = \dfrac{q_0^N + \cdots + q_N^N z^{-N}}{1 + \cdots + p_N^N z^{-N}}$
Polynom-Form	$\begin{bmatrix}\tilde P_n\\ \tilde Q_n\end{bmatrix} = \begin{bmatrix}1 + \cdots + \lambda_{n-1}z^{-n}\\ \kappa_{n-1} + \cdots + z^{-n}\end{bmatrix};\quad n > 0$
Direkte Form zu Gitter	$\tilde H(z) = \dfrac{\tilde B(z)}{\tilde A(z)};\quad a_0 = b_N = 1$ $\tilde P_N = \tilde A(z);\ \tilde Q_N = \tilde B(z)$ for $n = N, \dots, 1$: $\kappa_{n-1} = q_0^n;\quad \lambda_{n-1} = p_n^n$ $D = 1 - \kappa_{n-1}\lambda_{n-1}$ $\begin{bmatrix}\tilde P_{n-1}\\ \tilde Q_{n-1}\end{bmatrix} = \dfrac{z}{D}\begin{bmatrix}z^{-1} & -\lambda_{n-1}z^{-1}\\ -\kappa_{n-1} & 1\end{bmatrix}\begin{bmatrix}\tilde P_n\\ \tilde Q_n\end{bmatrix}$

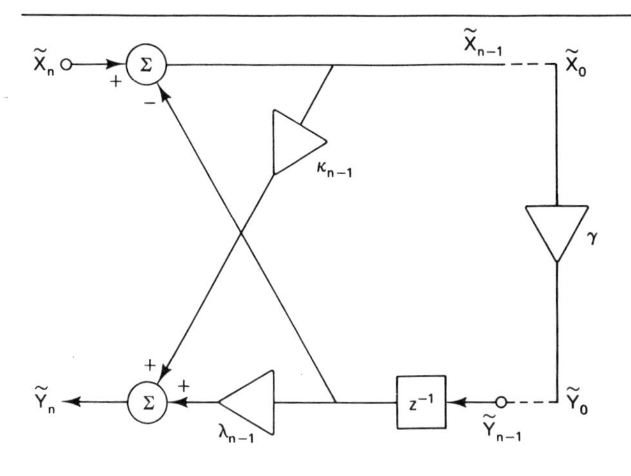

$$\begin{bmatrix} \tilde{X}_n \\ \tilde{Y}_n \end{bmatrix} = \begin{bmatrix} 1 & z^{-1} \\ \kappa_{n-1} & \lambda_{n-1} z^{-1} \end{bmatrix} \begin{bmatrix} \tilde{X}_{n-1} \\ \tilde{Y}_{n-1} \end{bmatrix}$$

$$\tilde{P}_n = \frac{\tilde{X}_n}{\tilde{X}_0}; \quad \tilde{Q}_n = \frac{\tilde{Y}_n}{\tilde{X}_0}; \quad \gamma \tilde{X}_0 = \tilde{Y}_0$$

$$\begin{bmatrix} \tilde{P}_n \\ \tilde{Q}_n \end{bmatrix} = \begin{bmatrix} 1 & z^{-1} \\ \kappa_{n-1} & \lambda_{n-1} z^{-1} \end{bmatrix} \cdots \begin{bmatrix} 1 & z^{-1} \\ \kappa_0 & \lambda_0 z^{-1} \end{bmatrix} \begin{bmatrix} 1 \\ \gamma \end{bmatrix}$$

$$\tilde{H}(z) = \frac{\tilde{Y}_N}{\tilde{X}_N} = \frac{\tilde{Q}_N}{\tilde{P}_N} = \frac{q_0^N + \cdots + q_N^N z^{-N}}{1 + \cdots + p_N^N z^{-N}}$$

$$\begin{bmatrix} \tilde{P}_n \\ \tilde{Q}_n \end{bmatrix} = \begin{bmatrix} 1 + \cdots\cdot + \gamma \prod_{i=0}^{n-2} \lambda_i z^{-n} \\ \kappa_{n-1} + \cdots + \gamma \prod_{i=0}^{n-1} \lambda_i z^{-n} \end{bmatrix}; \quad n > 1$$

$$\tilde{H}(z) = \frac{\tilde{B}(z)}{\tilde{A}(z)}; \quad a_0 = 1$$

$$\tilde{P}_N = \tilde{A}(z); \quad \tilde{Q}_N = \tilde{B}(z)$$

für $n = N, \ldots, 1$:

$$\kappa_{n-1} = q_0^n; \quad \lambda_{n-1} = q_n^n / p_n^n$$

$$D = \lambda_{n-1} - \kappa_{n-1}$$

$$\begin{bmatrix} \tilde{P}_{n-1} \\ \tilde{Q}_{n-1} \end{bmatrix} = \frac{z}{D} \begin{bmatrix} \lambda_{n-1} z^{-1} & -z^{-1} \\ -\kappa_{n-1} & 1 \end{bmatrix} \begin{bmatrix} \tilde{P}_n \\ \tilde{Q}_n \end{bmatrix}$$

für $n = 0$: $\gamma = q_0^0$

9.7 Pol-Nullstellen-Diagramme

Neben den in den vorigen Abschnitten besprochenen Blockschaltbildern gibt es als weitere Hilfe für die Analyse und den Entwurf von digitalen Filtern das Pol-Nullstellendiagramm in der z-Ebene. Gerade wie die obigen Blockschaltbilder Analogien zu den schematischen Schaltbildern der kontinuierlichen Systeme sind, will das z-Ebenen-Diagramm analog zu dem s-Ebenen-Diagramm für analoge Filter gesehen werden. Das in Kapitel 3 eingeführte s-Ebenen-Diagramm wird später in Verbindung mit der Synthese spezieller Filter diskutiert - hier liegt das Gewicht auf den Beziehungen der Frequenzantwort eines digitalen Filters zu dem z-Ebenen-Diagramm.

Zunächst erinnern wir uns, daß der Term "z-Ebene" schon in Kapitel 7 eingeführt wurde. Die Substitution von $e^{j\omega T}$ für z, die benutzt wurde, um die Frequenz-Übertragungsfunktion $\bar{H}(j\omega)$ zu erhalten, läßt vermuten, daß z auch komplexe Werte haben darf. Daher ist die z-Ebene die komplexe Ebene, und ein Punkt auf der Ebene mit den Koordinaten (x, y) stellt den Wert z = x + j y dar. Die reelle Achse ist immer waagrecht.

Als nächstes können die Pole und Nullstellen der Funktion $\tilde{H}(z)$ definiert werden. Es wurde schon gezeigt, daß diese Funktion ein Verhältnis von Polynomen in z ist, d.h. aus Gl. 9.9 folgt

$$\tilde{H}(z) = \frac{\tilde{B}(z)}{\tilde{A}(z)} = \frac{b_N z^{-N} + \cdots + b_1 z^{-1} + b_0}{a_N z^{-N} + \cdots + a_1 z^{-1} + 1} \tag{9.72}$$

$$= \frac{b_0 z^N + b_1 z^{N-1} + \cdots + b_N}{z^N + a_1 z^{N-1} + \cdots + a_N} \tag{9.73}$$

(Man beachte, daß a_0 wie oben gleich Eins ist und daß deshalb z^N in Gleichung 9.73 jetzt den Koeffizienten Eins hat.) Um die Pole und Nullstellen zu finden, müssen Zähller und Nenner von Gleichung 9.45 jeweils in N Terme faktorisiert werden:

$$\tilde{H}(z) = b_0 \frac{(z - B_1)(z - B_2) \cdots (z - B_N)}{(z - A_1)(z - A_2) \cdots (z - A_N)} \tag{9.74}$$

wobei b_0 als verschieden von Null angenommen wird. Diese Faktorisierung mag natürlich selbst ein beträchtliches Problem sein, das manchmal eine iterative Lösung erfordert, wenn N größer als Drei ist. Wenn andererseits die Werte A und B gegeben sind, kann man die Filterkoeffizienten a und b durch Ausmultiplizieren in Gleichung 9.74 finden. Jedes B_n wird eine "Nullstelle" von $\tilde{H}(z)$ genannt, da $\tilde{H}(z)$ verschwindet, wenn sich z diesem Wert nähert. Entsprechend ist A_n eine "Polstelle", da $\tilde{H}(z)$ gegen Unendlich geht, wenn sich z dem Wert A_n nähert.

Beispiel 9.10: Man finde und zeichne die Pole und Nullstellen von $\tilde{H}(z)$, wenn der Filteralgorithmus heißt: $g_m = f_{m-1} + 0.8\ f_{m-2} - 0.6\ g_{m-1} - 0.25\ g_{m-2}$. Der Algorithmus führt zu $b_0 = 0$, $b_1 = 1$, $b_2 = 0.8$, $a_1 = 0.6$ und $a_2 = 0.25$. Deshalb ist $\tilde{H}(z)$ mit Gleichung 9.73 gegeben durch

$$\tilde{H}(z) = \frac{z + 0.8}{z^2 + 0.6z + 0.25} \tag{9.75}$$

oder, in der Pol-Nullstellenform von Gleichung 9.74

$$\tilde{H}(z) = \frac{z + 0.8}{(z + 0.3 + j0.4)(z + 0.3 - j0.4)} \tag{9.76}$$

Die Pole und Nullstellen sind in Bild 9.17 aufgetragen. Die Pole ergeben sich ersichtlich als ein konjugiertes Paar innerhalb des Einheitskreises in der z-Ebene. Die Signifikanz dieser Eigenschaften wird gleich erläutert werden.

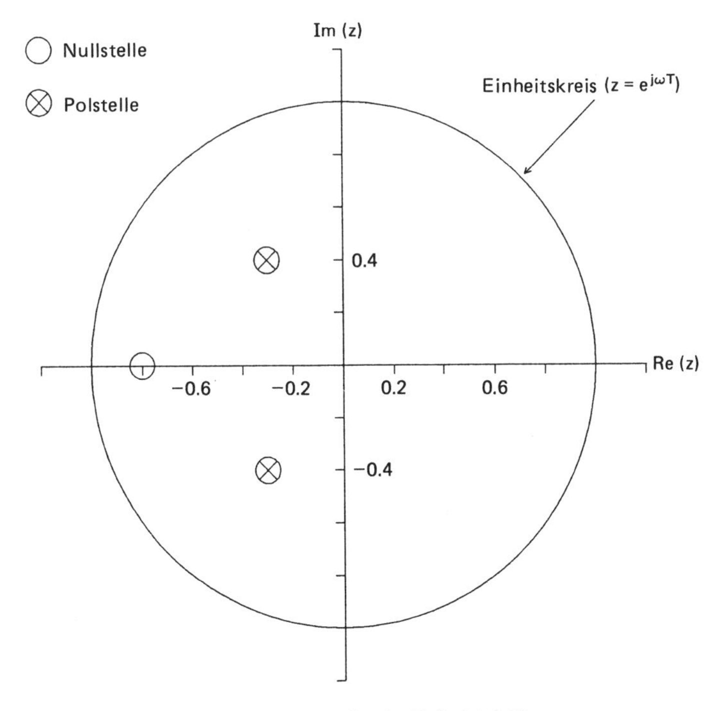

Bild 9.17 Pol-Nullstellendiagramm für das Beispiel 9.10

Hat man die Pole und Nullstellen der Filterfunktion $\tilde{H}(z)$ in der z-Ebene, ist es jetzt leicht, sich ein Bild von der Frequenzfunktion zu machen. Man findet sie durch Substitution von $e^{j\omega T}$ für z in $\tilde{H}(z)$ und damit ergibt sich aus Gleichung 9.74 die Frequenzfunktion

$$\overline{H}(j\omega) = b_0 \frac{(e^{j\omega T} - B_1)(e^{j\omega T} - B_2) \cdots (e^{j\omega T} - B_N)}{(e^{j\omega T} - A_1)(e^{j\omega T} - A_2) \cdots (e^{j\omega T} - A_N)} \tag{9.77}$$

Jeder Faktor $(e^{j\omega T} - A_n)$ oder $(e^{j\omega T} - B_n)$ in Gleichung 9.77 wird in der z-Ebene durch einen Vektor dargestellt, der von dem Pol oder der Nullstelle von $\tilde{H}(z)$ zu dem Punkt $z = e^{j\omega T}$ auf den Einheitskreis gezogen wird. Die Amplitudenkurve des Filters findet man dann durch Multiplizieren und Dividieren der Vektoramplituden und die Phasenverschiebung durch Addieren und Subtrahieren der Vektorwinkel.

Beispiel 9.11: Man ermittle mit dem Filter von Beispiel 9.10, für das galt: $g_m = f_{m-1} + 0.8\, f_{m-2} - 0.6\, g_{m-1} - 0.25\, g_{m-2}$, Amplitudenverstärkung und Phasenverschiebung bei $\omega = \pi/4T$. Das Pol-Nullstellendiagramm in Bild 9.17 ist in Bild 9.18 wiederholt, diesmal mit Vektoren, die zu dem Punkt $z = e^{j\pi/4}$ auf dem Einheitskreis hinzeigen, an dem $\omega = \pi/4T$ ist. Die Vektorlängen sind V_1, U_1 und U_2 wie im Bild gezeigt, und damit folgt der Amplitudengang zu $V_1/U_1 U_2$. Man beachte, wie in diesem Beispiel V_1, U_1 und U_2 die Beträge $|e^{j\omega T}\text{-}B1|$, $|e^{j\omega T}\text{-}A_1|$ und $|e^{j\omega T} - A_2|$ in Gleichung 9.77 darstellen. Die Vektorwinkel sind wie gezeichnet β_1, α_1 und α_2, und somit ist die Filter-Phasenverschiebung $\beta_1 - \alpha_1 - \alpha_2$.

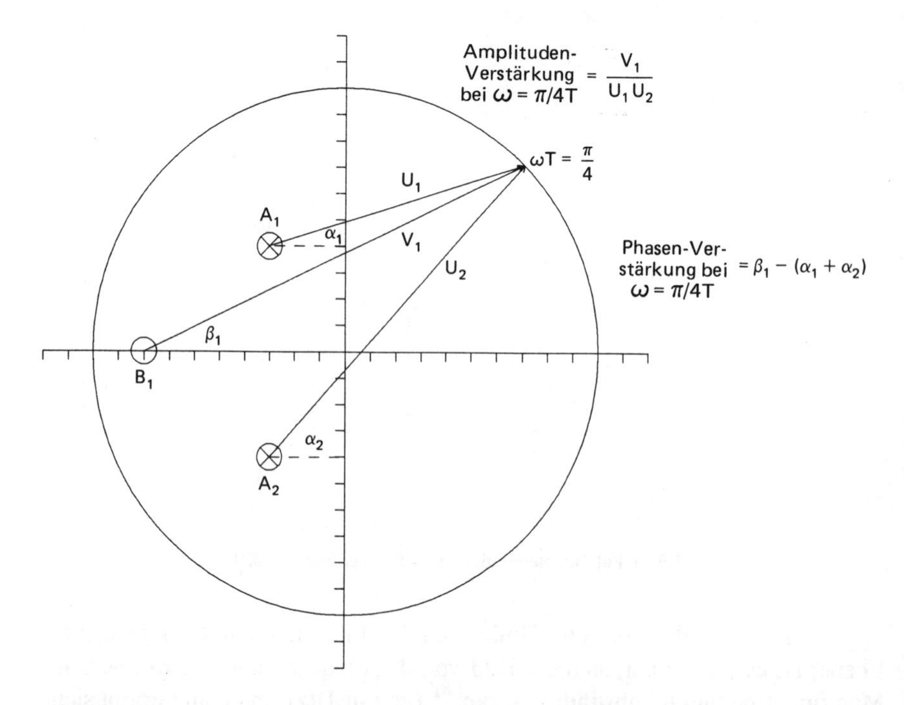

Bild 9.18 Verstärkung und Phasenverschiebung für das Beispiel 9.11

Die Periodizität von $H(j\omega)$ ist unmittelbar aus der z-Ebenen-Darstellung zu ersehen. Wenn ωT von 0 bis 2π anwächst, beginnt der Arbeitspunkt auf dem Einheitskreis, auf den die Pfeile zeigen, bei $z = 1$ zu laufen und vollführt einen vollständigen Umlauf auf der Kreisbahn. Der Arbeitspunkt durchläuft nochmals die Kreisbahn, wenn ωT von 2π bis 4π wächst, und so weiter. Die Übertragungsfunktion, die sich entsprechend dem Ort des Arbeitspunktes ändert, muß daher mit der Periode $2\pi/T$ periodisch sein.

Digitale Filter können synthetisiert werden, indem man Pole und Nullstellen in der z-Ebene plaziert, um vorgegebene Verstärkungscharakteristiken zu erreichen. Dieses Verfahren wird in Kapitel 12 diskutiert; jedoch sind einige der Grundregeln für das Plazieren der Pole und Nullstellen in der z-Ebene schon sichtbar geworden und vermitteln Einsicht in das Syntheseproblem. Diese Regeln sind:

1. **Pole oder Nullstellen müssen entweder reell sein oder in konjugierten Paaren auftreten.**

2. **Fügt man einen Pol (oder eine Nullstelle) bei $z = 0$ hinzu, so bewirkt das, daß $\bar{H}(j\omega)$ mit $e^{-j\omega T}$ multipliziert wird (oder mit $e^{+j\omega T}$), womit nur die Phasenverschiebung beeinträchtigt wird und nicht die Amplitudenverstärkung des Filters.**

3. **Ein Pol (oder eine Nullstelle) auf dem Einheitskreis bedeutet, daß $\bar{H}(j\omega)$ bei einer besonderen Frequenz Unendlich (oder Null) ist.**

4. **Ein Pol außerhalb des Einheitskreises bedeutet Instabilität in dem Sinne, daß die Filterantwort auf einen Impuls anwachsen statt abklingen wird.**

5. **Pole, die nicht auf der positiven reellen Achse liegen, verursachen im allgemeinen Schwingungen im Ausgangssignal des Filters.**

Jede dieser Eigenschaften ist ganz leicht zu zeigen. Die erste folgt durch Ausmultiplizieren der Faktoren in Gleichung 9.74, um die Polynome in Gleichung 9.73 zu erhalten, und durch Beachtung der Tatsache, daß die Werte A und B in konjugierten Paaren auftreten müssen, damit die Werte a und b reell sind. Die zweite Eigenschaft folgt aus dem Verschiebetheorem oder, indem man beachtet, daß der Betrag des Vektors vom Punkt $z = 0$ zu dem Einheitskreis immer gleich Eins ist. Die Eigenschaft (3) ist evident, weil für Pole oder Nullstellen auf dem Einheitskreis die entsprechende Vektorlänge bei irgendeinem Frequenzwert auf Null abnehmen muß. Schließlich zeigt man die Eigenschaften (4) und (5) indem man, wie oben erörtert, eine Teillösung für die Nadelimpuls- oder Sprungfunktionsantwort ermittelt. In der Lösung wird der Term z/(z-p), mit p als Pol von $\tilde{H}(z)$, in der Partialbruchzerlegung von $\tilde{F}(z)\,\tilde{H}(z)$ auftreten. Wie in Gleichung 9.24 lautet die Reihe für diesen Term

$$\frac{z}{z-p} = \sum_{m=0}^{\infty} p^m z^{-m} \tag{9.78}$$

Wenn p außerhalb des Kreises liegt, so daß $|p| > 1$, wächst p^m mit m, und das Filter-Ausgangssignal g_m wächst unbeschränkt mit m. Ist p negativ oder komplex, dann ist p^m von der Form $r_m\, e^{jm\theta}$, und somit hat g_m eine Komponente mit der Phase $m\,\Theta$ zur Zeit mT, d.h. eine oszillierende Komponente.

9.8 Lineare Phasenverschiebung und Phasenverschiebung Null

Der Leser wird sich erinnern, daß nichtrekursive Systeme mit der Phasenverschiebung Null in Kapitel 8 diskutiert wurden und daß sie beim Hantieren mit zukünftigen oder vergangenen Abtastwerten von f(t) so arbeiten, als ob der Abtastwertesatz $[f_m]$ in irgendeinem Speicher aufbewahrt wäre. Jetzt soll die Diskussion noch etwas ausgedehnt werden, um auch rekursive Systeme entweder mit linearer Phasenverschiebung oder mit der Phasenverschiebung Null einzuschließen.

Eine Übertragungsfunktion mit der Verstärkung Eins und linearer Phasenverschiebung ist in Bild 9.19 dargestellt. Im Zeitbereich besteht die Wirkung einfach darin, f(t) um nT sec zu verschieben, und im Frequenzbereich wird F(s) mit e^{-nTs} oder $\tilde{F}(z)$ mit z^{-n} multipliziert. Das Verschiebetheorem garantiert die Äquivalenz dieser Operationen. Mit beachte, daß, wenn f(t) eine Sinuswelle der Frequenz ω ist, die Übertragungsfunktion $e^{-j\omega nT}$ von dieser Frequenz abhängt, aber die Wirkung besteht immer darin, f(t) um den konstanten Betrag nT zu verschieben.

Die Phasenverschiebung Null erreicht man natürlich, wenn im obigen Beispiel n = 0 ist, und, allgemeiner, wenn die Übertragungsfunktion rein reell ist. Filter mit der Phasenverschiebung Null sind für Datenverarbeitungszwecke manchmal sehr wünschenswert, in denen man f(t) nicht im Zeitbereich verschieben möchte, und besonders auch dort, wo man verschiedene Frequenzkomponenten von f(t) nicht um verschiedene Beträge verschieben möchte.

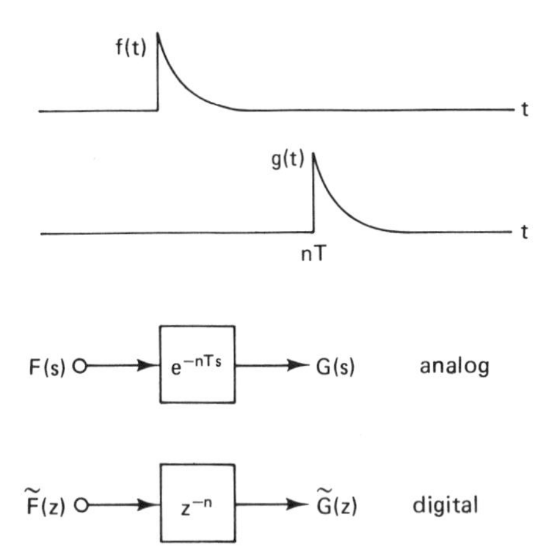

Bild 9.19 Einheitsverstärkung und lineare Phasenverschiebung

Welche Eigenschaften eines Systems sind nun für eine lineare (oder keine) Phasenverschiebung notwendig? Diese Frage wird hier mit den Begriffen des digitalen Systems beantwortet, wobei der analoge Fall ähnlich ist. Für eine lineare Phasenverschiebung muß die Frequenzantwort des Systems die Form haben

$$\overline{H}(j\omega) = \overline{R}(j\omega)e^{-j\omega nT} \tag{9.79}$$

wobei $\bar{R}(j\omega)$ eine reelle Funktion von ω ist. Deshalb muß $\tilde{H}(z)$ sein

$$\tilde{H}(z) = z^{-n}\tilde{R}(z) \tag{9.80}$$

wobei $\tilde{R}(e^{j\omega T})$ eine reelle Funktion von ω ist. Wenn jedoch $\tilde{R}(e^{j\omega T})$ reell ist, muß es gleich seinem eigenen konjugierten Wert sein, d.h. gleich $\tilde{R}(e^{-j\omega T})$, und daher muß $\tilde{R}(z)$ gleich $\tilde{R}(z^{-1})$ sein. Damit ist folgendes Theorem bewiesen:

Lineares Phasenverschiebungstheorem: Damit ein System eine lineare Phasenverschiebung hat, muß seine Übertragungsfunktion $\tilde{H}(z)$ von der Form sein

$$\tilde{H}(z) = z^{-n}\tilde{R}(z) \tag{9.81}$$

$\tilde{R}(z)$ ist ein Verhältnis von Polynomen in z und

$$\tilde{R}(z) = \tilde{R}(z^{-1}) \tag{9.82}$$

Die Zeitverschiebung beträgt nT sec, wobei n = 0 für die Phasenverschiebung Null gilt.

Für nichtrekursive Systeme kann die Gleichung 9.81 dadurch erfüllt werden, daß man die Filterkoeffizienten paarweise gleich macht, wie das in Kapitel 8 beschrieben wurde. Da $\tilde{R}(z)$ im rekursiven Fall jedoch ein Verhältnis von nichttrivialen Polynomen ist, stellt die Bedingung $\tilde{R}(z) = \tilde{R}(z^{-1})$ ein besonderes Problem dar. Wir wollen $\tilde{R}(z)$ wie folgt ausdrücken:

$$\tilde{R}(z) = \frac{b_0 z^N + b_1 z^{N-1} + \cdots + b_N}{z^N + a_1 z^{N-1} + \cdots + a_N} \tag{9.83}$$

$$b_n = b_{N-n} \quad \text{und} \quad a_n = a_{N-n} \quad \text{für alle n} \tag{9.84}$$

mit den Bedingungen für a und b, die für $\tilde{R}(z) = \tilde{R}(z^{-1})$ erforderlich sind. Insbesondere auch für $a_N = 1$ im Nenner von Gleichung 9.83; daher muß das Produkt aller Pole gleich Eins sein, und daher muß für jeden Pol von $\tilde{R}(z)$ bei z_0 auch ein Pol bei $1/z_0$ sein. Wenn nun z_0 nicht auf dem Einheitskreis liegt, so muß einer der beiden Werte z_0 oder $1/z_0$ außerhalb des Einheitskreises liegen, und deshalb scheint im allgemeinen der Versuch, ein rekursives Filter mit linearer Phasenverschiebung zu erhalten, zu einem instabilen Entwurf zu führen.

Glücklicherweise gibt es einen Weg aus dem Dilemma, wenn man Echtzeitbedingungen ausschließt, d.h. wenn man die Uhr "zurückstellen" kann, so daß sie mit der Position im Abtastwertesatz $[f_m]$ übereinstimmt, nachdem der ganze Satz aufgezeichnet worden ist. Wenn $[f_m]$ aufgezeichnet ist, muß diese Aufzeichnung natürlich eine endliche Dauer haben. Wir wollen der Bequemlichkeit wegen die von Null verschiedenen Abtastwerte von f(t) wie folgt ansetzen:

$$[f_m] = [f_{-N}, f_{-N+1}, \ldots, f_0, \ldots, f_N] \tag{9.85}$$

so daß es insgesamt 2 N + 1 Werte gibt. Die Zeitumkehr von $[f_m]$ kann nun als $[f_m]$ in der umgekehrten Ordnung definiert werden, d.h.

$$\begin{aligned} [f_m]^r &= [f_{-m}] \\ &= [f_N, f_{N-1}, \ldots, f_0, \ldots, f_{-N}] \end{aligned} \tag{9.86}$$

wobei das hochgestellte r die Zeitumkehr bezeichnet. Die Z-Transformierte von $[f_m]^r$ ist auch eine Art Umkehr von $\tilde{F}(z)$ d.h.

$$\begin{aligned} \tilde{F}^r(z) &= \mathcal{Z}[f_m]^r \\ &= \sum_{m=-N}^{N} f_{-m} z^{-m} = \sum_{n=-N}^{N} f_n z^n \\ &= \tilde{F}(z^{-1}) \end{aligned} \tag{9.87}$$

(In Gleichung 9.87 steht das Zeichen z für "z-Transformation von".)

Daher beinhaltet die Zeitumkehr die Substitution von z^{-1} für z.

Einige grundsätzliche Beziehungen in Verbindung mit der Zeitumkehr lauten wie folgt

Umkehr der Summe: $$[\tilde{A}(z) + \tilde{B}(z)]^r = \tilde{A}^r(z) + \tilde{B}^r(z) \quad (9.88)$$

Umkehr des Produkts: $$[\tilde{A}(z)\tilde{B}(z)]^r = \tilde{A}^r(z)\tilde{B}^r(z) \quad (9.89)$$

Umkehr der Umkehr: $$[\tilde{F}^r(z)]^r = \tilde{F}(z) \quad (9.90)$$

Jede von ihnen ist mit der Definition in Gleichung 9.87 leicht zu beweisen.

Um die Phasenverschiebung Null mit einer beliebigen rekursiven Funktion $\tilde{H}(z)$ zu erhalten, betrachte man jetzt die zwei äquivalenten Systeme in Bild 9.20. Jedes System enthält zwei Umkehrungen der Zeitreihe und damit zwei neue Abtastwertesätze neben dem ursprünglichen Satz $[f_m]$. Man beachte jedoch, daß nur ein Satz von 2 N + 1 Speicherzellen benötigt wird und daß der Abtastwertesatz einfach umgekehrt verarbeitet werden kann; d.h. r hat eher mit der Vorstellung als mit der Tätigkeit des Umkehrens zu tun. In jedem Fall ergeben die Gleichungen 9.87 bis 9.90 das folgende Resultat:

$$\begin{aligned} \tilde{G}(z) &= \{[\tilde{F}(z)\tilde{H}(z)]^r\tilde{H}(z)\}^r \\ &= \{[\tilde{F}(z)\tilde{H}(z)]^r\}^r\tilde{H}^r(z) \\ &= \tilde{F}(z)\tilde{H}(z)\tilde{H}(z^{-1}) \end{aligned} \quad (9.91)$$

Damit folgt die gesamte Übertragungsfunktion zu

$$\tilde{H}_T(z) = \tilde{H}(z)\tilde{H}(z^{-1}) \quad (9.92)$$

$$\begin{aligned} \overline{H}_T(j\omega) &= \overline{H}(j\omega)\overline{H}(-j\omega) \\ &= |\overline{H}(j\omega)|^2 \end{aligned} \quad (9.93)$$

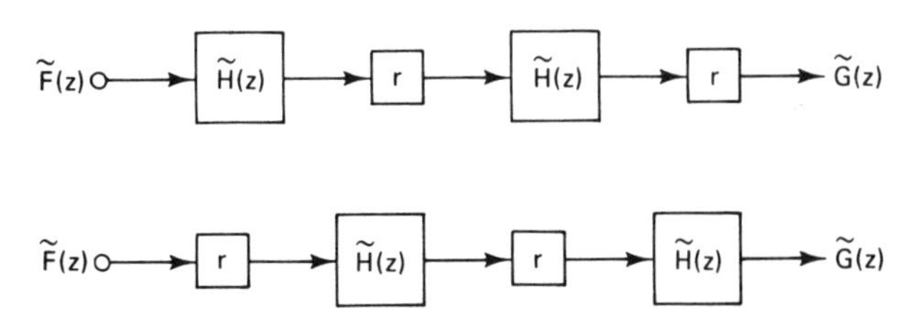

Bild 9.20 Äquivalente Systeme mit Phasenverschiebung Null

Obgleich also $\tilde{H}(z)$ eine nichtlineare Phasenverschiebung erzeugen kann, hat $\tilde{H}_T(z)$ die Phasenverschiebung Null und hat die quadrierte Amplitudenantwort von $\tilde{H}(z)$. Eine lineare Phasenverschiebung ergibt sich natürlich einfach, indem man jeweils einen z^{-n} Block jedem der Blockschaltbilder in Bild 9.20 noch hinzufügt.

Beispiel 9.12: Man betrachte die Wirkung des in Bild 9.21 beschriebenen Systems auf die Zeitfunktion $f(t) = 10 \sin 2\pi t + 2 \sin 20\pi t$. Die Übertragungsfunktion $\tilde{H}(z)$ ist hier eine Tiefpaßfilterstufe aus Kapitel 12, die den Großteil der 20% betragenden kleinen Wellen eliminiert. Das wichtige Kennzeichen ist die Phasenverschiebung Null bei der Funktion g(t). Die Zeitverläufe wurden konstruiert, indem gerade Linien zwischen den Abtastpunkten mit T = 0.01 sec gezeichnet wurden.

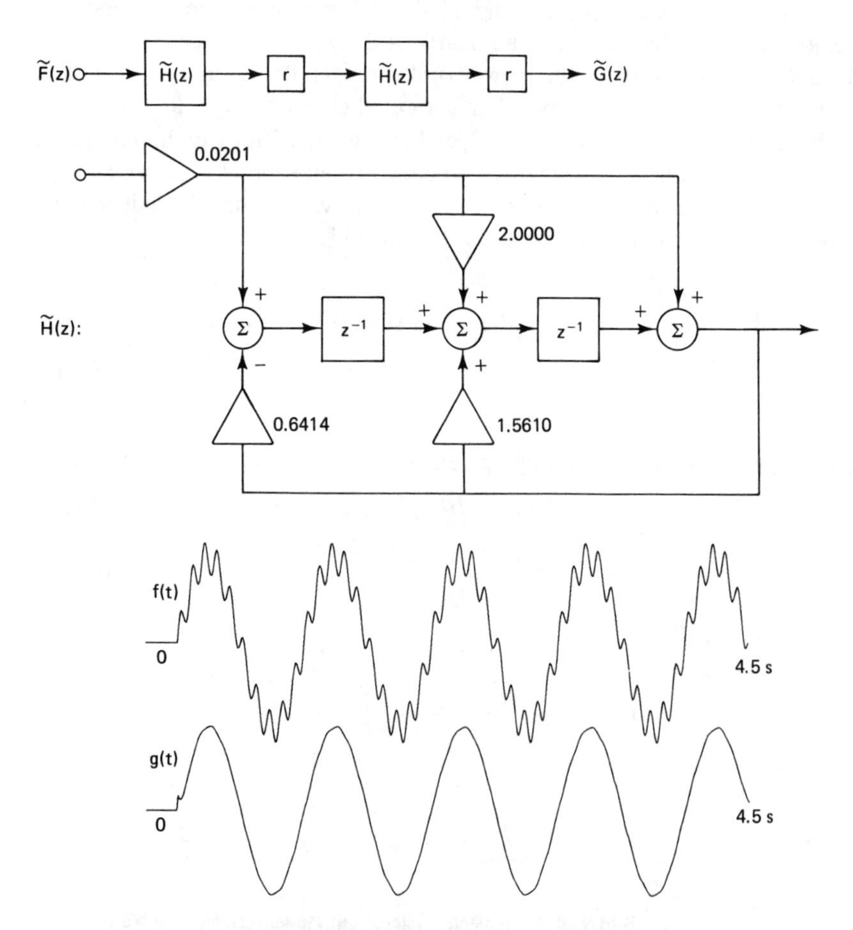

Bild 9.21 Beispiel des Filters mit Phasenverschiebung Null: T = 0.01 sec.

9.9 Filter-Routinen

In Ergänzung zu den vier in Abschnitt 9.6 beschriebenen Routinen für das Umwandeln zwischen den direkten Strukturen und den Gitterstrukturen sind noch vier Filter-Routinen SPCFIL, SPNFIL, SPLFIL und SPNLFIL beigefügt für verschiedene Verfahren (serielle, nichtrekursive, Gitter und nichtrekursive Gitter) zum Filtern einer Datenfolge, die in einem eindimensionalen Speicher gespeichert ist. Diese Routinen führen die Filterung am Objekt durch, indem sie die ursprüngliche Folge durch die gefilterte Folge ersetzen. Die internen Anfangsbedingungen sind Null.

Die erste Routine SPCFIL bezieht sich auf die lineare Filterung serieller Daten. Diese Routine ist auch bei einem direkten Filter anwendbar, da es sich dann nur um ein Serienfilter mit einem einzigen Abschnitt handelt. Die zweite Routine SPNFIL bezieht sich auf nichtrekursive Filter in ähnlicher Weise.

Die dritte Routine SPLFIL findet bei jedem rekursiven Gitter in der Form von Bild 9.13 ihre Anwendung auf eine Datenfolge. Die vierte Routine SPNLFIL wird jedes nichtrekursive Gitter in der Form von Bild 9.14 auf eine Datenfolge anwenden.

Das Aufrufprogramm lautet wie folgt:

```
CALL SPCFIL(F,N,B,A,LI,NS,WORK,IERROR)
CALL SPNFIL(F,N,B,LI,WORK,IERROR)
CALL SPLFIL(F,N,KAPPA,NU,NS,WORK,IERROR)
CALL SPNLFIL(F,N,KAPPA,NS,WORK,IERROR)
```

```
F(0:N-1)        = Data sequence to be filtered and replaced
N               = Number of samples in data sequence
B(0:LI,NS)      = Numerator coefficients of cascade H(z)
A(1:LI,NS)      = Denominator coefficients of cascade H(z)
                  The transfer function of the nth cascade section is
```

$$H_n(z) = \frac{B(0,n) + B(1,n)z^{-1} + \cdots + B(LI,n)z^{-LI}}{1 + A(1,n)z^{-1} + \cdots + A(LI,n)z^{-LI}}$$

```
LI              = Last index in each cascade section
NS              = Number of cascade sections or lattice stages
KAPPA(0:NS-1)   = REAL lattice coefficients [κn] in Fig. 9.13 or 9.14
NU(0:NS)        = REAL lattice coefficients [νn] in Fig. 9.13
WORK            = Work array (need not be initialized), dimensioned
                  at least 2LI+2 for SPCFIL, LI+1 FOR SPNFIL, NS+1
                  for SPLFIL, or NS for SPNLFIL
IERROR          = 0; no errors
                  1; NS<1 or LI<1
                  2; Filter output exceeds 10^10 times maximum input.
```

Alle drei Filter-Routinen beginnen mit den Anfangsbedingungen Null und arbeiten im Zeitbereich, ohne die Daten zu transformieren. Sie sind im Anhang B aufgelistet. Man bemerkt, daß sie alle einfach sind und leicht für spezielle Anwendungen modifiziert werden können. Diese Routinen sollten für die meisten Anwendungen im Ingenieurbereich ausreichen. Spezielle Routinen für Tiefpaß-, Hochpaß-, Bandpaß- und Bandsperr-Filterungen werden noch in Kapitel 12 behandelt.

9.10 Übungen

Die folgenden Filteralgorithmen werden in den unten stehenden Übungen verwendet:

Filter A. $g_m = f_m + 0.2g_{m-1}$
Filter B: $g_m = 2f_m - 0.2g_{m-1}$
Filter C: $g_m = 2f_m + 0.7g_{m-1} - 0.1g_{m-2}$
Filter D: $g_m = f_m + 0.2g_{m-1} - 0.05g_{m-2}$
Filter E: $g_m = f_m + f_{m-1} + 0.2g_{m-1} - 0.05g_{m-2}$

1. Zeige die allgemeine Form des linearen Filteralgorithmus, wenn das Ausgangssignal, g(t) nur eine Funktion der vergangenen Werte von f(t) sowie seiner eigenen vergangenen Werte ist.

2. Finde $\tilde{H}(z)$ für die Filter A und B.

3. Finde $\tilde{H}(z)$ für die Filter C und D.

4. Finde $\tilde{H}(z)$ für das Filter E.

5. Wie lautet die Übertragungsfunktion $\bar{H}(j\omega)$ des Filters A, wenn das Abtastintervall 0.31416 sec beträgt?

6. Welche Wirkung hat es auf die Übertragungsfunktion, wenn f_m durch f_{m-2} im Algorithmus des Filters C ersetzt wird?

7. Skizziere die Amplitudenantwort des Filters A.

8. Skizziere die erste Periode der Amplitudenantwort des Filters B.

9. Skizziere die erste Periode der Amplitudenantwort des Filters C.

10. Wie heißt die Impulsantwort des Filters B?

11. Gib die Impulsantwort des Filters E an.

12. Gib die Antwort des Filters C auf Antastwerte der Einheitssprungfunktion an.

13. Trage die Einhüllende der Antwort auf die Sprungfunktion des Filters A auf.

14. Zeichne die Einhüllende der Antwort des Filters A auf Abtastwerte des dargestellten Eingangssignals

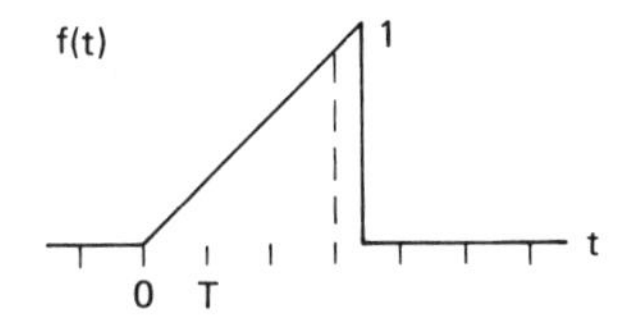

15. Zeichne die Einhüllende der Antwort des Filters B auf Abtastwerte des dargestellten Eingangssignals.

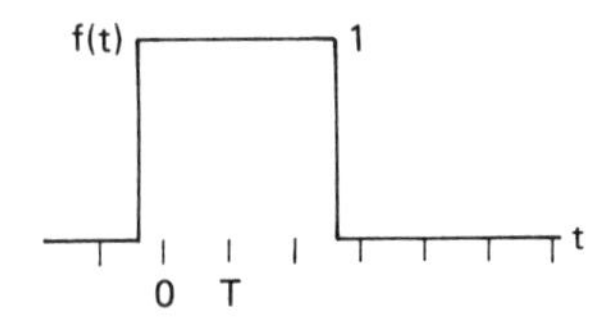

16. Leite für das Filter

$$g_m + ag_{m-1} = f_m + bf_{m-1}$$

einen allgemeinen Ausdruck für die Antwort auf einen Einheitssprung u_m in Gl. 9.28 ab.

17. (Mit Rechner) Trage die Antworten der Filter C und D auf Abtastwerte des hier gezeigten Impulses auf, wobei die Abtastrate 20 000 Werte pro Sekunde beträgt.

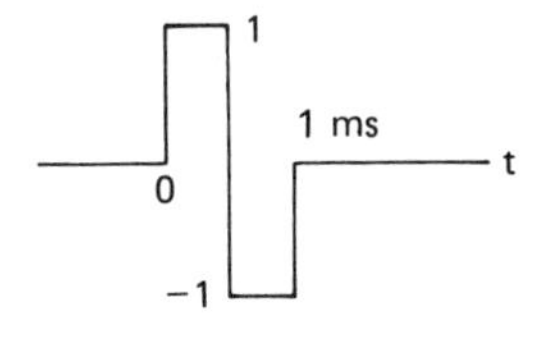

18. Zeichne Filter C in der Form des Schaltbildes 1.

19. Zeichne Filter D in der Form des Schaltbildes 2.

20. Gib einen Algorithmus an, der ähnlich dem in Gleichung 9.38 für Filter E ist.

21. Gib einen Algorithmus an, der ähnlich dem in Gleichung 9.39 für Filter E ist.

22. Die Übertragungsfunktionen $\tilde{H}_1(z) = \tilde{B}_1(z)/\tilde{A}_1(z)$ und $\tilde{H}_2(z) = \tilde{B}_2(z)/\tilde{A}_2(z)$ befinden sich in einer Rückkopplungsschleife wie in Bild 9.11. Was muß für die Größen $\tilde{A}$ und $\tilde{B}$ gelten, damit die Gesamtverstärkung stabil ist?

23. Es sei gegeben $\tilde{H}(z) = (2 + 3z^{-1})/(1 - 0{,}8z^{-1})$
    (a) Wandle $\tilde{H}(z)$ in eine Gitterstruktur um und benutze die Gleichungen 9.60 bis 9.65 (ohne Rechner).
    (b) Wandle das Gitter in Teil (a) wieder in die direkte Form um, und benutze die Gleichungen 9.53 bis 9.55.
    (c) Zeichne ein Schaltbild für beide Formen.

24. Führe Übung 23 mit Filter C durch.

25. Führe Übung 23 mit Filter E durch.

26. Benutze die SPDTOL-Routine, um Filter E in eine Gitterstruktur zu verwandeln. Zeichne ein Schaltbild für das Gitter.

27. Benutze die SPLTOD-Routine, um das Ergebnis von Übung 26 in die direkte Form zu verwandeln.

28. Benutze die SPLTOD-Routine, um die Koeffizienten b_0 bis b_N und a_1 bis a_N für die direkte Form eines Gitters zu finden, wobei alle κ gleich 0.5 und alle ν gleich 1,0 sind, für N = 1, 2, 3 und 4.

29. Führe Übung 28 durch, jedoch mit allen κ gleich 0,5 und $\nu_0 = 1$ sowie ν_1 bis ν_N gleich 0.

30. Benutze die SPNLTD-Routine, um das nichtrekursive Gitter mit allen κ gleich 0,5 in eine direkte Form zu überführen und liste die Koeffizienten der direkten Form $b_0, ..., b_N$ für N = 1,2,3 und 4 auf. Vergleiche die Ergebnisse mit denen von Übung 29 und erkläre.

31. Benutze die SPNDTL-Routine, um die Gitter-Koeffizienten von $\tilde{H}(z) = 1 - 0{,}6z^{-1} + 0{,}25z^{-2}$ zu finden. Zeichne das Schaltbild des Gitters.

32. Benutze die SPNDTL-Routine, um das Gitter zu finden, das äquivalent zu $\tilde{H}(z) = 0{,}2 - 0{,}4z^{-1} + 0{,}5z^{-2} - 0{,}4z^{-3} + 0{,}2z^{-4}$ ist. Zeichne das Schaltbild des Gitters.

33. Benutze die SPDTDL-Routine, um das Filter $\tilde{H}(z)$ in Bild 9.20 in ein Gitter zu überführen. Zeichne das Schaltbild des Gitters.

34. Benutze die SPDTOL-Routine, um das Filter

$$\tilde{H}(z) = \frac{z + 2 + z^{-1}}{1 - 0.6z^{-1} + 0.25z^{-2}}$$

als Gitter zu realisieren. Zeichne das Schaltbild des Gitters.

35. Trage die Pole und Nullstellen des Filters B auf. Zeige die Antwortvektoren für 100 kHz, wenn das Abtastintervall 1 μsec beträgt.

36. Trage die Pole und Nullstellen des Filters E auf und zeige die Antwortvektoren wie in der vorigen Aufgabe.

37. Erkläre, wie jedes Pol-Nullstellendiagramm nicht nur ein Filter, sondern einen ganzen Satz von digitalen Filtern darstellt. Welcher Parameter bestimmt jedes Element in dem Satz? Hinweis: Siehe Gleichung 9.74.

38. Leite einen allgemeinen Ausdruck für die Antwort jedes Filters bei $\omega = 0$ in Abhängigkeit der Filterkoeffizienten ab. Hinweis: Siehe Eigenschaft 1 in Abschnitt 9.3.

39. Wie heißt der Algorithmus für ein Filter, das eine Verstärkung von 64 bei $\omega = 0$ und Pole und Nullstellen wie in Bild 9.16 hat?

40. Skizziere Schaltbilder für Serien- und Parallel-Realisierungen der folgenden Funktion

$\tilde{H}(z) = (z^2 - 2z - 3)/(z^3 - z^2 + 1.04z - 0.32)$.

41. Trage die Gesamtamplitudenantwort von Bild 9.17 auf.

42. Vergleiche (a) die (Nadel-) Impulsantwort des Filters B mit (b) der (Nadel-) Impulsantwort des Filters B in der Konfiguration mit Phasenverschiebung Null.

43. Erzeuge die folgende Sequenz

$$f_m = \mathrm{mod}[(m+1)^3, 20] - 10; \qquad m = 0, 1, \ldots, 9$$

Filtere sie unter Benutzung von SPCFIL mit NS = 2 und einem Filter $\tilde{H}(z)$

$$\tilde{H}(z) = \left(\frac{0.2 + 0.3z^{-1}}{1 - 0.5z^{-1}}\right)\left(\frac{0.1z^{-1} - 0.3z^{-2}}{1 - 0.4z^{-1} - 0.3z^{-2} + 0.5z^{-3}}\right)$$

Liste die Eingangs- und Ausgangsfolgen auf.

44. Erzeuge die Folge $[f_m]$ in Übung 43. Filtere $[f_m]$ unter Verwendung von SPCFIL mit der Funktion

$$\tilde{H}(z) = \frac{0.2 - 0.3z^{-1}}{1 - 0.4z^{-1} + 0.8z^{-2}}$$

Liste die Eingangs- und Ausgangsfolgen auf.

45. **Wandle $\tilde{H}(z)$ in Übung 44 in ein rekursives Gitter um und filtere die Folge $[f_m]$ mit SPLFIL. Liste die Eingangs- und Ausgangsfolgen auf und überprüfe das Ergebnis im Vergleich mit dem in Übung 44.**

46. **Erzeuge die Folge $[f_m]$ in Übung 43. Benutze SPNFIL und filtere $[f_m]$ mit**

$$\tilde{H}(z) = 1 + 0.5z^{-1} - 0.4z^{-2} + 0.3z^{-3}$$

Liste die Eingangs- und Ausgangsfolgen auf.

47. **Überführe $\tilde{H}(z)$ in Übung 46 mit SPNDTL in ein nichtrekursives Gitter und filtere die Folge $[f_m]$ mit SPLFIL. Liste die Eingangs- und Ausgangsfolge auf und überprüfe das Ergebnis im Vergleich mit dem in Übung 46.**

48. **Zeige, daß das rekursive Gitter in Bild 9.13 mit $v_N = 1$ und $v_N = 0$ für n = N, 1, ..., 0 ein Allpaßfilter mit der Verstärkung 1 bei allen Frequenzen ist.**

$$\tilde{H}(z) = \frac{3 + 2z^{-1} + z^{-2}}{1 - 0.6z^{-1} + 0.8z^{-2}}$$

Hinweis: Die Gleichungen 9.52 und 9.53 sind hierbei nützlich. Wie könnte man ein solches Filter nutzen?

49. **Es sei gegeben**

$$\tilde{H}(z) = \frac{3 + 2z^{-1} + z^{-2}}{1 - 0.6z^{-1} + 0.8z^{-2}}$$

Leite unsymmetrische Gitter-Schaltbilder von $\tilde{H}(z)$ ab, wobei jede der beiden Gitterformeln in Tabelle 9.2 zu benutzen ist. Überprüfe das Ergebnis im Vergleich mit Bild 9.16.

50. Entwickle explizite Formeln für die Umwandlung eines nichtrekursiven Filters, das gegeben ist durch $\tilde{H}(z) = 1 + b_1z^{-1} + b_2z^{-2}$, in das nichtrekursive Gitter in Bild 9.14 mit N = 2. Welche Filter kann man nicht umwandeln?

51. **Mache in Übung 50 das Umgekehrte.**

52. **Entwickle explizite Formeln für die Umwandlung eines rekursiven Filters, das gegeben ist durch $\tilde{H}(z) = (b_0 + b_1z^{-1} + b_2z^{-2})/(1 + a_1z^{-1} + a_2z^{-2})$, in die folgenden Gitter mit N = 2:**
    (a) **Bild 9.13**
    (b) **Tabelle 9.2 (links) nach einer Skalierung mit $1/b_2$**
    (c) **Tabelle 9.2 (rechts)**

53. **Mache in Übung 52 das Umgekehrte.**

Einige Antworten

2. $\tilde{H}_A(z) = z/(z - 0.2)$, $\tilde{H}_B(z) = 2z/(z + 0.2)$

4. $\tilde{H}_E(z) = (z^2 + z)/(z^2 - 0.2z + 0.05)$

5. $\overline{H}(j\omega) = (1 - 0.2e^{-0.31416j\omega})^{-1}$ **6.** Neu $\overline{H}(j\omega) = e^{-2j\omega T} \times$ alt $\overline{H}(j\omega)$

11. $g_m = (5(0.224)^m[\sin 1.11m + 0.224 \sin 1.11(m + 1)]$, $m \geq 0$

12. $g_m = 5 + (1/3)[0.2^m - 10(0.5)^m]$

14. $g_0 = 0$, $g_1 = (1/3)$, $g_2 = (2.2/3)$,

$g_m = (1/3)[0.2^{m-1} + 2(0.2)^{m-2} + 3(0.2)^{m-3}]$, $m > 2$

16. $g_m = [1 + b + (a - b)(-a)^m]/(a + 1)$

20. $g_m = f_m + x^1_{m-1}$, $x^1_m = f_m + x^2_{m-1} + 0.2g_m$, $x^2_m = -0.05g_m$

22. Nullstellen von $A_1A_2 + B_1B_2$ müssen sein $<$ 1.0 in der Amplitude

23. $[\nu_n] = [4.4, 3.0]$; $\kappa_0 = -0.8$

24. $[\nu_n] = [2.0, 0.0, 0.0]$; $[\kappa_n] = [0.778, -0.100]$

25. $[\nu_n] = [0.789, 1.0, 0.0]$; $[\kappa_n] = [0.211, -0.050]$ **26.** Siehe Übung 25

27. $[b_n] = [1.0, 1.0, 0.0]$; $[a_n] = [0.20, -0.05]$

28. $N = 1$: $[b_n] = [1.5, 1.0]$; $a_1 = 0.5$

$N = 2$: $[b_n] = [2.00, 1.75, 1.00]$; $[a_n] = [0.75, 0.50]$

$N = 3$: $[b_n] = [2.500, 2.625, 2.000, 1.000]$

$[a_n] = [1.000, 0.875, 0.500]$

29. $[b_n] = [1.0, 0, 0, \ldots]$ in allen Fällen

$N = 1$: $a_1 = 0.5$

$N = 2$: $[a_n] = [0.75, 0.50]$

$N = 3$: $[a_n] = [1.000, 0.875, 0.500]$

30. $N = 1$: $[b_n] = [1.0, 0.5]$

$N = 2$: $[b_n] = [1.00, 0.75, 0.50]$

$N = 3$: $[b_n] = [1.000, 1.000, 0.875, 0.500]$

31. (Fig. 9.14) $[\kappa_n] = [-0.48, 0.25]$

32. (Fig. 9.14 mit subtrahiertem Eingang wie in Fig. 9.15)

$[\kappa_n] = [-1.074, -12.813, 0.934, -0.458, 0.200]$

33. $[\nu_n] = [0.075, 0.072, 0.020]$

$[\kappa_n] = [-0.951, 0.641]$

43.	Eingang	−9.00	−2.00	−3.00	−6.00	−5.00	6.00	−7.00	2.00	−1.00	−10.00
	Ausgang	0.00	−0.18	0.07	0.85	1.04	1.28	1.53	1.17	0.35	0.30
44.	Eingang	−9.00	−2.00	−3.00	−6.00	−5.00	6.00	−7.00	2.00	−1.00	−10.00
	Ausgang	−1.80	1.58	2.07	−0.74	−1.15	2.83	−1.15	−0.22	0.03	−1.51
45.	Eingang	−9.00	−2.00	−3.00	−6.00	−5.00	6.00	−7.00	2.00	−1.00	−10.00
	Ausgang	−1.80	1.58	2.07	−0.74	−1.15	2.83	−1.15	−0.22	0.03	−1.51
46.	Eingang	−9.00	−2.00	−3.00	−6.00	−5.00	6.00	−7.00	2.00	−1.00	−10.00
	Ausgang	−9.00	−6.50	−0.40	−9.40	−7.40	5.00	−3.80	−5.40	4.60	−13.40
47.	Eingang	−9.00	−2.00	−3.00	−6.00	−5.00	6.00	−7.00	2.00	−1.00	−10.00
	Ausgang	−9.00	−6.50	−0.40	−9.40	−7.40	5.00	−3.80	−5.40	4.60	−13.40

50. Nichtrekursive direkte Form zu Gitter mit $N = 2$:

$$\kappa_0 = b_1/(1 + b_2); \qquad \kappa_1 = b_2$$

Eq. 9.64 gilt nicht für $b_2 = \pm 1$.

51. Nichtrekursives Gitter zu direkter Form mit $N = 2$:

$$b_1 = \kappa_0(1 + \kappa_1); \qquad b_2 = \kappa_1$$

52. und **53.**

Fig. 9.13

Direkte Form zu Gitter	$\kappa_0 = \frac{a_1}{1 + a_2}; \quad \kappa_1 = a_2$ $\nu_0 = b_0 - b_2 a_2 + \frac{a_1(b_2 a_1 - b_1)}{1 + a_2}$ $\nu_1 = b_1 - b_2 a_1; \quad \nu_2 = b_2$
Gitter zu direkter Form	$a_1 = \kappa_0(1 + \kappa_1); \quad a_2 = \kappa_1$ $b_0 = \nu_0 + \kappa_0 \nu_1 + \kappa_1 \nu_2$ $b_1 = \nu_1 + \kappa_0 \nu_2 (1 + \kappa_1)$ $b_2 = \nu_2$

Table 9.2 links

Direkte Form zu Gitter	$\kappa_0 = \frac{b_1' - b_0' a_1}{1 - b_0' a_2}; \quad b_0' = \frac{b_0}{b_2}$ $\kappa_1 = b_0'; \quad b_1' = \frac{b_1}{b_2}$ $\lambda_0 = \frac{a_1 - a_2 b_1'}{1 - b_0' a_2}$ $\lambda_1 = a_2$
Gitter zu direkter Form	$a_1 = \lambda_0 + \kappa_0 \lambda_1; \quad a_2 = \lambda_1$ $b_0 = \kappa_1; \quad b_1 = \kappa_0 + \kappa_1 \lambda_0; \quad b_2 = 1$

Table 9.2 rechts

Direkte Form zu Gitter	$\kappa_0 = \frac{a_2(b_1 - b_0 a_1)}{b_2 - b_0 a_2}; \quad \kappa_1 = b_0$ $\lambda_0 = \frac{a_2(b_2 - b_0 a_2)}{a_1 b_2 - b_1 a_2}; \quad \lambda_1 = \frac{b_2}{a_2}$ $\gamma = \frac{a_1 b_2 - b_1 a_2}{b_2 - b_0 a_2}$
Gitter zu direkter Form	$a_1 = \gamma + \kappa_0; \quad a_2 = \gamma \lambda_0$ $b_0 = \kappa_1; \quad b_1 = \gamma \kappa_1 + \kappa_0 \lambda_1$ $b_2 = \gamma \lambda_0 \lambda_1$

Literaturhinweise

AHMED, N., and NATARAJAN, T., *Discrete-Time Signals and Systems*, Chap. 5. Reston, Va.: Reston, 1983.

GOLD, B., and RADER, C. M., *Digital Processing of Signals*. New York: McGraw-Hill, 1969.

GRAY, A. H., JR., and MARKEL, J. D., Digital Lattice and Ladder Filter Syntheses. *IEEE Trans. Audio Electroacoust.*, Vol. AU-21, December 1973, p. 491.

JURY, E. J., A Note on the Reciprocal Zeros of a Real Polynomial with Respect to the Unit Circle. *IEEE Trans. Commun. Technol.*, Vol. CT-11, June 1964, p. 292.

KAISER, J. F., Digital Filters, Chap. 7 in *System Analysis by Digital Computer*, ed. J. F. Kaiser and F. F. Kuo. New York: Wiley, 1966.

MITRA, S. K., KAMAT, P. S., and HUEY, D. C., Cascaded Lattice Realization of Digital Filters. *IEEE Trans. Circuit Theory Appl.*, Vol. 5, 1977, p. 3.

OPPENHEIM, A. V., and SCHAFER, R. W., *Digital Signal Processing*, Chaps. 1 and 4. Englewood Cliffs, N.J.: Prentice-Hall, 1975.

RABINER, L. R., and GOLD, B., *Theory and Application of Digital Signal Processing*, Chap. 2. Englewood Cliffs, N.J.: Prentice-Hall, 1975.

WAIT, J. V., Digital Filters, Chap. 5 in *Active Filters: Lumped, Distributed, Integrated, Digital, and Parametric*, ed. L. P. Huelsman. New York: McGraw-Hill, 1970.

KAPITEL 10

Digitale und kontinuierliche Systeme

10.1 Einleitung

Dieses Kapitel ist eine Fortsetzung der Diskussion über digitale Filter in den letzten zwei Kapiteln. Es soll jetzt vor allem die Leistung der entsprechenden digitalen und kontinuierlichen Systeme miteinander verglichen werden. Das lineare digitale System wird als eine Annäherung an ein kontinuierliches System mit der Übertragungsfunktion H(s) betrachtet. Neben diesem völlig selbständigen Ziel führt diese Betrachtung auch zu weiteren Einsichten in das Verhalten digitaler Systeme.

Ein einfaches lineares Näherungsschema, die sogenannte Näherung nullter Ordnung, wird in diesem Kapitel eingeführt. Sie ist eine Verallgemeinerung des Verfahrens 2 in Abschnitt 8.8.

Beginnen wir die Diskussion mit der Annahme, daß das digitale Filter zu dem Zweck entworfen werden soll, das lineare System in Bild 10.1 für ein beliebiges Eingangssignal f(t) anzunähern, wobei für jede Eingangsfunktion (mit endlicher Amplitude) ein Abtastwertesatz $[f_m]$ in zeitlicher Abfolge geliefert wird.

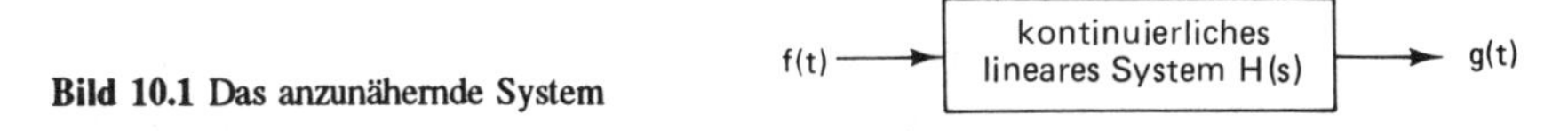

Bild 10.1 Das anzunähernde System

In einer typischen digitalen Simulation, z.B. der eines Produktionsprozesses, eines Führungssystems oder eines Fahrzeuges, gibt es viele lineare Untersysteme wie in Bild 10.1, zudem noch nichtlineare Untersysteme und viele verschiedene Eingangs-Ausgangs-Variablen, die nicht vorhergesagt werden können. Die Begriffe des digitalen Filterns sind dann anwendbar, wenn die linearen Untersysteme in Abhängigkeit von Übertragungsfunktionen angegeben werden können oder wenn Frequenzcharakteristiken der Ausgangsvariablen gesucht werden.

Die digitale Näherung oder die Simulation des Systems in Bild 10.1 soll für den Fall diskutiert werden, in dem H(s), ausgedrückt als Verhältnis von Polynomen in s, ein echter Bruch ist, d.h. bei dem der Grad des Zählers kleiner als der des Nenners ist. In diesem Fall ist die inverse Transformierte h(t) definiert, und das Näherungsschema kann auf h(t) zurückgreifen. Die folgenden Abschnitte beschreiben zuerst die Näherung nullter Ordnung an H(s) und dann die verwandte Näherung nullter Ordnung an das Faltungsintegral.

10.2 Näherung nullter Ordnung bzw. impulsinvariante Näherung

Diese Art der Näherung wurde beschrieben von Kaiser (1966) und von Gold und Rader (1969). $H(j\omega)$ sei die gewünschte Übertragungsfunktion in Form einer Fourier-Transformierten. Da schon bekannt ist, daß die Übertragungsfunktion eines digitalen Filters eine DFT ist und da die DFT $\bar{H}(j\omega)$ als Näherung nullter Ordnung (siehe Gl. 5.21) an $H(j\omega)/T$ bekannt ist, ist es offensichtlich möglich, eine Näherung nullter Ordnung an das System mit der Übertragungsfunktion $H(j\omega)$zu erhalten, indem man einfach das digitale Filter heranzieht, das die Übertragungsfunktion $T\ \bar{H}(j\omega)$ besitzt. Dann gibt, gerade wie bei

$$G(s) = F(s)H(s) \tag{10.1}$$

für das kontinuierliche System, die Gl. 9.5 des vorigen Kapitels die Beziehung für die digitale Simulation:

$$\overline{G}_0(j\omega) = \overline{F}(j\omega)\overline{H}_0(j\omega) \tag{10.2}$$

wobei der Index 0 benutzt wird, um anzudeuten, daß $\bar{H}_0(j\omega)$ eine Näherung nullter Ordnung an $H(j\omega)$ ist. Den digitalen Wertesatz am Ausgang findet man natürlich aus der inversen DFT von $\bar{G}_0(j\omega)$.Sie soll mit $[g_{0m}]$ bezeichnet werden, wieder, um die Näherung nullter Ordnung anzudeuten. Die kontinuierliche Einhüllende $g_0(t)$ ist wie früher auf Frequenzen unter π/T begrenzt, und wenn $F(j\omega)$ und $H(j\omega)$ für $\omega \geq \pi/T$ Null sind, dann ist $g_0(t) = g(t)$, und die Näherung ist exakt. (Dies ist jedoch bei praktischen Simulationen kaum der Fall - f(t) wird daher vermutlich auch Sprünge aufweisen usw.)

Um eine Näherung nullter Ordnung an eine echte, rationale, kontinuierliche Übertragungsfunktion zu erhalten, sollte man die folgenden Schritte tun. Zugleich wird damit das oben Gesagte zusammengefaßt und etwas neu formuliert:

1. Beginne mit der gewünschten Übertragungsfunktion H(s).

2. Bestimme h(t) aus einer Tabelle der Laplace-Transformation.

3. Finde $\tilde{H}_0(z) = \tilde{B}_0(z)/\tilde{A}_0(z)$, die z-Transformierte von $T \cdot \underline{h}(t)$, aus einer Tabelle der z-Transformation, um $\bar{H}_0(j\omega) = T\bar{H}(j\omega)$ zu berechnen (alternativ wird in Anhang A der Schritt 2 eliminiert, indem $\bar{H}_0(z)/T$ direkt als Funktion von H(s) angegeben wird).

4. Die digitale Filterformel heißt dann

$$g_{0m} = \sum_{n=0}^{N} b_{0n} f_{m-n} - \sum_{n=1}^{N} a_{0n} g_{0,m-n} \tag{10.3}$$

wobei a_{0n} und b_{0n} die Koeffizienten von $\tilde{A}_0(z)$ und $\tilde{B}_0(z)$ sind.

Wie vorher erwähnt, setzt der zweite Schritt ein endliches h(t) voraus, was wiederum bedeutet, daß H(s) ein echter Bruch ist. Das Anfangswerttheorem [Truxal 1955] stellt fest, daß

$$\lim_{t \to 0} h(t) = \lim_{s \to \infty} sH(s) \tag{10.4}$$

so daß h(0) Unendlich würde, wenn H(s) nicht ein echtes Verhältnis von Polynomen wäre. Wenn H(s) kein echter Bruch ist, kann man eine Partialbruchzerlegung vornehmen.

Offensichtlich muß wegen Schritt 3 die Antwort von $\tilde{H}_0(z)$ auf einen Impuls 1/T aus dem Abtastsatz von h(t) bestehen. Damit ist die Näherung nullter Ordnung auch
impulsinvariant und stellt eine Verallgemeinerung derselben Methode dar, die in Abschnitt 8.8 für nichtrekursive Systeme beschrieben wurde.

Beispiel 10.1: Man leite den Algorithmus der nullten Näherung ab, um H(s) = 1/(s + 1) anzunähern. Die folgenden Gleichungen sind das Ergebnis der obigen Schritte 1-4:

$$H(s) = \frac{1}{s+1} \tag{10.5}$$

$$h(t) = e^{-t} \tag{10.6}$$

$$\tilde{H}_0(z) = \frac{\tilde{B}_0(z)}{\tilde{A}_0(z)} = \frac{T}{1 - e^{-T}z^{-1}} \tag{10.7}$$

$$g_{0m} = Tf_m + e^{-T} g_{0,m-1} \tag{10.8}$$

wobei Gleichung 10.8 das gewünschte Resultat wiedergibt. (Die z-Transformation von e^{-t} steht in Zeile 151 des Anhangs A.) Wie bei jeder rationalen Funktion von jω verschwindet H(jω) nicht oberhalb einer endlichen Frequenz. Deshalb tritt in der DFT von h(t), wie in Bild 10.2 angedeutet, eine spektrale Überschneidung (aliasing) ein. Bild 10.2 veranschaulicht den Fall, daß $\pi/T = 10$ rad sec^{-1}, wobei die durchgezogene Linie $|H(j\omega)|$ darstellt und die gestrichelte Linie $|\bar{H}_0(j\omega)|$, was sich ergibt, wenn man den Betrag von Gleichung 10.7 nimmt und $z = e^{j\omega T}$ setzt.

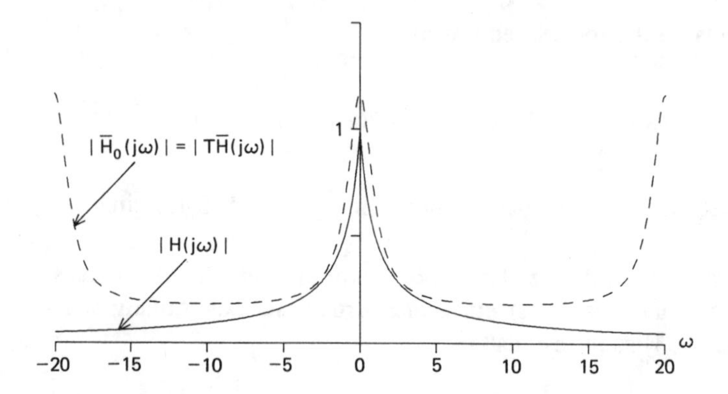

Bild 10.2 Kontinuierliche (durchgezogen) und impulsinvariante digitale (gestrichelt) Amplitudenantworten, $H(s) = 1/(s+1)$ und $T = \pi/10$

Hat man einmal die Filterformel wie in Gleichung 10.8 des obigen Beispiels abgeleitet, kann man die digitale Antwort auf eine Impuls- oder Sprungfunktion in geschlossener Form wie im vorigen Kapitel ermitteln.

Beispiel 10.2: Man vergleiche die Impulsantworten der analogen und digitalen Filter in Beispiel 10.1. Die analoge Impulsantwort ist in Gleichung 10.6 gegeben, d.h.

$$\begin{aligned} h(t) &= \text{inverse Transformierte von } \frac{1}{s+1} \\ &= e^{-t} \end{aligned} \tag{10.9}$$

Die digitale Impulsantwort (auf den Impuls 1/T bei m = 0) kann man wie in Abschnitt 9.4 finden, d.h.

$$\begin{aligned} g_{0m} &= \text{inverse Transformierte von } \frac{\tilde{H}_0(z)}{T} = \frac{z}{z - e^{-T}} \\ &= e^{-mT} \end{aligned} \tag{10.10}$$

und deshalb sind die Impulsantworten an den Abtastpunkten identisch.

Beispiel 10.3: Man vergleiche die Sprungfunktionsantworten der analogen und digitalen Filter in Beispiel 10.1. Die Laplace-Transformierte der Einheitssprungfunktion u(t) ist 1/s, und damit wird in diesem Falle die analoge Antwort

$$G(s) = F(s)H(s) = \frac{1}{s(s+1)} \tag{10.11}$$

Daraus folgt

$$g(t) = 1 - e^{-t} \tag{10.12}$$

Entsprechend ist die digitale Antwort mit den Zeilen H und 155 im Anhang A:

$$\tilde{G}_0(z) = \tilde{F}(z)\tilde{H}_0(z) = \frac{Tz^2}{(z-1)(z-e^{-T})} \tag{10.13}$$

Daraus folgt

$$g_{0m} = T\frac{1 - e^{-(m+1)T}}{1 - e^{-T}} \tag{10.14}$$

wie im Beispiel 9.4 des vorigen Kapitels. Im Bild 10.3 werden die analogen und digitalen Antworten für zwei Werte von T miteinander verglichen. Die Näherung nullter Ordnung $[g_{0m}]$ nähert sich natürlich g(t) für verschwindendes T. Es zeigt sich auch, daß der größte Fehler vermieden werden könnte, wenn man einfach die Gleichstromverstärkung von $\bar{H}_0(j\omega)$ verminderte. Der Grund für diese Beobachtung wird in Kapitel 11 diskutiert.

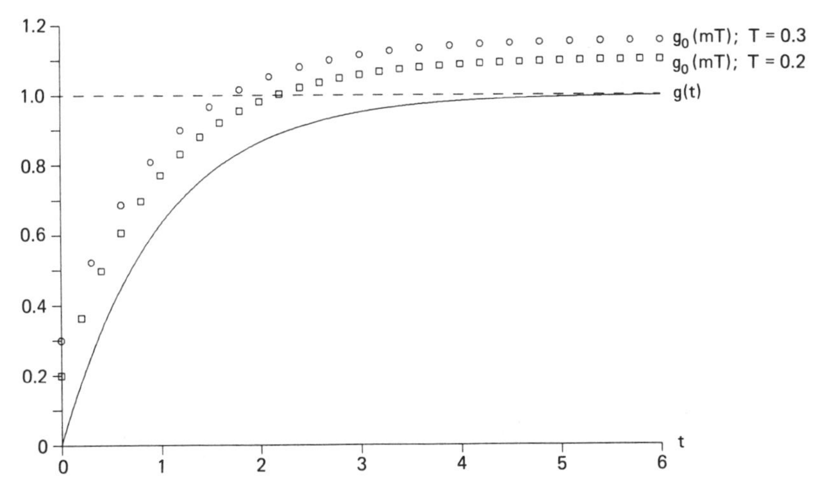

Bild 10.3 Sprungfunktionsantwort nullter Ordnung; H(s) = 1/(s + 1)

10.3 Faltung

In Kapitel 7 wurde gezeigt, daß die DFT der Faltung zweier Abtastwertesätze das Produkt zweier individueller DFT's ist. Da die z-Transformierte eines Abtastwertesatzes gerade die DFT ist, in der z für $e^{j\omega T}$ gesetzt wird, überrascht es nicht, daß diese selbe Beziehung auch für die z-

Transformation gilt. In diesem Abschnitt wird die Antwort nullter Ordnung g_{0m} in Gleichung 10.3 als eine Näherung nullter Ordnung an das Faltungsintegral

$$g(t) = \int_0^t h(\tau)f(t-\tau)\,d\tau \tag{10.15}$$

untersucht. Betrachten wir zu Anfang das Produkt irgendeines Paares von z-Transformierten $\tilde{F}(z)$ und $\tilde{H}(z)$:

$$\begin{aligned} \tilde{G}(z) &= \tilde{F}(z)\tilde{H}(z) \\ &= \left(\sum_{m=0}^{\infty} f_m z^{-m}\right)\left(\sum_{n=0}^{\infty} h_n z^{-n}\right) \\ &= \sum_{m=0}^{\infty}\sum_{n=0}^{\infty} f_m h_n z^{-(m+n)} \end{aligned} \tag{10.16}$$

wobei die Summationen bei m = 0 und n = 0 beginnen, da f_m und h_m für $m < 0$ zu Null angenommen werden. Diese Formulierung von $\tilde{G}(z)$ hat folgende Terme:

$$\tilde{G}(z) = (f_0h_0)z^0 + (f_0h_1 + f_1h_0)z^{-1} + (f_0h_2 + f_1h_1 + f_2h_0)z^{-2} + \cdots \tag{10.17}$$

Durch induktives Schließen aus Gleichung 10.17 muß der Koeffizient von z^{-m} lauten

$$f_0h_m + f_1h_{m-1} + \cdots + f_mh_0$$

Dieser Koeffizient ist jedoch die inverse Transformierte von $\tilde{G}(z)$, d.h.

$$g_m = \sum_{n=0}^{m} f_n h_{m-n} = \sum_{n=0}^{m} h_n f_{m-n} \tag{10.18}$$

wobei sich die rechts stehende Form offensichtlich aus der Symmetrie von Gleichung 10.16 ergibt. Damit heißt die allgemeine Faltungsbeziehung für die z-Transformation aus den Gleichungen 10.16 und 10.18:

$$\mathcal{Z}\left\{\sum_{n=0}^{m} h_n f_{m-n}\right\} = \tilde{H}(z)\tilde{F}(z) \tag{10.19}$$

Das bedeutet, daß die z-Transformation einer Faltung gleich dem Produkt von z-Transformierten ist. Dasselbe Ergebnis hatten wir schon in

Abschnitt 7.3, Eigenschaft 5. In der Näherung nullter Ordnung ist $\tilde{H}_0(z)$ die z-Transformierte von T h(t), und somit ergibt die Gleichung 10.19

$$\tilde{G}_0(z) = \tilde{H}_0(z)\tilde{F}(z)$$

und

$$g_{0m} = T\sum_{n=0}^{m} h_n f_{m-n} \tag{10.20}$$

als Transformationspaar. Deshalb erzeugt, wie oben schon festgestellt, die Heranziehung von $\tilde{H}_0(z)$ eine Näherung nullter Ordnung an das Faltungsintegral in Gleichung 10.15.

Dieses Ergebnis bezieht sich natürlich sowohl auf nichtrekursive als auch auf rekursive Systeme. In Kapitel 8 wurde gezeigt, daß die Impulsantwort für nichtrekursive Systeme gleich $[b_m]$ ist, wobei $[b_m]$ den Satz von Koeffizienten in

$$g_m = \sum_{n=0}^{N} b_n f_{m-n} \tag{10.21}$$

bedeutet. Da im impulsinvarianten Fall b_n/T gleich h_n ist (Verfahren 2 in Tabelle 8.2, Kapitel 8), sind die Gleichungen 10.20 und 10.21 ersichtlich äquivalent.

Beispiel 10.4: Man ermittle die Faltung nullter Ordnung für die Sprungfunktionsantwort bei $H(s) = 1/(s + 1)$. Für dieses Beispiel ist f(t) gleich Eins für $t \geq 0$ und h(t) ist e^{-t} wie in den vorigen Beispielen. Deshalb ist

$$g_{0m} = T\sum_{n=0}^{m} h_n f_{m-n} \tag{10.22}$$

$$= T\sum_{n=0}^{m} e^{-nT}(1)$$

$$= T\frac{1 - e^{-(m+1)T}}{1 - e^{-T}} \tag{10.23}$$

gerade wie in Gleichung 10.14 des Beispiels 10.3.

Bild 10.4, das die Grundlage für die folgende Diskussion bildet, veranschaulicht Teile der Faltung bei t = 4 T mit den Funktionen von Beispiel 10.4. Die kontinuierliche Faltung wird in den ersten drei Zeichnungen des Bildes entwickelt, so daß die Fläche unter der linken unteren Kurve das

Integral in Gleichung 10.15 darstellt, d.h. die "gewünschte" Fläche, die durch eine digitale Rechnung angenähert werden soll. Die Näherung nullter Ordnung in Gleichung 10.20 ist rechts unten dargestellt. In dieser Darstellung kann man die Ursache des Fehlers in Bild 10.3 ersehen - die Fläche des diskreten Integranden geht sowohl nach oben als auch nach rechts über die Kurve des kontinuierlichen Integranden hinaus.

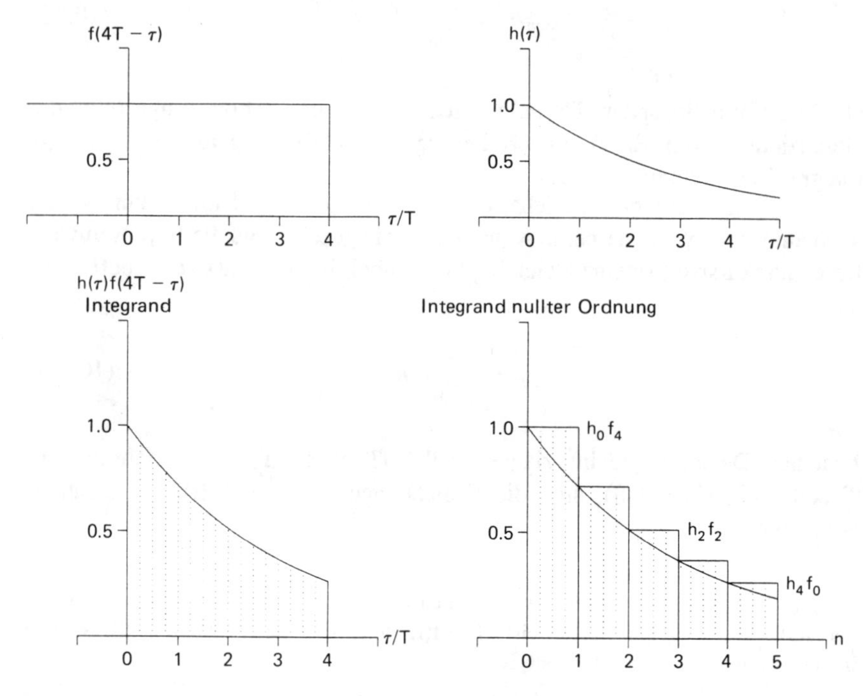

Bild 10.4 Faltungsintegranden für das Beispiel 10.4 bei t = 4T

Damit zeigt die Faltungsanalyse in Bild 10.4, daß die Näherung nullter Ordnung bzw. die impulsinvariante Näherung bezüglich der Genauigkeit etwas zu wünschen übrig läßt. Die Frage, wie man größere Genauigkeit erreicht, überlassen wir dem nächsten Kapitel, das die digitale Simulation behandelt. Im vorliegenden Kapitel liefert die Näherung nullter Ordnung wenigstens die Einsicht, daß es eine direkte Entsprechung zwischen digitalen und kontinuierlichen Systemen gibt und daß man digitale Systeme mit Frequenzantwortfunktionen und Faltungen entwerfen kann, die ähnlich denen der kontinuierlichen Systeme sind.

10.4 Endwerttheoreme

In der Analysis kontinuierlicher linearer Systeme kann man, wenn der Endwert einer Systemantwort auf eine gegebene Antwort existiert, diesen Endwert finden, indem man t in dem Ausdruck für die Ausgangsfunktion g(t) gegen Unendlich gehen läßt. Oft kann man ihn bequemer mit der Transformierten G(s) mit folgender Begründung finden (siehe Truxal (1955), Kapitel 1): Wenn g(t) einen konstanten Wert, z.B. K, erreicht, dann kann g(t) als Summe einer Schrittfunktion der Amplitude K und irgendeiner anderen abklingenden Funktion ausgedrückt werden, d.h.

$$g(t) = Ku(t) + g_1(t)e^{-at} \tag{10.24}$$

Hierbei ist $g_1(t)$ endlich und $a > 0$. Mit dieser Darstellung von g(t) wird das Produkt von s mal G(s) (nach Anhang A, Zeilen G und 101):

$$sG(s) = K + sG_1(s + a) \tag{10.25}$$

Wenn $t \to \infty$ in Gleichung 10.24 oder wenn $s \to 0$ in Gleichung 10.25, ist in beiden Fällen das Ergebnis gleich K, dem Endwert von g(t). Deshalb ist

$$\boxed{\lim_{t\to\infty} g(t) = \lim_{s\to 0} sG(s)} \tag{10.26}$$

das Endtheorem für kontinuierliche Systeme.

Natürlich gibt es ein ähnliches Theorem für digitale Systeme. Wieder nehme man an, daß g_m für m größer als irgendeine ganze Zahl immer gleich K ist. Dann könnte man wie in Gleichung 10.24 schreiben

$$g_m = K + g_{1m}e^{-maT} \tag{10.27}$$

wobei dieselben Beschränkungen für g_1 und a gelten. Nimmt man diesmal das Produkt $(z-1)\tilde{G}(z)$, lautet das Ergebnis (siehe Anhang A, Zeilen G und 101):

$$(z - 1)\tilde{G}(z) = zK + (z - 1)\tilde{G}_1(ze^{aT}) \tag{10.28}$$

Wieder erhält man den Endwert K, indem man entweder in Gleichung 10.27 $m \to \infty$ oder in Gleichung 10.28 $z \to 1$ gehen läßt. Deshalb ist

$$\boxed{\lim_{m\to\infty} g_m = \lim_{z\to 1}(z - 1)\tilde{G}(z)} \tag{10.29}$$

das Endwerttheorem für digitale Systeme.

Beispiel 10.5: Man bestimme den Endwert der Sprungfunktionsantwort bei H(s) = 1/(s + 1). Gleichung 10.26 gibt sofort das Ergebnis:

$$\begin{aligned}\lim_{t\to\infty} g(t) &= \lim_{s\to 0} sF(s)H(s)\\ &= \lim_{s\to 0} s\left(\frac{1}{s}\cdot\frac{1}{s+1}\right)\\ &= 1\end{aligned} \tag{10.30}$$

Beispiel 10.6: Man bestimme den Endwert der Sprungfunktionsantwort der Näherung nullter Ordnung bei H(s) = 1/(s + 1). Wie in Gleichung 10.7 ist die z-Übertragungsfunktion

$$\tilde{H}_0(z) = \frac{Tz}{z - e^{-T}} \tag{10.31}$$

Deshalb gibt Gleichung 10.29 den Endwert:

$$\begin{aligned}\lim_{m\to\infty} g_m &= \lim_{z\to 1}(z-1)\tilde{F}(z)\tilde{H}_0(z)\\ &= \lim_{z\to 1}(z-1)\left(\frac{z}{z-1}\,\frac{Tz}{z-e^{-T}}\right)\\ &= \frac{T}{1-e^{-T}}\end{aligned} \tag{10.32}$$

Man beachte, daß dieser Endwert sich der Eins nähert, wenn sich T der Null nähert, wie in Bild 10.3, und daß man ihn auch hätte erhalten können, indem man in Gleichung 10.14 $m \to \infty$ gehen läßt.

10.5 Pol-Nullstellenvergleiche

Kehrt man zu dem allgemeinen Fall von Bild 10.1 zurück, d.h. der diskreten Näherung eines beliebigen linearen kontinuierlichen Systems, so ist es oft sehr nützlich, die Pole und Nullstellen von H(s) mit denen der Näherung zu vergleichen. In Kapitel 9 wurden die Charakteristiken der Pole und Nullstellen der z-Übertragungsfunktion $\tilde{H}(z)$ diskutiert. Frequenzbereich-Charakteristiken wurden mit Hilfe der Beziehung

$$\overline{H}(j\omega) = \tilde{H}(e^{j\omega T}) \tag{10.33}$$

abgeleitet. Wenn man s für jω einsetzt, wird die Gleichung 10.33 zu

$$\overline{H}(s) = \tilde{H}(e^{sT}); \qquad s = \sigma + j\omega \tag{10.34}$$

(Obgleich $\bar{H}(s)$ im strengen Sinne keine DFT ist, wird der Querstrich beibehalten, zur Erinnerung daran, daß $\bar{H}(s)$ eine periodische Funktion von ω ist.) Damit ist $\bar{H}(s)$ die "kontinuierliche Übertragungsfunktion" des digitalen Filters und kann mit H(s) verglichen werden.

Gemäß Gleichung 10.34 können die Pole und Nullstellen von $\tilde{H}(z)$ aus der z-Ebene in die s-Ebene abgebildet werden mit der Transformationsvorschrift (Jury, 1964)

$$z = e^{sT} \tag{10.35}$$

Diese Transformation, die in den Bildern 10.5 und 10.6 dargestellt ist, zeigt einige der grundlegenden Beziehungen zwischen digitalen Filtern und anderen Abtastsystemen und sollte sorgfältig betrachtet werden. Wir nehmen einen Punkt in der z-Ebene mit Polarkoordinaten (r,θ) an. Dann ergibt sich aus Gleichung 10.35 der entsprechende Punkt in der s-Ebene zu

$$s = \frac{1}{T}\log z = \frac{1}{T}\log re^{j(\theta \pm 2n\pi)}; \qquad n = 0,1,2,\ldots \tag{10.36}$$

$$= \frac{1}{T}\log r + \frac{j}{T}(\theta \pm 2n\pi); \qquad n = 0,1,2,\ldots \tag{10.37}$$

Das heißt, ein einzelner Punkt in der z-Ebene wird in eine unendliche Zahl von Punkten in der s-Ebene umgewandelt. In anderen Worten: Für $n = 0$ wird der unendliche Streifen in der s-Ebene, dessen Breite von $s = j\pi/T$ bis $s = -j\pi/T$ reicht, wegen Gleichung 10.35 in die ganze z-Ebene abgebildet. Man beachte, daß sich die linke und rechte Hälfte der s-Ebene jeweils in das Innere und Äußere des Kreises $|z| = 1$ abbilden, wie dies durch Punktieren in Bild 10.5 angedeutet ist. Eine Veranschaulichung von Gleichung 10.37 ist noch in Bild 10.6 gegeben. Man beachte, wie jeder der Punkte P_1, P_2 und P_3 in der z-Ebene nach Gleichung 10.37 in ganze Sätze von Punkten in der s-Ebene abgebildet wird.

Auch die Periodizität von $\bar{H}(s)$ ist durch das Abbilden in Bild 10.6 wieder sichtbar. Die Pole und Nullstellen von $\tilde{H}(z)$ in der z-Ebene transformieren sich immer in ein sich wiederholendes Muster von Polen und Nullstellen in der s-Ebene. In den folgenden Beispielen werden Pole und Nullstellen abgebildet und für kontinuierliche Systeme erster und zweiter Ordnung miteinander verglichen.

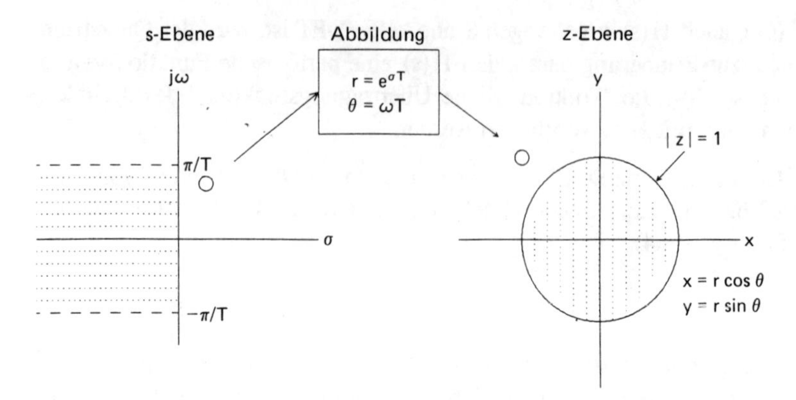

Bild 10.5 Abbildung von einer s-Ebene in eine z-Ebene

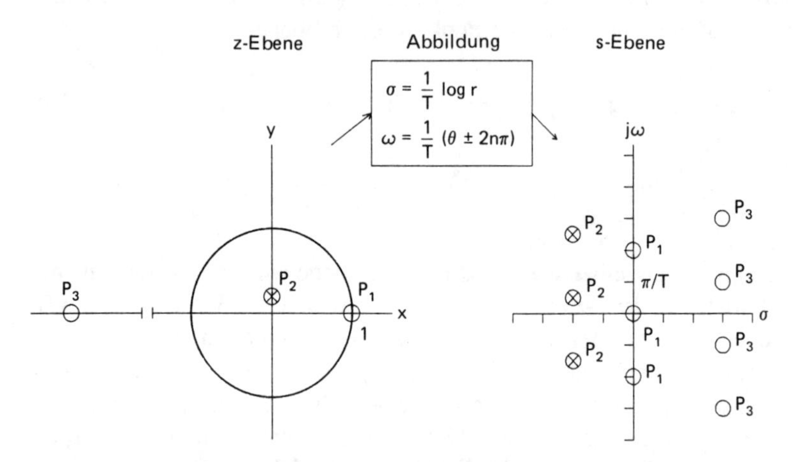

Bild 10.6 Abbildung von einer z-Ebene in eine s-Ebene

Beispiel 10.7: Die kontinuierliche Übertragungsfunktion ist H(s) = 1/(s + 1), das Abtastintervall beträgt T = 0,3, und die Simulation nullter Ordnung mit $\tilde{H}_0(z)=Tz/(z-e^{-T})$ wird wie in den Beispielen 10.1 und 10.2 benutzt. Die Pol-Nullstellendiagramme, die im wesentlichen aus einem einzigen Pol bestehen, sind in Bild 10.7 gezeigt. Man beachte, daß der einzelne Pol bei $e^{-0.3} = 0.74$ in der z-Ebene exakt in den "gewünschten" Pol bei -1 in der s-Ebene abgebildet wird, aber auch in die sich wiederholenden Pole von $\bar{H}_0(s)$ außerhalb des "primären Streifens" von $-\pi/0.3$ bis $+\pi/0.3$ in der s-Ebene. Man beachte auch, daß die Null bei z = 0 in den "Punkt" bei s = - ∞ abgebildet wird. Wie schon diskutiert, beeinträchtigt diese Null die Amplitudenantwort nicht, sondern nur die Phasenverschiebung der digitalen Näherung.

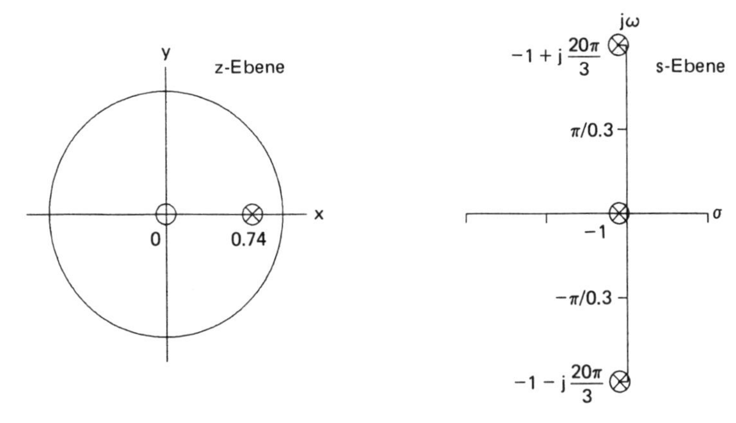

Bild 10.7 Pol-Nullstellendiagramme für $T\tilde{H}(z) = Tz/(z-e^{-T})$

Beispiel 10.8: Gegeben ist eine Wurzelortkurve für die Näherung nullter Ordnung an

$$H(s) = \frac{A(s+R)}{s^2 + Rs + 4} \tag{10.38}$$

Die Wurzelortkurve ist, wie der Name sagt, eine Darstellung der Orte der Wurzeln (üblicherweise der Pole) der Übertragungsfunktionen, in diesem Beispiel in Abhängigkeit von dem sich ändernden Parameter R. Solch eine Darstellung wird gemacht, um die Wirkung des Koeffizienten (d.h. in diesem Fall von R) auf die Verstärkung, die Schwingung usw. zu ermitteln.

Wie üblich ist die Näherung nullter Ordnung an Gleichung 10.38 die z-Transformation von T h(t), und Zeile 201 von Anhang A ergibt damit $\tilde{H}_0(z)$ direkt als

$$\begin{aligned} \tilde{H}_0(z) &= T\left(\frac{A}{b-a}\right)\left[\frac{(R-a)z}{z-e^{-aT}} + \frac{(b-R)z}{z-e^{-bT}}\right] \\ a, b &= \frac{1}{2}\left(R \pm \sqrt{R^2 - 16}\right) \end{aligned} \tag{10.39}$$

Damit ergeben sich die Pole von H(s) in der s-Ebene und von $\tilde{H}_0(z)$ in der z-Ebene wie folgt:

Pole von H(s) in der s-Ebene: $$s_1, s_2 = \frac{1}{2}\left(-R \pm \sqrt{R^2 - 16}\right) \tag{10.40}$$

Pole von $\tilde{H}(z)$ in der z-Ebene: $$z_1, z_2 = e^{-(RT/2)} e^{\pm(T/2)(\sqrt{R^2-16})} \tag{10.41}$$

Die Wurzelortkurven für T = 0.2, die durch Variieren von R in den Gleichungen 10.40 und 10.41 gewonnen wurden, sind in Bild 10.8 gezeigt. Man beachte,

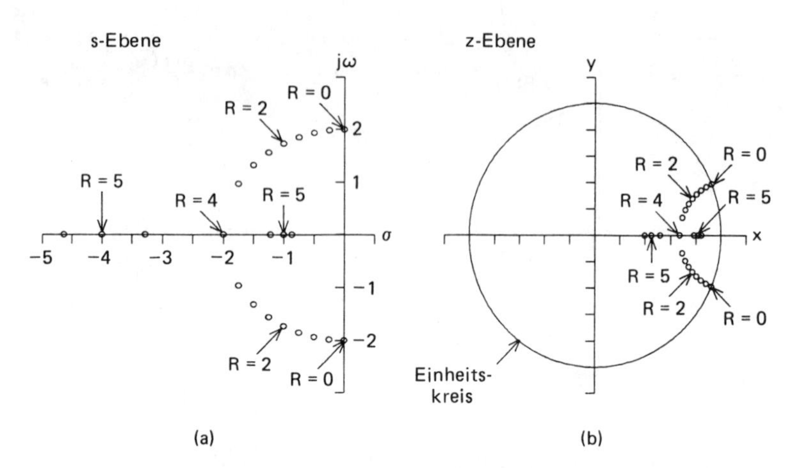

Bild 10.8 (Links) Wurzelortkurven für $H(s) = A(s + R)/(s^2 + Rs + 4)$ und (rechts) ihre Näherungen nullter Ordnung, $T = 0.2$

daß die relativen Verstärkungsbeiträge der digitalen und kontinuierlichen Pole in ähnlicher Weise mit R variieren und daß in der Tat die Wurzelorte selbst ähnlich liegen. Man beachte ebenso, daß beide Systeme oszillierende Komponenten in ihren Antworten, z.B. auf einen Impuls am Eingang, bekommen, wenn R kleiner als 4 wird, da an diesem Punkt der Pole beider Systeme die reelle Achse verlassen.

10.6 Abschließende Bemerkungen

In diesem Kapitel sollte betont werden, wie digitale und kontinuierliche Systeme miteinander zu vergleichen sind. Gewöhnlich haben wir mit der kontinuierlichen Übertragungsfunktion H(s) begonnen, als ob eine digitale Simulation eines kontinuierlichen Systems vorläge.

Der Leser hat sicher bemerkt, daß die digitale Übertragungsfunktion nullter Ordnung manchmal keine sehr genauen Näherungen ergibt, besonders für größere Werte von T. Daher scheint die Näherung nullter Ordnung trotz ihrer Nützlichkeit für das Erkennen der grundsätzlichen Eigenschaften zwischen analogen und digitalen Systemen in den vielen Fällen nicht genau genug zu sein, in denen die digitale Simulation das oberste Ziel ist.

Das nächste Kapitel hebt nachdrücklich die digitale Simulation hervor und nimmt an, daß sie das Hauptziel ist. Verschiedene Verfahren für die Ableitung von $\widetilde{H}(z)$ werden eingeführt. Für Simulationszwecke werden die neuen Verfahren ersichtlich Verbesserungen gegenüber der Näherung nullter Ordnung darstellen, wobei eine größere Genauigkeit für dasselbe Abtastintervall T erreicht wird.

10.7 Übungen

1. Gib die digitale Näherung nullter Ordnung für die hier gezeigte Schaltung an. Ermittle eine Formel für g_{0m} und auch eine Filter-Schaltung (Hinweis: siehe Kapitel 3 bezüglich der Impedanzfunktionen).

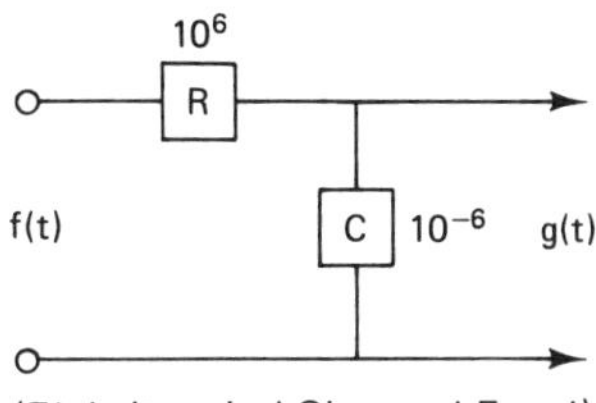

2. Trage die Antwort der obigen Schaltung auf den hier gezeigten Impuls f(t) auf. Dann zeichne mit T = 0.25 sec die digitale Antwort nullter Ordnung in derselben Darstellung ein.

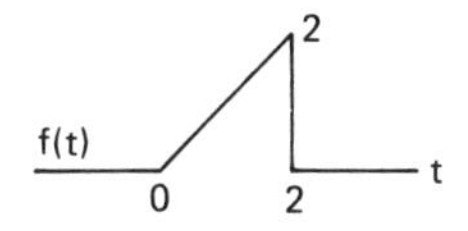

3. Gib die digitale Näherung nullter Ordnung der hier gezeigten Schaltung an. Ermittle eine Schaltung und auch eine Formel.

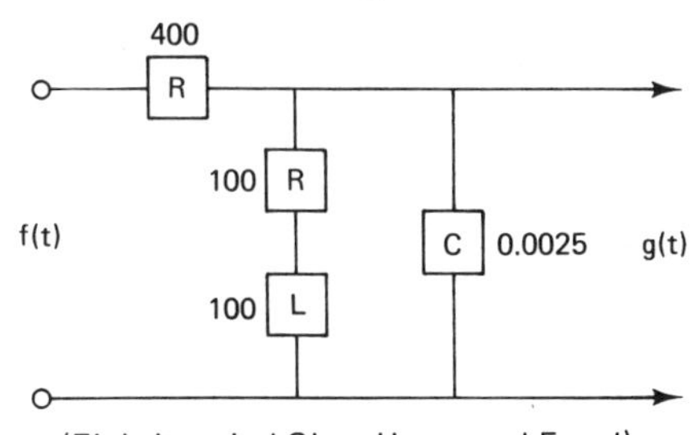

4. Leite einen Algorithmus nullter Ordnung und eine Filterschaltung ab, wenn die gewünschte Übertragungsfunktion gleich $H(s) = s/(s + a)^2$ ist.

5. Zeige die zu Aufgabe 2 gehörende Faltungsformel nullter Ordnung.

6. Gib eine Formel in geschlossener Form an für die Antwort nullter Ordnung in Aufgabe 1 auf eine Einheitssprungfunktion, die gerade nach der Zeit $t = 0$ einsetzt.

7. Gib für das kontinuierliche System in Aufgabe 4 mit $H(s) = s/(s + a)^2$ einen direkten Algorithmus nullter Ordnung in der Form von Gleichung 9.38 an.

8. (Mit Rechner) Benutze T = 0.25, skizziere und vergleiche die Amplitudenantwort $|H(j\omega)|$ und $|\tilde{H}_0(j\omega)|$ in Aufgabe 3.

9. (Mit Rechner) Benutze T = 0.25, skizziere und vergleiche die analoge Antwort und die digitale Antwort nullter Ordnung in Aufgabe 3 mit der Rampenfunktion, die in Aufgabe 2 benutzt wurde.

10. Berechne den Endwert der Näherung nullter Ordnung in Aufgabe 1, wenn das Eingangssignal eine Einheitssprungfunktion ist und T = 0.25 beträgt.

11. Trage die digitalen und analogen Pole und Nullstellen für Aufgabe 1 in der s-Ebene auf und benutze T = 0.25.

12. Leite mit T = 0.25 ein Pol-Nullstellendiagramm für Aufgabe 3 ab.

13. Ermittle zwei Wurzelortkurven wie in Beispiel 10.8, benutze dabei aber $H(s) = 1/(s^2 + Rs + 5)$.

14. Konstruiere Blockschaltbilder für die direkten und parallelen Formen der Näherung nullter Ordnung an $H(s) = 2(s + 1)/(s^2 + 8s + 15)$.

15. Wie heißt die Näherung nullter Ordnung für jedes H(s), das in Partialbrüche mit einfachen Polen zerlegt ist, d.h.

$$H(s) = \sum_{n=1}^{N} \frac{A_n}{s + a_n}$$

wenn die einzelnen Terme jeder für sich angenähert werden?

Einige Antworten

1. $g_m = Tf_m + e^{-T} g_{m-1}$ **3.** $g_m = Tf_m - e^{-T}(\cos 2T)(Tf_{m-1} - 2g_{m-1}) - e^{-2T} g_{m-2}$

4. $g_m = T[f_m - (1 + aT)e^{-aT} f_{m-1}] + 2e^{-aT} g_{m-1} - e^{-2aT} g_{m-2}$

5. $g_m = T^2 e^{-mT} \sum_{n=0}^{\min(m,8)} n e^{nT}$

7. $g_m = Tf_m + x^1_{m-1},\ x^1_m = -T(1 + aT)e^{-aT} f_m + x^2_{m-1} + 2e^{-aT} g_m,\ x^2_m = -e^{-2aT} g_m$

10. 1.1302 **15.** $\tilde{H}_0(z) = \sum_{n=1}^{N} \frac{A_n T z}{z - e^{-a_n T}}$

Literaturhinweise

AHMED, N., and NATARAJAN, T., *Discrete-Time Signals and Systems*, Chap. 6. Reston, Va.: Reston, 1983.

GOLD, B., and RADER, C. M., *Digital Processing of Signals*, Chap. 3. New York: McGraw-Hill, 1969.

JURY, E. I., *Theory and Application of the z-Transform Method*. New York: Wiley, 1964.

KAISER, J. F., Digital Filters, Chap. 7 in *System Analysis by Digital Computer*, ed. J. F. Kaiser and F. F. Kuo. New York: Wiley, 1966.

OPPENHEIM, A. V., and SCHAFER, R. W., *Digital Signal Processing*, Chap. 5. Englewood Cliffs, N.J.: Prentice-Hall, 1975.

STEIGLITZ, K., The Equivalence of Digital and Analog Signal Processing. *Inform. Control*, Vol. 8, 1965, p. 455.

TOU, J. T., *Digital and Sampled-Data Control Systems*, Chap. 5. New York: McGraw-Hill, 1959.

TRUXAL, J. G., *Control System Synthesis*. New York: McGraw-Hill, 1955.

KAPITEL 11

Simulation kontinuierlicher Systeme

11.1 Einleitung

Im vorigen Kapitel lag der Nachdruck auf dem Vergleich analoger und digitaler Systeme, so als ob der digitale Prozessor dazu benutzt werden sollte, das kontinuierliche System anzunähern oder zu simulieren. Dieses Ziel wird in dem vorliegenden Kapitel weiterverfolgt, hier liegt der Nachdruck jedoch auf dem Entwurf und der Genauigkeit verschiedener Simulationsmethoden. Die Diskussion in diesem Kapitel bezieht sich auf einen deterministischen Simulationsansatz, bei dem die Signale im wesentlichen determiniert, d.h. im voraus bekannt sind. Ein statistischer Ansatz, bei dem nur die Signalstatistiken bekannt sind, ist das Thema von Kapitel 14.

Wenn die gewünschte lineare Übertragungsfunktion H(s) selbst eine rationale Funktion von s ist, wie sie es für jede realisierbare lineare Übertragungsfunktion sein muß, liefern die hier beschriebenen Methoden einfache und genaue digitale Simulationen von H(s). Im allgemeinen kann durch Verkleinern des Abtastintervalls T der Fehler in der Simulation im Intervall $|\omega| < \pi/T$ so klein wie gewünscht gemacht werden, ohne daß die Simulation dabei ungebührlich komplex wird.

Die digitale Simulation spielt in der modernen Systemanalyse eine wichtige Rolle. Sie wird benutzt, um komplizierte Systementwürfe mit dem Computer zu testen, so daß die Entwicklungskosten auf die Kosten der "software" beschränkt bleiben, bis der Entwurf vollständig ist. Einige traditionelle Beispiele sind Navigations-, Steuer- und Regelsysteme für Raumfahrzeuge; Kernreaktoren, Radar-Leitsysteme und Nachrichtensysteme. Die Simulation wird auch dazu benutzt, die Antwort existierender Systeme auf verschiedene Eingangssignale zu untersuchen. Beispiele sind die Simulation des städtischen Verkehrsflusses, um den Einfluß des Bevölkerungswachstums auf ihn zu studieren, die Simulation der Meeres-Strömungen, um zukünftige Umweltverschmutzungsgefahren richtig abzuschätzen, die Simulation lebender Systeme usw. Die Liste der Literaturzitate enthält mehrere Bücher über die allgemeine Anwendung der digitalen Simulation.

Wenn die Simulation mit Eingangssignalen, Ausgangssignalen und Übertragungsfunktionen arbeitet, ist entweder der (Zeit-) Signalanalysis- oder

der Frequenzbereichs-Ansatz anwendbar. Der Entwerfer der digitalen Simulation muß sich Gedanken darüber machen, wie eine genaue Näherung an eine idealisierte "reale Welt" zu programmieren ist. Die unten beschriebenen Methoden beziehen sich besonders auf diese Aufgabenstellung, aber sie sind auch dazu brauchbar, eine Art allgemeiner Verbindung zwischen den linearen analogen und digitalen Systemen herzustellen.

11.2 Klassifizierung der Simulationsmethoden

Eine digitale Simulation eines kontinuierlichen Systems hat es, so wie es hier definiert ist, zunächst mit der Bildung einer Übertragungsfunktion $\tilde{H}(z)$ zu tun, um den linearen Anteil des Systems, der durch eine Funktion H(s) gegeben ist, darzustellen und zudem noch damit, irgendwelche Begrenzungen oder andere Nichtlinearitäten, die im kontinuierlichen System existieren, in Rechnung zu stellen. (Nichtlinearitäten werden in Abschnitt 11.6 diskutiert).

Die grundlegenden Übertragungsfunktionen, die der Leser jetzt alle kennt, sind in Bild 11.1 dargestellt. Zuerst gibt es die kontinuierliche Funktion H(s) mit dem Eingangssignal f(t) und dem Ausgangssignal g(t). Das Problem der digitalen Simulation besteht dann darin, die z-Transformierte $\tilde{H}(z)$ in einer solchen Weise zu bestimmen, daß das digitale Ausgangssignal g'_m eine gute Darstellung von g(mT) an den Abtastpunkten ist. Die resultierende Übertragungsfunktion $\bar{H}(j\omega)$ erhält man dann, indem man $e^{j\omega T}$ anstelle von z in $\tilde{H}(z)$ setzt. Sie stellt die Frequenzantwort der digitalen Simulation dar. Man beachte, daß hier $\bar{H}(j\omega)$ nicht notwendigerweise die Transformierte der abgetasteten inversen Transformation von H(s) ist. Die exakte Beziehung zwischen $\bar{H}(j\omega)$ und H(s) hängt von der Simulationsmethode ab, d.h. davon, wie $\tilde{H}(z)$ von H(s) abgeleitet wird.

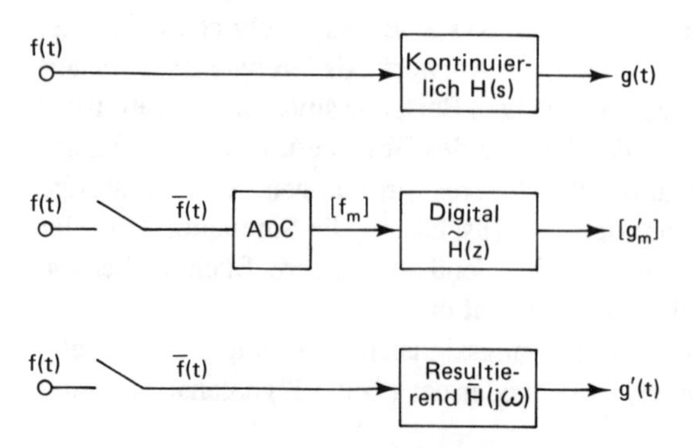

Bild 11.1 Übertragungsfunktionen bei der Simulation

Das elementare Fehlermodell für die Beurteilung der Genauigkeit der digitalen Simulation ist in Bild 11.2 gezeigt. Es wird ein "diskretes" Fehlermodell genannt, da der Fehler e_m nur an den Abtastpunkten gemessen wird. Es setzt voraus, daß man nur an diesen Punkten an der Genauigkeit der Simulation interessiert ist und nicht an einer kontinuierlichen Annäherung an g(t). Das diskrete Fehlermodell ist von etlichen Autoren benutzt worden. (siehe [Sage und Burt 1965, Greaves und Cadzow 1967, De Figueiredo und Netravali 1971 und Rosko 1972].)

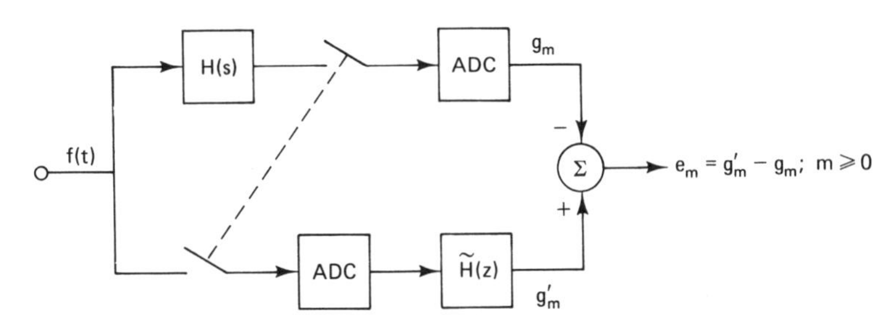

Bild 11.2 Diskretes Fehlermodell, das zeigt, wie man den Simulationsfehler e_m ermittelt.

Nach Bild 11.2 sind der diskrete Fehler und seine DFT

$$\begin{aligned} e_m &= g'_m - g_m \\ \overline{E}(j\omega) &= \overline{G}'(j\omega) - \overline{G}(j\omega) \end{aligned} \tag{11.1}$$

$$= \overline{F}(j\omega)\overline{H}(j\omega) - \overline{G}(j\omega) \tag{11.2}$$

Im diskreten Spektrum $\bar{E}(j\omega)$ hängt der Fehler ersichtlich sowohl von $\bar{F}(j\omega)$ als auch von $\bar{H}(j\omega)$ ab, d.h. davon, wie gut diese Funktionen ihre kontinuierlichen Gegenstücke repräsentieren. Da der Fehler vom Eingangssignal f(t) abhängt, der Simulationsentwurf jedoch nur $\bar{H}(j\omega)$ beeinflußt, scheint es vernünftig, die Simulationsmethoden im Hinblick auf die Eigenschaften von f(t) zu klassifizieren. Im besonderen werden die Simulationsmethoden wahrscheinlich voneinander abweichen, je nachdem, ob das Spektrum von f(t) in die eine oder andere von zwei großen Klassen fällt:

Klasse 1: $|F(j\omega)|$ **ist beträchtlich größer als Null für** $\omega \geq \pi/T$;

Klasse 2: $|F(j\omega)|$ **ist vernachlässigkbar klein für** $\omega \geq \pi/T$.

Die Klassen werden durch die Darstellung in Bild 11.3 angedeutet. Das Tiefpaßfilter im Bild schneidet bei $\omega = \pi/T$ ab, so daß keine spektralen Überschneidungen entstehen, wenn f(t) mit 1/T Abtastwerten pro Sekunde abgetastet wird. Natürlich braucht das Tiefpaßfilter nicht zu existieren - das Bild soll nur betonen, daß f(t) in der Simulationsklasse 2 frequenzbegrenzt ist.

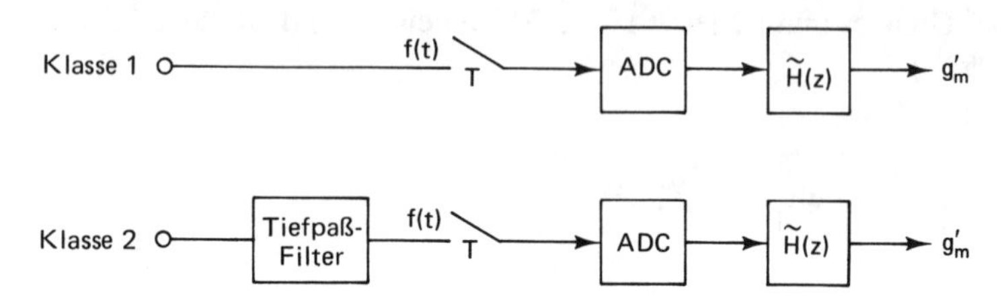

Bild 11.3 **Zwei Klassen der digitalen Simulation**

In der ersten Klasse kann man nicht hoffen, eine vollständig befriedigende Allzweck-Simulation zu erhalten, da ja spektrale Überschneidungen vorhanden sind. Der Abtastprozeß erbringt dabei im wesentlichen nicht soviel Information über f(t), daß der Simulator fähig wäre, f(t) von anderen Funktionen zu unterscheiden, unabhängig davon, wie gut der Simulator ist. Der im nächsten Abschnitt vorgenommene Ansatz geht deshalb davon aus, die Simulation für ein besonderes f(t) genau zu machen, um dann die Genauigkeit dieser Simulation für andere Eingangssignale zu untersuchen.

Für die Simulationen der Klasse 2, bei denen das Spektrum von f(t) auf Frequenzen unterhalb von π/T rad sec^{-1} begrenzt ist, kann man Simulationen beliebig hoher Genauigkeit erreichen. Das Problem besteht in diesem Fall darin, daß man Methoden findet, wie sich $\bar{H}(j\omega)$ im Intervall $|\omega| < \pi/T$ der Funktion $H(j\omega)$ so nähert, daß der Fehler in Gleichung 11.1 unabhängig von der exakten Form von f(t) gegen Null geht. Nach dem folgenden Abschnitt werden Methoden diskutiert, wie dies erreicht werden kann.

11.3 Simulationen bei invarianten Eingangssignalen

Diese Simulationen finden allgemein in jeder der oben beschriebenen Klassen Anwendung. Sie sind für spezielle Eingangssignale fehlerfrei und für andere mehr oder weniger genau, was davon abhängt, wie sehr diese anderen von der ausgewählten Funktion abweichen. Sie werden hier zuerst diskutiert, weil eine von ihnen, die impulsinvariante Methode (nullter Ordnung) schon in den Kapiteln 8 und 10 diskutiert worden ist (der Einfachheit halber wird hier wieder nicht von "Nadelimpuls" sondern wie im Englischen von "Impuls" gesprochen).

Das Verfahren zur Verallgemeinerung der impulsinvarianten Methode und damit zur Ableitung von Simulationen, die für andere Funktionen f(t) invariant sind, kann man wie folgt zusammenfassen($\mathcal{L}$ bedeutet "inverse Laplace-Transformierte von" und Z bedeutet "z-Transformierte von"):

1. **Man bestimme die gewünschte Übertragungsfunktion H(s).**

2. **Man wähle die Eingangsfunktion i(t), die invariant sein soll.**

3. **Man finde die Transformierten von i(t) : I(s) und $\tilde{I}(z)$.**

4. **Die kontinuierliche Ausgangsfunktion ist dann** $g(t) = \mathcal{L}^{-1}[H(s)I(s)]$.

5. **Ihre z-Transformierte ist** $\tilde{G}(z) = \mathcal{Z}\{\mathcal{L}^{-1}[H(s)I(s)]\}$.

6. **Die invariante digitale Simulation lautet dann**
$\tilde{H}(z) = \tilde{G}(z)/\tilde{I}(z) = \mathcal{Z}\{\mathcal{L}^{-1}[H(s)I(s)]\}/\tilde{I}(z)$.

Da $\tilde{G}(z)$ durch Definition die z-Transformierte von g(t) ist, kann man aus Bild 11.1 sehen, daß g'_m und g_m gleich sind und daß in Bild 11.2 $e_m = 0$ gilt. Die Simulation ist vollkommen genau, wenn das Eingangssignal f(t) = i(t) ist. Diese Schritte werden in den folgenden Beispielen veranschaulicht, in denen impuls- und sprunginvariante Simulationen für H(s) = 1/(s + 1) entwickelt werden. (Statt von impulsinvariant müßte man auch hier genau genommen von nadelimpulsinvariant sprechen).

Beispiel 11.1: Man entwickle die impulsinvariante Simulation von H(s) = 1/(s + 1). Das Ergebnis sollte dasselbe wie in Kapitel 10 sein. In diesem Fall ist i(t) = δ(t) und I(s) = 1. Die im obigen Schritt 3 erforderliche z-Transformierte $\tilde{I}(z)$ ist die z-Transformation der digitalen Impulsfunktion, d.h. 1/T (siehe Anhang A, Zeile 100). Schritt 4 ergibt g(t) = e^{-t} und Schritt 5 ergibt $\tilde{G}(z) = z/(z-e^{-T})$. Deshalb ergibt Schritt 6

$$\tilde{H}(z) = \frac{Tz}{z - e^{-T}} \tag{11.3}$$

gerade wie in Kapitel 10. Diese Simulation ist wiederum impulsinvariant in dem Sinne, daß dann, wenn f(t) ein Einheitsimpuls mit dem Abtastwert 1/T bei m = 0 ist, das Ausgangssignal

$$\begin{aligned} g'_m &= Tf_m + e^{-T}g'_{m-1} \\ &= e^{-mT} \end{aligned} \tag{11.4}$$

gleich g_m, dem Abtastwert von g(t) bei t = mT ist.

Beispiel 11.2: Man entwickle die sprunginvariante Simulation von H(s) = 1/(s + 1). Die sechs obigen Schritte liefern das folgende Ergebnis für das Beispiel (In diesem ganzen Kapitel soll die Einheitssprungfunktion u(t) bei t = 0^- einsetzen, so daß die Abtastung bei t = 0^- + u_0 = 1 ergibt).

$$
\begin{aligned}
H(s) &= \frac{1}{s+1} \\
i(t) &= u(t) = \text{Einheitssprung}^{*} \text{ bei } t = 0^- \\
I(s) &= \frac{1}{s}; \qquad \tilde{I}(z) = \frac{z}{z-1} \\
g(t) &= \mathcal{L}^{-1}\left[\frac{1}{s(s+1)}\right] = 1 - e^{-t}; \qquad t \geq 0 \\
\tilde{G}(z) &= \frac{z}{z-1} - \frac{z}{z-e^{-T}} \\
\tilde{H}(z) &= \frac{1-e^{-T}}{z-e^{-T}}
\end{aligned}
\tag{11.5}
$$

Hierzu lautet die Berechnungsformel

$$g_m = (1 - e^{-T})f_{m-1} + e^{-T}g_{m-1} \tag{11.6}$$

die sich auf $1\text{-}e^{-mt}$ reduziert, wenn f(t) ein Einheitssprung ist.

Damit erweist sich die impulsinvariante Simulation als vollkommen genau, wenn die Eingangsfunktion f(t) eine Impulsfunktion ist, die sprunginvariante Simulation ist vollkommen, wenn f(t) eine Sprungfunktion ist, usw. Wenn nun diese Formen nur für ihre spezifizierten Eingangssignale genau wären, würden sie von einem ziemlich begrenzten praktischen Interesse sein. Jedoch kann durch lineare Überlagerung gezeigt werden, daß auch eine eingangsinvariante Simulation, die sich für irgendeine beliebige lineare Kombination von spezifizierten Eingangsfunktionen ergibt, den Fehler Null hat.

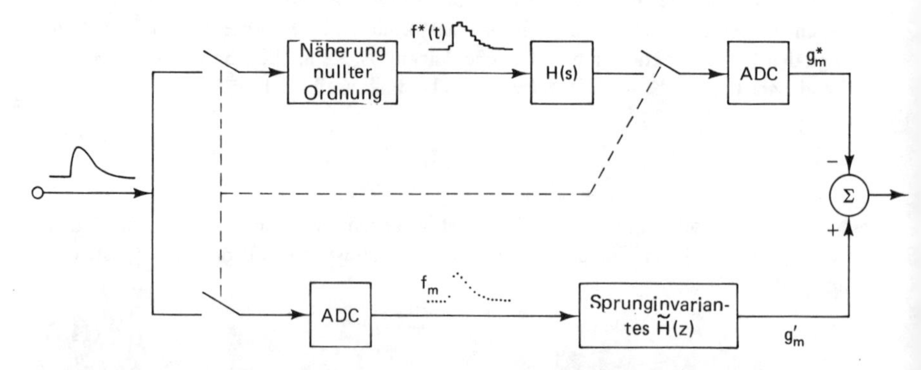

Bild 11.4 Diskretes Fehlermodell für die sprunginvariante Simulation, die den Fehler Null ergibt, wenn H(s) die Näherung nullter Ordnung von f(t) zugeführt wird.

* In diesem ganzen Kapitel wird angenommen, daß der Einheitssprung u(t) bei t=0^- stattfindet, so daß die Abtastung bei t=0 den Wert u_0=1 ergibt.

Man betrachte zum Beispiel das diskrete Fehlermodell in Bild 11.4, in dem der Fehler e_{*m} immer gleich Null ist. Hier ist das Eingangssignal für H(s) gleich f*(t), der Halteversion nullter Ordnung von f(t). Das Bild veranschaulicht das folgende Theorem:

Haltetheorem nullter Ordnung: Wenn H(s) eine beliebige lineare Übertragungsfunktion ist und

$$\tilde{H}(z) = \frac{z-1}{z}\,\mathcal{Z}\left\{\mathcal{L}^{-1}\left[\frac{H(s)}{s}\right]\right\} \tag{11.7}$$

dann ist $\tilde{H}(z)$ eine exakte Simulation von H(s) für jedes Eingangssignal $f^*(t)$, das aus Sprüngen konstruiert ist, die an den Abtastpunkten auftreten.

Der Beweis dieses Theorems ist nur eine Verallgemeinerung der Feststellung, die auf die obigen Schritte 1-6 folgte. Zuerst wollen wir $f^*(t)$ als Überlagerung von Sprungfunktionen ausdrücken:

$$f^*(t) = f_0 u(t) + \sum_{m=1}^{\infty} (f_m - f_{m-1}) u(t - mT) \tag{11.8}$$

Dann muß die Laplace-Transformation von $g^*(t)$ lauten

$$\begin{aligned} G^*(s) &= H(s)F^*(s) \\ &= \frac{H(s)}{s}\left(f_0 + \sum_{m=1}^{\infty} (f_m - f_{m-1}) e^{-msT}\right) \end{aligned} \tag{11.9}$$

Hier bedeutet e^{-msT} eine Verzögerung von mT sec, und somit muß die z-Transformation von $g^*(t)$ sein

$$\begin{aligned} \tilde{G}^*(z) &= \mathcal{Z}\left\{\mathcal{L}^{-1}\left[\frac{H(s)}{s}\right]\right\}\left(f_0 + \sum_{m=1}^{\infty} (f_m - f_{m-1}) z^{-m}\right) \\ &= \mathcal{Z}\left\{\mathcal{L}^{-1}\left[\frac{H(s)}{s}\right]\right\}\left(\tilde{F}(z) - z^{-1}\tilde{F}(z)\right) \\ &= \tilde{H}(z)\tilde{F}(z) \\ &= \tilde{G}'(z) \end{aligned} \tag{11.10}$$

Die zweite Zeile in Gleichung 11.10 folgt aus der Definition der z-Transformation und die dritte Zeile folgt aus Gleichung 11.7. Das schließliche Ergebnis $\tilde{G}^*(z) = \tilde{G}'(z)$ beweist das Theorem, d.h. daß in Bild 11.4 $e_m^* = 0$ ist.

Ein ähnliches Ergebnis kann man für den Haltevorgang erster Ordnung erhalten, indem man die Sprunginvariante $\tilde{H}(z)$ durch die Rampeninvariante $\tilde{H}(z)$ ersetzt. Das diskrete Fehlermodell ist in Bild 11.5 gezeigt. Wieder ist der Fehler gleich Null, vorausgesetzt, daß diesmal das H(z) zugeführte Eingangssignal die Halteversion erster Ordnung für f(t) ist. d.h. eine Folge gerader Linien, welche die Abtastpunkte miteinander verbinden. Das Haltetheorem erster Ordnung, das Bild 11.5 entspricht, lautet wie folgt:

Haltetheorem erster Ordnung: Wenn H(s) eine beliebige lineare Übertragungsfunktion ist und

$$\tilde{H}(z) = \frac{(z-1)^2}{Tz} \mathscr{Z}\left\{\mathscr{L}^{-1}\left[\frac{H(s)}{s^2}\right]\right\} \tag{11.11}$$

dann ist $\tilde{H}(z)$ eine exakte Simulation von H(s) für jedes Eingangssignal $f^*(t)$, das aus geraden Linien zwischen den Abtastpunkten konstruiert wird.

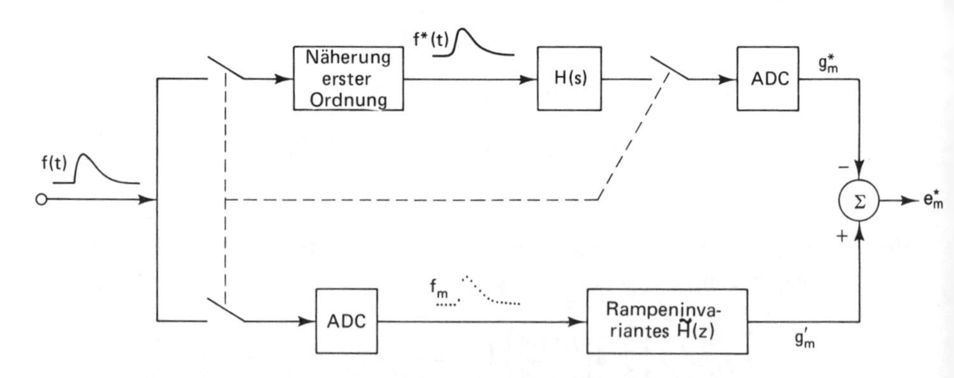

Bild 11.5 Diskretes Fehlermodell für die rampeninvariante Simulation, die den Fehler Null ergibt, wenn H(s) die Näherung erster Ordnung von f(t) zugeführt wird.

Hier ist $\tilde{H}(z)$ natürlich die rampeninvariante Simulation von H(s), die wieder wie in den Schritten 1-6 zu Beginn dieses Abschnitts konstruiert wird. Das Haltetheorem erster Ordnung kann wie in den obigen Gleichungen 11.8 bis 11.10 bewiesen werden, mit der Ausnahme, daß $f^*(t)$ jetzt geschrieben werden muß als eine Überlagerung von Rampenfunktionen anstatt von Sprungfunktionen. Lehrreicher ist es vielleicht, das Theorem durch Anwendung der obigen Schritte 1-6 zu beweisen, wenn i(t) eine verallgemeinerte Rampenfunktion ist:

$$i(t) = A(t - mT)u(t - mT) \tag{11.12}$$

d.h. eine Rampe mit der Steigung A, die zur Zeit t = mT beginnt. Die Laplace-Transformation ist dafür

$$I(s) = \frac{Ae^{-msT}}{s^2} \tag{11.13}$$

und die z-Transformation

$$\tilde{I}(z) = \frac{ATz}{z^m(z-1)^2} \tag{11.14}$$

In I(s) ist A ein konstanter Faktor und e^{-msT} stellt eine Verzögerung von m Abtastpunkten dar. Infolgedessen wird die z-Transformation im obigen Schritt 5

$$\begin{aligned}\tilde{G}(z) &= \mathcal{Z}\left\{\mathcal{L}^{-1}\left[\frac{Ae^{-msT}H(s)}{s^2}\right]\right\}\\ &= Az^{-m}\,\mathcal{Z}\left\{\mathcal{L}^{-1}\left[\frac{H(s)}{s^2}\right]\right\}\end{aligned} \tag{11.15}$$

Deshalb ergibt der obige Schritt 6

$$\begin{aligned}\tilde{H}(z) &= \tilde{G}(z)/\tilde{I}(z)\\ &= \frac{(z-1)^2}{Tz}\,\mathcal{Z}\left\{\mathcal{L}^{-1}\left[\frac{H(s)}{s^2}\right]\right\}\end{aligned} \tag{11.16}$$

was identisch ist mit der Formel für $\tilde{H}(z)$ in dem Theorem, Gleichung 11.11. Dieses Resultat beweist in der Tat das Theorem, da es zeigt, daß die rampeninvariante Simulation unabhängig ist sowohl von A, der Steigung der Rampenfunktion in Gleichung 11.12, als auch von m, dem Anfangspunkt. Deshalb muß die Simulation exakt sein für jede lineare Kombination dieser Funktionen, d.h. für $f^*(t)$ des Theorems.

Beispiel 11.3: **Man finde die rampeninvariante Simulation von H(s) = 1/(s + 1) und zeichne ihre Antwort auf die Funktion f(t) = 2 t e^{-t}. Entsprechend dem obigen Theorem findet man $\tilde{H}(z)$ wie folgt:**

$$\begin{aligned}\tilde{H}(z) &= \frac{(z-1)^2}{Tz}\mathscr{Z}\left\{\mathscr{L}^{-1}\left[\frac{1}{s^2(s+1)}\right]\right\} \\ &= \frac{(z-1)^2}{Tz}\mathscr{Z}\{t-1+e^{-t}\} \\ &= \frac{(z-1)^2}{Tz}\left[\frac{Tz}{(z-1)^2} - \frac{(1-e^{-T})z}{(z-1)(z-e^{-T})}\right] \\ &= \frac{(T-1+e^{-T})z - Te^{-T} + 1 - e^{-T}}{T(z-e^{-T})}\end{aligned} \tag{11.17}$$

Die der Gleichung 11.17 entsprechende Rechenformel ist

$$g_m = \frac{1}{T}[(T-1+e^{-T})f_m - (Te^{-T} - 1 + e^{-T})f_{m-1}] + e^{-T}g_{m-1} \tag{11.18}$$

Die Wirkung dieser Formel wird in Bild 11.6 mit T = 0.6 dargestellt. Links stehen f(t) und $f^*(t)$, und ersichtlich ist $f^*(t)$ aus geraden Linien zwischen den Abtastpunkten zusammengesetzt. Rechts stehen g(t) und der Abtastwertesatz [g_m] aus Gleichung 11.18, wobei [g_m] natürlich [g'_m] in Bild 11.1 entspricht. In diesem Fall stellt [g_m] sowohl (1.) das Ausgangssignal von $\tilde{H}(z)$ mit den Eingangssignalen [f_m] als auch (2.) die Abtastwerte des Ausgangssignals von H(s) mit dem Eingangssignal $f^*(t)$ dar.

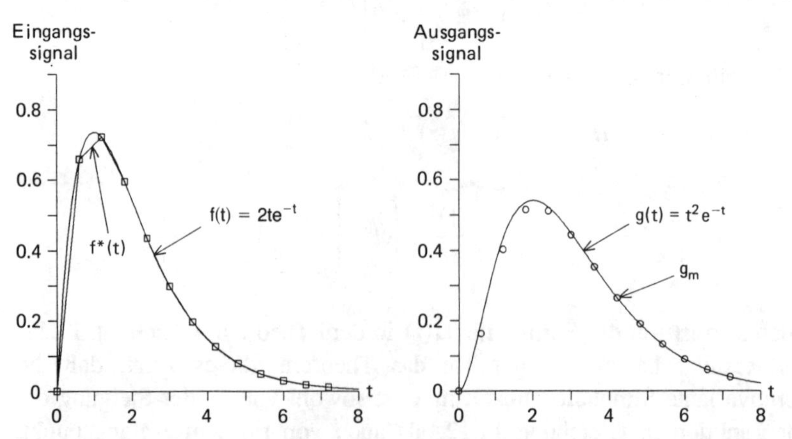

Bild 11.6 Eingangs- und Ausgangssignale von H(s) = 1/(s+1) und ihre Simulation erster Ordnung mit f(t) = 2te^{-t} und T = 0.6.

Die invarianten Simulationen sind beschrieben worden von Jury (1964) und von Rosko (1972), der auch Anwendungsbeispiele angibt. Sie sind

nützlich, wenn f(t) nicht frequenzbegrenzt ist (d.h. bei Simulationen der Klasse 1), da sie einen Hinweis auf den Fehler liefern, der sich daraus ergibt, wie gut f(t) durch $f^*(t)$ dargestellt wird. Wenn diese Darstellung wie z.B. in Bild 11.6 gut ist, kann man üblicherweise von der Simulation befriedigende Ergebnisse erwarten.

In der Tat kann die Genauigkeit der Simulation für $f^*(t)$ dazu benutzt werden, eine Schranke für den Ausgangsfehler, der aus der Differenz zwischen f(t) und $f^*(t)$ herrührt, aufzustellen. Das diskrete Fehlermodell für dieses Vorgehen ist in Bild 11.7 zu sehen. Hier ist wie in Bild 11.2 der Fehler gleich e_m anstatt e_m^*, wie in den Bildern 11.4 und 11.5. Wie oben festgestellt, rührt e_m vollkommen von der Diskrepanz zwischen f(t) und $f^*(t)$ her. Aus dem Bild entnimmt man die Einhüllende e(t) ersichtlich zu

$$\begin{aligned} e(t) &= \mathcal{L}^{-1}\{H(s)\,[F^*(s) - F(s)]\} \\ &= \mathcal{L}^{-1}\{H(s)E_i(s)\} \end{aligned} \tag{11.19}$$

und das Faltungstheorem ergibt e_m, die Abtastwerte von e(t) zu den Zeiten t = mT

$$e_m = \int_0^{mT} h(\tau)e_i(mT - \tau)\,d\tau \tag{11.20}$$

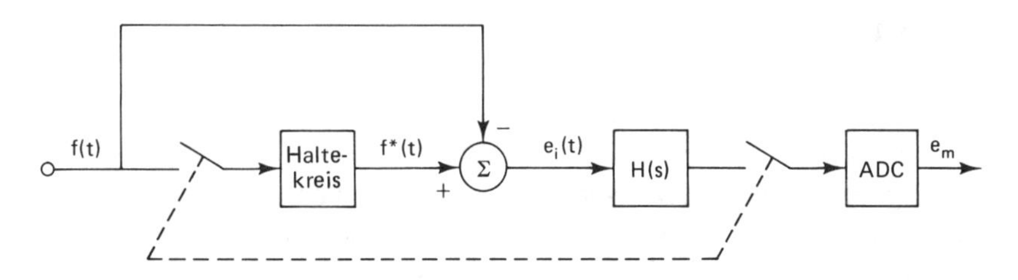

Bild 11.7 Vollständiges diskretes Fehlermodell für invariante Simulationen, das zeigt, daß der Ausgangsfehler e_m sich aus dem Eingangsfehler $e_i(t)$ ergibt, nachdem dieser durch H(s) hindurchgelaufen ist

Jetzt kann für den Betrag von e_m eine obere Schranke errichtet werden, indem man nur e_{imax} als maximale Amplitude von $e_i(t)$, d.h. als maximale Diskrepanz (betragsmäßig) zwischen f(t) und $f^*(t)$ zuläßt. Aus Gleichung 11.20 wird diese obere Schranke zu

$$|e_n| \leq e_{i\max} \int_0^{mT} |h(\tau)|\,d\tau; \qquad n \leq m \tag{11.21}$$

wobei der Index von e_m zu n verändert wurde, um hervorzuheben, daß die Schranken nur im Zeitintervall von t = 0 bis t = mT gelten. Eine absolute obere Schranke für den Fehler der invarianten Simulation findet man, indem man m in Gleichung 11.21 unbegrenzt wachsen läßt. Das Ergebnis ist

$$|e_m| \leq e_{i\max} \int_0^\infty |h(\tau)|\, d\tau; \qquad 0 \leq m < \infty \tag{11.22}$$

Diese letztere Schranke ist nützlich unter der Voraussetzung, daß die kontinuierliche Impulsantwort h(t) eine endliche Energie hat. Man beachte, daß die Schranke direkt proportional zu dem maximalen Eingangsfehler $e_{i\ max}$ ist und deshalb wie üblich so klein wie gewünscht gemacht werden kann, indem man den Zeitschritt T und damit den Unterschied zwischen f(t) und $f^*(t)$ verringert. Fehlergrenzen für Systeme erster und zweiter Ordnung findet man in den Übungen am Ende dieses Kapitels (siehe die Aufgaben 23 -25).

Abschließend läßt sich sagen, daß die in diesem Kapitel beschriebenen invarianten Simulationen leicht zu gewinnen sind und sowohl für die Simulationen der Klasse 1 wie auch für die der Klasse 2 nützlich sind. Sie erfordern nicht, daß f(t) frequenzbegrenzt ist, und der Simulationsfehler kann in Abhängigkeit der Diskrepanz zwischen f(t) und seiner "Halte"-Version $f^*(t)$ abgeschätzt werden.

11.4 Andere Simulationen

Zwei andere einfache Simulationsmethoden werden in diesem Abschnitt beschrieben. Eine ist eine angepaßte Version der Näherung nullter Ordnung bzw. der impulsinvarianten Näherung und die andere ist eine Substitutionsmethode, in der man $\tilde{H}(z)$ erhält, indem man eine Funktion von z für s in H(s) einsetzt. Beide Methoden sind am leichtesten zu diskutieren und zu analysieren, wenn sie auf Simulationen der Klasse 2 angewandt werden. Wie in Abschnitt 11.1 beschrieben, ist eines der Ziele, die kontinuierliche Übertragungsfunktion H(ω) an die resultierende Übertragungsfunktion $\bar{H}(j\omega)$ im Intervall $|\omega| < \omega/T$ anzupassen. Dies ist ein vernünftiges Ziel, wenn f(t) oberhalb von $\omega = \pi/T$ einen vernachlässigbaren Anteil hat. Wenn das Ziel erreicht werden kann, dann wird die Simulation in dem Sinne genau sein, daß g'_m im Bild 11.1 einen genauen Abtastwert von g(t) darstellt.

Die einfachste Näherung für H(s) ist die Näherung nullter Ordnung bzw. impulsinvariante Näherung $\tilde{H}(z)$, die schon in Kapitel 10 und wieder im vorangegangenen Kapitel diskutiert worden ist. Ein Beispiel in Kapitel 10 zeigte, daß wenigstens für H(s) = 1/(s + 1) die Differenz zwischen $\bar{H}_0(j\omega)$ und H(jω) wesentlich verkleinert werden könnte, wenn $\tilde{H}_0(z)$ einfach mit einer

Konstanten multipliziert würde. Dieser Ansatz, bei dem man die angepaßte impulsinvariante Näherung $\tilde{H}_A(z)$ durch Maßstabsänderung von $\tilde{H}_0(z)$ erhält, ist von Fowler (1965) vorgeschlagen worden.

Den konstanten Skalierungsfaktor erhält man, indem man $\tilde{H}_0(z)$ so anpaßt, daß sein Endwert mit dem von H(s) für eine Sprungfunktionsanregung übereinstimmt. Wenn die Anregung ein Sprung ist, ergibt das Endwerttheorem (Kapitel 10, Abschnitt 4)

$$\text{Endwert (kontinuierlich)} = \lim_{s\to 0} H(s) \qquad (11.23)$$

$$\text{Endwert (digital)} = \lim_{z\to 1} \tilde{H}_0(z) \qquad (11.24)$$

Nimmt man an, daß diese Grenzwerte endlich und von Null verschieden sind, folgt der Skalierungsfaktor durch ihr Verhältnis, und die Formel für die angepaßte Simulation erster Ordnung lautet

$$\tilde{H}_A(z) = \frac{H(0)}{\tilde{H}_0(1)}\,\tilde{H}_0(z) \qquad (11.25)$$

Mit dieser skalierten Version von $\tilde{H}_0(z)$ wird die Simulation den korrekten Endwert haben, der sich für eine Sprunganregung oder jedes andere Eingangssignal ergibt, daß auf einen konstanten Endwert hinläuft. Mit anderen Worten: Die Gleichstromanwort der Simulation ist exakt, und $\tilde{H}_A(j0) = H(j0)$. Aus diesem Grund nennt man auch $\tilde{H}_A(z)$ die "gleichstromangepaßte" Simulation nullter Ordnung.

Wenn der Grenzwert in Gleichung 11.23 oder 11.24 entweder Null oder Unendlich ist, kann man $\tilde{H}_0(z)$ so anpassen, daß er die korrekte Endwertantwort auf eine andere Anregung, wie z.B. einen Impuls oder eine Rampe, aufweist. Jedoch ist es in diesen Fällen oft am besten, sich einer der anderen Simulationsmethoden zuzuwenden. Das folgende Beispiel veranschaulicht einen Fall, in dem $\tilde{H}_0(z)$ gleichstromangepaßt werden kann.

Beispiel 11.4: Man finde die gleichstromangepaßte Simulation nullter Ordnung von $H(s) = 1/(s+1)$. Die Näherung nullter Ordnung (Gleichung 11.3) ist

$$\tilde{H}_0(z) = \frac{Tz}{z - e^{-T}} \qquad (11.26)$$

und deshalb ergibt sich mit Gleichung 11.25 die angepaßte Simulation

$$\tilde{H}_A(z) = \frac{1}{T/(1-e^{T})}\left(\frac{Tz}{z - e^{-T}}\right) = \frac{(1-e^{-T})z}{z - e^{-T}} \qquad (11.27)$$

Bild 11.8 gibt für dieses Beispiel den Amplitudenverlauf wieder, ebenso die analogen und digitalen Antworten auf $f(t) = 1 - e^{-t}$. Wählt man T = 0.4 sec, d.h. eine Nyquist-Frequenz (Aliasing-Frequenz) von $\pi/T = 2{,}5\,\pi$, so wird $F(j\omega) = 1/j\omega(1 + j\omega)$ jenseits dieser Frequenz klein, obwohl $H(j\omega)$ es dort nicht ist, und damit kann man das Beispiel in die Klasse 2 einordnen. Bild 11.8 sollte man mit Bild 10.2 vergleichen.

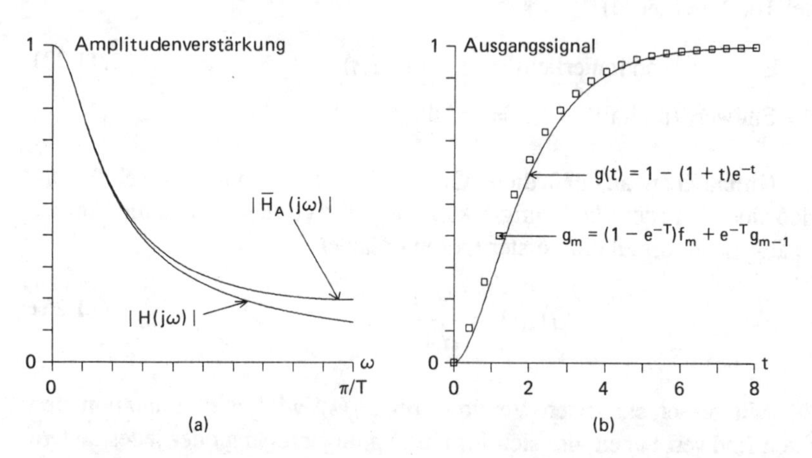

Bild 11.8 **(links) Amplitudenantworten für angepaßte Simulation nullter Ordnung von $H(s) = 1/(s + 1)$. (Rechts) Analoge und digitale Antworten auf $f(t) = 1 - e^{-t}$; T = 0.4.**

Die zweite einfache Näherungsmethode ist die Substitutionsmethode, bei der eine Funktion von z für s in H(s) eingesetzt wird, um $\bar{H}(z)$ zu erhalten. Die allgemein bei digitalen Näherungen benutzte Form ist die "bilineare Substitution" [Gibson 1963], [Kaiser 1966], [Gold und Rader 1969]:

$$s \leftarrow A\,\frac{z-1}{z+1} \tag{11.28}$$

Hier ist A eine Konstante. Diese bilineare Form hat für die digitale Simulation einige interessante Eigenschaften. Sie ist rational, so daß auch $\bar{H}(z)$ rational sein muß, wenn H(s) eine rationale Funktion ist. Sie hat auch die Eigenschaft, das Innere des Einheitskreises in der z-Ebene auf den ersten Streifen in der linken Hälfte der s-Ebene abzubilden, eine Eigenschaft, die sie mit $s = (1/T)\log z$ (siehe Kapitel 10, Gleichungen 10.35 und 10.36) gemeinsam hat. In der Tat ergibt Gleichung 11.28 mit A = 2/T eine rohe Annäherung an $(1/T)\log z$, die ganz grob die Gültigkeit der bilinearen Simulation erklärt: Die Pole und Nullstellen von $\bar{H}(s)$ im ersten Streifen sind grob diejenigen von H(s) im ersten Streifen (die bilineare Substitution mit A = 2/T nennt man auch nach A. Tustin die "Tustinsche Näherung").

Von größerem Interesse ist jedoch die Abbildung der $j\omega$-Achse, die man durch die bilineare Substitution erhält. In Gleichung 11.28 wird ein Punkt $z = e^{j\omega T}$ auf dem Einheitskreis der z-Ebene in einen Punkt $j\omega'$ in der s-Ebene wie folgt transformiert:

$$j\omega' = A\,\frac{e^{j\omega T} - 1}{e^{j\omega T} + 1}; \qquad = jA\,\tan\left(\frac{\omega T}{2}\right) \tag{11.29}$$

Wenn die Simulation von H(s) gemäß Gleichung 11.28 durchgeführt wird, erhält man

$$\tilde{H}_B(z) = H\left(A\,\frac{z - 1}{z + 1}\right) \tag{11.30}$$

wobei der Index B die bilineare Simulation bezeichnet. Dann hat wegen Gleichung 11.29 die Simulation die folgende Frequenzantwort:

$$\overline{H}_B(j\omega) = H(j\omega') = H\left(jA\,\tan\left(\frac{\omega T}{2}\right)\right) \tag{11.31}$$

An diesem Ergebnis kann man zuerst sehen, daß $\bar{H}_B(j\omega)$ und $H(j\omega)$ bei $\omega = 0$ gleich sind, d.h. hier benötigt man keine Gleichstromanpassung. Ferner ist $\bar{H}_B(j\omega)$ bei $\omega = \pi/T$ gleich $H(j\omega)$ bei $\omega = \infty$, so daß in der Tat $H(j\omega)$ für $0 \le \omega \le \infty$ durch die bilineare Substitution in dem Intervall $0 \le \omega \le \pi/T$ "komprimiert" wird. Schließlich kann die Konstante A so gewählt werden, daß bei einer besonderen Frequenz ω_0, die kleiner als π/T ist, $\bar{H}_B(j\omega)$ gleich $H(j\omega)$ wird. Das bedeutet, daß mit $\omega' = \omega = \omega_0$ in Gleichung 11.29 folgt

$$A = \omega_0 \cot \frac{\omega_0 T}{2} \tag{11.32}$$

was $\bar{H}_B(j\omega)$ bei $\omega = \omega_0$ gleich $H(j\omega)$ machen würde. Diese Eigenschaften der bilinearen Näherung werden in dem folgenden Beispiel veranschaulicht.

Beispiel 11.5: Man ermittle die bilineare Simulation von $H(s) - 1/(s + 1)$ in der Weise, daß $\bar{H}(j\omega) = H(j\omega)$ für dasjenige ω, das gleich der halben Nyquist-Frequenz (Aliasing-Frequenz) ist. Zuerst ergibt Gleichung 11.32 mit $\omega_0 = \pi/2T$

$$A = \frac{\pi}{2T}\cot\left(\frac{\pi}{4}\right) = \frac{\pi}{2T} \tag{11.33}$$

Dann findet man die z-Übertragungsfunktion wie in Gleichung 11.30:

$$\tilde{H}_B(z) = H\left(A\,\frac{z-1}{z+1}\right) = \frac{1}{\dfrac{\pi}{2T}\left(\dfrac{z-1}{z+1}\right)+1}$$
$$= \frac{2T(z+1)}{(2T+\pi)z + 2T - \pi} \tag{11.34}$$

Zum Vergleich mit dem vorigen Beispiel 11.4 sind Amplitudenfunktionen und Antworten auf f(t) = 1 - e^{-t} für T =0.4 in Bild 11.9 wiedergegeben. Vergleiche die Bilder 11.8 und 11.9

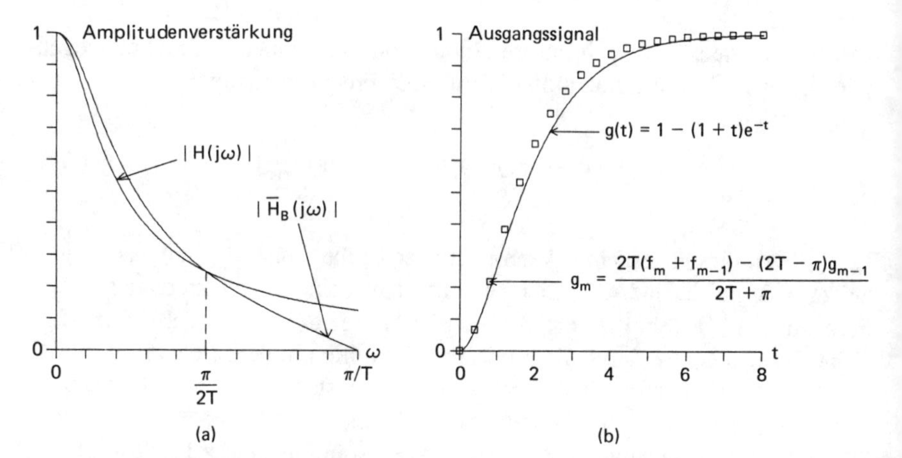

Bild 11.9 **(Links) Amplitudenverstärkungsfunktion für die bilineare Simulation von H(s) = 1/(s+1). (Rechts) Analoge und digitale Antworten auf f(t) = 1 - e^{-t}, T = 0.4**

Die oben diskutierten Methoden der gleichstromangepaßten Simulation nullter Ordnung und der bilinearen Substitution und auch die sprung- und rampeninvariante Methode in Abschnitt 11.3 sind wahrscheinlich die einfachsten Methoden, welche genaue Annäherungen an H(s) ergeben. In dieser Diskussion einfacher Simulationsmethoden sollen weitergehende Verfeinerungen, von denen es viele gibt, nicht mehr betrachtet werden. Zur Zeit gibt es keine allgemeine Theorie der Simulation, die geeignet wäre, die klassischen numerischen Integrationsmethoden (Milne, Hamming, Runge-Kutta, Adams, usw.) zusammen mit den z-Transformationsmethoden zu behandeln (siehe z.B. [Hamming 1973, Kelly 1967, Rosko 1972]). Die genauesten z-Transformationsmethoden enthalten eine iterative Verbesserung der Pole und Nullstellen von $\tilde{H}(z)$, um die Differenz zwischen H(jω) und $\bar{H}(j\omega)$ zu verkleinern. De Figueiredo und Netravali (1971) und Schroeder (1972) haben Beispiele für diesen Ansatz geliefert, in denen die Ableitung von $\tilde{H}(z)$ als ein Optimierungsproblem behandelt wird.

11.5 Vergleich der linearen Simulationen

Es ist schwierig, Simulationsmethoden in einer allgemeinen Weise miteinander zu vergleichen, da die Genauigkeit, wie schon erörtert, von der Zusammenstellung der Eingangsfunktionen abhängt und auch von dem zu simulierenden System und der Simulationsmethode und schließlich auch von dem Abtastintervall T.

Um dem Leser eine Abschätzung der Qualität der oben diskutierten Simulationsmethoden über das hinaus zu geben, was man aus den vorhergehenden Beispielen entnehmen kann, werden in diesem Abschnitt zwei typische Übertragungsfunktionen mit drei verschiedenen Methoden simuliert:

1. rampeninvariante, (Index R),
2. angepaßte nullter Ordnung, (Index A),
3. bilineare mit A = 2/T, (Index B).

(Man erinnere sich, daß der Wert A = 2/T die Tustinsche Näherung, bzw. s≈ (log z)/T ergibt). Die typischen Übertragungsfunktionen sind

$$H(s) = \frac{1}{s+1} \tag{11.35}$$

und

$$H(s) = \frac{1}{s^2 + 2s + 5} \tag{11.36}$$

Der erste Ausdruck bezieht sich auf das oben schon benutzte einfache System ersten Grades, der zweite auf ein typisches System zweiten Grades mit komplexen Polen. Bei den Simulationen wird ein relativ großer Wert von T gewählt, so daß man die Fehler der Näherungen leicht vergleichen kann. Durch Verkleinern von T kann man die Fehler natürlich verkleinern. Die Fehler sind in den Bildern 11.10, 11.11, 11.13 und 11.14 dargestellt.

Im ersten Fall findet man die z-Übertragungsfunktionen in den Gleichungen 11.17, 11.27 und 11.30. Die kontinuierlichen und digitalen Funktionen sind

$$H(s) = \frac{1}{s+1} \tag{11.37}$$

$$\tilde{H}_R(z) = \frac{(T - 1 + e^{-T})z - (Te^{-T} - 1 + e^{-T})}{T(z - e^{-T})} \tag{11.38}$$

$$\tilde{H}_A(z) = \frac{(1 - e^{-T})z}{z - e^{-T}} \tag{11.39}$$

$$\tilde{H}_B(z) = \frac{T(z + 1)}{(T + 2)z + T - 2} \tag{11.40}$$

Die digitalen Frequenzantworten $\bar{H}_R$, $\bar{H}_A(j\omega)$ und $\bar{H}_B(j\omega)$ erhält man daraus, indem man $z = e^{j\omega T}$ setzt oder im bilinearen Fall aus Gleichung 11.31.

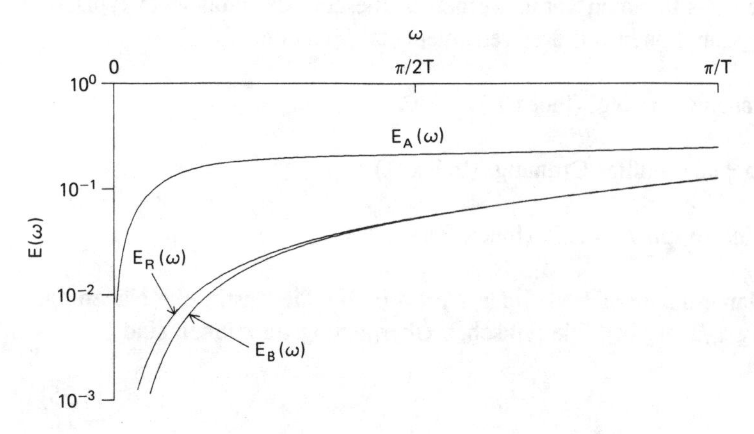

Bild 11.10 **Kurven des Simulationsfehlers E(ω) für die Simulationen nullter Ordnung (angepaßt), bilinear und rampeninvariant von H(s) = 1/(s + 1); T = 0.4.**

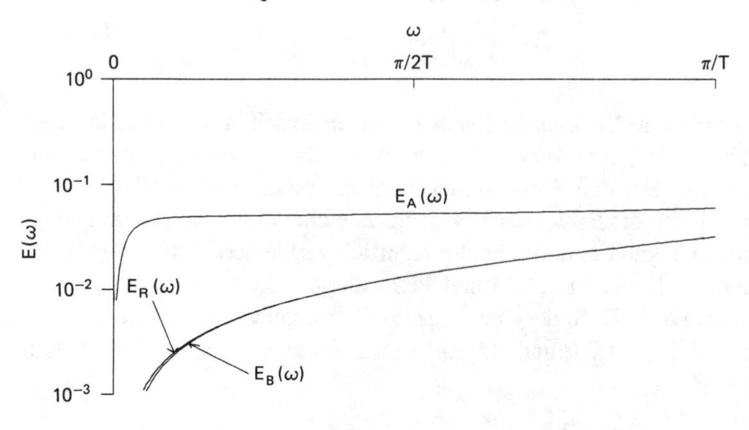

Bild 11.11 **Kurven des Simulationsfehlers E(ω) für die Simulationen nullter Ordnung (angepaßt), bilinear und rampeninvariant von H(s) = 1/(s + 1); T = 0.1**

Wie sollte man diese Funktionen miteinander vergleichen? Wenn nur eine genaue Simulation der Amplitudenantwort gewünscht wird, werden Vergleiche wie die in den Bildern 11.8 und 11.9 den Fehler veranschaulichen. Wenn jedoch Genauigkeit sowohl in der Amplitude als auch in der Phase erforderlich ist, sollte man ein Fehlermaß wie

$$E(\omega) = |H(j\omega) - \overline{H}(j\omega)| \tag{11.41}$$

benutzen. (Eine normierte Version dieses Maßes wird von Rosko (1972) benutzt.) Ersichtlich wächst $E(\omega)$ entweder mit dem Amplitudenfehler, dem Phasenfehler oder mit beiden und ist deshalb ein guter Gesamtfehlerindikator. $E(\omega)$ ist die "Distanz" von $H(j\omega)$ zu $\overline{H}(j\omega)$ bei der Frequenz ω.

Zum Beispiel findet man für die angepaßte Näherung nullter Ordnung die Fehlerfunktion $E_A(\omega)$ wie folgt:

$$\begin{aligned} E_A(\omega) &= |H(j\omega) - \overline{H}_A(j\omega)| \\ &= |H(j\omega) - \tilde{H}_A(e^{j\omega T})| \\ &= \left| \frac{1}{1 + j\omega} - \frac{1 - e^{-T}}{1 - e^{-T}e^{-j\omega T}} \right| \end{aligned} \tag{11.42}$$

Für $H(s) = 1/(s + 1)$ sind die drei Fehlerfunktionen $E_A(\omega)$, $E_R(\omega)$ und $E_B(\omega)$ in Bild 11.10 für $T = 0.4$ aufgetragen und in Bild 11.11 für $T = 0.1$. Man beachte, daß in diesen Darstellungen die vertikalen Skalen logarithmisch sind.

In dem zweiten typischen Fall von Gleichung 11.36 lauten die kontinuierlichen und digitalen Übertragungsfunktionen:

$$H(s) = \frac{1}{(s + 1)^2 + 2^2} \tag{11.43}$$

$$h(t) = \frac{1}{2} e^{-t} \sin 2t \tag{11.44}$$

$$\tilde{H}_A(z) = \frac{1}{5} \frac{(1 - 2e^{-T} \cos 2T + e^{-2T})z}{z^2 - 2ze^{-T} \cos 2T + e^{-2T}} \tag{11.45}$$

$$\begin{aligned} \tilde{H}_R(z) &= \frac{(z - 1)^2}{25Tz} \left[\frac{pz - 2z^2}{(z - 1)^2} + \frac{2(z^2 - qz)}{z^2 - rz + u} \right] \\ &= \frac{(p - 2q + 2r - 4)z^2 + (2 + 4q - rp - 2u)z + (pu - 2q)}{25T(z^2 - rz + u)} \end{aligned} \tag{11.46}$$

$$p = 5T + 2; \qquad q = e^{-T} \sec\theta \cos(2T - \theta); \qquad r = 2e^{-T} \cos 2T;$$
$$u = e^{-2T}; \qquad \theta = \tan^{-1}(3/4)$$

$$\tilde{H}_B(z) = \frac{T^2(z+1)^2}{(5T^2 + 4T + 4)z^2 + 2(5T^2 - 4)z + (5T^2 - 4T + 4)} \tag{11.47}$$

Die entsprechenden Frequenzantwortfunktionen findet man, indem man $e^{j\omega T}$ für z setzt oder, im Falle von $\bar{H}_B(j\omega)$, indem man Atan $(\omega T/2)$ für ω in $H(j\omega)$ einsetzt. Die entsprechenden Amplitudenfunktionen $|H(j\omega)|$, $|\bar{H}_A(j\omega)|$, $|\bar{H}_R(j\omega)|$ und $|\bar{H}_B(j\omega)|$ sind in Bild 11.12 für T=0.4 aufgetragen. Man beachte wieder, daß man Differenzen zwischen diesen Funktionen nur dazu benutzen kann, um die Amplitudenfehler miteinander zu vergleichen; sie enthalten keine Phasenfehler.

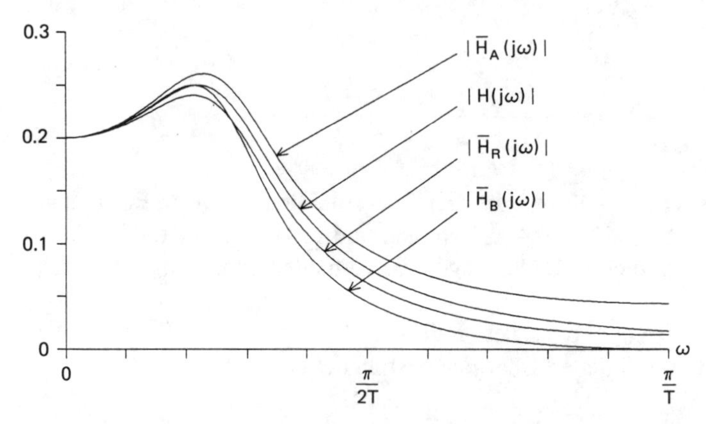

Bild 11.12 Amplitudenfunktionen für $H(j\omega) = 1/(5 - \omega^2 + 2j\omega)$ und die drei Simulationen $|\bar{H}_A(j\omega)$, $|\bar{H}_B(j\omega)|$ und $|\bar{H}_R(j\omega)|$; T = 0.4

Die gesamten Simulationsfehler, wie vorher in der Form $E(\omega) = |H(j\omega)| - |\bar{H}(j\omega)|$ sind in den Bildern 11.13 und 11.14 jeweils für T = 0.4 und 0.1 aufgetragen. In diesem speziellen Beispiel ist der rampeninvariante Fehler $E_R(\omega)$ über den größten Bereich von ω für beide Werte von T am kleinsten. Man beachte jedoch, daß in der bilinearen Simulation die Konstante A wie in Gleichung 11.32 hätte gewählt werden können, um $E_B(\omega)$ bei einer einzelnen Frequenz auf Null zu zwingen.

Diese Beispiele sind natürlich weder vollständig noch hinreichend und illustrieren nur den Gebrauch von E(ω) zum Vergleich digitaler Simulationen in Fällen der Klasse 2.

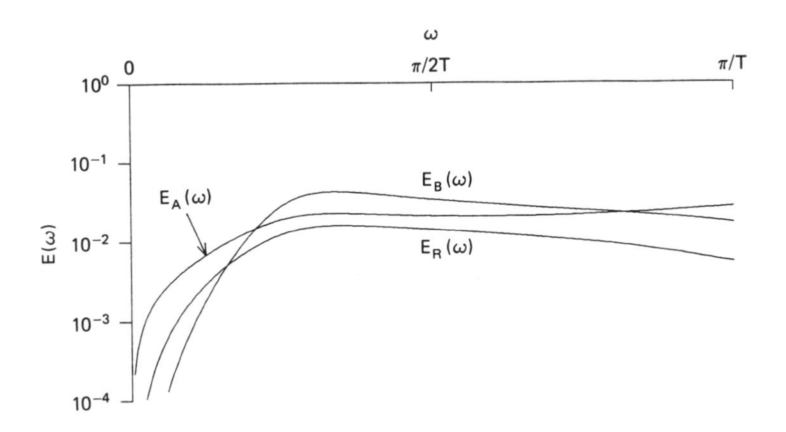

Bild 11.13 Kurven des Simulationsfehlers E(ω) für die Simulationen nullter Ordnung (angepaßt), bilinear und rampeninvariant von $H(s) = 1/(s^2 + 2s + 5)$; T = 0.4

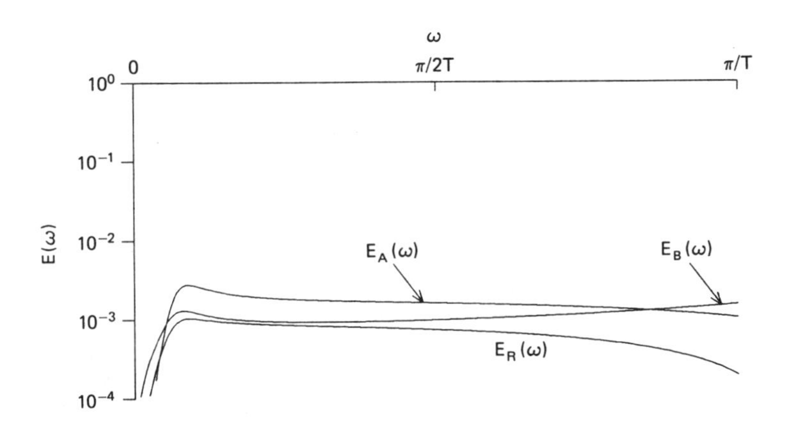

Bild 11.14 Kurven des Simulationsfehlers E(ω) für die Simulationen nullter Ordnung (angepaßt); bilinear und rampeninvariant von $H(s) = 1/(s^2 + 2s + 5)$; T = 0.1

Simulationsfehler mit Maßen, die ähnlich E(ω) oder e_m von Abschnitt 2 sind, wurden von verschiedenen Autoren beschrieben. Jury (1964) und Rosko (1972) geben Darstellungen der Fehler im Frequenzbereich für die Integrationsoperatoren $1/s$, $1/s^2$ usw. an. Wait (1970) gibt Beispiele von Fehlern im Frequenzbereich für verschiedene Simulationen von Systemen erster und zweiter Ordnung an, und Rosko (1972) liefert einige Fehler im Zeit- und Frequenzbereich für Simulationen verschiedener Systeme.

11.6 Mehrfache und nichtlineare Systeme

Die Simulation eines kontinuierlichen Systems enthält in der Regel die Behandlung einer Anzahl verschiedener Signale und einer Anzahl verschiedener Übertragungsfunktionen, die manchmal in Rückkopplungsschleifen miteinander verbunden sind. Weiterhin können Nichtlinearitäten in der Form von Begrenzungen, Schwellen usw. vorhanden sein. Das Regelsystem in Bild 11.15 ist ein Beispiel. Die (Gesamt-)Übertragungsfunktion bei geschlossener Schleife kann in diesem Beispiel aus zwei Gründen nicht immer in einem Zuge simuliert werden; Zunächst existiert für große Signale keine Gesamtübertragungsfunktion weil in dem System ein nichtlinearer Begrenzer vorhanden ist. Ferner gibt es selbst für kleine Signale nicht nur eine, sondern zwei Gesamtübertragungsfunktionen, eine von f_1 nach g und die andere von f_2 nach g.

Es gibt keinen Ansatz zur Simulation solch einer komplexen Struktur, der für alle Systeme der beste ist. Vielleicht würde die direkteste Methode darin bestehen, ein $\tilde{H}(z)$ für $H_1(s)$, $H_2(s)$ und $H_3(s)$ wie auch für den Begrenzer abzuleiten, d.h. jeden Block in dem Schaltbild individuell zu simulieren. Dies würde jedoch gewöhnlich weniger genau als eine Gesamtsimulation sein, da in der Rückkopplungsschleife (wie in jeder geschlossenen Schleife) nicht alle Signale als Funktionen gegenwärtiger Werte anderer Signale berechnet werden können. Die Berechnungen innerhalb der Schleife müssen irgendwie in Abhängigkeit von vorher vorhandenen Werten beginnen. Dazu kommt noch, daß selbst dann, wenn es keine geschlossene Schleife gäbe, die Simulation eines Produktes, z.B. von $\tilde{H}(z)$, das aus $H(s) = H_1(s)H_2(s)$ abgeleitet wird, im allgemeinen von dem Produkt der Simulationen, d.h. von $\tilde{H}_1(z) \cdot \tilde{H}_2(z)$, verschieden ist, je nachdem, wie die z-Übertragungsfunktionen abgeleitet sind. (Eine wichtige Ausnahme von dieser allgemeinen Regel tritt bei der bilinearen Näherung auf. Da man $\tilde{H}(z)$ findet, indem man s durch $A(z - 1)/(z + 1)$ in H(s) ersetzt, folgt hier $\tilde{H}(z) = \tilde{H}_1(z) \cdot \tilde{H}_2(z)$ aus $H(s) = H_1(s)\, H_2(s)$.) Das folgende Beispiel soll dies veranschaulichen.

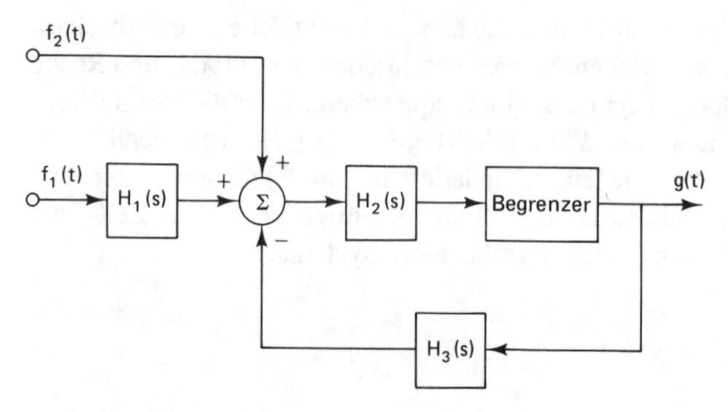

Bild 11.15 Beispiel eines nichtlinearen kontinuierlichen Steuerungssystems mit mehrfachen Eingängen.

Beispiel 11.6: Man leite für das System in Bild 11.16 eine Simulation ab, die eine exakte Sprungfunktionsantwort ergibt. Man zeige, wie sich die Simulation von dem Produkt individueller sprunginvarianter Simulationen unterscheidet.

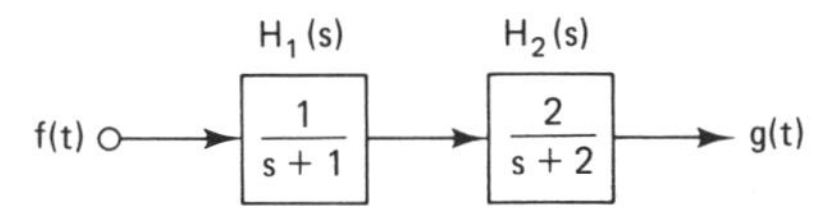

Bild 11.16 Das in Beispiel 11.6 zu simulierende System

Die individuellen sprunginvarianten Simulationen sind im wesentlichen im Beispiel 11.2 in Abschnitt 11.3 abgeleitet. Sie lauten (siehe Anhang A, Zeile 155):

$$\tilde{H}_1(z) = \frac{z-1}{z}\,\mathcal{Z}\left\{\mathcal{L}^{-1}\left[\frac{1}{s(s+1)}\right]\right\} = \frac{1-e^{-T}}{z-e^{-T}} \tag{11.48}$$

$$\tilde{H}_2(z) = \frac{z-1}{z}\,\mathcal{Z}\left\{\mathcal{L}^{-1}\left[\frac{2}{s(s+2)}\right]\right\} = \frac{1-e^{-2T}}{z-e^{-2T}} \tag{11.49}$$

Bildet man das Produkt dieser beiden Funktionen, ergibt die Simulation für Bild 11.16

$$g_m = (1-e^{-T})(1-e^{-2T})f_{m-2} + (e^{-T}+e^{-2T})g_{m-1} - e^{-3T}g_{m-2} \tag{11.50}$$

Die richtige sprunginvariante Form für Bild 11.16 findet man natürlich wie folgt (siehe Anhang A, Zeile 300):

$$\begin{aligned}\tilde{H}(z) &= \frac{z-1}{z}\,\mathcal{Z}\left\{\mathcal{L}^{-1}\left[\frac{2}{s(s+1)(s+2)}\right]\right\}\\ &= \frac{z-1}{z}\left[\frac{z}{z-1} - \frac{2z}{z-e^{-T}} + \frac{z}{z-e^{-2T}}\right]\\ &= \frac{(1-e^{-T})^2(z+e^{-T})}{(z-e^{-T})(z-e^{-2T})}\end{aligned} \tag{11.51}$$

aus der sich die korrekte Simulation im Gegensatz zur obigen Gleichung 11.50 ergibt zu

$$g_m = (1-e^{-T})^2(f_{m-1} + e^{-T}f_{m-2}) + (e^{-T}+e^{-2T})g_{m-1} - e^{-3T}g_{m-2} \tag{11.52}$$

Man beachte, daß die Pole in beiden Formeln dieselben sind, aber daß Gleichung 11.51 eine Nullstelle hinzufügt, die in Gleichung 11.52 das Erscheinen eines Termes f_{m-1} verursacht. Um den Fehler in Gleichung 11.50 zu veranschaulichen, sind die zwei berechneten Sprungfunktionsantworten in Bild 11.17 gezeigt.

Was die Nichtlinearitäten betrifft, so ist es üblich, bei Simulationen viele Arten zu berücksichtigen. Sechs Beispiele sind in der Tabelle 11.1 gezeigt. Jeder Typ der nichtlinearen Operation ist dadurch gekennzeichnet, daß die Antwort auf das Sägezahnsignal oben in der Tabelle wiedergegeben ist.

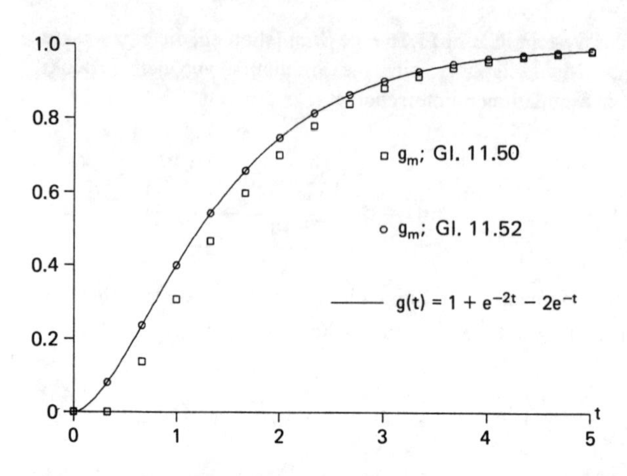

Bild 11.17 Sprunginvariante Simulationen für Bild 11.16, die zeigen, daß nur Gl. 11.52 die genaue Antwort auf eine Sprungfunktion am Eingang ergibt. Abtastintervall T = 1/3

Tabelle 11.1 Nichtlinearitäten

Nichtlinearität	Antwort auf $f(t)$	Digitale Simulation
Begrenzung	$g(t)$	$g_m = \min(f_m, L)$
Schwelle		$g_m = 0$; wenn $(f_m > M)$, $g_m = f_m$
Rechteck		$g_m = 0$; wenn $(f_m > M)$, $g_m = 1$
Logarithmus		$g_m = \log f_m$; $\quad f_m > 0$
Kehrwert		$g_m = \dfrac{1}{f_m}$; $\quad f_m \neq 0$
Quadrat		$g_m = f_m^2$

Eine Simulationsformel ist ebenfalls für jede nichtlineare Operation angegeben, die zeigt, daß das Rechenprogramm für jede solche Operation recht einfach ist und sich höchstens auf eine oder zwei FORTRAN-Statements beläuft.

Methoden für die Simulation von Systemen mit geschlossener Regelschleife und Nichtlinearitäten sind von Hurt (1964) Sage und Burt (1965), Fowler (1965) und Rosko (1972) beschrieben worden. Im allgemeinen enthalten diese Methoden die Simulation der individuellen Blöcke im Blockschaltbild, fügen eine Einheitsverzögerung in der Rückkopplungsschleife hinzu, wenn dies wegen der Realisierbarkeit nötig ist, und addieren dann Blöcke entweder innerhalb oder außerhalb der Schleife, um die Gesamtübertragungsfunktion genauer zu machen. Damit kann man die Schwierigkeiten, die im Zusammenhang mit Bild 11.15 erwähnt und in Bild 11.17 veranschaulicht wurden, etwas vermindern.

Ein Ansatz für die Simulation geschlossener Schleifen sei hier in einem einfachen Beispiel dargestellt. Dem allgemeinen Schema im vorhergehenden Absatz folgend, kann man einige oder auch sämtliche der folgenden Schritte ausführen, um ein lineares System mit geschlossener Schleife zu simulieren:

1. Man ersetzt die nichtlinearen Elemente vorübergehend durch lineare Komponenten.

2. Man simuliert unter Berücksichtigung der bekannten Eigenschaften von f(t) jeden Block in dem Blockschaltbild durch Verwendung einer der in Abschnitt 3 oder 4 dieses Kapitels gezeigten Methoden.

3. Man fügt dann und nur dann eine Einheitsverzögerung in die geschlossene Schleife ein, wenn es nötig ist, die Simulation der geschlossenen Schleife realisierbar zu machen.

4. Man addiert, wenn möglich, eine konstante Verstärkung innerhalb der geschlossenen Schleife, damit man die resultierenden Pole der geschlossenen Schleife mit denen einer Simulation der geschlossenen Schleife H(s) in Übereinstimmung bringen kann.

5. Am Eingang fügt man einen Block hinzu, um das resultierende $\tilde{H}(z)$ zu einem gewünschten Modell, (d.h. nullte Ordnung, sprunginvariant, rampeninvariant usw.) von H(s) zu machen.

6. Man ersetzt die nichtlinearen Elemente durch passende Modelle wie in Tabelle 11.1

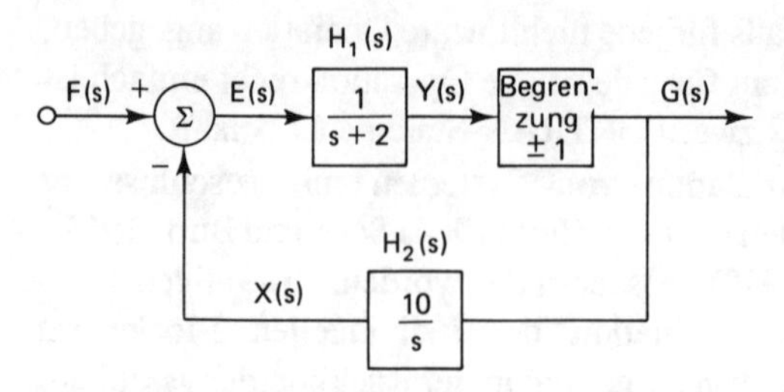

Bild 11.18 Das zu simulierende nichtlineare System mit geschlossener Schleife

Das Blockschaltbild in Bild 11.18 werde jetzt als Beispiel genommen. In der Schaltung stellt $H_1(s)$ eine Einrichtung dar, deren Ausgangssignal y(t) in der Weise begrenzt wird, daß der Betrag von g(t) die Eins nicht übersteigen kann. Der Integrator $H_2(s)$ im Rückkopplungsweg läßt g(t) als Ergebnis einer allgemeinen Impulsanregung schwingen und bewirkt, daß für eine konstante Anregung der Endwert Null erreicht wird, wie man an der Form der resultierenden (linearen) Funktion H(s) für kleine Signale erkennen kann:

$$H(s) = \frac{H_1(s)}{1 + H_1(s)H_2(s)} = \frac{s}{(s+1)^2 + 9} \tag{11.53}$$

Der oben erwähnte Schritt 1 wird in diesem Beispiel einfach dadurch ausgeführt, daß man dem Begrenzer die Verstärkung Eins gibt, d.h. indem man das System wie in Gleichung 11.53 für kleine Signale modelliert. Für Schritt 2 wollen wir zum Beispiel annehmen, daß die sprunginvariante Form gewählt wird. Dann sind die individuellen Blockmodelle

$$\tilde{H}_1(z) = \frac{z-1}{z}\mathscr{Z}\left\{\mathscr{L}^{-1}\left[\frac{1}{s(s+2)}\right]\right\} = \frac{1-e^{-2T}}{2(z-e^{-2T})} \tag{11.54}$$

was mit Ausnahme einer Konstanten mit Gleichung 11.49 übereinstimmt, und

$$\tilde{H}_2(z) = \frac{z-1}{z}\mathscr{Z}\left\{\mathscr{L}^{-1}\left[\frac{10}{s^2}\right]\right\} = \frac{10T}{z-1} \tag{11.55}$$

Das Ergebnis nach Schritt 2 ist in Bild 11.19 gezeigt. Das sprunginvariante Modell des Integrators hat eine Eigenschaft, die in Simulationen mit geschlossenen Schleifen oft sehr nützlich ist, nämlich, daß es mehr Pole als Nullstellen gibt. Damit gilt im Rückkopplungsteil von Bild 11.19

$$x_m = 10Tg_{m-1} + x_{m-1} \tag{11.56}$$

und die Simulation ist ohne den obigen Schritt 3 realisierbar, da der gegenwärtige Wert x_m (und deshalb e_m) in Abhängigkeit der vergangenen Werte der Schleifenvariablen berechnet werden kann (ein Gegenbeispiel wird unten angegeben).

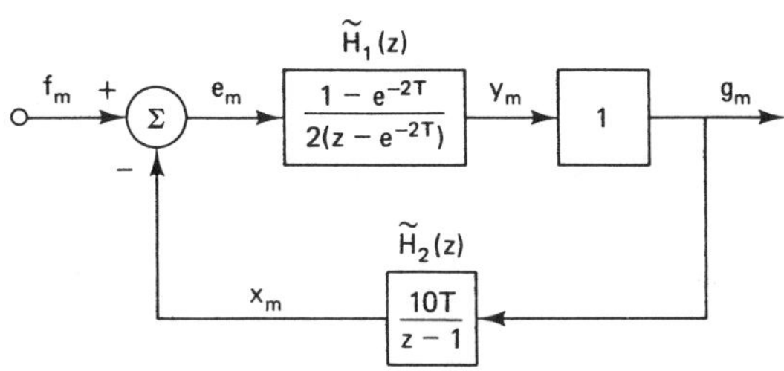

Bild 11.19 **Teilweise durchgeführte Simulation von Bild 11.18 nach Schritt 2, wobei sprunginvariante Blöcke benutzt werden**

In Schritt 4 ergibt sich als nächstes das sprunginvariante Modell der resultierenden Funktion H(s)

$$\begin{aligned}\tilde{H}(z) &= \frac{z-1}{z}\,\mathscr{Z}\left\{\mathscr{L}^{-1}\left[\frac{H(s)}{s}\right]\right\}\\ &= \frac{z-1}{z}\,\mathscr{Z}\left\{\mathscr{L}^{-1}\left[\frac{1}{(s+1)^2+9}\right]\right\} \qquad (11.57)\\ &= \frac{e^{-T}(z-1)\sin 3T}{3(z^2-2ze^{-T}\cos 3T+e^{-2T})}\end{aligned}$$

während der Nenner der resultierenden Übertragungsfunktion des teilweise vervollständigten Modells in Bild 11.19 mit einer konstanten Verstärkung K irgendwo in der geschlossenen Schleife lautet

$$\text{Nenner} = z^2-(1+e^{-2T})z+5KT(1-e^{-2T})+e^{-2T} \qquad (11.58)$$

Offensichtlich kann kein Wert von K die Wurzeln der Gleichung 11.58 mit denen des Zählers von $\tilde{H}(z)$ in Gleichung 11.57 in Übereinstimmung bringen, und Schritt 4 ist in diesem Fall nicht möglich (auch wird weiter unten noch ein Gegenbeispiel angegeben).

Um Schritt 5 durchzuführen, wird in Bild 11.19 ein Eingangsblock $\tilde{H}_3(z)$ hinzugefügt, um die resultierende Übertragungsfunktion sprunginvariant zu machen, d.h. gleich $\tilde{H}(z)$ in Gleichung 11.57. Damit ergibt sich Bild 11.20 und

$$\frac{\tilde{H}_3(z)\tilde{H}_1(z)}{1+\tilde{H}_1(z)\tilde{H}_2(z)} = \tilde{H}(z) \qquad (11.59)$$

wenn man nach $\tilde{H}_3(z)$ auflöst

$$\tilde{H}_3(z) = \left(\frac{1}{\tilde{H}_1(z)} + \tilde{H}_2(z)\right)\tilde{H}(z) \tag{11.60}$$
$$= \frac{2e^{-T}\sin 3T}{3(1-e^{-2T})}\,\frac{z^2 - (1+e^{-2T})z + e^{-2T} + 5T(1-e^{-2T})}{z^2 - 2e^{-T}z\cos 3T + e^{-2T}}$$

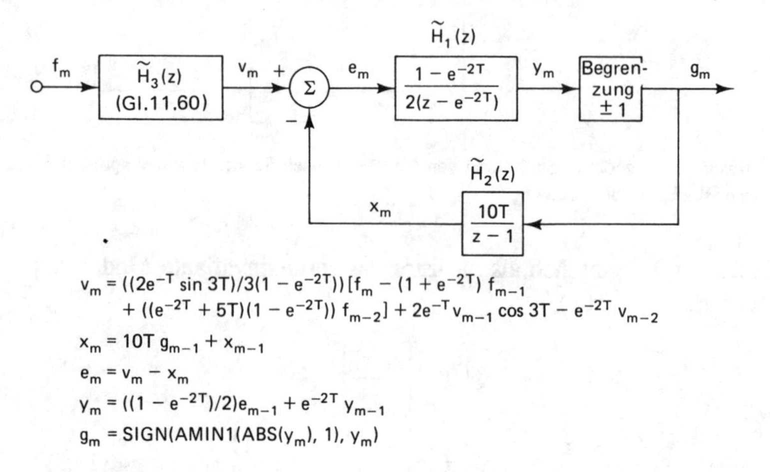

$v_m = ((2e^{-T}\sin 3T)/3(1-e^{-2T}))[f_m - (1+e^{-2T})\,f_{m-1}$
$\quad + ((e^{-2T} + 5T)(1-e^{-2T}))\,f_{m-2}] + 2e^{-T}v_{m-1}\cos 3T - e^{-2T}\,v_{m-2}$

$x_m = 10T\,g_{m-1} + x_{m-1}$

$e_m = v_m - x_m$

$y_m = ((1-e^{-2T})/2)e_{m-1} + e^{-2T}\,y_{m-1}$

g_m = SIGN(AMIN1(ABS(y_m), 1), y_m)

Bild 11.20 Vervollständigte sprunginvariante Simulation von Bild 11.18 mit sprunginvarianten Blöcken

Schließlich wird Schritt 6 durchgeführt, indem man den Begrenzer wieder in das digitale Modell einsetzt. Die vollständige sprunginvariante Simulation ist mit den zugehörigen Rechenalgorithmen in Bild 11.20 gezeigt. Die Simulation in Bild 11.20 kann ersichtlich realisiert werden, wenn die Berechnungen in der angegebenen Reihenfolge durchgeführt werden. Die Formel für g_m in diesem Bild ist der FORTRAN-Ausdruck für g_m als begrenzte Version von y_m.

Bevor wir jetzt mit Hilfe von Bild 11.20 an eine Abtastsimulation gehen, ist es lehrreich, die sprunginvariante Simulation mit einer anderen Blockauswahl in Schritt 2 noch einmal aufzubauen. Nimmt man für jeden Block die angepaßte Form nullter Ordnung, so zeigt Bild 11.21 den Aufbau nach Vollendung des Schrittes 2. Jeder Block ist wie in Abschnitt 11.4 modelliert (siehe z.B. das Beispiel 11.4). Der Block für die Vorwärtsrichtung ist gleichstromangepaßt, während der Rückkopplungsblock die korrekte (Nadel-) Impulsantwort hat und keine Anpassung benötigt.

Der wichtige Unterschied zwischen den Bildern 11.19 und 11.21 besteht darin, daß das letztere Bild nicht realisierbar ist, weil der gegenwärtige Wert jeder Variablen in der Schleife in Abhängigkeit von anderen gegenwärtigen Schleifenwerten berechnet werden muß, z.B.

$$x_m = 10Tg_m + x_{m-1} \tag{11.61}$$

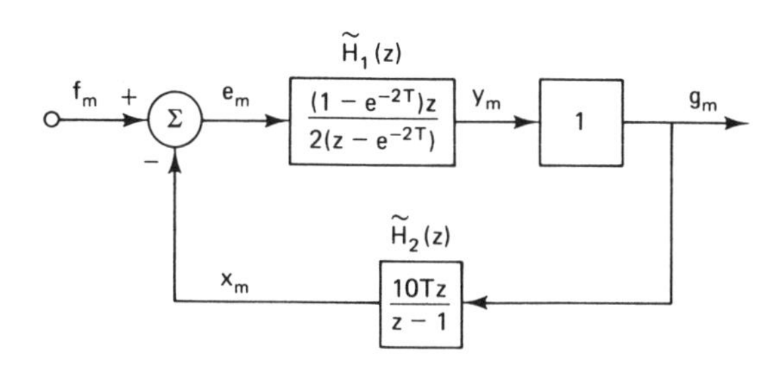

Bild 11.21 Teilweise durchgeführte Simulation von Bild 11.18 nach Schritt 2, wobei angepaßte Blöcke nullter Ordnung benutzt werden

Wie früher schon erwähnt, muß die Berechnung irgendwie mit Ausdrücken beginnen, die nur vergangene Werte enthalten. Deshalb erfordert der Schritt 3 in diesem Fall, daß man eine Einheitsverzögerung irgendwo in der Schleife unterbringt, um die Simulation möglich zu machen. Entscheidet man sich dafür (was willkürlich ist), die Verzögerung in den Rückkopplungsteil zu legen, so gilt das in Bild 11.22 gezeigte Ergebnis. Man beachte, daß man x_m jetzt wie in Gleichung 11.56 findet anstatt wie in Gleichung 11.61, und damit ist die Simulation der geschlossenen Schleife realisierbar.

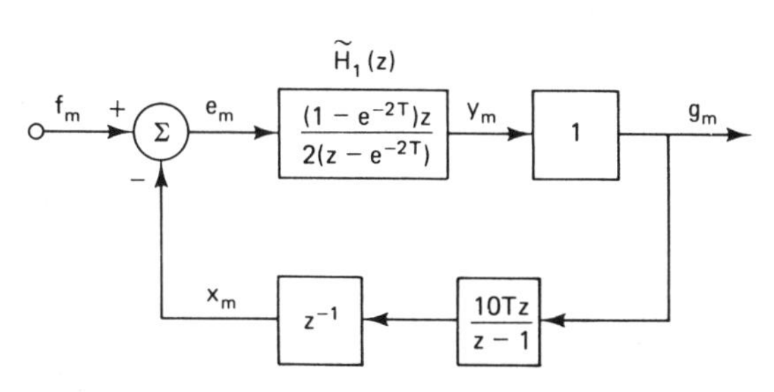

Bild 11.22 Teilweise durchgeführte Simulation von Bild 11.18 nach Schritt 3, wobei angepaßte Blöcke nullter Ordnung benutzt werden

Gehen wir nun in diesem Fall zu Schritt 4 weiter, kann man wieder versuchen, die Pole der geschlossenen Schleife von Bild 11.22 mit denen des Modells der geschlossenen Schleife H(s) in Übereinstimmung zu bringen. Der

Nenner des Modells nullter Ordnung von H(s) ist derselbe wie in Gleichung 11.57, d.h.

$$\text{Nenner des Modells nullter Ordnung von H(s)} = z^2 - 2e^{-T}z \cos 3T + e^{-2T} \qquad (11.62)$$

aber der Nenner der resultierenden Übertragungsfunktion von Bild 11.22 mit einer konstanten Verstärkung K in der Schleife ist jetzt

$$\text{Nenner} = z^2 + [5KT(1 - e^{-2T}) - 1 - e^{-2T}]z + e^{-2T} \qquad (11.63)$$

In diesem Fall kann man K so anpassen, daß die Wurzeln von Gleichung 11.63 mit denen in Gleichung 11.62 in Übereinstimmung gebracht werden können. Die Lösung für K heißt

$$5KT(1 - e^{-2T}) - 1 - e^{-2T} = -2e^{-T} \cos 3T\,,$$

oder

$$K = \frac{1 - 2e^{-T} \cos 3T + e^{-2T}}{5T(1 - e^{-2T})} \qquad (11.64)$$

Wenn K (willkürlich) in den Rückkopplungsteil eingesetzt wird, ergibt sich das in Bild 11.23 dargestellte Resultat, wobei die Pole der geschlossenen Schleife jetzt mit denen von Gleichung 11.62 übereinstimmen. Um schließlich den obigen Schritt 5 durchzuführen und um dieses Modell mit der Simulation in Bild 11.20 vergleichbar zu machen, kann eine Eingangsübertragungsfunktion $\tilde{H}_3(z)$ abgeleitet werden, um die Gesamtsimulation sprunginvariant zu machen. Die Gleichung für $\tilde{H}_3(z)$ ist ähnlich zu Gleichung 11.60:

$$\tilde{H}_3(z) = \left(\frac{1}{\tilde{H}_1(z)} + Kz^{-1}\tilde{H}_2(z)\right)\tilde{H}(z) \qquad (11.65)$$

wobei $\tilde{H}_1(z)$ und $\tilde{H}_2(z)$ in Bild 11.23 gegeben sind, K in Gleichung 11.64 und $\tilde{H}(z)$ in Gleichung 11.57. Wenn man diese Funktionen in Gleichung 11.65 einsetzt, ist das Ergebnis

$$\tilde{H}_3(z) = \frac{2e^{-T} \sin 3T}{3(1 - e^{-2T})z} \qquad (11.66)$$

Nachdem man noch Schritt 6, d.h. das Einsetzen des Begrenzers, vollzogen hat, ergibt sich die vollständige sprunginvariante Simulation mit angepaßten Blöcken nullter Ordnung in Bild 11.24. Wieder ist wie in Bild 11.20 die Formel für g_m ein FORTRAN-Statement, das den Begrenzer beschreibt.

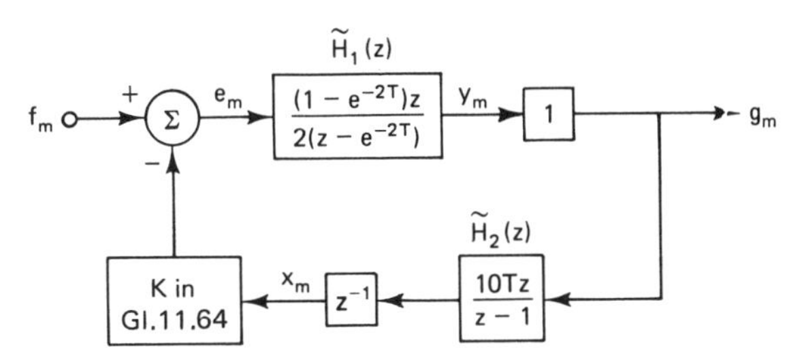

Bild 11.23 Teilweise durchgeführte Simulation von Bild 11.18 nach Schritt 4, wobei angepaßte Blöcke nullter Ordnung benutzt werden

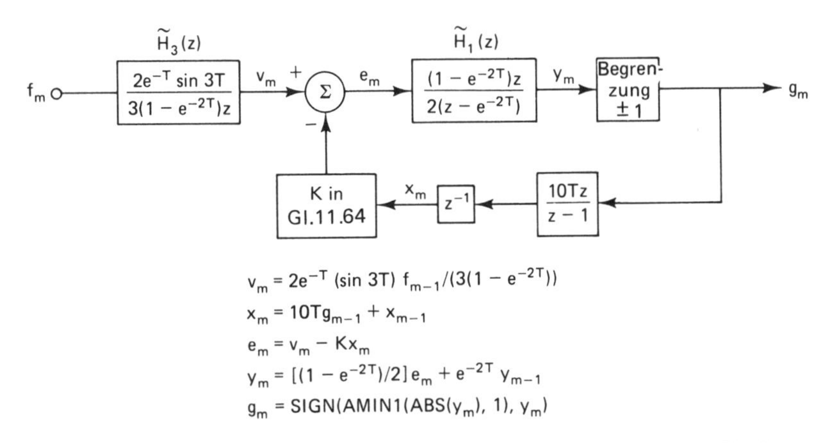

Bild 11.24 Vollständige sprunginvariante Simulation von Bild 11.18 mit angepaßten Blöcken nullter Ordnung.

Es ist lehrreich, die sprunginvarianten Simulationen in den Bildern 11.20 und 11.24 miteinander zu vergleichen. Obgleich die zwei Modelle verschieden sind, ist es wegen der Konstruktion von $\tilde{H}_3(z)$ ganz gewiß, daß sie identische, exakte Resultate ergeben, solange das Eingangssignal f(t) nur aus Sprüngen zusammengesetzt und so klein ist, daß die Operation linear bleibt.

Dieses Verhalten wird in Bild 11.25 erläutert, das sowohl das Integratorausgangssignal x(t) als auch das normale Ausgangssignal g(t) zeigt, für den Fall, daß das Eingangssignal eine Einheitssprungfunktion bei $t = 0^-$ ist. Beide Simulationen (Bilder 11.20 und 11.24) von g(t) sind exakt, bei der Simulation von x(t) ist jedoch ein leichter Fehler vorhanden. Dieser Fehler ist für beide Simulationen bei der Schrittweite $T = 0.1$ fast gleich; er wächst natürlich, wenn man T größer macht, und nimmt ab, wenn man T verkleinert.

Bild 11.26 veranschaulicht die nichtlineare Operation als Antwort auf eine Schrittanregung mit der Amplitude 6 bei $t = 0^-$.

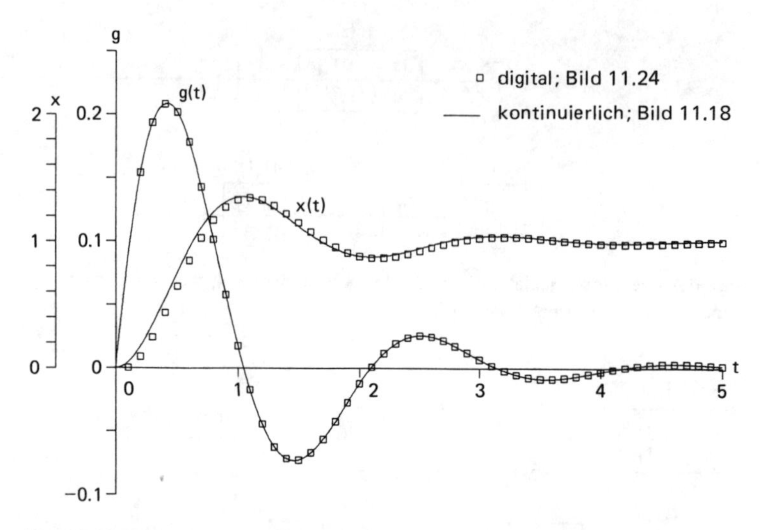

Bild 11.25 Kontinuierliche und simulierte Antworten auf eine Einheitssprungfunktion; Schrittweite T = 0.1

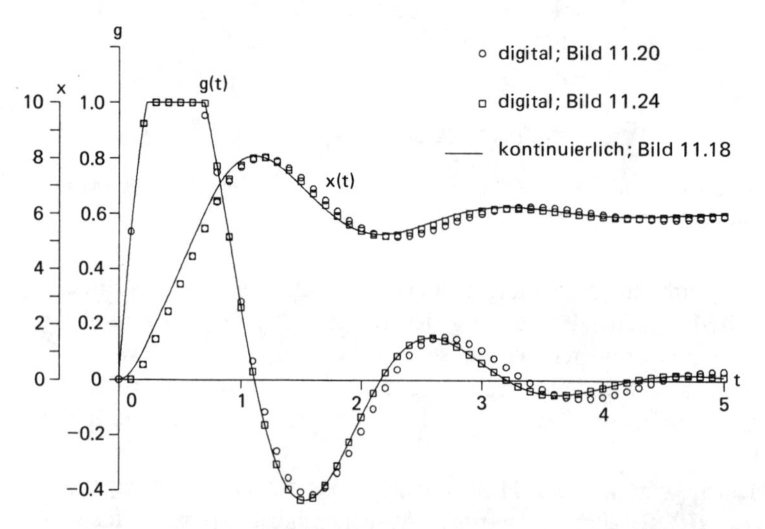

Bild 11.26 Kontinuierliche und simulierte Antworten auf eine Sprungfunktion mit der Amplitude = 6; Schrittweite T = 0.1

Wieder sind beide Simulationen exakt, bis g(t) den Wert 1.0 erreicht und die Operation nichtlinear wird. Nach dem Erreichen der Grenze unterscheiden sich die zwei Simulationen von g(t), wobei die Simulation in Bild 11.24 die genauere der beiden ist. Die verbesserte Genauigkeit mit dem Modell in Bild

11.24 rührt hauptsächlich von der Polanpassung her, die mit den angepaßten Blöcken nullter Ordnung, aber nicht mit den sprunginvarianten Blöcken möglich ist. Das gleiche gilt für x(t), d.h. auch hier ist die Simnulation mit angepaßten Blöcken nullter Ordnung genauer. Man beachte auch in den Bildern 11.25 und 11.26, daß die Simulationen von x(t) genauer wären, wenn sie einen Zeitschritt nach links verschoben wären, womit man die künstliche Verzögerung in der Rückkopplungsschleife eliminieren würde.

11.7 Abschließende Bemerkungen

In diesem Kapitel sind einige der leichtesten Methoden für die Simulation kontinuierlicher Übertragungsfunktionen eingeführt worden. Die Simulation an sich ist in Wirklichkeit nur ein Teil des Themas gewesen; der andere Teil bestand in der Entwicklung einiger interessanter Beziehungen zwischen den digitalen und den kontinuierlichen Systemen. Die Nützlichkeit dieser Beziehungen ist nicht auf die Simulation beschränkt; die bilineare Substitution wird z.B. in Kapitel 12 wieder gebraucht, um digitale Filter abzuleiten.

Die Frage der Gesamtgenauigkeit der verschiedenen Simulationsmethoden ist in irgendeiner allgemeinen Weise schwer auszudrücken. Wie in diesem Kapitel gezeigt, kann man Fehler im Zeitbereich sowie im Frequenzbereich messen und auch unter speziellen Anregungsbedingungen bei der nichtlinearen Operation.

Letzten Endes hat es die Simulation immer mit einer Mischung von Kunst, Wissenschaft, Glück und verschiedenen Graden der Ehrlichkeit zu tun. Es ist im allgemeinen möglich, einen komplexen Prozeß so zu modellieren, daß das Ergebnis dem gleicht, was der Wissenschaftler zu sehen wünscht, anstatt daß es ein getreues Abbild der Wirklichkeit ist, und man muß sorgfältig darauf achten, aus der Komplexität der Simulation keine irreführenden Ergebnisse abzuleiten.

11.8 Übungen

1. Zeige, daß g_m in Gleichung 11.6 korrekt ist, wenn die Eingangsfunktion f(t) = u(t) ist.

2. Leite eine Simulation von H(s) = 1/(s + a) ab, die dann genau ist, wenn die Eingangsfunktion $f(t) = A\ e^{-at}$ ist. Gib die Rechenformel an.

3. **Löse Aufgabe 2 für H(s) = 1/(s + b).**

4. **Berechne das Ausgangssignal für $f_m = A\, e^{-maT}$ unter Benutzung der Antwort auf Aufgabe 3 und bestätige seine Richtigkeit.**

5. Gib $\tilde{H}(z)$ für die rampeninvariante Simulation von H(s) = 1/(s + a) an.

6. Ermittle eine Rechenformel für die sprunginvariante Simulation von H(s) = $s/(s^2 + 2\,s + 5)$.

7. Trage $|\bar{H}(j\omega)|$ zusammen mit $|H(j\omega)|$ auf, wobei $\bar{H}(j\omega)$ die Antwort der sprunginvarianten Simulation von H(s) = 1/(s + 1) ist. Benutze T = 0.3 sec.

8. **Beweise, daß der Endwert der gleichstromangepaßten Simulation nullter Ordnung von H(s) = 1/(s + a) auch korrekt ist, wenn das Eingangssignal eine Sprungfunktion ist.**

9. Leite $\tilde{H}(z)$ für die angepaßte Näherung nullter Ordnung an H(s) = 1/s ab.

10. Löse Aufgabe 9 für $H(s) = 1/(s + 1)^2$. Gib eine Rechenformel an.

11. Bestimme $\tilde{H}(z)$ für die bilineare Näherung an $H(s) = 1/(s + 1)^2$ so, daß sie bei $\omega = 0$ und bei einem Viertel der Nyquist-Frequenz exakt ist.

12. **(Mit Rechner) Trage die logarithmische Amplitudenantwort von H(s) = 1/[s(s + 1)] zusammen mit der bilinearen Simulation auf, wobei die letztere bei 1 Hz genau sein soll. Benutze T = 0.25.**

13. **Simuliere das System in Bild 11.16 mit der bilinearen Näherung, die bei der Hälfte der Nyquist-Frequenz genau ist.**

14. **Simuliere das unten stehende System. Benutze die sprunginvariante Näherung.**

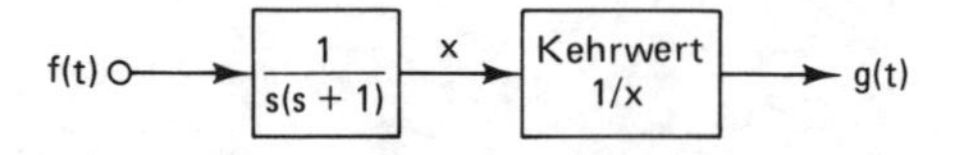

15. **Gib einen impulsinvarianten Simulationsalgorithmus für das abgebildete System an. Passe die Gleichstromverstärkung geeignet an.**

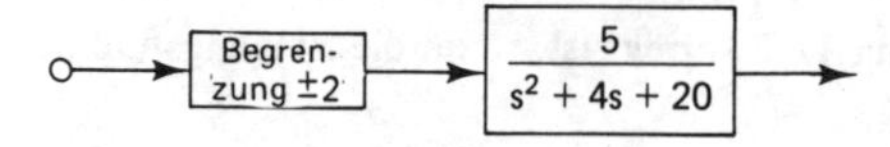

16. **Wie heißt die Antwort von H(s) in Abschnitt 11.6, Gleichung 11.53 auf eine Einheitssprungfunktion bei t = 0?**

17. Gib in Bild 11.22 den Algorithmus für y_m an, wenn die Verzögerung in den Vorwärtsteil der Schleife eingesetzt wird.

18. Wie heißt in Bild 11.23 die Konstante K, wenn die Verzögerung in den Vorwärtsteil der Schleife versetzt wird?

19. Modifiziere Bild 11.24, indem K und z^{-1} in den Vorwärtsteil der Schleife verlegt werden. Wie lautet $\tilde{H}_3(z)$ in dem modifizierten Schaltbild?

20. Gib die bilinearen Blöcke an, die man zur Simulation des Bildes 11.18 benötigt. Benutze die Tustinsche Näherung.

21. Konstruiere mit Hilfe der bilinearen Blöcke in der vorigen Aufgabe und mit einer Rückkopplungsverzögerung eine vollständige bilineare Simulation von Bild 11.18. Wie heißt $\tilde{H}_3(z)$ in diesem Fall?

22. Entwickle rampeninvariante Blöcke für das untenstehende nichtlineare System

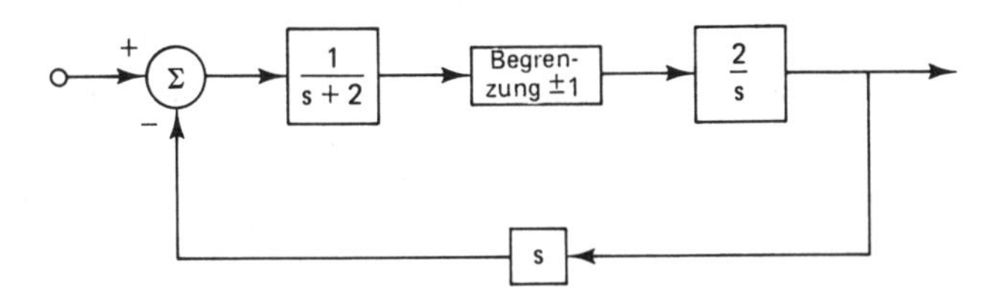

23. Wenn $e_{i\,max}$ die maximale Differenz zwischen f(t) und seiner Halteversion $f^*(t)$ wie in Gleichung 11.22 ist, wie lautet die obere Grenze des Simulationsfehlers bei H(s) = A/(s + a)?

24. Löse die vorige Aufgabe für $H(s) = A/[(s + a)^2 + b^2]$.

25. Löse Aufgabe 23 für $H(s) = As/[(s + a)^2 + b^2]$.

Einige Antworten

2. $g_m = e^{-aT}[Tf_{m-1} + g_{m-1}]$ **3.** $g_m = (e^{-aT} - e^{-bT})f_{m-1}/(b - a) + e^{-bT}g_{m-1}$

5. $\tilde{H}(z) = \dfrac{(aT + e^{-aT} - 1)z - (aTe^{-aT} + e^{-aT} - 1)}{a^2T(z - e^{-aT})}$

6. $g_m = e^{-T}\sin 2T(f_{m-1} - f_{m-2})/2 + 2e^{-T}\cos 2Tg_{m-1} - e^{-2T}g_{m-2}$

9. $\tilde{H}(z) = Tz/(z - 1)$

10. $g_m = (1 - e^{-T})^2 f_{m-1} + 2e^{-T}g_{m-1} - e^{-2T}g_{m-2}$

11. $\tilde{H}(z) = \dfrac{(z + 1)^2}{[(A + 1)z - (A - 1)]^2}; \quad A = \dfrac{\pi}{4T}\cot\left(\dfrac{\pi}{8}\right)$

13. $\tilde{H}(z) = \dfrac{8T^2(z + 1)^2}{[(\pi + 2T)z - (\pi - 2T)][(\pi + 4T)z - (\pi - 4T)]}$

16. $g(t) = (1/3)e^{-t} \sin 3t$

18. $K = \dfrac{1 - 2e^{-T} \cos 3T + e^{-2T}}{5T(1 - e^{-2T})}$ **19.** $\tilde{H}_3(z) = \dfrac{10Te^{-T} \sin 3T}{3(1 - 2e^{-T} \cos 3T + e^{-2T})}$

21. $\tilde{H}_3(z) = \dfrac{2(T + 1)z^3 + (5T^2 - 4)z^2 + 2(5T^2 - T + 1)z + 5T^2}{(5T^2 + 2T + 2)z^3 + 2(5T^2 - 2)z^2 + (5T^2 - 2T + 2)z}$

23. $|e_m| \leq (A/a)e_{i\max}$ **24.** $|e_m| \leq \dfrac{A \coth(a\pi/2b)}{a^2 + b^2} e_{i\max}$

25. $|e_m| \leq \dfrac{Ae^V \operatorname{csch}(a\pi/2b)}{\sqrt{a^2 + b^2}} e_{i\max}$; $V = (a/b) \tan^{-1}(a/b)$

Literaturhinweise

CESCHINO, F., and KUNTZMANN, J., *Numerical Solution of Initial Value Problems*. Englewood Cliffs, N.J.: Prentice-Hall, 1966.

DEFIGUEIREDO, R. J. P., and NETRAVALI, A. N., Optimal Spline Digital Simulators of Analog Filters. *IEEE Trans. Commun. Technol.*, Vol. CT-18, No. 6, November 1971, p. 711.

FOWLER, M. E., A New Numerical Method for Simulation. *Simulation*, May 1965, p. 324.

GIBSON, J. E., *Nonlinear Automatic Control*, Chap. 4. New York: McGraw-Hill, 1963.

GOLD, B., and RADER, C. M., *Digital Processing of Signals*. New York: McGraw-Hill, 1969.

GREAVES, C. J., and CADZOW, J. A., The Optimal Discrete Filter Corresponding to a Given Analog Filter. *IEEE Trans. Automatic Control*, Vol. AC-13, June 1967, p. 304.

HAMMING, R. W., *Numerical Methods for Scientists and Engineers*, 2nd ed. New York: McGraw-Hill, 1973.

HILDEBRAND, F. B., *Finite-Difference Equations and Simulations*. Englewood Cliffs, N.J.: Prentice-Hall, 1968.

HURT, J. M., New Difference-Equation Technique for Solving Nonlinear Differential Equations. *AFIPS Conf. Proc.*, Vol. 25, 1964, p. 169.

JURY, E. I., *Theory and Application of the z-Transform Method*. New York: Wiley, 1964.

KAISER, J. F., Digital Filters, Chap. 7 in *System Analysis by Digital Computer*, ed. J. F. Kaiser and F. F. Kuo. New York: Wiley, 1966.

KELLY, L. G., *Handbook of Numerical Methods and Applications*. Reading, Mass.: Addison-Wesley, 1967, Chap. 19.

LAPIDUS, L., and SEINFELD, J. H., *Numerical Solution of Ordinary Differential Equations*. New York: Academic Press, 1971.

Numerical Techniques for Real-Time Flight Simulation, IBM Corporation Manual E20-0029-1, 1964.

RAGAZZINI, J. R., and FRANKLIN, G. F., *Sampled-Data Control Systems*, Chap. 4. New York: McGraw-Hill, 1958.

REA, J. L., *z-Transformation Techniques in Digital Realization of Coaxial Equalizers*. Sandia Laboratories SC-RR-72 0524, September 1972.

REITMAN, J., *Computer Simulation Applications*. New York: Wiley, 1971.

ROSKO, J. S., *Digital Simulation of Physical Systems*. Reading, Mass.: Addison-Wesley, 1972.

SAGE, A. P., and BURT, R. W., Optimum Design and Error Analysis of Digital Integrators for Discrete System Simulation. *AFIPS Conf. Proc.*, Vol. 27, Pt. 1, 1965, p. 903.

SCHROEDER, D. H., *A New Optimization Procedure for Digital Simulation*, Ph.D. dissertation. University of New Mexico, Albuquerque, 1972.

WAIT, J. V., Digital Filters, Chap. 5 in ed. L. P. Huelsman. *Active Filters: Lumped, Distributed, Integrated, Digital, and Parametric*, New York: McGraw-Hill, 1970.

KAPITEL 12

Entwurf analoger und digitaler Filter

12.1 Einleitung

In diesem Kapitel werden einige praktische Filterentwürfe, sowohl analoge wie auch digitale, eingeführt. Das Wort "Filter" wird dabei in einem eingeschränkten Sinn benutzt: Ein Filter sei ein System, das den spektralen Inhalt eines Eingangssignals in einem gewissen angegebenen Frequenzband passieren läßt. Mit anderen Worten, die Filterübertragungsfunktion bildet ein "Fenster" im Frequenzbereich, durch das ein Teil des Eingangsspektrums hindurchgehen darf.

Die idealisierten Amplitudencharakteristiken von vier grundlegenden Filtertypen sind (für $\omega \geq 0$) in Bild 12.1 dargestellt. Von diesen ist die Tiefpaßcharakteristik in gewissem Sinn die grundlegendste. Die unten folgenden Abschnitte 12.2 bis 12.4 befassen sich nur mit dem Entwurf von analogen und digitalen Tiefpaßfiltern. In Abschnitt 12.5 wird eine systematische Methode beschrieben, wie man Tiefpaßfilter in Hochpaß-, Bandpaß- und Bandstopfilter transformiert. Abschnitt 12.6 beschreibt einige Routinen für die digitale Filterung und Abschnitt 12.7 dann eine Methode, die im allgemeinen bei der Synthese digitaler Filter anwendbar ist und im besonderen bei der Synthese von digitalen Vielkanal-Bandpaßfiltern. Schließlich beschreibt Abschnitt 12.8 die Fehler, die durch die endlichen Wortlängen verursacht werden.

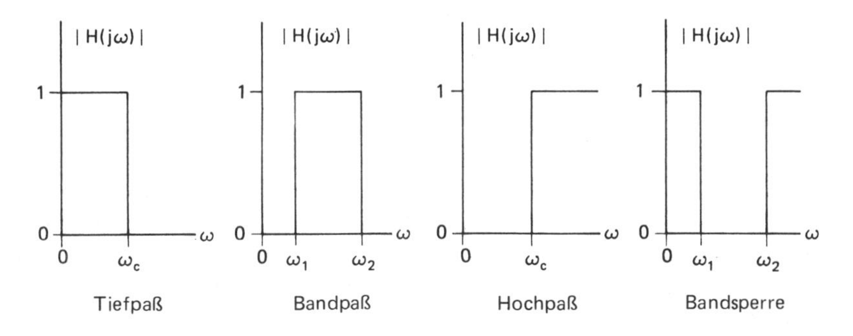

Bild 12.1 Idealisierte Amplitudencharakteristiken

Am Anfang sollte man etwas Vergleichendes über den Entwurf von analogen und digitalen Filtern sagen. Der Entwurf von analogen Filtern ist ein ausgiebig erforschtes Gebiet. Zum Beispiel liefern Storer (1957), Guillemin (1957) und Kuo (1962) eine detaillierte Diskussion der Butterworth- und Tschebyscheff-Filter (die weiter unten beschrieben werden) als Teil des umfassenderen Gebietes des Entwurfes linearer Netzwerke. Im allgemeinen enthält der vollständige Entwurf eines analogen Filters zwei Schritte:

1. Das Ableiten von H(s), das üblicherweise durch das Plazieren von Polen und Nullstellen an geeigneten Punkten in der s-Ebene geschieht.

2. Das Realisieren von H(s) durch erhältliche lineare Schaltelemente.

Der erste in diesem Kapitel diskutierte Schritt ist von allgemeinerem Interesse dadurch, daß er Einsicht in die Pol-Nullstellen-Synthese verleiht und auch dadurch, daß er weiterhin beim Entwurf digitaler Filter verwendet wird. Der zweite hier nicht diskutierte Schritt enthält spezielle Probleme der analogen Realisierung, wie z.B. die Isolierung zwischen den Stufen, der Leistungsverluste in den Schaltelementen usw. - Probleme, die bei dem digitalen Entwurf nicht existieren.

Weiterhin werden in Bezug auf den Entwurf digitaler Filter zwei Ansätze hier diskutiert. Der erste enthält das Entwerfen eines Analogfilters (durch Plazieren der Pole und Nullstellen in der s-Ebene), das dann in die digitale Form überführt wird (durch Abbilden der Pole und Nullstellen auf die z-Ebene), um die gewünschten Charakteristiken zu erhalten. Der zweite enthält das direkte Plazieren der Pole und Nullstellen in der z-Ebene, um eine vorgegebene Charakteristik zu erzielen. Beide Ansätze, und besonders der erste, heben wieder die enge Beziehung zwischen den analogen und den digitalen Systemen hervor, wie sie in den Kapiteln 10 und 11 diskutiert wurden.

12.2 Butterworth-Filter

Der Entwurf analoger Tiefpaßfilter, die sich der idealen Charakteristik in Bild 12.1 annähern, ist wie erwähnt, ein vielerforschtes Gebiet gewesen. Dieses Entwurfsproblem, das von Guillemin (1957) das "Approximations-problem" genannt wurde, hat zu einigen mehr oder weniger standardisierten Entwürfen analoger Tiefpässe geführt, von denen einer das Butterworth-Filter ist. Das Butterworth-Filter kann in einfachen Ausdrücken beschrieben werden, nachdem ein paar vorbereitende Einzelheiten, die in Bild 12.2 zusammengefaßt sind, definiert sind.

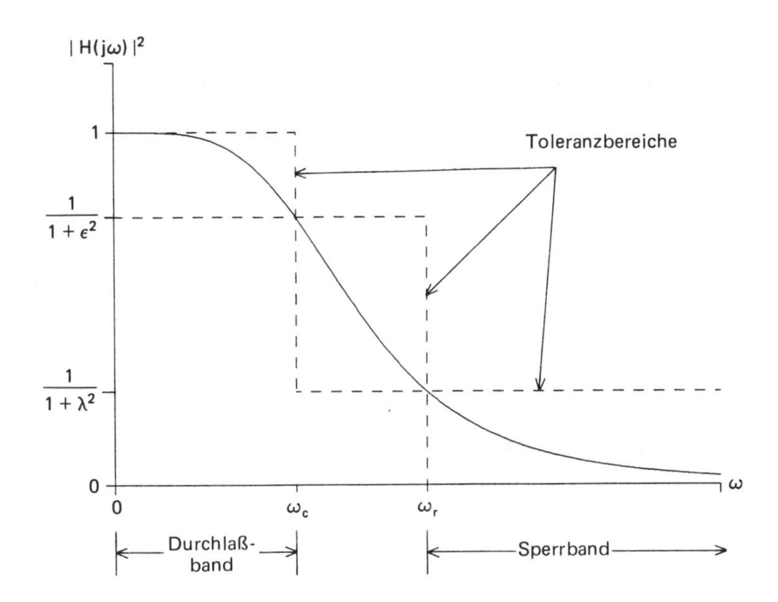

Bild 12.2 Leistungsverstärkungscharakteristik eines Tiefpaßfilters

Bild 12.2 ist vor allem eine Darstellung der Leistungsverstärkung, d.h. der quadrierten Amplitudenantwort in Abhängigkeit der Frequenz. Sie ist natürlich eine gerade Funktion von ω, so daß nur die rechte Seite des Diagramms gezeigt wird. Die Leistungsverstärkungsfunktion $|H(j\omega)|^2$ wird der Amplitudenantwort $|H(j\omega)|$ in der Beschreibung der Filtercharakteristiken vorgezogen. (Man beachte, daß die zwei Funktionen darüber hinaus für die idealisierten Fälle in Bild 12.1 identisch sind.) Im allgemeinen wird die Leistungsverstärkung eines Filters in einer von zwei Weisen ausgedrückt:

$$\begin{aligned} \text{Leistungsverstärkung} &= |H(j\omega)|^2 \\ \text{Leistungsverstärkung in dB} &= 10 \log_{10}|H(j\omega)|^2 \end{aligned} \tag{12.1}$$

(dB ist die Abkürzung von Dezibel). Bild 12.2 definiert weiterhin einige Grundbereiche und Parameter, die im allgemeinen beim Filterentwurf nützlich sind, wobei die Tatsache vorweggenommen sei, daß die ideale Tiefpaßcharakteristik in endlicher Form nicht realsiert werden kann. In Bild 12.2 gibt es eine Grenzfrequenz ω_c, welche die obere Grenze eines Durchlaßbandes von 0 bis ω_c auf der Frequenzachse markiert, und eine Sperrfrequenz ω_r, die größer als ω_c ist und den Beginn des Sperrbandes von ω_r bis Unendlich markiert. Zwischen dem Durchlaß und dem Sperrband, d.h. in dem Intervall $\omega_c < |\omega| < \omega_r$, gibt es eine Art von "Niemandsland", in dem die Leistungsverstärkung rasch absinkt. Die Verstärkungsparameter λ und ε bestimmen wie folgt die Toleranzen, die der Entwerfer akzeptieren kann:

$$\left.\begin{array}{lll} \text{Durchlaßband: } & |\omega| < \omega_c; & |H(j\omega)|^2 > \dfrac{1}{1+\epsilon^2} \\ \text{Sperrband: } & |\omega| > \omega_r; & |H(j\omega)|^2 < \dfrac{1}{1+\lambda^2} \end{array}\right\} \tag{12.2}$$

Eine typische, innerhalb der Toleranzen liegende Tiefpaßcharakteristik ist in dem Bild 12.2 gezeigt. Man sieht, daß die ideale Rechteckcharakteristik erreicht wird, wenn sich ε dem Wert Null, ω_r dem Wert ω_c und λ dem Wert Unendlich nähert.

Das analoge Butterworth-Filter hat eine Leistungsverstärkung der folgenden allgemeinen Form

$$|H_B(j\omega)|^2 = \frac{1}{1+\epsilon^2(\omega/\omega_c)^{2N}} \tag{12.3}$$

in der N die Ordnung des Filters genannt wird und ε und ω_c wie oben definiert sind (der Index B bezeichnet die Butterworth-Übertragungsfunktion). Man sagt von solch einem Filter, daß es maximal flach ist in der Nähe von $\omega = 0$ und $\omega = \infty$. Es hat eine für den Grad beteiligter Polynome maximale Zahl verschwindender Ableitungen in dieser Nachbarschaft. Die Ordnung N wird wie folgt aus dem verbleibenden Entwurfsparameter λ bestimmt. Wenn ω gleich ω_r wird, ergibt Gleichung 12.3

$$|H_B(j\omega_r)|^2 = \frac{1}{1+\lambda^2} = \frac{1}{1+\epsilon^2(\omega_r/\omega_c)^{2N}}$$

Daraus folgt

$$N \geq \frac{\log(\lambda/\epsilon)}{\log(\omega_r/\omega_c)} \tag{12.4}$$

(Da die Logarithmen in Gleichung 12.4 in einem Verhältnis erscheinen, kann jede Basis benutzt werden). Damit muß der Entwerfer die Wahl treffen zwischen der Eckigkeit der Leistungsverstärkungscharakteristik und der Größe von N. Die relative Verbesserung dieser Charakteristik mit wachsendem N ist in Bild 12.3 für den Fall $\varepsilon = 1$ dargestellt. Normalerweise wählt der Entwerfer die Werte für λ und ω_r, benutzt Gleichung 12.4 zur Bestimmung von N, paßt möglicherweise λ und/oder ω_r an, wenn N größer gemacht werden kann oder wenn N kleiner gemacht werden muß, und kommt auf diese Weise schließlich zu einer Wahl für N. (Die Anstiegszeit der Filterantwort, die mehr oder weniger proportional zu N anwächst, beeinflußt in einigen Fällen ebenfalls die Wahl von N.)

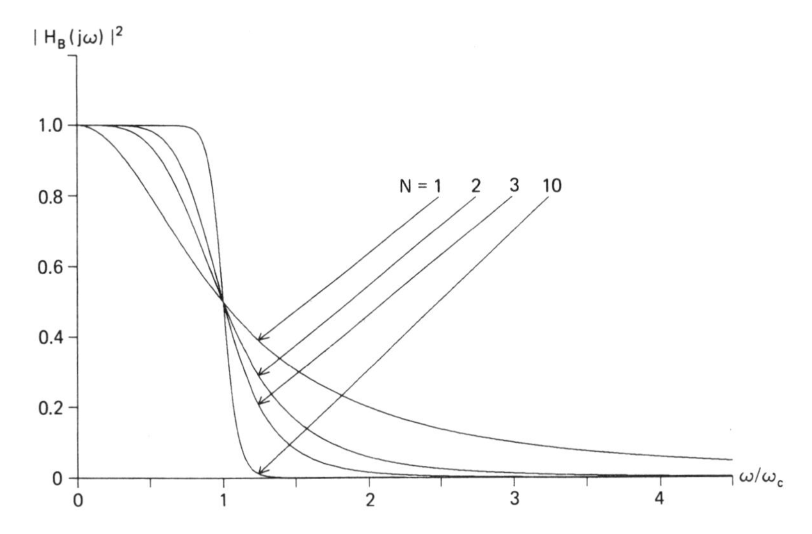

Bild 12.3 Leistungsverstärkung eines Butterworth-Filters für ε = 1

Ist einmal N bestimmt, gibt Gleichung 12.3 die Leistungsverstärkung des Butterworth-Filters an. Die Pole von $|H_B(s)|^2$ in der s-Ebene findet man, indem man den Nenner von Gleichung 12.3 gleich Null setzt und $s = j\omega$ beachtet. Das heißt, aus

$$\epsilon^2\left(-\frac{s^2}{\omega_c^2}\right)^N + 1 = 0$$

folgen Pole bei $s_n = \omega_c\epsilon^{-1/N}e^{j\pi(2n+N-1)/2N}; \qquad n = 1, 2, 3, \ldots, 2N$ (12.5)

Damit liegen, wie in Bild 12.4 für N = 3 gezeigt, die Pole der Leistungsverstärkungsfunktion auf einem Kreis mit dem Radius $\omega_c e^{-1/N}$ in der s-Ebene. Die Pole der Übertragungsfunktion $H_B(s)$ selbst sind diejenigen in der linken Halbebene, da

$$|H_B(s)|^2 = H_B(s)H_B(-s) \tag{12.6}$$

Deshalb liefert Gleichung 12.5 die Pole der Übertragungsfunktion, wenn n gleich 1, 2 ... N ist. Das folgende ist ein Beispiel der Ableitung von $H_B(s)$ aus typischen Erfordernissen.

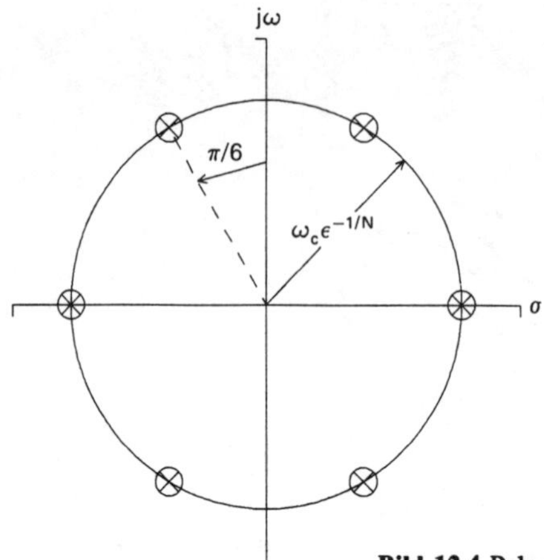

Bild 12.4 Pole eines Butterworth-Filters in der s-Ebene; N = 3

Beispiel 12.1: Man entwerfe ein analoges maximal flaches (Butterworth) Filter, das die folgenden Spezifikationen erfüllt:

Durchlaßband (0 - ω_c)...............................	0-100 krad sec^{-1}
minimale Leistungsverstärkung bei ω_c.......	0.5(-3dB)
Beginn des Sperrbandes (ω_r).....................	150 krad sec^{-1}
maximale Leistungsverstärkung bei ω_r.......	0.1 (- 10 dB)

Mit den Definitionen in den Gleichungen 12.1 und 12.2 werden ε und λ entsprechend zu 1 und 3 bestimmt. Als nächstes findet man die Ordnung N aus Gleichung 12.4 zu

$$N \geq \frac{\log(\lambda/\epsilon)}{\log(\omega_r/\omega_c)} \geq \frac{\log 3}{\log 1.5}; \qquad N = 3 \tag{12.7}$$

Mit Hilfe der Gleichung 12.5 gewinnt man die Pole in der linken Halbebene und damit schließlich die Übertragungsfunktion des Filters:

$$\left.\begin{aligned} H_B(s) &= \frac{-s_1 s_2 s_3}{(s-s_1)(s-s_2)(s-s_3)} \\ s_n &= \omega_c \epsilon^{-1/N} e^{j\pi(n+1)/3}; \qquad n = 1,2,3 \\ &= 10^5 e^{j\pi(n+1)/3}; \qquad n = 1,2,3 \end{aligned}\right\} \tag{12.8}$$

Die Leistungsverstärkungscharakteristik für dieses Beispiel ist in Bild 12.3 dargestellt für den Fall, daß N = 3 und ε = 1. Man beachte, daß Gleichung 12.8 in diesem Fall in der Tat die Wurzel aus der Leistungsverstärkung in Gleichung 12.3 ist. Das Produkt $s_1\ s_2\ s_3$ im Zähler kann man erhalten, wenn man in Gleichung 12.3 vor dem Ziehen der Wurzel Zähler und Nenner mit $\varepsilon^{-2}\ \omega_c^{\ 2N}$ multipliziert. Die Gleichung 12.8 legt in der Tat eine allgemeine Form für $H_B(s)$ nahe, die man benutzen muß, um die Gleichstrom-Leistungsverstärkung zu Eins zu machen. Man findet sie durch Einsetzen von ω=0 in $|H_B(j\omega)|^2$:

$$H_B(s) = \frac{(-1)^N s_1 s_2 \cdots s_N}{(s - s_1)(s - s_2)\cdots(s - s_N)} \tag{12.9}$$

Hierin bedeuten $s_1 \ldots s_N$ die linksseitigen Pole der in Gleichung 12.5 angegebenen Menge, und ganz ersichtlich ist die Gleichstrom-Leistungsverstärkung $|H_B(0)|^2 = 1$. (Man beachte auch, daß der Zähler gleich $\varepsilon^{-1}\,\omega_c^N$ ist.)

Beispiel 12.2 Man zeichne die Pole, die Leistungsverstärkung in dB und die Phasenverschiebung für das folgende Butterworth-Filter:

$$N = 2$$

$$\epsilon = 1$$

$$\omega_c = 100 \text{ rad/s}$$

Die Zeichnungen sind in Bild 12.5 gezeigt. Bei N = 2 gibt es auf dem Kreis mit dem Radius 100 zwei Pole in jeder Halbebene, wie dies durch Gleichung 12.5 angegeben ist. Die Leistungsverstärkung in dB findet man mit den Gleichungen 12.1 und 12.3:

$$\begin{aligned} \text{dB} &= 10 \log_{10} |H_B(j\omega)|^2 \\ &= -10 \log_{10}\left[1 + \left(\frac{\omega}{100}\right)^4\right] \end{aligned} \tag{12.10}$$

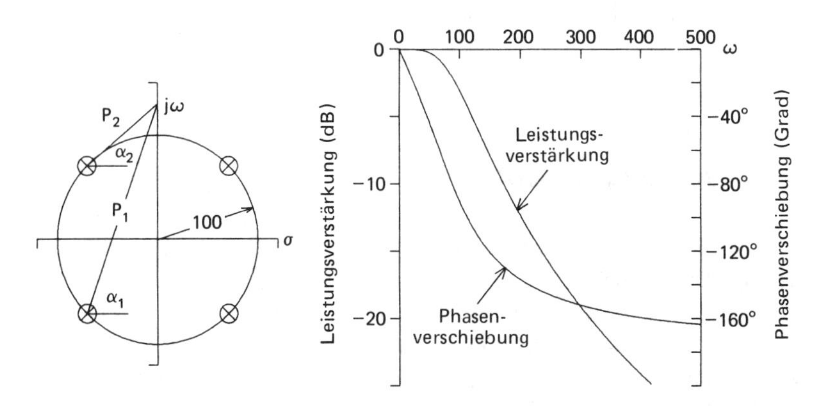

Bild 12.5 Pole, Leistungsverstärkung und Phasenverschiebung für das Butterworth-Filter mit N = 2, ω_c = 100

Wenn ω groß ist, beträgt die Neigung der dB-Funktion in Gleichung 12.10 ersichtlich etwa 12 dB pro Oktave. Das heißt, wenn sich ω verdoppelt, fällt die Leistungsverstärkung um etwa 12 dB. Diese Neigung wird die Abfall-Rate der Leistungsverstärkungsfunktion genannt, und man erkennt, daß sie im allgemeinen 6 N dB pro Oktave für das Butterworth-Filter beträgt.

In der s-Ebenen-Darstellung kann die Leistungsverstärkung auch als das Quadrat von ω_c^2/P_1P_2 betrachtet werden, wobei P_1 und P_2 die entsprechenden Abstände von den Polen zur Operationsfrequenz ω sind. Ein letzter interessanter Punkt ist die verschiedene Darstellungsart der Leistungsverstärkungskurven für N = 2 in Bild 12.3 und in Bild 12.5.

Die Phasenbeiträge α_1 und α_2 sind in dem Pol-Nullstellen-Diagramm von Bild 12.5 ebenfalls gezeigt; aus der Geometrie der Darstellung ergeben sie sich zu

$$\left.\begin{aligned} \alpha_1 &= \tan^{-1} \frac{\omega + 100/\sqrt{2}}{100/\sqrt{2}} \\ \alpha_2 &= \tan^{-1} \frac{\omega - 100/\sqrt{2}}{100/\sqrt{2}} \end{aligned}\right\} \tag{12.11}$$

und natürlich ist die gesamte Phasenverschiebung des Filters

$$\phi(\omega) = -(\alpha_1 + \alpha_2) \tag{12.12}$$

die auch in Bild 12.5 aufgetragen ist.

Fassen wir zusammen: Butterworth-Filter sind durch eine glatte Leistungsverstärkungscharakteristik gekennzeichnet, die eine maximale Flachheit im Durchlaßband und im Sperrband zusammen mit vernünftig scharfen Begrenzungen hat. Opfert man etwas von der Flachheit und erlaubt entweder im Durchlaßband oder im Sperrband kleine Wellen (engl.: ripple), so kann man mit derselben Zahl von Polen eine schärfere Begrenzung erreichen. Die Tschebyscheff-Filter, die als nächste beschrieben werden, folgen diesem Weg.

12.3 Tschebyscheff-Filter

Soll das Butterworth-Filter so verändert werden, daß kleine Wellen z.B. im Durchlaßband erlaubt werden, so wird man natürlich wünschen, daß für eine vorgegebene Anzahl N von Polen in der s-Ebene die durch die kleinen Wellen verursachten maximalen Verstärkungsabweichungen minimal gehalten werden. Dies führt wiederum zu der Benutzung von Tschebyscheff-Polynomen des Grades N, nämlich $V_N(x)$, die wie folgt definiert sind:

$$\begin{aligned} V_0(x) &= 1 \\ V_1(x) &= x \\ V_2(x) &= 2x^2 - 1 \\ V_3(x) &= 4x^3 - 3x \\ &\vdots \\ V_N(x) &= 2xV_{N-1}(x) - V_{N-2}(x); \qquad N > 1 \end{aligned}$$

Diese Polynome haben die folgende von P.L. Tschebyscheff (engl. Schreibweise: Chebyshev) entdeckte Eigenschaft:

Von allen Polynomen des Grades N mit dem ersten Koeffizienten Eins hat das Polynom

$$\frac{V_N(x)}{2^{N-1}} \tag{12.13}$$

die kleinste maximale Amplitude im Intervall $|x| \leq 1$. Diese kleinste maximale Amplitude ist in der Tat 2^{1-N}.

Für N gleich 1 ist die Eigenschaft offensichtlich. Beispiele für N gleich 2 und 3 sind in Bild 12.6 dargestellt.

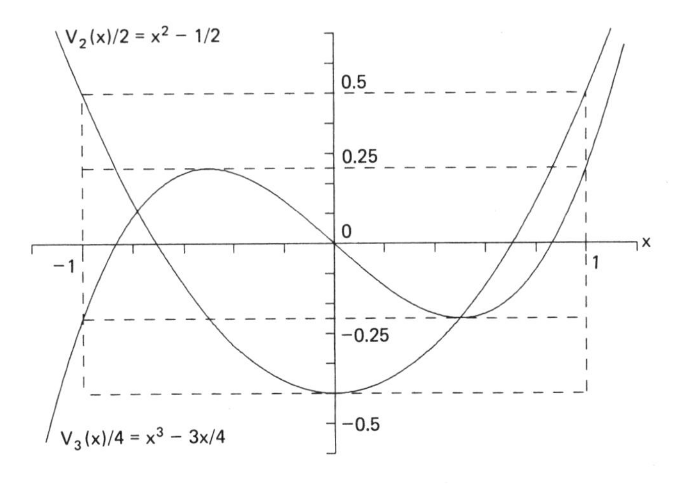

Bild 12.6 Tschebyscheff-Polynome im Intervall $|x| < 1$

Auf diese Art erzeugt das Tschebyscheff-Polynom gleiche kleine Wellen (ripple), d.h. Wellen konstanter Amplitude im Intervall $|x| \leq 1$. Das Problem besteht nun darin, diese gleichen kleinen Wellen in das Durchlaßband oder Sperrband einer Leistungsverstärkungscharakteristik zu übertragen. Dies geschieht mit den zwei folgenden Funktionstypen von $V_N(x)$:

$$\text{Typ 1:} \quad |H_C(j\omega)|^2 = \frac{1}{1 + \epsilon^2 V_N^2(\omega/\omega_c)} \tag{12.14}$$

$$\text{Typ 2:} \quad |H_C(j\omega)|^2 = \frac{1}{1 + \epsilon^2 V_N^2(\omega_r/\omega_c)/V_N^2(\omega_r/\omega)} \tag{12.15}$$

Man beachte die Ähnlichkeit der Gleichung 12.14 mit der Butterworth-Charakteristik in Gleichung 12.3. Hier wird nur die Funktion $V_N(\omega/\omega_c)$ anstelle von $(\omega/\omega_c)^N$ in Gleichung 12.3 benutzt, um die Form von Typ 1 in Gleichung 12.14 zu erhalten. Die Charakteristik von Typ 1 überträgt die gleichen kleinen Wellen in das Durchlaßband der Leistungsverstärkungskurve, während die Charakteristik von Typ 2 sie in das Sperrband überträgt.

Diese Eigenschaften werden in Bild 12.7 veranschaulicht, das die Tschebyscheff-Leistungsverstärkungen von Typ 1 und Typ 2 mit der Butterworth-Leistungsverstärkung vergleicht. Die Darstellungen gelten für den speziellen Fall mit N = 3, $\varepsilon = 0.2$ und $\omega_r = 2\,\omega_c$. Das schärfere Abschneiden (der steilere Abfall) der Tschebyscheff-Charakteristiken wird durch die niedrigere Sperrbandverstärkung für das Tschebyscheff-Filter illustriert, welche in diesem Beispiel gleich $1/(1+\lambda^2) \approx 0.04$ ist, verglichen mit etwa 0.28 für das Butterworth-Filter. Im allgemeinen kann ein Vergleich der drei Leistungsverstärkungskurven wie folgt tabelliert werden:

Filter	$\lvert H(j\omega)\rvert^2$ im Durchlaßband	$\lvert H(j\omega)\rvert^2$ im Sperrband
Butterworth	Maximal flach	Maximal flach
Tschebyscheff Type 1	Gleiche Ripplung zwischen 1 und $1/(1+\epsilon^2)$	Maximal flach
Tschebyscheff Type 2	Maximal flach	Gleiche Ripplung zwischen 0 und $1/(1+\lambda^2)$

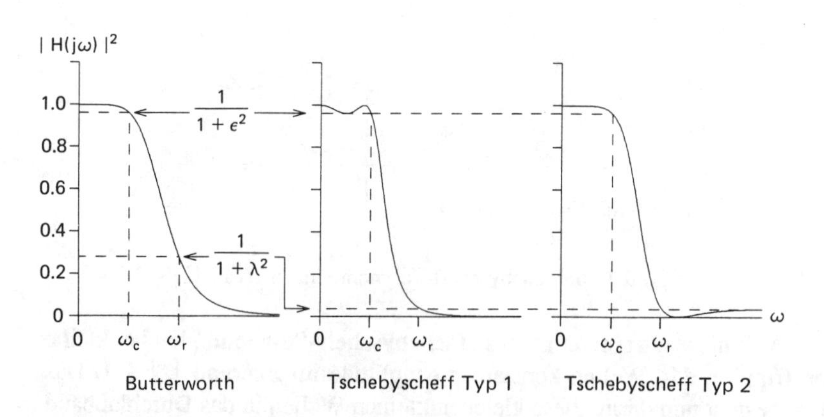

Bild 12.7 Vergleich der Leistungsverstärkungen; N = 3, $\varepsilon = 0.2$, und $\omega_r = 2\omega_c$

Gerade wie bei dem Butterworth-Filter kann man die Ordnung N des Tschebyscheff-Filters in Abhängigkeit von ε, λ, ω_c und ω_r finden. Wie durch das Bild 12.7 nahegelegt, findet man N weiterhin in derselben Weise sowohl für die Filter von Typ 1 als auch für die von Typ 2. Um dieses zu demonstrieren und um einen Ausdruck für N abzuleiten, benötigt man einen geschlossenen Ausdruck für $V_n(x)$ in Gleichung 12.13. Solch ein Ausdruck [Storer, 1957] lautet (der Leser sei an die hyperbolischen Formeln in Kapitel 1, Tabelle 1.2 erinnert):

$$\begin{aligned} V_N(x) &= \cosh(N \cosh^{-1} x) \\ &= \cos(N \cos^{-1} x) \end{aligned} \tag{12.16}$$

Um einen Ausdruck für N abzuleiten, setze man $\omega = \omega_r$ und $|H_c(j\omega)|^2 = 1/(1 + \lambda^2)$ in einer der Gleichungen 12.14 oder 12.15. Das Ergebnis heißt

$$\frac{1}{1 + \lambda^2} = \frac{1}{1 + \epsilon^2 V_N^2(\omega_r/\omega_c)} \tag{12.17}$$

Man beachte, daß jede der beiden Gleichungen dieses Resultat ergibt, da $V_N^2(1) = 1$ in Gleichung 12.15. Die Gleichungen 12.16 und 12.17 führen nun zu der Lösung für N, die natürlich eine ganze Zahl sein muß:

$$\frac{\lambda}{\epsilon} = V_N\left(\frac{\omega_r}{\omega_c}\right) = \cosh\left[N \cosh^{-1}\left(\frac{\omega_r}{\omega_c}\right)\right]$$

woraus folgt:

$$N \geq \frac{\cosh^{-1}(\lambda/\epsilon)}{\cosh^{-1}(\omega_r/\omega_c)} \tag{12.18}$$

Dieses Ergebnis für jedes der beiden Tschebyscheff-Filter ist analog zu Gleichung 12.4 für das Butterworth-Filter, ergibt jedoch einen kleineren Wert N für dieselben Parameterwerte.

Die Pole der zwei Tschebyscheff-Filter sind natürlich voneinander verschieden und sollen deshalb getrennt betrachtet werden (siehe [Guillemin 1957] für eine ähnliche Behandlung). Für das Filter von Typ 1 findet man die Pole, indem man den Nenner von Gleichung 12.14 gleich Null setzt und als Argument s statt $j\omega$ setzt:

$$1 + \epsilon^2 V_N^2\left(\frac{s}{j\omega_c}\right) = 0$$

daraus folgt:

$$V_N\left(\frac{s}{j\omega_c}\right) = \pm\frac{j}{\epsilon} \tag{12.19}$$

Erinnert man sich, daß aus Gleichung 12.16 die Größe $V_N(x)$ gleich $\cos(N\cos^{-1}x)$ ist und beachtet, daß der innere Term $\cos^{-1}(s/j\omega_c)$ in diesem Fall komplex ist, so können wir diesen Term durch $\gamma + j\alpha$ darstellen, so daß

$$\cos^{-1}\left(\frac{s}{j\omega_c}\right) = \gamma + j\alpha$$

daraus folgt:

$$\begin{aligned} s &= \omega_c[j \cos(\gamma + j\alpha)] \\ &= \omega_c(\sinh \alpha \sin \gamma + j \cosh \alpha \cos \gamma) \end{aligned} \tag{12.20}$$

Die Funktion V_N, ausgedrückt durch α und γ, wird jetzt zu

$$\begin{aligned} V_N\left(\frac{s}{j\omega_c}\right) &= \cos[N(\gamma + j\alpha)] \\ &= \cos N\gamma \cosh N\alpha - j \sin N\gamma \sinh N\alpha \end{aligned} \tag{12.21}$$

wobei α und γ reelle Variable sind. Setzt man diese Form von V_N gleich $\pm j/\varepsilon$ in Gleichung 12.19, so ergibt sich das folgende Resultat: Zunächst, da $\cosh N\alpha$ für reelles α von Null verschieden sein muß,

$$\cos N\gamma = 0$$

es folgt:

$$\gamma_n = \frac{2n - 1}{2N}\pi; \qquad n = 1, 2, \ldots, 2N \tag{12.22}$$

(Man beachte, daß diese Werte mit den Winkeln der Butterworth-Pole in Gleichung 12.5 eng verwandt sind). Weiterhin, da sich als Konsequenz von Gleichung 12.22 die Beziehung $\sin N\gamma = \pm 1$ ergibt,

$$\sinh N\alpha = \pm\frac{1}{\epsilon}$$

daher gilt:

$$\alpha = \pm\frac{1}{N}\sinh^{-1}\frac{1}{\epsilon} \tag{12.23}$$

Damit sind die Tschebyscheff-Pole vom Typ 1 durch die Gleichungen 12.20, 12.22 und 12.23 gegeben. Obgleich diese Ableitung etwas kompliziert erscheint, ist das Ergebnis ganz einfach. Es wird sogar noch ansprechender, wenn man β_n - $\pi/2$ von γ_n einsetzt, wobei β_n der Butterworth-Polwinkel in Gleichung 12.5 ist. (Man bemerke, daß Gleichung 12.22 damit in Verbindung mit Gleichung 12.5 gebracht wird.) Dann ergeben sich die Tschebyscheff-Pole vom Typ 1 wie folgt:

$$s_n = \omega_c(\sinh\alpha\cos\beta_n + j\cosh\alpha\sin\beta_n);$$
$$\alpha = \frac{1}{N}\sinh^{-1}\frac{1}{\epsilon}; \qquad \beta_n = \frac{2n + N - 1}{2N}\pi; \qquad n = 1, 2, \ldots, 2N \tag{12.24}$$

Wie dies durch die Form von Gleichung 12.24 nahegelegt wird, liegen die Pole von $|H_c(s)|^2$ auf einer Ellipse in der s-Ebene. Ein Beispiel ist in Bild 12.8 für N = 3 gegeben. Das Bild zeigt die Geometrie, die mit Gleichung 12.24 assoziiert ist, und deutet in der Tat eine systematische Konstruktion der Tschebyscheff-Pole an, wenn die Butterworth-Pole für dasselbe N gegeben sind. Wie oben erwähnt, haben die Butterworth-Pole (auf den Kreisen im Bild) die Winkel [β_n]. Die Konstruktion geht dann wie im Bild gezeigt vor sich. Die Pole von $H_c(s)$ sind diejenigen auf der linken Halbebene, d.h. diejenigen, für die n von 1 bis N in Gleichung 12.24 geht. Das folgende Beispiel zeigt den Entwurf eines Filters vom Typ 1 mit typischen Anforderungen.

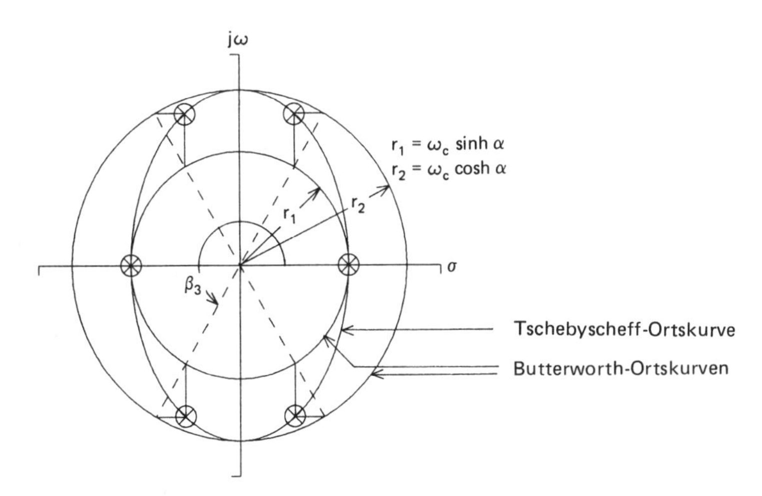

Bild 12.8 Pole des Tschebyscheff-Filters Typ 1 mit N = 3

Beispiel 12.3: Man entwerfe ein Tschebyscheff-Filter vom Typ 1, das folgende Spezifikationen erfüllen soll:

Durchlaßband
minimale Leistungsverstärkung bei ω_c
Beginn des Sperrbandes
maximale Leistungsverstärkung bei ω_r

Mit den Definitionen von ε und λ in Bild 12.7 werden diese Parameter aus den Spezifikationen zu $\varepsilon = 0.2$ und $\lambda = 5.0$ bestimmt. Als nächstens kann man N mit Gleichung 12.18 finden:

$$N \geq \frac{\cosh^{-1}(\lambda/\epsilon)}{\cosh^{-1}(\omega_r/\omega_c)} = 2.97; \qquad N = 3 \tag{12.25}$$

Die Gleichung 12.24 ergibt nun die folgenden Pole:

$$\alpha = \tfrac{1}{3}\sinh^{-1}(5) = 0.771$$

$$\beta_1 = \frac{2\pi}{3},\ \beta_2 = \pi,\ \beta_3 = \frac{4\pi}{3} \text{ in der linken Halbebene}$$

$$s_2 = 10^5(\sinh 0.771)(-1) = -0.850 \times 10^5$$

$$s_1, s_3 = 10^5[(0.850)(-0.500) \pm j(1.31)(0.866)]$$

$$= 10^5(-0.425 \pm j1.13)$$

Die Pole s_1, s_2 und s_3 liegen in der linken Hälfte wie in Bild 12.8, ausgenommen, daß hier die Ellipse etwas kreisförmiger ist. Damit hat dieses Filter vom Typ 1 die Übertragungsfunktion

$$\mathrm{H_C}(s) = \frac{-s_1 s_2 s_3}{(s - s_1)(s - s_2)(s - s_3)} \tag{12.26}$$

mit den oben angegebenen Polen. Die Leistungsverstärkung $|H_c(j\omega)|^2$ ist in Bild 12.7 gezeigt.

Für dieses Beispiel ist der Faktor ($-s_1\, s_2\, s_3$) im Zähler von Gleichung 12.26 die richtige Wahl (richtig in dem Sinne, daß die kleinen Wellen zwischen den Werten 1 und $1/(1 + \varepsilon^2)$ wie in Bild 12.7 liegen), da dann $H_c(0) = 1$ ist, wie es sein sollte. Man beachte jedoch sorgfältig, daß dieses Verfahren nur bei ungeradem N richtig ist. Wenn N gerade ist, wird $V_N^2(0)$ in Gleichung 12.14 zu Eins anstatt zu Null, und der richtige Wert von $H_C^N(0)$ lautet dann

$$\sqrt{\frac{1}{1 + \epsilon^2}}$$

Die Übertragungsfunktion $H_c(s)$ muß daher bei geradem N im Maßstab um diesen Wert verändert werden. Speziell hat also bei geradem N die Funktion $H_c(s)$ die Form

$$H_C(s) = \frac{s_1 s_2 \cdots s_N}{(s - s_1)(s - s_2)\cdots(s - s_N)\sqrt{1 + \epsilon^2}} \tag{12.27}$$

Wenden wir uns nun dem Tschebyscheff-Filter vom Typ 2 mit gleichbleibenden kleinen Wellen im Sperrband zu, so läßt die Gleichung 12.15 vermuten, daß die Übertragungsfunktion sowohl Nullstellen wie auch Pole hat. Die Pole und Nullstellen kann man mit einem Ansatz finden, der ähnlich dem obigen ist, wenn man die Substitutionen

$$\nu = \frac{\omega_r \omega_c}{\omega}; \qquad \hat{\epsilon} = \frac{1}{\epsilon V_N(\omega_r/\omega_c)} \tag{12.28}$$

in Gleichung 12.15 macht, um die Leistungsverstärkung in der folgenden Form zu erhalten:

$$|H_C(j\nu)|^2 = \frac{1}{1 + \hat{\epsilon}^{-2}/V_N^2(\nu/\omega_c)} = \frac{\hat{\epsilon}^2 V_N^2(\nu/\omega_c)}{1 + \hat{\epsilon}^2 V_N^2(\nu/\omega_c)} \tag{12.29}$$

Die Ähnlichkeit der Gleichungen 12.29 und 12.14 deutet an, daß man die Pole von z.B. $|H_c(\tau)|^2$ für $\tau = u + jv$ mit Schritten finden kann, die ähnlich den obigen Schritten für das Filter vom Typ 1 sind. Dann kann man die Pole und Nullstellen der Funktion $H_c(\tau)$ von der τ-Ebene auf die s-Ebene abbilden, indem man, wie durch Gleichung 12.28 angedeutet, die Transformation $s = \omega_r\omega_c/\tau$ benutzt. Dieses Verfahren für das Filter vom Typ 2 wird in dem folgenden Beispiel veranschaulicht:

Beispiel 12.4: Man entwerfe ein Tschebyscheff-Filter vom Typ 2 (d.h. flach im Durchlaßband, gleichbleibende kleine Wellen im Sperrband), das die gleichen Eigenschaften wie das Filter in Beispiel 12.3 hat. Zuerst erinnern wir uns, daß die Verfahren zur Ermittlung von ε, λ, und N dieselben für Typ 1 und Typ 2 sind. Deshalb ist

$$\epsilon = 0.2; \qquad \lambda = 5.0; \qquad N = 3$$

wie im vorigen Beispiel. Als nächstes wird nach Gleichung 12.28

$$\begin{aligned} \nu &= \frac{\omega_r \omega_c}{\omega} = \frac{2 \times 10^{10}}{\omega} \\ \hat{\epsilon} &= \frac{1}{\epsilon V_N(\omega_r/\omega_c)} = \frac{1}{\epsilon V_3(2)} = 0.1923 \end{aligned} \tag{12.30}$$

Folgt man dem oben angegebenen Verfahren, findet man die Pole von Gleichung 12.29 auf der linken Halbebene wie folgt

$$\alpha = \frac{1}{3} \sinh^{-1} \frac{1}{\hat{\epsilon}} = 0.784$$

$$\beta_1 = \frac{2\pi}{3}, \quad \beta_2 = \pi, \quad \beta_3 = \frac{4\pi}{3}$$

$$\tau_2 = -\omega_c \sinh\alpha = -0.866 \times 10^5$$

$$\tau_1, \tau_3 = \omega_c(0.500 \sinh\alpha \pm j0.866 \cosh\alpha) = (-0.433 \pm j1.15)10^5$$

Diese Pole werden mit $s = \omega_r\, \omega_c/\tau$ auf die s-Ebene abgebildet und ergeben

$$s_2 = 2 \times 10^{10}/\tau_2 = -2.31 \times 10^5$$

$$s_1, s_3 = (-0.574 \pm j1.52)10^5$$

Schließlich hat Gleichung 12.29 Nullstellen dort, wo $V_3(\nu/\omega_c) = 0$ oder bei $\tau = 0$ und bei $\pm j\, 0.866\, \omega_c$. Die Nullstelle bei $\tau = 0$ wird zur Nullstelle bei $s = \infty$ und die anderen zwei Nullstellen liegen bei

$$s_4, s_5 = \frac{\omega_r \omega_c}{\tau} = \pm j2.31 \times 10^5 \tag{12.31}$$

Die Übertragungsfunktion lautet deshalb für dieses Beispiel

$$H_C(s) = \frac{-s_1 s_2 s_3 (s - s_4)(s - s_5)}{s_4 s_5 (s - s_1)(s - s_2)(s - s_3)} \tag{12.32}$$

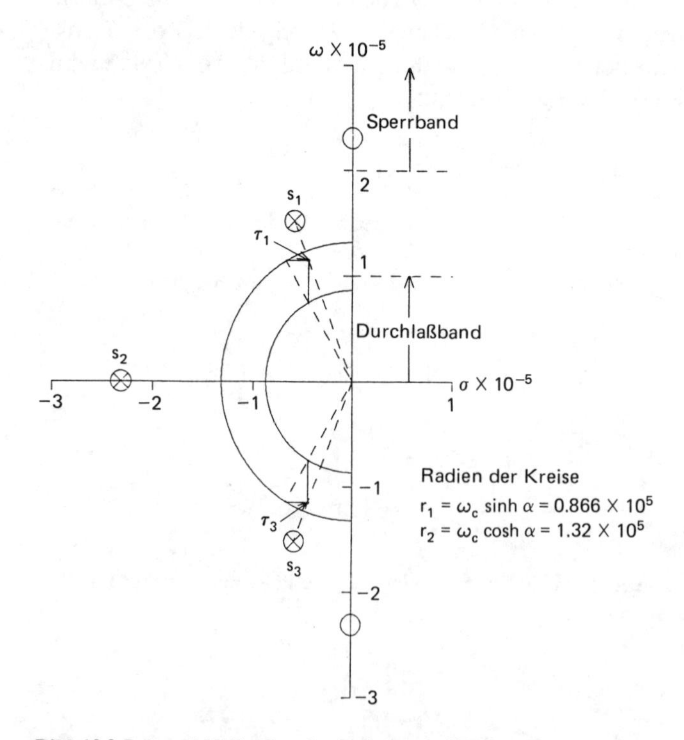

Bild 12.9 Pol- und Nullstellen des Tschebyscheff-Filters Typ 2 im Beispiel 12.4

mit den oben angegebenen Polen und Nullstellen. Da dieses Filter vom Typ 2 die Werte $\varepsilon = 0.2$, $N = 3$ und $\omega_r = 2\ \omega_c$ hat, ist die Leistungsverstärkungsfunktion $|H_c(\omega)|^2$ diejenige rechts in Bild 12.7. Bild 12.9 gibt die Pole und Nullstellen wieder. Man beachte die Lage der Pole und Nullstellen relativ zum Durchlaßband und zum Sperrband in Bild 12.9 und man beachte ebenso die Konstruktion von s_1 und s_3 aus τ_1 und τ_3, die wiederum genauso wie in Bild 12.8 konstruiert werden. Schließlich beachte man in diesem Beispiel, daß $H_c(s)$ in Gleichung 12.32 so konstruiert ist, daß $H_c(0) = 1$. Anders als beim Tschebyscheff-Filter vom Typ 1 weist das Filter vom Typ 2 den Wert $H_c(0) = 1$ für gerade und für ungerade Werte von N auf.

Neben den oben beschriebenen Butterworth- und Tschebyscheff-Filtern ist das elliptische Filter ein anderer standardmäßiger Entwurf (siehe [Storer 1957, Guillemin 1957, Gold und Rader 1969]). Das elliptische Filter hat eine Leistungsverstärkungsfunktion mit gleichen kleinen Wellen sowohl im Durchlaßband, als auch im Sperrband und einen noch stärker abfallenden Grenzbereich. Anstatt jedoch mit der Behandlung der analogen Filter weiter fortzufahren, soll sich die Diskussion in diesem Kapitel jetzt dem Entwurf der digitalen Filter zuwenden.

12.4 Digitale Filter über die bilineare Transformation

Dieser erste Zugang zu dem digitalen Filterentwurf ermöglicht es einem, Nutzen aus bekannten analogen Entwürfen wie den Butterworth- und Tschebyscheff-Filtern zu ziehen. Die bilineare Transformation wird als eine Transformation von der s-Ebene in die z-Ebene betrachtet, welche die Umwandlung von analogen Polen und Nullstellen in digitale Pole und Nullstellen erlaubt. Der Anhang C enthält FORTRAN-Routinen, welche das in diesem Abschnitt ausgeführte Verfahren für den Entwurf von digitalen Butterworth-Filtern verkörpern.

Der Leser wird sich daran erinnern, daß die bilineare Transformation zu den Simulationsmethoden gehört, die im vorigen Kapitel 11 beschrieben wurden. In der Tat wäre es ganz natürlich (wenn man schon einmal die digitale Simulation studiert hat), zu einem digitalen Filterentwurf zu kommen, indem man versucht, das entsprechende analoge Filter so genau wie möglich zu simulieren.

Jedoch ist die genaue Simulation hier nicht das oberste Ziel. Wenn die analoge Filtercharakteristik nicht nur simuliert sondern sogar verbessert, d.h. bei der Transformation rechteckiger gemacht werden kann, dann soll das resultierende digitale Filter der genauen Simulation vorgezogen werden. Ein Beispiel einer solchen Verbesserung ist in Bild 12.10 dargestellt. Man nehme für dieses Bild an, daß ein analoges Filter mit der Übertragungsfunktion H(jω) entworfen worden ist. Der Fall (1) im Bild illustriert eine perfekte Simulation von H(jω). Die linke Darstellung zeigt ω' = ω, wobei ω' die Frequenzvariable für die digitale Simulation wie in Kapitel 11, Abschnitt 11.4 ist. Deshalb ist die Leistungsverstärkung des resultierenden digitalen Filters oben rechts im Bild genau gleich H(jω) für $|\omega| < \pi/T$. Andererseits zeigt Fall (2) eine bilineare Transformation von ω nach ω', die die verbesserte Leistungsverstärkungscharakteristik $|H(j\omega')|^2$ rechts unten zur Folge hat. Die verbesserte Verstärkungscharakteristik fällt wegen ω' > ω für $\omega > \omega_c$ rascher ab und hat wegen ω' < für $\omega < \omega_c$ ein flacheres Oberteil.

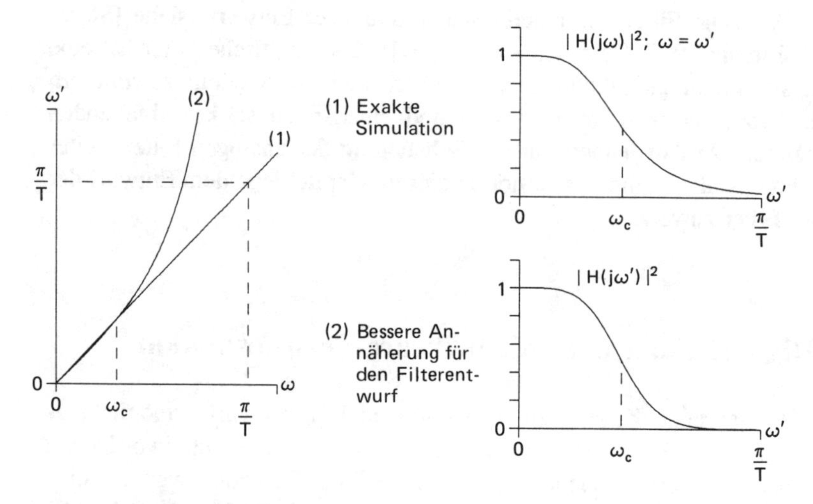

Bild 12.10 Zwei Beispiele für den Entwurf digitaler Filter

Bild 12.10 deutet also an, daß eine bilineare Transformation, die für die Erzeugung eines digitalen Filters aus einem analogen Filter benutzt wird, eine verbesserte Form ähnlich der links stehenden Kurve (2) hervorbringen sollte. Die bilineare Transformation mit A = 1 ist die einfachste Abbildung der jω-Achse auf den Einheitskreis in der z-Ebene:

$$s \leftarrow \frac{z-1}{z+1} \tag{12.33}$$

Da sie eine Näherung an s = log z ist, erzeugt sie eine Frequenztransformation, die ähnlich der Kurve (2) in Bild 12.10 ist, wie man durch Einsetzen von $z = e^{j\omega T}$ zeigen kann:

$$j\omega' = \frac{e^{j\omega T} - 1}{e^{j\omega T} + 1}$$

$$= \frac{e^{j\omega T/2} - e^{-j\omega T/2}}{e^{j\omega T/2} + e^{-j\omega T/2}}$$

woraus folgt:

$$\omega' = \tan\frac{\omega T}{2} \tag{12.34}$$

In Bild 12.11 ist ω' über ωT aufgetragen. Die Kurve ist ähnlich der Kurve (2) in Bild 12.10, außer daß Bild 12.11 natürlich unabhängig von ω_c und anderen Eigenschaften des analogen Filters ist. Um sich an die Tatsache anzupassen, daß ω_c und ω_r ebenfalls transformiert werden, hat man das folgende Entwurfsverfahren ersonnen - siehe [Gold und Rader 1969, Kaiser 1966 und Golden und Kaiser 1964]):

Verfahren für den Gebrauch der bilinearen Transformation

1. Man beginnt mit den gewünschten Werten von ω_c und ω_r oder ähnlichen kritischen Frequenzen (für ein Bandpaßfilter würden zum Beispiel die Endpunkte des Durchlaßbandes anstelle von ω_c und ω_r herangezogen werden, siehe Beispiel 12.8) und findet die transformierten Werte ω_c' und ω_r mit Hilfe der Gleichung 12.34, d.h.

$$\omega' = \tan\left(\frac{\omega T}{2}\right)$$

2. Man entwirft ein analoges Filter mit der Übertragungsfunktion $H_A(s)$, gerade wie in den vorhergehenden Abschnitten, benutzt aber ω_c' und ω_r' anstelle von ω_c und ω_r.

3. Man transformiert $H_A(s)$ in $\tilde{H}(z)$ mit

$$s \leftarrow \frac{z - 1}{z + 1}$$

Dann ist $\tilde{H}(z)$ die z-Übertragungsfunktion des gewünschten digitalen Filters.

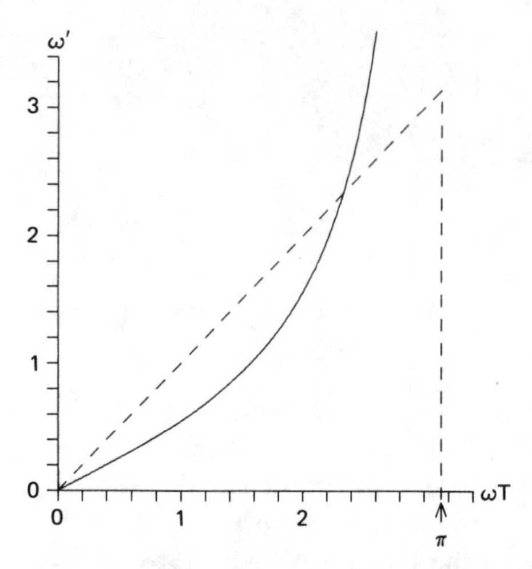

Bild 12.11 Die bilineare Frequenztransformation, ω' = tan(ωT/2)

Die Richtigkeit der "Anpassung" von ω_c und ω_r in diesem Verfahren kann man durch das folgende Argument zeigen: Gemäß Schritt 3 ist

$$\tilde{H}(z) = H_A\left(\frac{z-1}{z+1}\right) \tag{12.35}$$

Aber dann ist, wie vorher gezeigt, die Übertragungsfunktion des digitalen Filters

$$\overline{H}(j\omega) = \tilde{H}(e^{j\omega T}) \tag{12.36}$$

Deshalb ergibt sich aus den Gleichungen 12.34 bis 12.36

$$\overline{H}(j\omega) = H_A(j\omega') \tag{12.37}$$

und so erzeugt Schritt 2 des Verfahrens die gewünschten Verstärkungswerte $\overline{H}(j\omega_c)$ und $\overline{H}(j\omega_r)$ bei den Frequenzen ω_c und ω_r.

Die folgenden typischen Beispiele, in denen digitale Butterworth- und Tschebyscheff-Filter entworfen werden, dienen zur Veranschaulichung dieses Verfahrens.

Beispiel 12.5: Man entwerfe ein digitales Butterworth-Filter, das die folgenden Spezifikationen erfüllt:

Abtastintervall T = 100 µsec;
Leistungsverstärkung zwischen 0 und -0.7 dB von 0 bis 1000 Hz;
Leistungsverstärkung herunter bis wenigstens - 10 dB bei 1200 Hz.

Folgt man dem obigen Verfahren, besteht der erste Schritt darin, die Frequenzen ω_c und ω_r zu transformieren, die in diesem Beispiel die entsprechenden Werte 2000 π und 2400 π rad sec^{-1} haben. Die transformierten Werte sind

$$\left.\begin{aligned} \omega_c' &= \tan\frac{\omega_c T}{2} = \tan\frac{2000\pi \times 10^{-4}}{2} = 0.32492 \\ \omega_c' &= \tan\frac{\omega_r T}{2} = \tan\frac{2400\pi \times 10^{-4}}{2} = 0.39593 \end{aligned}\right\} \tag{12.38}$$

Der nächste Schritt besteht darin, ein analoges Filter mit den Werten ω_c' und ω_r' zu entwerfen. Wenn die minimale Durchgangsbandverstärkung bei ω_c' gleich -0.7 dB ist, folgt

$$10 \log_{10}|H_A(j\omega_c')|^2 = 10 \log_{10}\frac{1}{1+\epsilon^2} = -0.7$$

das ergibt:

$$\log_{10}(1+\epsilon^2) = 0.070 \quad \text{und} \quad \epsilon = 0.41821 \tag{12.39}$$

Wenn die maximale Sperrbandverstärkung bei ω_r' gleich - 10 dB ist, folgt

$$10 \log_{10}|H_A(j\omega_r')|^2 = 10 \log_{10}\frac{1}{1+\lambda^2} = -10$$

Daraus folgt:

$$\lambda = 3 \tag{12.40}$$

Hat man ω_c', ω_r', ε und λ gefunden, kann man die Ordnung N des Filters mit Gleichung 12.4 ermitteln:

$$N \geq \frac{\log(\lambda/\epsilon)}{\log(\omega_r'/\omega_c')} = 9.97$$

Das ergibt:

$$N = 10 \tag{12.41}$$

Deshalb ist, wie in den Gleichungen 12.9 und 12.5, die Übertragungsfunktion des analogen Filters

$$\begin{aligned} H_A(s) &= \frac{s_1 s_2 \cdots s_{10}}{(s - s_1)(s - s_2)\cdots(s - s_{10})}; \\ s_n &= \omega_c' \epsilon^{-1/N} e^{j\pi(2n+N-1)/2N}; \qquad n = 1,2,\ldots,N \\ &= 0.35452 e^{j\pi(2n+9)/20}; \qquad n = 1,2,\ldots,10 \end{aligned} \tag{12.42}$$

Der dritte und letzte Schritt besteht nun darin, $H_A(s)$ in $\tilde{H}(z)$ zu überführen und dabei die bilineare Substitution zu benutzen:

$$\begin{aligned}\tilde{H}(z) &= H_A\left(\frac{z-1}{z+1}\right)\\ &= \frac{s_1 s_2 \cdots s_{10}}{\left(\frac{z-1}{z+1} - s_1\right)\left(\frac{z-1}{z+1} - s_2\right)\cdots\left(\frac{z-1}{z+1} - s_{10}\right)} \\ &= \frac{s_1 s_2 \cdots s_{10}(z+1)^{10}}{[(1-s_1)z-(1+s_1)]\cdots[(1-s_{10})z-(1+s_{10})]}\end{aligned} \tag{12.43}$$

wobei s_1 bis s_{10} in Gleichung 12.42 gegeben sind. $\tilde{H}(z)$ ist die gewünschte z-Übertragungsfunktion. Die Leistungsverstärkung dieses digitalen Filters könnte man finden, indem man $e^{j\omega T}$ für z einsetzt und von Gleichung 12.43 den quadrierten Betrag bildet, aber man kann sie sehr viel leichter finden, wie dies von Golden und Kaiser (1964) gezeigt worden ist, wenn man die Gleichungen 12.37 und 12.34 heranzieht:

$$\begin{aligned}|\overline{H}(j\omega)|^2 &= |H_A(j\omega')|^2 \\ &= \left|H_A\left(j\tan\frac{\omega T}{2}\right)\right|^2\end{aligned} \tag{12.44}$$

Somit ist es nur nötig, ω_c' für ω_c und ω' für ω in der Butterworth-Leistungsverstärkung von Gleichung 12.3 einzusetzen, um zu erhalten

$$|\overline{H}(j\omega)|^2 = \frac{1}{1+\epsilon^2\left(\frac{\tan(\omega T/2)}{\tan(\omega_c T/2)}\right)^{2N}} \tag{12.45}$$

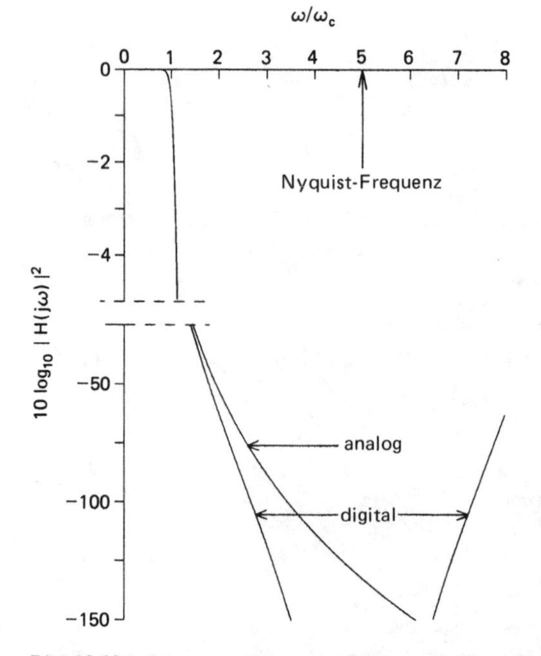

Bild 12.12 Leistungsverstärkung des Butterworth-Filters für N = 10, ε = 0.41821, und $\omega_c T = 0.2\pi$

Die Leistungsverstärkungsfunktion für dieses Beispiel ist in Bild 12.12 ausgetragen. Das Diagramm zeigt die Leistungsverstärkung des digitalen Filters in dB und auch die Leistungsverstärkung eines analogen Butterworth-Filters mit denselben Werten von N und ε; es veranschaulicht damit die Entwurfsverbesserung, die durch die bilineare Transformation bewirkt wird und die oben in Bild 12.10 vorhergesagt wurde.

Die digitale Übertragungsfunktion $\tilde{H}(z)$ in Gleichung 12.43 kann man bequem in der in Kapitel 9, Abschnitt 5 beschriebenen Serienform realisieren. Um dies auszuführen, ist zu beachten, daß s_n und s_{11-n} in Gleichung 12.42 konjugiert komplex sind. Das heißt

$$\left.\begin{aligned} s_n &= Re^{j\theta_n}; \qquad R = \omega_c' \epsilon^{-1/10},\ \theta_n = \frac{2n+9}{20}\pi \\ s_{11-n} &= Re^{-j\theta_n} \end{aligned}\right\} \tag{12.46}$$

Als nächstes zerlegen wir Gleichung 12.43 wie folgt in 5 Faktoren

$$\tilde{H}(z) = \tilde{H}_1(z)\tilde{H}_2(z)\tilde{H}_3(z)\tilde{H}_4(z)\tilde{H}_5(z); \tag{12.47}$$

$$\begin{aligned} \tilde{H}_n(z) &= \frac{s_n s_{11-n}(z+1)^2}{[(1-s_n)z-(1+s_n)][(1-s_{11-n})z-(1+s_{11-n})]} \\ &= \frac{R^2(z+1)^2}{[(1-Re^{j\theta_n})z-(1+Re^{j\theta_n})][(1-Re^{-j\theta_n})z-(1+Re^{-j\theta_n})]} \\ &= \frac{R^2(z^2+2z+1)}{(1+R^2-2R\cos\theta_n)z^2-2(1-R^2)z+(1+R^2+2R\cos\theta_n)} \end{aligned} \tag{12.48}$$

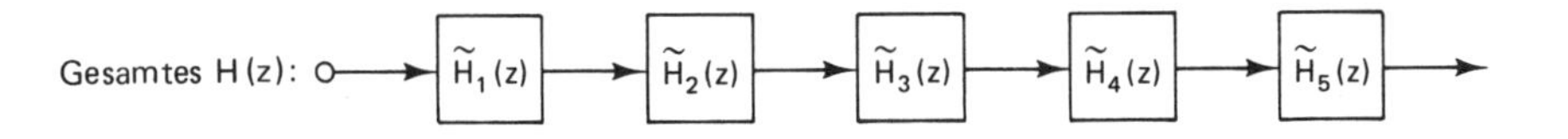

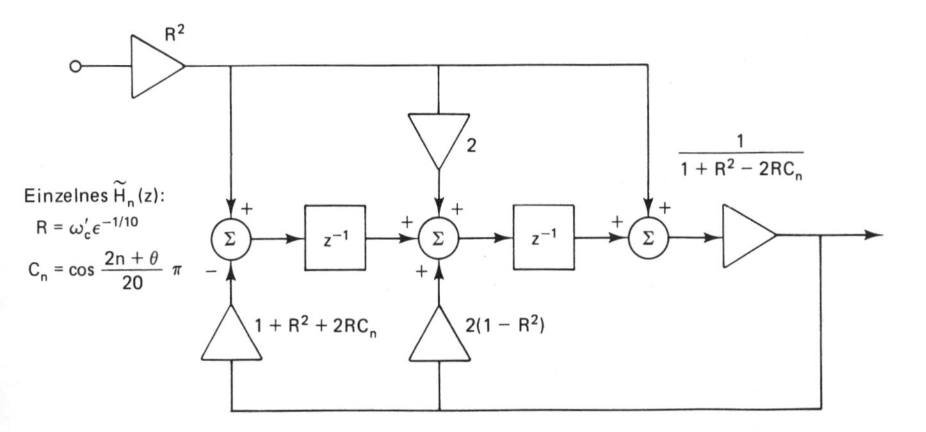

Bild 12.13 Serielle Realisierung des digitalen Butterworth-Filters; N = 10

wobei n von 1 bis 5 geht. Die durch die Gleichungen 12.47 und 12.48 gegebene Realisierung ist in Bild 12.13 dargestellt. Die Parameter sind in allgemeiner Form angeschrieben, so daß sich das Bild auf jedes digitale Butterworth-Filter der Ordnung 10 anwenden läßt. In dem darunter stehenden Schaltbild beachte man die Multiplikation des Eingangssignals mit R^2 im Zähler von Gleichung 12.48 und die Division des Ausgangssignals durch den Koeffizienten von z^2 im Nenner von Gleichung 12.48. Durch Ändern der Zahl der Blöcke in dem oberen Schaltbild kann das Bild offensichtlich auf jedes digitale Butterworth-Filter mit geradem N angewandt werden. Die leichte Modifikation für ungerades N sei einer Übung überlassen.

Beispiel 12.6: Um das obige Butterworth-Filter mit einem Tschebyscheff-Filter der gleichen Ordnung zu vergleichen, nehmen wir an, es solle ein Tschebyscheff-Filter mit den folgenden Werten entworfen werden:

Abtastintervall T = 100μsec;
Leistungsverstärkung zwischen 0 und -0.7 dB von 0 bis 1000 Hz;
Leistungsverstärkung maximal flach im Sperrband und wenigstens -10 dB bei 1040 Hz.

Hier sind λ, ε und ω_c identisch mit den Werten von Beispiel 12.5, aber ω_r ist sehr viel kleiner - das "Niemandsland" zwischen ω_c und ω_r hat nur 1/5 seiner früheren Breite. Dennoch ergibt sich N noch wie vorher zu

$$N \geq \frac{\cosh^{-1}(\lambda/\epsilon)}{\cosh^{-1}(\omega_r'/\omega_c')} = \frac{\cosh^{-1}(3/0.41821)}{\cosh^{-1}(0.33887/0.32492)}$$

$$= 9.105$$

aufgerundet also:

$$N = 10 \tag{12.49}$$

Auf diese Weise hat man mit dem Tschebyscheff-Filter der gleichen Ordnung einen sehr viel schnelleren Abfall als bei dem Butterworth-Filter erreicht. Folgt man dem oben angegebenen Entwurfsverfahren mit Schritt 2 und benutzt die Gleichungen 12.27 und 12.24, so ergibt sich der Entwurf des analogen Filters wie folgt (das Filter vom Typ 1 wird gewählt, um für eine flache Leistungsverstärkung im Sperrband zu sorgen):

$$\begin{aligned} H_A(s) &= \frac{s_1 s_2 \cdots s_{10}}{(s-s_1)(s-s_2)\cdots(s-s_{10})\sqrt{1+\epsilon^2}}; \\ s_n &= \omega_c'(\sinh\alpha\cos\beta_n + j\cosh\alpha\sin\beta_n); \qquad n = 1,2,\ldots,10 \\ &= 0.05241\cos\frac{2n+9}{20}\pi + j0.32912\sin\frac{2n+9}{20}\pi \end{aligned} \tag{12.50}$$

Der Schritt 3 des Verfahrens ergibt dann die z-Übertragungsfunktion des gewünschten digitalen Filters:

$$\tilde{H}(z) = H_A\left(\frac{z-1}{z+1}\right)$$
$$= \frac{s_1 s_2 \cdots s_{10}(z+1)^{10}}{[(1-s_1)z-(1+s_1)]\cdots[(1-s_{10})z-(1+s_{10})]\sqrt{1+\epsilon^2}} \tag{12.51}$$

mit s_n wie in Gleichung 12.50. Eine Serien-Realisierung von $\tilde{H}(z)$ hat dieselbe Form wie in Bild 12.13 (aber natürlich verschiedene Parameterwerte) und kann in derselben Weise gewonnen werden

Die digitale Leistungsverstärkung lautet für dieses Beispiel, ähnlich wie in Gleichung 12.45 für das vorige Beispiel

$$|\overline{H}(j\omega)|^2 = |H_A(j\omega')|^2$$
$$= \frac{1}{1+\epsilon^2 V_N^2\left(\frac{\tan(\omega T/2)}{\tan(\omega_c T/2)}\right)} \tag{12.52}$$

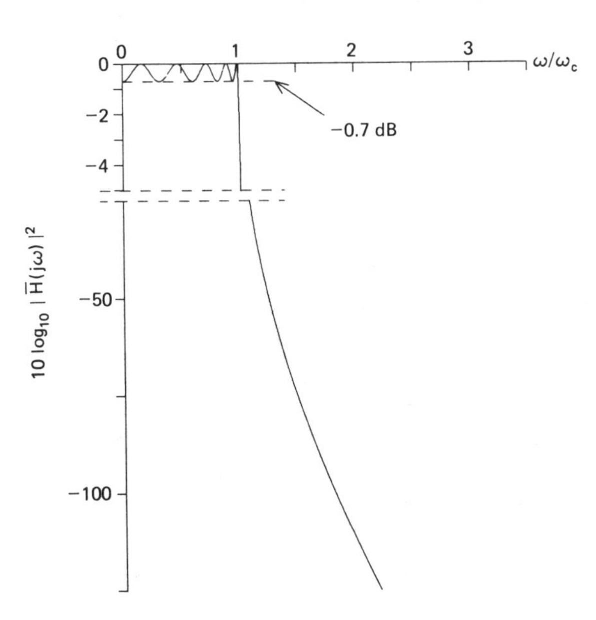

Bild 12.14 Leistungsverstärkung eines digitalen Tschebyscheff-Filters Typ 1 für N = 10, ε = 0.41821, und $\omega_c T = 0.2\,\pi$

Die Leistungsverstärkung in dB ist in Bild 12.14 zum Vergleich mit der Butterworth-Charakteristik in Bild 12.12 aufgetragen. Die Pole und Nullstellen in der z-Ebene sind in Bild 12.15 aufgetragen. Wie durch Gleichung 12.51 gezeigt, gibt es eine Nullstelle der Ordnung 10 bei z = -1 und 10 Pole bei

$$z_n = \frac{1 + s_n}{1 - s_n}; \qquad n = 1, 2, \ldots, 10 \tag{12.53}$$

mit s_n wie in Gleichung 12.50. Man beachte die Lage der Pole relativ zu dem Durchlaßband. Da die Grenzfrequenz 1000 Hz beträgt und die Hälfte der Abtastfrequenz 5000 Hz ist, erstreckt sich das Durchlaßband über 1/5 des Einheitskreises bzw. über ± 36 Winkelgrad.

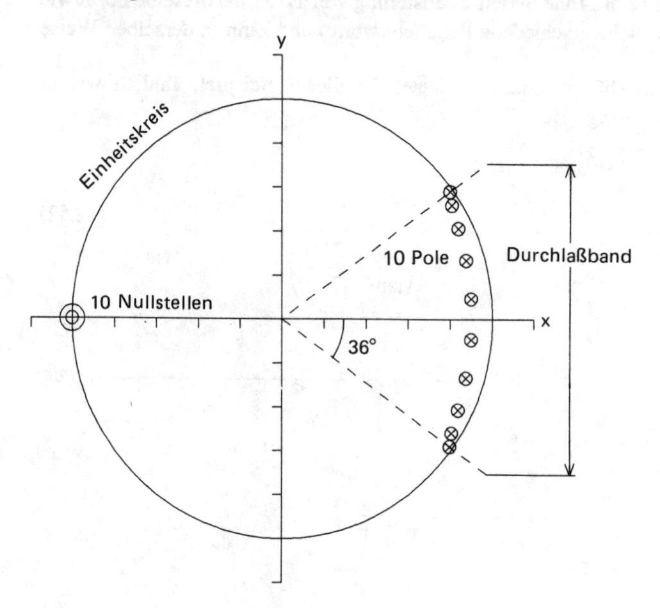

Bild 12.15 Pole und Nullstellen des digitalen Tschebyscheff-Filters vom Typ 1; N = 10; ε = 0.41821, und $\omega_c T = 0.2\,\pi = 36^\circ$

Zusammenfassend läßt sich feststellen, daß die bilineare Transformation ein bequemes und nützliches Mittel darstellt, um analoge Entwurfsmethoden bei der Konstruktion digitaler Filter einzusetzen. Die analoge Leistungsverstärkungskurve bleibt bei der Transformation nicht erhalten, sondern wird tatsächlich noch verbessert, so daß das digitale Filter sogar eine wünschenswertere Charakteristik als sein analoges Gegenstück hat.

12.5 Frequenztransformationen

Die Umwandlung von Tiefpaßfiltern in Hochpaß-, Bandpaß- und Bandsperrfilter ist sehr klar bei Guillemin (1957) und bei Kuo (1962) beschrieben worden. Die Verfahren sind relativ einfach und lassen sich auf analoge und auf digitale Filter anwenden.

Jedes Umwandlungsverfahren hat es mit der Substitution einer Funktion von s, nennen wir sie s'(s), in eine analoge Tiefpaß-Übertragungsfunktion H(s) zu tun, um eine neue Übertragungsfunktion H(s') zu schaffen. Folgerichtig haben die Umwandlungen die folgenden wichtigen Eigenschaften gemeinsam:

1. Die umgewandelte Übertragungsfunktion $H(j\omega')$ hat genau die gleichen Werte wie die Tiefpaßfunktion $H(j\omega)$, aber bei anderen Werten von ω, d.h. bei anderen Frequenzen.

2. Digitale Filter, die mit Hilfe der bilinearen Transformation entworfen wurden, können einfach umgewandelt werden, indem man die analogen Darstellungen umwandelt, bevor man die Substitution $s \leftarrow (z - 1)/(z + 1)$ anwendet.

Die Umwandlungsformeln sind in Tabelle 12.1 angegeben. Wie schon oben bemerkt, hat es jede Umwandlung mit der Ersetzung von s durch eine neue Funktion von s in der Tiefpaß-Übertragungsfunktion H(s) zu tun. Der Tiefpaßfall sei zuerst als trivialer Fall gezeigt, in dem s durch sich selbst ersetzt wird. Rechts in der Tabelle stehen die resultierenden Transformationen des Frequenzbereiches, die man durch $s = j\omega$ erhält. Im Hochpaßfall wird das Durchlaßband des ursprünglichen Tiefpaßfilters, d.h. $|\omega| < \omega_c$, in den Bereich abgebildet, in dem wie gezeigt $|\omega| > \omega_c$ ist, womit das gewünschte neue Durchlaßband bei Frequenzen größer als ω_c geschaffen ist; siehe das untenstehende Beispiel 12.7.

Tabelle 12.1 Umwandlung von Tiefpaßfiltern

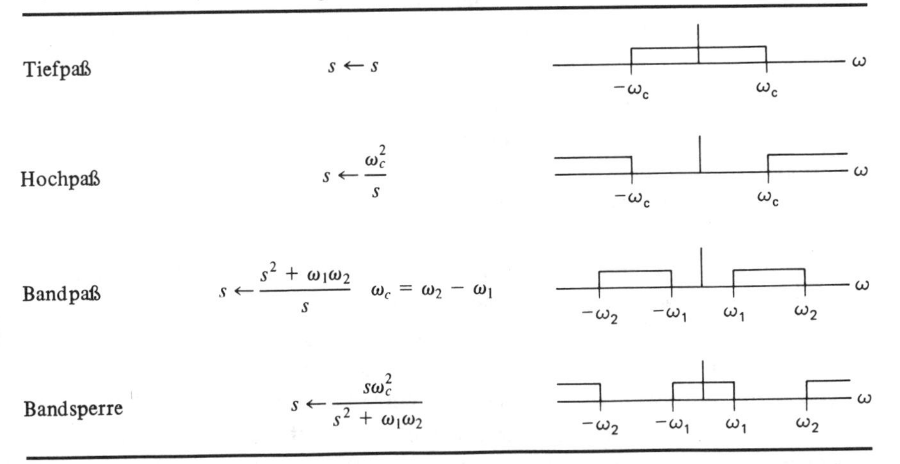

Tiefpaß	$s \leftarrow s$	$-\omega_c$, ω_c, ω
Hochpaß	$s \leftarrow \dfrac{\omega_c^2}{s}$	$-\omega_c$, ω_c, ω
Bandpaß	$s \leftarrow \dfrac{s^2 + \omega_1\omega_2}{s}$ $\quad \omega_c = \omega_2 - \omega_1$	$-\omega_2$, $-\omega_1$, ω_1, ω_2, ω
Bandsperre	$s \leftarrow \dfrac{s\omega_c^2}{s^2 + \omega_1\omega_2}$	$-\omega_2$, $-\omega_1$, ω_1, ω_2, ω

Die Bandpaßtransformation ist ein wenig komplizierter. Man beachte, daß sie die Ordnung des Filters verdoppelt, da s^2 in der Transformation enthalten ist. Wie in der Tabelle gezeigt, muß das ursprüngliche Tiefpaßfilter mit folgender Grenzfrequenz entworfen werden

$$\omega_c = \omega_2 - \omega_1 \tag{12.54}$$

d.h. mit einer Grenzfrequenz, die gleich der Bandbreite des Bandpaßfilters ist. Die Richtigkeit dieser Aussage, wie auch die der Zeile 3 in Tabelle 12.1, kann man mit folgendem Argument einsehen: Wir nennen die Tiefpaß- und Bandpaß-Übertragungsfunktionen entsprechend $H_L(j\omega)$ und $H_B(j\omega)$. Die Substitution in Zeile 3 der Tabelle bringt dann

$$j\omega \leftarrow \frac{-\omega^2 + \omega_1\omega_2}{j\omega}$$

deshalb:

$$H_B(j\omega) = H_L\left(j\,\frac{\omega^2 - \omega_1\omega_2}{\omega}\right)$$

und:

$$\begin{aligned} H_B(\pm j\omega_1) &= H_L[\pm j(\omega_1 - \omega_2)] = H_L(\mp j\omega_c) \\ H_B(\pm j\omega_2) &= H_L[\pm j(\omega_2 - \omega_1)] = H_L(\pm j\omega_c) \end{aligned} \tag{12.55}$$

Die zwei letzten Beziehungen zeigen die Abbildung der Endpunkte des Bandpasses von Zeile 3 der Tabelle in die des Tiefpasses. Die zweite Zeile in Gleichung 12.55 ergibt etwas allgemeiner das gewünschte Resultat: Die Tiefpaßverstärkung für $|\omega| < \omega_c$ ist mit der Bandpaßverstärkung für $\omega_1 < |\omega| < \omega_2$ identisch, wenn die Beziehung in Gleichung 12.54 gilt.

Schließlich folgt die Bandsperrentransformation in Tabelle 12.1 aus dem vorigen Argument. Durch einfaches Invertieren der Bandpaß-Substitutionsfunktion und Multiplizieren mit ω_c^2 werden ersichtlich die "Durchgangs"-Gebiete im Bandpaß-Frequenzbereich in die "Sperr"-Gebiete im Bandsperren-Frequenzbereich abgebildet und umgekehrt.

Einen Punkt bei all diesen Transformationen sollte man übrigens beachten. Alle Transformationen werden eine perfekte Verstärkungscharakteristik hervorbringen, wenn nur eine perfekte Tiefpaßcharakteristik vorliegt. Der Leser kann dies verifizieren, indem er jede Transformation auf Bild 12.1 anwendet und die drei Funktionen auf der rechte Seite von der Tiefpaßfunktion auf der linken Seite erhält. Wenn jedoch die Tiefpaßcharakteristik nicht rechteckig ist (und sie ist es natürlich in der Praxis nie), dann werden sich die

Flanken der Verstärkungsfunktion bei der Transformation verformen. Die Verformung verursacht jedoch gewöhnlich keine Probleme, wie unten noch angedeutet wird.

Zwei Beispiele seien jetzt dargelegt, um die Transformationen in der Tabelle 12.1 zu veranschaulichen. Im ersten wird ein analoges Hochpaßfilter erzeugt und im zweiten ein digitales Bandpaßfilter. In beiden Fällen wird das Butterworth-Tiefpaßfilter als Ausgangspunkt benutzt.

Beispiel 12.7: Man wandle das analoge Tiefpaß-Butterworth-Filter mit N = 10 und ε = 1 in ein Hochpaßfilter um. Die Tiefpaß-Übertragungsfunktion ist durch die Gleichungen 12.9 und 12.5 gegeben

$$\left.\begin{aligned} H_L(s) &= \frac{s_1 s_2 \cdots s_{10}}{(s - s_1)(s - s_2)\cdots(s - s_{10})} \\ s_n &= \omega_c e^{j\pi(2n+9)/20}; \qquad n = 1, 2, \ldots, 10 \end{aligned}\right\} \tag{12.56}$$

Mit Zeile 2 von Tabelle 12.1 wird nun s durch ω_c^2/s in $H_L(s)$ ersetzt, um die Hochpaß-Übertragungsfunktion $H_H(s)$ zu erhalten:

$$\begin{aligned} H_H(s) &= H_L\left(\frac{\omega_c^2}{s}\right) \\ &= \frac{s_1 s_2 \cdots s_{10}}{(\omega_c^2/s - s_1)(\omega_c^2/s - s_2)\cdots(\omega_c^2/s - s_{10})} \\ &= \frac{s^{10}}{(s - \omega_c^2/s_1)(s - \omega_c^2/s_2)\cdots(s - \omega_c^2/s_{10})} \end{aligned} \tag{12.57}$$

Damit sind die ursprünglichen Pole in Gleichung 12.56 auf sich selbst in der s-Ebene abgebildet und eine vielfache Nullstelle ist bei s = 0 eingeführt worden. Die Hochpaß-Leistungsverstärkungsfunktion von Gleichung 12.3 lautet

$$\begin{aligned} |H_H(j\omega)|^2 &= \left|H_L\left(\frac{\omega_c^2}{j\omega}\right)\right|^2 \\ &= \frac{1}{1 + (\omega_c/\omega)^{20}} \end{aligned} \tag{12.58}$$

Eine dB-Darstellung dieser Funktion ist in Bild 12.16 angegeben. Die Tiefpaß-Leistungsverstärkung $|H_L(j\omega)|^2$ ist zum Vergleich ebenfalls aufgetragen. Die Kurven sind normiert, insofern als die Leistungsverstärkung in dB über ω/ω_c aufgetragen ist.

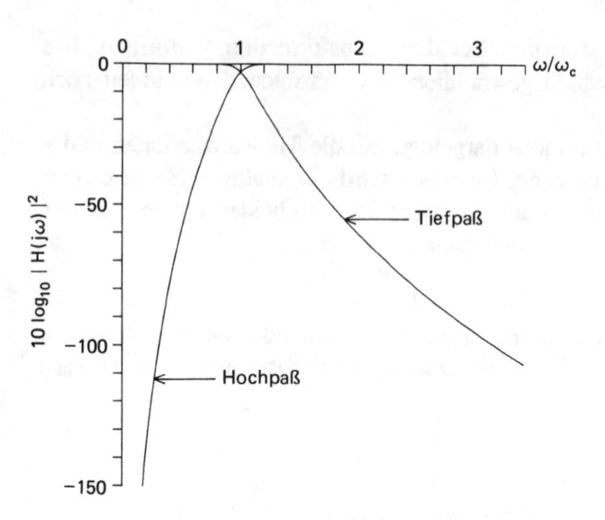

Bild 12.16 Analoge Leistungsverstärkungen eines Butterworth-Hoch- und Tiefpasses; N=10; ε=1

Beispiel 12.8: Wandle das Tiefpaß-Butterworth-Filter mit $N = 10$ und $\varepsilon = 1$ in ein digitales Bandpaßfilter um, das ein Durchlaßband von 0.2 bis 0.3 mal der Abtastfrequenz hat. Wie früher erwähnt, besteht das Verfahren darin, zuerst das Tiefpaßfilter in ein zugehöriges analoges Bandpaßfilter umzuwandeln, und dann die bilineare Transformation auf dieses anzuwenden, um das digitale Filter zu erhalten. Für den ersten Schritt führen die obigen Angaben zu

$$\omega_1 = 2\pi\left(\frac{0.2}{T}\right) = \frac{2\pi}{5T}; \qquad \omega_2 = 2\pi\left(\frac{0.3}{T}\right) = \frac{3\pi}{5T} \tag{12.59}$$

Diese Frequenzen werden nun gemäß dem Verfahren im vorhergehenden Abschnitt transformiert:

$$\left.\begin{aligned} \omega_1' &= \tan\frac{\omega_1 T}{2} = \tan\left(\frac{\pi}{5}\right) = 0.7265 \\ \omega_2' &= \tan\frac{\omega_2 T}{2} = \tan\left(\frac{3\pi}{10}\right) = 1.3764 \end{aligned}\right\} \tag{12.60}$$

Als nächstes ermittelt man ω_c' wie in Tabelle 12.1 oder in Gleichung 12.54:

$$\omega_c' = \omega_2' - \omega_1' = 0.6499 \tag{12.61}$$

Die zugehörige Tiefpaß-Leistungsverstärkung ergibt sich deshalb zu

$$|H_L(j\omega)|^2 = \frac{1}{1 + (\omega/\omega_c')^{2N}} \tag{12.62}$$

mit $N = 10$ und dem angegebenen ω_c' sowie $\varepsilon = 1$. Aus Tabelle 12.1 oder Gleichung 12.55 folgt die analoge Bandpaßverstärkung zu

$$|H_B(j\omega)|^2 = \left| H_L\left(j\frac{\omega^2 - \omega_1'\omega_2'}{\omega} \right) \right|^2 = \frac{1}{1 + \left(\frac{\omega^2 - \omega_1'\omega_2'}{\omega\omega_c'} \right)^{2N}} \tag{12.63}$$

Daraus ermittelt man die Leistungsverstärkung des digitalen Bandpaßfilters wie in Gleichung 12.44

$$|\overline{H}(j\omega)|^2 = |H_B(j\tan(\omega T/2))|^2 = \frac{1}{1 + \left(\frac{\tan^2(\omega T/2) - \omega_1'\omega_2'}{\omega_c' \tan(\omega T/2)} \right)^{2N}} \tag{12.64}$$

Diese Leistungsverstärkung ist in Bild 12.17 aufgetragen. Die vergleichbare analoge Verstärkung in Gleichung 12.63 mit ungestrichenen Parametern ist zum Vergleich ebenfalls eingezeichnet. Die Entwicklung der z-Übertragungsfunktion verläuft in derselben Weise, wobei man mit Gleichung 12.56 anstelle von Gleichung 12.62 beginnt und die bilineare Form in die analoge Bandpaß-Übertragungsfunktion einsetzt.

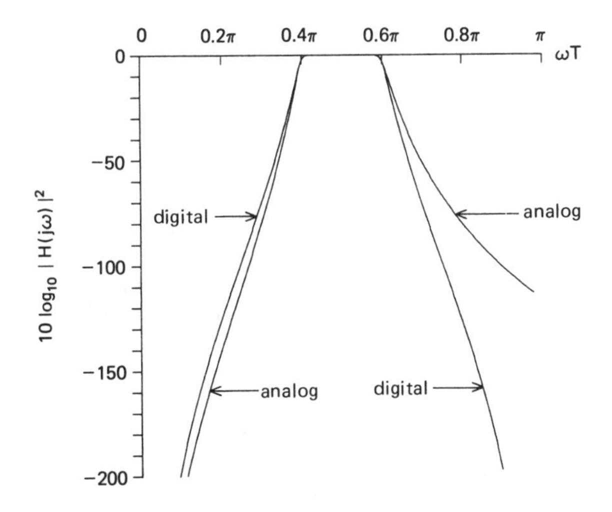

Bild 12.17 Leistungsverstärkung von Butterworth-Bandpaßfiltern; N = 10

Es ist lehrreich, die Pole von $\widetilde{H}(z)$ dadurch zu finden, daß man die Pole des analogen Tiefpaßfilters (Gleichung 12.56) transformiert, und zwar zuerst in die analogen Bandpaßpole und dann in die digitalen Bandpaßpole in der z-Ebene. Dies ist in Bild 12.18 dargestellt. Um die analogen Bandpaßpole zu erhalten, ergibt die Zeile 3 von Tabelle 12.1

$$s_L = \frac{s_B^2 + \omega_1'\omega_2'}{s_B} \tag{12.65}$$

wobei s_L ein Tiefpaßpol und s_B ein Bandpaßpol ist. Deshalb ist

$$s_B = \tfrac{1}{2}(s_L \pm \sqrt{s_L^2 - 4\omega_1'\omega_2'}) \tag{12.66}$$

und somit ergeben sich die zwei Sätze von analogen Bandpaßpolen in der mittleren Zeichnung. Als nächstes ergibt die bilineare Transformation

$$s = \frac{z - 1}{z + 1} \tag{12.67}$$

die digitalen Bandpaßpole bei

$$z_B = \frac{1 + s_B}{1 - s_B} \tag{12.68}$$

und diese Pole sind in der rechten Zeichnung dargestellt. Man beachte, wie sie das digitale Durchlaßband zwischen den Winkeln 0.4 π und 0.6π umspannen und damit das Resultat in Bild 12.17 ergeben. Man beachte, daß durch die Transformationen auch zehn Nullstellen in die analoge Bandpaßfunktion eingeführt werden und zwanzig Nullstellen in die digitale Bandpaßfunktion. Der Beweis dieser Tatsache bleibe dem Leser als Übung überlassen.

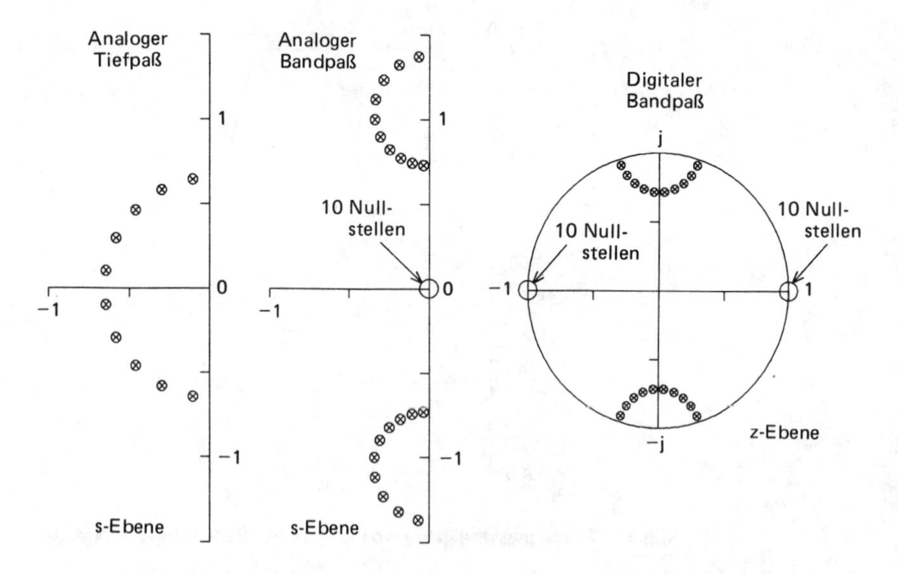

Bild 12.18 Transformation von Polen (von Beispiel 12.8), um ein digitales Bandpaßfilter aus einer analogen Tiefpaßfunktion zu konstruieren. $\omega_c' = 0.6499$, $\omega_1' = 0.7265$, und $\omega_2' = 1.3764$

12.6 Digitale Filter-Routinen

Die DSA-Bibliothek im Anhang B enthält zwei Routinen, die man beim Entwurf von vier Typen von digitalen Butterworth-Filtern benutzen kann. Die SPL HB W-Routine läßt sich für Tiefpaß- und Hochpaßfilter benutzen, und die SPBBBW-Routine für Bandpaß- und Bandsperrfilter, alles bezogen auf Butterworth-Filter. Die jeweiligen Aufrufbefehle lauten

```
CALL SPLHBW (ITYPE,FC,NS,B,A,IERROR)
CALL SPBBBW (ITYPE,F1,F2,NS,B,A,IERROR)

    ITYPE = Filter type = 1 (lowpass,bandpass), 2 (highpass,
            bandstop)
 FC,F1,F2 = Cutoff (-3dB) frequencies in Hz-s. (Sampling frequency
            = 1.0)
       NS = Number of two-pole sections in cascade. Must be even
            for bandpass and bandstop filters.
B(0:2,NS) = Numerator coefficients.
  A(2,NS) = Denominator coefficients. The nth section has
```

$$H_n(z) = \frac{B(0,n) + B(1,n)z^{-1} + B(2,n)z^{-2}}{1 + A(1,n)z^{-1} + A(2,n)z^{-2}} \tag{12.69}$$

```
   IERROR = 0: no errors
            1: ITYPE not valid
            2: FC,F1, or F2 not in (0.0,0.5) or F1≥F2
            3: NS not >0 or not even with SPBBBW.
```

In diesen Aufrufbefehlen bemerken wir, daß jedes Filter aus NS Zweipol-Abschnitten in Kaskade besteht. Die Routinen geben alle Koeffizienten in den Real Arrays B(0:2, NS) und A(2,NS) aus.

Für den Tiefpaß-Filterentwurf ist die Konstruktion mit SPLHBW bei ITYPE = 1 ähnlich der in Beispiel 12.5. Setzt man $\varepsilon = 1$, wodurch die Leistungsverstärkung bei der Grenzfrequenz um 3dB absinkt, hat der n-te Abschnitt analoge Pole bei

$$s_n, s_n^* = \omega_c' e^{\pm j\pi(2n+2NS-1)/(4NS)} \tag{12.70}$$

Man beachte, daß die Zahl N der Pole das Doppelte der Zahl der Abschnitte NS beträgt. Diese Pole werden in die z-Ebene gemäß der bilinearen Transformation in Gl. 12.33 abgebildet, so daß man wie in Gl. 12.53 hat

$$z_n = \frac{1 + s_n}{1 - s_n} \tag{12.71}$$

Sei nun $H_{Ln}(z)$ die Übertragungsfunktion des n-ten digitalen Tießpaß-Abschnittes. Wie in Gl. 12.43 gezeigt, wird der Faktor $(1-s_n)(1-s_n^*)$ der wesentliche Zählerkoeffizient von $\tilde{H}_{Ln}(z)$. Damit wird die Übertragungsfunktion

$$\begin{aligned}\tilde{H}_{Ln}(z) &= \frac{\omega_c'^2(z+1)^2/[(1-s_n)(1-s_n^*)]}{(z-z_n)(z-z_n^*)} \\ &= \frac{\omega_c'^2(1+2z^{-1}+z^{-2})/[(1-s_n)(1-s_n^*)]}{1-2\,\mathrm{Re}[z_n]\,z^{-1}+|z_n|^2z^{-2}}\end{aligned} \tag{12.72}$$

Für den Hochpaß-Filterentwurf verläuft die Konstruktion mit SPLHBW bei ITYPE = 2 fast genauso wie gerade beschrieben. Da die Substitution von $\omega_c'^2/s$ für s jeden analogen Pol in seinen konjugiert komplexen Pol abbildet, ist der Nenner einer Zwei-Pole-Übertragungsfunktion $\tilde{H}_{Hn}(z)$ derselbe wie der Nenner von $\tilde{H}_{Ln}(z)$. Wie man in Gl. 12.57 sieht, wird $s_n s_n^*$ in jedem analogen Abschnitt durch den Faktor s^2 ersetzt, womit $(z+1)^2$ in jedem digitalen Abschnitt durch $(z-1)^2$ ersetzt wird. Das Ergebnis ist ähnlich dem in Gl. 12.72

$$\tilde{H}_{Hn}(z) = \frac{(1-2z^{-1}+z^{-2})/[(1-s_n)(1-s_n^*)]}{1-2\,\mathrm{Re}[z_n]\,z^{-1}+|z_n|^2z^{-2}} \tag{12.73}$$

Zusammengefaßt ist SPLHBW also im wesentlichen eine praktische Anwendung der Gleichungen 12.70 bis 12.73.

Für den Bandpaß- und Bandsperre-Entwurf ist die Transformation ein bißchen komplizierter. Zunächst muß die Zahl der Abschnitte (NS) eine gerade Zahl sein, da jeder Tießpaßabschnitt wegen der Transformationen in Tabelle 12.1 zu zwei Bandpaßabschnitten führt. Wie schon bei der Diskussion von Gl. 12.10 gesehen, ergibt sich der Leistungsverstärkungsabfall, da N gleich der zweifachen Zahl der Tiefpaßabschnitte ist, zu

$$\boxed{\begin{aligned}\text{dB/Oktave} &= 12\ (\text{NS})\ (\text{Tiefpaß}, \text{Hochpaß}) \\ &= 6\ (\text{NS})\ (\text{Bandpaß}, \text{Bandsperre})\end{aligned}} \tag{12.74}$$

Für jede Transformation beginnen wir mit einem Tiefpaßabschnitt der Form

$$\begin{aligned} H_{Ln}(s) &= \frac{\omega_c'^2}{(s-s_{Ln})(s-s_{Ln}^*)}; \qquad n = 1, \ldots, \frac{\text{NS}}{2} \\ \omega_c' &= \omega_2' - \omega_1' \\ s_{Ln} &= \omega_c' e^{j\pi(2n+\text{NS}-1)/2\text{NS}} \end{aligned} \tag{12.75}$$

Wir transformieren $H_{Ln}(z)$ zuerst in zwei Bandpaß- oder Bandsperr-Abschnitte in Serie, die gegeben sind durch

$$
\begin{aligned}
H_{Bn1}(s)H_{Bn2}(s) &= \frac{P^2(s)}{(s - s_{Bn1})(s - s_{Bn1}^*)(s - s_{Bn2})(s - s_{Bn2}^*)} \\
P(s) &= \omega_c' s \qquad \text{(Bandpaß)} \\
&= s^2 + \omega_1'\omega_2' \qquad \text{(Bandsperre)} \\
s_{Bn1}, s_{Bn2} &= \frac{1}{2}\left(s_{Ln} \pm \sqrt{s_{Ln}^2 - 4\omega_1'\omega_2'}\right); \qquad n = 1, \ldots, \frac{NS}{2}
\end{aligned}
\tag{12.76}
$$

Der Leser kann diese Ergebnisse verifizieren, indem er die Bandpaß- und Bandsperr-Funktionen in Tabelle 12.1 in Gl. 12.75 einsetzt. Man beachte, daß die Bandpaß- und Bandsperr-Pole gleich sind, genauso wie die Tiefpaß- und Hochpaß-Pole.

Als nächstes transformieren wir jeden Abschnitt in Gl. 12.76 mit der bilinearen Transformation von Gl. 12.33. Die z-Übertragungsfunktion für jeden Abschnitt ergibt sich zu

$$
\begin{aligned}
\tilde{H}_{Bni}(z) &= \frac{\tilde{P}(z)}{(z - z_{Bni})(z - z_{Bni}^*)}; \qquad i = 1, 2 \\
\tilde{P}(z) &= \frac{\omega_c'(1 - z^{-2})}{(1 - s_{Bni})(1 - s_{Bni}^*)} \qquad \text{(Bandpaß)} \\
&= \frac{(z - 1)^2 + \omega_1'\omega_2'(z + 1)^2}{(1 - s_{Bni})(1 - s_{Bni}^*)} \qquad \text{(Bandsperre)} \\
z_{Bni} &= \frac{1 + s_{Bni}}{1 - s_{Bni}}; \qquad n = 1, \ldots, \frac{NS}{2}
\end{aligned}
\tag{12.77}
$$

Wiederum können diese Ergebnisse verifiziert werden, indem man die bilineare Substitution in jedem Abschnitt in Gl. 12.76 durchführt. Die Routine SPBBBW, deren Aufrufbefehle schon beschrieben wurden, ist eine Implementierung dieser Transformationen, um die digitalen Koeffizienten für den Bandpaß oder die Bandsperre zu erhalten.

Neben den gerade beschriebenen Butterworth-Entwurfsroutinen gibt es noch zwei einfache Filterungs-Routinen. Jede davon ruft eine entsprechende Entwurfsroutine auf, um ein zugehöriges Filter zu entwerfen und filtert dann eine eindimensionale Datenfolge, wobei die Folge durch ihre gefilterte Version ersetzt wird. Das Aufrufprogramm lautet

```
          CALL SPFIL1(X,N,ITYPE,FC,NS,WRK,IERROR)
          CALL SPFIL2(Y,N,ITYPE,F1,F2,NS,WRK,IERROR)

   X(0:N-1) = Data sequence to be filtered and replaced
          N = Number of samples to be processed
      ITYPE = 1 (lowpass) or 2 (highpass) in SPFIL1
            = 1 (bandpass) or 2 (bandstop) in SPFIL2
   FC,F1,F2 = Cutoff (3-dB) frequencies; 0.0<F<0.5.
WRK(8*NS+3) = Work array, dimensioned at least 8*NS+3.
              Need not be initialized.
     IERROR = 0: No errors
              1: ITYPE not 1 or 2
              2: FC, F1, or F2 not valid
              3: NS not greater than 0.
```

Die SPFIL1-Routine braucht man für die Tiefpaßfilterung und die SPFIL2-Routine für die Bandpaß- und Bandsperr-Filterung. Beide Routinen filtern in Vorwärtsrichtung, können aber durch Verändern einer einzigen Anweisung dazu gebracht werden, auch in Rückwärtsrichtung zu filtern. In der Auflistung in Anhang B kann der Leser diese Anweisung erkennen. Ihre Modifikationen sind

$$\begin{aligned} \text{vorwärts:} \quad & \mathrm{DO}\ 3\ \mathrm{K} = 0, \mathrm{N}-1 \\ \text{rückwärts:} \quad & \mathrm{DO}\ 3\ \mathrm{K} = \mathrm{N}-1, 0, -1 \end{aligned} \tag{12.78}$$

Um diesen Abschnitt über digitale Filterroutinen abzuschließen, betrachten wir noch zwei Beispiele. Das erste betrifft den Filterentwurf.

Beispiel 12.9: Man benutze die SPBBBW-Routine, um das Bandpaßfilter mit 10 Abschnitten in Beispiel 12.8 zu entwerfen. In diesem Fall heißt das Aufrufprogramm

```
CALL SPBBBW(1,0.2,0.3,10,B,A,IERROR)
```

Die B- und A-Arrays sind in diesem Fall gegeben durch B(0:2,10) und A(2,10). Die durch die Routine erzeugten Koeffizienten lauten:

N	B(0,N)	B(1,N)	B(2,N)	A(1,N)	A(2,N)
1	0.21560	0.00000	-0.21560	0.58484	0.91191
2	0.40562	0.00000	-0.40562	-0.58484	0.91191
3	0.20576	0.00000	-0.20576	0.49423	0.76074
4	0.36634	0.00000	-0.36634	-0.49423	0.76074
5	0.20562	0.00000	-0.20562	0.37685	0.64250
6	0.32806	0.00000	-0.32806	-0.37685	0.64250
7	0.21475	0.00000	-0.21475	0.23722	0.55909
8	0.29183	0.00000	-0.29183	-0.23722	0.55909
9	0.23296	0.00000	-0.23296	0.08118	0.51515
10	0.25934	0.00000	-0.25934	-0.08118	0.51515

Die A-Koeffizienten in Beispiel 12.9 entsprechen natürlich den Polen in der z-Ebene von Bild 12.18. Zum Beispiel sind für den ersten Abschnitt die Pole gegeben durch

$$\begin{aligned} z_1^2 + 0.58484 z_1 + 0.91191 &= 0 \\ z_1, z_1^* &= -0.2924 \pm j0.9091 \end{aligned} \tag{12.79}$$

Das nächste Beispiel soll den Gebrauch beider Filter-Routinen veranschaulichen.

Beispiel 12.10: Man erzeuge die folgende Datenfolge:

$$f_k = \sin[2\pi k(0.04)] + 5\sin[2\pi k(0.1)] + 2\sin[2\pi k(0.3)]; \qquad k = 0, \ldots, 250$$

Die Folge hat ersichtlich Anteile bei 0.04, 0.1 und 0.3 Hz-s. Benutze zuerst ein Bandsperr-Filter, um den Anteil bei 0.1 Hz-s zu entfernen. Benutze dann ein Tiefpaßfilter, um den Anteil bei 0.3 Hz-s zu entfernen. die Aufrufbefehle und die Ergebnisse sind in Bild 12.19 zu sehen. Ein Bandsperrfilter aus vier Abschnitten mit einem Einschnitt von 0.08 bis 0.12 Hz wird benutzt, um den großen Anteil bei 0.12 Hz-s zu unterdrücken. Dann beseitigt ein Tiefpaßfilter aus zwei Abschnitten den Hochfrequenz-Anteil bei 0.3 Hz. Das Ergebnis unten in Bild 12.19 ist ungefähr die Sinuswelle bei 0.04 Hz. Man beachte die Einschwingvorgänge, welche den Anfangsbereich der gefilterten Sinuswelle beeinträchtigen.

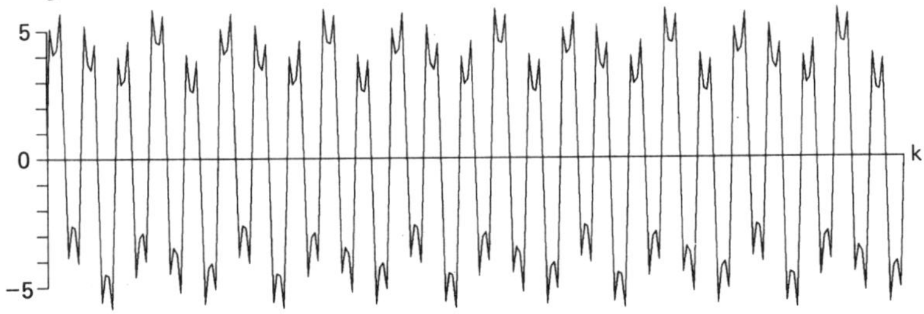

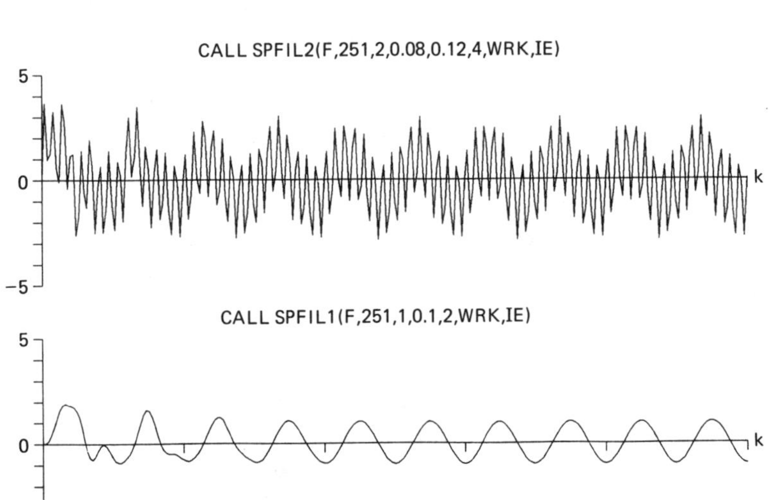

Bild 12.19 Beispiel einer Filterung mit einer Bandsperre und danach mit einem Tiefpaßfilter

12.7 Digitale Filter mit Frequenzabtastung

Die vorausgegangenen Abschnitte haben gezeigt, wie man ein digitales Filter aus einem analogen Entwurf über die bilineare Transformation erhält. Hier soll jetzt eine direkte Methode für das Entwerfen digitaler Filter eingeführt werden. Die Methode beruht auf dem Abtasten eines gewünschten Amplitudenspektrums $|H(j\omega)|$ und dem Ableiten von Filterkoeffizienten, die Funktionen des Abtastsatzes $[|H_k|]$ sind. Wie unten noch gezeigt wird, ist dieserAnsatz besonders brauchbar, wenn nur ein kleiner Prozentsatz der Werte H_k von Null verschieden ist oder wenn einige Bandpaßfunktionen gleichzeitig gewünscht werden.

Das Frequenzabtastfilter ist vor allem ein Filter mit endlicher Impulsantwort (FIR). Das heißt, $\tilde{H}(z)$ kann besser in Polynormform als in rationaler Form ausgedrückt werden. Die nichtrekursiven Formeln in den Gleichungen 8.1, 8.5 und 8.34 im Kapitel 8 können deshalb hier als Anfang benutzt werden:

$$g_m = \sum_{n=0}^{N-1} b_n f_{m-n} \tag{12.80}$$

$$\tilde{H}(z) = \sum_{n=0}^{N-1} b_n z^{-n} \tag{12.81}$$

$$\overline{H}(j\omega) = \sum_{n=0}^{N-1} b_n e^{-jn\omega T} \tag{12.82}$$

Wenn der Leser irgendwelche Zweifel über die Bedeutung dieser Formeln hat, sollte er sich ihre Ableitung im Kapitel 8 noch einmal ansehen. Sie sind in Wirklichkeit oben geringfügig verändert, so daß g_m nur eine Funktion der N vergangenen und gegenwärtigen Abtastwerte von f(t) ist. Die Filterkoeffizienten sind identisch mit dem Wertesatz $[b_n]$, und b_n ist auch die Antwort zur Zeit nT auf einen Impuls mit der Amplitude Eins zur Zeit Null. (Die Impulsantwort ist somit endlich und dauert NT sec.)

In Kapitel 8 wurden die Koeffizienten $[b_n]$ in einer ganz naheliegenden Weise gewählt, um $\overline{H}(j\omega)$ innerhalb des Intervalls $|\omega| < \pi/T$ zu einer Näherung der kleinsten Quadrate an die gewünschte Funktion $H(j\omega)$ zu machen. Hier sollen diese Koeffizienten stattdessen aus den Abtastwerten von $H(j\omega)$ abgeleitet werden. Am Anfang der Diskussion über diese Ableitung wollen wir annehmen, daß $[B_k]$ die DFT von $[b_n]$ ist, so daß

$$\begin{aligned} B_k &= \sum_{n=0}^{N-1} b_n e^{-j(2\pi nk/N)} \\ b_n &= \frac{1}{N} \sum_{k=0}^{N-1} B_k e^{j(2\pi nk/N)} \end{aligned} \tag{12.83}$$

Dann wird die z-Übertragungsfunktion in Gleichung 12.81

$$\begin{aligned}\tilde{H}(z) &= \sum_{n=0}^{N-1}\left(\frac{1}{N}\sum_{k=0}^{N-1} B_k e^{j(2\pi nk/N)}\right) z^{-n} \\ &= \frac{1}{N}(1 - z^{-N}) \sum_{k=0}^{N-1} \frac{B_k}{1 - e^{j(2\pi k/N)} z^{-1}}\end{aligned} \tag{12.84}$$

wobei die letzte Zeile das Ergebnis der Summation über n ist. Dies verwandelt die Übertragungsfunktion und gibt ihr eine rekursive Form. Das Problem lautet jetzt, den Wertesatz $[B_k]$ zu dem "gewünschten" oben erwähnten Abtastwertesatz $[|H_k|]$ in eine sinnvolle Beziehung zu setzen, so daß $\tilde{H}(z)$ realisierbar wird.

Um dieses Problem zu lösen (offensichtlich ist die Realisierbarkeit von Gleichung 12.84 nicht gesichert, ehe nicht die Werte B spezifiziert sind; das folgende Ergebnis behebt jedoch dieses Problem), wollen wir zuerst annehmen, daß die gewünschte Amplitudenfunktion $|H(j\omega)|$ im Intervall $0 \leq \omega \leq \pi/T$ wie in Bild 12.20 abgetastet wird, um den Abtastwertesatz $[|H_k|]$ zu erzeugen. Wir wollen ferner annehmen, daß B_k und H_k in der Amplitude gleich sind, so daß

$$|B_k| = H_k = |H_k| \qquad \text{für } k \leq \frac{N}{2} \tag{12.85}$$

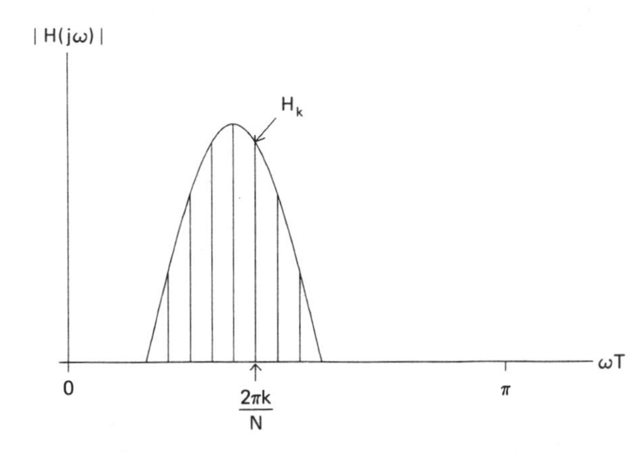

Bild 12.20 Abgetastetes Amplitudenspektrum

(Von jetzt an sollen, wie in Gleichung 12.85 angedeutet, die Betragsstriche an H_k weggelassen werden. Es wird sich immer um einen Abtastwertesatz von $|H(j\omega)|$ wie in Bild 12.20 handeln.) Man betrachte jetzt den Wert von $|\bar{H}(j\omega)|$, der Amplitudenantwort des digitalen Filters bei ωm

$= 2\pi m/NT$, d.h. bei irgendeinem der Abtastpunkte auf der Frequenzachse, mit $m \leq N/2$. Dieser Wert ist

$$\begin{aligned}
|\overline{H}(j\omega_m)| &= |\tilde{H}(e^{j\omega_m T})| = |\tilde{H}(e^{j(2\pi m/N)})| \\
&= \left| \frac{1}{N} \sum_{n=0}^{N-1} \sum_{k=0}^{N-1} B_k e^{j(2\pi nk/N)} e^{-j(2\pi nm/N)} \right| \\
&= \left| \frac{1}{N} \sum_{k=0}^{N-1} B_k \sum_{n=0}^{N-1} e^{j[2\pi n(k-m/N]} \right| \\
&= |B_m| \\
&= H_m
\end{aligned} \tag{12.86}$$

Die zweite Zeile in Gleichung 12.86 folgt aus der ersten durch Gleichung 12.84, die vierte folgt durch Summation über n - dabei ist nämlich nur der Term mit k = m von Null verschieden - , und die letzte Zeile folgt aus Gleichung 12.85. Somit ist bei Gültigkeit von $|B_k| = H_k$ die Amplitudenantwort des digitalen Filters gleich den gewünschten Werten an den Abtastpunkten.

Das verbleibende Problem ist, die relativen Phasen der Werte B_k so anzupassen, daß $|\overline{H}(j\omega)|$ für eine glatte Näherung an $|H(j\omega)|$ zwischen den Abtastpunkten sorgen wird. Um dieses Problem zu lösen, wollen wir $\overline{H}(j\omega)$ in der folgenden Form schreiben und dabei wieder von Gleichung 12.84 ausgehen:

$$\begin{aligned}
\overline{H}(j\omega) &= \tilde{H}(e^{j\omega T}) \\
&= \frac{1}{N}(1 - e^{-jN\omega T}) \sum_{k=0}^{N-1} \frac{B_k}{1 - e^{j(2\pi k/N)} e^{-j\omega T}} \\
&= \frac{1}{N} e^{-j[(N-1)\omega T/2]} \sin\left(\frac{N\omega T}{2}\right) \sum_{k=0}^{N-1} \frac{B_k e^{-j(k\pi/N)}}{\sin\left(\frac{\omega T}{2} - \frac{\pi k}{N}\right)}
\end{aligned} \tag{12.87}$$

Dies gibt die Amplituden- und Phasenanteile von $\overline{H}(j\omega)$ in etwas deutlicherer Form wieder. Nun wollen wir annehmen, daß es nur einen Wert B_k in Gleichung 12.87 gibt, der von Null verschieden ist. Ohne Verlust an Allgemeinheit nennen wir diesen Koeffizienten B_0. Die Amplitudenantwort dieses einen Abtastwertes ist dann

$$
\begin{aligned}
|\overline{H}_0(j\omega)| &= \frac{|B_0|}{N} \left| \frac{\sin(N\omega T/2)}{\sin(\omega T/2)} \right| \\
&\approx |B_0| \left| \frac{\sin(N\omega T/2)}{N\omega T/2} \right|
\end{aligned}
\tag{12.88}
$$

wobei die Näherung gut sein wird, wenn ωT klein ist. Damit erzeugt also ein einzelner Wert B_k einen (sinx)/x-ähnlichen Beitrag zu $|\bar{H}(j\omega)|$, und somit, wenn die Werte von B_k phasenrichtig addiert werden können, sollte $|\bar{H}(j\omega)|$ eine glatte Rekonstruktion von $|H(j\omega)|$ sein, wobei wir uns auch an die Whittakersche Rekonstruktion erinnern können (Kapitel 5, Abschnitt 5.6).

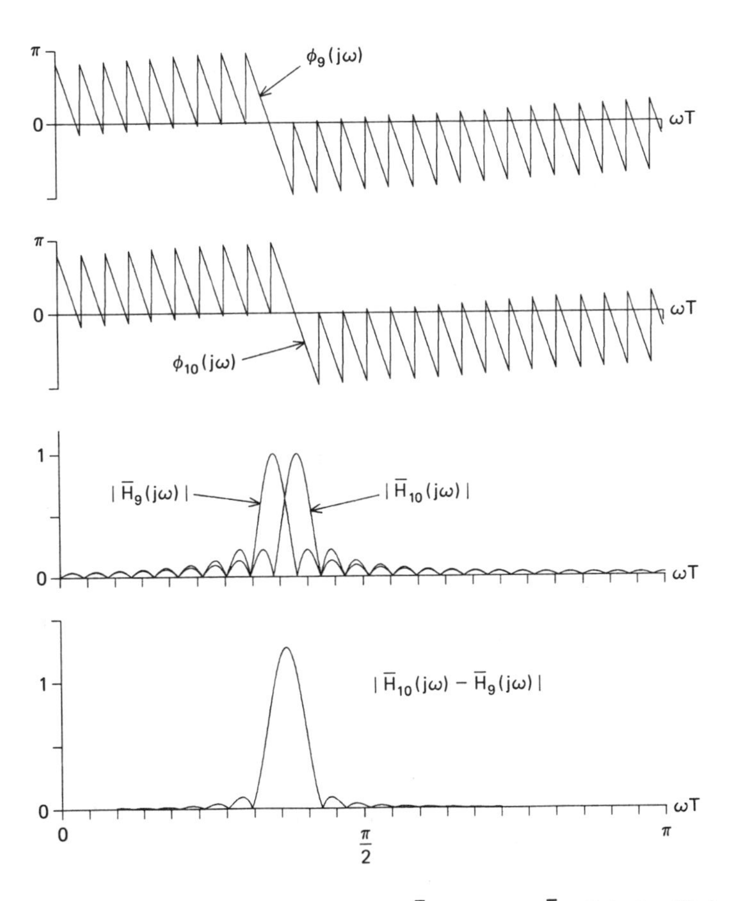

Bild 12.21 Phasen (φ_9 und φ_{10} und Amplituden von $\bar{H}_9(j\omega)$ und $\bar{H}_{10}(j\omega)$ für $|B_9| = |B_{10}| = 1$, und Amplitude $|\bar{H}_{10}(j\omega) - \bar{H}_9(j\omega)|$; $N = 51$

Um die Phasen von zwei benachbarten Beiträgen zu $|\bar{H}(j\omega)|$ zu untersuchen, z.B. die Terme B_k und B_{k+1}, dient uns das Bild 12.21. In diesem Bild wird angenommen, daß N = 51, k = 9 und $|B_9| = |B_{10}| = 1$. Die zwei überlagerten Kurven in der Mitte zeigen die Amplituden der Terme B_9 und B_{10}, ähnlich wie in Gleichung 12.88. Die zwei oberen Kurven zeigen die Phasen (φ_9 und φ_{10}) dieser Terme. Die Terme sind ersichtlich in Phase, außer zwischen den Abtastpunkten. d.h. außer zwischen den Zwillingsspitzen im Bild, wo sie 180 Grad außer Phase sind. Somit sollten die zwei Terme $\bar{H}(j\omega)$ und $\bar{H}_{10}(j\omega)$ voneinander subtrahiert werden, um eine glatte Rekonstruktion zwischen den Abtastpunkten zu liefern. Diese Differenz ist im unteren Teil des Bildes 12.21 gezeigt, das eine glatte Rekonstruktion in der Nähe der Abtastpunkte sowie eine Unterdrückung der Seitenzipfel der einzelnen Beiträge, die darüber zu sehen sind, zeigt.

Aus der obigen Diskussion wie auch aus der früheren Schlußfolgerung in Gleichung 12.85, daß $|B_k| = H_k$ ist, könnte man schließen, daß B_k gleich H_k sein sollte mit wechselndem Vorzeichen, d.h. $B_k = (-1)^k H_k$, so daß $|\bar{H}(j\omega)|$ glatt und an den Abtastpunkten gleich $|H(j\omega)|$ wäre. Dies ist ein richtiger Schluß, ausgenommen, daß B_k und B_{N-k} konjugiert komplex sein müssen (da B_k reell ist, bedeutet dies natürlich, daß $B_k = B_{N-k}$), damit das digitale Filter realisierbar wird, d.h. damit die Werte b_n reell sind - siehe Gleichung 12.83. Nur die erste Hälfte der Werte B_k ist unabhängig, was man auch aus der Tatsache ersieht, daß die Abtastwerte, die zu diesen Werten B_k gehören, das Intervall von $\omega = 0$ bis $\omega=\pi/T$ bedecken. Deshalb lautet eine korrekte Bestimmung der Werte B_k

$$\left.\begin{aligned} B_k &= (-1)^k H_k \\ B_{N-k} &= B_k \end{aligned}\right\}; \qquad k \leq \frac{N}{2} \tag{12.89}$$

Dies gilt für gerades und für ungerades N, obgleich es von hier an bequem ist, anzunehmen, daß B_0 gleich Null ist, und auch $B_{N/2}$ gleich Null, wenn N gerade ist.

Mit dieser Annahme und mit den wie in Gleichung 12.89 bezeichneten Werten B_k folgen die digitalen Übertragungsfunktionen aus Gleichung 12.84 zu:

$$\begin{aligned} \tilde{H}(z) &= \frac{1}{N}(1 - z^{-N}) \sum_{k<N/2} (-1)^k H_k \left[\frac{1}{1 - e^{j(2\pi k/N)} z^{-1}} + \frac{1}{1 - e^{j[2\pi(N-k)/N]} z^{-1}}\right] \\ &= \frac{2}{N}(1 - z^{-N}) \sum_{k<N/2} (-1)^k H_k \frac{1 - z^{-1}\cos(2\pi k/N)}{1 - 2z^{-1}\cos(2\pi k/N) + z^{-2}} \end{aligned} \tag{12.90}$$

Das führt zu

$$\begin{aligned} \overline{H}(j\omega) &= \tilde{H}(e^{j\omega T}) \\ &= \frac{2}{N}\, je^{-j(N\omega T/2)} \sin\left(\frac{N\omega T}{2}\right) \\ &\times \sum_{k<N/2} (-1)^k H_k \,\frac{\cos\,\omega T - \cos(2\pi k/N) + j\,\sin\,\omega T}{\cos\,\omega T - \cos(2\pi k/N)} \end{aligned} \tag{12.91}$$

Bild 12.22 stellt die digitale Amplitudenantwort $|\bar{H}(j\omega)|$ für einen Fall mit N = 31 und sechs von Null verschiedenen Abtastwerten der gewünschten Amplitudenantwort dar. Wie gezeigt ergibt Gleichung 12.91 eine glatte Rekonstruktion von $|H(j\omega)|$, die an den Abtastpunkten exakt ist.

Einige Gedanken muß man nun auf die Natur und Verwirklichung des digitalen Filters verwenden, das durch Gleichung 12.90 dargestellt wird. Zum ersten, wie kann das Filter rekursiv sein und doch eine endliche Impulsantwort haben? Die Antwort lautet, daß $\tilde{H}(z)$ nicht in Wirklichkeit Pole in einem wesentlichen Sinne hat. In Gleichung 12.90 erscheinen die Pole bei $e^{\pm(j2\pi k/)N}$ auf dem Einheitskreis in der z-Ebene. Der Term $(1 - z^{-N})$ liefert jedoch N Nullstellen an genau denselben Punkten, mit gleichem Abstand rund um den Einheitskreis. Jeder von Null verschiedene Abtastwert H_k bringt dann für das digitale Filter ein konjugiertes Paar von Polen, welches sich mit einem entsprechenden Paar von Nullstellen bei $e^{\pm(2\pi k/N)}$ auf dem Einheitskreis aufhebt.

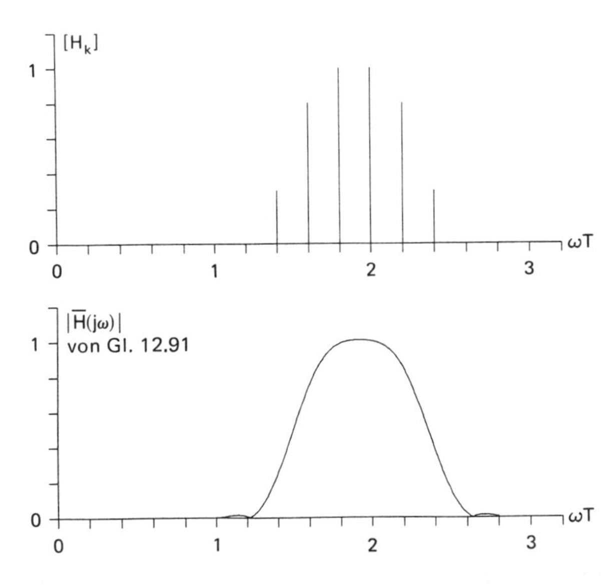

Bild 12.22 Abgetastete und digital rekonstruierte Amplitudenfunktionen; N = 31.

Diese Aufhebung von Nullstellen durch Pole führt zu einer praktischen Überlegung [Gold und Rader, 1969]: Obgleich die gegenseitige Aufhebung in der Theorie exakt ist, wird sie es dank der endlichen Wortlänge im Rechner nicht in der Praxis sein. Die $\cos 2\pi k/N$-Terme in Gleichung 12.90 werden im allgemeinen nur bis zu einer festen Zahl von signifikanten Stellen genau sein. Eine wirksame Lösung dieses Problems besteht darin, die Pole und Nullstellen geringfügig innerhalb des Einheitskreises zu bewegen. Es sei

$$r = 1 - 2^{-M} \tag{12.92}$$

wobei M nicht größer ist als die Zahl der Bits, die benötigt werden, um die signifikanten Stellen der Filterkoeffizienten darzustellen. Ein Wert $12 \leq M \leq 27$ wird von Gold und Rader (1969) vorgeschlagen. Um die Pole und Nullstellen nach innen zu dem Radius r zu bewegen, wird Gleichung 12.90 wie folgt einfach modifiziert:

$$\tilde{H}(z) = \frac{2}{N}(1 - r^N z^{-N}) \sum_{k<N/2} (-1)^k H_k \frac{1 - rz^{-1}\cos(2\pi k/N)}{1 - 2rz^{-1}\cos(2\pi k/N) + r^2 z^{-2}} \tag{12.93}$$

Die gesamte praktische Ausführung der Gleichung 12.93 ist in Bild 12.23 gezeigt. Der Term $(1 - v^N 2^{-N})$ wird auf der linken Seite des Bildes dargestellt, und die Blöcke E auf der rechten Seite stellen die von Null verschiedenen Terme in der Summe über k dar.

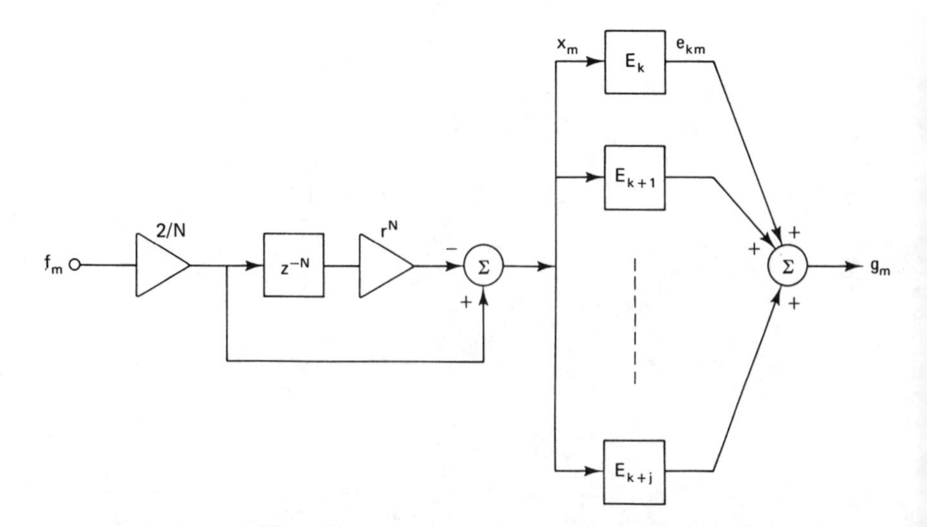

Bild 12.23 Gesamtschaltung des Frequenzabtastfilters; Gleichung 12.93

Jedes E in Bild 12.23 wird ein "elementares Filter" genannt, und man benötigt ein E_k für jeden von Null verschiedenen Frequenzabtastwert H_k. Ein Blockschaltbild eines E_k ist in Bild 12.24 dargestellt. Man beachte jedoch, daß die Multiplikation mit $r\cos 2\pi k/N$, wenn gewünscht, in Wirklichkeit nur einmal stattfinden muß, da die Terme $2e_{km}$ und $(-1)^k\ H_k x_m$ vorher addiert werden können und nicht erst, nachdem die Multiplikation stattgefunden hat.

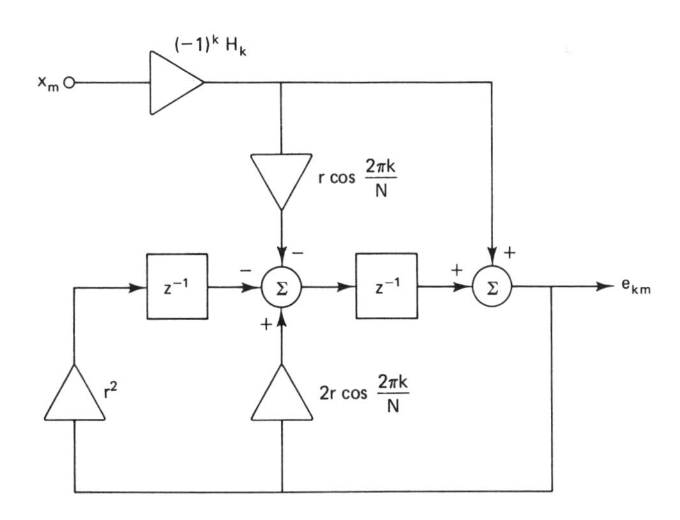

Bild 12.24 Das k-te Element E_k des Filters in Bild 12.23

Die in den Bildern 12.23 und 12.24 veranschaulichten Formen legen nahe, daß das Frequenzabtastfilter besonders nützlich sein wird, wenn (1.) nur wenige Werte H_k in einer einzelnen Bandpaßfunktion von Null verschieden sind oder (2.) einige Bandpaßfunktionen auf einmal verwirklicht werden sollen. In solchen Fällen kann man die N Nullstellen im Filterterm "$1 - v^N 2^{-N}$" ausnutzen, während man gleichzeitig nur ein paar elementare Filter benötigt. Ein Beispiel für Fall (2) ist in Bild 12.25 dargestellt. Hier gibt es drei Bandpaßfunktionen, jede mit ihrem eigenen Satz von elementaren Filtern, aber gemeinsam miteinander verbunden durch die ($1 - v^N 2^{-N}$)-Terme. Siehe auch das folgende Beispiel 12.11.

Die folgenden Schritte dienen dazu, das Entwurfsverfahren für Frequenzabtastfilter zusammenzufassen:

1. Man stellt fest, ob T klein genug ist, daß $|H(j\omega)|$ für $\omega > \pi/T$ vernachlässigbar ist.

2. Man wählt das Frequenzabtastintervall $2\pi/N$ (auf der ωT-Achse wie in Bild 12.20 und denkt daran, daß N auch die Speichergröße des Filters festlegt (z^{-N} in Bild 12.25) und genauso die Impulsdauer (NT sec).

3. Man ermittelt den Abtastwertesatz $[H_k] = [\,|H(j2\pi k/N\,|]$.

4. Man verwirklicht das Filter wie in Gleichung 12.93 oder in den Bildern 12.23 und 12.24.

5. Man wiederholt die Schritte für andere Filter wie in Bild 12.25.

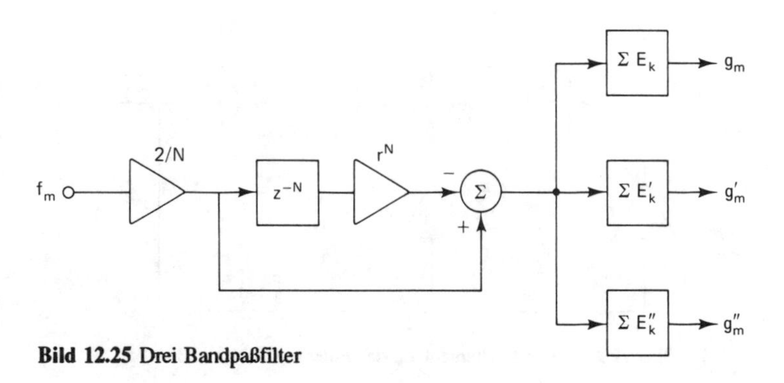

Bild 12.25 Drei Bandpaßfilter

In der Praxis kann der Schritt 3 etwas Fingerspitzengefühl benötigen und vielleicht ein paar Versuche erfordern, bevor ein befriedigender Abtastwertesatz erreicht ist. Das folgende Beispiel veranschaulicht gerade diesen Gesichtspunkt wie auch das ganze obige Verfahren.

Beispiel 12.11: Es werden zwei digitale Bandpaßfilter F_1 und F_2 gefordert, die die folgenden Spezifikationen erfüllen sollen:

Abtastintervall T = 25 µsec;
Durchlaßband = 4-5 kHz für F_1; 6-7 kHz für F_2;
Leistungsverstärkung an den Enden des Durchlaßbandes = 0.5 = - 3 dB;
Dauer einer Impulsantwort = 5 msec.

Folgt man den Schritten in dem obigen Verfahren, so geht man wie folgt vor:

Schritt 1: Die Faltungsfrequenz ist 1/2T = 20 kHz, und dieser Wert ist weit oberhalb der beiden Durchlaßbänder.

Schritt 2: Wenn die Dauer der Impulsantwort gleich 5 msec ist, dann wird

$$N = \frac{0.005}{T} = 200 \tag{12.94}$$

Schritt 3: **Mit einem Umlauf in der z-Ebene, der in diesem Beispiel 40 kHz darstellt, und mit N = 200 müssen die Nullstellen auf dem Einheitskreis 200 Hz voneinander entfernt sein. Damit gibt es zum Beispiel in dem F_1-Durchlaßband Abtastpunkte bei 4, 4.2, 4.4, 4.6, 4.8 und 5 kHz, d.h. bei Winkeln 2πk/N mit k = 20-25. Mit den an den Durchlaßbandenden spezifizierten - 3 dB könnte man daher $[H_k]$ für F_1 und F_2 wie folgt wählen:**

$$\left.\begin{array}{rl} & F_1 \\ \hline H_{20} &= 0.707\ (-3\ \text{dB}) \\ H_{21-24} &= 1 \\ H_{25} &= 0.707 \end{array}\qquad \begin{array}{rl} & F_2 \\ \hline H_{30} &= 0.707 \\ H_{31-34} &= 1 \\ H_{35} &= 0.707 \end{array}\right\} \tag{12.95}$$

Unter Benutzung dieser Werte für F_1 und F_2 ergeben sich Leistungsverstärkungskurven, die in Bild 12.26 gezeigt sind. Wenn die Seitenzipfel unerwünscht sind, kann der Entwickler vielleicht darangehen, sie mit zusätzlichen, von Null verschiedenen Werten H_k auf jeder Seite des Durchlaßbandes zu unterdrücken. Wir wollen zum Beispiel annehmen, daß $[H_k]$ wie folgt für F_1 und F_2 modifiziert wird:

$$\left.\begin{array}{rl} & F_1 \\ \hline H_{19} &= 0.1(-20\ \text{dB}) \\ H_{20} &= 0.707 \\ H_{21-24} &= 1 \\ H_{25} &= 0.707 \\ H_{26} &= 0.1 \end{array}\qquad \begin{array}{rl} & F_2 \\ \hline H_{29} &= 0.1 \\ H_{30} &= 0.707 \\ H_{31-34} &= 1 \\ H_{35} &= 0.707 \\ H_{36} &= 0.1 \end{array}\right\} \tag{12.96}$$

Das Ergebnis ist in Bild 12.27 gezeigt. Die Bandpaßcharakteristiken sind ein bißchen breiter als die in Bild 12.26, aber die Seitenzipfel sind beachtlich unterdrückt.

Schritte 4 und 5: Diese letzten Schritte sind zum Teil in Bild 12.28 vervollständigt. In diesem Bild ist der Gesamtentwurf zu sehen, mit einem Ausgang für jeden der zwei Bandpässe. Ein typischer elementarer Filterabschnitt ist in Bild 12.24 gezeigt.

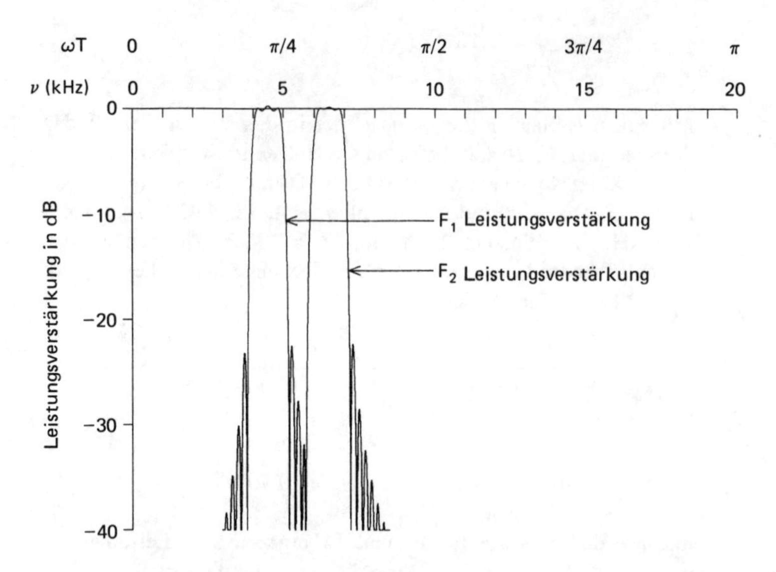

Bild 12.26 Verstärkungskurven für das Beispiel 12.11, unter Benutzung von Gl. 12.91, mit den Abtastwerten von Gleichung 12.95

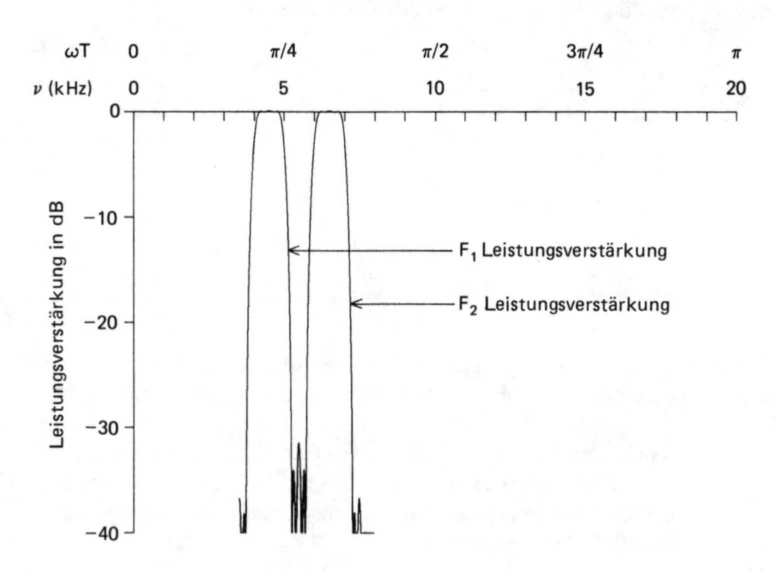

Bild 12.27 Verbesserte Verstärkungskurven für das Beispiel 12.11 mit Gleichung 12.91 und Gleichung 12.96

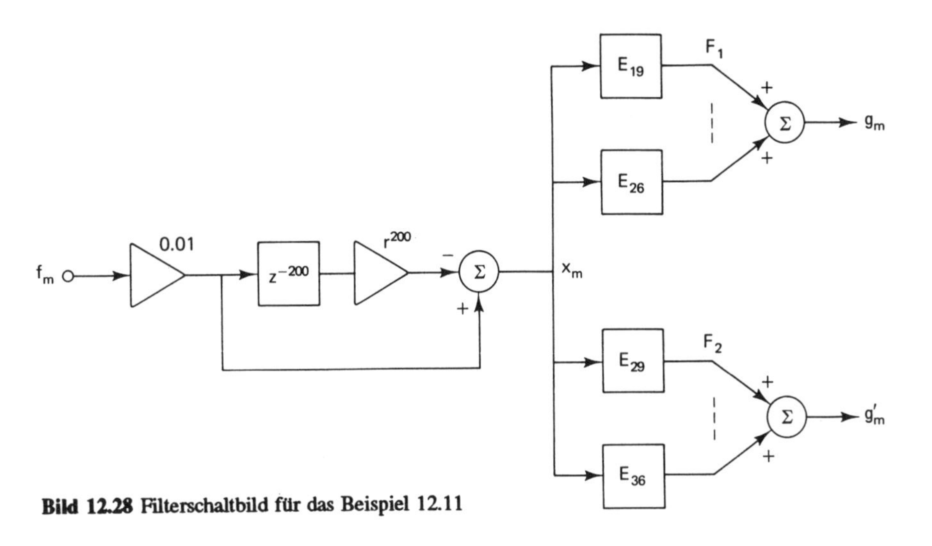

Bild 12.28 Filterschaltbild für das Beispiel 12.11

Ein Filteralgorithmus für F_1 im Beispiel 12.11, den man aus Gleichung 12.93 erhält lautet:

$$\tilde{H}(z) = 0.01(1 - r^{200}z^{-200}) \sum_{k=19}^{26} (-1)^k H_k \frac{1 - rz^{-1}\cos(0.01\pi k)}{1 - 2rz^{-1}\cos(0.01\pi k) + r^2 z^{-2}}$$

(12.97)

Daraus folgt:

$$x_m = 0.01(f_m - r^{200} f_{m-200})$$

$$e_{km} = (-1)^k H_k[x_m - rx_{m-1}\cos(0.01\pi k)] + 2re_{k,m-1}\cos(0.01\pi k) - r^2 e_{k,m-2}$$

(12.98)

$$g_m = e_{19,m} + e_{20,m} + \cdots + e_{26,m}$$

Unter Benutzung eines Wertes $r = 1 - 2^{-19}$ in diesen Rechenformeln ergibt sich die Impulsantwort in Bild 12.29 (das ist die Antwort auf einen einzelnen Abtastwert $f_0 = 1/T = 4 \times 10^4$ bei $t = 0$.) In diesem Bild wurde g(t) konstruiert, indem gerade Linien zwischen den Abtastpunkten $[g_m]$ gezogen wurden. Wie erwartet läuft die Impulsantwort am Ende der 5 msec aus. In Bild 12.30 ist die Antwort auf eine Sinuswelle der Frequenz 5 kHz, die bei t = 0 beginnt, aufgetragen. Da die Verstärkung von F_1 bei 5 kHz gerade -3 dB beträgt, wird, nachdem die Stabilität erreicht ist, die Amplitude von g(t) gleich 0.707.

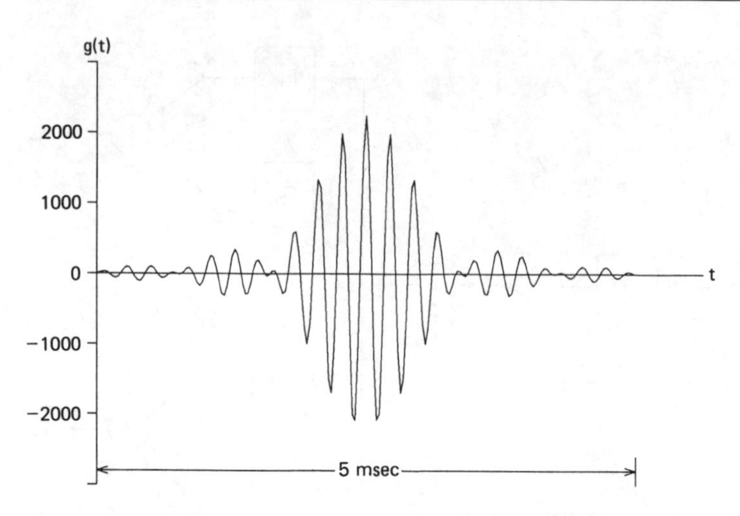

Bild 12.29 Impulsantwort; Beispiel 12.11

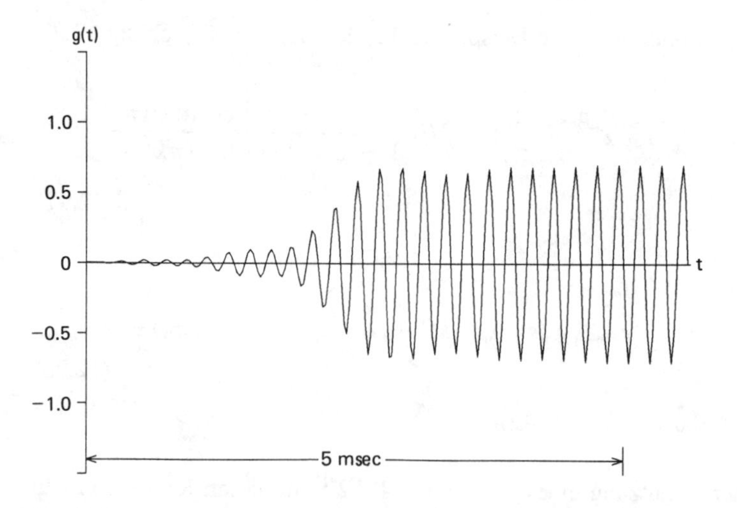

Bild 12.30 Antwort auf $f(t) = \sin(10000\pi t)$ für $t > 0$; Beispiel 12.11

12.8 Fehler, die durch Worte endlicher Länge bedingt sind

Abrundungs- oder Abbruchfehler, die von den endlichen Wortlängen herrühren, verursachen in vielen Rechensituationen Probleme, und die digitale Filterung bildet keine Ausnahme. Dieser Abschnitt enthält eine kurze Diskussion dieser Fehler, wie sie ganz allgemein bei digitalen Filtern vorkommen, d.h. nicht nur bei den Filtern, die im vorliegenden Kapitel gerade diskutiert wurden. Es gibt eine beträchtliche Menge an Literatur über die Wirkungen der endlichen Wortlänge, und nur einige grundlegende Dinge seien hier zusammen mit einigen Beispielen dargeboten. Die Beispiele sind mit ungewöhnlich kurzen Wortlängen gebildet, so daß die Fehler deutlicher sichtbar werden. Ausgiebigere Literatur über die Wirkungen der endlichen Wortlänge kann man finden im Kapitel 4 von Gold und Rader (1969), Abschnitt 5.11 von Wait (1970), Teil 3 von Rabiner und Rader (1972) und Kapitel 9 von Oppenheimer und Schafer (1975).

Ein Fehlermodell, das zur Diskussion der Abbruchfehler geeignet erscheint, ist in Bild 12.31 gezeigt. Das Modell ist den Modellen in Kapitel 11 insofern ähnlich, als ein Fehler e_m als Differenz zwischen dem Abtastwert g_m am Ausgang und einem idealen Ausgangsimpuls g_m^* erzeugt wird. Das ideale Ausgangssignal wird theoretisch erzeugt, indem f(t) mit Hilfe eines (für alle praktischen Zwecke) unbegrenzten Analog-Digital-Wandlers ADC* digitalisiert wird und die Abtastwerte dann durch $\tilde{H}^*(z)$ gefiltert werden, wobei ein Rechner mit unendlicher Wortlänge benutzt wird. Das tatsächliche Ausgangssignal g_m kommt aus einem endlichen ADC, auf den ein Signalprozessor mit endlicher Wortlänge folgt.

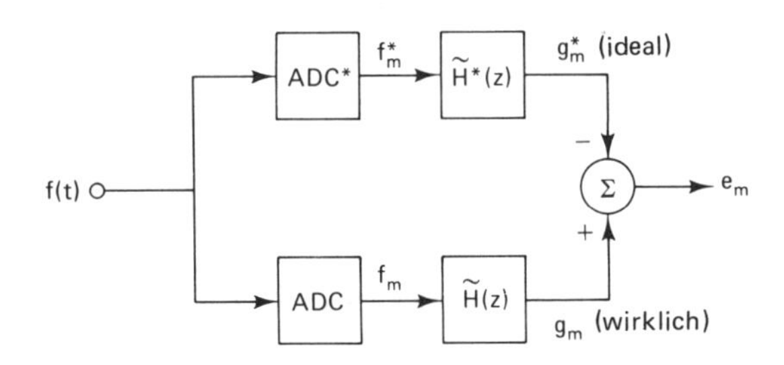

Bild 12.31 Quantisierungsfehlermodell. Der Fehler e_m ist der Unterschied zwischen dem wirklichen und dem idealen Ausgangssignal mit unendlicher Wortlänge

Die Ursachen von e_m kann man in drei verschiedene Kategorien einteilen:

1. Signalquantisierung: Wegen des endlichen ADC ist f_m eine abgebrochene (oder abgerundete) Version von f(mT), wie dies in Kapitel 4, Abschnitt 4.4 diskutiert wurde.

2. Koeffizientenquantisierung: Die Koeffizienten von $\tilde{H}(z)$ werden im allgemeinen aus dem Kontinuum-Zahlenbereich abgeleitet und nehmen oft die Werte e^{-aT}, cos bT, usw. an, wie in den Beispielen dieses Kapitels. Die Worte endlicher Länge in dem Signalprozessor erfordern daher kleine Anpassungen dieser Koeffizientenwerte, um das Filter realisieren zu können.

3. Produktabrundung: Im Algorithmus für g_m erfordert jedes Produkt (eines Koeffizienten mit dem Abtastwert) eine Abrundung oder ein Abbrechen, um das Ergebnis in die ursprüngliche Wortgröße einzupassen. Selbst wenn es in den ersten zwei Kategorien keine Fehler gäbe, könnte die Abrundung des Produktes verursachen, daß g_m sich von g_m^* unterscheidet.

Wie in Bild 12.31 geschildert, ist g_m verschieden von dem idealen g_m^*, weil erstens $[f_m]$ nicht der wahre Abtastwertesatz von f(t) ist und weil zweitens $\tilde{H}(z)$ keine exakte Realisierung von $\tilde{H}^*(z)$ ist. Der erste dieser Gründe spiegelt sich in der obigen Kategorie 1 wider und der zweite tut dies in den Kategorien 2 und 3.

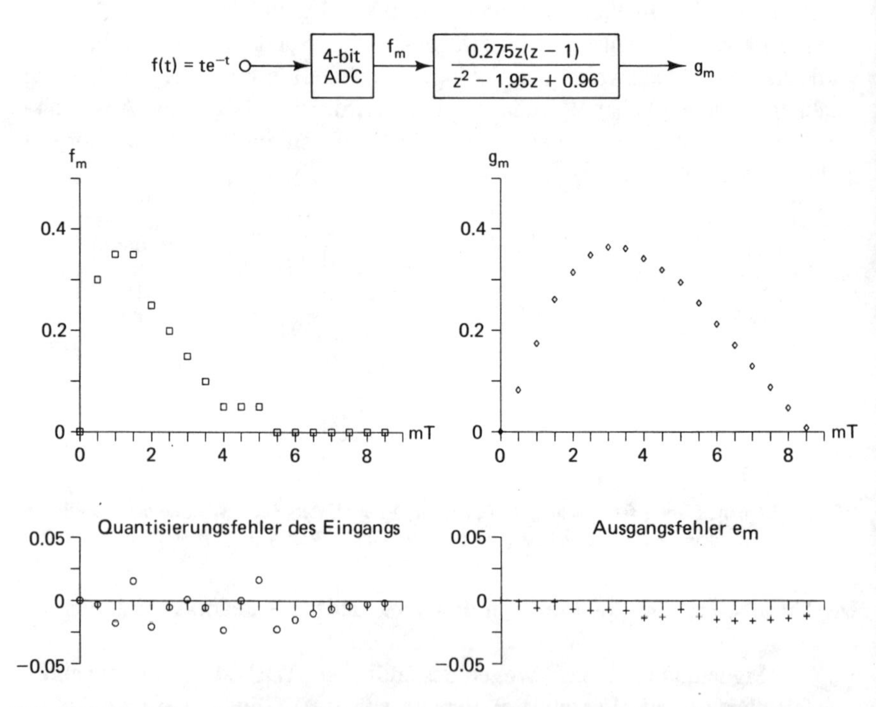

Bild 12.32 Darstellung des Eingangs- und Ausgangsquantisierungsfehlers. Der Bereich des 4-Bit-ADC ist ± 0.4; Schrittweite ist T = 0.5

Ein Beispiel der Signalquantisierung (Kategorie 1) und ihrer Wirkung auf das Ausgangssignal eines (perfekt realisierten) Filters zweiter Ordnung ist in Bild 12.32 gezeigt. Das Blockschaltbild zeigt ein kontinuierliches Signal f(t) $= t \cdot e^{-t}$, das mit einem 4-Bit-ADC digitalisiert wird, dessen Gesamtbereich ± 0.4 beträgt (die Amplitudeneinheiten sind natürlich auch diejenigen von f(t), z.B. Volt, Ampere, Grad, Meter usw.). Somit ist ein Bit äquivalent zu $0.8/2^4$ bzw. 0.05. Mit der Annahme, daß der ADC immer zum nächsten Stufenwert hin abrundet, beträgt der maximale Eingangsquantisierungsfehler dann $\pm 0.05/2 = \pm 0.025$. Der Abtastwertesatz des Eingangssignals und der zugehörige Eingangsquantisierungsfehler $f_m - f_m^*$ sind links in Bild 12.32 gezeigt.

Rechts in Bild 12.32 ist das Filterausgangssignal g_m zusammen mit dem Ausgangsfehler e_m aufgetragen. Man beachte, daß e_m nicht der Fehler ist, den man durch eine Quantisierung von g(t) erhält, sondern vielmehr das Ergebnis des Eingangsfehlers, der durch das Filter hindurchgelaufen ist, wie dies in Bild 12.33 dargestellt ist. Damit ist in diesem Beispiel der Ausgangsfehler eine geglättete Version des Eingangsquantisierungsfehlers. Im allgemeinen wird die Wirkung des Filterns auf den Eingangsquantisierungsfehler am besten im Frequenzbereich behandelt. Dies tut man gewöhnlich, indem man das Leistungsspektrum des Eingangsfehlers mit $|\tilde{H}(j\omega)|^2$ multipliziert, ein Thema, das später noch behandelt wird.

Es ist jedoch interessant, hier zu bemerken, daß ein System wie das in Bild 12.32 unter gewissen Bedingungen dazu benutzt werden kann, die Genauigkeit eines ADC zu verbessern. Nehmen wir an, f(t) werde mit dem 2n-fachen seiner höchsten Frequenz abgetastet, und das Filter in Bild 12.32 sei ein Tiefpaßfilter, das beim 1/n-fachen der Abtastfrequenz begrenzt. Dann wird das Filter die Abtastwerte des Signals f(t) richtig durchlassen, aber es wird denjenigen Quantisierungsfehler etwas verringern und glätten, dessen Spektrum sich mehr oder weniger flach im Bereich von Null bis zur Abtastfrequenz erstreckt. Dieser Gedanke hängt eng mit der Theorie der digitalen Interpolation zusammen, die in Kapitel 5, Abschnitt 5.7 diskutiert wurde [siehe auch Claasen u.a. (1980)].

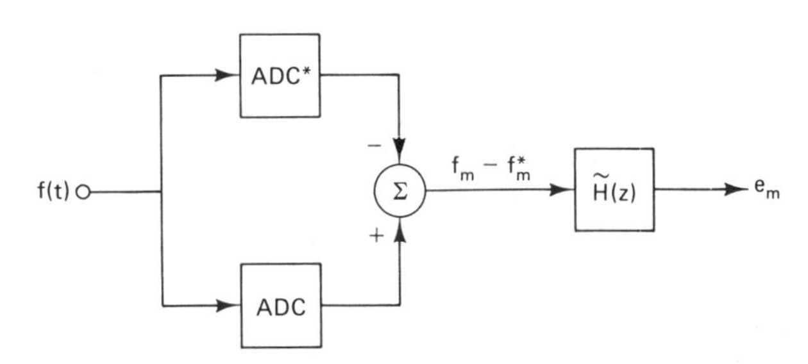

Bild 12.33 Ausgangsfehler, der allein, wie in Bild 12.32, vom Eingangsquantisierungsfehler herrührt

Wir wollen nun die Kategorien 2 und 3 betrachten, welche die unvollkommene Realisierung einer idealen Funktion $\tilde{H}^*(z)$ betreffen. Die erste Art der Unvollkommenheit rührt von den endlich langen Koeffizienten in $\tilde{H}(z)$ her, während die Koeffizienten von $\tilde{H}^*(z)$ aus dem Kontinuum

genommen werden. Die zweite Art rührt von der Abrundung des Produktes im Ablauf des Filterprozesses her. Die Ableitung des Fehlers aus beiden Unvollkommenheiten ist in Bild 12.34 gezeigt, welches andeutet, daß der Fehler durch Vergleich des Ausgangssignals von $\tilde{H}(z)$ mit dem einer "perfekten" Version von $\tilde{H}(z)$, d.h. mit dem Ausgangssignal eines Prozessors einer sehr großen Wortlänge ermittelt werden könnte.

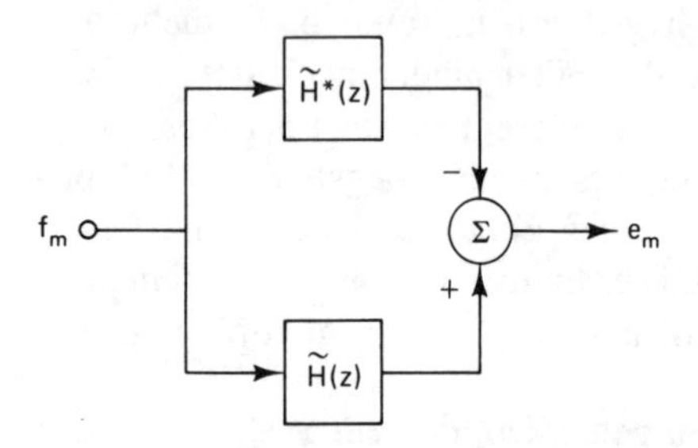

Bild 12.34 Ausgangsfehler, der allein von der unvollkommenen Realisierung von $\tilde{H}^*(z)$ herrührt.

Die Fehler aus Koeffizienten endlicher Länge (Kategorie 2) kann man als Fehler betrachten, die durch geringfügige Verschiebungen der Pole und Nullstellen von $\tilde{H}^*(z)$ verursacht werden, welche selbst wieder durch Verkürzen (oder Abrunden) der Koeffizienten verursacht werden. Setzen wir zum Beispiel

$$\tilde{H}(z) = \frac{\tilde{B}(z)}{z^2 - 2a_1 z + a_2} \tag{12.99}$$

und nehmen an, daß a_1 und a_2 als 4 Bit lange binäre Brüche (von 0.0001 bis 0.1111) oder als 5 Bit lange binäre Brüche von (0.00001 bis 0.11111) praktisch verwirklicht sind. Alle die möglichen komplexen Polstellen innerhalb des Einheitskreises in der z-Ebene sind in Bild 12.35 für diese zwei Fälle dargestellt. Da das Muster in jedem Quadranten das gleiche ist, ist nur der erste Quadrant dargestellt. Somit würde sich in dieser Darstellung kein Fehler ergeben, wenn die Pole von $\tilde{H}^*(z)$ mit einem Satz von Punkten zusammentreffen würden, aber im anderen Fall müßte sich jeder Pol zu einem benachbarten Punkt bewegen, um ein Pol von $\tilde{H}(z)$ zu werden. Man beachte, daß die Punkte in Bild 12.35 in Richtung der reellen Achse gleich weit voneinander entfernt sind, aber nicht in Richtung der imaginären Achse, da der reelle Teil eines jeden Poles in Gleichung 12.99 einfach a_1 ist, während der imaginäre Teil lautet $\pm\sqrt{a_2 - a_1^2}$. Fehler der Kategorie 2 können auch eine Instabilität erzeugen, indem sie die Ursache dafür sind, daß sich einer oder mehrere Pole aus dem Kreis heraus bewegen, wie dies von Kaiser (1965) beschrieben worden ist.

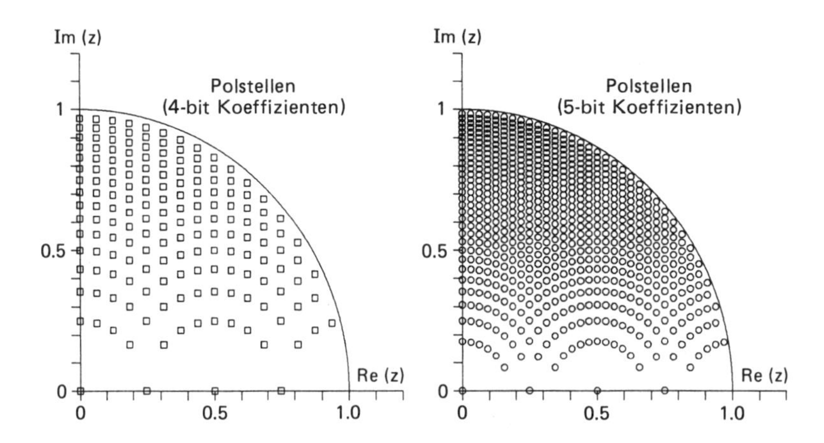

Bild 12.35 Mögliche Polstellen innerhalb des Einheitskreises für $\widetilde{H}(z)$ in Gleichung 12.99 mit 4- und 5-Bit-Festkommakoeffizienten

Ein spezifisches Beispiel der Wirkung endlich langer Koeffizienten auf die Filterverstärkung ist in Bild 12.36 gezeigt. Das Filter ist das Butterworth-Filter aus 5 Sektionen, das in Abschnitt 4, Beispiel 12.5 abgeleitet wurde. Als wichtiger Punkt ist in diesem Beispiel zu beachten, daß zwar die theoretische Leistungsverstärkung durch Gleichung 12.45 gegeben ist, daß man aber, wenn man annimmt, daß das Filter in der Serienform von Bild 12.13 realisiert ist, die wirkliche Leistungsverstärkung mit der Koeffizientenabrundung findet, indem man den quadrierten Betrag in Gleichung 12.47 nimmt, d.h.

$$|\overline{H}(j\omega)|^2 = \prod_{n=1}^{5} |\tilde{H}_n(e^{j\omega T})|^2 \tag{12.100}$$

wobei man jeden Faktor des Produktes durch Substitution von $z = e^{j\omega T}$ in Gleichung 12.47 mit abgerundeten Koeffizienten findet (die Antwort auf Übung 37 liefert jeden Faktor in Gleichung 12.100 explizit). Festkommakoeffizienten wurden in dieser Darstellung benutzt, d.h. jeder Koeffizient der Länge n Bit hat links ein Bit und rechts vom Komma n-1 Bits. Die wichtige Beobachtung in Bild 12.36 besteht darin, daß dank der ziemlich willkürlichen Bewegung der Pole, die in Bild 12.35 angedeutet ist, die Verstärkungsfunktion in ebenfalls willkürlicher Weise gestört wird, wenn die Wortlänge der Koeffizienten sich ändert.

Das Filter im Beispiel von Bild 12.36 war in der Serienform angenommen worden. Im allgemeinen sollte man die Serien- und Parallelformen der Realisierung der direkten Form (Abschnitt 9.5) vorziehen, da die Anforderungen an die Koeffizientengenauigkeit mit der Ordnung der Differenzengleichung anwachsen [Gold und Rader, 1969].

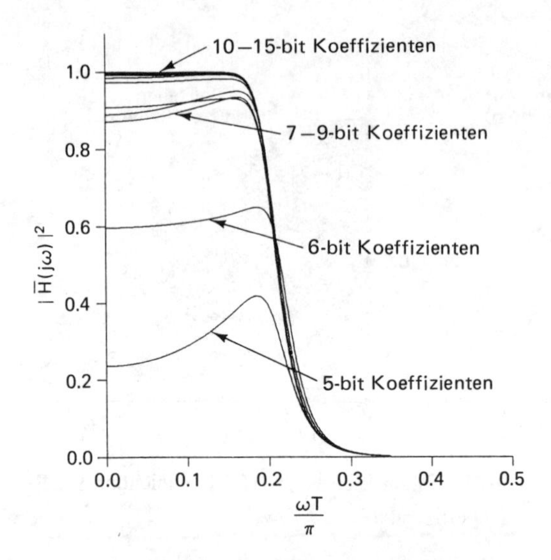

Bild 12.36 Auswirkungen der Koeffizientenabrundung auf die Leistungsverstärkung des digitalen Butterworth-Filters in Bild 12.13

Betrachtet man nun die Fehler durch Produktabrundung (Kategorie 3), so ist es schwierig, irgendwelche einfachen Richtlinien aufzustellen, besonders bei Gleitkommasystemen. Diese Fehler hängen nicht nur von den Filtercharakteristiken ab, sondern auch von den Signalcharakteristiken, da beide bei den abgerundeten Produkten beteiligt sind. Gold und Rader (1969) liefern für verschiedene Filter einige Formeln des Abrundungsrauschens. Jedoch ist es oft am besten, wie es von Wait (1970) vorgeschlagen wurde, beide Fehler der Kategorien 2 und 3 zusammen zu messen, indem man das Filter auf einem großen Allzweck-Rechner programmiert (simuliert) und die Wortlänge für einen speziellen Satz von Eingangssignalen variiert. Die Filter-"Wortlänge" kann in dem Allzweck-Rechner einfach durch das Maskieren und Abrunden von Stellen eingestellt werden. Dieser empirische Weg ist relativ sicher und leicht durchzuführen und erlaubt einem, genauso gut auch andere Einflüsse beim Filterentwurf zu studieren (z.B. die Zahl der Abschnitte, die Schrittlänge usw.).

12.9 Übungen

1. Leite eine Formel für den Filterparameter ε in Abhängigkeit von dB_c, der Leistungsverstärkung in dB am Ende des Durchlaßbandes ab.
   Die folgenden Filtercharakteristiken werden in den untenstehenden Übungen benutzt:

Durchlaßband

Minimale Leistungsverstärkung bei ω_c

Beginn des Sperrbandes

Maximale Leistungsverstärkung bei ω_r

	Filter A	Filter B	Filter C
Durchlaßband	0–10 kHz	0–10 kHz	5–15 kHz
Minimale Leistungsverstärkung bei ω_c	0.5	0.5	—
Beginn des Sperrbandes	15 kHz	11.75 kHz	—
Maximale Leistungsverstärkung bei ω_r	0.1	0.1	—

2. **Welches ist die Ordnung des Filters A, wenn der Butterworth-Entwurf benutzt wird?**

3. **Welche Ordnung benötigt man für das Filter A, wenn der Tschebyscheff-Entwurf gewählt wird?**

4. **Welches ist die Ordnung des Butterworth-Filters B?**

5. **Welches ist die Ordnung des Tschebyscheff-Filters B?**

6. **Welches sind die Koordinaten des Poles s_3 des Butterworth-Filters A?**

7. **Bestimme die vollständige Übertragungsfunktion des Butterworth-Filters A.**

8. **Drücke die Leistungsverstärkung des Butterworth-Filters A in dB aus.**

9. **Leite die Phasenverschiebung $\varphi(\omega)$ für das Butterworth-Filter A ab.**

10. **Ermittle und zeichne die Pole des Butterworth-Filters B.**

11. **Zeichne die Leistungsverstärkung und die Phasenverschiebung für das Butterworth-Filter B.**

12. **Ermittle die Koordinaten des Poles s_2 des Tschebyscheff-Filters A vom Typ 1.**

13. **Zeichne die Pole des Tschebyscheff-Filters A vom Typ 1 in der s-Ebene.**

14. **Zeichne die Leistungsverstärkung des Tschebyscheff-Filters A vom Typ 1.**

15. **Zeichne die Pole und Nullstellen des Tschebyscheff-Filters A vom Typ 2.**

16. **Zeichne die Leistungsverstärkung in dB des Tschebyscheff-Filters B vom Typ 2.**

17. **Entwerfe mit der vorgegebenen Abtastrate von 50 000 Abtastwerten sec^{-1} das digitale Butterworth-Filter A. Gib die Rechenformel für g_m an.**

18. **Zeichne die Leistungsverstärkung der analogen und digitalen Versionen des Butterworth-Filters A in dB, und erläutere die Differenz zwischen den zwei Kurven. Benutze T = 10 µsec und begrenze auf -60 dB.**

19. **Zeichne eine schematische Realisierung des digitalen Butterworth-Filters A mit T = 10 µsec.**

20. **Zeichne die Leistungsverstärkung in dB des digitalen Tschebyscheff-Filters A vom Typ 1 und benutze T = 20 µsec.**

21. **Gib einen Satz von Rechenformeln für das digitale Butterworth-Filter B an und benutze T = 20 µsec.**

22. **Wandle das analoge Butterworth-Filter A in ein analoges Hochpaßfilter um. Wo liegen die Pole in der s-Ebene?**

23. **Forme das analoge Filter in Aufgabe 22 zu einem digitalen Filter um und gib eine Formel für die Leistungsverstärkung an. Benutze T = 20 µsec.**

24. **Wie heißen die Frequenzen ω_1 und ω_2, wenn das analoge Filter A in ein analoges Filter C umgewandelt wird?**

25. **Wie heißen die Frequenzen ω_1', ω_2' und ω_c', wenn das analoge Filter in ein digitales Filter C umgewandelt wird und T = 20 µsec ist?**

26. **Gib eine Formel für die Leistungsverstärkung des digitalen Filters C an, wenn dieses von dem Tschebyscheff-Filter B vom Typ 2 abgeleitet wird. Benutze T = 20µsec.**

27. Konstruiere eine elementare Filterschaltung ähnlich der in Bild 12.24, die jedoch vier Koeffizienten (Dreiecke) hat, von denen einer genau gleich "2" ist.

28. Entwerfe ein digitales Filter C mit der Methode der Frequenzabtastung. Benütze T = 20 µsec und eine Speichergröße von 20. Wähle den Wertesatz $[\tilde{H}_k]$ so, daß jedes Element entweder Eins oder Null ist. Gib eine Gleichung für $\tilde{H}(z)$ an.

29. **Konstruiere ein vollständiges Schaltbild des vorhergehenden Filters C.**

30. **Zeichne die Leistungsverstärkung in dB des vorhergehenden Filters C.**

31. Passe den Wertesatz $[H_k]$ an, um die Seitenzipfel in der vorhergehenden Leistungsverstärkung zu unterdrücken, und trage die verbesserte Leistungsverstärkung in dB auf. Hinweis: Siehe Beispiel 12.11.

32. Benutze die SPLHBW-Routine, um ein Tiefpaß-Butterworth-Filter mit zwei Polen und einer Grenzfrequenz beim 0.1-fachen der Abtastfrequenz zu entwerfen. Drucke die Koeffizienten aus.

33. Benutze eine Routine aus diesem Kapitel, um ein Hochpaß-Butterworth-Filter mit zwei Abschnitten, einer Grenzfrequenz von 20 Hz und einem Zeitschritt T = 1 ms zu entwerfen. Drucke alle Koeffizienten Abschnitt für Abschnitt aus.

34. Benutze eine Routine aus diesem Kapitel, um ein digitales Butterworth-Filter C zu entwerfen, wobei man vier Abschnitte und den Zeitschritt T = 10 ms annehme. Drucke die Koeffizienten aus.

35. Benutze die SPFIL1-Routine, um den Hochfrequenzanteil aus

$$f(t) = \sin(2\pi t) + \sin(4\pi t)$$

zu entfernen. Gebrauche ein Tiefpaßfilter aus vier Abschnitten sowie eine Folge von 200 Abtastungen bei 20 Abtastungen pro Sekunde. Drucke die Zeitfunktion vor und nach dem Filtern aus.

36. Benutze die SPFIL2-Routine, um die Impulsantwort eines Butterworth-Filters vom Typ C mit 10 Abschnitten bei einem Zeitschritt von T = 10 µs zu ermitteln.

37. Drücke jeden Term in der Formel für die Leistungsverstärkung eines digitalen Butterworth-Filters mit Hilfe der Gleichungen 12.100 und 12.48 aus.

Einige Antworten

1. $\epsilon = \sqrt{10^{-\mathrm{dB}_c/10} - 1}$ **2.** $N = 3$ **3.** $N = 2$ **4.** $N = 7$ **5.** $N = 4$

6. $2\pi \cdot 10^4(-0.5 - j0.866)$

7. $\dfrac{8\pi^3 \cdot 10^{12}}{(s - 2\pi \cdot 10^4 e^{j2\pi/3})(s - 2\pi \cdot 10^4 e^{j4\pi/3})(s + 2\pi \cdot 10^4)}$

8. $-10 \log_{10}\left[1 + \left(\dfrac{\omega}{2\pi \cdot 10^4}\right)^6\right]$ **10.** $s_n = 2\pi \cdot 10^4 e^{j\pi(n+3)/7}; \quad n = 1, 2, \ldots, 7$

12. $-20219 - j48813$ **14.** $|H_C(j\omega)|^2 = \dfrac{1}{0.0004\nu^4 - 0.04\nu^2 + 2}; \quad \nu =$ Frequenz in kHz

18. $|H_B(j\omega)|^2 = \dfrac{10^6}{\nu^6 + 10^6}$; $|\overline{H}_B(j\omega)|^2 = \dfrac{0.00118}{0.00118 + \tan^6(0.01\pi\nu)}$; ν = Frequenz in kHz

20. $|\overline{H}_C(j\omega)|^2 = \dfrac{1}{14.36\tan^4(10^{-5}\omega) - 7.58\tan^2(10^{-5}\omega) + 2}$

22. $s_n = 2\pi \times 10^4 e^{j[(n+1)\pi/3]}$; $n = 1, 2, \ldots, 6$ **24.** $\omega_1 = 10^4\pi$; $\omega_2 = 3 \times 10^4\pi$

28. $\tilde{H}(z) = \dfrac{1 - r^{20}z^{-20}}{10} \sum\limits_{k=2}^{6} (-1)^k \dfrac{z^2 - rz\cos(k\pi/10)}{z^2 - 2rz\cos(k\pi/10) + r^2}$

32. B: 0.067455 0.134911 0.067455
A: −1.142981 0.412802

34.

Sect. 1	B:	0.242721	0.000000	−0.242721
	A:	−1.044314	0.720630	
Sect. 2	B:	0.321176	0.000000	−0.321176
	A:	−1.780623	0.878036	
Sect. 3	B:	0.225977	0.000000	−0.225977
	A:	−1.105472	0.468727	
Sect. 4	B:	0.273857	0.000000	−0.273857
	A:	−1.487822	0.631797	

Literaturhinweise

BUTTERWORTH, S., On the Theory of Filter Amplifiers. *Wireless Engr.*, Vol. 1, 1930, p. 536.

CHAN, D. S. K., and RABINER, L. R., Analysis of Quantization Errors in the Direct Form for Finite Impulse Response Digital Filters. *IEEE Trans. Audio Electroacoust.*, Vol. AU-21, No. 4, August 1973, p. 354.

CLAASEN, T. A. C. M., ET AL., Signal Processing Method for Improving the Dynamic Range of A/D and D/A Converters. *IEEE Trans. Acoust. Speech Signal Process.*, October 1980, p. 529.

GOLD, B., and RADER, C. M., *Digital Processing of Signals*, Chaps. 2, 3, and 4. New York: McGraw-Hill, 1969.

GOLDEN, R. M., and KAISER, J. F., Design of Wideband Sampled-Data Filters. *Bell System Tech. J.*, July 1964, p. 1533.

GUILLEMIN, E. A., *Synthesis of Passive Networks*, Chap. 14. New York: Wiley, 1957.

KAISER, J. F., Some Practical Considerations in the Realization of Linear Digital Filters. *Proc. 3rd Annual Conf. Circuit Systems Theory*, 1965, p. 621.

KAISER, J. F., Digital Filters, Chap. 7 in *System Analysis by Digital Computer*, ed. J. F. Kaiser and F. F. Kuo. New York: Wiley, 1966.

KUO, F. F., *Network Analysis and Synthesis*, Chap. 12. New York: Wiley, 1962.

OPPENHEIM, A. V. (ed.), *Papers on Digital Signal Processing*, p. 43. Cambridge, Mass.: MIT Press, 1969.

OPPENHEIM, A. V., and SCHAFER, R. W., *Discrete-Time Signal Processing*. Englewood Cliffs, N.J.: Prentice-Hall, 1989.

RABINER, L. R., and RADER, C. M. (eds.), *Discrete-Time Signal Processing*. New York: IEEE Press, 1972.

STORER, J. E., *Passive Network Synthesis*, Chap. 30. New York: McGraw-Hill, 1957.

VAN VALKENBURG, M. E., *Introduction to Modern Network Synthesis*, Chap. 13. New York: Wiley, 1960.

WAIT, J. V., Digital Filters, Chap. 5 in *Active Filters: Lumped, Distributed, Integrated, Digital, and Parametric*, ed. L. P. Huelsman. New York: McGraw-Hill, 1970.

KAPITEL 13

Überblick über Zufallsfunktionen, Korrelation und Leistungsspektren

13.1 Zufallsfunktionen

In allen Anwendungen der Signalanalysis entstehen immer wieder Situtationen, in denen eine Funktion f(t) nicht exakt bestimmt werden kann, oder in denen sie nicht vollständig vorhersagbar ist. Manchmal nennt man eine solche Funktion Rauschen, um zum Ausdruck zu bringen, daß sie sowohl unerwünscht als auch unvorhersagbar ist, aber ein unvorhersagbares Signal kann auch vorkommen, wenn die Ursache oder der Signalgenerator nicht vollständig bestimmt sind. Solche Funktionen werden als Zufallsfunktionen behandelt, d.h. es werden anstelle ihrer unbestimmten aktuellen Werte ihre statistischen Eigenschaften benutzt.

Einige der wichtigsten Aspekte dieser statistischen Eigenschaften, die für die vorliegende Diskussion brauchbar sind, werden in diesem und den folgenden Abschnitten in einem Überblick dargestellt. Die Anwendungsfelder der Statistik und der Wahrscheinlichkeitsrechnung sind sehr breit und sie sind auch grundlegend für viele Zweige der Wissenschaft, und selbstverständlich wird hier kein Versuch gemacht, eine umfassende Darstellung zu liefern. Die Liste der Literaturhinweise enthält einige ausgezeichnete Lehrbücher mit derartigen Darstellungen.

Die wichtigste statistische Eigenschaft jeder Zufallsfunktion f(t) ist ihre Wahrscheinlichkeitsfunktion, von der wir annehmen, daß sie ein Maß für die Wahrscheinlichkeit des Auftretens eines jeden Wertes von f(t) ist. Die Wahrscheinlichkeitsfunktion von f(t) ist im eindimensionalen Raum über den Abtastwerten von f(t) definiert. Dies ist einfach eine Gerade mit Punkten, die allen möglichen Werten von f(t) entsprechen.

Wenn zum Beispiel die Werte von f(t) bestimmt werden, indem man eine Münze bei jedem Wert von t wirft, dann besteht der Raum der Abtastwerte aus zwei Punkten, die Kopf und Adler darstellen. Oder, wenn f(t) der Winkel einer Wetterfahne ist, dann ist der Raum der Abtastwerte eine kontinuierliche Linie von 0 bis 2 π rad.

Wenn der Raum der Abtastwerte diskret ist (also eine abzählbare Zahl von Punkten enthält), dann ist die Wahrscheinlichkeitsfunktion als $P(f_n)$ definiert, so daß

$$P(f_n) \geq 0 \quad \text{und} \quad \sum_{n=1}^{N} P(f_n) = 1 \tag{13.1}$$

wobei N, die Zahl der Punkte im Raum der Abtastwerte, irgendeine ganze Zahl sein kann und die Werte von n die Punkte (f_n) im Raum der Abtastwerte zählen. In dem obigen Beispiel der Münze sind, wenn man n = 1 und 2 für Kopf und Adler setzt, bei N = 2 die Werte der Wahrscheinlichkeitsfunktion gegeben zu $P(f_1) = 1/2$ und $P(f_2) = 1/2$.

Im Falle des kontinuierlichen Werteraumes, der hier von größerem Interesse ist, wird die Wahrscheinlichkeitsfunktion mit kleinen Buchstaben p(f) geschrieben, eine Wahrscheinlichkeitsdichtefunktion pdf genannt (pdf = probability density function) und so definiert, daß

$$p(f) \geq 0 \quad \text{und} \quad \int_{-\infty}^{\infty} p(f)\, df = 1 \tag{13.2}$$

in einer zu Gleichung 13.1 analogen Weise gilt. In dieser Schreibweise ist das Argument f nicht f(t), sondern vielmehr ein möglicher Wert von f(t), d.h. ein Punkt im Werteraum von f(t). Entsprechend ist die Wahrscheinlichkeit eines Wertes von f(t) zwischen f = a und f = b

$$P\{a \leq f \leq b\} = \int_{a}^{b} p(f)\, df \tag{13.3}$$

Bevor wir nun wichtige besondere Beispiele der Wahrscheinlichkeitsdichtefunktion pdf (von jetzt an nur noch pdf genannt) untersuchen, kann man ein paar ihrer grundlegenden Eigenschaften in allgemeinen Ausdrücken definieren. Beispiele dieser Eigenschaften werden unten zusammen mit pdf-Beispielen gegeben.

Zuerst wird der Mittelwert (Erwartungswert, Durchschnittswert) irgendeiner Funktion von f, z.B. y(f), in der Weise definiert

$$E(y) = \int_{-\infty}^{\infty} y(f) p(f)\, df \tag{13.4}$$

daß E(y) im wesentlichen die Summe aller Werte von y(f) ist, wobei jeder Wert mit einem entsprechenden Wert von p(f) gewichtet wird. Wenn das Integral in Gleichung 13.4 nicht konvergiert, dann hat y(f) keinen Mittelwert.

Zwei besondere Mittelwertfunktionen sind so wichtig, daß man ihnen spezielle Symbole gegeben hat. Der erste ist der Mittelwert von f selbst, der das Symbol μ_f besitzt. Dieser Mittelwert von f ergibt sich aus Gleichung 13.4 mit y(f) = f

$$\mu_f \equiv E(f) = \int_{-\infty}^{\infty} fp(f)\,df \tag{13.5}$$

Somit ist μ_f im wesentlichen die Summe von mit der pdf gewichteten Werten von f, d.h. die "Schwerpunkts"-Koordinate von p(f).

Die zweite wichtige Erwartungswertfunktion ist die Streuung oder Varianz von f, der man das Symbol σ_f^2 gibt. Die Varianz ist das gebräuchliche Maß der Veränderlichkeit von f(t) um seinen Mittelwert μ_f herum. Sie ist definiert als der Erwartungswert der quadrierten Abweichung von f von seinem Mittelwert, d.h. σ_f^2 ist der Erwartungswert von $y(f) = (f - \mu_f)^2$.

$$\sigma_f^2 \equiv E[(f - \mu_f)^2];$$

$$\sigma_f^2 = \int_{-\infty}^{\infty} (f - \mu_f)^2 p(f)\,df$$

$$= \int_{-\infty}^{\infty} f^2 p(f)\,df - 2\mu_f \int_{-\infty}^{\infty} fp(f)\,df + \mu_f^2 \int_{-\infty}^{\infty} p(f)\,df$$

$$= E(f^2) - 2\mu_f\mu_f + \mu_f^2$$

Somit folgt

$$\sigma_f^2 = E(f^2) - \mu_f^2 \tag{13.6}$$

Die Varianz ergibt sich damit als Differenz zwischen dem mittleren quadrierten Wert von f und dem Quadrat von μ_f. Die Wurzel aus σ_f^2, d.h. σ_f, wird die "Standardabweichung von f genannt; sie ist das Standardmaß der Abweichung von f von seinem mittleren Wert und hat dieselben Einheiten wie f.

Eine wichtige grundlegende Aufgabe, die sich in der Signalanalysis oft ergibt, besteht darin, daß p(f) gegeben ist und man nun die pdf einer Funktion y(f) bestimmen muß. Diese Aufgabe wird im allgemeinen gelöst, indem man das Produkt p(f)df als die Wahrscheinlichkeit auffaßt, dafür, daß f(t) zwischen f und f + df liegt, d.h. als einen verschwindend kleinen Zuwachs der Fläche über dem Werteraum von f. Im einfachsten Fall wie in Bild 13.1 ist y(f) eine eindeutige Eins-zu-Eins-Abbildung zwischen den f und y Werteräumen, so daß p(f)df und q(y)dy dieselben Wahrscheinlichkeiten sind. Das heißt für die

$$\text{Flächen:}\quad q(y)|dy| = p(f)|df| \tag{13.7}$$

oder, mit der Annahme, daß y(f) eine Ableitung hat,

$$q[y(f)] = \frac{p(f)}{|dy/df|} \tag{13.8}$$

wobei |dy/df| der Absolutwert der Ableitung von y(f) ist.

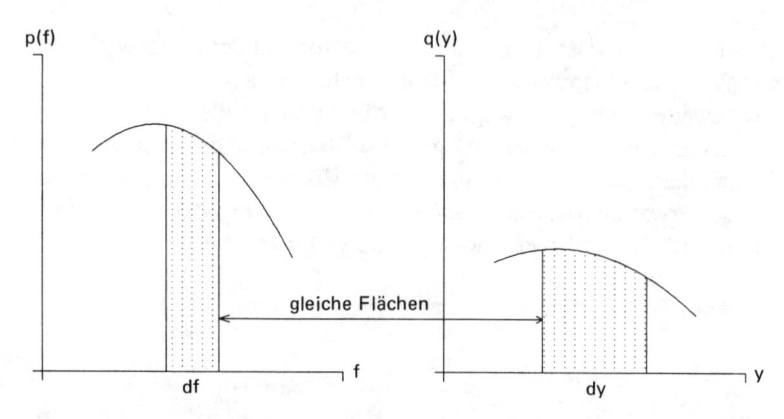

Bild 13.1 Gleiche Wahrscheinlichkeiten als gleiche Flächen

Beispiel 13.1: Wenn die Funktion p(f) zusammen mit der linearen Beziehung y = af + b gegeben ist, wie heißt die pdf von y? Die Antwort lautet mit |dy/df| = |a| in diesem Fall

$$q(y) = \frac{1}{|a|}\, p(f) \tag{13.9}$$

Man beachte, daß für a = 1 die zwei pdfs dieselben sind, was zeigt, daß das Addieren oder Subtrahieren einer Konstanten zu f(t) zwar das Argument, aber nicht die Form der pdf ändert.

Zwei nützliche Hilfssätze folgen aus dem Ergebnis in Gleichung 13.8 und aus Beispiel 13.1. Als erstes ist

$$\mu_{af+b} = a\mu_f + b \tag{13.10}$$

Das heißt, wenn y = af + b, dann ist der Mittelwert von y gleich $a\mu_f$ + b. Dies folgt, indem man die Gleichungen 13.8 und 13.9 in der Definition des Mittelwertes in Gleichung 13.5 benutzt (bei der Definition von μ_y ist dy ein positiver kleiner Zuwachs und ist somit in diesem Fall gleich |a|df):

$$
\begin{aligned}
\mu_{af+b} &= \int_{-\infty}^{\infty} (af + b)\frac{p(f)}{|a|}\,dy \\
&= a\int_{-\infty}^{\infty} fp(f)\,df + b\int_{-\infty}^{\infty} p(f)\,df \\
&= a\mu_f + b
\end{aligned}
\tag{13.11}
$$

Zweitens ist die Varianz von af + b

$$
\sigma^2_{af+b} = a^2\sigma^2_f \tag{13.12}
$$

was man zeigen kann, wenn man die Gleichungen 13.8 bis 13.10 in der Varianzdefinition benutzt. Bei Beachtung von y = af + b verläuft der Beweis wie folgt:

$$
\begin{aligned}
\sigma^2_{af+b} &= \int_{-\infty}^{\infty} (y - \mu_{af+b})^2 q(y)\,dy \\
&= \int_{-\infty}^{\infty} [af + b - (a\mu_f + b)]^2 \frac{p(f)}{|a|}(|a|\,df) \\
&= a^2\int_{-\infty}^{\infty} (f - \mu_f)^2 p(f)\,df \\
&= a^2\sigma^2_f
\end{aligned}
\tag{13.13}
$$

Die in den obigen Beispielen benutzten Methoden sind allgemein gültig, um Mittel oder Varianz anderer Funktionen von f zu finden (siehe [Dwass, 1970], Kapitel 7).

13.2 Gleichförmige und normale Dichtefunktionen

Wenn wir uns nun speziellen Beispielen der pdf zuwenden, sind in der digitalen Signalanalysis zwei Formen von besonderem Interesse. Die erste ist die in Bild 13.2 gezeigte gleichförmige pdf (das englische Wort "uniform" wird hier mit gleichförmig, gleichmäßig übersetzt). Die gleichförmige pdf drückt die Annahme aus, daß alle Werte von f(t) zwischen den Werten a und b "gleich wahrscheinlich" sind. ("Gleich wahrscheinlich" hat nur in dem diskreten Fall eine reale Bedeutung; nichtsdestoweniger hat diese Bezeichnung hier im kontinuierlichen Fall einen gewissen heuristisch gerechtfertigten Anklang.) Man beachte wieder in Bild 13.2, daß der Abtastwerteraum die horizontale f-Achse ist (das Intervall von a bis b) und daß das Integral über p(f) der Gleichung 13.2 genügt. Wenn p(f) gleichförmig ist, wird f(t) eine gleichförmige Variate genannt.

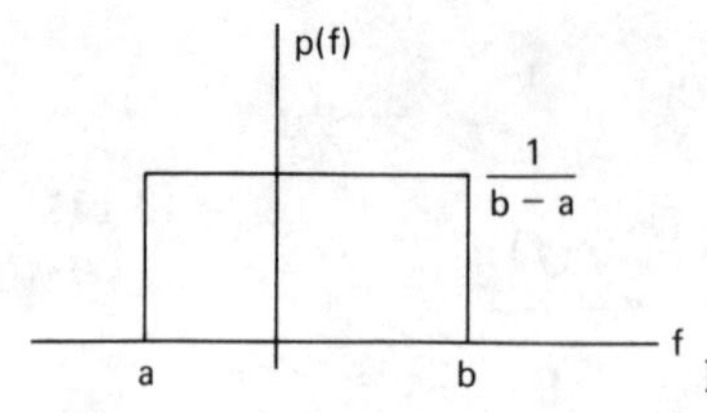

Bild 13.2 Gleichförmige Wahrscheinlichkeitsdichtefunktion

Der Mittelwert einer wie in Bild 13.2 verteilten gleichförmigen Variate ist im Einklang mit Gleichung 13.5

$$\begin{aligned}\mu_f &= \int_{-\infty}^{\infty} fp(f)\,df \\ &= \frac{1}{b-a}\int_a^b f\,df \\ &= \frac{b+a}{2}\end{aligned} \tag{13.14}$$

Wie erwartet liegt der Mittelwert auf halbem Wege zwischen a und b in Bild 13.2. Die Varianz der gleichförmigen Variate ergibt sich aus Gleichung 13.6:

$$\begin{aligned}\sigma_f^2 &= E(f^2) - \mu_f^2 \\ &= \frac{1}{b-a}\int_a^b f^2\,df - \frac{(b+a)^2}{4} \\ &= \frac{(b-a)^2}{12}\end{aligned} \tag{13.15}$$

Somit ist die Standardabweichung einer gleichförmigen Variate gerade $1/\sqrt{12}$ - mal dem gesamten Wertebereich b-a.

Die zweite pdf von größerem Interesse ist die Gaußsche oder normale Wahrscheinlichkeitsdichtefunktion, dargestellt in Bild 13.3. Diese Funktion ist hier vor allem deswegen von Interesse, weil in vielen Anwendungen der Signalanalysis ein Gaußsches Rauschen angenommen wird, was bedeutet, daß die pdf der Rauschfunktion wie in Bild 13.3 gezeigt verläuft. Die allgemeine Form der normalen pdf lautet:

$$N(\mu, \sigma) \equiv p(f) = \frac{1}{\sigma\sqrt{2\pi}} e^{-(f-\mu)^2/2\sigma^2} \tag{13.16}$$

in der μ und σ das Mittel und die Standardabweichung von f sind, d.h. die unten gezeigten Werte μ_f und σ_f. (In der Technik wird die Schreibweise

N(μ,σ) für die normale pdf bevorzugt, siehe z.B. [Goode und Machol 1957].) Zuerst kann man, um zu sehen, daß N(μ, σ) ein Einheitsintegral wie in Gleichung 13.2 ist, die Substitution $x = (f-\mu)/\sigma\sqrt{2}$ machen, so daß das Integral wird

$$\begin{aligned} \int_{-\infty}^{\infty} N(\mu,\sigma)\, df &= \frac{1}{\sigma\sqrt{2\pi}} \int_{-\infty}^{\infty} e^{-(f-\mu)^2/2\sigma^2}\, df \\ &= \frac{1}{\sqrt{\pi}} \int_{-\infty}^{\infty} e^{-x^2}\, dx \end{aligned} \tag{13.17}$$

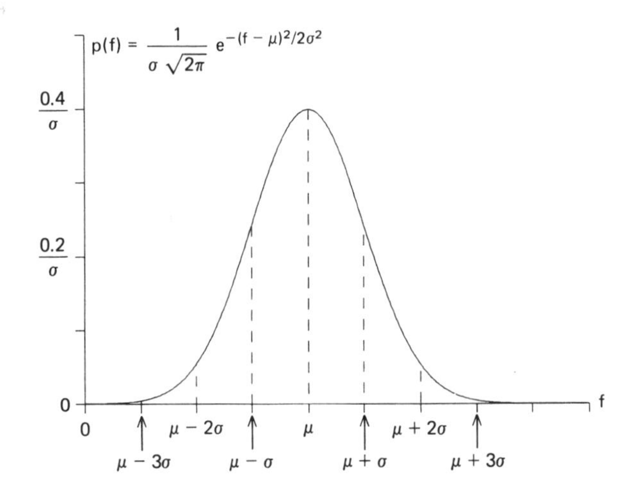

Bild 13.3 Die normale Wahrscheinlichkeitsdichtefunktion, N (μ,σ)

Dieses Integral kann man einfach errechnen, indem man sein Quadrat auswertet:

$$\begin{aligned} \left[\int_{-\infty}^{\infty} N(\mu,\sigma)\, df\right]^2 &= \frac{1}{\pi}\iint_{-\infty}^{\infty} e^{-x^2} e^{-y^2}\, dx\, dy \\ &= \frac{1}{\pi}\int_0^{2\pi}\int_0^{\infty} e^{-r^2} r\, dr\, d\theta \\ &= 2\int_0^{\infty} r e^{-r^2}\, dr \\ &= 1 \end{aligned} \tag{13.18}$$

womit bewiesen ist, daß N(μ, σ) den Integralwert 1 hat. (Das Ergebnis in der zweiten Zeile von Gleichung 13.18 erhält man, indem man von kartesischen zu Polarkoordinaten übergeht, d.h. $x^2+y^2 = r^2$ und dxdy = r dr d Θ.)

Der Beweis, daß μ der Mittelwert von f ist, wird erbracht, indem man die normale pdf in Gleichung 13.5 einsetzt und wieder die Substitution $x = (f-\mu)/\sigma\sqrt{2}$ macht:

$$\begin{aligned} \mu_f &= \int_{-\infty}^{\infty} f N(\mu,\sigma)\, df \\ &= \frac{1}{\sigma\sqrt{2\pi}} \int_{-\infty}^{\infty} f e^{-(f-\mu)^2/2\sigma^2}\, df \\ &= \sigma\sqrt{\frac{2}{\pi}} \int_{-\infty}^{\infty} x e^{-x^2}\, dx + \mu \int_{-\infty}^{\infty} \frac{1}{\sqrt{\pi}} e^{-x^2}\, dx \\ &= \mu \end{aligned} \tag{13.19}$$

In der dritten Zeile von Gleichung 13.19 ist das erste Integral gleich Null und das zweite ist nach Gleichung 13.18 gleich Eins, so daß $\mu_f = \mu$ folgt. In ähnlicher Weise kann man $\sigma_f = \sigma$ beweisen: Setzt man μ = 0, so ergibt Gleichung 13.6 die Beziehung $\sigma_f^2 = E(f^2)$ und Gleichung 13.4 führt zu

$$\begin{aligned} \sigma_f^2 &= \int_{-\infty}^{\infty} f^2 N(0,\sigma)\, df \\ &= \frac{1}{\sigma\sqrt{2\pi}} \int_{-\infty}^{\infty} f^2 e^{-f^2/2\sigma^2}\, df \\ &= \sigma^2 \end{aligned} \tag{13.20}$$

wobei hier die partielle Integration angewendet wurde.

Unglücklicherweise kann, wenn N(μ, σ) die pdf von f ist, die Wahrscheinlichkeit, daß f zwischen einem Paar von Werten liegt (wie dies in Gleichung 13.3 definiert ist), nicht so leicht ausgedrückt werden wie zum Beispiel im Falle der gleichförmigen pdf. Deshalb sind normierte Fassungen dieser Wahrscheinlichkeit in Handbüchern tabelliert. (Siehe zum Beispiel das Handbuch von Burington (1965). Burington tabelliert das Integral ϕ in Gleichung 13.21 wie auch verwandte Integrale von N(μ, σ).) Typischerweise werden Werte des Integrals N(0,1) tabelliert; d.h. wenn x gemäß N(0,1) verteilt ist, sind die Werte der Wahrscheinlichkeit, daß x kleiner als irgendein Wert T ist

$$\begin{aligned}\phi(T) &= P\{x < T\}\\ &= \int_{-\infty}^{T} N(0,1)\,dx\end{aligned} \tag{13.21}$$

als Funktion der Werte T tabelliert. Mit diesen tabellierten Werten kann man die allgemeinere Form von P { $a \le f \le b$ } in Gleichung 13.3 mit $p(f) = N(\mu, \sigma)$ finden, indem man die Gleichungen 13.10 und 13.12 sowie die Substitution

$$x = (f - \mu)/\sigma \tag{13.22}$$

heranzieht. Alles dies wird in den folgenden Beispielen klarer werden.

Beispiel 13.2: Wenn die Werte einer Zufallsfunktion f(t) so verteilt sind, daß $p(f) = N(1,2)$, wie groß ist dann die Wahrscheinlichkeit, daß f(t) positiv ist? Setzt man

$$x = \frac{f - \mu_f}{\sigma_f} = \frac{f}{2} - \frac{1}{2} \tag{13.23}$$

so ergibt Gleichung 13.10 $\mu_x = 1/2 - 1/2 = 0$ und Gleichung 13.12 ergibt $\sigma_x = (1/2)(2) = 1$, und somit ist die pdf von x gleich N(0, 1). Dann ist gemäß Gleichung 13.23 x größer als - 1/2, wenn f positiv ist, und so folgt

$$\begin{aligned}P\{f > 0\} &= P\left\{x > -\frac{1}{2}\right\}\\ &= 1 - \phi\left(-\frac{1}{2}\right) = \phi\left(\frac{1}{2}\right)\end{aligned} \tag{13.24}$$

was, wie man in einem Handbuch findet, etwa gleich 0.69 ist.

Beispiel 13.3: Wenn die pdf einer Funktion f(t) gleich N(2,3) ist, wie groß ist dann die Wahrscheinlichkeit dafür, daß f(t) in dem Intervall (-4, +4) liegt? Setzt man

$$x = \frac{f - \mu_f}{\sigma_f} = \frac{f - 2}{3} \tag{13.25}$$

so zeigen die Gleichungen 13.10 und 13.12 wieder, daß die pdf von x gleich N(0,1) ist. Wenn als nächstes f zwischen -4 und +4 liegt, dann muß x zwischen -2 und +2/3 liegen. Die Situation ist in Bild 13.4 dargestellt, und die erforderliche Wahrscheinlichkeit ist im Bilde angegeben.

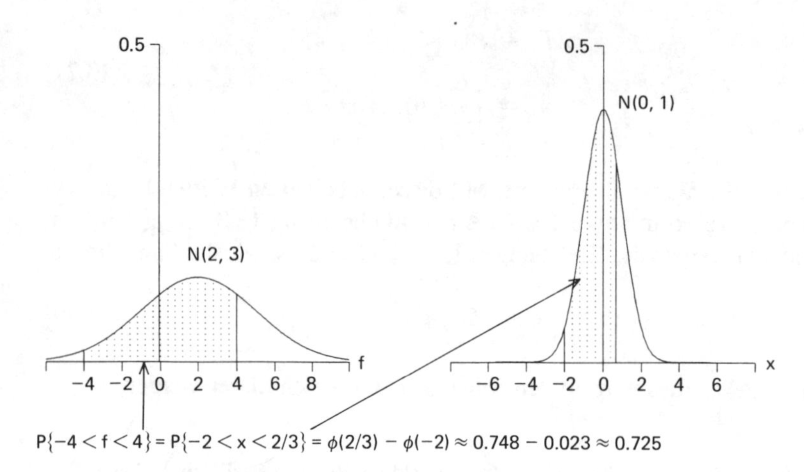

Bild 13.4 Wahrscheinlichkeiten im Beispiel 13.3

13.3 Multivariate Dichtefunktion

Bis hierher befaßte sich die Diskussion mit einer einzelnen Zufallsvariaten, deren Werte aus einem eindimensionalen Werteraum, d.h. auf einer Geraden genommen wurden. Die Verallgemeinerung auf einen n-dimensionalen Werteraum für n Zufallsvariaten $x_1, x_2, \ldots, x_n$ folgt in einer ganz natürlichen Weise. Für kontinuierliche Variaten kann man zum Beispiel die Wahrscheinlichkeitsdichtefunktion mit $p(x_1, x_2, \ldots, x_n)$ bezeichnen, und wie für n = 1 in Gleichung 13.2 ist

$$p(x_1, x_2, \ldots, x_n) \geq 0 ,$$

und

$$\int\int_{-\infty}^{\infty} \cdots \int p(x_1, x_2, \ldots, x_n)\, dx_1\, dx_2 \cdots dx_n = 1 \qquad (13.26)$$

Eine Darstellung mit n = 2 ist in Bild 13.5 angegeben. In diesem Fall ist der Werteraum die x_1, x_2-Ebene, und $p(x_1, x_2)$ wird die verbundene pdf von x_1 und x_2 genannt, die in diesem Bild dieselbe für alle Paare (x_1, x_2) innerhalb des schraffierten Rechteckes in der x_1 x_2-Ebene ist. Entsprechend der Gleichung 13.3 lautet die verbundene Wahrscheinlichkeit, daß x_1 zwischen α_1 und β_1 und x_2 zwischen α_2 und β_2 liegt

$$P\{\alpha_1 \leq x_1 \leq \beta_1, \alpha_2 \leq x_2 \leq \beta_2\} = \int_{\alpha_1}^{\beta_1} \int_{\alpha_2}^{\beta_2} p(x_1, x_2)\, dx_1\, dx_2 \quad (13.27)$$

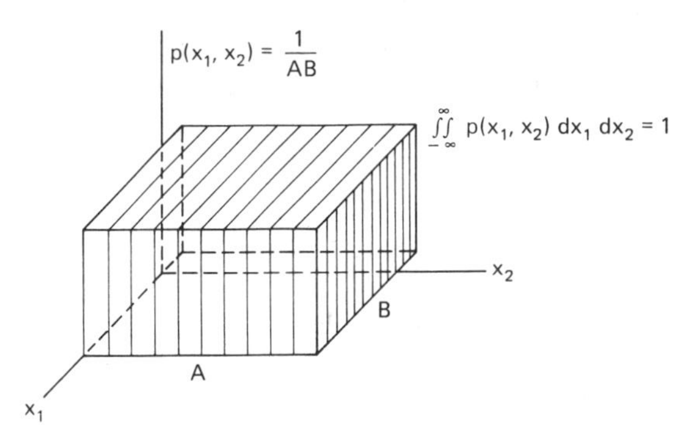

Bild 13.5 Verbundene Wahrscheinlichkeitsdichtefunktion

Einige andere Eigenschaften der verbundenen pdf sind von allgemeinem Interesse. Um die Schreibweise zu vereinfachen, nennen wir die zwei Variaten x und y und bezeichnen die pdf mit p(x,y). Dann ist wie in Gleichung 13.27 die Wahrscheinlichkeit, daß x zwischen x und dx liegt bei beliebigem y

$$P = \int_{x}^{x+dx} \int_{-\infty}^{\infty} p(x,y)\, dy\, dx \tag{13.28}$$

Da y jeden beliebigen Wert haben kann, stellt die Wahrscheinlichkeit auf der linken Seite in Wirklichkeit genau die nichtbedingte Wahrscheinlichkeit q(x)dx dar, wobei q(x) die pdf von x ist, während das Integral auf der rechten Seite gerade zu dem Integral über y mal dx wird. Wenn man durch dx teilt, wird die pdf von x dann

$$q(x) = \int_{-\infty}^{\infty} p(x,y)\, dy \tag{13.29}$$

Man beachte, daß man in dieser Formel x und y miteinander vertauschen kann und daß q(y) dann die pdf von y ist.

Es kann sein, daß die Variaten x und y nicht voneinander abhängen, so daß die Kenntnis von x nicht dabei hilft, den Wert von y zu bestimmen und umgekehrt. Die Variaten nennt man diesbezüglich unabhängig voneinander (oder "gegenseitig unabhängig" - siehe [Feller, 1957]), wenn für alle x und y gilt

$$p(x,y) = q(x)r(y) \tag{13.30}$$

wobei q(x) die pdf von x und r(y) die pdf von y ist.

Die Definition des Erwartungswertes einer beliebigen Funktion F(x,y) ist analog zu Gleichung 13.4. Bezeichnet man mit E(F) diesen Erwartungswert, so ergibt sich

$$E(F) = \iint\limits_{-\infty}^{\infty} F(x, y)p(x, y)\, dx\, dy \tag{13.31}$$

Es existiert schließlich auch eine Kovarianzfunktion, die ähnlich der oben definierten Varianz ist. Die Kovarianz ist der Erwartungswert des Produktes der x- und y-Abweichungen von ihren Mittelwerten:

$$\begin{aligned} \sigma_{xy}^2 &= \iint\limits_{-\infty}^{\infty} (x - \mu_x)(y - \mu_y)p(x, y)\, dx\, dy \\ &= \iint\limits_{-\infty}^{\infty} xyp(x, y)\, dx\, dy - \mu_x\mu_y \\ &= E(xy) - \mu_x\mu_y \end{aligned} \tag{13.32}$$

wobei sich die letzte Zeile mit den Gleichungen 13.29 und 13.31 ergibt. Somit ist die Kovarianz die Differenz zwischen dem Erwartungswert des Produktes und dem Produkt der erwarteten Werte (Mittelwerte). Man beachte, daß für unabhängige x und y die Gleichungen 13.30 und 13.31 das Resultat liefern

$$E(xy) = \mu_x\mu_y \tag{13.33}$$

so, daß in Gleichung 13.32 die Kovarianzfunktion bei unabhängigen Variaten gleich Null wird.

Diese Eigenschaften der verbundenen pdf werden in den folgenden Diskussionen angewandt; sie sind auch dann anwendbar, wenn mehr als eine Zufallsfunktion betrachtet wird oder wenn Korrelationseigenschaften in Betracht kommen.

13.4 Stationäre und ergodische Eigenschaften

In Anwendungen der Wahrscheinlichkeitstheorie auf die Signalanalysis entsteht eine ziemlich grundlegende und interessante Frage in bezug auf die "reale" Natur des Abtastwerte-Raumes, in dem eine Wahrscheinlichkeitsfunktion oder eine pdf definiert ist. Nimmt man an, daß von einer Zufallsfunktion f(t) Abtastwerte zu entnehmen sind, soll man sie dann zu verschiedenen Zeiten t entnehmen oder soll man verschiedene Werte zur gleichen Zeit t aus einer größeren Menge von Funktionen auswählen? Diese Wahlmöglichkeiten sind in Bild 13.6 veranschaulicht. Die erste Möglichkeit besteht darin, daß das Abtasten von t = 0 an in horizontaler Richtung fortschreiten könnte, und zwar bei einer beliebigen Funktion f(t), bei der man die Abtastwerte zu verschiedenen Zeiten t entnimmt. Die zweite Möglichkeit besteht darin, daß das Abtasten in dem Bild zur selben Zeit t in vertikaler Richtung über die Menge der Funktionen f(t) fortschreiten könnte. Situationen, die beiden Möglichkeiten entsprechen, gibt es in der Tat in der Praxis. Beispiele für solche Mengen von Zufallsfunktionen sind der Blutdruck in Abhängigkeit vom Alter in einer Gruppe von Menschen (d.h. in dieser Gruppe ist f(t) = Blutdruck und t = Alter), die Temperatur in Abhängigkeit der Zeit in einer Gruppe von Reaktor-Brennelementen usw.

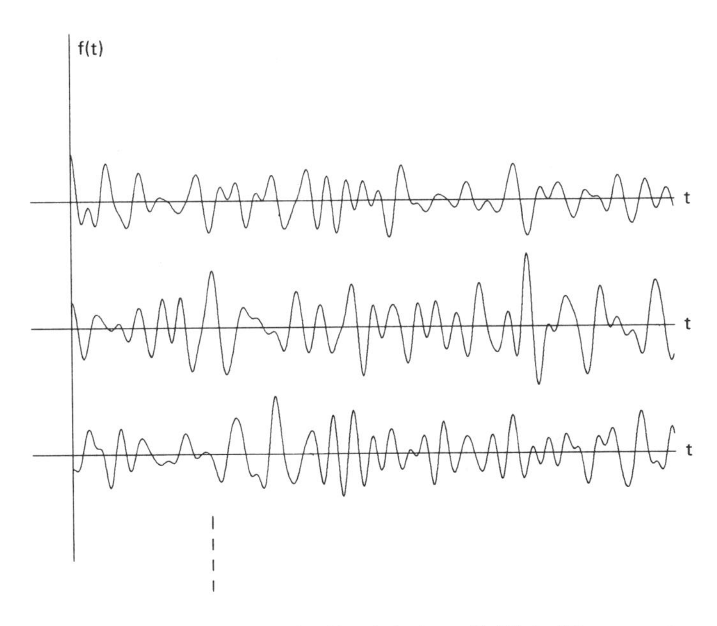

Bild 13.6 Eine Gruppe (oder eine Population) von Zufallsfunktionen von t

Die stationären und ergodischen Eigenschaften, die beide in vielen Verfahren der Signalanalysis vorausgesetzt werden, sollen hier anhand der obigen Menge von Funktionen definiert werden. Nehmen wir an, die pdf von f(t), die wir p(f) nennen, sei über die Menge von Funktionen definiert (vertikal über die Funktionen in Bild 13.6). Dann kann man, wie dies in Bild 13.6 nahegelegt wird, p(f) selbst als eine Funktion von t ansehen. In gleicher Weise kann man aus der Menge von Funktionen eine Funktion f(t) auswählen, zur

Zeit t einen Wert f und τ Sekunden später einen Wert f_τ entnehmen. Dann läßt sich die verbundene pdf $p_\tau(f,f_\tau)$ als eine Funktion von t betrachten. (Der Index τ dient zur Erinnerung, daß p_τ auch von τ abhängt, was nach Annahme eine feste Verzögerung ist.)

Die Zufallsfunktion f(t) ist stationär dann (und nur dann), wenn für alle τ die Funktion $p_\tau(f, f_\tau)$ über t konstant ist. Dies wiederum schließt ein, daß auch p(f) über t konstant ist, da wie in Gleichung 13.29 gilt

$$p(f) = \int_{-\infty}^{\infty} p_T(f, f_T)\, df \tag{13.34}$$

Somit ist p(f) über der Zeit konstant, wenn der Integrand über der Zeit konstant ist. Diese Schlußfolgerung gilt jedoch nicht umgekehrt, wie dies in Bild 13.7 dargestellt ist, das zuerst eine nichtstationäre Funktion f(t) mit einer sich ändernden pdf zeigt, ferner eine nichtstationäre Funktion f(t) mit konstanter pdf und schließlich eine stationäre Funktion f(t). Der Eindruck im zweiten Fall ist der, daß sich der Frequenzinhalt von f(t) ändert, obwohl p(f) konstant bleibt, und daß deshalb $p_\tau(f, f_\tau)$ in Beziehung zum Spektrum von f(t) gesetzt werden muß. Diese wichtige Beziehung wird in den nächsten zwei Abschnitten erörtert.

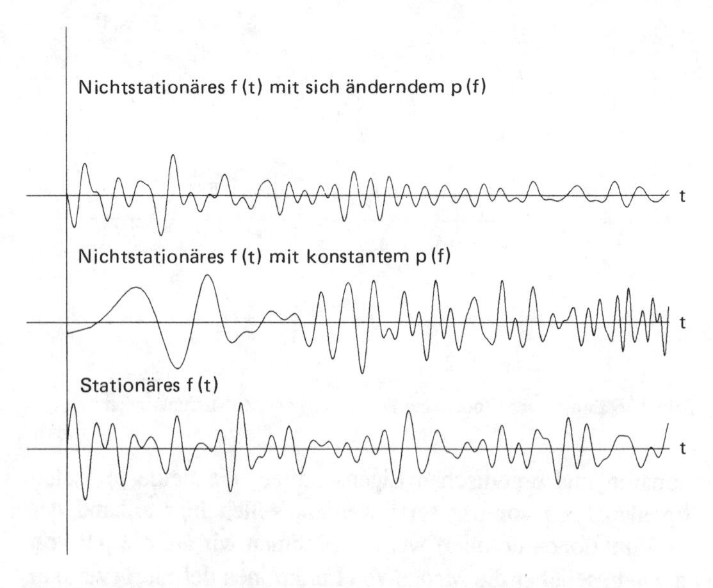

Bild 13.7 Beispiele nichtstationärer und stationärer Zufallsfunktionen

Wenn f(t) zusätzlich zur Eigenschaft stationär noch ergodisch ist, dann hat jede einzelne Funktion in der Gruppe von Bild 13.6 dieselben statistischen

Eigenschaften wie die ganze Gruppe. Zum Beispiel ist der zeitliche Durchschnittswert einer stationären, ergodischen Funktion f(t) derselbe wie der Durchschnittswert, der über den Satz von Funktionen zu einer beliebigen Zeit t genommen wird. (Vollständigere und genauere Definitionen der stationären und ergodischen Eigenschaften werden von Laning und Battin (1956) zusammen mit Beispielen angegeben.) In der folgenden Theorie werden wir wie üblich annehmen, daß die Zufallsfunktionen die stationären und ergodischen Eigenschaften in einem angegebenen Zeitintervall haben.

13.5 Korrelationsfunktionen

Wie in dem vorhergehenden Abschnitt gibt es oft die Notwendigkeit, die gegenseitige Abhängigkeit oder Verbindung zwischen Signalwerten zu messen oder zu bestimmen - um z.B. solche Fragen zu beantworten wie: "Ist der gegenwärtige Wert von f(t) korreliert mit seinen eigenen vergangenen Werten oder mit Werten einer anderen Funktion g(t), d.h. hängt er von ihnen ab?" Somit benötigt man einen quantitativen Indikator für die Korrelation zwischen den Signalen.

Die hier zu definierende Korrelationsfunktion ist dazu bestimmt, diesen Mangel zu beheben und sowohl bei stationären Zufallsfunktionen als auch bei determinierten Funktionen anwendbar zu sein. Für determinierte Funktionen läßt sich jedoch die Idee einer statistischen Abhängigkeit oder Unabhängigkeit, wie sie in Gleichung 13.30 definiert wurde, nicht anwenden, und die Korrelationsfunktion wird mehr zu einem Maß für die Ähnlichkeit zwischen Funktionen.

Die Korrelationsfunktion ist in der gleichen Weise für zufällige und für determinierte Funktionen definiert: Sie ist das gemittelte Produkt zweier Funktionen f(t) und g(t), die gegeneinander um die Zeit τ verschoben sind. Nehmen wir als erstes an, daß f(t) und g(t) deteminierte Funktionen sind. (Zufallsfunktionen werden weiter unten behandelt.) Die Formel für die Korrelationsfunktion von f(t) und g(t) lautet

$$\phi_{fg}(\tau) = \lim_{T\to\infty} \frac{1}{T} \int_{-T/2}^{T/2} f(t)g(t+\tau)\,dt \tag{13.35}$$

$\phi_{fg}(\tau)$ ist ersichtlich das gerade erwähnte mittlere Produkt.

Man beachte zuerst, daß Gleichung 13.35 der Probe auf Orthogonalität ähnelt (Kapitel 2, Abschnitt 2.3) - in der Tat ist, wenn f(t) und g(t + τ) im Intervall der Länge T um t = 0 orthogonal sind, $\phi_{fg}(\tau)$ gleich Null. Somit kann man $\phi_{fg}(\tau)$ als ein Maß der Orthogonalität von f(t) und g(t + τ) über den ganzen t-Bereich betrachtet werden. Die Korrelationsfunktion wird daher von allen Werten von f(t) und g(t) bestimmt und nicht von einem besonderen Wertesatz.

Die grundsätzliche Natur von $\phi_{fg}(\tau)$ wird in klarer Weise von Truxal (1955) dargelegt, der zeigt, daß dann, wenn ein lineares System nach dem Kriterium der kleinsten Quadrate entworfen werden soll, die Eingangs- und Ausgangssignale hinreichend beschrieben sind, wenn man nur ihre Korrelationsfunktionen heranzieht. (In Wirklichkeit geht diese Auffassung auf Wiener (1930) zurück.) Truxals Beweis verläuft wie folgt: Nehmen wir an, das in Bild 13.8 mit H(s) gegebene lineare System soll entworfen werden. Das gewünschte (desired) Ausgangssignal d(t) kann man nicht genau ermitteln, so daß der Entwurfsprozeß das Minimieren des quadrierten Fehlers zwischen d(t) und dem aktuellen Ausgangssignal g(t) enthält. Der gemittelte quadratische Fehler ist in diesem Falle

$$E_{\text{av}}^2 = \lim_{T\to\infty} \frac{1}{T} \int_{-T/2}^{T/2} [d(t) - g(t)]^2 \, dt \tag{13.36}$$

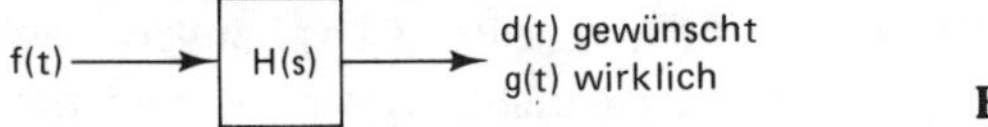

Bild 13.8 Lineares System

Das aktuelle Ausgangssignal g(t) kann jedoch auch durch das Faltungsintegral ausgedrückt werden:

$$g(t) = \int_{-\infty}^{\infty} h(\tau) f(t - \tau) \, d\tau \tag{13.37}$$

Wenn man dieses Integral in Gleichung 13.36 einsetzt und dort quadriert, folgt das Ergebnis

$$\begin{aligned} E_{\text{av}}^2 = \lim_{T\to\infty} \frac{1}{T} \int_{-T/2}^{T/2} \Bigg[\left(\int_{-\infty}^{\infty} h(\tau) f(t - \tau) \, d\tau \cdot \int_{-\infty}^{\infty} h(x) f(t - x) \, dx \right) + d^2(t) \\ - 2d(t) \int_{-\infty}^{\infty} h(\tau) f(t - \tau) \, d\tau \Bigg] dt \end{aligned} \tag{13.38}$$

wobei x als Ersatzvariable eingeführt wurde, um Verwirrung zu vermeiden. Als nächstes werden die Terme in Gleichung 13.38 wie folgt umgeordnet:

$$E_{\mathrm{av}}^2 = \iint\limits_{-\infty}^{\infty} \left(h(\tau)h(x) \lim_{T\to\infty} \frac{1}{T} \int_{-T/2}^{T/2} f(t-\tau)f(t-x)\,dt \right) d\tau\,dx + \lim_{T\to\infty} \frac{1}{T} \int_{-T/2}^{T/2} d^2(t)\,dt$$
$$- 2\int_{-\infty}^{\infty} h(\tau) \lim_{T\to\infty} \frac{1}{T} \int_{-T/2}^{T/2} d(t)f(t-\tau)\,dt\,d\tau \tag{13.39}$$
$$= \iint\limits_{-\infty}^{\infty} h(\tau)h(x)\phi_{ff}(\tau - x)\,d\tau\,dx + \phi_{dd}(0) - 2\int_{-\infty}^{\infty} h(\tau)\phi_{fd}(\tau)\,d\tau$$

wobei man die letzte Zeile erhält, indem man die Definition der Korrelationsfunktion von Gleichung 13.35 benutzt. Somit erscheinen f(t) und d(t) in der Formel für E_{av}^2 nur mit ihren Korrelationsfunktionen, und der obige Satz ist bewiesen. (Das Thema des "Least-Squares"-Entwurfs wird im nächsten Kapitel behandelt.)

Man beachte, daß zwei der drei Korrelationsfunktionen in Gleichung 13.39 doppelte Indizes haben. Funktionen dieser Form

$$\phi_{ff}(\tau) = \lim_{T\to\infty} \frac{1}{T} \int_{-T/2}^{T/2} f(t)f(t+\tau)\,dt \tag{13.40}$$

werden "Autokorrelationsfunktionen" genannt, da sie ein Maß der Korrelation einer Funktion mit ihren eigenen vergangenen, gegenwärtigen und zukünftigen Werten darstellt. Die Autokorrelationsfunktion hat einige besondere Eigenschaften:

1. $\phi_{ff}(\tau)$ ist eine gerade Funktion; d.h. $\phi_{ff}(\tau) = \phi_{ff}(-\tau)$. Wenn man in Gleichung 13.40 $-\tau$ anstelle von τ setzt, ändert sich das Integral nicht - die zwei Funktionen f(t) werden effektiv immer noch um den Betrag τ gegeneinander verschoben.

2. $|\phi_{ff}(\tau)| \leq |\phi_{ff}(0)|$, d.h. das mittlere Produkt ist maximal, wenn f(t) ohne Verschiebung mit sich selbst multipliziert wird. (Für einen Beweis dieser Eigenschaft siehe Truxal (1955) oder Wiener (1930).)

3, $\phi_{ff}(0)$ ist nur für Funktionen von Null verschieden, deren Integrale über t nicht absolut konvergieren, da das Integral in Gleichung 13.40 offensichtlich mit T anwachsen muß, damit $\phi_{ff}(\tau)$ in der Grenze $T \to \infty$ von Null verschieden ist. Somit ist Gleichung 13.40 nicht brauchbar, wenn es sich bei f(t) um einen einzelnen Impuls handelt, der mit wachsendem t auf Null abfällt. Eine "alternative" Autokorrelationsfunktion

$$\rho_{ff}(\tau) = \int_{-\infty}^{\infty} f(t)f(t+\tau)\,dt \tag{13.41}$$

die, wie man bei dem Vergleich mit Gleichung 13.40 sieht, das gesamte und nicht das gemittelte Produkt von f(t) und f(t + τ) darstellt, ist in diesen Fällen nützlich.

4. $\phi_{ff}(\tau)$ enthält keine Phaseninformation über f(t). Dies erkennt man, indem man bemerkt, daß Gleichung 13.40 das gleiche Resultat für f(t + α) wie für f(t) liefert, d.h. daß eine Verschiebung bei f(t) die Größe $\phi_{ff}(\tau)$ nicht ändert.

5. $\phi_{ff}(0)$ ist der Mittelwert von $f^2(t)$, wie man durch Einsetzen von τ = 0 in Gleichung 13.40 sieht. Dieser Wert ist als mittlere Leistung von f(t) definiert. Der Ausdruck "Leistung" für $f^2(t)$ ist eine Verallgemeinerung der physikalischen Bedeutung dieses Terms. Wenn f(t) eine elektrische Spannung oder ein Strom ist, die man in Volt oder Ampere mißt, dann ist $f^2(t)$ die Augenblicksleistung in Watt, die in einem Widerstand von 1 Ω verbraucht wird, wenn er durch f(t) "gespeist" wird.

Obgleich Gleichung 13.40 ganz allgemein für $\phi_{ff}(\tau)$ bei determiniertem f(t) und nichtverschwindender mittlerer Leistung gilt, gibt es noch zwei andere Formen der Autokorrelationsfunktion, die manchmal sehr nützlich sind. Zunächst kann man dann, wenn f(t) periodisch ist, das Produkt f(t) f(t + τ) über eine einzelne Periode der Länge $2\pi/\omega_0$ wie folgt mitteln, wobei ω_0 die Grundfrequenz ist:

$$\text{f(t) periodisch:}\quad \phi_{ff}(\tau) = \frac{\omega_0}{2\pi}\int_{-\pi/\omega_0}^{\pi/\omega_0} f(t)f(t+\tau)\,dt = c_0^2 + 2\sum_{n=1}^{\infty} |c_n|^2 \cos n\omega_0\tau \tag{13.42}$$

In diesem Ergebnis bedeuten c_n die komplexen Fourier-Koeffizienten, und man erhält die zweite Zeile von der ersten durch Einsetzen der komplexen Fourier-Reihen für f(t) und f(t + τ) (siehe Kapitel 2, Abschnitt 2.4).

Als nächstes wollen wir annehmen, daß f(t) eine stationäre Zufallsfunktion sei. Da f(t) in diesem Fall definitionsgemäß nicht genau bekannt ist, ist Gleichung 13.40 formal nicht anwendbar. Stattdessen kann das mittlere Produkt f(t) f(t + τ) als ein Erwartungswert des Produktes im statistischen Sinn angesehen werden. Wie in Abschnitt 13.4 stelle f einen Wert von f(t) dar, f_τ einen Wert von f(t + τ) und $p_\tau(f,f_\tau)$ die verbundene pdf von f und f_τ. Dann ist nach Gleichung 13.31 die Autokorrelationsfunktion

$$\text{f(t) zufällig:}\quad \phi_{ff}(\tau) = E(ff_\tau) = \iint_{-\infty}^{\infty} ff_\tau p_\tau(f, f_\tau)\,df\,df_\tau \tag{13.43}$$

Dies ist die Formel für die Autokorrelationsfunktion einer Zufallsvariaten. Wenn f und f_τ unabhängig voneinander sind, wird $E(ff_\tau)$ zu $E(f)\,E(f_\tau)$ oder μ_f^2. (Siehe Gleichung 13.33). Deshalb wird das Verhalten von $\phi_{ff}(\tau)$ für große τ eine mögliche Probe für den periodischen Inhalt in einer Funktion, d.h.

$$\lim_{\tau\to\infty} \phi_{ff}(\tau) = \begin{cases} \text{verschieden von Null, wenn f(t) einen Gleichstromanteil} \\ \text{oder einen periodischen Anteil enthält} \\ \text{Null, wenn f(t) nichtperiodisch ist und } \mu_f=0 \end{cases} \quad (13.44)$$

(Die Probe wird ungewiß für "fastperiodische" Funktionen, siehe [Wiener, 1930].)

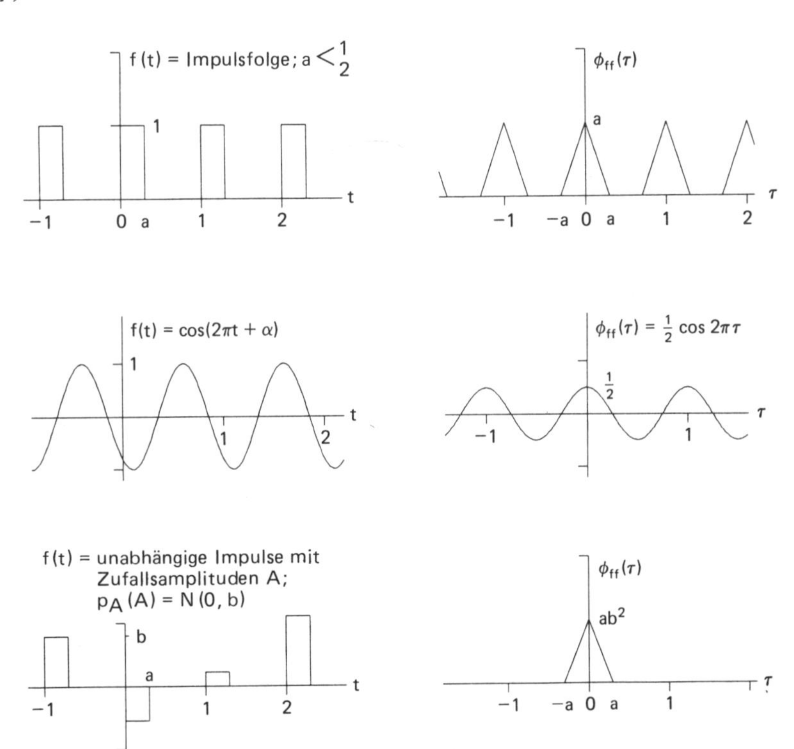

Bild 13.9 Beispiele zur Bildung der Autokorrelationsfunktion

Einige Beispiele von Fällen, auf die sich diese beiden Formen von $\phi_{ff}(\tau)$ anwenden lassen, sind in Bild 13.9 dargestellt. Im ersten Fall läßt sich Gleichung 13.40 direkt anwenden, und Gleichung 13.42 kann man im zweiten heranziehen. Im dritten Fall kann die Anwendung der Gleichungen 13.43 und 13.44 wie folgt geschehen: Man betrachte irgendein Einheitsintervall von τ, z.B. (0,1), (1,2) usw. Wenn zunächst τ kleiner als a ist, dann koinzidieren in diesem Intervall identische Impulse von f und f_τ in einem kleineren Intervall a - τ. Innerhalb dieses kleineren Intervalles ist der Erwartungswert des Produktes $E(ff_\tau)$ gerade $E(A^2)$ oder b^2, die Varianz von A. Somit folgt

$$\text{für } \tau < a, \quad E(ff_\tau) = \frac{a - \tau}{1}(\sigma_A^2) = b^2(a - \tau) \tag{13.45}$$

Wenn τ nicht kleiner als a ist, kann sich ein gegebener Impuls von f nicht mit demselben Impuls von f_τ überlappen, und so ergibt sich, da die Impulsamplituden voneinander unabhängig sind und das Mittel Null haben,

$$\text{für } \tau \geq a, \quad E(ff_\tau) = E(f)E(f_\tau) = 0 \tag{13.46}$$

Das Ergebnis der Gleichungen 13.45 und 13.46 ist mit der Bezeichnung $\phi_{ff}(\tau)$ rechts unten in Bild 13.9 dargestellt.

13.6 Leistungs- und Energiespektren

Die üblichen Maße für Energie und Leistung sind eng mit der Autokorrelationsfunktion verwandt. Die oben genannte Eigenschaft 5 ergibt $\phi_{ff}(0)$ als Mittelwert von $f^2(t)$ oder als Durchschnittsleistung von f(t).

Andererseits folgt aus Gleichung 13.41, daß $\rho_{ff}(0)$ die gesamte Energie in f(t) sein muß

$$\rho_{ff}(0) = \int_{-\infty}^{\infty} f^2(t)\, dt \tag{13.47}$$

Offensichtlich ist bei endlichem $\rho_{ff}(0)$ die durchschnittliche Leistung gleich Null, und umgekehrt muß für von Null verschiedenes $\phi_{ff}(0)$ die gesamte Energie Unendlich sein. Ein allgemeiner Impuls (transient) ist hier als eine Funktion f(t) definiert, die eine endliche Energie hat, so daß das Integral in Gleichung 13.47 konvergiert.

Für allgemeine Impulse existiert die Fourier-Transformierte $F(j\omega)$ genauso wie die Transformierte $R_{ff}(j\omega)$ der Korrelationsfunktion $\rho_{ff}(\tau)$. In der Tat lautet diese Transformierte

$$\begin{aligned} R_{ff}(j\omega) &= \int_{-\infty}^{\infty} \rho_{ff}(\tau)e^{-j\omega\tau}\,d\tau \\ &= \int_{-\infty}^{\infty} f(t)\int_{-\infty}^{\infty} f(t+\tau)e^{-j\omega\tau}\,d\tau\,dt \\ &= \int_{-\infty}^{\infty} f(t)e^{j\omega t}\,dt\int_{-\infty}^{\infty} f(x)e^{-j\omega x}\,dx; \qquad x=\tau+t \\ &= F(-j\omega)F(j\omega) = |F(j\omega)|^2 \end{aligned} \tag{13.48}$$

wobei man die dritte Zeile durch Substitution von $x = \tau + t$ in das innere Integral der zweiten Zeile erhält. Somit zeigt sich, daß $R_{ff}(j\omega)$ das Quadrat des Amplitudenspektrums von f(t) ist. Andererseits hat $R_{ff}(j\omega)$ auch Beziehungen zur Gesamtenergie $\rho_{ff}(0)$ in Gleichung 13.47, da

$$\rho_{ff}(\tau) = \frac{1}{2\pi}\int_{-\infty}^{\infty} R_{ff}(j\omega)e^{j\omega\tau}\,d\omega\,, \tag{13.49}$$

und daher

$$\rho_{ff}(0) = \frac{1}{2\pi}\int_{-\infty}^{\infty} R_{ff}(j\omega)\,d\omega = \frac{1}{2\pi}\int_{-\infty}^{\infty} |F(j\omega)|^2\,d\omega \tag{13.50}$$

Da die gesamte Energie $\rho_{ff}(0)$ in f(t) gleich $1/2\pi$ mal dem Integral von $R_{ff}(j\omega)$ ist, muß $R_{ff}(j\omega) = |F(j\omega)|^2$ das Energiespektrum sein bzw. die Energie-Spektraldichtefunktion von f(t), wobei sich die Energiedichte in den Einheiten quadrierte Amplitude pro Hertz ergibt. (Die Einheiten enthalten das "pro Hertz" wegen $d\nu = d\omega/2\pi$, wobei sich $d\nu$ in Hertz ergibt, wenn $d\omega$ in Radiant pro Sekunde gemessen wird.) Da $|F(j\omega)|$ das Amplitudenspektrum von f(t) darstellt, ist das Ergebnis, daß $|F(j\omega)|^2$ das Energiespektrum bedeutet, gewiß nicht unsinnig. (Für $|F(j\omega)|^2$ wird auch der Term "Leistungsverstärkung" gebraucht, wenn $F(j\omega)$ eine Übertragungsfunktion wie in Kapitel 12 ist. Somit ist die Leistungsverstärkung eines Filters gleich dem Energiespektrum seiner Impulsantwort.)

Beispiel 13.4: Man beschreibe die Korrelationsfunktion und den Energieinhalt des in Bild 13.10 dargestellten Impulses $f(t) = e^{-at}$ für $t \geq 0$. Zuerst ergibt sich die Autokorrelationsfunktion zu

$$\begin{aligned} \rho_{ff}(\tau) &= \int_{-\infty}^{\infty} f(t)f(t+\tau)\,dt \\ &= \int_{max(0,\,-\tau)}^{\infty} e^{-a(2t+\tau)}\,dt = \frac{1}{2a}e^{-a|\tau|} \end{aligned}$$

Sie ist ebenfalls dargestellt. Als nächstes folgt die Energiespektralfunktion, die man entweder als $R_{ff}(j\omega)$ oder als $|F(j\omega)|^2$ berechnen kann, zu $1/(\omega^2 + a^2)$. Sie ist ebenfalls dargestellt. Schließlich ergibt sich die gesamte Energie $\rho_{ff}(0)$ zu 1/2a.

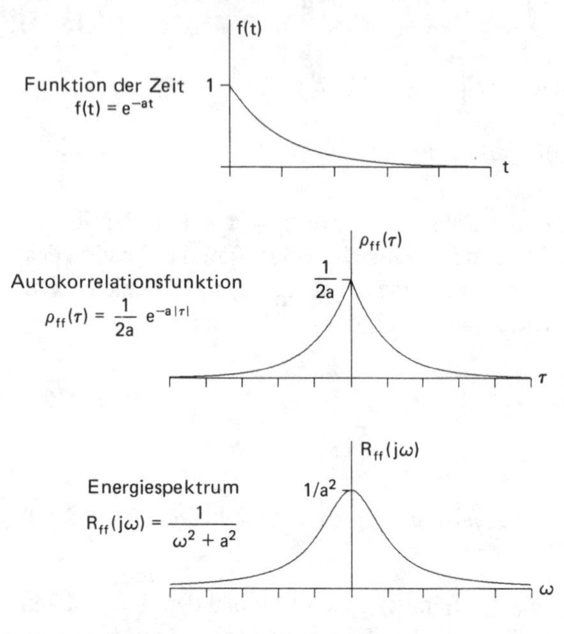

Bild 13.10 Funktionen in Beispiel 13.4

Die Situation ist analog für periodische oder zufällige Funktionen, außer daß hier die Energie unendlich ist und somit die Leistung anstelle der Energie herangezogen werden muß. Geradeso wie das Energiespektrum eines allgemeinen Impulses $R(j\omega)$ lautet, ergibt sich das Leistungsspektrum einer Zufallsfunktion wie folgt:

$$\Phi_{ff}(j\omega) = \int_{-\infty}^{\infty} \phi_{ff}(\tau) e^{-j\omega\tau}\, d\tau \tag{13.51}$$

Das heißt, das Leistungsspektrum ist die Fourier-Transformierte der Autokorrelationsfunktion. Die gesamte Leistung in f(t) ist

$$\begin{aligned} \text{gemittelte oder gesamte Leistung} &= [f^2(t)]_{\text{avg}} = \phi_{ff}(0) \\ &= \frac{1}{2\pi} \int_{-\infty}^{\infty} \Phi_{ff}(j\omega)\, d\omega \end{aligned} \tag{13.52}$$

Dies folgt aus der Definition der inversen Transformation genauso, wie Gleichung 13.50 aus Gleichung 13.49 folgt. Wiederum sind die Einheiten von

$\phi_{ff}(j\omega)$ Leistung pro Hertz analog zu den Einheiten Energie pro Hertz für $R_{ff}(j\omega)$. Das Ergebnis in Gleichung 13.52 ist als das Parseval'sche Theorem bekannt.

Man beachte, daß $\phi_{ff}(j\omega)$, die Fourier-Transformierte von $\phi_{ff}(\tau)$, nicht konvergiert, wenn f(t) einen periodischen Inhalt hat, denn in diesem Fall verschwindet $\phi_{ff}(\tau)$ nicht mit wachsendem τ (siehe Gleichung 13.44). Wenn f(t) zufällig ist und ein nichtverschwindendes Mittel aufweist, betrachtet man es so, daß es sowohl einen zufälligen als auch einen periodischen Inhalt hat, wobei der periodische Inhalt in diesem Falle genau die Gleichstromkomponente ist. In den Fällen, in denen f(t) sowohl einen zufälligen als auch einen periodischen Inhalt hat, ist es nützlich, das Leistungsspektrum von f(t) als die kontinuierliche Funktion $\phi_{ff}(j\omega)$ zu definieren, zusammen mit einer oder mehreren Nadelimpulsfunktionen der Flächen $2\pi|c_n|^2$ bei den Frequenzen $\pm n\omega_0$, so daß man die gesamte in f(t) enthaltene Leistung wieder finden kann als $1/2\pi$ mal dem Integral des Leistungsspektrums wie in Gleichung 13.52. Wenn andererseits f(t) zufällig ist und das Mittel Null hat, dann gibt Gleichung 13.52 die gesamte Leistung und auch die Varianz σ_f^2 von f(t), da in diesem Falle σ_f^2 das Mittel von $f^2(t)$ ist. Somit ergibt das Leistungsspektrum $\phi_{ff}(j\omega)$ die Verteilung der Varianz von f(t) über der Frequenz.

Beispiel 13.5: **Man ermittle das Leistungsspektrum der Zufallsfunktion in Bild 13.9 mit b = 1. Die Autokorrelationsfunktion $\phi_{ff}(\tau)$ von Bild 13.9 ist hier mit b = 1 in Bild 13.11 noch einmal gezeichnet. Das Leistungsspektrum ist die Fourier-Transformierte von $\phi_{ff}(\tau)$:**

$$\Phi_{ff}(j\omega) = \int_{-a}^{a} (a - |\tau|)e^{-j\omega\tau}\, d\tau$$

$$= \frac{4}{\omega^2} \sin^2\left(\frac{\omega a}{2}\right)$$

die auch unten aufgetragen ist. Die gesamte Leistung ist $\phi_{ff}(0) = a$, was auch gleich $1/2\pi$ mal dem Integral von $\phi_{ff}(j\omega)$ ist.

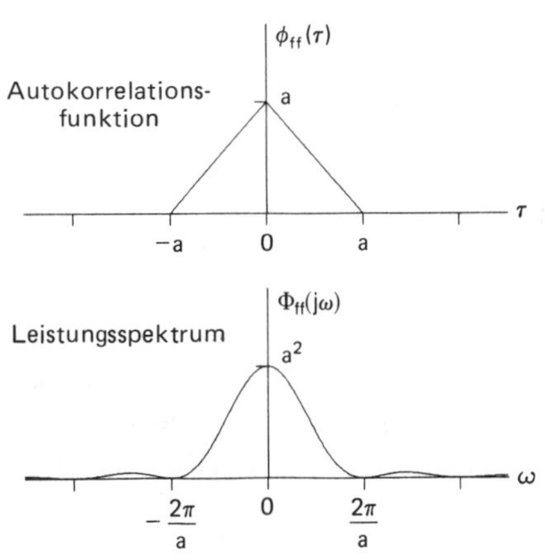

Bild 13.11 Funktionen in Beispiel 13.5

Eine Zusammenstellung der grundlegenden Formeln für Autokorrelationsfunktionen, Leistungsspektren und Energiespektren ist in Tabelle 13.1 wiedergegeben. Man beachte, daß das Leistungsdichtespektrum der periodischen Funktion als eine Reihe von Nadelimpulsfunktionen gegeben ist, wie dies gerade beschrieben wurde, so daß seine Dimensionen diejenigen von $\phi_{ff}(j\omega)$ sind, nämlich Leistung pro Hertz.

Tabelle 13.1 Übersicht über Formeln kontinuierlicher Funktionen

Funktion	Typ von $f(t)$	Formel
Autokorrelation	impulsartig	$\rho_{ff}(\tau) = \int_{-\infty}^{\infty} f(t)f(t+\tau)\,dt$
Autokorrelation	zufällig	$\phi_{ff}(\tau) = E(ff_\tau) = \lim_{T\to\infty} \frac{1}{T}\int_{-T/2}^{T/2} f(t)f(t+\tau)\,dt$
Autokorrelation	periodisch	$\phi_{ff}(\tau) = c_0^2 + 2\sum_{n=1}^{\infty} \lvert c_n\rvert^2 \cos n\omega_0\tau$
Energiedichte	impulsartig	$R_{ff}(j\omega) = \int_{-\infty}^{\infty} \rho_{ff}(\tau)e^{-j\omega\tau}\,d\tau = \lvert F(j\omega)\rvert^2$
Leistungsdichte	zufällig	$\Phi_{ff}(j\omega) = \int_{-\infty}^{\infty} \phi_{ff}(\tau)e^{-j\omega\tau}\,d\tau$
Leistungsdichte	periodisch	$\Phi_{ff}(j\omega) = 2\pi \sum_{n=-\infty}^{\infty} \lvert c_n\rvert^2\delta(\omega - n\omega_0)$
Gesamtenergie	impulsartig	$\rho_{ff}(0) = \int_{-\infty}^{\infty} f^2(t)\,dt = \frac{1}{2\pi}\int_{-\infty}^{\infty} R_{ff}(j\omega)\,d\omega$
Gesamtleistung	zufällig	$\phi_{ff}(0) = \sigma_f^2 = \frac{1}{2\pi}\int_{-\infty}^{\infty} \Phi_{ff}(j\omega)\,d\omega$
Gesamtleistung	periodisch	$\phi_{ff}(0) = \sum_{n=-\infty}^{\infty} \lvert c_n\rvert^2$

13.7 Die Korrelationsfunktionen und Leistungsspektren abgetasteter Signale

Die Korrelationsfunktion und das Leistungsspektrum bekommen eine andere Form, wenn die Signale abgetastet werden (auch wenn sie analog bleiben). Wie früher schon festgestellt, ist die Korrelationsfunktion eine Funktion der Zeitverschiebung zwischen zwei Signalen. Wenn die Signale abgetastet werden, werden die Zeitverschiebungen diskret und sind ganze Vielfache der Abtastperiode T. Infolgedessen wird die Korrelationsfunktion diskret oder "getastet". Daher wird das Leistungsspektrum (oder das Energiespektrum), das gleich der Fourier-Transformierten der Korrelationsfunktion ist, besser durch die Fourier-Summation in Gl. 5.3 als durch das Fourier-Integral beschrieben. Wie in früheren Abschnitten, differiert die Definition der Korrelation etwas in Abhängigkeit der betrachteten Signalart.

Für eine determinierte Abtastfolge $[f_m]$ endlicher Energie ist die Autokorrelationsfunktion wie folgt definiert

$$\phi_{ff}(n) = \lim_{N\to\infty} \frac{1}{2N+1} \sum_{m=-N}^{N} f_m f_{m+n} \tag{13.53}$$

Diese Definition gilt auch für stationäre Zufallsprozesse, die ergodisch sind, da in solchen Fällen die zeitlichen Mittelwerte gleich den Scharmittelwerten sind. Die folgenden Eigenschaften der jetzigen Autokorrelationsfunktion gleichen denen in Abschnitt 13.5

1. Die Autokorrelation ist eine gerade Funktion, d.h.

$$\phi_{ff}(-n) = \phi_{ff}(n) \tag{13.54}$$

2. Die Autokorrelationsfunktion hat ein Maximum bei $n = 0$, so daß

$$|\phi_{ff}(n)| \leq \phi_{ff}(0) \tag{13.55}$$

3. $\phi_{ff}(0)$ ist nur für solche Funktionen von Null verschieden, deren Summen in Gl. 5.3 nicht konvergieren. Für Funktionen mit endlicher Energie wird eine alternative Autokorrelationsfunktion benutzt, die ähnlich zu der in Gl. 13.41 ist,

$$\rho_{ff}(n) = \sum_{m=-\infty}^{\infty} f_m f_{m+n} \tag{13.56}$$

4. Für $[\phi_{ff}(n)]$ ohne periodischen Inhalt gilt

$$\lim_{n\to\infty} \phi_{ff}(n) = \mu_f^2 \tag{13.57}$$

5. $[\phi_{ff}(n)]$ enthält keine Phaseninformation über $[f_m]$; d.h. die Autokorrelationsfunktion von $[f_{m+k}]$ ist identisch mit der von $[f_m]$.

6. $\phi_{ff}(0)$ stellt die mittlere Leistung von $[f_m]$ dar.

7. Anders als $\phi_{ff}(\tau)$ ist $[\phi_{ff}(n)]$ diskret; d.h. es ist nur für ganzzahlige Werte des Argumentes n definiert.

Für eine periodische Folge $[f_m]$ ist die Autokorrelationsfunktion wie folgt definiert:

$$\phi_{ff}(n) = \frac{1}{N} \sum_{m=0}^{N-1} f_m f_{m+n} \tag{13.58}$$

wobei N die Anzahl der Abtastungen pro Periode ist. In diesem Fall ist die Autokorrelationsfunktion ebenfalls periodisch mit derselben Periode N. Die Periodizität ist leicht zu zeigen, indem man in der obigen Definition n gleich n + N setzt und die Tatsache benutzt, daß $[f_m]$ periodisch ist.

Schließlich ist für stationäre Zufallsprozesse, die nicht ergodisch sind, die Autokorrelationsfunktion durch Gl. 13.43 mit $\tau = nT$ gegeben, d.h.

$$\phi_{ff}(n) = E(f_m f_{m+n}) = \iint_{-\infty}^{\infty} ff_{nT}\, p_{nT}(f, f_{nT})\, df_{nT} \tag{13.59}$$

wobei PnT (f,fnT) die vereinte pdf von f und fnT ist.

Die Definitionen der Kreuzkorrelation folgen geradlinig aus den obigen Definitionen der Autokorrelation. Zum Beispiel ist die Kreuzkorrelation zwischen zwei stationären Zufallsprozessen $[f_m]$ und $[g_m]$ wie folgt definiert

$$\phi_{fg}(n) = \lim_{N\to\infty} \frac{1}{2N+1} \sum_{m=-N}^{N} f_m g_{m+n} \tag{13.60}$$

Anders als die Autokorrelation ist die Kreuzkorrelation im allgemeinen keine gerade Funktion von n. Das heißt, im allgemeinen ist $\phi_{fg}(n) \neq \phi_{fg}(-n)$. Wenn wir jedoch f und g vertauschen, ändern wir die Richtung der Verschiebung, so daß folgt

$$\phi_{fg}(n) = \phi_{gf}(-n) \tag{13.61}$$

Daher ist die Reihenfolge der Indizes bei der Kreuzkorrelation wichtig. Sie gibt an, welche Funktion von der anderen weggeschoben wird.

Das diskrete Leistungsspektrum findet man, indem man die z-Transformierte der Autokorrelationsfunktion nimmt

$$\tilde{\Phi}_{ff}(z) = \sum_{n=-\infty}^{\infty} \phi_{ff}(n) z^{-n} \tag{13.62}$$

Indem man hier $z = e^{j\omega T}$ setzt, erhält man das Leistungsspektrum als Funktion der Frequenz

$$\tilde{\Phi}_{ff}(e^{j\omega T}) = \overline{\Phi}_{ff}(j\omega) = \sum_{n=-\infty}^{\infty} \phi_{ff}(n) e^{-jn\omega T} \tag{13.63}$$

Man erkennt, daß es die Fourier-Transformierte der Autokorrelationsfolge $[\phi_{ff}(n)]$ ist. Man spricht üblicherweise sowohl bei $\tilde{\Phi}_{ff}(z)$ als auch bei $\bar{\Phi}_{ff}(j\omega)$ als dem Leistungsspektrum von $[f_m]$, wobei das Argument z oder j ω zusammen mit dem Kontext der Diskussion den Unterschied angibt. Die Autokorrelation gewinnt man aus jeder dieser Größen, indem man die zugehörige Transformation durchführt (siehe z.B. Gl. 7.13):

$$\phi_{ff}(n) = \frac{1}{2\pi j} \oint \tilde{\Phi}_{ff}(z) z^{n-1}\, dz \tag{13.64}$$

oder

$$\phi_{ff}(n) = \frac{T}{2\pi} \int_{-\pi/T}^{\pi/T} \overline{\Phi}_{ff}(j\omega) e^{jn\omega T}\, d\omega \tag{13.65}$$

Man beachte, daß, wenn man diese Ausdrücke bei n = 0 auswertet, sich die gesamte Signalleistung ergibt:

$$\begin{aligned} \text{gesamte Leistung} = \phi_{ff}(0) &= \frac{1}{2\pi j} \oint \tilde{\Phi}_{ff}(z)\, dz/z \\ &= \frac{T}{2\pi} \int_{-\pi/T}^{\pi/T} \overline{\Phi}_{ff}(j\omega)\, d\omega \end{aligned} \tag{13.66}$$

Indem man die Tatsache ausnutzt, daß $\phi_{ff}(n)$ eine gerade Funktion ist, kann man leicht die folgende Eigenschaft des Leistungsspektrums beweisen

$$\tilde{\Phi}_{ff}(z) = \tilde{\Phi}_{ff}(z^{-1}) \tag{13.67}$$

Dies hat wiederum zur Folge, daß

$$\overline{\Phi}_{ff}(j\omega) = \overline{\Phi}_{ff}^{*}(j\omega) = \overline{\Phi}_{ff}(-j\omega) \tag{13.68}$$

Deshalb ist $\bar{\Phi}_{ff}(j\omega)$ sowohl reell als auch gerade. Weil $\bar{\Phi}_{ff}(j\omega)$ die Fourier-Transformierte einer Abtastfolge ist, kommt hinzu, daß diese Funktion periodisch mit der Periode ω_s ist, d.h. der Abtastfrequenz von $[f_m]$ und daher auch von $[\phi_{ff}(n)]$. Eine letzte wichtige Eigenschaft von $\bar{\Phi}_{ff}(j\omega)$ ist, daß sie nicht negativ sein kann. Besser als diese Eigenschaft formal zu beweisen, ist es, zu bemerken, daß jedes Leistungsspektrum eine Verteilung einer Leistung (d.h. eines gemittelten quadrierten Wertes) über der Frequenz ist, und daß eine negative Leistung in einem Frequenzband physikalisch nicht möglich wäre.

Das diskrete Leistungsspektrum verdient besondere Aufmerksamkeit, wenn das abgetastete Signal ein von Null verschiedenes Mittel oder einen periodischen Anteil aufweist. In diesen Fällen verschwindet die Autokorrelationsfunktion nicht für wachsende n und die Summe in Gl. 13.63 konvergiert nicht. Wie in Tabelle 13.1 ist es in solchen Fällen wieder nützlich, das diskrete Leistungsspektrum dieser Anteile als $2\pi\ |\bar{c}_m|^2$ bei den Frequenzen $\pm\ m\ \omega_0$ zu definieren ($m = 0$ für den Gleichstromanteil, wobei $\bar{c}_m$ der Koeffizient der Fourier-Reihe des abgetasteten periodischen Signals in Gl. 5.29 ist. Mit dieser Definition für das Leistungsspektrum ist es möglich, die inverse Transformation in Gl. 13.65 zur Berechnung von $\phi_{ff}(n)$ heranzuziehen.

Das diskrete Kreuz-Leistungsspektrum läßt sich durch die Transformation der Kreuzkorrelationsfunktion finden. So ergeben sich in Abhängigkeit von z und ω

$$\tilde{\Phi}_{fg}(z) = \sum_{n=-\infty}^{\infty} \phi_{fg}(n) z^{-n} \tag{13.69}$$

$$\tilde{\Phi}_{fg}(e^{j\omega T}) = \overline{\Phi}_{fg}(j\omega) = \sum_{n=-\infty}^{\infty} \phi_{fg}(n) e^{-jn\omega T} \tag{13.70}$$

Wie bei der Autokorrelation kann die Kreuzkorrelationsfunktion aus dem Kreuz-Leistungsspektrum gewonnen werden, indem man die inversen Transformationsbeziehungen benutzt:

$$\phi_{fg}(n) = \frac{1}{2\pi j} \oint \tilde{\Phi}_{fg}(z) z^{n-1}\, dz \tag{13.71}$$

$$\phi_{fg}(n) = \frac{T}{2\pi} \int_{-\pi/T}^{\pi/T} \overline{\Phi}_{fg}(j\omega) e^{jn\omega T}\, d\omega \tag{13.72}$$

Da die Kreuzkorrelationsfunktion im allgemeinen keine gerade Funktion ist, weist das Kreuz-Leistungsspektrum Eigenschaften auf, die etwas verschieden von denen des oben definierten Auto-Spektrums sind. Man kann mit der Beziehung in Gl. 13.61 zeigen, daß

$$\tilde{\Phi}_{fg}(z) = \tilde{\Phi}_{gf}(z^{-1}) \tag{13.73}$$

Entsprechend haben wir in Abhängigkeit der Frequenz

$$\overline{\Phi}_{fg}(j\omega) = \overline{\Phi}_{gf}(-j\omega) = \overline{\Phi}^*_{gf}(j\omega) \tag{13.74}$$

Wir merken uns hier, daß das Kreuz-Leistungsspektrum im allgemeinen eine von Null verschiedene Phase hat und in der Tat auch negative Werte annehmen kann.

Die in diesem Abschnitt diskutierten Definitionen der Leistungsspektren kann man auch auf Funktionen mit endlicher Energie anwenden, indem man $\varphi(n)$ anstelle von $\phi(n)$ setzt (siehe Gl. 13.56). In diesem Fall ist das Spektrum ein Energiespektrum und kein Leistungsspektrum. Seine Eigenschaften sind dieselben wie jene des oben diskutierten Leistungsspektrums. Das Leistungsspektrum liefert die Verteilung der Signalleistung über der Frequenz, und das Energiespektrum liefert die Verteilung der Signalenergie über der Frequenz.

13.8 Zeitdiskrete Zufallsprozesse und lineare Filterung

In diesem Abschnitt wollen wir die Wirkung einer linearen Filterung auf die Korrelationsfunktionen und die Leistungsspektren von zeitdiskreten Zufallsprozessen untersuchen. Zur Vereinfachung der Diskussion wollen wir annehmen, daß alle Signale stationäre Zufallssignale sind, so daß man die Korrelationsfunktionen mit dem Erwartungswert-Operator ausdrücken kann. Die mit dieser Annahme erhaltenen Ergebnisse kann man auf jede Art eines abgetasteten Signals anwenden, solange die entsprechende Definition der Korrelation zutrifft.

Man betrachte das Blockschaltbild in Bild 13.12, das zwei Signale $[x_m]$ und $[f_m]$ zeigt, die durch lineare zeitinvariante digitale Filter $\tilde{D}(z)$ und $\tilde{H}(z)$ geschickt werden und am Ausgang die Signale $[y_m]$ und $[g_m]$ erzeugen. Wie wir schon früher festgestellt haben, hängen bei solchen Filtern die Ausgangssignale über Faltungen von den Eingangssignalen ab.

$$y_m = \sum_{l=-\infty}^{\infty} d_l x_{m-l} \tag{13.75}$$

$$g_m = \sum_{l=-\infty}^{\infty} h_l f_{m-l} \tag{13.76}$$

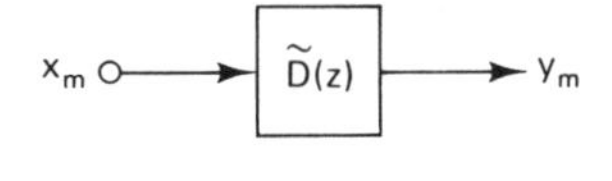

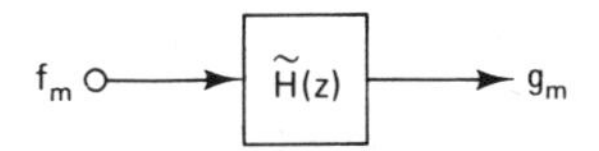

Bild 13.12 Signale, die dazu benutzt werden, die Wirkung des linearen Filterns auf die Korrelationsfunktionen und ihre Spektren zu ermitteln.

Wir wollen annehmen, daß die Auto- und Kreuzkorrelationsfunktion oder in äquivalenter Weise die Auto- und Kreuz-Leistungsspektren von $[x_m]$ und $[f_m]$ bekannt sind. Wir suchen Ausdrücke zwischen den Korrelationsfunktionen und den Leistungsspektren der Ausgangssignale in Bild 13.12. Zuerst entwickeln wir einen Ausdruck für die Kreuzkorrelation $\phi_{xg}(n)$. Laut Definition gilt

$$\phi_{xg}(n) = E[x_m g_{m+n}]$$

Das Einsetzen von g aus Gl. 13.76 ergibt nach einer Vereinfachung

$$\begin{aligned}\phi_{xg}(n) &= E[x_m \sum_{l=-\infty}^{\infty} h_l f_{m+n-l}] \\ &= \sum_{l=-\infty}^{\infty} h_l E[x_m f_{m+n-l}] \\ &= \sum_{l=-\infty}^{\infty} h_l \phi_{xf}(n-l)\end{aligned} \tag{13.77}$$

Danach ist $\phi_{xg}(n)$ die Faltung von $\phi_{xf}(n)$ mit der Impulsantwort des Filters. Der Faltung im Zeitbereich entspricht die Multiplikation im Transformationsbereich. Deshalb ist das Leistungsspektrum $\tilde{\Phi}_{xg}(z)$ gegeben durch

$$\begin{aligned}\tilde{\Phi}_{xg}(z) &= \tilde{H}(z)\tilde{\Phi}_{xf}(z) \\ \text{mit } \tilde{H}(z) &= \tilde{G}(z)/\tilde{F}(z)\end{aligned} \tag{13.78}$$

Setzen wir in den Gleichungen 13.77 und 13.78 $x_m = f_m$, erhalten wir Ausdrücke für die Kreuzkorrelation und das Kreuz-Leistungsspektrum zwischen dem Eingang und dem Ausgang eines zeitdiskreten linearen Filters:

$$\phi_{fg}(n) = \sum_{l=-\infty}^{\infty} h_l \phi_{ff}(n-l) \tag{13.79}$$

$$\begin{aligned}\tilde{\Phi}_{fg}(z) &= \tilde{H}(z)\tilde{\Phi}_{ff}(z) \\ \text{mit } \tilde{H}(z) &= \tilde{G}(z)/\tilde{F}(z)\end{aligned} \tag{13.80}$$

Als nächstes entwickeln wir einen Ausdruck für die Kreuzkorrelation zwischen $[y_m]$ und $[g_m]$. Wieder ist laut Definition

$$\phi_{yg}(n) = E[y_m g_{m+n}]$$

Das Einsetzen von y_m aus Gl. 13.75 ergibt nach einer Vereinfachung

$$\begin{aligned}\phi_{yg}(n) &= E\left[\sum_{l=-\infty}^{\infty} d_l x_{m-l} g_{m+n}\right] \\ &= \sum_{l=-\infty}^{\infty} d_l E[x_{m-l} g_{m+n}] \\ &= \sum_{l=-\infty}^{\infty} d_l \, \phi_{xg}(n+l)\end{aligned} \tag{13.81}$$

Führt man diesem Ergebnis $-l = m$ ein, so ergibt sich die Faltung von $[d_{-m}]$ mit der Korrelationsfunktion $\phi_{xg}(m)$. Infolgedessen ist das Kreuz-Leistungsspektrum gegeben durch

$$\begin{aligned}\tilde{\Phi}_{yg}(z) &= \tilde{D}(z^{-1})\tilde{\Phi}_{xg}(z) \\ \text{mit } \tilde{D}(z) &= \tilde{Y}(z)/\tilde{X}(z)\end{aligned} \tag{13.82}$$

Hierbei ist die Eigenschaft von Gl. 13.78 genutzt worden, $[d_{-l}]$ zu transformieren. Setzt man Gl. 13.78 für $\tilde{\Phi}_{xg}(z)$ ein, so folgt

$$\tilde{\Phi}_{yg}(z) = \tilde{D}(z^{-1})\tilde{H}(z)\tilde{\Phi}_{xf}(z) \tag{13.83}$$

Ferner erhalten wir mit $x_m = f_m$, $\tilde{D}(z) = \tilde{H}(z)$ und deshalb $y_m = g_m$ den folgenden Ausdruck für das Leistungsspektrum von $[g_m]$:

$$\begin{aligned}\tilde{\Phi}_{gg}(z) &= \tilde{H}(z^{-1})\tilde{H}(z)\tilde{\Phi}_{ff}(z) \\ \text{mit } \tilde{H}(z) &= \tilde{G}(z)/\tilde{F}(z)\end{aligned} \tag{13.84}$$

Mit $z = e^{j\omega T}$ wird dieser Ausdruck zu $\bar{\Phi}_{gg}(j\omega) = |\bar{H}(j\omega)|^2 \cdot \bar{\Phi}_{ff}(j\omega)$ und so ergibt sich, daß das Leistungsspektrum eines Filter-Ausgangssignals gleich dem Leistungsspektrum eines Eingangssignals ist, das mit der Leistungsverstärkungsfunktion des Filters gewichtet ist.

Die Leistungsverstärkung eines jeden linearen digitalen Filters war in Kapitel 12 mit $|\bar{H}(j\omega)|^2$ angegeben worden und so findet man insgesamt die folgenden Beziehungen:

$$\text{Leistungsverstärkung} = \frac{\text{Ausgangsleistung}}{\text{Eingangsleistung}}$$

$$
\begin{aligned}
&= \frac{\overline{\Phi}_{gg}(j\omega)}{\overline{\Phi}_{ff}(j\omega)} \\
&= |\overline{H}(j\omega)|^2 \qquad\qquad\qquad\qquad\qquad\qquad (13.85)\\
&= \tilde{H}(z)\tilde{H}(z^{-1}) \qquad \text{mit } z = e^{j\omega T} \\
&= |\tilde{H}(z)|^2
\end{aligned}
$$

Mit diesen Ergebnissen und den im vorangehenden Abschnitt entwickelten Eigenschaften kann man andere Beziehungen ableiten, die Signale und Übertragungsfunktionen enthalten. Zum Beispiel kann man das Kreuz-Spektrum $\tilde{\Phi}_{gx}(z)$ finden, indem man Gl. 13.78 und die Eigenschaften in den Gleichungen 7.8 und 13.73 verwendet. Das Ergebnis heißt

$$\tilde{\Phi}_{gx}(z) = \tilde{H}(z^{-1})\tilde{\Phi}_{xf}(z^{-1}) = \tilde{H}(z^{-1})\tilde{\Phi}_{fx}(z) \tag{13.86}$$

Die Tabelle 13.2 faßt einige der nützlichsten Beziehungen und andere Formeln zusammen.

Tabelle 13.2 Zusammenstellung diskreter Formeln

Funktion	Formel
Leistungsspektrum	$\tilde{\Phi}_{ff}(z) = \sum_{n=-\infty}^{\infty} \phi_{ff}(n) z^{-n}$
Kreuzkorreliertes Leistungsspektrum	$\tilde{\Phi}_{fg}(z) = \sum_{n=-\infty}^{\infty} \phi_{fg}(n) z^{-n}$
	$= \tilde{\Phi}_{gf}(z^{-1})$
Autokorrelation	$\phi_{ff}(n) = \frac{1}{2\pi j} \oint \tilde{\Phi}_{ff}(z) z^{n-1}\, dz$
Kreuzkorrelation	$\phi_{fg}(n) = \frac{1}{2\pi j} \oint \tilde{\Phi}_{fg}(z) z^{n-1}\, dz$
Gesamte Leistung	$E[f_m^2] = \phi_{ff}(0)$
	$= \frac{1}{2\pi j} \oint \tilde{\Phi}_{ff}(z) z^{-1}\, dz$
Lineares Filter	$\tilde{G}(z) = \tilde{H}(z)\tilde{F}(z)$
	$\tilde{\Phi}_{gg}(z) = \tilde{H}(z)\tilde{H}(z^{-1})\tilde{\Phi}_{ff}(z)$
	$\tilde{\Phi}_{fg}(z) = \tilde{H}(z)\tilde{\Phi}_{ff}(z)$
	Leistungsverteilung $= \tilde{H}(z)\tilde{H}(z^{-1}) = \lvert\tilde{H}(e^{j\omega T})\rvert^2$

13.9 Berechnungs-Routinen

Drei Routinen, die sich auf dieses Kapitel beziehen, sind im Anhang B und auf der Floppy-Disk enthalten. Die zwei ersten erzeugen Abtastwerte einer nahezu gleichförmigen und einer Gaußschen Variate und die dritte ist für die Berechnung gewisser Erwartungswertfunktionen nützlich. Alle drei Routinen sind eher Funktionen als Subroutinen.

Die zwei ersten Routinen sind Zufallszahlengeneratoren:

```
FUNCTION SPUNIF(ISEED)
FUNCTION SPGAUS(ISEED)
```

```
SPUNIF = Sample of a uniform random variate distributed over the
         interval (0,1)

SPGAUS = Sample of a Gaussian variate with probability density
         N(0,1)

ISEED  = Integer set initially to any value, then left alone.
```

Diese Zufallszahlenfunktionen sind typisch von der Art, wie man sie in Computer-Bibliotheken findet, mit der Ausnahme, daß sie portabel und nicht computerabhängig sind. Um jedoch eine vernünftige, sich nicht wiederholende Länge der Folge zu bekommen, haben wir angenommen, daß der Computer mit ganzen Zahlen bis zur Größenordnung 2^{24} arbeiten kann, und daß er Worte doppelter Genauigkeit mit wenigstens 14 Dezimalstellen aufweist.

Die Länge der Folge SPUNIF beträgt 2^{24} Abtastwerte. SPGAUS erzeugt eine nahezu normale Variate durch Summierung von 12 gleichförmigen Abtastwerten, wodurch die effektiv nutzbare Länge der Folge sich zu $2^{24}/12$ oder 1 398 101 Abtastungen ergibt. Verschiedene Tests sind durchgeführt worden, um diese Funktionen zu überprüfen, von denen zwei in den folgenden Beispielen gezeigt werden.

Beispiel 13.6: Erzeuge gleichförmige und Gaußsche Folgen der Länge 10^5 und drucke Histogramme mit 20 Intervallen aus. Beginne mit ISEED = 123. Der folgende Programm-Ausschnitt wird das Histogramm im Array H(0:19) für die gleichförmige Folge erzeugen:

```
      REAL H(0:19)
      DATA H/20*0./
      ISEED=123
      DO 1 K=1,100 000
       N=20.*SPUNIF(ISEED)
       H(N)=H(N)+1.E-5
    1 CONTINUE
```

In diesem Programm ist zu sehen, daß jede gleichförmige Zufallsabtastung mit 20 multipliziert wird, um das Histogramm-Intervall zu erhalten. Ein Histogramm-Wert wird dann um den Faktor 0,00001 skaliert, so daß bei 10^5 Abtastungen die Summe der Histogrammwerte gleich 1 ist. Die zwei resultierenden Histogramme sind in Bild 13.13 zu sehen und sind ersichtlich bei 10^5 Abtastungen nahe bei der theoretischen p d f beider Kurven.

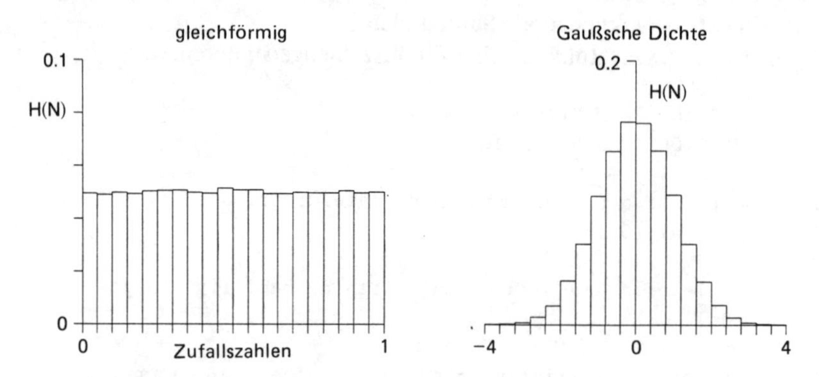

Bild 13.13 Histogramme in Beispiel 13.6, welche die gleichförmigen und Gaußschen Dichtefunktionen veranschaulichen.

Beispiel 13.7: Schätze die Autokorrelationsfunktionen verschiedener Gaußscher Folgen der Länge 25 000 ab. Nach dem Starten von ISEED wird jede der Sequenzen wie folgt erzeugt

```
      DO 1 K=0,24999
        F(K)=SPGAUS(ISEED)
    1 CONTINUE
```

Dann wird, um die Autokorrelationsfunktion abzuschätzen, eine endliche Version von Gl. 13.53 benutzt:

$$\hat{\phi}_{ff}(k) = \frac{1}{N-k} \sum_{m=0}^{N-k-1} f_m f_{m+k}; \qquad k = 0, \ldots, k_{\max} \tag{13.87}$$

In diesem Beispiel wählen wir N = 25 000 und setzen $k_{max} = 5000$. Jeder Wert von $\hat{\phi}_{ff}(k)$ für k = 0 bis k_{max} ist dann in Übereinstimmung mit Gl. 13.87 das Mittel der Produkte $f_m f_{m+k}$, und ist daher die beste unbeeinflußte Schätzung von $\hat{\phi}_{ff}(k)$. Aufzeichnungen von $\hat{\phi}_{ff}(k)$ für drei verschiedene Folgen sind in Bild 13.14 wiedergegeben. Wir bemerken, daß $\hat{\phi}_{ff}(0)$ in jedem Fall nahe bei 1,0 ist, weil $\sigma_f^2 = E[f^2] = 1.0$, und auch, daß $\hat{\phi}_{ff}(k)$ für alle n > 0 nahe bei Null liegt. Diese Eigenschaft weist darauf hin, daß die Abtastwerte von $[f_m]$ statistisch unabhängig voneinander sind und daß $[f_m]$ eine weiße Gauß-Folge ist, wie sie in Kapitel 15, Abschnitt 14.2 beschrieben wurde.

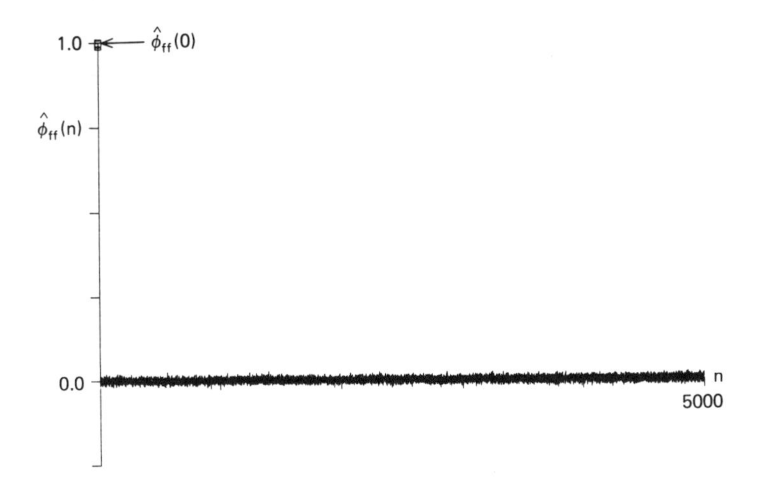

Bild 13.14 Ausdrucke der geschätzten Autokorrelationsfunktionen dreier verschiedener Folgen, die mit SPGAUS erzeugt wurden (sie fallen praktisch zusammen).

Die dritte Routine SPEXV ist eine Funktion, die dazu benutzt wird, jedes gewünschte Moment einer jeden vorgegebenen Folge von reellen Daten zu ermitteln. Das i-te Moment der Folge $[x_m]$ wird dabei als der Erwartungswert $E[x_m{}^i]$ bestimmt. Infolgedessen ist das erste Moment der Mittelwert, das zweite der quadrierte Mittelwert, usw. Die Erwartungswerte werden mit

$$\mathrm{SPEXV} = \frac{1}{N} \sum_{m=0}^{N-1} x_m^i \tag{13.88}$$

berechnet. Die Funktion SPEXV ist dabei wie folgt definiert:

```
          FUNCTION SPEXV(X,N,I)

   SPEXV = Expected value defined in Eq. 13.88
X(0:N-1) = Data sequence
       I = Moment in Eq. 13.88-1 for mean value, 2 for mean-
           squared value, etc.
```

13.10 Übungen

1. Nimm an, die Abtastwerte von f(t) zu den Zeiten t = 0, ± 1, ± 2 usw. werden durch das Werfen von zwei Würfeln bestimmt, wobei jeder Abtastwert f_n die zur Zeit t_n geworfene Summe ist:

   a) Skizziere die Wahrscheinlichkeitsfunktion $P(f_n)$

   b) Diskutiere, ob f(t) eine stationäre Funktion ist.

2. Gegeben ist die dargestellte exponentielle pdf.

   a) Berechne μ_x und b) berechne σ_x^2.

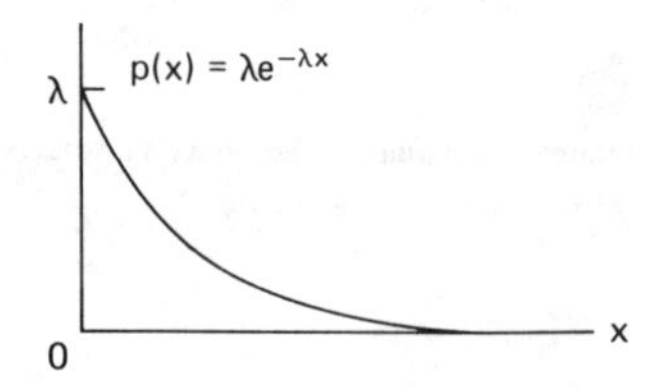

3. Wenn die Werte von f(t) gleichmäßig von -1 bis +1 verteilt sind, wie heißt dann der Mittelwert von g(t) = 3 f(t) + 4? Wie verhält sich σ_f^2 zu σ_g^2?

4. Wenn die Werte von f(t) wie in Aufgabe 3 verteilt sind, wie heißt die pdf von y(t) = $f^2(t)$? Hinweis: Eine Eins-zu-Eins-Abbildung zwischen den Abtastwerteräumen existiert nicht; deshalb muß man eine revidierte Form der Gleichung 13.8 finden.

5. Wenn f(t) normal verteilt ist, wie heißt die Wahrscheinlichkeit dafür, daß f(t) sich innerhalb einer Standardabweichung von seinem Mittelwert befindet? Gib Deine Antwort in Abhängigkeit der in Abschnitt 2 beschriebenen normierten Funktion $\phi(T)$ und ermittle, wenn möglich, den numerischen Wert.

6. Skizziere die gleichförmigen pdfs mit

   a) $\mu = 0$ und $\sigma^2 = 1/12$.

   b) $\mu = 1/2$ und $\sigma^2 = 1/12$.

7. Wenn die pdf von f(t) gleich N(100,1) ist, wie heißt die Wahrscheinlichkeit dafür, daß f(t) zwischen 98 und 102 liegt? Antworte wie in Aufgabe 5.

8. Wenn die pdf von f(t) gleich N(0.4) ist, wie groß sind dann die Chancen dafür, f(t) = 3 zu messen, sofern wir annehmen, daß das Meßinstrument auf die nächste ganze Zahl abrundet? Antworte wie in Aufgabe 5.

9. Leite die Kovarianzfunktion der verbundenen pdf in Bild 13.5 ab.

10. Gib ein physikalisches Beispiel einer stationären Funktion an, die nicht ergodisch ist.

11. Wenn f(t) mit gleichförmiger pdf von -1 bis 1 gegeben ist, zeige, wie man g(t) erzeugt, das eine gleichförmige pdf von 0 bis 2 hat.

12. Beweise, daß der Erwartungswert des Produktes zweier unabhängiger Variaten x und y gleich $\mu_x \mu_y$ ist und daß deshalb die Kovarianz wie in Gleichung 13.33 gleich Null ist.

13. Berechne die Autokorrelationsfunktion, das Energiespektrum und die gesamte Energie für das gezeigte f(t).

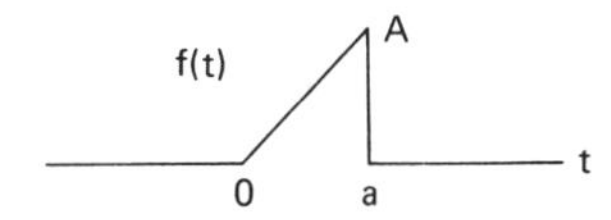

14. Löse Aufgabe 13 für den angegebenen Sinusimpuls.

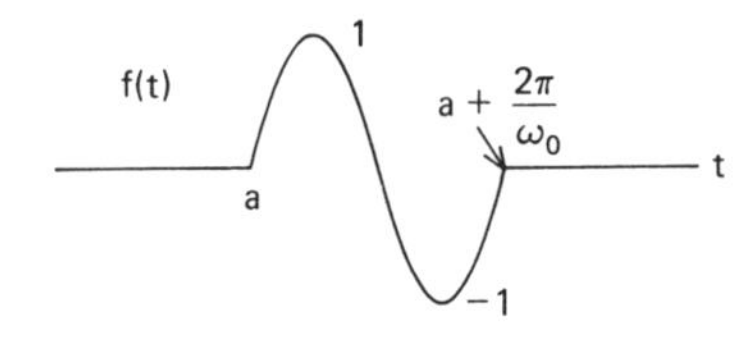

15. Leite die erste Autokorrelationsfunktion in Bild 13.9 ab.

16. Leite die zweite Autokorrelationsfunktion in Bild 13.9 ab.

17. Leite die dritte Autokorrelationsfunktion in Bild 13.9 ab.

18. Beschreibe die Korrelationsfunktion $\phi_{fg}(\tau)$ in dem Fall, in dem eine der Funktionen f(t) oder g(t) ein Einheitsimpuls bei t = 0 ist.

19. a) Berechne die Autokorrelationsfunktion der gezeigten Funktion f(t), die aus einer Reihe von rechteckigen Impulsen besteht, deren Amplituden unabhängig voneinander und gleichförmig im Intervall (-1, +1) verteilt sind.

b) Berechne das Leistungsspektrum $\phi_{ff}(j\omega)$.

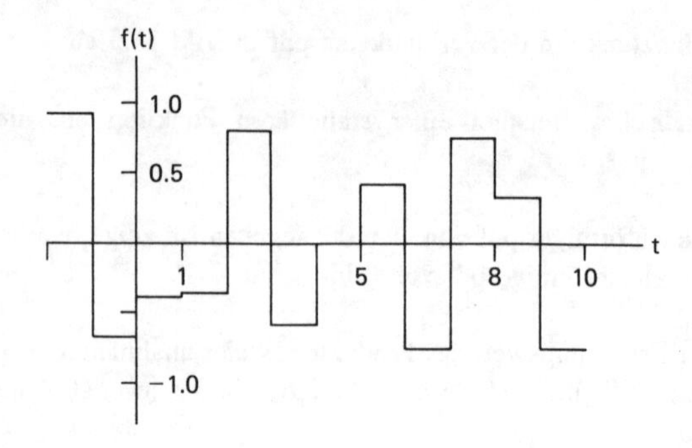

20. Löse Aufgabe 19 für den Fall, daß f(t) gleichförmig im Intervall (0.1) verteilt ist.

21. Zwei Zufallsvariate x(t) und y(t) haben identische Leistungsspektren, die durch $\phi_{xx}(j\omega) = \phi_{yy}(j\omega)$ gegeben sind. Jedoch ist p(x) = N(0,2) und g(y) ist gleichförmig. Wie lautet σ_y^2?

22. Gegeben sei die Autokorrelationsfunktion $\phi_{ff}(\tau)$ einer Zufallsvariaten f(t) mit dem Mittelwert μ_f gleich Null;

a) Leite eine Formel für $\phi_{gg}(\tau)$ ab für die Funktion g(t) = A f(t) + B;

b) leite $\Phi_{gg}(j\omega)$ in Abhängigkeit von $\Phi_{ff}(j\omega)$ ab.

23. Ermittle die Autokorrelationsfunktion und das Energiespektrum eines einzelnen Rechteckimpulses der Breite a und der Amplitude b.

24. Ein FIR-Filter hat die Übertragungsfunktion

$$\tilde{H}(z) = \sum_{n=0}^{N} b_n z^{-n}$$

Drücke die Leistungsverstärkung dieses Filters als Funktion von z und $[b_n]$ aus.

25. Eine weiße Gauß-Folge $[f_n]$ mit den Parametern $\mu_f = 0$ und $\sigma_f = 3$ wird mit einem Integrationsalgorithmus bearbeitet

$$g_m = f_m + g_{m-1}$$

Leite einen Ausdruck für das diskrete Leistungsspektrum $\tilde{\Phi}_{gg}(z)$ am Ausgang ab.

26. Leite einen Ausdruck für die Autokorrelationsfunktion $\phi_{ff}(n)$ einer allgemeinen Sinuswelle ab, die durch $f_m = A \cos(m\omega_0 T + \Theta)$ gegeben ist.

Einige Antworten

2. $1/\lambda,\ 1/\lambda^2$ **3.** $\mu_g = 4,\ \sigma_f^2 = 1/3,\ \sigma_g^2 = 3$ **4.** $q(y) = 1/(2\sqrt{y}),\ 0 \le y \le 1$
5. $\phi(1) - \phi(-1) \approx 0.68$ **7.** $\phi(2) - \phi(-2) \approx 0.95$

8. $\phi(0.875) - \phi(0.625) \approx 0.08$

9. 0 **11.** $g(t) = 1 + f(t)$ **13.** $\rho_{ff}(\tau) = \dfrac{A^2(a - |\tau|)^2(2a + |\tau|)}{6a^2}$ for $-a \le \tau \le a$

14. $\rho_{ff}(\tau) = \left[\left(\dfrac{2\pi}{\omega_0} - |\tau|\right) \cos \omega_0\tau + \left(\dfrac{1}{\omega_0}\right) \sin \omega_0|\tau|\right] \Big/ 2$ für $-\dfrac{2\pi}{\omega_0} \le \tau \le \dfrac{2\pi}{\omega_0}$

19. **(a)** $\phi_{ff}(\tau) = \dfrac{1 - |\tau|}{3}$ für $|\tau| \le 1$, **(b)** $\Phi_{ff}(j\omega) = \left(\dfrac{4}{3\omega^2}\right) \sin^2\left(\dfrac{\omega}{2}\right)$

20. (Siehe die Antworten zu den Übungen 19 und 22) **21.** 4
22. **(a)** $\phi_{gg}(\tau) = A^2\phi_{ff}(\tau) + B^2$, **(b)** $\Phi_{gg}(j\omega) = A^2\Phi_{ff}(j\omega) + B^2\delta(\omega)$

25. $\Phi_{gg}(z) = 3/(2 - z - z^{-1})$ **26.** $\phi_{ff}(n) = \dfrac{A^2}{2} \cos n\omega_0 T$

Literaturhinweise

BLANC-LAPIERRE, A., and FORTET, R., *Theory of Random Functions*, Vol. 1. New York: Gordon and Breach, 1965.

BURINGTON, R. S., *Handbook of Mathematical Tables and Formulas*, 4th ed. New York: McGraw-Hill, 1965.

DERMAN, C., GLESER, L. J., and OLKIN, I., *A Guide to Probability Theory and Application*. New York: Holt, Rinehart and Winston, 1973.

DWASS, M., *Probability Theory and Applications*. New York: W. A. Benjamin, 1970.

FELLER, W., *An Introduction to Probability Theory and Its Applications*, 2nd ed., Vol. 1. New York: Wiley, 1957.

GOODE, HARRY H., and MACHOL, R. E., *System Engineering*, Chaps. 5 and 6. New York: McGraw-Hill, 1957.

LANING, J. H., and BATTIN, R. H., *Random Processes in Automatic Control*. New York: McGraw-Hill, 1956.

MIDDLETON, D., *Statistical Communication Theory*. New York: McGraw-Hill, 1960.

SCHWARTZ, M., *Information Transmission, Modulation and Noise*, 2nd ed., Chap. 6. New York: McGraw-Hill, 1970.

TRUXAL, J. G., *Control System Synthesis*, Chap. 7. New York: McGraw-Hill, 1955.

WIENER, N., Generalized Harmonic Analysis. *Acta Math.*, Vol. 54, 1930, p. 117.

KAPITEL 14

"Least-Squares"-Systementwurf

14.1 Einleitung

Das Prinzip der kleinsten Quadrate (Least-Squares) ist weitgehend auf den Entwurf digitaler Signalverarbeitungssysteme anwendbar. In Kapitel 2 haben wir gesehen, wie man eine allgemeine lineare Kombination von Funktionen an eine gewünschte Funktion oder eine Folge von Abtastwerten anpassen kann, und wie beispielsweise die endliche Fourier-Reihe eine "Least-Squares"-Anpassung an eine Datenfolge ermöglicht. Im Kapitel 8 benutzten wir die Ergebnisse von Kapitel 2, um eine "Least-Squares"-Annäherung an eine gewünschte FIR-Filterfunktion zu erreichen. In diesem Kapitel wollen wir das "Least-Squares"-Konzept auf den Entwurf anderer Arten von signalverarbeitenden Systemen ausdehnen.

Zuerst beschreiben wir kurz einige Aufgaben wie die Prädiktion, die Modellierung, den Abgleich (equalization) und die Interferenz-Auslöschung, bei denen der "Least-Squares"-Entwurf nützlich ist. Wir zeigen, daß alle diese Aufgaben auf dasselbe "Least-Squares"-Problem hinauslaufen, welches darin besteht, ein besonderes Signal an ein gewünschtes Signal anzupassen, so daß die Differenz zwischen beiden Signalen im Sinne der kleinsten Quadrate minimal ist.

Zunächst diskutieren wir die Lösung des "Least-Square"-Systementwurfsproblems, was für nichtrekursive Systeme auf die Inversion einer Matrix von Korrelationskoeffizienten hinausläuft, die ähnlich zur symmetrischen Koeffizientenmatrix in Kapitel 2, Gl. 2.9 ist. Wir zeigen, daß das Finden dieser Lösung äquivalent ist zum Finden des Minimums auf einer quadratischen Oberfläche, welche den mittleren quadratischen Fehler wiedergibt, und wir werden Software zur Durchführung der Aufgabe angeben. Es werden auch verschiedene Beispiele des "Least-Squares"-Entwurfes durchgerechnet werden. Die Beispiele sollen die Vielfalt der Systemkonfigurationen veranschaulichen, die in unterschiedlichen Anwendungen vorhanden sind und auch einige verschiedene Wege, die Korrelationskoeffizienten zu schätzen.

14.2 Anwendungen des "Least-Squares"-Entwurfes

In diesem Abschnitt beschreiben wir einige Systemkonfigurationen, bei denen der "Least-Squares"-Entwurf anwendbar ist. Die erste, in Bild 14.1 dargestellte Konfiguration ist der "lineare Praediktor". Das Praediktions-Konzept ist in seiner einfachsten Form in Bild 14.1(a) veranschaulicht. Die Koeffizienten eines kausalen linearen Systems $\tilde{H}(z)$ werden (wie dies im Bild mit dem schrägen Pfeil angedeutet ist) so eingestellt, daß der mittlere quadrierte Fehler $E[\varepsilon_k^2]$ minimal wird, wobei das Ausgangssignal des Systems g_k zur besten "Least-Squares"-Annäherung an ein gewünschtes (desired) zukünftiges Signal $d_k = f_{k+\Delta}$ wird. Der Einstellprozeß ist jedoch in dieser Form nicht realisierbar, wenn nicht jeder zukünftige Signalwert zur Zeit k verfügbar ist. Deshalb benutzen wir die realisierbare Form in Bild 14.1(b), die äquivalent zur Form in Bild 14.1(a) ist, die aber (s_k wird verzögert und wird dann zum System-Input f_k) den zukünftigen Wert $f_{k+\Delta}$ gleich dem aktuellen Signalwert s_k setzt. Bild 14.1(b) zeigt die gebräuchlichste Form des linearen Praediktors, auch wenn sie in Wirklichkeit keinen zukünftigen Wert des Signals s_k vorhersagt. In den meisten Anwendungen der Signalverarbeitung benötigt man den Fehler ε_k mehr als den zukünftigen Wert s_k. Wird eine aktuelle Vorhersage (Praediktion) eines stationären Signals s_k benötigt, läßt sich die ergänzte Form in Bild 14.1(c) heranziehen. Hier wird s_k direkt zu einer Kopie des Praediktors $\tilde{H}(z)$ geschickt, welcher den zukünftigen Praediktionswert $\hat{s}_{k+\Delta}$ erzeugt.

Der lineare Praediktor ist bei folgenden Aufgaben nützlich: Codierung von Zeitfunktionen, Datenkompression (Bordley 1983), spektrale Schätzung (Kapitel 15), Spektrallinienverstärkung (Zeidler et.al. 1978), Ereignis-Detektion (Clark und Rodgers 1981, Stearns und Vortman 1981) und anderen Aufgaben.

Die zweite Konfiguration, bei der der "Least-Squares"-Entwurf anwendbar ist, heißt Modellierung oder System-Identifikation. Das Konzept ist in Bild 14.2 dargestellt. Hier modelliert oder identifiziert ein lineares System $\tilde{H}(z)$ eine unbekannte Anlage, die aus einem unbekannten System mit internem Rauschen besteht. Der "Least-Squares"-Entwurf zwingt das Ausgangssignal g_k des linearen Systems zu einer "Least-Squares"-Annäherung an das gewünschte Ausgangssignal d_k der Anlage, alles für ein gemeinsames Eingangssignal f_k. Wenn f_k bei allen Frequenzen spektrale Anteile hat und wenn das Rauschen der Anlage höchstens einen kleinen Teil zur Leistung von d_k beiträgt, erwarten wir, daß $\tilde{H}(z)$ ähnlich der Übertragungsfunktion des unbekannten Systems sein wird. Man beachte jedoch, daß $\tilde{H}(z)$ selbst nicht notwendigerweise eine "Least-Squares"-Näherung ist, wie das zum Beispiel in Kapitel 8 der Fall war. Daher ist das Modellierungskonzept auch in den Fällen anwendbar, in denen das Ziel die beste Annäherung an ein Signal und nicht so sehr an eine Übertragungsfunktion ist.

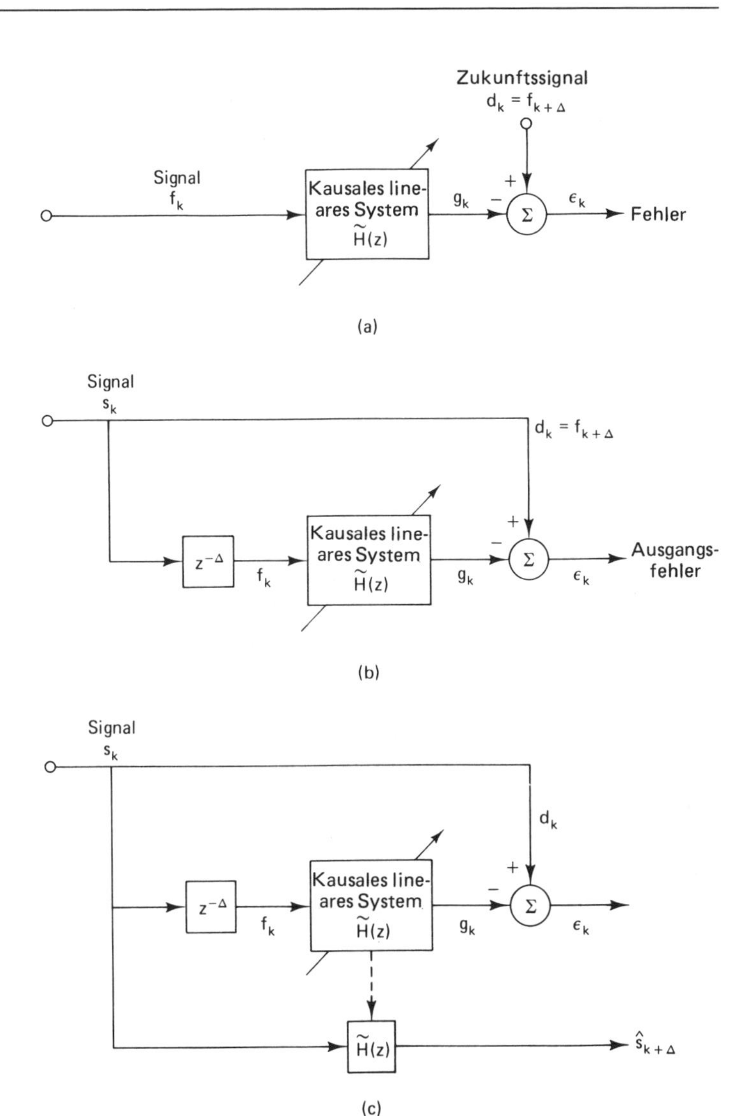

Bild 14.1 Verschiedene Formen des linearen Praediktors. (a) Einfachste Form; (b) realisierbare Form; (c) vergrößerte Form.

Der in Bild 14.2 gezeigte Modellierungstyp hat einen weiten Anwendungsbereich unter Einschluß der Modellierung in der Biologie, sowie den Sozial- und Wirtschaftswissenschaften. (Kailath 1974), bei adaptiven Steuerungssystemen (Landau 1979; Franklin und Powell 1980); Widrow und Stearns 1985), beim digitalen Filterentwurf (Widrow et.al.1981) und in der Geophysik (Widrow und Stearns 1985).

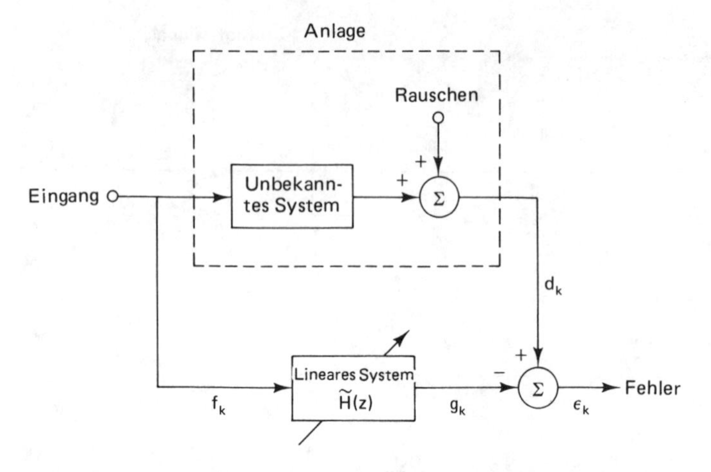

Bild 14.2 Die "Least-Squares"-Modellierung einer unbekannten Anlage

Eine andere Anwendung des "Least-Squares"-Systementwurfs, bekannt als inverse Modellierung, Abgleich oder Kompensation (equalization), ist in Bild 14.3 dargestellt. Hier ist das gewünschte Ausgangssignal von $\widetilde{H}(z)$, es sei wieder d_k genannt, eine verzögerte Version $s_{k-\Delta}$ des Eingangssignals. Um das Ausgangssignal g_k näherungsweise gleich d_k zu machen, wird $\widetilde{H}(z)$ so eingestellt, daß es das inverse Verhalten des unbekannten Systems mit internem Rauschen modelliert, d.h. es kompensiert. Wenn das unbekannte System und das lineare System beide kausal sind, wird die Verzögerung $z^{-\Delta}$ dazu benutzt, die Laufzeitverzögerung durch die zwei hintereinander geschalteten Systeme auszugleichen. Wenn das interne Rauschen des unbekannten Systems nur ein

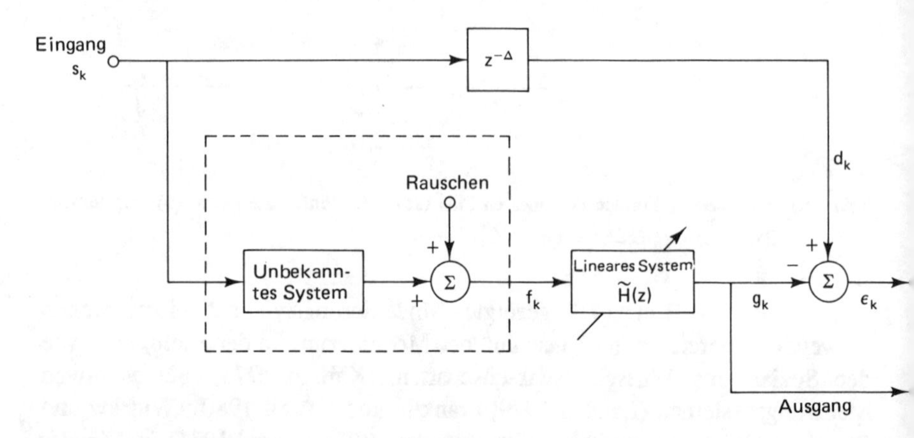

Bild 14.3 Die "Least-Squares" inverse Modellierung bzw. Kompensation (equalization).

kleiner Teil von f_k ist, wird das Ausgangssignal g_k des egalisierenden Systems (equalizer) eine gute Näherung an das verzögerte Eingangssignal $s_{k-\Delta}$. Ersichtlich wird das lineare System hier dazu benutzt, die Wirkung des unbekannten Systems auf das Eingangssignal zu invertieren bzw. zu kompensieren (egalisieren).

Die Kompensation (Equalization) wird in den Kommunikationssystemen dazu benutzt, Verzerrungen zu beseitigen, indem nicht gleichförmige Kanalverstärkung und Auswirkungen von Mehrfachwegen kompensiert werden. Ferner um das Signal-zu-Rausch-Verhältnis zu verbessern, wenn im Kanal bandbegrenztes Rauschen zugefügt wurde (siehe z.B. Lucky 1966 und Gersho 1969). Kompensation und inverses Modellieren werden auch bei der adaptiven Steuerungstechnik eingesetzt (Widrow und Stearns 1985), bei der Sprachanalyse (Itakura und Saito 1971), bei der Deconvolution (Griffiths et.al. 1977), beim digitalen Filterentwurf (Widrow und Stearns 1985) und in anderen Bereichen.

Unser letztes Beispiel einer Konfiguration, bei der der "Least-Squares"-Entwurf benutzt wird, die Interferenz-Auslöschung, wird in Bild 14.4 dargestellt. Das Prinzip der Interferenz-Auslöschung ist in den Fällen anwendbar, in denen es ein Signal s_k mit zusätzlichem Rauschen n_k sowie eine Quelle mit korreliertem Rauschen n'_k gibt. Im Idealfall sind n_k und n'_k miteinander, aber nicht mit s_k korreliert, obgleich das Prinzip selbst dann anwendbar ist, wenn Signal und Rauschen miteinander korreliert sind. Das Ziel des "Least-Squares"-Entwurfs ist es, $\tilde{H}(z)$ so einzustellen, daß sein Ausgangssignal g_k eine Näherung der kleinsten Quadrate an n_k wird, wobei das Rauschen der ankommenden Zeitfunktion durch Subtraktion zum Verschwinden gebracht wird. Wenn Signal und Rauschen unabhängig voneinander sind, ist dies äquivalent zu einer Minimierung des mittleren quadrierten Wertes des Fehlers ε_k, weil das unabhängige Rauschen das Signal s_k nicht auslöschen kann. Die Verzögerung ist in die Schaltung eingefügt, um die Laufzeit durch das kausale lineare System zu kompensieren und um die Rausch-Folgen n_k und n'_k zeitlich in Übereinstimmung zu bringen.

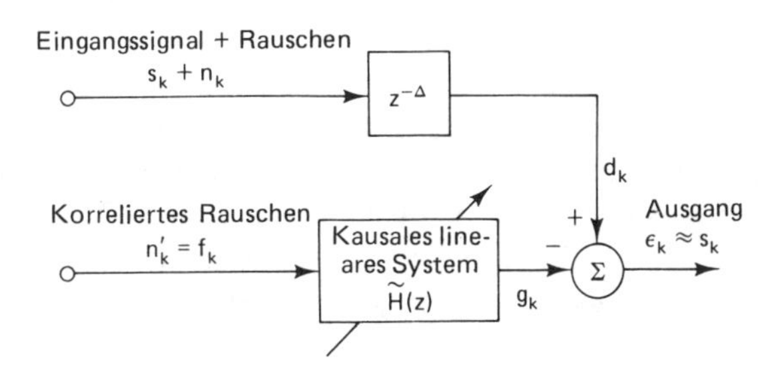

Bild 14.4 Grundkonfiguration für die Interferenzauslöschung (cancelling).

Die Interferenz-Auslöschung ist eine interessante und manchmal bessere Alternative zur Bandpaßfilterung, um das Signal-Rausch-Verhältnis zu verbessern. Nehmen wir zum Beispiel an, wir hätten einen unterirdischen seismischen Sensor, der zusätzlich zu einem seismischen Signal s_k einen akustischen Rauschanteil n_k empfängt, der von der oberen Atmosphäre in den Untergrund dringt. Die zwei Komponenten haben ähnliche Spektren, so daß n_k nicht einfach durch Bandpaßfilterung aus $(s_k + n_k)$ entfernt werden kann. Wir könnten dann ein Mikrophon an oder über der Oberfläche dem System hinzufügen, um den akustischen Anteil n'_k zu empfangen, der mit n_k korreliert ist (aber nicht exakt mit ihm übereinstimmt). Wir würden die Signale dann so wie in Bild 14.4 angegeben verarbeiten, um das akustische Rauschen zu vermindern und das Signal-Rausch-Verhältnis zu vergrößern. Die Zahl der Beispiele dieses Typs wird nur durch die eigene Phantasie begrenzt.

Obwohl die Anwendungen, die in den Bildern 14.1 bis 14.4 dargestellt sind, deutlich voneinander verschieden sind, enthalten sie alle dasselbe "Least-Squares"-Entwurfsproblem. Das all diesen Anwendungen gemeinsame wichtige Merkmal ist das folgende: Es existiert ein lineares System $\tilde{H}(z)$ mit einstellbaren Koeffizienten. Diese Koeffizienten werden so eingestellt, daß das Ausgangssignal g_k des linearen Systems eine Näherung der kleinsten Quadrate an das gewünschte Signal d_k wird, wobei der mittlere quadrierte Fehler $E[\varepsilon_k^2]$ minimiert wird. Wir wollen nun darangehen, die Beschaffenheit des verbleibenden "Least-Squares"-Entwurfsproblems zu untersuchen, wobei wir eine geometrische Interpretation zu Hilfe nehmen.

14.3 Die MSE-Funktion

Wenn wir die Bilder 14.1 bis 14.4 miteinander vergleichen, können wir ein gemeinsames "Least-Squares"-Entwurfsproblem erkennen, das in Bild 14.5 dargestellt ist. Die Parameter eines kausalen linearen Systems $\tilde{H}(z)$ sind so einzustellen oder auszuwählen, daß sie den mittleren quadrierten Fehler $E[\varepsilon_k^2]$ minimieren. (In Wirklichkeit besteht keine Notwendigkeit, im folgenden anzunehmen, daß $\tilde{H}(z)$ kausal ist, aber wir setzen der Bequemlichkeit die Kausalität voraus und schließen Realzeitanwendungen ein). Wenn zum Beispiel $\tilde{H}(z)$ ein lineares System der Form $\tilde{B}(z)/\tilde{A}(z)$ ist, sind die auszuwählenden Parameter $[b_n]$ und $[a_n]$, d.h. es sind die Koeffizienten von $\tilde{B}(z)$ und $\tilde{A}(z)$.

Der Fehler ε_k ist die Differenz zwischen dem gewünschten Signal d_k und dem Ausgangssignal g_k des linearen Systems

$$\epsilon_k = d_k - g_k \tag{14.1}$$

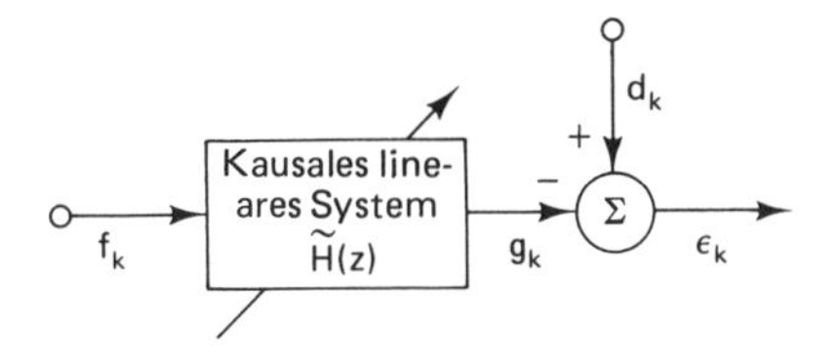

Bild 14.5 Gemeinsame Grundelemente des "Least-Squares"-Entwurfs für die Bilder 14.1 bis 14.4.

Wir wollen nun annehmen, daß die Signale in Bild 14.5 stationär sind, so daß die Erwartungswerte und die Korrelationsfunktionen definiert sind. Dann ergibt sich der mittlere quadrierte Fehler (MSE = mean-squared error) zu

$$\begin{aligned} \text{MSE} &= E[\epsilon_k^2] \\ &= E[(d_k - g_k)^2] \\ &= E[d_k^2] + E[g_k^2] - 2E[d_k g_k] \\ &= \phi_{dd}(0) + \phi_{gg}(0) - 2\phi_{dg}(0) \end{aligned} \tag{14.2}$$

In der letzten Zeile haben wir die in den Abschnitten 13.7 und 13.8 diskutierten Korrelationsfunktionen eingesetzt. Mit den Beziehungen in Tabelle 13.2 wandeln wir Gl. 14.2 in eine Beziehung von Leistungsspektren um

$$\text{MSE} = \phi_{dd}(0) + \frac{1}{2\pi j}\oint [\tilde{\Phi}_{gg}(z) - 2\tilde{\Phi}_{dg}(z)]\frac{dz}{z} \tag{14.3}$$

Im nächsten Schritt erhalten wir mit $z = e^{j\omega T}$, d.h. dem Punkt auf dem Einheitskreis, wiederum aus Tabelle 13.2 die Übertragungsfunktionen

$$\tilde{\Phi}_{gg}(z) = \tilde{H}(z)\tilde{H}(z^{-1})\tilde{\Phi}_{ff}(z) \tag{14.4}$$

und

$$\tilde{\Phi}_{dg}(z) = \tilde{H}(z)\tilde{\Phi}_{df}(z) \tag{14.5}$$

Nach Einsetzen in Gl. 14.3 ergibt sich

$$\boxed{\text{MSE} = \phi_{dd}(0) + \frac{1}{2\pi j}\oint [\tilde{H}(z^{-1})\tilde{\Phi}_{ff}(z) - 2\tilde{\Phi}_{df}(z)]\tilde{H}(z)\frac{dz}{z}} \tag{14.6}$$

In diesem Ausdruck wird die MSE-Funktion in Abhängigkeit der linearen Übertragungsfunktion $\tilde{H}(z)$ dargestellt.

Dies ist ein allgemeiner Ausdruck für den Fall eines stochastischen Signals, in dem die Form von $\tilde{H}(z)$ noch nicht im einzelnen festgelegt ist. Es ist lediglich vorausgesetzt, daß $\tilde{H}(z)$ linear ist und einstellbare Parameter hat. Trotzdem wollen wir noch annehmen, daß

$$M = \text{Anzahl der einstellbaren Parameter von } \tilde{H}(z) \tag{14.7}$$

Dann beschreibt Gl. 14.6 den mittleren quadrierten Fehler (MSE) als Funktion von M Variablen, d.h. als eine Oberfläche im (M + 1)-dimensionalen Raum. Das "Least-Squares"-Entwurfsproblem besteht dann darin, diejenigen Parameter zu finden, die ein globales Minimum auf dieser Oberfläche bestimmen, wobei die Oberfläche definitionsgemäß überall positiv ist.

Im nächsten Abschnitt beschränken wir die Diskussion auf den Fall, daß $\tilde{H}(z)$ als nichtrekursives Filter mit M Koeffizienten oder Parametern einzustellen ist. In diesem Fall werden wir sehen, daß Gl. 14.6 beträchtlich vereinfacht werden kann und daß der mittlere quadrierte Fehler (MSE) eine quadratische Funktion von M Koeffizienten wird, die eine schüsselförmige Oberfläche im (M + 1)-dimensionalen Raum beschreibt, und die zu einem Satz von M linearen "Least-Squares"-Gleichungen führt, die genau denen gleichen, die wir zu Beginn des Kapitels 2 diskutiert haben.

14.4. Nichtrekursiver "Least-Squares"-Entwurf: Stationärer Fall

Nach der Ableitung der Ergebnisse des vorangehenden Abschnitts, bei denen stationäre Signale angenommen waren, wollen wir jetzt weiterhin annehmen, daß das "Least-Squares"-System $\tilde{H}(z)$ nichtrekursiv ist und die Koeffizienten b_0, b_1, ... b_{M-1}, wie in Bild 14.6 dargestellt, aufweist. Wir haben also

$$\tilde{H}(z) = \sum_{n=0}^{M-1} b_n z^{-n} \tag{14.8}$$

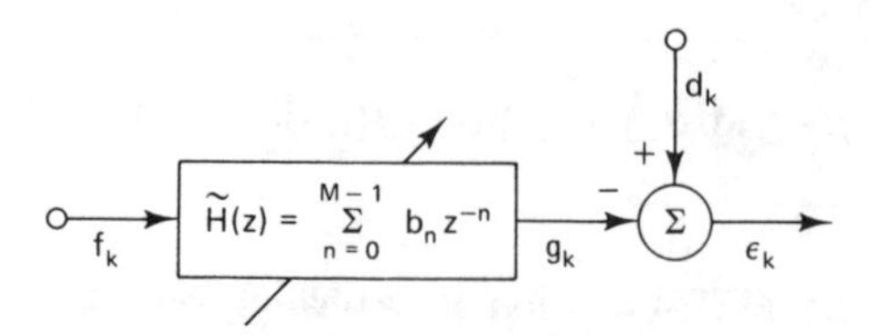

Bild 14.6 Elemente eines nichtrekursiven "Least-Squares"-Entwurfs.

Wenn wir diese Darstellung von $\tilde{H}(z)$ in Gl. 14.6 einsetzen und die Reihenfolge von Summation und Integration vertauschen, erhalten wir

$$\mathrm{MSE} = \phi_{dd}(0) + \sum_{m=0}^{M-1}\sum_{n=0}^{M-1} \frac{b_m b_n}{2\pi j} \oint \tilde{\Phi}_{ff}(z) z^{m-n} \frac{dz}{z} - 2\sum_{n=0}^{M-1} \frac{b_n}{2\pi j} \oint \tilde{\Phi}_{df}(z) z^{-n} \frac{dz}{z} \tag{14.9}$$

Auf dieses Ergebnis wenden wir die Korrelationsbeziehungen von Tabelle 13.2 an und erhalten

$$\mathrm{MSE} = \phi_{dd}(0) + \sum_{m=0}^{M-1}\sum_{n=0}^{M-1} b_m b_n \phi_{ff}(m-n) - 2\sum_{n=0}^{M-1} b_n \phi_{fd}(n) \tag{14.10}$$

Dies ist die Formel für den mittleren quadrierten Fehler (MSE) bei einem nichtrekursiven System. Sein Hauptkennzeichen ist, daß die MSE-Funktion eine quadratische Funktion der Koeffizienten $[b_n]$ ist. Man kann erkennen, daß die MSE-Funktion deshalb quadratisch ist, weil die Koeffizienten in der Formel nur vom ersten und zweiten Grad sind.

Die optimalen Koeffizienten, d.h. solche Koeffizienten, welche die MSE-Funktion in Gl. 14.10 minimieren, sollen wie folgt überstrichen geschrieben werden:

$$\text{Optimale Koeffizienten} = \bar{b}_0, \bar{b}_1, \ldots, \bar{b}_{M-1} \tag{14.11}$$

Um diese optimalen Koeffizienten zu bestimmen, bemerken wir, daß die MSE-Funktion in Gl. 14.10 von Natur aus immer positiv ist, weshalb sie als quadratische Funktion eine schüsselförmige Oberfläche im (M + 1)-dimensionalen karthesischen Raum beschreibt. Daher muß die MSE-Funktion ein einfaches globales Minimum aufweisen, das man finden kann, indem man ihre Ableitungen nach b in Gl. 14.10 gleich Null setzt. Dieses Minimum könnte schwach ausgeprägt sein, d.h. die Schüssel könnte einen flachen Boden haben, aber lokale Minima können nicht existieren.

Das Bilden der Ableitungen der MSE-Funktion in Gl. 14.10 nach jedem der b-Koeffizienten führt zu

$$\frac{\partial(\mathrm{MSE})}{\partial b_n} = 2\sum_{m=0}^{M-1} b_m \phi_{ff}(m-n) - 2\phi_{fd}(n); \qquad n = 0, 1, \ldots, M-1 \tag{14.12}$$

Setzt man diese M Ableitungen gleich Null, ergeben sich M simultane Gleichungen für die optimalen Koeffizienten:

$$\sum_{m=0}^{M-1} \bar{b}_m \phi_{ff}(m-n) = \phi_{fd}(n); \qquad n = 0, 1, \ldots, M-1 \tag{14.13}$$

Wie bei jedem Satz simultaner linearer Gleichungen, ergibt sich die Lösung für die Koeffizienten $\bar{b}$ durch Invertieren einer Matrix, in diesem Falle also der Matrix der ϕ_{ff}-Werte. Um die Lösung in einfacher Form schreiben zu können, definieren wir

$$\mathbf{R} = \begin{bmatrix} \phi_{ff}(0) & \phi_{ff}(1) & \phi_{ff}(2) & \cdots & \phi_{ff}(M-1) \\ \phi_{ff}(1) & \phi_{ff}(0) & \phi_{ff}(1) & \cdots & \phi_{ff}(M-2) \\ \phi_{ff}(2) & \phi_{ff}(1) & \phi_{ff}(0) & \cdots & \phi_{ff}(M-3) \\ \vdots & \vdots & \vdots & & \vdots \\ \phi_{ff}(M-1) & \phi_{ff}(M-2) & \phi_{ff}(M-3) & \cdots & \phi_{ff}(0) \end{bmatrix} \tag{14.14}$$

$$\mathbf{B} = [b_0 \quad b_1 \quad b_2 \quad \cdots \quad b_{M-1}]^{\mathrm{T}} \tag{14.15}$$

$$\mathbf{P} = [\phi_{fd}(0) \quad \phi_{fd}(1) \quad \phi_{fd}(2) \quad \cdots \quad \phi_{fd}(M-1)]^{\mathrm{T}} \tag{14.16}$$

In dieser Notation wird **R** die Korrelationsmatrix oder R-Matrix des Signals f genannt, **B** heißt der Koeffizienten- oder Gewichtsvektor und **P** wird der Kreuzkorrelationsvektor oder **P**-Vektor genannt. Für den Vektor der optimalen Koeffizienten benutzt man auch die Bezeichnung $\bar{\mathbf{B}}$.

Mit den in den Gleichungen 14.14 bis 14.16 eingeführten Bezeichnungen kann man die Formel für die optimalen Koeffizienten in Gl. 14.13 wie folgt ausdrücken

$$\mathbf{R}\bar{\mathbf{B}} = \mathbf{P} \text{ oder } \bar{\mathbf{B}} = \mathbf{R}^{-1}\mathbf{P} \tag{14.17}$$

Diese Bezeichnungen kann man auch in der Formel für den mittleren Fehler (MSE) in Gl. 14.10 benutzen. Wenn wir vorweg die **R**-Matrix links mit der Transponierten des Gewichtsvektors und rechts mit dem Gewichtsvektor multiplizieren, erhalten wir die Doppelsumme in Gl. 14.10. Die einfache Summe ist gerade das innere Produkt des **P**-Vektors mit dem Gewichtsvektor. Infolgedessen wird aus Gl. 14.10

$$\text{MSE} = \phi_{dd}(0) + \mathbf{B}^{\mathrm{T}}\mathbf{R}\mathbf{B} - 2\mathbf{P}^{\mathrm{T}}\mathbf{B} \tag{14.18}$$

Die Formel für den minimalen MSE-Wert folgt daraus durch Einsetzen von Gl. 14.17 in Gl. 14.18

$$(\text{MSE})_{\min} = \phi_{dd}(0) + (\mathbf{R}^{-1}\mathbf{P})^{\mathrm{T}}\mathbf{R}\bar{\mathbf{B}} - 2\mathbf{P}^{\mathrm{T}}\bar{\mathbf{B}} \tag{14.19}$$

Indem wir die Identität $(\mathbf{AB})^T = \mathbf{B}^T\mathbf{A}^T$ benutzen, die für alle Matrizen **A** und **B** gilt, und nachdem wir uns erinnern, daß **R** in Gl. 14.14 und daher auch $\mathbf{R}^{-1}$ symmetrisch ist, läßt sich Gl. 14.19 wie folgt vereinfachen

$$\begin{aligned}(\text{MSE})_{\min} &= \phi_{dd}(0) - \mathbf{P}^T\overline{\mathbf{B}} \\ &= \phi_{dd}(0) - \mathbf{P}^T\mathbf{R}^{-1}\mathbf{P}\end{aligned} \tag{14.20}$$

Auf diese Weise haben wir einen einfachen Ausdruck für den minimalen mittleren quadrierten Fehler für ein nichtrekursives "Least-Squares"-System erhalten. Einen äquivalenten Ausdruck ohne Vektor- und Matrix-Schreibweise hätte man genauso leicht erhalten können, indem man Gl. 14.13 in Gl. 14.10 einsetzt:

$$(\text{MSE})_{\min} = \phi_{dd}(0) - \sum_{n=0}^{M-1} \overline{b}_n \phi_{fd}(n) \tag{14.21}$$

Die Matrixschreibweise ist hier eingeführt worden, weil sie allgemein in der Literatur über das Prinzip der kleinsten Quadrate und adaptive Systeme benutzt wird. Für stochastische Signale können wir die wichtigen "Least-Squares"-Entwurfsformeln, die wir bis jetzt gewonnen haben, sei es nun mit oder ohne Matrix-Schreibweise, aus den Gleichungen 14.10, 14.13, 14.17, 14.18, 14.20 und 14.21 wie folgt zusammenfassen:

Oberfläche des quadratischen Fehlers

$$\begin{aligned}\text{MSE} &= \phi_{dd}(0) + \sum_{m=0}^{M-1}\sum_{n=0}^{M-1} b_m b_n \phi_{ff}(m-n) - 2\sum_{n=0}^{M-1} b_n \phi_{fd}(n) \\ &= \phi_{dd}(0) + \mathbf{B}^T\mathbf{R}\mathbf{B} - 2\mathbf{P}^T\mathbf{B}\end{aligned} \tag{14.22}$$

Optimale Koeffizienten

$$\sum_{m=0}^{M-1} \overline{b}_m \phi_{ff}(m-n) = \phi_{fd}(n); \qquad n = 0, 1, \ldots, M-1$$

$$\mathbf{R}\overline{\mathbf{B}} = \mathbf{P} \tag{14.23}$$

Kleinster mittlerer quadrierter Fehler

$$\begin{aligned}(\text{MSE})_{\min} &= \phi_{dd}(0) - \sum_{n=0}^{M-1} \overline{b}_n \phi_{fd}(n) \\ &= \phi_{dd}(0) - \mathbf{P}^T\overline{\mathbf{B}}\end{aligned} \tag{14.24}$$

Wie schon früher festgestellt, wird die MSE-Funktion in Gl. 14.22 durch eine M-dimensionale, quadratische Güte-Funktion in einem (M + 1)-dimensionalen Raum dargestellt, dessen Dimensionen durch die b-Koeffizienten gegeben sind. Die Lösung für die optimalen Koeffizienten in Gl. 14.23 bestimmt ein globales Minimum auf dieser Oberfläche und der Wert des mittleren quadrierten Fehlers (MSE) in diesem Minimum wird durch Gl. 14.24 gegeben. Ein einfaches Beispiel dieses Konzepts mit nur einem Parameter (M = 1) ist in Bild 14.7 dargestellt. In diesem Beispiel gibt es ein einziges (globales) Minimum der MSE-Funktion bei $b_0 = \bar{b}_0$.

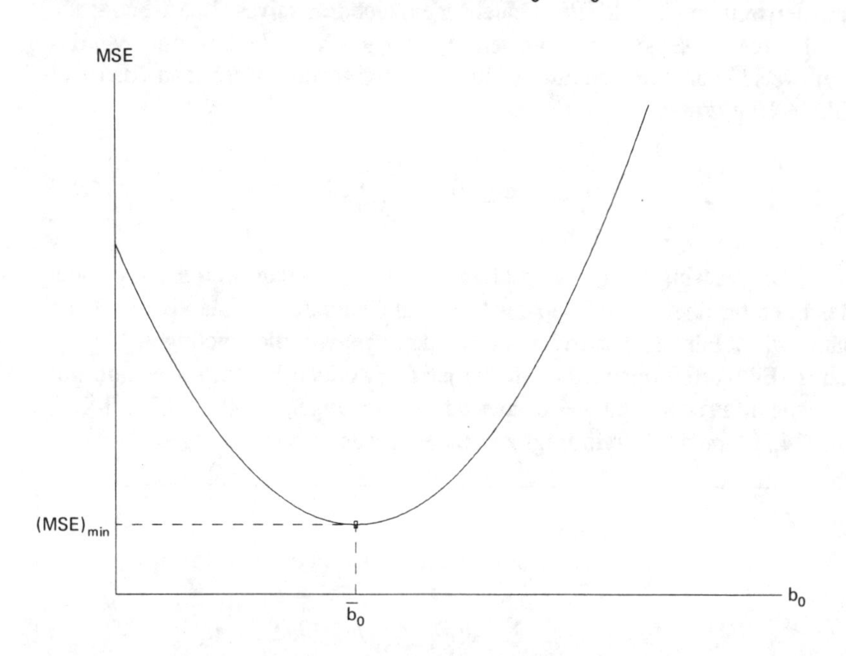

Bild 14.7 Beispiel einer einparametrischen MSE-Güte-Funktion (performance). Der minimale Wert von MSE liegt bei $b_0 = \bar{b}_0$

Wir haben gesehen, daß der "Least-Squares"-Entwurf eines nichtrekursiven -Systems ausgeführt wird, indem die Gl. 14.23 nach den optimalen Parametern aufgelöst wird. Wegen der besonderen Beschaffenheit der **R**-Matrix wird ein spezieller Algorithmus zur Lösung von Gl. 14.23 benutzt. Die **R**-Matrix wird eine Toeplitz-Matrix genannt und ihre besondere Beschaffenheit ist aus Gl. 14.14 zu ersehen. Die Matrix ist symmetrisch und zudem ist jede Zeile oder Spalte eine Umordnung der Elemente einer anderen Zeile oder Spalte.

Der spezielle Algorithmus, den man (mit Abwandlungen) benutzt, um Gl. 14.23 im Falle stochastischer Signale zu lösen, wird der Levinson-

Algorithmus genannt. Beschreibungen des Levinson-Algorithmus kann man in der Literatur finden, einschließlich von Computer-Programmen (siehe Blahut 1985 oder Stearns und David 1987). Später werden wir in diesem Kapitel wieder den Allzweck-Algorithmus SPSOLE, der in Kapitel 2 eingeführt wurde, benutzen, um die Lösung von Gl. 14.23 zu erhalten.

Ein letzter Punkt zum stochastischen nichtrekursiven "Least-Squares"-Entwurf betrifft die Elemente von Gl. 14.23, welche die Korrelationskoeffizienten $\phi_{ff}(n)$ und $\phi_{fd}(n)$ für $0 \leq n < M$ darstellen. Bei einigen Entwurfsproblemen sind diese Koeffizienten genau bekannt oder werden als bekannt angenommen. In anderen Anwendungen muß man sie schätzen. In wiederum anderen Anwendungen können sie sich langsam mit der Zeit verändern, was zum Entwurf adaptiver signalverarbeitender Systeme führt (Honig und Messerschmitt 1984, Widrow und Stearns 1985). Das sind Systeme, die **B** kontinuierlich einstellen, indem sie dauernd die Lösung der Gl. 14.23 suchen.

14.5 Ein Entwurfsbeispiel

Wir betrachten nun ein spezielles Beispiel, um den Gebrauch der in Abschnitt 14.4 abgeleiteten Formeln zu veranschaulichen. Vielleicht ist der am leichtesten zu verstehende und zu lösende Systemtyp der "Least-Squares"-Praediktor mit einfachem periodischen Eingangssignal, von dem ein Beispiel in Bild 14.8 gezeigt ist. Der Praediktor in Bild 14.8 ist ein Beispiel von Bild 14.1(b), bei dem die Verzögerung (Δ) aus einem Zeitschritt besteht. Er wird ein "Einschritt-Praediktor" genannt.

In Bild 14.8 können wir sehen, daß der Einschritt-Praediktor exakt das Signal s_k ausgleicht, wenn die Koeffizienten so eingestellt werden können, daß sie die Phase von f_k, bzw. von s_{k-1}, um den richtigen Betrag verschieben. Wir wollen sehen, ob dies möglich ist. Zuerst findet man die Korrelationskoeffizienten von s_k durch Mittelwertbildung über eine Periode von s_k;

$$\begin{aligned}
\phi_{ss}(n) &= E[s_k s_{k+n}] \\
&= \frac{1}{12}\sum_{k=0}^{11}\left[\sqrt{2}\,\sin\left(\frac{2\pi k}{12}\right)\right]\left[\sqrt{2}\,\sin\left(\frac{2\pi(k+n)}{12}\right)\right] \\
&= \frac{1}{12}\left[\sum_{k=0}^{11}\cos\left(\frac{2\pi n}{12}\right) - \sum_{k=0}^{11}\cos\left(\frac{2\pi(2k+n)}{12}\right)\right] \\
&= \cos\left(\frac{2\pi n}{12}\right); \qquad n = 0, 1, 2, \ldots
\end{aligned} \tag{14.25}$$

In diesem Ergebnis fanden wir Zeile 3 aus Zeile 2 durch Benutzung von Gl.1.3, und dann fanden wir Zeile 4 durch die Überlegung, daß die zweite Summe in Zeile 3 gleich Null ist, weil die cosinus-Funktion über genau zwei Perioden summiert wird (siehe Kapitel 13, Übung 26).

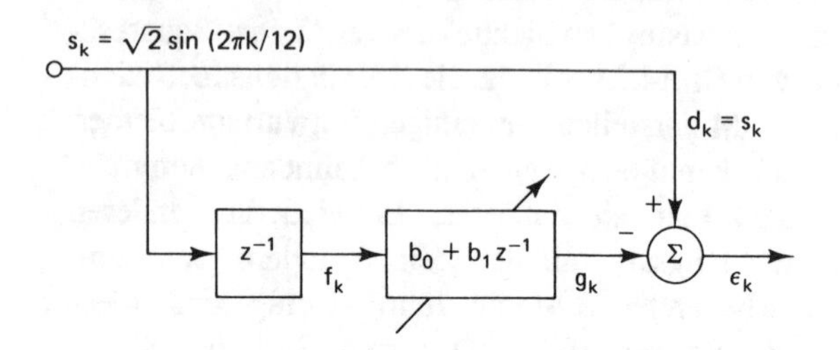

Bild 14.8 Einschritt-Praediktor mit zwei Koeffizienten und einem sinusförmigen Eingangssignal.

Die Korrelationskoeffizienten in Gl. 14.25 sind die Elemente der **R**-Matrix und in diesem Beispiel auch die des **P**-Vektors. Bezüglich des **P**-Vektors bemerken wir in Bild 14.8, daß $d_k = s_k$ und $f_k = s_{k-1}$, so daß die **P**-Vektor-Elemente in Gl. 14.16 sich ergeben zu $\phi_{fd}(0) = \phi_{ss}(1)$, $\phi_{fd}(1) = \phi_{ss}(2)$, usw. Infolgedessen erhalten wir aus Gl. 14.25 für dieses Beispiel

$$\mathbf{R} = \begin{bmatrix} \phi_{ss}(0) & \phi_{ss}(1) \\ \phi_{ss}(1) & \phi_{ss}(0) \end{bmatrix} = \begin{bmatrix} 1 & \frac{\sqrt{3}}{2} \\ \frac{\sqrt{3}}{2} & 1 \end{bmatrix} \tag{14.26}$$

$$\mathbf{P} = \begin{bmatrix} \phi_{ss}(1) \\ \phi_{ss}(2) \end{bmatrix} = \begin{bmatrix} \frac{\sqrt{3}}{2} \\ \frac{1}{2} \end{bmatrix} \tag{14.27}$$

Mit diesen Ergebnissen lassen sich die Funktionen in den Gleichungen 14.22 bis 14.24 des vorigen Abschnittes veranschaulichen. Der mittlere quadrierte Fehler in Gl. 14.22 ergibt sich zu

$$\begin{aligned} \text{MSE} &= \phi_{ss}(0) + \mathbf{B}^{\mathrm{T}}\mathbf{R}\mathbf{B} - 2\mathbf{P}^{\mathrm{T}}\mathbf{B} \\ &= 1 + [b_0 \quad b_1] \begin{bmatrix} 1 & \frac{\sqrt{3}}{2} \\ \frac{\sqrt{3}}{2} & 1 \end{bmatrix} \cdot \begin{bmatrix} b_0 \\ b_1 \end{bmatrix} - 2 \begin{bmatrix} \frac{\sqrt{3}}{2} & \frac{1}{2} \end{bmatrix} \cdot \begin{bmatrix} b_0 \\ b_1 \end{bmatrix} \\ &= b_0^2 + b_1^2 + \sqrt{3}\, b_0 b_1 - \sqrt{3}\, b_0 - b_1 + 1 \end{aligned} \tag{14.28}$$

In diesem Fall ist die MSE-Funktion eine dreidimensionale schüsselförmige Oberfläche, die in zwei Dimensionen dargestellt werden kann, indem man die Fehler Höhenschichtlinien zeichnet, d.h. Linien von b_1 in Abhängigkeit von b_0 bei konstantem MSE. Die Fehler-Höhenschichtlinien von Gl. 14.25 sind in Bild 14.9 dargestellt.

In Gl. 14.23 ist die Formel für die optimalen Koeffizienten wiedergegeben, die in diesem Beispiel lautet

$$\mathbf{R}\overline{\mathbf{B}} = \mathbf{P};$$

$$\begin{bmatrix} 1 & \frac{\sqrt{3}}{2} \\ \frac{\sqrt{3}}{2} & 1 \end{bmatrix} \cdot \begin{bmatrix} \overline{b}_0 \\ \overline{b}_1 \end{bmatrix} = \begin{bmatrix} \frac{\sqrt{3}}{2} \\ \frac{1}{2} \end{bmatrix} \tag{14.29}$$

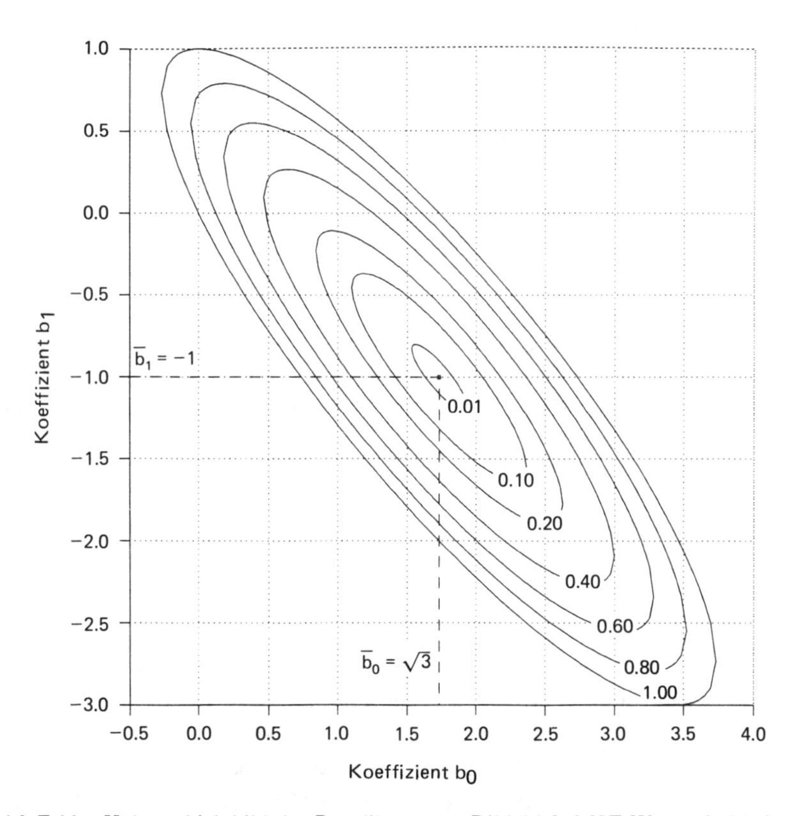

Bild 14.9 Fehler-Höhenschichtbild des Praediktors von Bild 14.8. MSE-Werte sind bei den Linien eingetragen. Die optimalen Koeffizientenwerte $\overline{b}_0=\sqrt{3}$ und $\overline{b}_1 = -1$ befinden sich in der Mitte.

Deshalb ergibt sich die Lösung für die optimalen Koeffizienten zu

$$\begin{bmatrix} \overline{b}_0 \\ \overline{b}_1 \end{bmatrix} = \begin{bmatrix} 1 & \frac{\sqrt{3}}{2} \\ \frac{\sqrt{3}}{2} & 1 \end{bmatrix}^{-1} \cdot \begin{bmatrix} \frac{\sqrt{3}}{2} \\ \frac{1}{2} \end{bmatrix} \tag{14.30}$$

Wir erinnern uns an Kapitel 1, Gl. 1.30, daß die Inverse einer nichtsingulären zwei-mal-zwei Matrix sich wie folgt errechnet

$$\begin{bmatrix} a & b \\ c & d \end{bmatrix}^{-1} = \frac{1}{ad - bc} \begin{bmatrix} d & -b \\ -c & a \end{bmatrix} \tag{14.31}$$

Für größere Matrizen ist die Inverse etwas komplizierter. Im allgemeinen benötigt man einen Rechenalgorithmus (Computer-Programm) wie er im vorhergehenden Abschnitt beschrieben wurde. Wendet man diese Formel auf Gl. 14.30 an, ergibt sich

$$\begin{bmatrix} \overline{b}_0 \\ \overline{b}_1 \end{bmatrix} = \frac{1}{1 - 3/4} \begin{bmatrix} 1 & \frac{-\sqrt{3}}{2} \\ \frac{-\sqrt{3}}{2} & 1 \end{bmatrix} \cdot \begin{bmatrix} \frac{\sqrt{3}}{2} \\ \frac{1}{2} \end{bmatrix} = \begin{bmatrix} \sqrt{3} \\ -1 \end{bmatrix} \tag{14.32}$$

Diese optimalen Gewichtswerte sind in der Mitte der Höhenschichtlinien in Bild 14.9 zu sehen, an der Stelle, an der das Minimum des mittleren quadrierten Fehlers (MSE) liegt. Aus Gl. 14.24 entnehmen wir schließlich, daß das Minimum lautet

$$\begin{aligned} (\text{MSE})_{\min} &= \phi_{dd}(0) = \mathbf{P}^{\mathrm{T}}\overline{\mathbf{B}} \\ &= 1 - \begin{bmatrix} \frac{\sqrt{3}}{2} & \frac{1}{2} \end{bmatrix} \cdot \begin{bmatrix} \sqrt{3} \\ -1 \end{bmatrix} = 0 \end{aligned} \tag{14.33}$$

Infolgedessen ist der optimale Praediktor fähig, die Phase der verzögerten Sinuswelle zu verschieben und eine exakte Auslöschung zu erreichen, wie aus $\varepsilon_k = 0$ hervorgeht. Das Beispiel ist natürlich etwas künstlich, weil das Signal s_k einfach ist und exakt bekannt, und auch, weil die Filtergröße nur M = 2 beträgt. Es sollte auch nur die quadratische Fehleroberfläche in Gl. 14.22 veranschaulichen und die Ableitung der optimalen Koeffizienten in Gl. 14.23 vorführen.

Als letzten Schritt in diesem einfachen Beispiel wollen wir beobachten, welche Wirkung das Hinzunehmen eines dritten Koeffizienten b_2 im Filter von Bild 14.8 hat. Mit den Gleichungen 14.25 bis 14.27 wird die Beziehung für die optimalen Koeffizienten in Gl. 14.23 jetzt

$$\mathbf{R}\overline{\mathbf{B}} = \begin{bmatrix} 1 & \frac{\sqrt{3}}{2} & \frac{1}{2} \\ \frac{\sqrt{3}}{2} & 1 & \frac{\sqrt{3}}{2} \\ \frac{1}{2} & \frac{\sqrt{3}}{2} & 1 \end{bmatrix} \cdot \begin{bmatrix} \bar{b}_0 \\ \bar{b}_1 \\ \bar{b}_2 \end{bmatrix} = \begin{bmatrix} \frac{\sqrt{3}}{2} \\ \frac{1}{2} \\ 0 \end{bmatrix} = \mathbf{P} \qquad (14.34)$$

In diesem Fall ist die **R**-Matrix singulär und hat keine Inverse. Das heißt, Gl. 14.34 legt den Größen $\bar{b}_0$, $\bar{b}_1$ und $\bar{b}_2$ Bedingungen auf, aber verhilft nicht zu speziellen Werten. Diese Bedingungen lassen sich wie folgt ausdrücken

$$\begin{aligned} b_0 - b_2 &= \sqrt{3} \\ b_0 + \sqrt{3}\, b_1 + 2b_2 &= 0 \end{aligned} \qquad (14.35)$$

Sie implizieren ein verteiltes Minimum auf der Fehleroberfläche, wie es im vorhergehenden Abschnitt beschrieben wurde, wobei der mittlere quadrierte Fehler (MSE) überall gleich Null ist. Die Lösung mit $b_2 = 0$ stimmt ersichtlich überein mit der zweiwertigen Lösung in Gl. 14.32.

14.6 Nichtrekursiver "Least-Squares"-Entwurf: Allgemeiner Fall

In den drei vorhergehenden Abschnitten haben wir den "Least-Squares"-Entwurf mit stationären Signalen unendlicher Ausdehnung diskutiert und wir haben gesehen, daß man die optimalen Koeffizienten aus den Korrelationsfunktionen dieser Signale erhielt. Bei nichtstationären Signalen ist die Entwurfsmethode genau dieselbe, mit dem Unterschied, daß Kovarianzfunktionen anstelle von Korrelationsfunktionen verwendet werden (Rabiner und Schafer 1978).

Wir beginnen wieder mit dem nichtrekursiven System und den Signalen, wie sie in Bild 14.6 angegeben sind. Wir nehmen jedoch jetzt an, daß die Signale stochastisch und stationär sein können, jedoch nicht notwendigerweise sein müssen, und daß auf jeden Fall ein gesamter quadrierter Fehler (total squared error = TSE), der wie folgt definiert ist

$$\mathrm{TSE} = \sum_{k=0}^{K-1} \epsilon_k^2 \tag{14.36}$$

zu minimieren ist. Das heißt, wir entwerfen das System in einem besonderen Zeitrahmen, in dem K Abtastwerte der Fehlerfolge $[\varepsilon_k]$ gegeben sind, wobei k = 0,1, ..., K - 1. Dafür ist der gesamte quadrierte Fehler zu minimieren.

Unter Benutzung der Variablen in Gl. 14.6 können wir Gl. 14.36 als Funktion der Signalwerte und der Filterkoeffizienten ausdrücken und erhalten

$$\begin{aligned} \mathrm{TSE} &= \sum_{k=0}^{K-1} \epsilon_k^2 \\ &= \sum_{k=0}^{K-1} \left[d_k - \sum_{n=0}^{M-1} b_n f_{k-n} \right]^2 \\ &= \sum_{k=0}^{K-1} d_k^2 + \sum_{n=0}^{M-1} \sum_{m=0}^{M-1} b_n b_m \sum_{k=0}^{K-1} f_{k-n} f_{k-m} - 2 \sum_{n=0}^{M-1} b_n \sum_{k=0}^{K-1} d_k f_{k-n} \end{aligned} \tag{14.37}$$

Wir definieren nun die folgenden Kovarianzfunktionen, die ähnlich zu den Korrelationsfunktionen in Gl. 13.60 und Gl. 14.10 sind:

$$\begin{aligned} r_{xx}(m,n) &= \sum_{k=0}^{K-1} x_{k-m} x_{k-n} \\ r_{xy}(n) &= \sum_{k=-n}^{K-n-1} x_k y_{k+n} \end{aligned} \tag{14.38}$$

Mit diesen Definitionen wird aus Gl. 14.37 (Gl. 14.10).

$$\mathrm{TSE} = r_{dd}(0,0) + \sum_{n=0}^{M-1} \sum_{m=0}^{M-1} b_n b_m r_{ff}(m,n) - 2 \sum_{n=0}^{M-1} b_n r_{fd}(n) \tag{14.39}$$

Dieser Ausdruck für die TSE-Funktion ist ähnlich zu dem in Gl. 14.10 für die MSE-Funktion. Wir bemerken, daß die hier benutzten Kovarianzfunktionen die Kenntnis der Signalfolgen über den Bereich (0,K-1) hinaus erfordern. Insbesondere ersehen wir aus der Art, wie die Funktionen von Gl. 14.38 in der Gl. 14.39 benutzt werden, daß man die nachstehenden Folgen benötigt:

$$\begin{aligned} [f_k] &= [f_{-M+1} \quad f_{-M+2} \quad \cdots \quad f_0 \quad \cdots \quad f_{K-1}] \\ [d_k] &= [d_0 \quad \cdots \quad d_{K-1}] \end{aligned} \tag{14.40}$$

Das bedeutet, daß man diese Folgen benötigt, um die Fehlerfolge $[\varepsilon_0, ..., \varepsilon_{k-1}]$ so zu erzeugen, daß die TSE-Funktion minimiert werden kann.

Mit dem TSE-Ausdruck in Gl. 14.39 können die hauptsächlichsten Ergebnisse für die Fehleroberfläche und die "Least-Squares"-Koeffizienten in den Gleichungen 14.22 bis 14.24 übernommen werden, vorausgesetzt, daß die Kovarianzfunktionen in Gl. 14.38 anstelle der früheren Korrelationsfunktionen eingesetzt werden. Das heißt, die **R**-Matrix mit Kovarianzelementen ergibt sich zu

$$\mathbf{R} = \begin{bmatrix} r_{ff}(0,0) & r_{ff}(0,1) & r_{ff}(0,2) & \cdots & r_{ff}(0,M-1) \\ r_{ff}(1,0) & r_{ff}(1,1) & r_{ff}(1,2) & \cdots & r_{ff}(1,M-1) \\ r_{ff}(2,0) & r_{ff}(2,1) & r_{ff}(2,2) & \cdots & r_{ff}(2,M-1) \\ \vdots & \vdots & \vdots & & \vdots \\ r_{ff}(M-1,0) & r_{ff}(M-1,1) & r_{ff}(M-1,2) & \cdots & r_{ff}(M-1,M-1) \end{bmatrix} \tag{14.41}$$

Ähnlich folgt der **P**-Vektor mit Kovarianzelementen zu

$$\mathbf{P} = [r_{fd}(0) \quad r_{fd}(1) \quad r_{fd}(2) \quad \cdots \quad r_{fd}(M-1)]^{\mathrm{T}} \tag{14.42}$$

Die **R**-Matrix in Gl. 14.41 ist symmetrisch, da nach der Definition in Gl. 14.38 gilt

$$r_{ff}(i,j) = r_{ff}(j,i) \tag{14.43}$$

Die **R**-Matrix ist jedoch keine Toeplitz-Matrix mehr, wie dies noch für stationäre Signale in Gl. 14.14 galt, und sie kann auch nicht mehr mit besonderen Algorithmen invertiert werden, die nur bei Toeplitz-Matrizen anwendbar sind. Sie muß unter Benutzung von Standardmethoden der Matrixalgebra invertiert werden.

Zusammenfassend läßt sich sagen: Im allgemeinen Fall, in dem die Signale nicht notwendigerweise stationär sind, benutzen wir den gesamten quadrierten Fehler, der in Gl. 14.36 definiert ist, um den Entwurf für eine besondere Abtastperiode von k = 0 bis k = K-1 zu optimieren. Dieser Ansatz führt zu den revidierten Versionen von **R** und **P** in den Gleichungen 14.41 und 14.42, d.h. zum Gebrauch von Kovarianzfunktionen anstelle von Korrelationsfunktionen in den Gleichungen 14.22 bis 14.24. Die revidierte Version von Gl. 14.22 findet man in Gl. 14.39 und die revidierten Versionen der Gleichungen 14.23 und 14.24 lauten

Optimale Koeffizienten

$$\mathbf{R}\overline{\mathbf{B}} = \mathbf{P} \tag{14.44}$$

Kleinster gesamter quadrierter Fehler

$$(\mathrm{TSE})_{\min} = r_{dd}(0,0) - \mathbf{P}^{\mathrm{T}}\overline{\mathbf{B}} \tag{14.45}$$

Als letzter Punkt sei bemerkt, daß, wenn die Signale f_k und d_k periodisch sind (und daher stationär), und wenn K eine ganze Zahl von Perioden umfaßt, die **R**-Matrix in Gl. 14.41 wieder vom Toeplitz-Typ ist, und der minimale TSE-Wert in Gl. 14.45 gerade K mal dem minimalen MSE-Wert in Gl. 14.24 ist. Wenn f_k und d_k zufällige stationäre Signale sind, nähert sich in ähnlicher Weise die minimale TSE-Lösung der minimalen MSE-Lösung mit wachsendem K.

14.7 "Least-Squares"-Entwurfsroutinen

Wir beschreiben nun zwei Subroutinen SPSOLE und SPLESQ zum Auflösen von **RB** = **P** in Gleichung 14.23 nach **B** und für das Entwerfen von "Least-Squares"-Systemen, wenn **R** und **P** entweder die Korrelationsfelder in den Gleichungen 14.14 und 14.16 oder die entsprechenden Kovarianzfelder in den Gleichungen 14.41 und 14.42 sind.

Die Routinen, die im Anhang B aufgelistet sind, sind einfacher und weniger zuverlässig als eine der komplexeren Routinen, die man in wissenschaftlichen Bibliotheken findet. In dem Fall, in dem **R** eine Toeplitz-Matrix ist, wird die gleichungslösende Routine (SPSOLE) auch weniger effizient sein als die früher erwähnten Levinson-Algorithmen. Trotzdem werden die leicht zu benutzenden Routinen SPSOLE und SPLESQ für die meisten nichtrekursiven "Least-Squares"-Entwürfe ausreichen.

Die erste Routine, die in Kapitel 2 eingeführt wurde, dient im besonderen für das Lösen von linearen Gleichungen, die durch **RB** = **P** gegeben sind, wobei **R** eine Korrelationsmatrix oder Kovarianzmatrix ist. Ihr Aufrufprogramm lautet

```
                  CALL SPSOLE (DD,LR,LC,M,IERROR)

DD(0:LR,0:LC) = double-precision augmented matrix [R,P]
           LR = Last row index of DD
           LC = Last column index of DD
            M = Number of linear equations to solve
       IERROR = 0: no errors
                1: LR < M-1 or LC < M; DD not large enough
                2: No solution due to singularity or near-
                   singularity of R.
```

Wenn SPSOLE aufgerufen wird, sollte die **R**-Matrix im DD-Array enthalten sein, so daß DD(I,J) = r_{ff}(I,J) für I und J im Bereich [0,M-1]. Der **P**-Vektor sollte auch gespeichert sein, so daß DD(I,M) = r_{fd}(I). Wenn SPSOLE abgelaufen ist, ersetzt die Lösung den **P**-Vektor, so daß

$$\overline{\mathbf{B}} = \mathbf{R}^{-1}\mathbf{P} = [DD(I,M); \qquad I = 0,1,\ldots,M-1]^{\mathrm{T}} \qquad (14.46)$$

Die Matrix DD ist für die doppelte Genauigkeit erklärt, um Abrundungsfehler in SOLE zu verringern, da dort für das Lösen des Systems linearer Gleichungen die Eliminationsmethode von Gauß-Jordan benutzt wird (Kelly 1967). Infolgedessen muß auch DD im Benutzerprogramm mit doppelter Genauigkeit erklärt werden, obwohl es normalerweise mit Elementen einfacher Genauigkeit von **R** und **P** gefüllt ist. In jedem Fall sollte man annehmen, daß der Lösungsvektor in Gl. 14.46 von einfacher Genauigkeit ist, obgleich es sich eigentlich um einen Vektor doppelter Genauigkeit handelt.

Als letzter Punkt zu SPSOLE sei bemerkt, daß obwohl **R** laut Definition eine symmetrische (und manchmal sogar eine Toeplitz-) Matrix ist, die Symmetrie der Koeffizientenmatrix von SPSOLE nicht vorausgesetzt wird. Diese Routine ist daher für eine breite Klasse linearer Gleichungen korrekt anwendbar, in der die Klasse **RB** = **P** eingeschlossen ist.

Die zweite Subroutine ist SPLESQ, die mit den zwei Eingangssignalvektoren [f_k] und [d_k] in Gl. 14.40 beginnt, **R** und **P** erzeugt, und dann intern SPSOLE benutzt, um nach dem "Least-Squares"-Koeffizientenvektor $\overline{\mathbf{B}}$ und dem minimalen gesamten quadrierten Fehler $(\mathrm{TSE})_{\min}$ aufzulösen. Die Variablen für das Aufrufprogramm von SPLESQ sind in Bild 14.10 skizziert.

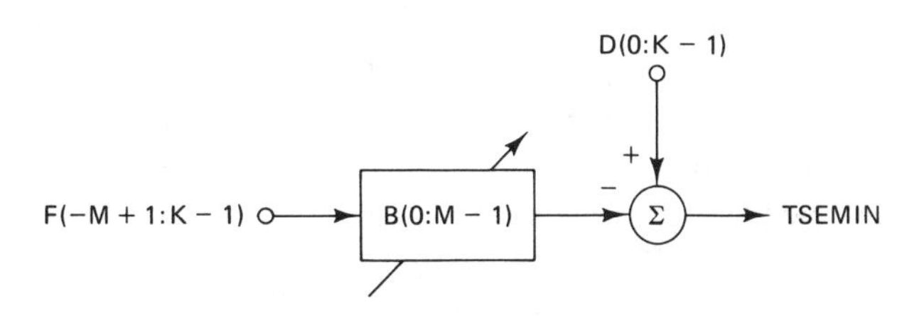

Bild 14.10 Die Variablen im SPLESQ-Aufrufprogramm.

Das Aufrufprogramm lautet

```
            CALL SPLESQ(F(-M+1),D(0),K,B,M,TSEMIN,IERROR)

F(-M+1:K-1) = Input data sequence [fk] - see Eq. 14.40
   D(0:K-1) = Desired input sequence [dk] - see Eq. 14.40
          K = Number of samples in [dk]
   B(0:M-1) = Optimal coefficient vector (output)
          M = Number of filter coefficients, up to 50
     TSEMIN = Minimum TSE - see Eq. 14.45
     IERROR = 0: no errors
            = 1-2: error in SPSOLE execution
            = 3: M out of range [1,50]
```

Während SPLESQ abläuft, werden Kovarianzkoeffizienten berechnet und in einer internen Matrix mit doppelter Genauigkeit gespeichert, die zur vergrößerten Matrix (DD) von SPSOLE wird. (Der maximale Wert von M, MMAX = 50, entspricht der Dimension von DD). Es sei darauf aufmerksam gemacht, daß der erste Index des F-Arrays (-M + 1) sein muß, wobei M die Filterlänge ist. Die Abtastwerte mit negativen Indizes werden für die Kovarianzberechnungen benötigt, wie man aus Gl. 14.40 erkennt. Wie schon früher diskutiert, wird jeder Kovarianzkoeffizient gerade K mal größer als der entsprechende Korrelationskoeffizient, wenn f_k und d_k periodische Signale sind und K eine ganze Anzahl von Perioden überdeckt.

Nachdem die Kovarianzkoeffizienten berechnet sind und SPSOLE aufgerufen wurde, wird der optimale Koeffizientenvektor in B(0:M-1) gespeichert. Schließlich wird der minimale gesamte quadrierte Fehler TSEMIN mit Gl. 14.45 berechnet.

Faßt man zusammen, so sind also in diesem Abschnitt zwei Routinen für den Einsatz von "Least-Squares"-Entwürfen beschrieben worden. Beispiele für ihren Gebrauch werden im nächsten Abschnitt vorgeführt werden.

14.8 Weitere Entwurfsbeispiele

In diesem Abschnitt betrachten wir zwei weitere Beispiele nichtrekursiver "Least-Squares"-Entwürfe, um den Gebrauch der gerade beschriebenen Routinen zu veranschaulichen, und um auch andere Systeme als den oben betrachteten Praediktor zu entwerfen. Im ersten Beispiel, das in Bild 14.11 dargestellt ist, sollen wir einen "Least-Squares-Equalizer" für einen "unbekannten Kanal" entwerfen, der in diesem Falle aus einer nur Pole enthaltenden Übertragungsfunktion besteht

$$\tilde{U}(z) = \frac{e^{-0.1}\sin(0.1\pi)z^{-1}}{1 - 2e^{-0.1}\cos(0.1\pi)z^{-1} + e^{-0.2}z^{-2}} \tag{14.47}$$

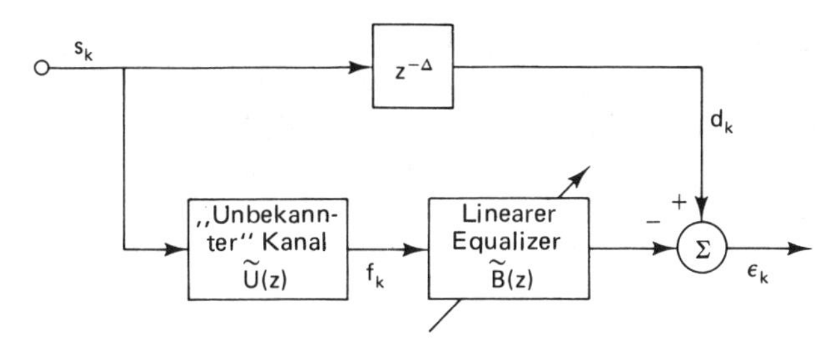

Bild 14.11 Ein "Equalizer" für einen rauschfreien Kanal

Diese Beschreibung des unbekannten Kanals gibt uns die Sicherheit, daß wir einen einfachen Entwurf für einen nur Nullstellen enthaltenden "Equalizer" $\tilde{B}(z)$ finden, dessen Nullstellen die Pole von $\tilde{U}(z)$ gerade aufheben.

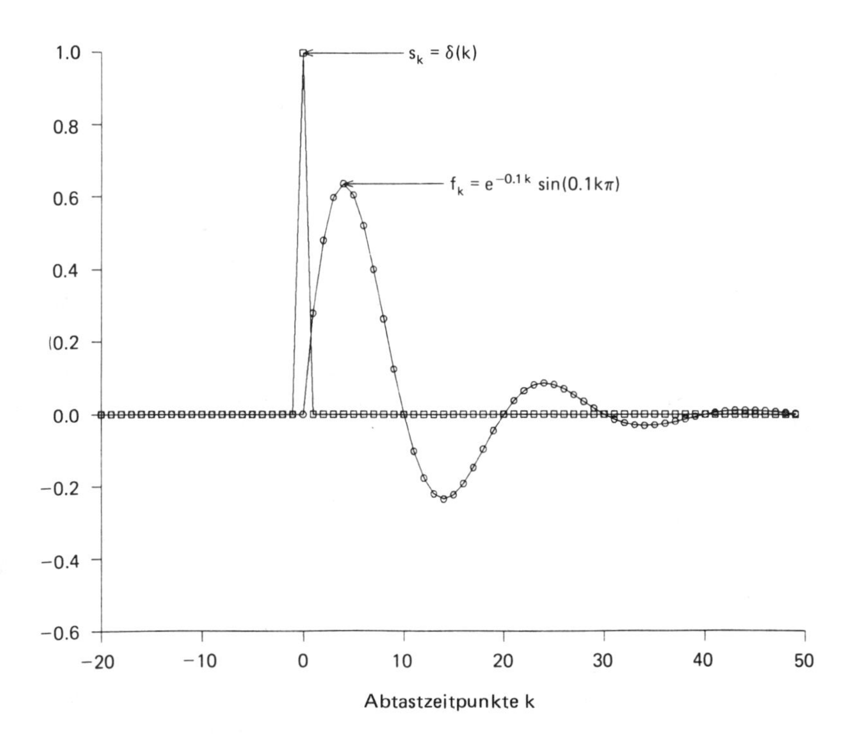

Bild 14.12 Abtastfolgen [sk] und [f_k] im Bereich $-20 \leq k < 50$ für das "Equalizer"-Beispiel in Bild 14.11

Zur Bestimmung des "Equalizer" nehmen wir an, daß $\tilde{U}(z)$ zwar unbekannt ist, daß wir aber die Folgen der Signale s_k und f_k kennen. Diese sind in Bild 14.12 wiedergegeben, wobei s_k ersichtlich ein Nadelimpuls bei $k = 0$ ist und f_k die

Nadelimpulsantwort von $\tilde{U}(z)$ im Anhang A, Zeile 206. Infolgedessen entwerfen wir einen "Equalizer", der die (Nadel-) Impulsantwort des unbekannten Kanals exakt korrigiert. Da die Nadelimpulsfunktion ein breites Spektrum aufweist, sollte unser "Equalizer" auch für andere Eingangssignale recht gut sein.

Nehmen wir an, die Folgen s_k und f_k in Bild 14.11 sind in den zwei Arrays S(-20:49) und F(-20:49) gespeichert. Die Verzögerung Δ sei durch die ganzzahlige positive Variable IDELT spezifiziert. Dann kann man einen "Least-Squares-Equalizer" mit M Koeffizienten über das folgende Aufrufprogramm erhalten:

```
CALL
      SPLESQ(F(-M+1),S(-IDELT),50,B,M,TSEMIN(M),IE)
```
(14.48)

Vergleicht man dieses Aufrufprogramm mit der Beschreibung im vorhergehenden Abschnitt, so sehen wir, daß f(-M+1) der erste Abtastwert der Eingangsfolge $[f_k]$ ist und S(-IDELT) der erste Abtastwert von $[d_k]$. Der nächste Parameter im Aufrufprogramm ist K = 50, der den TSE-Zeitrahmen definiert - siehe Gl. 14.36. Die nächste Größe ist B, der Koeffizientenvektor, von dem wir annehmen, daß er entsprechend B(0:M-1) oder größer dimensioniert worden ist. Die nächsten Parameter sind M, die Zahl der Koeffizienten, und TSEMIN(M), der minimale gesamte quadrierte Fehler. Dieser war im vorigen Abschnitt kein Array, aber hier wollen wir den minimalen TSE-Wert als Funktion von M beobachten. Der letzte Parameter IE ist der Fehler-Indikator, der im Anschluß an die Ausführung von SPLESQ überprüft werden sollte.

Die Ergebnisse der Ausrechnung von Gl. 14.48 ist für verschiedene Werte von M und IDELT in Bild 14.13 aufgetragen. Hier haben wir TSEMIN(M) über M für verschiedene Werte von IDELT aufgetragen. Die Kurven stimmen ersichtlich mit unserer Kenntnis des "unbekannten" Systems U(z) in Gl. 14.47 überein. Der lineare "Equalizer" $\tilde{B}(z)$ wird zu einer exakten Inversen von $\tilde{U}(z)$, wenn Δ = 1 und M die 3 erreicht, wenn Δ = 2 und M die 4 erreicht, usw. Für Δ = 0 kann man keinen "Equalizer" erhalten, weil $\tilde{B}(z)$ kausal ist und $\tilde{U}(z)$ ersichtlich eine Einheitsverzögerung aufweist, d.h. der Zähler von Gl. 14.47 enthält z^{-1}.

Jeder Punkt in den Kurven von Bild 14.13 impliziert natürlich einen Vektor $[\bar{b}_1]$ von optimalen Koeffizienten, welche den mittleren quadrierten Fehler der Impulsantwort minimieren. Die $\bar{\mathbf{B}}$-Vektorlösungen können für alle Punkte in Bild 14.13 wie folgt tabelliert werden:

	IDELT=0	IDELT = 1	IDELT=2	IDELT=3
M=1	0.00000	0.12319	0.21202	0.26406
M=2	0.00000	1.17915	0.91358	0.60696
	0.00000	-1.11585	-0.74135	-0.36236
M=3	0.00000	3.57640#	0.00000	0.00000
	0.00000	-6.15536#	1.17917	0.91359
	0.00000	2.92811#	-1.11588	-0.74137
M=4	0.00000	3.57640#	0.00000	0.00000
	0.00000	-6.15536#	3.57640#	0.00000
	0.00000	2.92811#	-6.15535#	1.17919
	0.00000	0.00000	2.92811#	-1.11591
M=5	0.00000	3.57640#	0.00000	0.00001
	0.00000	-6.15536#	3.57640#	-0.00001
	0.00000	2.92811#	-6.15535#	3.57640#
	0.00000	-0.00001	2.92811#	-6.15535#
	0.00000	0.00001	0.00000	2.92811#
M=6	0.00000	3.57640#	0.00000	0.00001
	0.00000	-6.15536#	3.57640#	-0.00001
	0.00000	2.92811#	-6.15535#	3.57640#
	0.00000	-0.00002	2.92811#	-6.15535#
	0.00000	0.00002	-0.00001	2.92811#
	0.00000	-0.00001	0.00001	0.00000

In diesen Ergebnissen bemerkt man, daß der optimale Koeffizientenvektor für $\Delta = 0$, wie gerade erörtert, immer gleich $\bar{\mathbf{B}} = 0$ ist. Aus Gl. 14.47 erkennen wir, daß die Übertragungsfunktion des Kanals wie folgt geschrieben werden kann.

$$U(z) = \frac{z^{-1}}{e^{0.1}\csc(0.1\pi) - 2\operatorname{ctn}(0.1\pi)z^{-1} + e^{-0.1}\csc(0.1\pi)z^{-2}}$$

$$= \frac{z^{-1}}{3.57641 - 6.15537z^{-1} + 2.92812z^{-2}} \tag{14.49}$$

Der Koeffizientenvektor $\bar{\mathbf{B}}$, der $\tilde{U}(z)$ exakt ausgleicht, muß die drei Koeffizienten im Nenner von Gl. 14.49 enthalten. Die exakten Lösungen sind in der obigen Tabelle markiert. Man beachte, daß die drei Koeffizienten in Gl. 14.49 in der Ordnung und an den Stellen erscheinen, die für jeden Wert von Δ korrekt sind. Man erkennt auch, daß es kleine Abrundungsfehler bei den tabellierten Koeffizientenvektoren gibt. In diesem Falle sind die Abrundungsfehler noch zu akzeptieren. Sie lassen die Operation SPSOLE, die durch SPLESQ aufgerufen wird, noch über den Wert M = 3 hinaus zu, ohne daß sich eine "IERROR = 2"Meldung ergibt, welche eine Singularität in der **R**-Matrix anzeigt. Die theoretische **R**-Matrix ist in diesem Beispiel natürlich für M > 3 singulär. So haben wir in dem obigen Beispiel einen "Equalizer" geschaffen, der exakt die Wirkung des unbekannten Kanals $\tilde{U}(z)$ in Bild 14.11 auf einen Nadelimpuls am Eingang aufhebt.

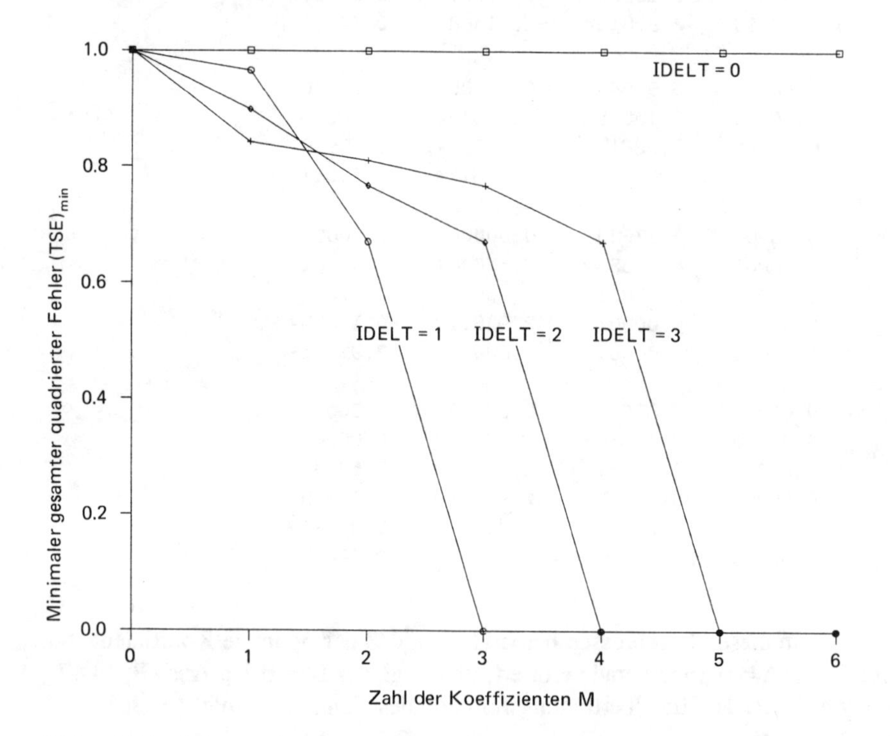

Bild 14.13 Ergebnisse des Beispiels für einen "Least-Squares-Equalizer" in Bild 14.11. TSEMIN(M) ist über M aufgetragen für vier Verzögerungswerte Δ = IDELT.

Das nächste Beispiel in Bild 14.14 ist eines, bei dem wir das gewünschte Signal nicht exakt anpassen können, d.h. bei dem wir den TSE-Wert nicht auf Null bringen können. In diesem Beispiel sind die Übertragungsfunktionen $\tilde{U}(z)$ und $\tilde{B}(z)$ in Bild 14.14 wie im vorhergehenden Beispiel gegeben durch

$$\tilde{U}(z) = \frac{e^{-0.1}\sin(0.1\pi)z^{-1}}{1 - 2e^{-0.1}\cos(0.1\pi)z^{-1} + e^{-0.2}z} \tag{14.50}$$

$$\tilde{B}(z) = \sum_{n=0}^{M-1} b_n z^{-n} \tag{14.51}$$

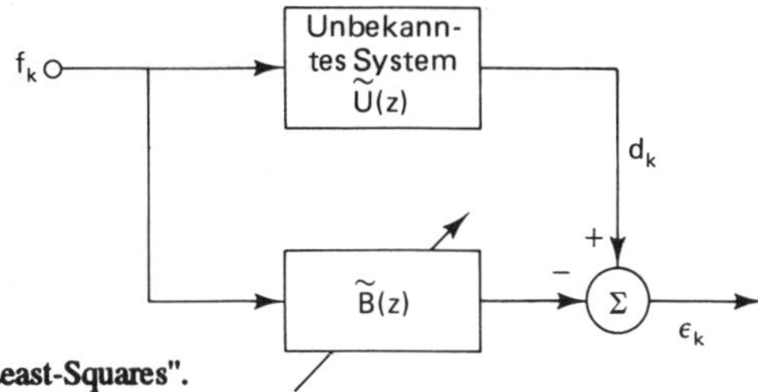

Bild 14.14 Modellierungsbeispiel für "Least-Squares".

Das Eingangssignal f_k in Bild 14.14 ist in diesem Falle ein zufälliges weißes Signal mit einer Einheitsleistung. Die Eingangsfolge ist gegeben durch

$$\text{ISEED} = 12345$$

$$f_k = \sqrt{12}\,(\text{SPUNIF (ISEED)} - 0.5); \qquad k = 0, 1, \ldots, K-1 \tag{14.52}$$

Die Zufallszahlenfunktion SPUNIF, die im Anhang B beschrieben ist, wird in dieser Art gebraucht, um K Abtastwerte von f_k zu erzeugen.

Wie schon vorher bemerkt, sollten die Kovarianzelemente $r_{ff}(m,n)$ der **R**-Matrix, die innerhalb von SPLESQ berechnet werden, sich den skalierten Werten der Korrelationskoeffizienten $\phi_{ff}(m-n)$ nähern, solange K anwächst. Da f_k eine weiße Zufallsfolge ist, sind die Abtastwerte von f_k unabhängig voneinander und es gilt

$$\begin{aligned} \phi_{ff}(i) &= 0; \qquad i \neq 0 \\ &= 1; \qquad i = 0 \end{aligned} \tag{14.53}$$

Deshalb ist die theoretische **R**-Matrix diagonal, d.h. theoretisch ist **R** = **I**, und aus Gl. 14.23 folgen die optimalen Koeffizienten zu

$$\overline{\mathbf{B}} = \mathbf{P} \tag{14.54}$$

Die theoretischen **P**-Vektorelemente sind die Korrelationskoeffizienten $[\phi_{fd}(n)]$, wie man in Gl. 14.16 sieht. Wenn wir die lineare Filtergleichung in Tabelle 13.2 auf Bild 14.14 anwenden, da ja f_k weiß mit einer Einheitsleistung ist, erhalten wir

$$\begin{aligned} \tilde{\Phi}_{fd}(z) &= \tilde{U}(z)\tilde{\Phi}_{ff}(z) \\ &= \tilde{U}(z) \end{aligned} \tag{14.55}$$

Deshalb ist $\phi_{fd}(n)$ und infolgedessen auch der theoretische Wert von $\overline{b}_n$ gleich der Impulsantwort von $\tilde{U}(z)$, die nach Zeile 206 im Anhang A lautet

$$\overline{b}_{n(\text{theoretical})} = e^{-0.1n} \sin(0.1n\pi) \tag{14.56}$$

Daher werden die "Least-Squares"-Koeffizienten $[b_n]$ bei einem breitbandigen Eingangssignal dahin tendieren, sich an einen endlichen Teil der Impulsantwort der unbekannten Systeme anzupassen. Man könnte nun vermuten, daß eine sehr große Länge (k) der zufälligen Eingangsfolge für die Kovarianzlösung erforderlich wäre, um sich der Korrelationslösung zu nähern, aber es genügt in der Tat eine kurze Folge. Als ein Beispiel wurden die in Bild 14.15 dargestellten Folgen der Länge 64 dazu benutzt, ein "Least-Squares"-Modell der Größe N = 50 abzuleiten. Die Anweisung zum Aufruf der "Least-Squares"-Entwurfsroutine SPLESQ lautete

```
CALL SPLESQ(F(-49),D(0),64,B,50,TSE,IE)
```
(14.57)

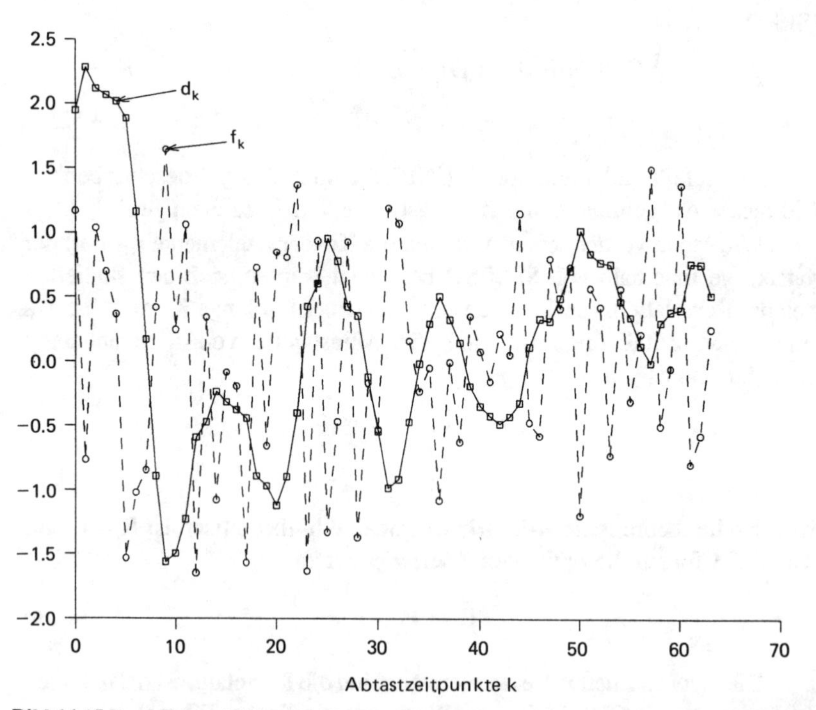

Bild 14.15 Zwei Folgen $[f_k]$k und $[d_k]$, wobei die Werte von $[f_k]$ mit gestrichelten Linien verbunden sind und die von $[d_k]$ mit durchgezogenen Linien, die dazu benutzt wurden, die optimalen Koeffizienten $b_0, b_1, ..., b_{49}$ in Bild 14.14 abzuleiten. Die Länge (K) der Folge beträgt 64.

Die "Least-Squares"-Koeffizienten $\bar{b}_0$ bis $\bar{b}_{49}$ sind in Bild 14.16 zusammen mit der kontinuierlichen Impulsantwort von $\tilde{U}(z)$ aufgetragen, die sich aus Gl. 14.56 ergab, indem dort n als kontinuierliche Variable behandelt wurde, d.h. es folgte

$$b(t) = e^{-0.1t} \sin(0.1\pi t) \tag{14.58}$$

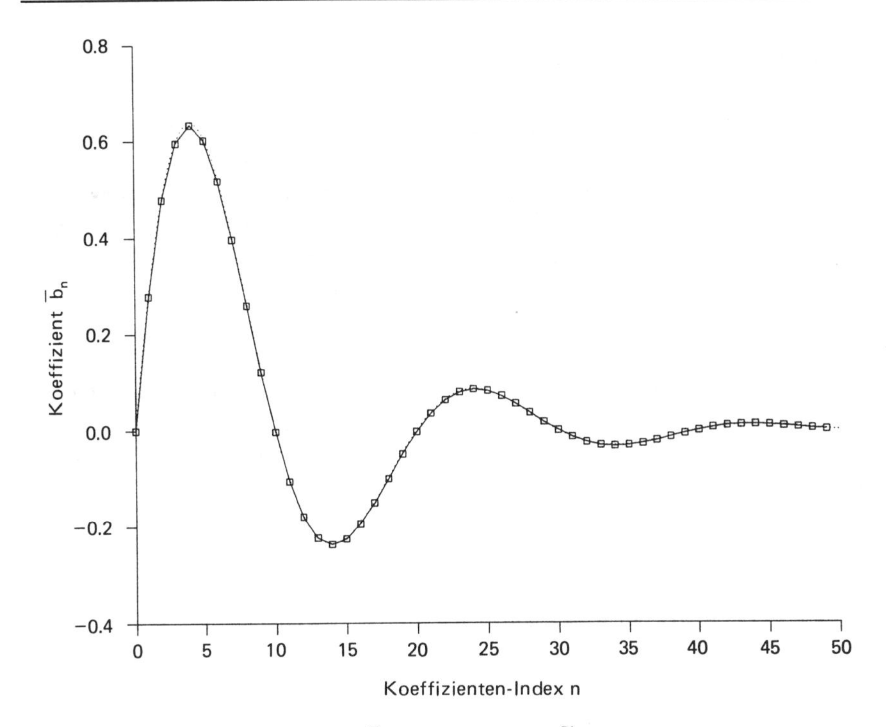

Bild 14.16 Die optimalen Koeffizienten $\bar{b}_n$ in Bild 14.14 mit $\tilde{U}(z)$ wie in Gl. 14.50, N = 50 und K = 64, zusammen mit der kontinuierlichen Impulsantwort in Gl. 14.58.

Die zwei Kurven in Bild 14.16 stimmen ersichtlich exakt überein. die **R**-Matrix, die während des Laufes von SPLESQ erzeugt wurde, ist in diesem Beispiel nahezu diagonal und SPSOLE, die durch SPLESQ aufgerufen wurde, hat keine Schwierigkeit, eine genaue Lösung für die 50 linearen Gleichungen, die in **RB** = **P** enthalten sind, zu finden. Der minimale gesamte quadrierte Fehler TSE in Gl. 14.57 betrug 0,0026 für den in Bild 14.16 dargestellten Fall. Der minimale TSE wird in diesem Beispiel im allgemeinen mit wachsender Folgenlänge (k) abnehmen, da die Kovarianzfunktionen genauere Korrelationsschätzungen werden. Der minimale TSW wird auch mit wachsendem M abnehmen, da die Länge des Modells $\tilde{B}(z)$ sich der unendlichen Länge der Impulsantwort von $\tilde{U}(z)$ nähert.

14.9 Mehrfache Eingangssignale

Unsere Diskussion des "Least-Squares"-Systementwurfs bezog sich bis jetzt hauptsächlich auf das nichtrekursive System in Bild 14.6 mit einem einzigen Eingang. Manchmal haben wir jedoch wie bei der Array-Verarbeitung (Monzingo und Miller 1980, Widrow und Stearns 1985) ein "Least-Squares"-Entwurfsproblem, bei dem mehrfache Eingangssignale kombiniert und verarbeitet werden, um ein einziges Ausgangssignal zu erzeugen.

Der allgemeine Fall mehrfacher Eingänge ist in Bild 14.17 entsprechend Bild 14.5 dargestellt. Hier haben wir einen Satz von N Folgen (f_{1k}) bis (f_{Nk}), wobei jeder Satz von einem zugehörigen linearen System verarbeitet wird. Die Ausgänge aller linearen Systeme werden summiert, um g_k zu erzeugen, d.h. ein einziges Ausgangssignal, das mit dem gewünschten Signal d_k zu vergleichen ist.

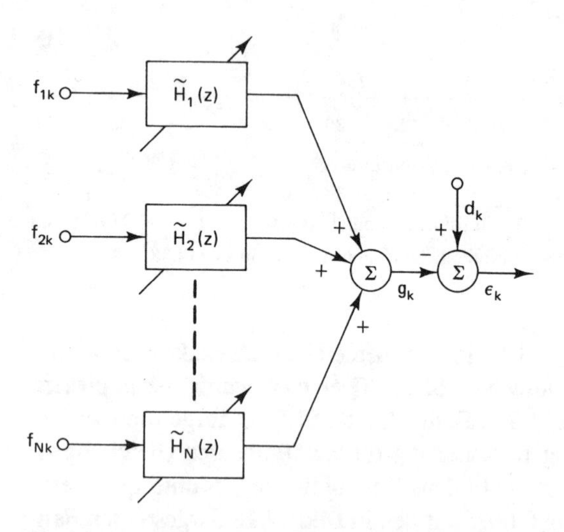

Bild 14.17 Ein System mit mehrfachen Eingängen; Verallgemeinerung von Bild 14.5.

Das allgemeine Ergebnis für die mittlere-quadrierte-Fehler-Performance-Oberfläche von Bild 14.17 ergibt sich aus der Ableitung des Ergebnisses für einen einzigen Eingang in Gl. 14.6. Die veränderten Versionen der Leistungsspektren in den Gleichungen 14.4 und 14.5 heißen nun

$$\tilde{\Phi}_{gg}(z) = \sum_{m=1}^{N} \sum_{n=1}^{N} \tilde{H}_m(z)\tilde{H}_n(z^{-1})\tilde{\Phi}_{f_m f_n}(z) \tag{14.59}$$

$$\tilde{\Phi}_{dg}(z) = \sum_{m=1}^{N} \tilde{H}_m(z)\tilde{\Phi}_{df_m}(z) \tag{14.60}$$

Diese Versionen folgen aus den Gleichungen 14.4 und 14.5 und der linearen Beschaffenheit der Konfiguration in Bild 14.17. Die Gl. 14.3 gilt für Bild 14.7 genau so wie für Bild 14.5. Wenn wir deshalb die Gleichungen 14.59 und 14.60 in Gleichung 14.3 einsetzen, erhalten wir die MSE-Formel für Mehrfacheingänge:

$$\mathrm{MSE} = \phi_{dd}(0) + \sum_{m=1}^{N} \sum_{n=1}^{N} \frac{1}{2\pi j} \oint [\tilde{H}_n(z^{-1})\tilde{\Phi}_{f_m f_n}(z) - \tilde{\Phi}_{df_m}(z)]\tilde{H}_m(z)\frac{dz}{z} \tag{14.61}$$

Wenn wir weiterhin annehmen, daß jedes lineare System ein nichtrekursives Filter ist, können wir auch eine Mehrfacheingangs-Version der MSE-Funktion in Gl. 14.10 erhalten. Wir setzen

$$\tilde{H}_m(z) = \tilde{B}_m(z) = \sum_{n=0}^{M-1} b_{mn} z^{-n}; \qquad 1 \leq m \leq N \tag{14.62}$$

Gerade so, wie Gl. 14.10 aus Gl. 14.6 folgte, ergibt sich dann

$$\mathrm{MSE} = \phi_{dd}(0) + \sum_{m=1}^{N} \sum_{n=1}^{N} \sum_{i=0}^{M-1} \sum_{j=0}^{M-1} b_{mi} b_{mj} \phi_{f_m f_n}(i-j) - 2\sum_{m=1}^{N} \sum_{i=0}^{M-1} b_{mi} \phi_{f_m d}(i) \tag{14.63}$$

Dieses Ergebnis reduziert sich für N = 1 auf das in Gl. 14.10. Das grundsätzliche Kennzeichen von Gl. 14.63 ist darin zu sehen, daß die MSE-Funktion immer noch eine quadratische Funktion der b-Koeffizienten ist, da jedes b nur im ersten oder zweiten Grad auftritt.

Daher ist die MSE-Güte-Funktion (Performance) quadratisch, wann immer eine lineare Kombination linearer Systeme zu entwerfen ist. In Ergänzung zur Array-Verarbeitung kann dieses allgemeine Ergebnis in vielen Fällen verwendet werden, die mit nichtlinearer Verarbeitung, Verzerrung usw. in Verbindung stehen. Man betrachte zum Beispiel das System in Bild 14.18. Hier haben wir einen nichtlinearen Prozessor, der aus den Eingangssignalen f_k nichtlineare Funktionen $[F_{mk}]$ erzeugt. Die Funktionen F können beliebige Funktionen sein, zum Beispiel

$$F_{mk} = f_k^{m-1}; \qquad 1 \leq m \leq M \tag{14.64}$$

und so weiter. Die **R**-Matrixelemente sind Korrelationen oder Kovarianzen von F anstelle von f_k, aber sie sind noch statistische Funktionen von f_k. In jedem

Falle ist jedoch die Güte-Oberfläche immer eine quadratische Funktion der Filterkoeffizienten. Als Beispiel siehe die Übung 25.

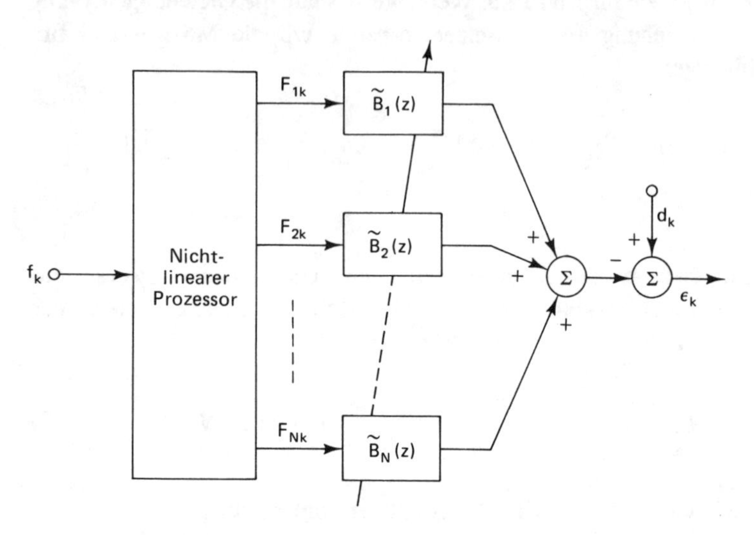

Bild 14.18 Nichtlineares System, in dem die MSE-Funktion noch eine quadratische Funktion der Koeffizienten $[b_{mn}]$ ist.

14.10 Auswirkungen eines unabhängigen Breitband-Rauschens

In vielen praktischen Entwurfsfällen ist in den Signalen Rauschen enthalten, dessen Eigenschaften dazu benutzt werden, "Least-Squares"-Systeme zu entwerfen. Das Rauschen könnte "Betriebsrauschen" sein, das mit dem unbekannten System wie in den Bildern 14.2 und 14.3 verbunden ist, oder es könnte ein mit der Messung verbundenes Rauschen sein, das dem gewünschten Signal d_k oder dem Eingangssignal in Bild 14.5 zugefügt ist. In diesem Abschnitt leiten wir einige allgemeine Auswirkungen des Rauschens beim "Least-Squares"-Entwurf ab, wobei wir annehmen, daß das Rauschen unabhängig ist, ein breites Spektrum hat und additiv ist, d.h. daß es sich zu den Signalen addiert. Diese Annahmen erscheinen etwas restriktiv, erfassen aber nichtsdestoweniger viele interessierende Fälle. Der hier benutzte Ansatz ist auch mit Modifikationen anwendbar, wenn das Rauschen nicht unabhängig ist oder kein flaches Leistungsspektrum hat.

Die rauschbehaftete "Least-Squares"-Entwurfskonfiguration ist in Bild 14.19 dargestellt. Es ist dieselbe wie in Bild 14.5 mit dem Unterschied, daß Rauschen dem Eingangssignal s_k und dem gewünschten Signal d_k zugefügt wurde. Eine der zwei Rauschfolgen x_k und y_k, oder auch beide, können vorhanden sein, was von der Anwendung von Bild 14.19 abhängt. Wenn die Rauschanteile unabhängig von den Signalen sind, und auch unabhängig voneinander, ergeben sich die Kreuzkorrelation und die Kreuz-Spektralterme zu Null und wir haben

$$\begin{aligned}\tilde{\Phi}_{ff}(z) &= \tilde{\Phi}_{ss}(z) + \tilde{\Phi}_{xx}(z)\\ \tilde{\Phi}_{vv}(z) &= \tilde{\Phi}_{dd}(z) + \tilde{\Phi}_{yy}(z)\\ \tilde{\Phi}_{vf}(z) &= \tilde{\Phi}_{ds}(z)\end{aligned} \tag{14.65}$$

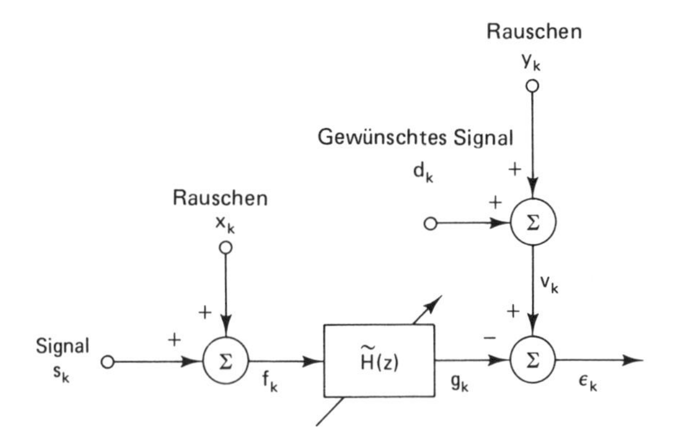

Bild 14.19 Ein "Least-Squares"-Entwurf, der ähnlich dem in Bild 14.5 ist, aber noch Rauschsignale enthält.

Wenden wir die allgemeine MSE-Formel in Gleichung 14.6 auf Bild 14.19 an, so folgt

$$\text{MSE} = \phi_{vv}(0) + \frac{1}{2\pi j}\oint[\tilde{H}(z^{-1})\tilde{\Phi}_{ff}(z) - \tilde{\Phi}_{vf}(z)]\tilde{H}(z)\frac{dz}{z} \tag{14.66}$$

Mit der Beziehung in Gl. 14.65 wird diese MSE-Formel zu

$$\text{MSE} = \phi_{dd}(0) + \phi_{yy}(0) + \frac{1}{2\pi j}\oint\left(\tilde{H}(z^{-1})[\tilde{\Phi}_{ss}(z) + \tilde{\Phi}_{xx}(z)] - \tilde{\Phi}_{ds}(z)\right)\tilde{H}(z)\frac{dz}{z} \tag{14.67}$$

Dies ist der allgemeine Ausdruck für den mittleren quadrierten Fehler, wenn unabhängige Rauschfolgen x_k und y_k den Signalfolgen s_k und d_k hinzugefügt werden.

Wenn wir annehmen, daß das Rauschleistungsspektrum $\tilde{\Phi}_{xx}(z)$ am Eingang flach genug ist, um als eine konstante Funktion der Frequenz behandelt zu werden, kann die inverse Transformierte $\phi_{xx}(n)$ überall vernachlässigt werden, außer an der Stelle n = 0. Unter dieser Bedingung, und wenn wir berücksichtigen, wie Gl. 14.10 aus Gl. 14.6 folgt, wenn $\tilde{H}(z)$ das nichtrekursive Filter in Gl. 14.8 ist, erhalten wir aus Gl. 14.67 das folgende Ergebnis

$$\begin{aligned} \mathrm{MSE} &= \phi_{dd}(0) + \phi_{yy}(0) + \sum_{m=0}^{M-1} \sum_{n=0}^{M-1} b_m b_n \phi_{ss}(m-n) \\ &+ \sum_{n=0}^{M-1} b_n^2 \phi_{xx}(0) - 2 \sum_{n=0}^{M-1} b_n \phi_{sd}(n) \end{aligned} \tag{14.68}$$

Das heißt, daß die einzigen von Null verschiedenen Werte von $\phi_{xx}(m\text{-}n)$ in den Doppelsummen diejenigen sind, für welche m = n gilt. Mit der in den Gleichungen 14.14 bis 14.16 definierten Vektorschreibweise sind jetzt $\phi_{sd}(n)$ die Elemente von **P**, d.h.

$$\mathbf{P} = [\phi_{sd}(0) \quad \phi_{sd}(1) \quad \phi_{sd}(2) \quad \cdots \quad \phi_{sd}(M-1)]^{\mathrm{T}} \tag{14.69}$$

Mit **R** und **B** wie in den Gleichungen 14.14 und 14.15 läßt sich Gl. 14.68 wie folgt vereinfacht schreiben

$$\boxed{\mathrm{MSE} = \phi_{dd}(0) + \phi_{yy}(0) + \mathbf{B}^{\mathrm{T}}(\mathbf{R} + \phi_{xx}(0)\mathbf{I})\mathbf{B} - 2\mathbf{P}^{\mathrm{T}}\mathbf{B}} \tag{14.70}$$

Aus diesem Ausdruck für die MSE-Funktion schließen wir folgendes:

- Das Addieren von unabhängigem weißen Rauschen zum Eingangssignal ist äquivalent zum Addieren einer Konstanten zur Diagonalen der **R**-Matrix.

- Das Addieren von unabhängigem Rauschen zum gewünschten Signal addiert einfach eine Konstante zum MSE-Wert.

Wenn die Korrelationsmatrix am Eingang, $\mathbf{R} + \phi_{xx}(0)\mathbf{I}$, eine Diagonalen-Matrix ist, werden Kreuz-Terme der Form $b_i b_j$ mit $i \neq j$ nicht in der MSE-Formel erscheinen (siehe z.B. Gl.14.68), und die Fehler-Höhenschichtlinien werden kreisförmig. Weiterhin wird der $\phi_{xx}(0)$-Term in Gl. 14.68 oder in Gl. 14.70 die b_n^2-Terme in der MSE-Formel vergrößern, was zur Folge hat, daß die Seiten der schüsselförmigen Fehleroberfläche steiler werden. Infolgedessen schließen wir noch:

Das Addieren von unabhängigem weißen Rauschen zum Eingangssignal versteilert die Seiten der Güte-Funktion und macht ihre Höhenschichtlinien kreisförmiger.

Wenn wir die Ableitung von Gl. 14.70 nach jedem b_n gleich Null setzen, erhalten wir einen Ausdruck, der äquivalent zu Gl. 14.17 für die optimalen Koeffizienten ist:

$$\begin{aligned} \overline{\mathbf{B}}(\mathbf{R} + \phi_{xx}(0)\mathbf{I}) &= \mathbf{P} \\ \overline{\mathbf{B}} &= (\mathbf{R} + \phi_{xx}(0)\mathbf{I})^{-1}\mathbf{P} \end{aligned} \qquad (14.71)$$

Infolgedessen werden die optimalen Koeffizienten bei Rauschen am Eingang in Form von vergrößerten Diagonalelementen in der **R**-Matrix modifiziert. Wir bemerken noch, daß dann, wenn das Eingangssignal von der Rauschfolge $[x_k]$ dominiert wird, die optimalen Koeffizienten gerade die skalierten Werte der Kreuzkorrelationsterme sind, d.h.

$$\overline{\mathbf{B}} = \frac{1}{\phi_{xx}(0)}\mathbf{P}; \qquad \phi_{xx}(0) >> \phi_{xx}(n) \qquad (14.72)$$

Wenn weiterhin das Eingangssignal vollkommen aus unabhängigem Rauschen besteht, sind die Kreuzkorrelationsterme gleich Null und es ist

$$\overline{\mathbf{B}} = \mathbf{0} \qquad (14.73)$$

Wir beobachten auch in Gl. 14.71, daß die Lösung für die optimalen Koeffizienten überhaupt nicht vom Rauschen $[y_k]$ beeinflußt wird, das zum gewünschten Signal addiert wurde. Es beeinflußt nur die MSE-Funktion und addiert eine Konstante zum minimalen MSE-Wert, der ähnlich wie in Gl. 14.20 lautet:

$$(\mathrm{MSE})_{\min} = \phi_{dd}(0) + \phi_{yy}(0) - \mathbf{P}^{T}\overline{\mathbf{B}} \qquad (14.74)$$

Mit diesen Ergebnissen lassen sich die Wirkungen eines unabhängigen Breitbandrauschens auf den "Least-Squares"-Systementwurf ausdrücken. die Übungen 6 und 9 beziehen sich auf dieses Thema.

14.11 Übungen

1. In einem "Least-Squares"-Entwurf für die Interferenz-Auslöschung wollen wir annehmen, daß das Filter $\widetilde{H}(z)$ die zwei Werte b_0 und b_1 hat, daß die gewünschte Signalleistung gleich σ_d^2 ist und daß die Korrelationsfunktionen heißen

$$\mathbf{R} = \begin{bmatrix} r_0 & r_1 \\ r_1 & r_0 \end{bmatrix}, \qquad \mathbf{P} = \begin{bmatrix} p_0 \\ p_1 \end{bmatrix}$$

   (a) Drücke die MSE-Funktion als eine quadratische Funktion von b_0 und b_1 aus.

   (b) Drücke die optimalen Koeffizienten $\bar{b}_0$ und $\bar{b}_1$ in Abhängigkeit der Größen r und p aus.

   (c) Drücke den minimalen mittleren quadrierten Fehler in Abhängigkeit der Signal-Statistiken aus.

2. Nimm in Übung 1 an, daß $E[f_k f_{k+1}] = r_1 = 0$.

   (a) Wie heißen die optimalen Koeffizienten?

   (b) Welche Beziehung muß zwischen den Signal-Statistiken bestehen, damit der minimale MSE-Wert gleich Null ist?

3. Man betrachte eine allgemeine Sinusschwingung, $x_k = A \sin(\omega k + \alpha)$, die an K Stellen pro Zyklus abgetastet wird.

   (a) Wie groß ist die mittlere Leistung von $[x_k]$?

   (b) Ermittle die Autokorrelationsfunktion von $[x_k]$ und zeige, daß sie nicht von der Phase α abhängt.

   (c) Zeige, daß die Autokorrelationsfunktion von $[x_k]$ eine Periode hat, die der von $[x_k]$ entspricht.

4. Eine Folge $[x_k]$ mit einer Periode von acht Abtastwerten ist wie folgt gegeben

$$[x_k] = [\ldots, 1, 1, 1, 1, -1, -1, -1, -1, 1, 1, \ldots]$$

   Trage $[x_k]$ und die Autokorrelationsfunktion $\phi_{xx}(k)$ für $-15 \leq k \leq 15$ auf.

5. Wenn die Abtastwerte der zwei Folgen $[x_k]$ und $[y_k]$ komplex sind, soll die Korrelationsfunktion $\phi_{xy}(n)$ wie folgt definiert sein

$$\phi_{xy}(n) \stackrel{\Delta}{=} E[x_k^* y_{k+n}]$$

Das heißt, daß $\phi_{xy}(n)$ das mittlere Produkt der Konjugierten von x_k mal y_{k+n} ist.

(a) Zeige, daß $\phi_{xy}(n)$ mit der obigen Definition übereinstimmt, wenn $[x_k]$ eine reelle Folge ist.

(b) Zeige, daß $\phi^*_{xy}(n) = \phi_{yx}(-n)$.

(c) Ermittle $\phi_{xx}(n)$ für den Fall, daß x_k die Sinusfunktion $x_k = A\, e^{j(\omega k + \alpha)}$ ist. Zeige, daß $\phi_{xx}(n)$ nicht von der Phase von x_k abhängt, und daß sie die gleiche Periode wie x_k hat.

6. Eine Folge $[x_k]$ hat folgende Abtastwerte

$$x_k = A\cos(\omega k + \alpha) + r_k$$

wobei r_k eine gleichförmige weiße Zufallsvariate mit der Varianz σ_r^2 ist. Ermittle die Autokorrelationsfunktion $\phi_{xx}(n)$.

7. Nimm an, daß x_k und y_k sinusförmige Signale sind, reell oder komplex, mit den Frequenzen ω_x und ω_y. Welche Bedingung muß erfüllt sein, damit $\phi_{xy}(n)$ für alle Werte von n gleich Null ist?

8. Betrachte den hier gezeigten Zweischritt-Praediktor.

(a) Es sei $s_k = \sqrt{2}\cos(2\pi k/15 + \pi/4)$. Bestimme die **R**-Matrix und den **P**-Vektor.

(b) Drücke den mittleren quadrierten Fehler als eine quadratische Funktion von b_0 und b_1 aus.

(c) Wie heißen die optimalen Koeffizienten $\bar{b}_0$ und $\bar{b}_1$?

(d) Wie groß ist das Minimum von $E[\varepsilon_k^2]$?

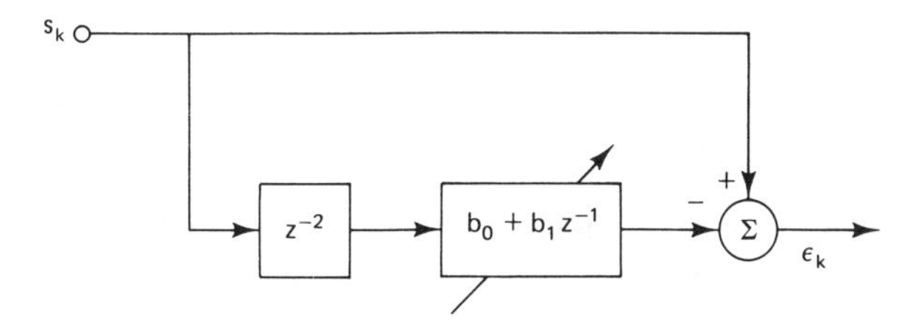

9. Führe die Übung 8 mit $s_k = \sqrt{2}\sin(2\pi k/15) + r_k$ durch, wobei $[r_k]$ eine gleichförmige weiße Zufallsfolge ist mit Abtastwerten im Bereich [-1,1]. Trage die minimalen MSE-Werte über der Leistung von $[r_k]$ auf.

10. **Betrachte das hier gezeigte "Least-Squares"-Filter. Es sei i eine positive ganze Zahl**

    (a) **Wie heißen die Korrelationsfunktionen mit R und P?**

    (b) **Wenn dieses Filter anstelle des Filters in der Übung 8 benutzt wird, welche Werte von i werden eine Lösung ergeben, für die $(MSE)_{min} = 0$?**

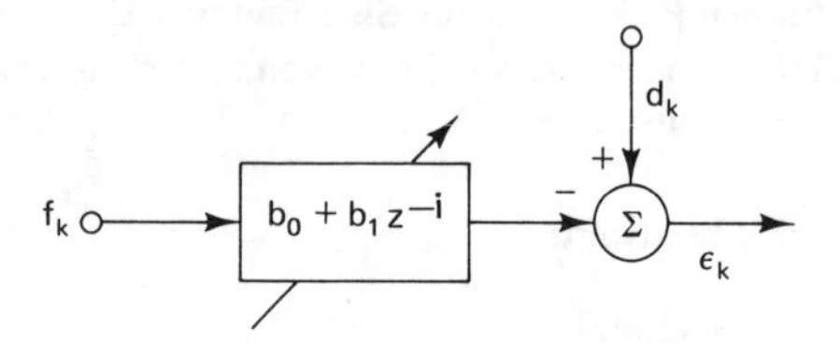

11. **Gib einen einfachen Ausdruck für die Güte-Funktion in Gl. 14.6 an, wenn das Eingangssignal f_k eine weiße Zufallsfolge ist.**

12. Ein "Least-Squares"-System hat ein einstellbares Zusatzgewicht ("bias weight"), womit, wie hier gezeigt, eine Konstante c zum Filter-Ausgangssignal addiert wird. Dieses Zusatzgewicht wird in den Fällen benutzt, in denen die Eingangsfolge $[f_k]$ einen von Null verschiedenen Mittelwert hat. Nimm an, daß $E[f_k] = \mu_f$ und $E[d_k] = 0$, und daß die Filtergewichte $[b_n]$ zu $[\bar{b}_n]$ optimiert wurden. Wie heißt dann der optimale Wert von c in Abhängigkeit von μ_f und $[\bar{b}_n]$?

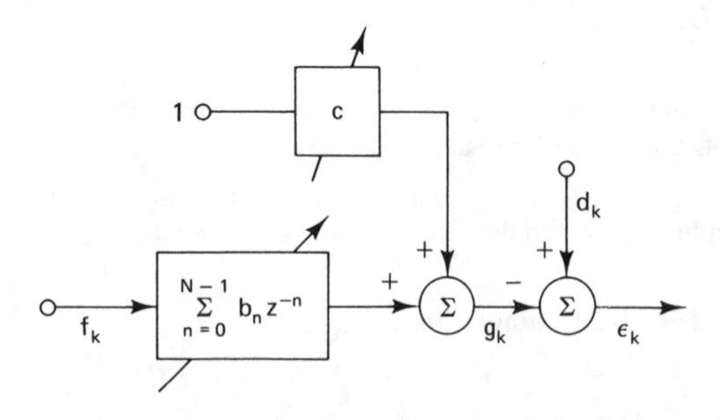

13. **Ein Rausch-Unterdrückungssystem, das dazu benutzt wird, eine sinusförmige Interferenz aus einem Breitbandsignal aufzuheben, ist im Bild gezeigt.**

    (a) **Es sei r_k eine gleichförmige weiße Zufallsfolge mit verschwindendem Mittelwert und $\sigma_r^2 = 2{,}0$. Finde die Signalleistung σ_s^2.**

    (b) **Gib einen Ausdruck für die MSE-Funktion $E[\varepsilon_k^2]$ an.**

    (c) **Finde die optimalen Koeffizienten $\bar{b}_0$ und $\bar{b}_1$.**

    (d) **Zeige, daß der minimale MSE-Wert gleich σ_s^2 ist.**

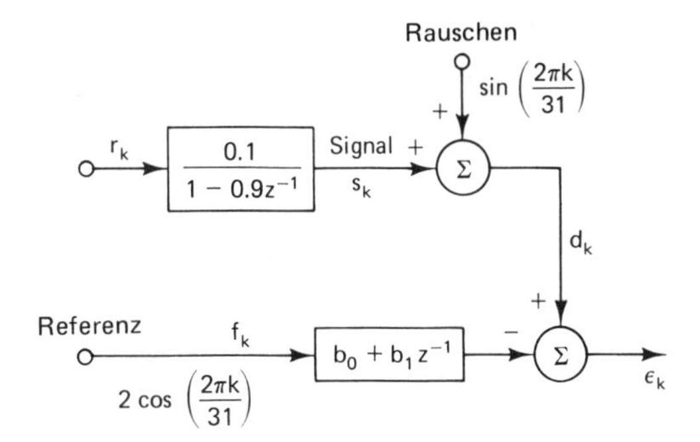

14. **Für die in Übung 8 beschriebene Situation zeichne die Höhenschichtlinien für MSE = 1, 0.8, 0.6, 0.4, und 0.2 in der $b_0 b_1$-Ebene.**

15. **Ein "Least-Squares"-Filter soll wie gezeigt dazu benutzt werden, Amplitude und Phase von f_k so einzustellen, daß sie der Amplitude und Phase von d_k entsprechen.**

    (a) Finde $\bar{b}_0$ und $\bar{b}_1$.

    (b) Benutze die "Least-Squares"-Entwurfsroutine SPLESQ, mit M = 2 und den Folgelängen K = 8, 16, 32 und 64. Drucke b_0, b_1 und TSEMIN für jeden Wert von K aus. Vergleiche die Ergebnisse mit Teil (a) und erkläre.

$d_k = \sin\left(\frac{2\pi k}{32}\right)$

$f_k = 5\sin\left(\frac{2\pi k}{32} + \frac{\pi}{4}\right)$

$\bar{b}_0 + \bar{b}_1 z^{-1}$

Σ

$\epsilon_k = 0$

16. Wiederhole Übung 13 unter Benutzung von SPLESQ. Wende zur Erzeugung von $[r_k]$ die Routine SPUNIF mit dem Anfangswert 123 an. Finde $\bar{b}_0$, $\bar{b}_1$ TSEMIN für K = 10, 100, 1000, und 10 000. Vergleiche diese Ergebnisse mit den Antworten auf Übung 13(c) und 13(d) und erkläre.

17. **Benutze die Subroutine SPSOLE, um die folgenden Sätze linearer Gleichungen zu lösen**

    (a)
$$\begin{aligned} b_0 + 2b_1 + 3b_2 &= 8 \\ 4b_0 + 5b_1 + 6b_2 &= 17 \\ 9b_0 + 8b_1 + 6b_2 &= 19 \end{aligned}$$

    (b)
$$\begin{aligned} 4b_0 + 3b_1 + 2b_2 + b_3 &= 2 \\ 3b_0 + 4b_1 + 3b_2 + 2b_3 &= 0 \\ 2b_0 + 3b_1 + 4b_2 + 3b_3 &= 0 \\ b_0 + 2b_1 + 3b_2 + 4b_3 &= -2 \end{aligned}$$

(c) Fünf Gleichungen der Form $\bar{\mathbf{B}} = \bar{\mathbf{R}}^{-1}\,\bar{\mathbf{P}}$, in denen die Korrelationsfunktionen gegeben sind durch

$$\phi_{ff}(n) = \cos\left(\frac{2\pi n}{15}\right) \quad \text{und} \quad \phi_{fd}(n) = 2\sin\left(\frac{2\pi n}{15}\right)$$

(d)

$$\begin{aligned} b_0 + b_1 &= 1 \\ b_0 + b_2 &= 4 \\ b_0 + b_3 &= 0 \\ b_0 + b_4 &= 2 \\ b_1 + b_2 &= 3 \end{aligned}$$

18. In dieser Übung benutzen wir die Modellierungs-Konfiguration von Bild 14.2, um ein Tiefpaß-FIR-Filter zu entwerfen. Das Konzept ist hier dargestellt. Das Eingangssignal f_k setzt sich aus Sinuswellen zusammen, deren Frequenzen gleichmäßig zwischen Null und der halben Abtastrate verteilt sind. Die gewünschte (reelle) Verstärkungscharakteristik $\bar{H}(j\omega T)$ wirkt auf jeden dieser Anteile ein und das gefilterte Ergebnis von f_k wird dann verzögert, um das Signal d_k zu erzeugen.

(a) Schreibe einen Ausdruck für $\phi_{ff}(n)$.

(b) Berechne die **R**-Matrix für N = 199 und M = 8.

(c) Berechne den **P**-Vektor für N = 199 und M = 8.

(d) Finde $\bar{\mathbf{B}}$ für N = 199 und M = 8.

(e) Finde $\phi_{dd}(0)$.

(f) Vergleiche für N = 199 und M = 8 die minimale MSE-Funktion mit $\phi_{dd}(0)$

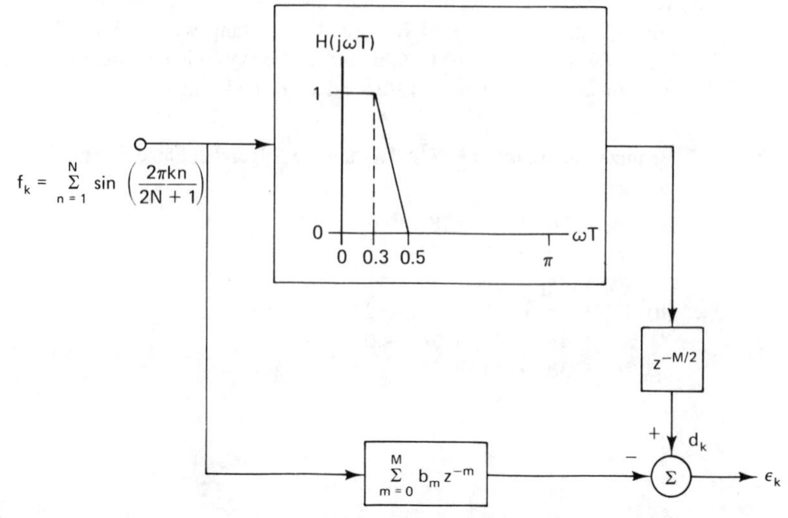

19. **Führe Übung 18 durch, wobei diesmal zuerst die Folgen $[f_k]$ und $[d_k]$ für $-M < k \leq 2N$ erzeugt werden, und dann SPLESQ mit $K = 2N + 1$ aufzurufen ist, um das optimale Filter zu entwerfen.**

    (a) Finde $\bar{\mathbf{B}}$ für N = 199 und M = 8. Vergleiche mit der Antwort von Übung 18(d).

    (b) **Drucke für N = 199 und M = 16 die Amplitudenverstärkung und die Phasenverschiebung des optimalen Filters aus.**

20. **Das hier gezeigte "Least-Squares"-FIR-Filter mit linearer Phase soll entworfen werden**

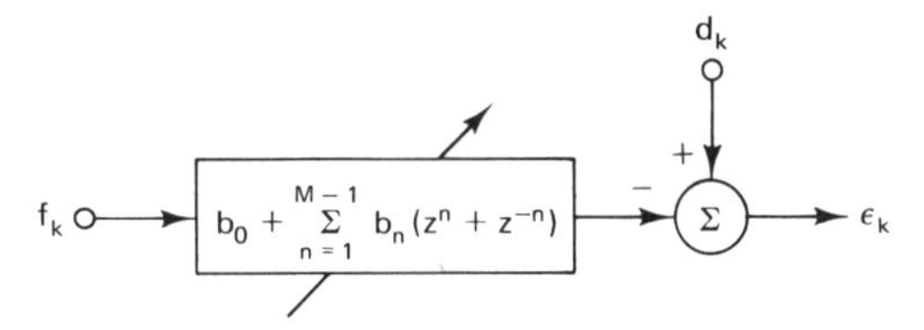

    (a) **Bestimme das Fehlersignal ε_k.**

    (b) **Bestimme $E[\varepsilon_k^2]$ in Abhängigkeit der Korrelationsfunktionen. Ist die MSE-Funktion eine quadratische Funktion der b_n-Koeffizienten?**

    (c) Was sind in diesem Falle in dem Ausdruck $\mathbf{R}\,\bar{\mathbf{B}} = \mathbf{P}$ die Elemente von $\mathbf{R}$ und $\mathbf{P}$?

21. Entwerfe den "Least-Squares"-Equalizer in Bild 14.11 mit dem folgenden $\tilde{U}(z)$

$$\tilde{U}(z) = \frac{1}{1 - 1.82z^{-1} + 0.81z^{-2}}$$

Benutze das in Bild 14.12 gezeigte Signal s_k und dazu K = 50. Tabelliere $\bar{\mathbf{B}}$ wie im Text vor Gl. 14.49 für verschiedene Werte von M und Δ und erkläre die Ergebnisse.

22. **Führe Übung 21 durch mit M = 3, Δ = 0, K = 100 und**

$$s_k = \sqrt{12}\,(r_k - 0.5); \qquad k = 0, 1, \ldots, 99$$

wobei r_k eine Abtastfolge von SPUNIF ist, die mit ISEED = 345 beginnt. Vergleiche $\bar{\mathbf{B}}$ mit der entsprechenden Antwort in Übung 21.

23. **Die "Gleichungsfehler"-Methode (equation error) ist für die IIR-Modellierung in dem untenstehenden Bild dargestellt. Die Übertragungsfunktion des "Least-Squares"-Systems lautet**

$$\tilde{H}(z) = \frac{b_0 + b_1 z^{-1} + \cdots + b_{N-1} z^{-N+1}}{1 - a_1 z^{-1} - \cdots - a_{M-1} z^{-M+1}}$$

Ein Fehler ε_k' wird gebildet durch die Vorwärtsmodellierung des Zählers von $\tilde{H}(z)$ und die inverse Modellierung des Nenners.

(a) Vergleiche dieses Schema mit dem Schema, bei dem die ganze Übertragungsfunktion $\tilde{H}(z)$ wie in Bild 14.2 mit dem Fehler ε_k verwendet wird. Finde dabei $\tilde{E}'(z)$, die Transformierte von ε'_k in Abhängigkeit von $\tilde{E}(z)$, der Transformierten von ε_k. Sind die zwei Schemata äquivalent? Sind sie äquivalent, wenn $E[\varepsilon'^2_k] = 0$?

(b) Diskutiere, wie man die Koeffizienten a und b einstellen könnte, um $E[\varepsilon'^2_k]$ zu minimieren.

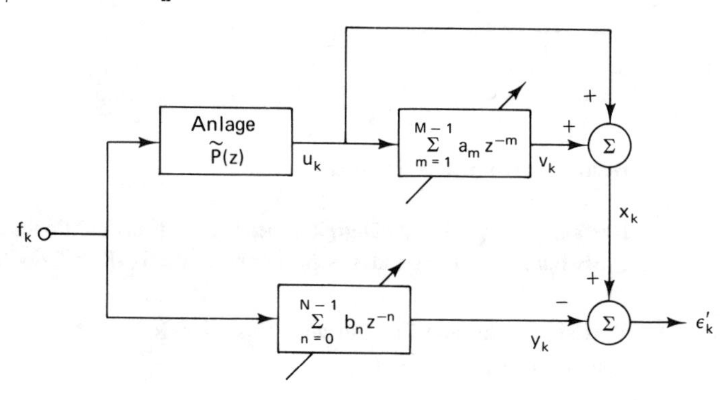

24. **Ein einfaches Richtungsfindungssystem ist im untenstehenden Bild gezeigt. Eine ebene Welle, die sich mit der Geschwindigkeit c m/s ausbreitet, kommt im Winkel Θ bei zwei Rezeptoren an, die x_0 Meter voneinander entfernt sind, so daß gilt**

$$s_{0k} = A\cos\left(\frac{2\pi k}{36}\right); \qquad s_{1k} = A\cos\left(\frac{2\pi(k-\Delta)}{36}\right)$$

Hierbei ist $\Delta = (x_0 \sin\theta)/c$ Sekunden. Das zweite Signal s_{1k} wird durch ein "Quadraturfilter" geschickt, in dem es eine 90-Grad-Phasenverschiebung von b_0 bis b_1 gibt (neun Abtastungen). Zeige, wie man den Richtungswinkel θ aus x_0, c und den optimalen Koeffizienten $\bar{b}_0$ und $\bar{b}_1$ bestimmt. Kommentiere die Wirkungen, wenn wechselseitig unabhängiges weißes Rauschen an den zwei Eingängen addiert wird.

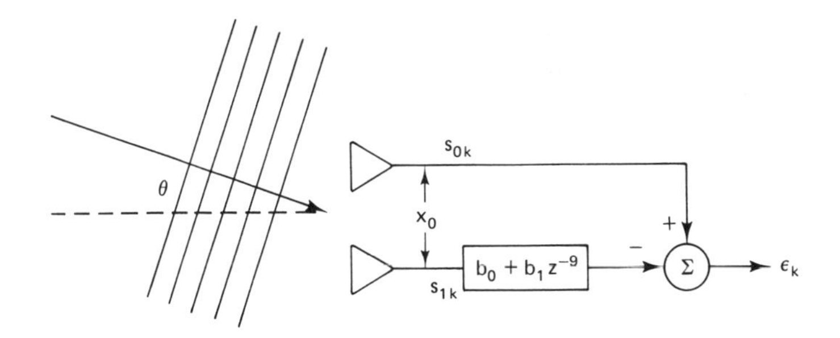

25. Im untenstehenden Bild ist eine Art von nichtlinearer Modellierung bei einem System mit mehrfachen Eingängen gezeigt, bei dem ein Begrenzer modelliert wird, dessen Ausgangssignal d_k nur in dem begrenzten Bereich (-1, 1) gleich f_k ist.

(a) Zeige, daß die Güte-Funktion $E[\varepsilon_k^2]$ eine quadratische Funktion der Koeffizienten b ist. Wie heißen in diesem Fall die Elemente von **R** und **P**?

(b) Experimentiere mit dem "Least-Squares"-Entwurfsprozeß und benutze die Folge

$$f_k = 5(\text{SPUNIF(ISEED)} - 0.5); \qquad k = 0, 1, \ldots, 999$$

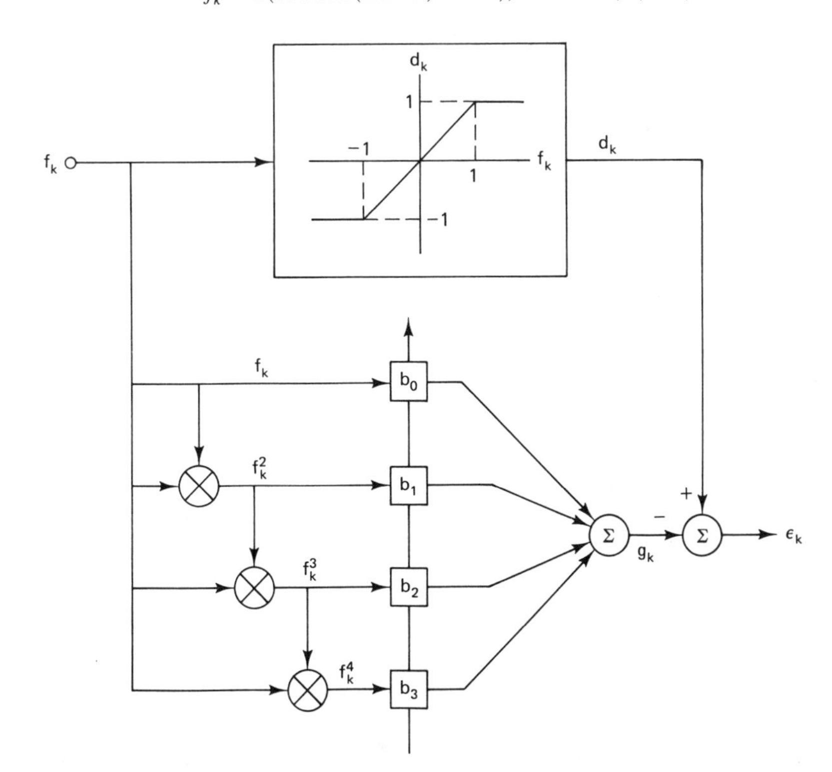

Zeige den Erfolg der gewonnenen Ergebnisse in Abhängigkeit von zusammen aufgetragenen Kurven von f_k, d_k und g_k für k = 0, ..., 999. Benutze in dieser Übung SPSOLE, nachdem die richtigen Elemente für **R** und **P** bestimmt wurden.

26. Nimm in Übung 13 an, daß das Zufallsrauschen

$$x_k = 6(\text{SPUNIF(ISEED)} - 0.5)$$

zum Eingangs-Referenzsignal addiert wurde.

(a) Schreibe den revidierten Ausdruck für die MSE-Funktion.

(b) Finde die optimalen Koeffizienten.

(c) Vergleiche die minimalen MSE-Werte mit σ_s^2.

Einige Antworten

1. **(a)** $\text{MSE} = r_0(b_0^2 + b_1^2) + 2(r_1 b_0 b_1 - p_0 b_0 - p_1 b_1) + \sigma_d^2$

(b) $\overline{b}_0 = \dfrac{r_0 p_0 - r_1 p_1}{r_0^2 - r_1^2}; \quad \overline{b}_1 = \dfrac{r_0 p_1 - r_1 p_0}{r_0^2 - r_1^2}$

2. **(a)** $\overline{b}_0 = p_0/r_0; \quad \overline{b}_1 = p_1/r_0$ **(b)** $r_0 \sigma_d^2 = p_0^2 + p_1^2$

3. **(a)** $\sigma_x^2 = A^2/2$ **(b)** $\phi_{xx}(n) = (A^2/2)\cos \omega n$ **(c)** Periode $= 2\pi/\omega$ Abtastwerte

6. $\phi_{xx}(n) = (A^2/2)\cos \omega n + \sigma_r^2 \delta(n)$

7. So abtasten, daß $\pi/T > \omega_x$ und ω_y, und $\omega_x \neq \omega_y$

12. $c = -\mu_f \sum_{n=0}^{N-1} \overline{b}_n$

13. **(a)** $\sigma_s^2 = 0.1053$ **(b)** $\text{MSE} = 2(b_0^2 + b_1^2) + 3.9181 b_0 b_1 - 0.4026 b_1 + 0.6053$
c. $\overline{b}_0 = -2.4355,\ b_1 = 2.4863$

17. **(a)** 1, −1, 3 **(b)** 1, −1, 1, −1 **c.** −2.6164, 0.8986, 2.4888, −0.2261
(d) 1, 0, 3, −1, 1

Literaturhinweise

ATAL, B. S., and HANAUER, S. L., Speech Analysis and Synthesis by Linear Prediction of the Speech Wave. *J. Acoust. Soc. Amer.*, Vol. 50, No. 2, 1971, p. 637.

BLAHUT, R. E., *Fast Algorithms for Digital Signal Processing*, Chap. 11. Reading, Mass.: Addison-Wesley, 1985.

BORDLEY, T. E., Linear Predictive Coding of Marine Seismic Data. *IEEE Trans. Acoust. Speech Signal Process.*, Vol. ASSP-31, No. 4, August 1983, p. 828.

CLARK, G. A., and RODGERS, P. W., Adaptive Prediction Applied to Seismic Event Detection. *Proc. IEEE*, Vol. 69, No. 9, September 1981, p. 1166.

COWAN, C. F. N., and GRANT, P. M. (eds.), *Adaptive Filters*. Englewood Cliffs, N.J.: Prentice-Hall, 1985.

FRANKLIN, G. F., and POWELL, J. D., *Digital Control of Dynamic Systems*. Reading, Mass.: Addison-Wesley, 1980.

GERSHO, A., Adaptive Equalization of Highly Dispersive Channels for Data Transmission. *Bell System Tech. J.*, January 1969, p. 55.

GRIFFITHS, L. J., An Adaptive Lattice Structure for Noise-Cancelling Applications. *Proc. ICASSP-78*, Tulsa, Okla., April 1978, p. 87.

GRIFFITHS, L. J., SMOLKA, F. R., and TREMBLY, L. D., Adaptive Deconvolution: A New Technique for Processing Time-Varying Seismic Data. *Geophysics*, June 1977, p. 742.

HONIG, M. L., and MESSERSCHMITT, D. G., *Adaptive Filters*. Norwell, Mass.: Kluwer Academic Publishers, 1984.

ITAKURA, F., and SAITO, S., Digital Filtering Techniques for Speech Analysis and Synthesis. *Proc. 7th Int. Cong. Acoust.*, Budapest, 1971, p. 261.

JURY, E. I., A Note on the Reciprocal Zeros of a Real Polynomial with Respect to the Unit Circle. *IEEE Trans. Commun. Technol.*, Vol. CT-11, June 1964, p. 292.

KAILATH, T. (ed.), Special Issue on System Identification and Time Series Analysis. *IEEE Trans. Automatic Control*, Vol. AC-19, December 1974.

KELLY, L. G., *Handbook of Numerical Methods and Applications*, Chap. 8. Reading, Mass.: Addison-Wesley, 1967.

LANDAU, A. I., *Adaptive Control: The Model Reference Approach*. New York: Dekker, 1979.

LEVINSON, N., The Wiener RMS Error Criterion in Filter Design and Prediction. *J. Math. Phys.*, Vol. 25, 1946, p. 261.

LUCKY, R. W., Techniques for Adaptive Equalization of Digital Communication Systems. *Bell System Tech. J.*, February 1966, p. 255.

MAKHOUL, J., Spectral Analysis of Speech by Linear Prediction. *IEEE Trans. Audio Electroacoust.*, Vol. AU-21, June 1973, p. 140.

MAKHOUL, J., Stable and Efficient Lattice Methods for Linear Prediction. *IEEE Trans. Acoust. Speech Signal Process.*, Vol. ASSP-25, No. 5, October 1977, p. 423.

MAKHOUL, J., and VISWANATHAN, R., Adaptive Lattice Methods for Linear Prediction. *Proc. ICASSP-78*, May 1978, p. 83.

MAKHOUL, J. L., and COSELL, L. K., Adaptive Lattice Analysis of Speech. *IEEE Trans. Acoust. Speech Signal Process.*, Vol. ASSP-29, No. 3, Pt. 3, June 1981, p. 654.

MONZINGO, R. A., and MILLER, T. W., *Introduction to Adaptive Arrays*. New York: Wiley, 1980.

RABINER, L. R., and SCHAFER, R. W., *Digital Processing of Speech Signals*, Chap. 8. Englewood Cliffs, N.J.: Prentice-Hall, 1978.

STEARNS, S. D., and DAVID, R. A., *Signal Processing Algorithms*. Englewood Cliffs, N.J.: Prentice-Hall, 1987.

STEARNS, S. D., and VORTMAN, L. J., Seismic Event Detection Using Adaptive Predictors. *Proc. ICASSP-81,* March 1981, p. 1058.

WIDROW, B., and STEARNS, S. D., *Adaptive Signal Processing*. Englewood Cliffs, N.J.: Prentice-Hall, 1985.

WIDROW, B., and WALACH, E., On the Statistical Efficiency of the LMS Algorithm with Nonstationary Inputs. *IEEE Trans. Inform. Theory,* Vol. IT-30, No. 2, Pt. 1, March 1984, p. 211.

WIDROW, B., ET AL., Adaptive Antenna Systems. *Proc. IEEE,* Vol. 55, December 1967, p. 2143.

WIDROW, B., ET AL., Adaptive Noise Cancelling: Principles and Applications. *Proc. IEEE,* Vol. 63, No. 12, December 1975, p. 1692.

WIDROW, B., MCCOOL, J. M., LARIMORE, M. G., and JOHNSON, C. R., JR., Stationary and Nonstationary Learning Characteristics of the LMS Adaptive Filter. *Proc. IEEE,* Vol. 64, No. 8, August 1976, p. 1151.

WIDROW, B., TITCHENER, P. F., and GOOCH, R. P., Adaptive Design of Digital Filters. *Proc. ICASSP-81,* March 1981, p. 243.

WIENER, N., *Extrapolation, Interpolation and Smoothing of Stationary Time Series with Engineering Applications*. New York: Wiley, 1949.

ZEIDLER, J. R., SATORIUS, E. H., CHABRIES, D. M., and WEXLER, H. T., Adaptive Enhancement of Multiple Sinusoids in Uncorrelated Noise. *IEEE Trans. Acoust. Speech Signal Process.,* Vol. ASSP-26, No. 3, June 1978, p. 240.

ZOHAR, S., Toeplitz Matrix Inversion: The Algorithm of W. F. Trench. *J. Assoc. Comput. Mach.,* Vol. 16, No. 4, October 1969, p. 592.

KAPITEL 15

Zufallsfolgen und spektrale Schätzungen

15.1 Einleitung

Die Analysis von Zufallssignalen hat es mit Folgen von zufälligen Daten zu tun, d.h. im Falle der digitalen Verarbeitung mit geordneten Abtastwertesätzen von Zufallsfunktionen. Oft ist bei der Verarbeitung einer Zufallsfolge die Messung der statistischen Eigenschaften der Folge das Ziel. Wie in Kapitel 13 angedeutet, ist die Schätzung des Leistungsspektrums vielleicht das zentrale Ziel, weil das Leistungsspektrum von f(t) der Ausgangspunkt für die Bestimmung der Varianz σ_f^2, der Verteilung von σ_f^2 über der Frequenz und für alle in der Autokorrelationsfunktion ϕ_{ff} enthaltenen Informationen ist.

Das Thema der spektralen Schätzung ist an sich ein ziemlich ausgedehntes, und es gibt Lehrbücher, die diesem Thema allein gewidmet sind (siehe die Liste der Literaturhinweise). Hier wird die Diskussion auf die praktischen Methoden und Verfahren der spektralen Schätzung mit Zufallsfolgen beschränkt.

Ein anderes Thema, das mit der spektralen Schätzung eng verwandt ist, ist die Erzeugung von Zufallsfolgen. Zufallsfolgen werden zum Beispiel oft bei digitalen Simulationen benötigt. Physikalische Variable wie das elektromagnetische Rauschen, mechanisches Rauschen, Brownsche Bewegung, Radar-Zielverfolgungsfehler, Turbulenz usw. sind im wesentlichen nicht vorauszusagen und müssen oft als Zufallsfunktionen simuliert werden, wobei nur ihre Leistungsspektren und Amplituden-Wahrscheinlichkeitsdichtefunktionen (pdf's) von vorneherein bekannt sind. Solche Zufallsfolgen kann man auf digitale Weise leicht erzeugen, indem man abgetastetes weißes Rauschen durch ein passendes Filter schickt, wie es unten noch beschrieben wird.

Um dieses große Gebiet abzudecken, d.h. die Erzeugung von Zufallsfolgen und das Schätzen von Leistungsspektren, geht dieses Kapitel wie folgt vor: Zuerst gibt es eine kurze Diskussion des abgetasteten weißen Rauschens, das als Zufallsfolge angesehen wird. Dann wird die Erzeugung anderer Zufallsfolgen als ein Prozeß betrachtet, bei dem weißes Rauschen durch ein passendes Filter hindurchläuft, und ein Beispiel schließt sich an, in dem eine besondere Zufallsfolge erzeugt wird. Endlich werden Methoden diskutiert, wie das Leistungsspektrum zu schätzen ist, wobei die gerade abgeleitete Zufallsfolge als Beispiel benutzt und so behandelt wird, als ob ihr (bekanntes) Leistungsspektrum von vorneherein unbekannt wäre.

15.2 Weißes Rauschen

Weißes Rauschen ist der Name, den man im allgemeinen einer Zufallsfunktion gibt, die ein Leistungsspektrum hat, das für alle praktischen Zwecke flach und eben ist, oder diese Eigenschaft über einen angegebenen Frequenzbereich aufweist. Der Name selbst bezieht sich nur auf die Eigenschaft "flach und eben" und legt die Amplitudenverteilung nicht fest. Die Namen "Gaußsches" weißes Rauschen, "gleichförmiges" weißes Rauschen usw. werden dagegen gebraucht, um die Form der Amplitudenverteilung zu bezeichnen.

In Bild 15.1 sind zum Beispiel Ausschnitte aus zwei kontinuierlichen Funktionen des weißen Rauschens gezeigt. Beide Funktionen haben dasselbe ebene Leistungsspektrum $\phi(j\omega)$, und dennoch unterscheiden sich ihre Amplitudenverteilungen, wobei $f_1(t)$ die zur Gaußschen und $f_2(t)$ die zur gleichförmigen Amplitudenverteilung gehörenden Zeitfunktionen sind. Obgleich die Gesamtleistungen und deshalb die Effektivwerte von f_1 und f_2 die gleichen sind, konzentrieren sie sich doch bei verschiedenen Amplituden.

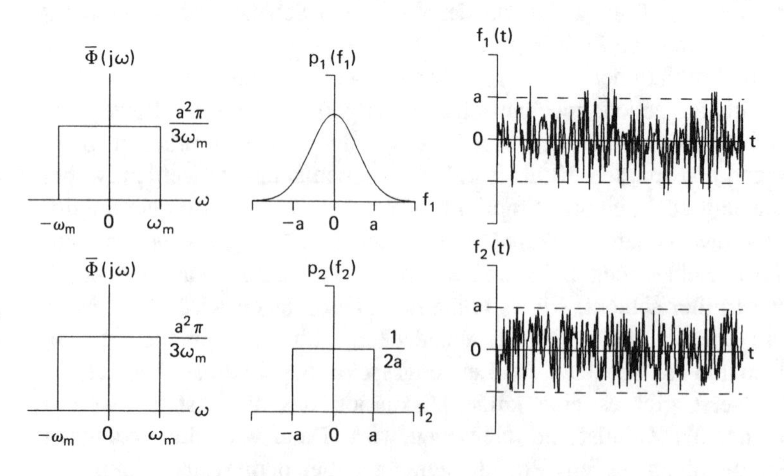

Bild 15.1 Gaußsches und gleichförmiges weißes Rauschen $f_1(t)$ bzw. $f_2(t)$

Die in irgendeiner Funktion des weißen Rauschens enthaltene Gesamtleistung ist gleich $1/2\pi$ mal dem Integral von $\phi(j\omega)$ (Kapitel 13, Abschnitt 13.6, Gleichung 13.52). Wenn somit $\phi(j\omega)$ wirklich über alle

Frequenzen gleich (eben) wäre, müßte die Amplitude von $\phi(j\omega)$ unendlich klein sein, damit die Leistung endlich wird. Deshalb ist es hilfreich, sich $\phi(j\omega)$ wie in Bild 15.2 vorzustellen, d.h. als eine Funktion, die bis zu einer Maximalfrequenz ω_m eben ist. Die Gesamtleistung P in Bild 15.2 ist dann $1/2\pi$ mal der gesamten Fläche unter $\phi(j\omega)$. (Man beachte in Bild 15.1 auch, daß dort $P = a^2/3$).

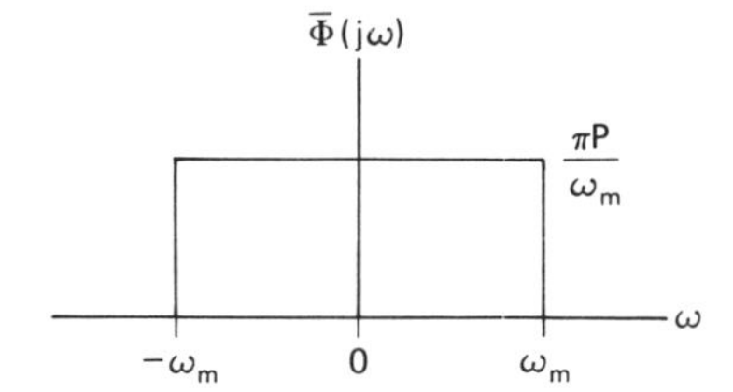

Bild 15.2 Spektrum des weißen Rauschens; gesamte Leistung = P

Wenn die kontinuierliche Funktion des weißen Rauschens f(t) in regelmäßigen Abständen der Länge T abgetastet wird und wenn nur die Abtastwerte der Funktion f(t) von Interesse sind, dann kann man annehmen, daß die Gesamtleistung von f(t) in dem Frequenzintervall $(-n\pi/T, n\pi/T)$ konzentriert ist, wobei n irgendeine positive ganze Zahl ist. In Bild 15.3 sind zum Beispiel zwei Funktionen des

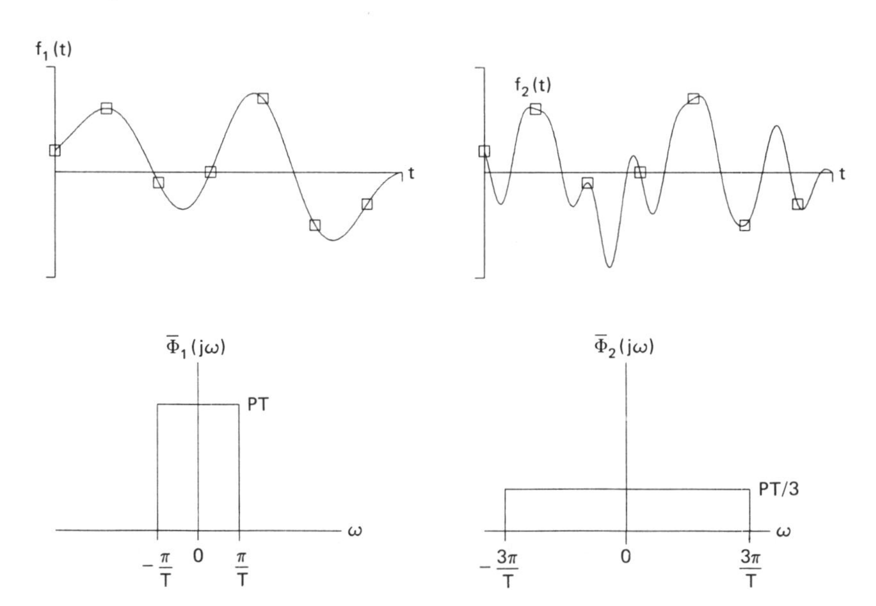

Bild 15.3 Kontinuierliche Funktionen des weißen Rauschens mit identischen Abtastwerten aber verschiedenen Leistungsspektren

weißen Rauschens gezeigt, die identische Abtastwertesätze haben. Alle Leistung von $f_1(t)$ ist in dem Intervall $(-\pi/T, \pi/T)$, während $f_2(t)$ die Leistung in dem Intervall $(-3\pi/T, 3\pi/T)$ hat, wobei die Gesamtleistung in beiden Fällen die gleiche ist. Es ist sehr zu beachten, daß man (infolge der spektralen Überschneidungen bei n größer als Eins) kein Mittel hat, die zwei Funktionen, die nur mit ihren Abtastwertesätzen gegeben sind, voneinander zu unterscheiden - Leistung bei Frequenzen oberhalb von π/T wird beim Abtastprozeß in einer solchen Weise in den niedrigeren Frequenzbereich "gefaltet", daß das Spektrum zwischen $-\pi/T$ und π/T eben bleibt.

Beginnt man mit der Prämisse, daß eine abgetastete Funktion des weißen Rauschens f(t) ein Leistungsspektrum $\Phi_{ff}(j\omega)$ wie das oben beschriebene Spektrum $\Phi(j\omega)$ haben muß, so kann man einige Eigenschaften der Abtastwerte von f(t) genauer bestimmen. Als erstes leitet man die Autokorrelationsfunktion $\phi_{ff}(\tau)$ wie folgt ab:

$$\begin{aligned}\phi_{ff}(\tau) &= \frac{1}{2\pi}\int_{-\infty}^{\infty}\Phi_{ff}(j\omega)e^{j\omega\tau}\,d\omega \\ &= \frac{1}{2\pi}\int_{-n\pi/T}^{n\pi/T}\frac{PT}{n}e^{j\omega\tau}\,d\omega \\ &= P\frac{\sin(n\pi\tau/T)}{n\pi\tau/T}\end{aligned} \tag{15.1}$$

Beide Funktionen $\phi_{ff}(\tau)$ und $\Phi_{ff}(j\omega)$ sind in Bild 15.4 dargestellt. Man beachte, daß es Funktionen sind, die jede beliebige regelmäßig abgetastete Funktion des weißen Rauschens beschreiben.

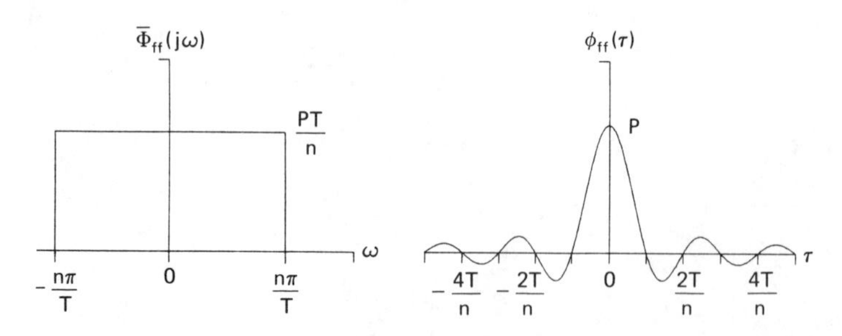

Bild 15.4 Eigenschaften einer beliebigen abgetasteten Funktion des weißen Rauschens f(t). Üblicherweise ist n = 1.

Mit den in Bild 15.4 dargestellten Eigenschaften kann man drei wichtige Schlußfolgerungen vollziehen, die die Charakteristik einer beliebigen Funktion des weißen Rauschens f(t) betreffen:

1. Da $\phi_{ff}(mT) = 0$ für m als beliebige ganze Zahl (nicht Null), müssen die Abtastwerte von f(t) statistisch unabhängig voneinander sein. Das heißt, f[(m + 1)T] ist unabhängig von f(mT) usw.

2. Da $\phi_{ff}(\tau)$ sich der Null nähert, wenn $|\tau|$ anwächst, muß die Abtastwerteverteilung den Mittelwert Null haben (siehe Kapitel 13, Gleichung 13.44). Man kann deshalb sagen, daß das Mittel μ_f von f(t) Null ist.

3. Da $\mu_f = 0$ ist, muß der mittlere quadrierte Wert von f(t) die Varianz σ_f^2 sein. Deshalb ergibt sich die mittlere Leistung von f(t) zu $P = \sigma_f^2$.

(Natürlich gilt dies stets bei $\mu_f = 0$, ob nun das Leistungsspektrum flach und eben ist oder nicht.)

Man beachte auch, daß die Änderung von n in Bild 15.4 in keiner Weise diese Eigenschaften beeinflußt.

Bei der digitalen Signalverarbeitung werden die Abtastwerte von f(t) mit Hilfe einer Computer-Routine wie SPUNIF oder SPGAUS erzeugt, die beide am Schluß von Kapitel 13 beschrieben wurden. Diese Algorithmen erzeugen statistisch unabhängige Abtastwerte einer gleichförmigen oder Gaußschen Variate. Wenn daher die Folgen, die mit Hilfe dieser Routinen erzeugt wurden, den Mittelwert Null haben, qualifizieren sie sich als weiße Rauschfolgen.

Das Ausgangssignal von SPGAUS hat den Mittelwert Null und die Varianz 1, d.h. auch die Leistung 1. Um daher eine weiße Gaußsche Folge mit der Leistung P zu erzeugen, müssen wir jeden Ausgangswert mit $\sqrt{P}$ multiplizieren. In ähnlicher Weise hat das Ausgangssignal von SPUNIF den Mittelwert 1/2 und die Varianz 1/12. Um daher eine weiße gleichförmige Folge mit der Leistung P zu erzeugen, müssen wir von jedem Abtastwert 1/2 abziehen und das Ergebnis mit $\sqrt{12P}$ skalieren. Insgesamt lauten die Computer-Algorithmen für eine weiße Folge $[f_n]$, wobei zu Anfang ISEED zu setzen ist.

Weiße Folgen mit der Leistung P:

$$\text{Gleichförmig:} \quad f_n = \sqrt{12P}\,[\text{SPUNIF(ISEED)} - 0.5] \qquad \textbf{(15.2)}$$

$$\text{Gauß:} \quad f_n = \sqrt{P}\,[\text{SPGAUS(ISEED)}]$$

Beispiel 15.1: Zeige, wie man die Routine SPUNIF benutzt, um eine gleichförmige weiße Folge mit dem Zeitschritt T = 0,1s und der mittleren Leistung P = 3 zu erzeugen. Drucke die theoretische Wahrscheinlichkeitsdichtefunktion und das theoretische Leistungsspektrum aus. In Übereinstimmung mit Gl. 15.2 gilt

$$f_n = 6[\text{SPUNIF(ISEED)} - 0.5] \tag{15.3}$$

Die resultierenden Abtastwerte des weißen Rauschens sind zwischen -3 und +3 verteilt, wie dies in Bild 15.5 gezeigt ist. Das Leistungsspektrum $\bar{\Phi}_{ff}(j\omega)$ ist auch in diesem Bild gezeigt. Man beachte, daß $\bar{\Phi}_{ff}(j\omega)$ gleich PT ist, so daß das Integral von $\bar{\Phi}_{ff}$ gleich 2πP oder 6π in diesem Beispiel ist.

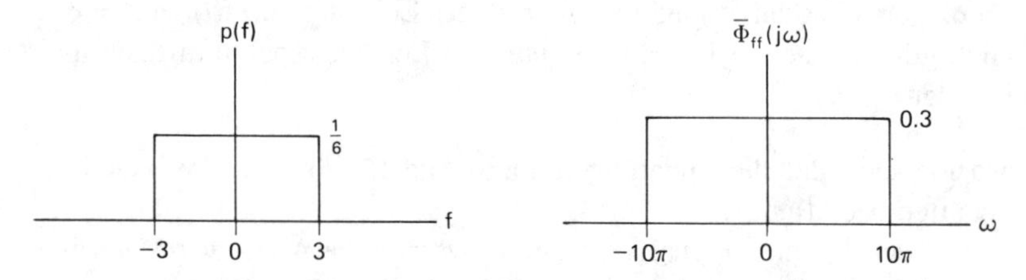

Bild 15.5 Verteilung und Spektrum für das Beispiel 15.1

15.3 Farbige Zufallsfolgen aus gefiltertem weißen Rauschen

Wenn statistisch unabhängige Abtastwerte des weißen Rauschens gefiltert werden, ist die Gestalt des resultierenden Leistungsspektrums oder die "Farbe" der resultierenden Folge durch die Übertragungsfunktion des Filters bestimmt, wie dies in Bild 15.6 dargestellt ist. Der digitale Filteralgorithmus erzeugt im allgemeinen Abtastwerte, die im Gegensatz zu denen des weißen Rauschens miteinander korreliert sind, womit sich also ein nichtweißes Spektrum ergibt.

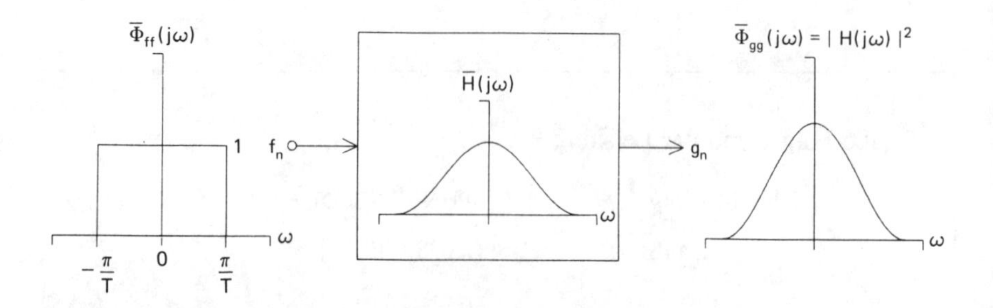

Bild 15.6 Aus weißem Rauschen durch Filtern entstandenes farbiges Rauschen

Für die Simulation einer Zufallsfunktion mit einem vorgeschriebenen Leistungsspektrum ist es bequem, die Eingangsleistungsdichte ($\bar{\Phi}_{ff}$ in Bild 15.6) bei Frequenzen unterhalb der Hälfte der Abtastrate gleich Eins zu machen. Dies ist äquivalent damit, die gesamte Eingangsleistung und damit die Varianz der Eingangsabtastwerte wie folgt festzulegen:

$$\sigma_f^2 = \frac{1}{2\pi} \int_{-\pi/T}^{\pi/T} \overline{\Phi}_{ff}(j\omega)\, d\omega = \frac{1}{T} \tag{15.4}$$

wobei T das Abtastintervall ist. Wenn somit r_n der n-te unabhängige gleichförmige Zufallswert zwischen 0 und 1 ist, der aus einer Rechner-Bibliotheksroutine kommt, dann würde ähnlich wie in Beispiel 15.1

$$f_n = \sqrt{\frac{12}{T}} \left(r_n - \frac{1}{2} \right) \tag{15.5}$$

der zugehörige Abtastwert des weißen Rauschens in Bild 15.6 sein.

Mit $\bar{\Phi}_{ff} = 1$ ist das Ausgangsleistungsspektrum $\bar{\Phi}_{gg}$ dann

$$\overline{\Phi}_{gg}(j\omega) = \overline{\Phi}_{ff}(j\omega)|\overline{H}(j\omega)|^2 = |\overline{H}(j\omega)|^2 \tag{15.6}$$

d.h. in diesem Fall ist das Leistungsspektrum der farbigen Zufallsfunktion gleich dem quadrierten Betrag des Filterspektrums. Die Gesamtleistung der simulierten Funktion kann angepaßt werden, indem man einfach $\bar{H}(j\omega)$ mit einer Konstanten multipliziert.

Beispiel 15.2: Man erzeuge eine Zufallsfolge mit der Leistungsdichte = 1, die ihre gesamte Leistung bei Frequenzen zwischen 4 Hz und 12 Hz konzentriert hat, und benutze dazu das Abtastintervall T = 0.01 sec.

Diese Aufgabe erfordert das in Bild 15.7 dargestellte Bandpaßfilter. In einem Allzweck-Rechner beginnt der Prozeß mit der Erzeugung der Zufallsabtastwerte $[r_m]$ im Intervall (0,1) der Bibliotheks-Subroutine. Jeder Wert r_m wird dann wie in Gleichung 15.5 in einen Wert f_m umgewandelt, und dann wird f_m dem Bandpaßfilter zugeführt, um schließlich den gewünschten Abtastwertesatz $[g_m]$ zu erzeugen.

Benutzt man die Bandpaßfilter-Routine SPFIL 2 von Anhang B mit fünf in Serie geschalteten Abschnitten (siehe Abschnitt 12.6), so zeigt Bild 15.8 die Einzelheiten des Sequenz-Generierungsprozesses.

Das Programm veranlaßt die Erzeugung einer weißen gleichförmigen Folge, die dann gefiltert wird, um daraus die Folge $[g_m]$ zu machen, welche die gewünschte spektrale Eigenschaft hat. Man beachte, daß SPFIL2 mit den Frequenzen 0,04 und 0,12 Hz und mit NS = 10 Zweipolabschnitten aufgerufen wird.

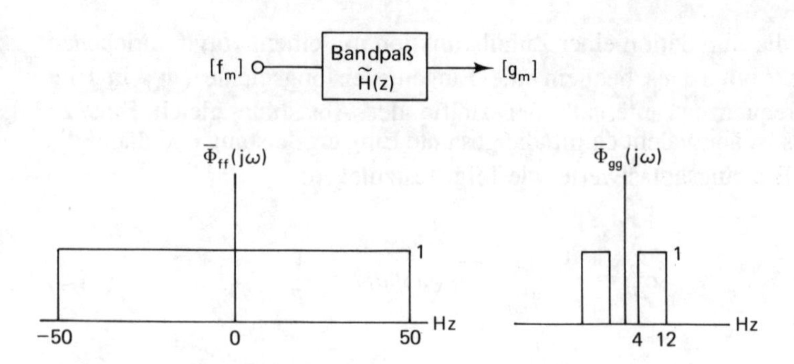

Bild 15.7 Erzeugung einer Zufallsfolge in Beispiel 15.2

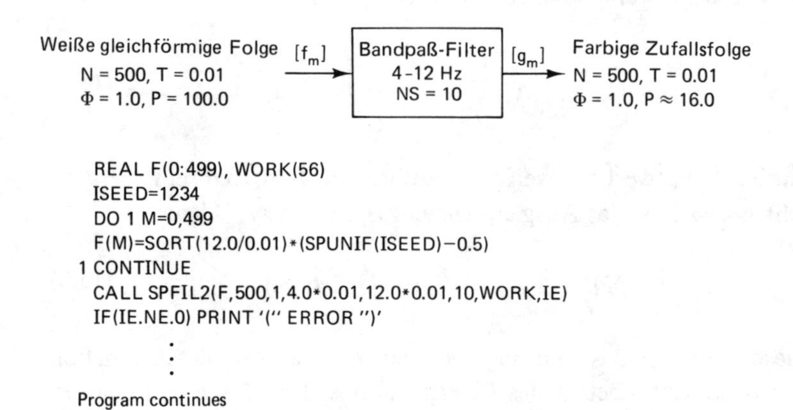


```
      REAL F(0:499), WORK(56)
      ISEED=1234
      DO 1 M=0,499
      F(M)=SQRT(12.0/0.01)*(SPUNIF(ISEED)-0.5)
    1 CONTINUE
      CALL SPFIL2(F,500,1,4.0*0.01,12.0*0.01,10,WORK,IE)
      IF(IE.NE.0) PRINT '(" ERROR ")'
            .
            .
            .
    Program continues
```

Bild 15.8 Die Erzeugung der nichtweißen Zufallsfolge im Beispiel 15.2

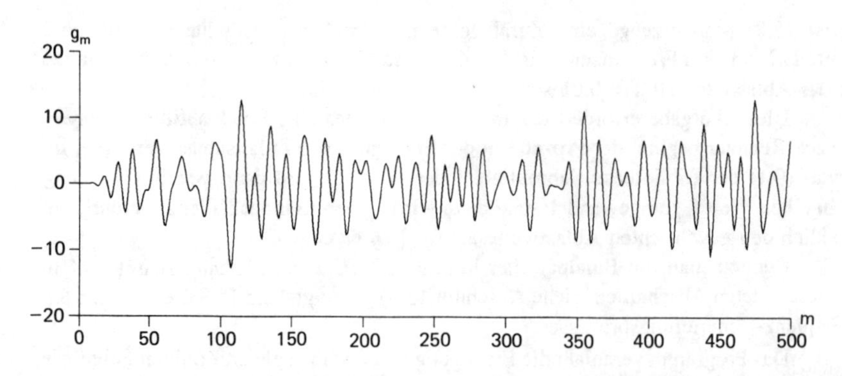

Bild 15.9 Zufallsfolge mit einer zwischen 4 und 12 Hz gleichförmig verteilten Leistung; N = 500, T = 0.01.

Die gesamte Folge $[g_m]$, also eine Zufallsfolge mit der im Frequenzbereich zwischen 4 und 12 Hz konzentrierten Leistung, ist in Bild 15.9 dargestellt, wobei die Abtastpunkte mit geraden Linien miteinander verbunden sind. Da die Frequenzeinheiten hier Hertz und nicht Radiant pro Sekunde sind, ist die Gesamtleistung gerade das Integral des rechts in Bild 15.7 stehenden Spektrums, d.h. sie ist gleich 16; deshalb ergibt sich der Effektivwert von g_m daraus zu $\sqrt{16} = 4$. Man beachte, daß dieser Wert und somit die Durchschnittsleistung in g_m geringfügig durch das "Einschwingen" von g_m vermindert wird, das von der Speicherung von Energie im Digitalfilter zu Beginn des Filterprozesses herrührt.

15.4 Schätzungen des Leistungsspektrums

Das Schätzen des Amplituden- oder Leistungsspektrums einer Zufallsfunktion ist für sich allein schon ein ausgiebiges Thema, das einige ziemlich anspruchsvolle Hilfsmittel der Wahrscheinlichkeitstheorie und Statistik erfordert. Die Literaturliste enthält Lehrbücher über dieses Thema. Im vorliegenden Abschnitt sollen einige praktische Methoden für das Schätzen des Leistungsspektrums unter Benutzung von Abtastdaten diskutiert werden.

Die klassische Theorie der spektralen Schätzung, sowohl für den analogen als auch für den digitalen Fall, wurde von Blackman und Tukey (1958) angegeben. Sie diskutieren die Frage, wie detailliert und genau die spektrale Schätzung für eine gegebene Menge von Daten sein kann, eine Frage, der sich wieder Jenkins und Watts (1968) und auch noch andere Autoren zuwenden. Die Antwort von Blackman und Tukey auf diese Frage wird in Abhängigkeit von R_x ausgedrückt, d.h. dem x-Prozent-Wahrscheinlichkeits-Bereich, der in dB gemessen wird und der die geschätzten und tatsächlichen Spektralwerte mit x-prozentiger Wahrscheinlichkeit enthält. (Der "tatsächliche" Spektralwert kann als der Wert angesehen werden, den man von einer sehr langen stationären Aufzeichnung erhält.) Wenn zum Beispiel $R_{90} = 3$ dB, so wird die spektrale Schätzung für ein gegebenes Frequenzband mit der Wahrscheinlichkeit 0.9 in ein 3-dB-Intervall um den aktuellen Spektralwert für dieses selbe Frequenzband fallen.

Wie von Blackman und Tukey gezeigt, hängt der Bereich R_x von N/M ab, d.h. von dem Verhältnis der Gesamtzahl von Abtastwerten zu der Zahl der Frequenzbänder. Die Frequenzbänder sind wiederum gleiche Scheiben aus der positiven ω-Achse von 0 bis π/T. Die Näherungsbeziehung lautet (unter der Annahme, daß der Satz von N Abtastwerten wie ein einzelnes "Stück" von Daten behandelt wird; siehe [Blackman und Tukey, 1958]):

$$R_x \approx K(N/M - 0.833)^{-1/2}; \tag{15.7}$$

x	80	90	96	98
K	11.2	14.1	17.7	20.5

so daß K = 11.2 für den 80%-Bereich usw. Der Bereich R_x ist als Funktion von N/M in Bild 15.10 aufgetragen. Wenn N/M groß wird, wird der durch das Bild oder durch Gleichung 15.7 gegebene Bereich den tatsächlichen Spektralwert ungefähr in der Mitte enthalten.

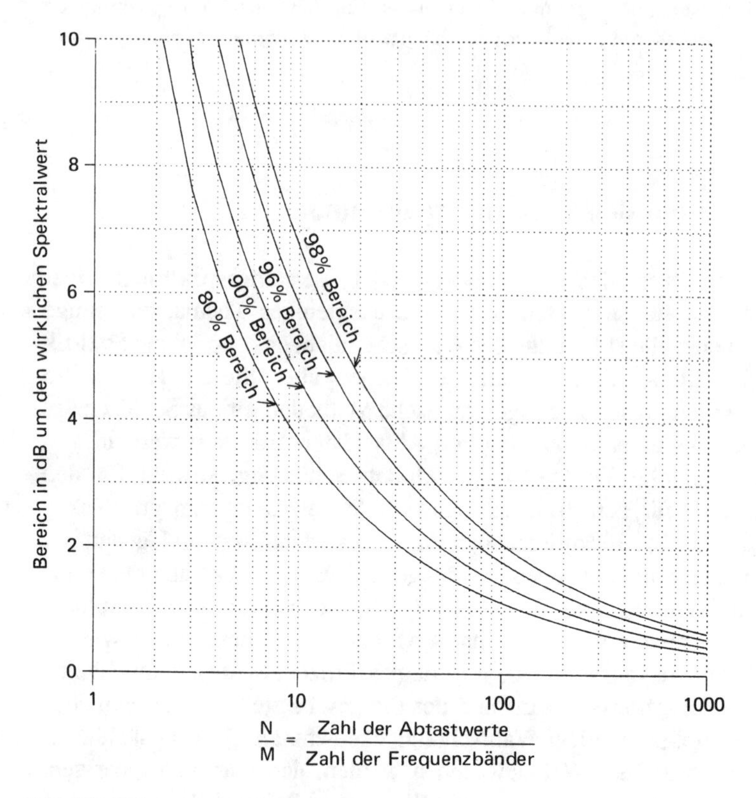

Bild 15.10 Vertrauensintervalle für die spektrale Schätzung

Die Kurven in Bild 15.10 geben eine Antwort auf die Frage, warum man nicht das Leistungsspektrum einer Zufallsfolge berechnen kann, indem man einfach den quadrierten Betrag ihrer DFT nimmt (siehe Kapitel 13, Abschnitt 13.6). In diesem Fall würde M gleich N/2 sein; deshalb wäre N/M gleich 2, und das Vertrauensintervall um jeden berechneten DFT-Wert wäre sehr groß. (Das Vertrauensintervall ist der Bereich R_x, der ungefähr um den geschätzten Spektralwert herum liegt.) Offensichtlich würde man sehr wenig Kenntnis von dem tatsächlichen Leistungsspektrum gewinnen, wenn man nicht die berechnete DFT in irgendeiner Weise "glättet". Gerade dieser Begriff des

Glättens der spektralen Schätzung und auch der Wunsch nach Begrenzung der Rechenzeit für sehr lange Aufzeichnungen hat zu den modernen Methoden der spektralen Schätzung geführt.

Bevor wir darangehen, das Spektrum zu schätzen, ist es zusätzlich zu der oben beschriebenen Wahl der Frequenzbänder wünschenswert, einige weitere Vorsichtsmaßregeln über die Daten zu beachten [siehe Bingham u.a. 1967]:

1. Die Schätzung wird durchgeführt, als ob die Zeitfolge stationär wäre; daher können Änderungen im Frequenzinhalt über die Dauer der Datenaufzeichnung hin irreführende Resultate ergeben.

2. Es ist empfehlenswert, sowohl den Mittelwert als auch alle irgendwie signifikanten "Trends" (stetige Änderungen) in den Daten zu eliminieren, bevor man die Schätzung durchführt. (Um dies zu erreichen, kann man die Daten z.B. durch ein Hochpaßfilter schicken.)

3. Indem man die Enden der gemessenen Zeitfolge mit einer Glättungsfunktion multipliziert, z.B. einer Halbcosinusglocke, die sich ungefähr in 1/10 des Aufzeichnungsbereiches hinein erstreckt, kann man an den Enden des Abtastwertesatzes einen abgerundeten Übergang nach Null erzeugen und unechte kleine Wellen (rippling) in der Nachbarschaft spektraler Spitzenwerte vermindern, wie dies in Kapitel 8 beschrieben wurde.

Wenn man die Punkte 1 und 2 betrachtet, ist zu bemerken, daß eine wie im Beispiel 15.2 erzeugte Zeitfolge bei genügender Länge einen nahe bei Null liegenden Mittelwert und Trend haben wird, weil Frequenzanteile, die nahe bei Null liegen, durch das Bandpaßfilter zurückgewiesen worden sind.

15.5 Demodulation und Kammfiltermethoden der spektralen Schätzung

Eine Methode der spektralen Schätzung benutzt die komplexe Demodulation [Bingham, Godfrey und Tukey, 1967]. Bei dieser Methode wird die Zeitfolge f(t) mit einem sinusförmigen Träger $e^{-j\beta t}$ multipliziert. Dies ist eine gewöhnliche Amplitudenmodulation und hat die Wirkung, die Frequenzanteile um die Frequenz β im Signal f(t) in die Nähe der Frequenz Null in der demodulierten Zeitfolge zu verschieben. Indem man dann die Ausgangsleistung einer durch einen Tiefpaß geschickten Version von $f(t)e^{-j\beta t}$ mittelt, kann man die Leistung in f(t), die in einem Frequenzband um β herum liegt, schätzen.

Die in Bild 15.11 dargestellte Kammfiltermethode ist ersichtlich sehr ähnlich zur komplexen Demodulation und sei nun zum Zwecke der Veranschaulichung verwendet. Der einzige Unterschied besteht darin, daß hier eine Bandfilterung die Demodulation mit Tiefpaßfilterung ersetzt. Jeder Zahn des Kammes ist ein Bandpaßfilter, dessen Ausgangssignal quadriert und gemittelt wird, um die Gesamtleistung innerhalb des Durchgangsbandes zu erhalten (sowohl bei negativen als auch bei positiven Frequenzen). Jedes Ausgangssignal wird durch die Bandbreite $\Delta\nu$ geteilt, so daß die Einheit von ϕ lautet: "quadrierter Betrag pro Hertz." Insgesamt gibt es M geschätzte Spektralwerte von ϕ_1 bis ϕ_M in Bild 15.11. Somit wird das Leistungsspektrum in Form eines Histogramms mit M Balken erzeugt. Man beachte, daß dies ein "positives Leistungsspektrum" ist, d.h. wie oben bemerkt, stellt jedes ϕ_k die gesamte Leistung von negativen und positiven Frequenzen dar.

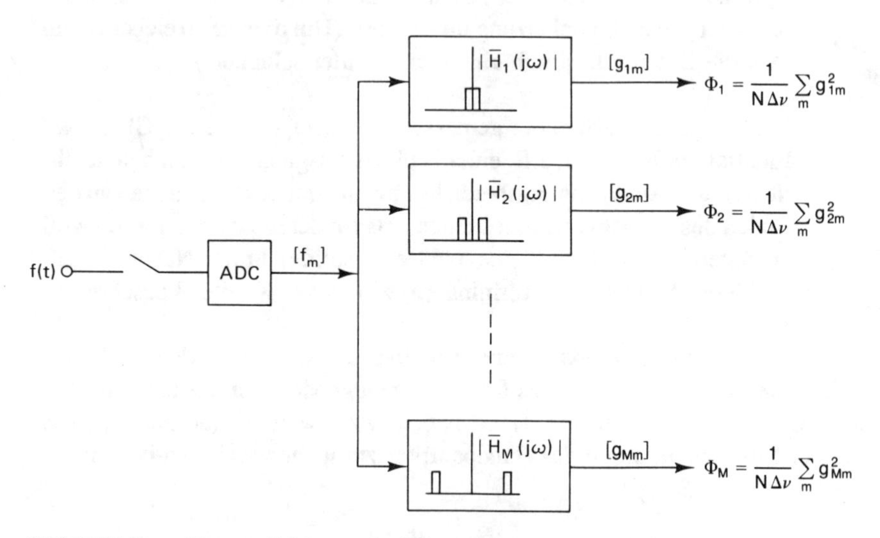

Bild 15.11 Kammfilter zur Schätzung des Leistungsspektrums, das die Wirkung der komplexen Demodulation veranschaulicht. Die Breite jedes Durchlaßbandes = $\Delta\nu$ Hertz. Die Summationen gehen von m = 1 bis N.

In Bild 15.11 wird angenommen, daß die spektrale Schätzung auf N Abtastwerten von f(t) beruhen soll, so daß das Ausgangssignal eines jeden Zahnes quadriert, summiert und dann durch N geteilt wird, um die spektrale Schätzung zu erhalten. Jede Summe sollte alle Filterausgangssignale, die von Null verschieden sind, enthalten. Somit kann es mehr als N Terme in jeder Summe geben, um auch die verbleibende gespeicherte Energie im Filter zu berücksichtigen, nachdem die N Abtastwerte von f(t) eingesetzt worden sind. (Dies ist äquivalent zu der Definition $f_m = 0$ für $m > N$, wobei man dann m von 0 bis ∞ in jeder Summe von Bild 15.11 gehen lassen kann.)

Aus Gründen der rechnerischen Effizienz ist die Demodulation mit Tiefpaßfilterung im allgemeinen der Bandpaßfilterung vorzuziehen. Das wichtige Kennzeichen jeder der beiden Methoden ist jedoch, daß man leicht N, die Zahl der zur Schätzung von ϕ in Bild 15.11 benutzten Terme, variieren kann. Somit kann man N daran anpassen, entweder lokale Schätzungen eines sich ändernden Leistungsspektrums oder globale Schätzungen eines als stationär angenommenen Spektrums durchzuführen. Es ist hier auch, im Gegensatz zu der nächsten zu besprechenden Methode, leicht, nur gewisse Teile des Spektrums zu analysieren, d.h. einige der Bandpässe in Bild 15.11 auszulassen und auch Bandpässe mit sich ändernder Breite zu benutzen, wobei man auf diese Weise für veränderliche Stufen der spektralen Mittelung sorgt.

Beispiel 15.3 Man messe das Leistungsspektrum einer Folge, die wie in Bild 15.7 erzeugt wird, wobei man T = 0.01 und N = 5000 Abtastwerte der Zufallsfolge benutze. Wenn man von dem Schema in Bild 15.11 mit $\Delta\nu$ = 1 Hz ausgeht, dann muß, da die Nyquist-Frequenz in diesem Falle gleich 50 Hz ist, die gesamte Zahl der Bänder M = 50 sein. Somit ist N/M = 100, und Bild 15.10 gibt den 90%-Bereich bei ungefähr 1.42 dB an. Ein typisches Resultat ist in Bild 15.12 gezeigt.

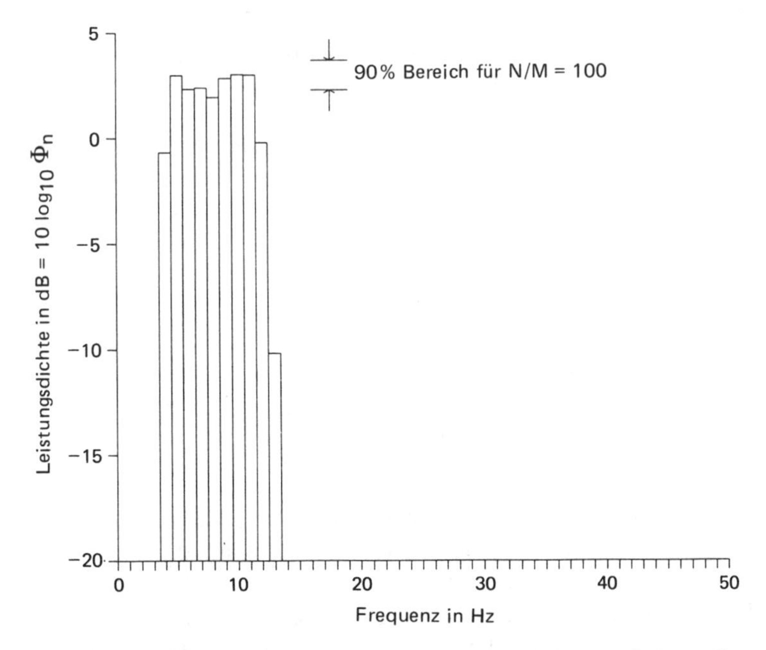

Bild 15.12 Berechnetes Leistungsspektrum in Beispiel 14.3; N = 5000. Die ganze Leistung liegt bei positiven Frequenzen.

Wie erwartet ergibt die Rechnung, daß der Großteil der Leistung im Bereich von 4 bis 12 Hz konzentriert ist, zwischen ungefähr 2 quadrierten Amplitudeneinheiten pro Hertz (d.h. 3 dB), wobei die ganze Leistung, wie oben erklärt, bei positiven Frequenzen liegt. Ein weniger wichtiger Punkt ist, daß das tatsächliche Spektrum in diesem Falle nicht ganz rechteckig ist. (Die Folge wurde durch das digitale Filter in Bild 15.8 erzeugt.) Das tatsächliche Leistungsspektrum fällt auf 1% (oder 20 dB) bei ungefähr 3.5 Hz und 13.5 Hz von seinem Maximum ab, anstatt genau bei 4 Hz oder 12 Hz.

15.6 Periodogramm-Methoden der spektralen Schätzung

Andere Methoden für das Schätzen der Leistungsspektren abgetasteter Signale werden manchmal "Periodogramm"-Methoden genannt. Diese Methoden sind in ihrer Auswirkung mit den obigen gleichzusetzen, sie unterscheiden sich nur im Verfahren. (Siehe die Übung 16 am Ende dieses Kapitels). Sie lassen sich durch die Definition des Leistungsspektrums in Gl. 13.63 begründen. Im Grunde genommen besteht der Ansatz darin, die Autokorrelationsfunktion in einer gewissen Anzahl von Zeitintervallen zu schätzen und dann die erhaltene Folge zu transformieren. In diesem Abschnitt wollen wir verschiedene Periodogramm-Methoden diskutieren. Sie sollen mit Hilfe von Standardmaßnahmen für statistische Schätzverfahren miteinander verglichen werden.

Die zwei Größen, die bei der Messung von Güte oder Genauigkeit einer statistischen Schätzung meistens verwendet werden, sind Verschiebung (bias) und Varianz (variance). Im Zusammenhang mit spektralen Schätzverfahren sind die Größen wie folgt definiert

$$\text{Verschiebung} = B(\hat{\overline{\Phi}}(j\omega)) = \overline{\Phi}(j\omega) - E[\hat{\overline{\Phi}}(j\omega)] \tag{15.8}$$

und

$$\text{Varianz} = V(\hat{\overline{\Phi}}(j\omega)) = E[(\hat{\overline{\Phi}}(j\omega) - E[\hat{\overline{\Phi}}(j\omega)])^2] \tag{15.9}$$

Hierbei bedeuten $\hat{\overline{\Phi}}(j\omega)$ die Schätzung, $\overline{\Phi}$ das tatsächliche Leistungsspektrum und E[·] den Erwartungswert. Die Varianz enthält dieselbe Art von Information über die Schätzung wie die im vorhergehenden Abschnitt diskutierten Vertrauensintervalle (confidence intervals). Schätzungen mit großer Varianz werden ebenfalls ein großes Vertrauensintervall aufweisen. Man wünscht sich, daß sowohl die Verschiebung als auch die Varianz so klein wie möglich sind. Man spricht davon, daß eine Schätzung "konsistent" sei, wenn bei einer wachsenden Zahl von Abtastungen, die schließlich sehr groß wird, sowohl die Verschiebung als auch die Varianz gegen Null gehen. Die

Meßgrößen für die Verschiebung und die Varianz der in diesem Kapitel diskutierten Schätzverfahren sind oft signalabhängig und sehr schwierig zu erhalten. In vielen Fällen liegen die erforderlichen Verfahren für die Gewinnung der Meßgrößen nicht mehr im Rahmen des vorliegenden Buches. Die Ergebnisse sind jedoch höchst lehrreich, und sollen (meist ohne Ableitung) hier vorgestellt werden, um eine gute Basis für den Vergleich zu haben. Die Ableitung dieser Ergebnisse kann man in der angegebenen Literatur finden.

Grundlage für all die in diesem Abschnitt diskutierten Schätzmethoden ist das Periodogramm. Für eine Folge von N diskreten Daten $[x_m]$ ist das Periodogramm wie folgt definiert

$$\bar{I}_N(j\omega) = \frac{1}{N} |\bar{X}_N(j\omega)|^2 \qquad (15.10)$$

wobei

$$\bar{X}_N(j\omega) = \sum_{m=0}^{N-1} x_m e^{-jm\omega T} \qquad (15.11)$$

Es ist leicht zu zeigen, daß $\bar{I}_N(j\omega)$ äquivalent zur Fourier-Transformierten einer verkürzten Autokorrelationsschätzung ist (siehe Übung 15 am Ende dieses Kapitels). Wenn insbesondere $\hat{\phi}_{xx}(l)$ gegeben ist durch

$$\begin{aligned} \hat{\phi}_{xx}(l) &= \frac{1}{N} \sum_{m=0}^{N-l-1} x_m x_{m+l}; && 0 \le l < N \\ \hat{\phi}_{xx}(l) &= \hat{\phi}_{xx}(-l); && -N < l \le 0 \end{aligned} \qquad (15.12)$$

so kann man zeigen, daß

$$\bar{I}_N(j\omega) = \sum_{l=-(N-1)}^{N-1} \hat{\phi}_{xx}(l) e^{-jl\omega T} \qquad (15.13)$$

Das Periodogramm selbst kann manchmal als nützliche Schätzung des Leistungsspektrums dienen, obgleich, wie im vorigen Abschnitt erwähnt, unser Vertrauen in diese Schätzung nicht sehr groß ist. Wir wollen nun Ausdrücke für die Verschiebung und die Varianz von $\bar{I}_N(j\omega)$ ableiten und dabei zuerst mit der Autokorrelationsschätzung beginnen. Die Verschiebung von $\hat{\phi}_{xx}(l)$ ist mit Hilfe der Gleichungen 15.8 und 15.12 leicht zu finden

$$\begin{aligned} B[\hat{\phi}_{xx}(l)] &= \phi_{xx}(l) - E\left[\frac{1}{N} \sum_{m=0}^{N-l-1} x_m x_{m+l}\right] \\ &= \phi_{xx}(l) - \frac{1}{N} \sum_{m=0}^{N-l-1} \phi_{xx}(l) \\ &= \phi_{xx}(l) \left[\frac{l}{N}\right] \end{aligned} \qquad (15.14)$$

Man beachte, daß für N → ∞ die Verschiebung verschwindend klein wird. Daher ist die Schätzung "asymptotisch unverschoben" (unbiased). Ein Näherungsausdruck für die Varianz der Korrelationsschätzung wird von Jenkins und Watts (1974) angegeben:

$$V[\hat{\phi}_{xx}(l)] \approx \frac{1}{N} \sum_{p=-\infty}^{\infty} [\phi_{xx}^2(p) + \phi_{xx}(p+1)\phi_{xx}(p-1)] \quad (15.15)$$

Dieser Ausdruck gilt für N > > 1. Man beachte, daß sich für N → ∞ die Varianz dem Wert Null nähert, so daß die Korrelationsschätzung in der Tat "konsistent" ist.

Für das Periodogramm kann die Verschiebung dadurch bestimmt werden, daß man den Erwartungswert von $\bar{I}_N(j\omega)$ nimmt. Mit der Beziehung in Gl. 15.13 und dem obigen Ergebnis findet man

$$\begin{aligned} E[\bar{I}_N(j\omega)] &= E\left[\sum_{l=-(N-1)}^{N-1} \hat{\phi}_{xx}(l)e^{-jl\omega T}\right] \\ &= \sum_{l=-(N-1)}^{N-1} \left[\frac{N-|l|}{N}\right]\phi_{xx}(l)e^{-jl\omega T} \end{aligned} \quad (15.16)$$

Diese Beziehung stimmt mit dem wahren Spektrum $\bar{\Phi}(j\omega)$ wegen des Terms (N- | 1 |)/N und der endlichen Dauer der Summation nicht überein. Für N → ∞ nähert sich jedoch $E[\bar{I}_N(j\omega)]$ dem Spektrum $\bar{\Phi}(j\omega)$, so daß die Schätzung asymptotisch unverschoben ist.

Aus Gl. 15.16 ersieht man, daß $E[\bar{I}_N(j\omega)]$ als Fourier-Transformierte der wahren Autokorrelationsfunktion interpretiert werden kann, die mit einer Fensterfunktion der folgenden Form multipliziert ist

$$w_l = \frac{N-|l|}{N}; \qquad |l| < N$$

Dies ist die Bartlett-Fensterfunktion, die früher in Kapitel 8 beschrieben wurde. Daher kann die spektrale Schätzung, die man mit dem Periodogramm erhält, als die Faltung des tatsächlichen Leistungsspektrums mit der spektralen Antwort des Bartlett-Fensters angesehen werden, d.h.

$$E[\bar{I}_N(j\omega)] = \frac{1}{2\pi}\int_{-\pi}^{\pi} \bar{\Phi}_{xx}(j\alpha)\bar{W}_{BT}(j(\omega-\alpha))\,d\alpha \quad (15.17)$$

wobei $\bar{W}_{BT}(j\omega)$ durch Gleichung 8.24 gegeben ist. Diese Faltung führt zu einer Glättung des tatsächlichen Spektrums und zu einem Überschwingen (rippling effect) an den Übergängen, das als das Gibb'sche Phänomen bekannt ist und das in Kapitel 8 beschrieben wurde.

Ein allgemeiner Ausdruck für die Varianz des Periodogramms ist schwierig zu erhalten. Nimmt man jedoch x_m als einen reellen Gauß'schen Prozeß mit dem Mittelwert Null an, der erzeugt wird, indem man weißes Rauschen durch ein lineares Filter schickt, so haben Jenkins und Watts gezeigt, daß gilt

$$V[\bar{I}_N(j\omega)] = \overline{\Phi}^2_{xx}(j\omega)\left[1 + \left(\frac{\sin(N\omega T)}{N\ \sin\ \omega T}\right)^2\right] \qquad (15.18)$$

Man beachte, daß diese Funktion mit wachsendem N nicht abnimmt. Dies ist in Bild 15.13 veranschaulicht, in dem Periodogramme einer Sinusschwingung mit zusätzlichem Rauschen für N = 512, 1024 und 2048 gezeigt sind. Die Varianz einer Schätzung (die ein Maß der Variation der Schätzung um den wahren Wert von 0 dB ist) nähert sich auch für größere Werte von N nicht der Null. Infolgedessen ist das Periodogramm keine konsistente Schätzung.

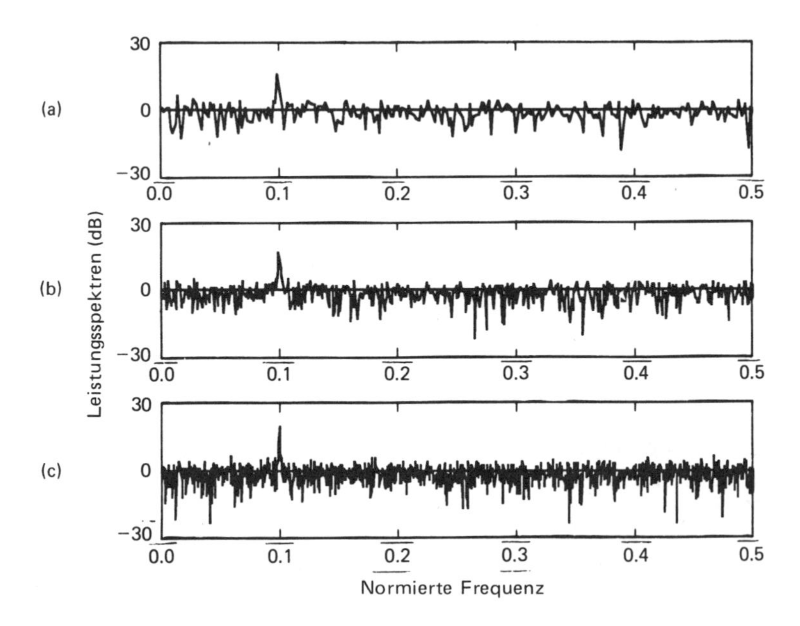

Bild 15.13 Periodogramme einer Sinusschwingung in weißem Rauschen, wobei (a) 512 Datenpunkte, (b) 1024 Datenpunkte und (c) 2p48 Datenpunkte benutzt werden.

Eine wohlbekannte Methode, die Varianz zu verkleinern, besteht darin, die Schätzung über etliche unabhängige Versuche zu mitteln. Die nachstehend beschriebene Methode der Mittelung von Periodogrammen wird oft Bartlett zugeschrieben. Die Datenfolge der Länge N wird in K Blöcke zerteilt, wobei jeder Block die Länge M hat (so daß N = KM). Die Elemente des i-ten Blockes werden wie folgt bezeichnet

$$x_m^i = x_{m+(i-1)M}; \qquad 0 \le m \le M-1, \quad 1 \le i \le K \tag{15.19}$$

Für jeden Block wird ein Periodogramm berechnet

$$\bar{I}_M^i(j\omega) = \frac{1}{M} \left| \sum_{m=0}^{M-1} x_m^i e^{-jm\omega T} \right|^2; \qquad 1 \le i \le K \tag{15.20}$$

Dann werden die Periodogramme gemittelt, um die spektrale Schätzung zu erzeugen

$$\hat{\bar{\Phi}}_{xx}(j\omega) = \frac{1}{K} \sum_{i=1}^{K} \bar{I}_M^i(j\omega) \tag{15.21}$$

Wenn wir annehmen, daß die Periodogramme $\bar{I}_M^i(j\omega)$ unabhängig sind, was eine vernünftige Annahme ist, sofern $\phi_{xx}(l)$ für $l > M$ klein ist, ergibt sich der Erwartungswert der Schätzung zu

$$\begin{aligned} E[\hat{\bar{\Phi}}_{xx}(j\omega)] &= \frac{1}{K} \sum_{i=1}^{K} E[\bar{I}_M^i(j\omega)] \\ &= E[\bar{I}_M(j\omega)] \\ &= \sum_{l=-(M-l)}^{M-l} \left[\frac{M-|l|}{M}\right] \phi_{xx}(l) e^{-jl\omega T} \end{aligned} \tag{15.22}$$

Dies ist ein Ausdruck, der ähnlich dem in Gleichung 15.16 ist, mit der Ausnahme, daß M < N. Die Varianz ist näherungsweise (Jenkins und Watts 1974)

$$\begin{aligned} V[\hat{\bar{\Phi}}_{xx}(j\omega)] &= \frac{1}{K} V[\bar{I}_M(j\omega)] \\ &= \frac{1}{K} \bar{\Phi}_{xx}^2(j\omega) \left[1 + \left(\frac{\sin(M\omega T)}{M \sin(\omega T)}\right)^2\right] \end{aligned} \tag{15.23}$$

Mit K → ∞ nähert sich die Varianz dem Wert Null, so daß wir durch Mittelung von Periodogrammen eine konsistente Schätzung erhalten haben. dies ist in Bild 15.14 dargestellt. Hier ist das Periodogramm einer Datenfolge aus Sinuswelle-mit-weißem-Rauschen der Länge N = 4096 mit einer Schätzung verglichen, die durch die Mittelung von acht Periodogrammen, berechnet aus acht getrennten Blöcken der Länge M = 512, erhalten wurde. Die Verringerung der Varianz ist offensichtlich.

Obgleich die Mittelung die Varianz verkleinert hat, wurde damit auch die Verschiebung vergrößert, wie Gl. 15.16 zeigt, und es wurde auch die spektrale Auflösung verschlechtert. Dies hängt mit der vergrößerten Breite des Hauptzipfels des Fensterspektrums zusammen, die sich aus der Verringerung der Zahl von Datenwerten (von N zu M) bei der Berechnung des Periodogramms ergeben. Das spiegelt sich in der Verbreiterung der Spektrallinie für die Sinusfrequenz in Bild 15.14 wieder.

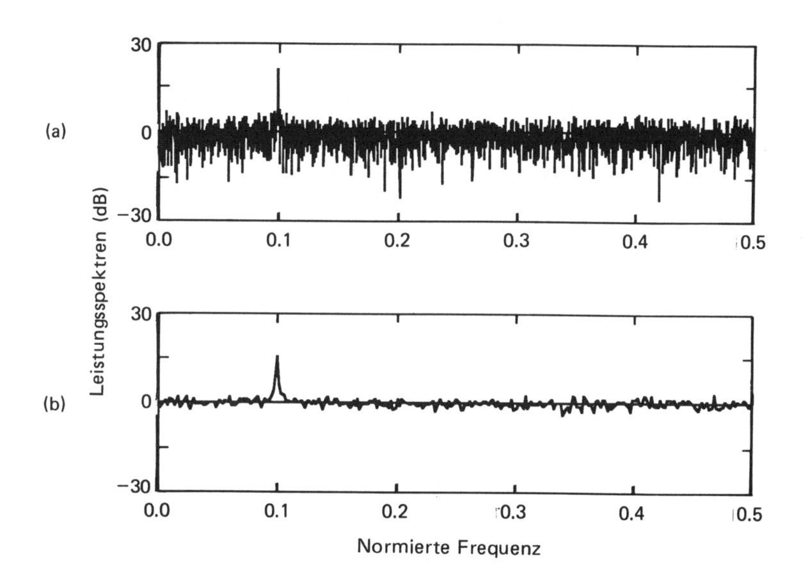

Bild 15.14 (a) Periodogramm einer 4096 Datenpunkte-Folge und (b) spektrale Schätzung, die durch Mittelung von 8 Periodogrammen der Länge 512 gebildet wurde.

Wir haben bis jetzt gezeigt, daß man durch Mittelung von Periodogrammen die Varianz der spektralen Schätzung auf Kosten einer vergrößerten Verschiebung und einer schlechteren spektralen Auflösung verringern kann. Nun wollen wir zeigen, daß man durch Benutzung von Fenstern im wesentlichen dieselbe Wirkung erreichen kann. Der zugrunde liegende Gedanke besteht darin, zuerst ein einzelnes Periodogramm unter Ausnutzung der gesamten N-stelligen Datenfolge zu berechnen, dann das Periodogramm mit einer

Fensterfunktion zu falten, um das folgende geschätzte Leistungsspektrum zu erhalten:

$$\hat{\overline{\Phi}}_{xx}(j\omega) = \frac{1}{2\pi}\int_{-\pi}^{\pi} \overline{I}_N(j\alpha)\overline{W}_M(j(\omega - \alpha)\, d\alpha \qquad (15.24)$$

Hierbei stellt $\overline{W}_M(j\omega)$ das Spektrum eines Datenfensters der Länge 2M-1 mit M < N dar. Damit gleichwertig ist es, die Autokorrelationsschätzung in Gl. 15.12 zu berechnen, mit der Fensterfolge zu multiplizieren und dann wie folgt zu transformieren:

$$\hat{\overline{\Phi}}_{xx}(j\omega) = \sum_{l=-(M-1)}^{M-1} \hat{\phi}_{xx}(l) w_l e^{-jl\omega T} \qquad (15.25)$$

Dies ist als das spektrale Schätzverfahren von Blackman-Tukey bekannt. Bei Zufallssignalen ist es genau, wenn die Fensterfolge der Länge 2M-1 lang genug ist, um im wesentlichen alle von Null verschiedenen Teile der Autokorrelationsfunktion zu erfassen.

Um die Wirkung der Fenstermethode auf die Verschiebung der spektralen Schätzung zu studieren, wollen wir den Erwartungswert von Gl. 15.24 untersuchen, der lautet

$$\begin{aligned} E[\hat{\overline{\Phi}}_{xx}(j\omega)] &= \frac{1}{2\pi}\int_{-\pi}^{\pi} E[\overline{I}_N(j\alpha)]\overline{W}_M(j(\omega - \alpha))\, d\alpha \\ &= \frac{1}{4\pi^2}\int_{-\pi}^{\pi}\int_{-\pi}^{\pi} \overline{\Phi}_{xx}(j\beta)\overline{W}_{\mathrm{BT}}(j(\alpha - \beta))\overline{W}_M(j(\omega - \alpha))\, d\beta\, d\alpha \end{aligned} \qquad (15.26)$$

Dies stellt eine doppelte Faltung dar, wobei sich die erste auf das Bartlett-Fensterspektrum bezieht (das sich ganz selbstverständlich aus der endlichen Zahl von Datenwerten aus der Autokorrelationsschätzung ergibt) und die zweite auf das Fensterspektrum unserer Wahl. Wenn M klein gegen N ist, wird der Hauptzipfel von $\overline{W}_M(j\omega)$ breit gegen den von $\overline{W}_{BT}(j\omega)$ sein, und der obige Ausdruck kann wie folgt angenähert werden

$$E[\hat{\overline{\Phi}}_{xx}(j\omega)] \approx \frac{1}{2\pi}\int_{-\pi}^{\pi} \overline{\Phi}_{xx}(j\alpha)\overline{W}_M(j(\omega - \alpha))\, d\alpha \qquad (15.27)$$

Das Ergebnis sollte mit Gl. 15.17 für das Periodogramm ohne Fensterung verglichen werden. Wie bei der vorhergehenden Methode bemerken wir eine Vergrößerung der Verschiebung der Schätzung, die auf die Vergrößerung der Breite des Hauptzipfels der Fensterfunktion zurückzuführen ist.

Einen Näherungsausdruck für die Varianz von $\hat{\Phi}_{xx}(j\omega)$ ist von Oppenheim und Schafer 1975 angegeben worden. Wenn wir annehmen, daß die Länge (2M-1) der Fensterfunktion so gewählt wird, daß $\bar{W}_M(j\omega)$ schmal ist in bezug auf Schwankungen von $\bar{\Phi}(j\omega)$, und zugleich breit, verglichen mit der Funktion $(\sin[\omega TN/2]/\sin[\omega T/2])^2$, so kann die Varianz wie folgt angenähert werden

$$V[\hat{\bar{\Phi}}_{xx}(j\omega)] \approx \frac{1}{2\pi N} \bar{\Phi}^2_{xx}(j\omega) \int_{-\pi}^{\pi} \bar{W}^2_M(j\alpha)\, d\alpha \tag{15.28}$$

Diesen Ausdruck sollte man mit dem von Gl. 15.18 für das Periodogramm vergleichen. Für große N ist der Ausdruck in Gl. 15.18 näherungweise gleich $\bar{\Phi}^2_{xx}(j\omega)$. Das Verhältnis von Gl. 15.28 zu diesem Ausdruck wird das "Varianzverhältnis" genannt (variance ratio):

$$\text{Varianzverhältnis} = \frac{1}{2\pi N} \int_{-\pi}^{\pi} \bar{W}^2_M(j\omega)\, d\omega \tag{15.29}$$

Um eine Verkleinerung der Varianz zu erhalten, muß das Varianzverhältnis kleiner als 1 sein. Wie man in Tabelle 15.1 sieht, kann man mit der richtigen Wahl von M das Verhältnis kleiner als 1 machen und so eine Verkleinerung der Varianz erreichen. Die Verkleinerung der Varianz ist in Bild 15.15 veranschaulicht, in der das Periodogramm einer Folge von 4096 Daten (Sinusschwingung plus weißes Rauschen wie zuvor) wiedergegeben ist, das durch Transformation der Autokorrelationsschätzung gebildet wurde, und das verglichen wird mit der spektralen Schätzung, die mit der Blackman-Tukey-Methode und einem Hanning-Fenster der Länge 1025 erhalten wurde.

Tabelle 15.1 Varianz-Verhältnis für einige bekannte Fensterfunktionen.

Fenster	Angenähertes Varianz-Verhältnis $\frac{1}{2\pi N} \int_{-\pi}^{\pi} \bar{W}^2_M(j\omega)\, d\omega$
Rechteck	$\frac{2M}{N}$
Bartlett	$\frac{2M}{3N}$
Hanning	$\frac{3M}{4N}$
Hamming	$\frac{4M}{5N}$

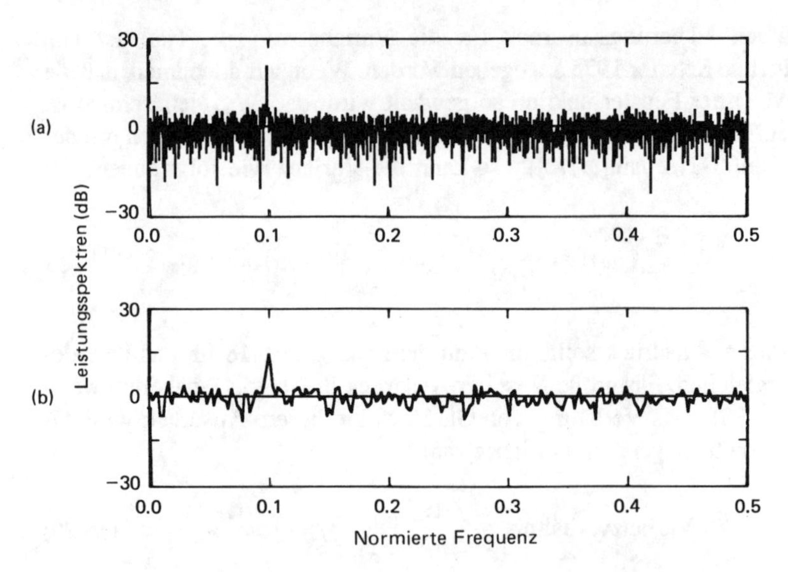

Bild 15.15 (a) Periodogramm einer 4096 Daten-Folge und (b) spektrale Schätzung unter Benutzung der Blackman-Tukey-Methode mit einem Hanning-Fenster der Länge 1025.

Die Methode von Welch (1967) kombiniert die Konzepte der Mittelung und der Fensterung in einem einzigen vereinheitlichten Ansatz. Wie bei der Methode von Bartlett werden die Daten in K Blöcke der Länge M eingeteilt. Dann wird jedoch die Fensterfunktion direkt auf jeden einzelnen Datenblock angewandt. Für jeden Block wird ein modifiziertes Periodogramm wie folgt gebildet

$$\overline{P}_M^i(j\omega) = \frac{1}{MU}\left|\sum_{n=0}^{M-1} x_n^i w_n e^{-jn\omega T}\right|^2; \qquad i = 1, 2, \ldots, K \tag{15.30}$$

wobei

$$U = \frac{1}{M}\sum_{n=0}^{M-1} w_n^2 \tag{15.31}$$

Der Faktor U ist ein Skalierungsfaktor, der gleich der mittleren Leistung der Fensterfunktion gewählt wird. Dann wird wie zuvor die spektrale Schätzung durch Mitteln der modifizierten Periodogramme gebildet:

$$\hat{\overline{\Phi}}_{xx}(j\omega) = \frac{1}{K}\sum_{i=1}^{K} \overline{P}_M^i(j\omega) \tag{15.32}$$

Der Erwartungswert dieser spektralen Schätzung lautet

$$E[\hat{\overline{\Phi}}_{xx}(j\omega)] = \frac{1}{2\pi}\int_{-\pi}^{\pi} \overline{\Phi}_{xx}(j\alpha)\overline{W}(j(\omega - \alpha))\,d\alpha \tag{15.33}$$

Das Ergebnis stimmt mit dem in Gl. 15.17 für das Periodogramm überein, mit der Ausnahme, daß

$$\overline{W}(j\omega) = \frac{1}{MU}\left|\sum_{n=0}^{M-1} w_n e^{-jn\omega T}\right|^2 \tag{15.34}$$

jetzt das Quadrat des Fensterspektrums ist, normiert durch den Faktor MU in Gl. 15.31. Dieser Normierungsfaktor MU ist erforderlich, damit die Schätzung asymptotisch unverschoben wird. Auch dann, wenn die Datenfolge in nicht überlappende Blöcke zerteilt wird, zeigte Welch (1967), daß die Varianz der spektralen Schätzung beträgt

$$V[\hat{\overline{\Phi}}_{xx}(j\omega)] \approx \frac{\overline{\Phi}_{xx}^2(j\omega)}{K} \tag{15.35}$$

Daher ist die Schätzung konsistent.

Welch zeigte ferner, daß es möglich ist, bei einer festen Zahl N von Datenpunkten die Verkleinerung der Varianz durch eine Überlappung der Blöcke noch weiterzutreiben. In diesem Fall wird der Ausdruck in Gl. 15.35 zu

$$V[\hat{\overline{\Phi}}_{xx}(j\omega)] \approx A\,\frac{\overline{\Phi}_{xx}^2(j\omega)}{K} \tag{15.36}$$

wobei A eine positive Konstante ist, mit einem Wert, der etwas größer als 1 ist, und der vom Grad der Überlappung abhängt. Die Varianz in Gl. 15.36 ist im allgemeinen etwas kleiner als die in Gl. 15.35, weil man mehr Blöcke benötigt, weshalb der Wert von K bei einer Überlappung größer wird. Somit hat sich gezeigt, daß die Methode von Welch eine konsistente Schätzung ist, die uns einige Steuermöglichkeiten hinsichtlich des Schwundes durch die Wahl einer Fensterfunktion gibt.

Ein Beispiel, in dem die Methode von Welch mit der Methode der gemittelten Periodogramme und der Methode von Blackman-Tukey verglichen wird, ist in Bild 15.16 dargestellt. In allen drei Fällen wird ein Satz von 4096 Datenpunkten verwendet. Sowohl bei der Methode von Welch als auch bei der Methode der gemittelten Periodogramme werden die Daten in Blöcke der

Größe 512 zerteilt. Bei der Methode von Welch sind die Blöcke zu 50% überlappt. Bei der Methode von Welch und der Methode von Blackman-Tukey wird jeweils ein Hanning-Fenster verwendet. Ersichtlich erweist sich die Methode von Welch in diesem Beispiel als die beste in bezug auf die Verkleinerung der Varianz bei gleichbleibender guter spektraler Auflösung.

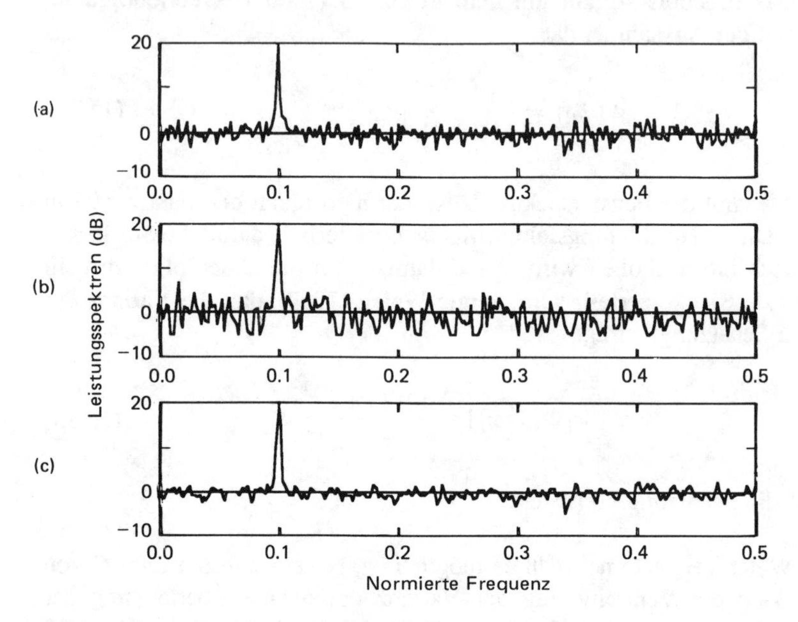

Bild 15.16 Spektrale Schätzungen einer 4096 Datenpunkte-Folge, wobei benutzt werden (a) die mittelnde Periodogramm-Methode mit 8 Blöcken von 512 Punkten, (b) die Blackman-Tukey-Methode mit einem Hanning-Fenster von 1025 Punkten, und (c) die Welch-Methode mit Blöcken einer Größe, die sich zu 50% überlappen, wobei ein Hanning-Fenster benutzt wird.

15.7 Parametrische Methoden der spektralen Schätzung

In diesem Abschnitt wollen wir parametrische Methoden der spektralen Schätzung diskutieren. Diese Methoden sind insoweit deutlich von denen in den beiden vorangegangenen Abschnitten verschieden als sie ein spezielles Modell für das Signalspektrum annehmen. Das heißt, es wird von dem Signalspektrum angenommen, daß es eine spezielle funktionale Form annimmt, deren Parameter unbekannt sind. Das spektrale Schätzungsproblem besteht dann darin, die unbekannten Parameter des Modells statt des Spektrums zu schätzen. Das Spektrum erhält man dann, indem man die Parameter in das Modell einsetzt.

Die in der spektralen Schätzung beliebtesten Modelle sind rationale Modelle mit endlich vielen Parametern der Form

$$\hat{\Phi}(j\omega) = \sigma^2 \left| \frac{1 + b_1 e^{-j\omega T} + b_2 e^{-j2\omega T} + \cdots + b_q e^{-jq\omega T}}{1 + a_1 e^{-j\omega T} + a_2 e^{-j2\omega T} + \cdots + a_p e^{-jp\omega T}} \right|^2 \tag{15.37}$$

Hierbei ist σ^2 eine Konstante, und die Koeffizienten b_i und a_i sind die p + g unbekannten Parameter, die aus den Daten zu schätzen sind. Diese Modelle können ganz äquivalent auch wie folgt beschrieben werden

$$\hat{\Phi}(j\omega) = \sigma^2 |\tilde{H}(z)|^2_{z=e^{j\omega T}} \tag{15.38}$$

wobei

$$\tilde{H}(z) = \frac{\tilde{B}(z)}{\tilde{A}(z)} \tag{15.39}$$

und

$$\begin{aligned} \tilde{B}(z) &= 1 + b_1 z^{-1} + b_2 z^{-2} + \cdots + b_q z^{-q} \\ \tilde{A}(z) &= 1 + a_1 z^{-1} + a_2 z^{-2} + \cdots + a_p z^{-p} \end{aligned} \tag{15.40}$$

Man kann erkennen, daß dieses Modell typisch für das Spektrum eines zeitdiskreten Zufallsprozesses ist, das entsteht, indem man weißes Rauschen der Varianz σ^2 durch ein Filter wie in Bild 15.17 schickt. Dies ist genau die oben n Abschnitt 15.3 diskutierte Methode zum Erzeugen farbiger Zufallsprozesse. $\tilde{H}(z)$ wird oft auch als "Formfilter" bezeichnet (shaping filter), da es die spektrale Form des Zufallsprozesses festlegt. Die Differenzengleichung, welche die Eingangs-Ausgangs-Beziehung für diesen Prozeß beschreibt, ist gegeben durch

$$\begin{aligned} x_n = w_n + b_1 w_{n-1} + b_2 w_{n-2} + \cdots + b_q w_{n-q} - a_1 x_{n-1} \\ - a_2 x_{n-2} - \cdots - a_p x_{n-p} \end{aligned} \tag{15.41}$$

wobei $[w_n]$ ein Prozeß vom Typ weißes Rauschen mit der Varianz σ^2 ist.

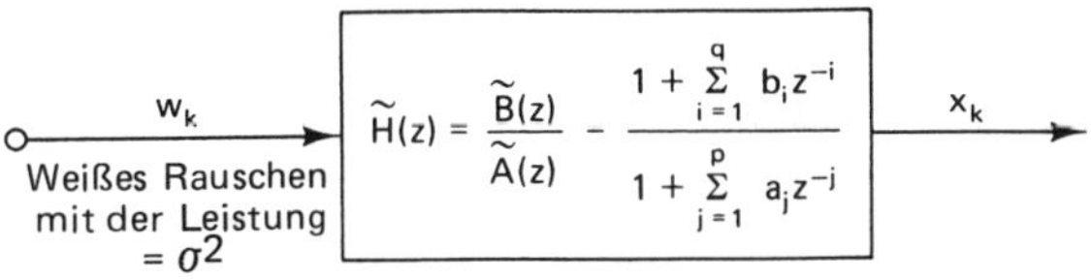

w_k

Weißes Rauschen mit der Leistung $= \sigma^2$

$$\tilde{H}(z) = \frac{\tilde{B}(z)}{\tilde{A}(z)} = \frac{1 + \sum_{i=1}^{q} b_i z^{-i}}{1 + \sum_{j=1}^{p} a_j z^{-j}}$$

x_k

Bild 15.17 Ein Signalmodell mit endlich vielen Parametern für einen stationären Zufallsprozeß x_k.

Drei verschiedene Arten spektraler Modelle kann man aus Gl. 15.37 ableiten, was von der Beschaffenheit der Koeffizienten von Zähler und Nenner abhängt. Modelle, bei denen die Koeffizienten a_i gleich Null sind, werden die Modelle mit beweglichem Mittelwert genannt (MA = moving average). Solche, bei denen die Koeffizienten b_i gleich Null sind, werden die autoregressiven Modelle genannt (AR = autoregressive). Modelle, bei denen weder die einen noch die anderen Koeffizienten gleich Null sind (es genügt, wenn einige a_i und einige b_i nicht Null sind) werden die autoregressiven Modelle mit beweglichem Mittelwert genannt (ARMA = autoregressive moving average). In der Praxis sollte die Wahl des Modells auf dem Vorwissen über die Art, wie das Signal erzeugt wird, beruhen. Unglücklicherweise haben wir dieses Vorwissen nicht oft. Wir kennen jedoch häufig die grundsätzliche spektrale Form des Signals und dieses Wissen hilft uns ein gutes Stück bei der Wahl eines guten Signalmodells. Um dies zu erkennen, wollen wir die drei Modelle etwas genauer betrachten.

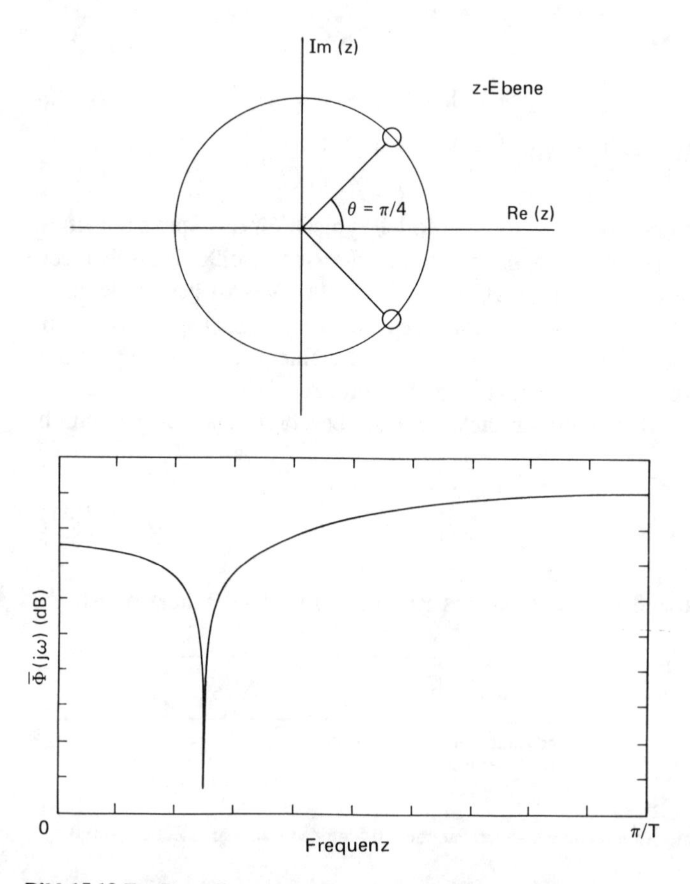

Bild 15.18 Zur Darstellung einer Einkerbung im Signalspektrum wird ein MA-Modell mit einem Paar von Nullstellen auf dem Einheitskreis verwendet.

MA-Modelle sind am besten geeignet, Signale mit spektralen Einkerbungen darzustellen. Sie werden "All-Zero"-Modelle genannt, weil das Formfilter $\tilde{H}(z) = \tilde{B}(z)$ ein FIR-Filter mit lauter Nullstellen ist. Sie werden entworfen oder eingestellt, indem die Nullstellen von $\tilde{H}(z)$ in der komplexen Ebene geeignet plaziert werden, wodurch sich die Form des tatsächlichen Spektrums annähern läßt. Eine Einkerbung im Signalspektrum läßt sich darstellen, indem man ein Nullstellenpaar in der Nähe des Einheitskreises mit den passenden Winkeln plaziert, wie dies in Bild 15.18 skizziert ist. Auch Breitbandsignale lassen sich durch ein MA-Filter modellieren, aber die Kombination von breitem Band und Einkerbung in der spektralen Charakteristik ist in dieser Weise etwa schwieriger zu modellieren. Ebenfalls sind scharfe spektrale Spitzen (peaks) mit einem "All-Zero-MA"-Modell schwierig zu formen. Viele Nullstellen werden schon für die genaue Modellierung eines einzelnen spektralen "Peaks" benötigt, wie dies Bild 15.19 andeutet.

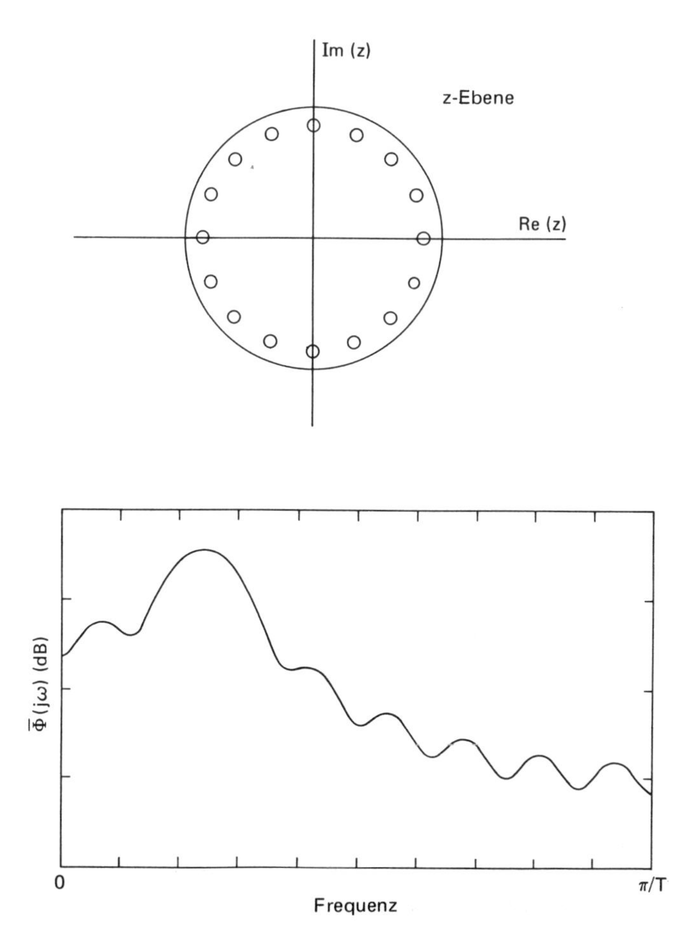

Bild 15.19 Die Benutzung eines MA-Modelles für die Darstellung eines Schmalbandsignals.

AR-Modelle eignen sich am besten zur Darstellung schmalbandiger Signale. Sie werden "All-Pole"-Modelle genannt, weil $\tilde{H}(z) = 1/\tilde{A}(z)$ ein Filter aus lauter Polen ist. In diesem Falle wird die Form des tatsächlichen Spektrums angenähert, indem man die Pole von $\tilde{H}(z)$ in der komplexen Ebene geeignet plaziert. Diese Modelle können ein Schmalbandsignal leicht annähern, indem ein Pol nahe dem Einheitskreis im passenden Winkel plaziert wird, wie dies Bild 15.20 zeigt. Breitbandsignale können auch mit einem AR-Filter modelliert werden, aber, ähnlich wie bei den MA-Modellen, ist die Kombination von breitbandigen und schmalbandigen Komponenten schwieriger zu modellieren und erfordert im allgemeinen mehr Koeffizienten. Scharfe Einkerbungen sind mit einem "All-Pole"-Modell auch schwierig zu formen. Man benötigt viele Pole, um eine einzelne Kerbe genau zu modellieren, wie dies Bild 15.21 andeutet.

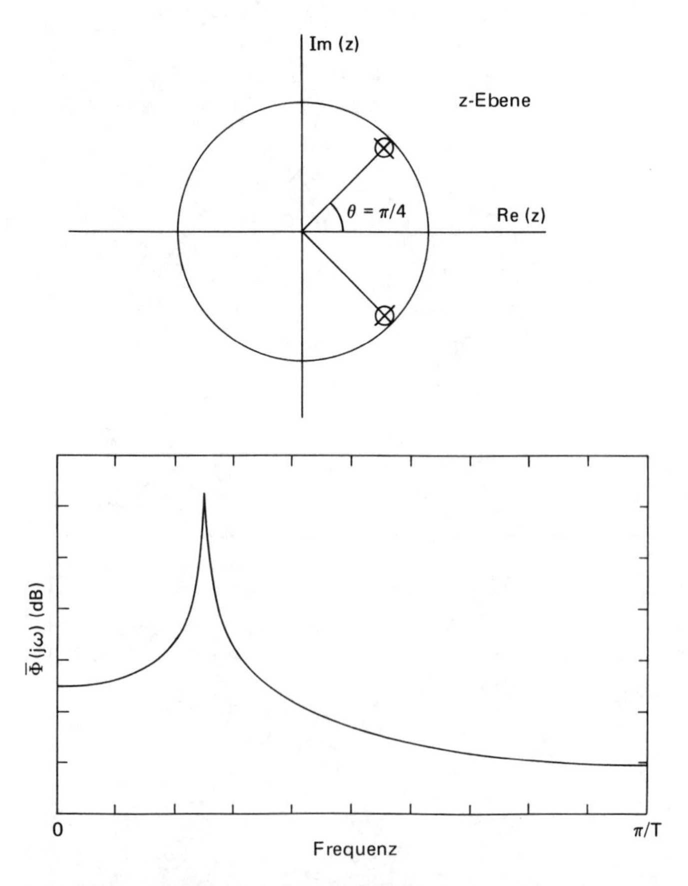

Bild 15.20 Die Darstellung eines Schmalbandsignals mit einem AR-Modell, das ein Polpaar in der Nähe des Einheitskreises aufweist.

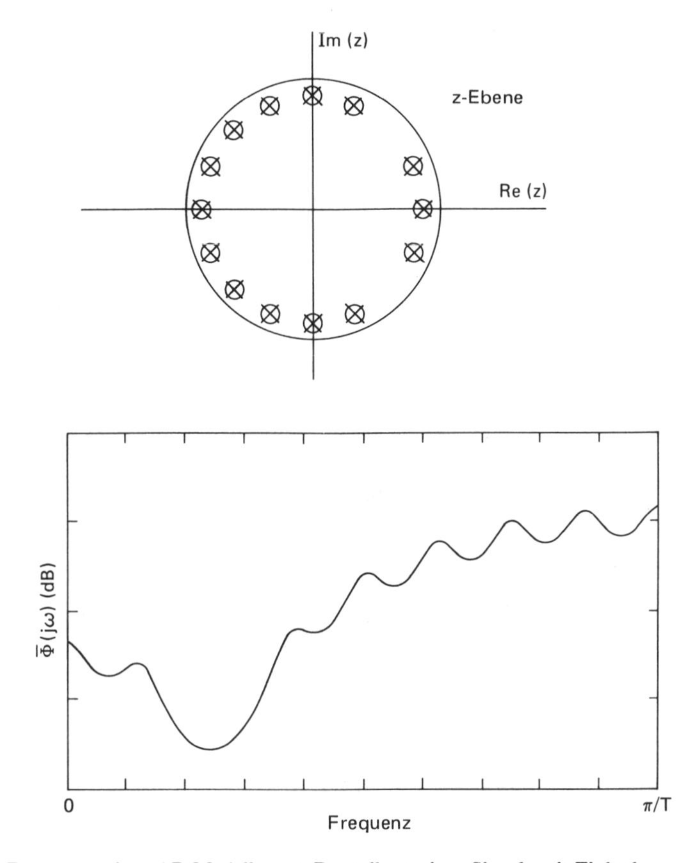

Bild 15.21 Die Benutzung eines AR-Modelles zur Darstellung eines Signals mit Einkerbung.

ARMA-Modelle (Pol-Nullstellen-Modelle) sind die ganz allgemein einsetzbaren Modelle. Sie sind in der Lage, praktisch alle Arten von Signalen zu modellieren. Die Koeffizienten der ARMA-Modelle sind jedoch am schwierigsten zu bestimmen.

In der Praxis wird die Wahl eines spektralen Modells oft durch den Umfang der Rechnungen bestimmt, der nötig ist, die Schätzung zu erstellen. Auch ist die Robustheit der verwendeten Methode oft wichtiger als die Beschaffenheit des Signals selbst. Die AR-Modelle sind am leichtesten zu erstellen. Die AR-Parameterschätzungen beinhalten das Lösen eines Satzes simultaner linearer algebraischer Gleichungen, wie wir sehen werden. Die MA-Modelle sind etwas schwieriger zu berechnen. Es sind etliche Methoden zur Berechnung der MA-Modellparameter verfügbar, von denen eine die Bestimmung der Wurzeln eines Polynoms q-ter Ordnung enthält, eine Aufgabe, die selbst für Polynome niedriger Ordnung schwierig sein kann. ARMA-Modelle sind noch schwieriger zu berechnen. Wiederum ist eine ganze Menge verschiedener Methoden für die Berechnung der Modellparameter vorhanden. Ein Ansatz macht Gebrauch von nichtlinearen Optimierungsalgorithmen, die recht kompliziert und manchmal auch instabil sind, um damit den besten Satz von Parametern zu suchen.

Da wir gesonnen sind, einfache und robuste Methoden zu bevorzugen, braucht das benutzte Modell nicht repräsentativ für die wahre Art und Weise zu sein, mit der das Signal erzeugt wurde. Deshalb ist es wichtig, zu bemerken, daß jedes ARMA- oder MA-Modell durch ein AR-Modell genügend hoher Ordnung (möglicherweise unendlich hoch) dargestellt werden kann, und daß gleichfalls jeder ARMA- oder AR-Prozeß durch ein MA-Modell genügend hoher Ordnung (möglicherweise unendlich hoch) dargestellt werden kann. Diese Eigenschaften stellen sicher, daß ein vernünftiges spektrales Modell mit Hilfe einer der einfacheren Methoden berechnet werden kann, sei es nun mit AR oder MA, solange wir die Parametermenge nur groß genug wählen.

Der Schlüssel zur Auflösung nach den Parametern in den AR-, MA- und ARMA-Modellen liegt in den Yule-Walker-Gleichungen (Yule 1927 und Walker 1931), die wir jetzt ableiten wollen. Wenn wir $a_0 = b_0 = 1$ setzen, kann man Gl. 15.41 wie folgt schreiben

$$\sum_{i=0}^{p} a_i x_{n-i} = \sum_{j=0}^{q} b_j w_{n-j} \tag{15.42}$$

Multipliziert man beide Seiten mit x_{n-1} und bildet die Erwartungswerte, erhält man

$$\sum_{i=0}^{p} a_i E[x_{n-l} x_{n-i}] = \sum_{j=0}^{q} b_j E[x_{n-l} w_{n-j}]$$

oder

$$\sum_{i=0}^{p} a_i \phi_{xx}(l-i) = \sum_{j=0}^{q} b_j \phi_{xw}(l-j) \tag{15.43}$$

Aus Gl. 13.79 wissen wir, daß sich die Kreuz-Korrelationsfunktion $\phi_{xw}(k)$ schreiben läßt

$$\phi_{xw}(k) = \phi_{wx}(-k) = \sum_{m=-\infty}^{\infty} h_m \phi_{ww}(-k-m) \tag{15.44}$$

wobei h_m die (Nadel-)Impulsantwort des Formfilters $\tilde{H}(z)$ ist. Wir nehmen an, daß $\tilde{H}(z)$ kausal ist, so daß h_m gleich Null für $m < 0$ wird. Da w_n eine Folge vom Typ weißes Rauschen ist, bestimmt sich ihre Autokorrelationsfunktion zu

$$\phi_{ww}(i) = \sigma^2\delta(i) \tag{15.45}$$

Mit diesem Ergebnis wird Gl. 15.44

$$\phi_{xw}(k) = \sigma^2 h_{-k} \tag{15.46}$$

Einsetzen von Gl. 15.46 in Gl. 15.43 ergibt

$$\sum_{i=0}^{p} a_i \phi_{xx}(l - i) = \sigma^2 \sum_{j=0}^{q} b_j h_{j-l} \tag{15.47}$$

Diese Gleichungen mit der Variablen l sind als die Yule-Walker-Gleichungen bekannt. Bei der spektralen Schätzung wird angenommen, daß die Autokorrelationsfunktion $\phi_{xx}(l)$ bekannt ist (im aktuellen Fall wird sie aus den Daten geschätzt), und die Unbekannten sind die Koeffizienten a_i und b_i sowie die Impulsantwort $[h_m]$, die ihrerseits wieder eine Funktion der Koeffizienten a_i und b_i ist.

Wie schon früher festgestellt, ist die Auflösung nach den ARMA-Koeffizienten (das sind sowohl die a_i als auch die b_i) schwierig. Die Methoden für ARMA-Lösungen liegen nicht mehr im Rahmen dieses Buches. Die Auflösung nach den Koeffizienten eines MA-Modells, die nicht ganz so schwierig ist, erfordert ebenfalls Methoden, die wir hier nicht diskutieren wollen. Eine ausführliche Darstellung dieser Methoden findet man in der angegebenen Literatur. Für das AR-Modell kann man jedoch ganz allgemein eine einzigartige Schätzung finden, indem man einen Satz von p + 1 linearen Gleichungen mit p + 1 Unbekannten löst. Infolgedessen ist die AR-Methode, rechnerisch gesehen, bei weitem die einfachste der drei Methoden, und wir wollen uns im verbleibenden Abschnitt nur darauf konzentrieren.

Das AR-Spektralmodell wird gebildet, indem man die Yule-Walker-Gleichungen nach den unbekannten Parametern a_i löst, wobei die Parameter b_1 bis b_q auf Null gesetzt werden, und indem man dann die Lösung in Gl. 15.37 einsetzt. Setzt man die Parameter b_i in Gl. 15.47 auf Null, so folgt

$$\sum_{i=0}^{p} a_i \phi_{xx}(l - i) = \sigma^2 h_{-l} \tag{15.48}$$

Wir erinnern uns, daß h_m kausal ist, so daß $h_m = 0$ für $m < 0$. Zusätzlich finden wir, daß $h_0 = 1$, indem wir $a_0 = b_0 = 1$ in den Gleichungen 15.37 und 15.39 benutzen. Daher kann die Gl. 15.48 geschrieben werden

$$\sum_{i=0}^{p} a_i \phi_{xx}(l - i) = \begin{cases} \sigma^2; & l = 0 \\ 0; & l > 0 \end{cases} \tag{15.49}$$

Wenn wir diese Gleichung für l = 0,1, ..., p auswerten, erhalten wir p + 1 lineare Gleichungen mit p + 1 Unbekannten. (In der Praxis ist auch σ^2 eine Unbekannte.) Da die Autokorrelationsfunktion $\phi_{xx}(l)$ symmetrisch ist, kann man diese Gleichungen in der folgenden Matrixform ähnlich Gl. 14.17 schreiben:

$$\begin{bmatrix} \phi_{xx}(0) & \phi_{xx}(1) & \phi_{xx}(2) & \cdots & \phi_{xx}(p) \\ \phi_{xx}(1) & \phi_{xx}(0) & \phi_{xx}(1) & \cdots & \phi_{xx}(p-1) \\ \cdot & & & \cdots & \cdot \\ \cdot & & & \cdots & \cdot \\ \cdot & & & \cdots & \cdot \\ \phi_{xx}(p) & \phi_{xx}(p-1) & & \cdots & \phi_{xx}(0) \end{bmatrix} \cdot \begin{bmatrix} 1 \\ a_1 \\ \cdot \\ \cdot \\ \cdot \\ a_p \end{bmatrix} = \begin{bmatrix} \sigma^2 \\ 0 \\ \cdot \\ \cdot \\ \cdot \\ 0 \end{bmatrix} \tag{15.50}$$

In der Matrixschreibweise lautet dies

$$\begin{bmatrix} \phi_{xx}(0) & \mathbf{P}^{\mathrm{T}} \\ \mathbf{P} & \mathbf{R} \end{bmatrix} \cdot \begin{bmatrix} 1 \\ \mathbf{A} \end{bmatrix} = \begin{bmatrix} \sigma^2 \\ 0 \end{bmatrix} \tag{15.51}$$

wobei

$$\begin{aligned} \mathbf{A}^{\mathrm{T}} &= [a_1 \quad a_2 \quad \cdots \quad a_p] \\ \mathbf{P}^{\mathrm{T}} &= [\phi_{xx}(1) \quad \phi_{xx}(2) \quad \cdots \quad \phi_{xx}(p)] \end{aligned} \tag{15.52}$$

und

$$\mathbf{R} = \begin{bmatrix} \phi_{xx}(0) & \phi_{xx}(1) & \phi_{xx}(2) & \cdots & \phi_{xx}(p-1) \\ \phi_{xx}(1) & \phi_{xx}(0) & \phi_{xx}(1) & \cdots & \phi_{xx}(p-2) \\ \cdot & & & \cdots & \cdot \\ \cdot & & & \cdots & \cdot \\ \cdot & & & \cdots & \cdot \\ \phi_{xx}(p-1) & \phi_{xx}(p-2) & & \cdots & \phi_{xx}(0) \end{bmatrix} \tag{15.53}$$

Die Ausführung der Matrixmultiplikation in Gl. 15.51 ergibt

$$\phi_{xx}(0) + \mathbf{P}^{\mathrm{T}}\mathbf{A} = \sigma^2 \tag{15.54}$$

$$\mathbf{P} + \mathbf{R}\mathbf{A} = 0 \tag{15.55}$$

Löst man Gl. 15.55 nach dem unbekannten Koeffizientenvektor A auf, folgt

$$\mathbf{RA} = -\mathbf{P} \quad \text{oder} \quad \mathbf{A} = -\mathbf{R}^{-1}\mathbf{P} \tag{15.56}$$

Die AR-Spektralschätzung in Gl. 15.37 nimmt dann die Form an

$$\hat{\Phi}(j\omega) = \frac{\phi_{xx}(0) + \mathbf{P}^{\mathrm{T}}\mathbf{A}}{|1 + a_1 e^{-j\omega T} + a_2 e^{-j2\omega T} + \cdots + a_p e^{-jp\omega T}|^2} \tag{15.57}$$

Zusammengefaßt sind die folgenden Schritte zur Bildung der AR-Spektralschätzung auszuführen:

1. Benutze die Abtastwerte, um eine Schätzung der Autokorrelationsfunktion $\hat{\phi}_{xx}(l)$ für $0 \leq l \leq p$ zu berechnen.

2. Benutze die Autokorrelationsschätzungen, um in Gl. 15.56 nach den AR-Koeffizienten aufzulösen. Methoden für das Lösen von Matrixgleichungen dieses Typs wurden in Kapitel 14 diskutiert.

3. Setze die resultierenden AR-Koeffizienten in den Ausdruck von Gl. 15.57 ein, um die spektrale Schätzung zu erhalten.

Ein Beispiel einer AR-Spektralschätzung für eine Sinusschwingung in weißem Rauschen ist in Bild 15.22 gezeigt. Die Schätzung wird genauer, wenn die Zahl der Parameter (AR-Koeffizienten) erhöht wird, aber selbst mit einer kleinen Zahl von Parametern wird die Beschaffenheit des Signalspektrums evident. Vergleicht man mit den auf Periodogrammen aufbauenden Schätzungen im vorhergehenden Abschnitt, so erkennt man, daß die AR-Schätzung etwas geglätteter ist, während die Periodogramm-Methoden mehr Details im Spektrum offenbaren.

Wie schon früher bemerkt, gibt es eine starke Ähnlichkeit zwischen den obigen Schritten 1 und 2 und der Methode zum Lösen des nichtrekursiven "Least-Squares"-Entwurfsproblems, das in Kapitel 14 diskutiert wurde. In der Tat sind, außer einem Vorzeichenunterschied, die AR-Koeffizienten identisch mit der "Least-Squares"-Lösung für die Gewichte eines Einschritt-Praediktors (siehe Übung 17). Aus diesem Grund wird die AR-Methode zur Berechnung der spektralen Schätzung auch die "lineare Praediktionsmethode" genannt. Dieselbe spektrale Schätzung kann man mit einer ganzen Reihe verschiedener Ansätze ableiten und sie ist daher auch unter verschiedenen Namen in der Literatur bekannt. Am bekanntesten ist sie unter den Namen: lineare Praediktionsmethode, maximale Entropiemethode (ME) und maximale Likelihood-

Methode (ML). Ableitungen mit dem Ansatz der maximalen Entropie findet man bei Burg (1975), Haykin (1979), Kay (1987) und Marple (1987), und Ableitungen mit dem Ansatz der maximalen Wahrscheinlichkeit (Likelyhood) findet man bei Lim und Oppenheim (1988), Kay (1987) und Marple (1987).

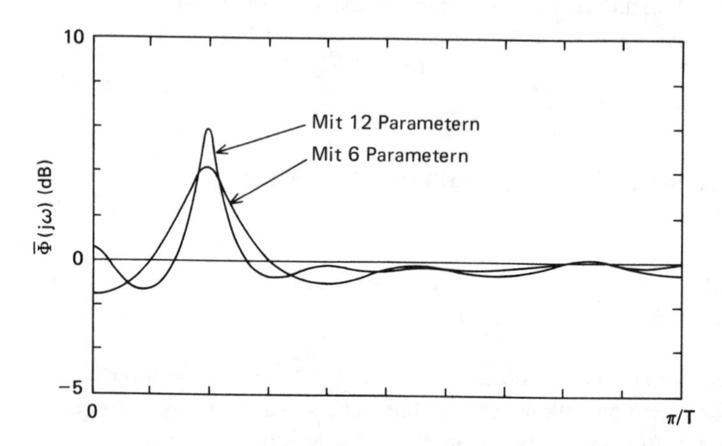

Bild 15.22 AR-Spektralschätzungen für eine Sinusschwingung in weißem Rauschen.

Es ist schwierig, einen allgemeinen analytischen Ausdruck für die statistischen Eigenschaften des AR-Modells zu finden. Kromer hat jedoch (1970) seine asymptotischen Eigenschaften studiert und hat gezeigt, daß, wenn p und N (die Zahl der Abtastwerte, die man zur Berechnung der Korrelationsschätzung benutzt hat) genügend groß sind und das tatsächliche Spektrum einigermaßen glatt ist, die AR-Spektralschätzung asymptotisch unverschoben ist. Weiterhin ließ sich zeigen, daß die Varianz beträgt

$$V[\hat{\Phi}(j\omega)] = \frac{2p}{N}\hat{\Phi}(j\omega)^2 \tag{15.58}$$

Dieser Ausdruck geht ersichtlich mit wachsendem N gegen Null. Daher liefert das AR-Modell, wie die meisten der Periodogramm-Methoden im vorhergehenden Abschnitt, eine konsistente Schätzung.

15.8 Übungen

1. Skizziere die Autokorrelationsfunktion, die zu dem Leistungsspektrum in Bild 15.2 gehört. Bezeichne die signifikanten Werte.

2. Erkläre, warum eine Funktion des weißen Rauschens den Mittelwert Null haben muß.

3. Wie heißt die Gesamtleistung einer Rauschfunktion f(t), wenn die Amplitudenverteilung p(f) zwischen (-1, +1) gleichförmig ist?

4. Wie heißt die Gesamtleistung von f(t), wenn p(f) gegeben ist durch

   (a) $p(f) = \begin{cases} 0; & |f| \geq K \\ (K - |f|)/K^2; & |f| \leq K \end{cases}$

   (b) $p(f) = \frac{1}{2}e^{-|f|}$

5. Ein Rechenprogramm erzeugt unabhängige, gleichwahrscheinliche Zufallszahlen zwischen 0 und 100.

   (a) Gib einen Algorithmus an, der diese Zahlen in Abtastwerte des weißen Rauschens einer Funktion mit der Leistung P = 10 umwandelt.

   (b) Skizziere die Amplitudenverteilung und das Leistungsspektrum für ein vorgegebenes Abtastintervall von T = 1 msec.

6. Wenn die Varianz der Abtastwerte des weißen Rauschens gleich 1/T gesetzt wird,

   (a) wie wirkt sich dies auf das Leistungsdichtespektrum aus?

   (b) was ergibt sich, wenn das weiße Rauschen gefiltert wird?

7. Stelle für die Abtastwerteverteilungen von Aufgabe 4a und 4b fest, wie man die Abtastwerte skalieren sollte, damit die Gesamtleistung des weißen Rauschens gleich Eins ist.

8. Ein Rechner erzeugt unabhängige, gleich wahrscheinliche Abtastwerte zwischen 0 und 1. Gib eine Formel an, diese in Abtastwerte des weißen Rauschens mit der Einheitsleistungsdichte umzuwandeln. Gehe von einem Abtastintervall T = 0.03 sec aus.

9. Zeige, wie man unabhängige, normal verteilte Abtastwerte mit $\mu = \sigma = 2$ in Abtastwerte des weißen Rauschens mit der Einheitsleistungsdichte umwandelt; Abtastintervall ist T.

10. **Abtastwerte $[f_m]$ des weißen Rauschens mit einer Einheitsleistungsdichte von $\omega = -\pi/T$ bis $+\pi/T$ und mit T = 0.5 sec werden wie folgt gefiltert:**

$$g_m = 10f_{m-1} + 0.8g_{m-1} - 0.16g_{m-2}$$

Skizziere das Leistungsdichtespektrum $\bar{\Phi}_{gg}(j\omega)$.

11. **Gib den vollständigen algorithmischen Entwurf an für ein System mit T = 0.1 sec, das eine Zufallsfolge erzeugt und dessen Leistungsspektrum angenähert wird durch**

$$\bar{\Phi}_{gg}(j\omega) = \frac{100}{\omega^2 + 1}$$

12. Nimm an, eine Abtastreihe $[g_m]$ sei in einem FORTRAN-Array G(M), M = 1, ..., 5 000 gespeichert. Wenn noch T = 10 µsec gegeben ist, schreibe ein FORTRAN-Programm, um $\bar{\Phi}_{gg}(j\omega)$ in den Bändern 10 - 20 kHz und 20 - 30 kHz abzuschätzen. Benutze die Subroutine SPFIL2 in Anhang B. Überprüfe das Ergebnis mit einer weißen Folge.

13. **Wie heißt in Aufgabe 12 der 96%-Vertrauensbereich bei der spektralen Schätzung?**

14. **Nimm wieder wie in Aufgabe 12 an, daß $[g_m]$ in G(M), M = 1, ..., 5 000 gespeichert sei und daß T = 10 µsec sei. Schreibe und teste ein Programm, um alle Werte von ϕ_n mit der Autokorrelationsmethode zu berechnen, so daß der 90%-Bereich nicht mehr als ein dB um den tatsächlichen Wert herum liegt.**

15. **Beginne mit der Definition des Periodogramms in Gl. 15.10 und leite das Ergebnis von Gl. 15.13 ab. Hinweis: Dieses Problem erfordert nicht nur eine Substitution der Variablen, sondern auch einen Wechsel des Bereiches, über den die Summationen durchgeführt werden. Dies erreicht man am leichtesten durch Umformulierung der ursprünglichen Ausdrücke als unendliche Summen, wobei man die Tatsache beachten sollte, daß $x_m = 0$ außerhalb des Bereiches $0 \leq m \leq N - 1$. Nach der Substitution der Variablen und dem Umordnen der Terme kann man die Summen dann wieder endlich werden lassen, und nur die von Null verschiedenen Terme betrachten.**

16. In dieser Übung lernen wir, in welcher Weise die Kammfilter-Spektralschätzung äquivalent zur Methode des gemittelten Periodogramms ist. Nimm an, daß die in Bild 15.11 dargestellte Kammfiltermethode so wie unten gezeigt realisiert ist. Die Übertragungsfunktionen $\tilde{G}_k(z)$ mit k = 1, ..., N sind durch folgenden Ausdruck gegeben:

$$\tilde{G}_k(z) = \frac{1}{1 - e^{j(2\pi k/N)}z^{-1}}$$

Beachte, daß diese Struktur an die Filterstruktur mit Frequenzabtastung erinnert, die in Abschnitt 12.6 diskutiert wurde.

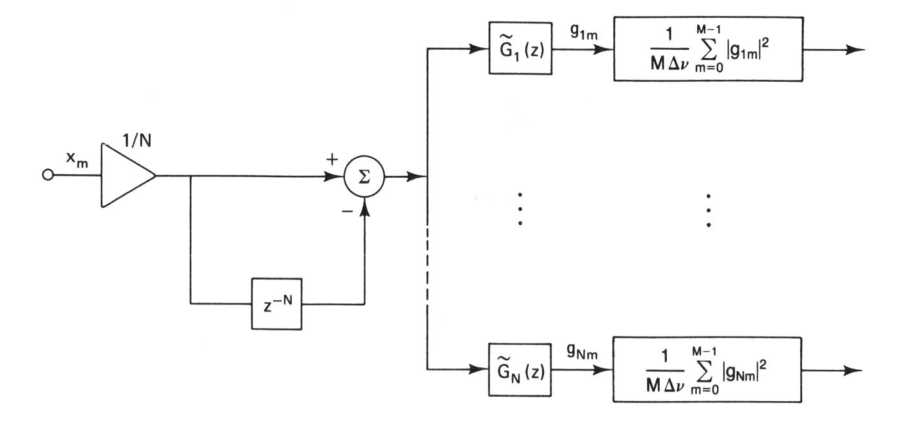

(a) Zeige, daß die Übertragungsfunktion vom Eingang x_m zum k-ten Filterausgang g_{km} gegeben ist durch

$$\tilde{H}_k(z) = \frac{1}{N}\left(\frac{1 - z^{-N}}{1 - e^{j(2\pi k/N)}z^{-1}}\right)$$

und daß diese Übertragungsfunktion eine Frequenzantwort folgender Form hat

$$\overline{H}_k(j\omega) = A\left(\omega T - \frac{2\pi k}{N}\right)$$

in der

$$A(\omega T) = e^{-j[(N-1)/2]\omega T}\,\frac{\sin(N\omega T/2)}{N\,\sin(\omega T/2)}$$

(b) Skizziere | A(ωT) | für N = 11 und verifiziere, daß der Betrag der Antwort von A(ωT-2πk/N) die Antwort eines Bandpaßfilters mit Einheitsverstärkung bei der Mittenfrequenz 2πk/N ist.

(c) Die Leistungsdichte wird gebildet durch Mittelung der quadrierten Amplitude der Filterausgangssignale und Division durch Δv (die Bandbreite jedes Filters), wie dies im Bild gezeigt ist. Was ist ein vernünftiger Wert für Δv in dieser Realisierung? Nun sei das Periodogramm von Gl. 15.10 bei N diskreten Frequenzen ωT = πk/N, k = 0,1, ..., N-1 ausgewertet, so daß

$$\bar{I}_N(k) = \frac{1}{N}\,|\overline{X}_N(k)|^2$$

wobei

$$\overline{X}_N(k) = \sum_{m=0}^{N-1} x_m e^{-j(\pi mk/N)}$$

Wir betrachten die Methode von Bartlett, welche die spektrale Schätzung durch eine Mittelung von Periodogrammen durchführt. Wenn wir zeigen können, daß $\bar{I}_N(k)$ in gewissem Sinne äquivalent zu $|g_{km}|^2/\Delta\nu$ ist, dann wird die Methode der gemittelten Periodogramme äquivalent zu der oben beschriebenen Kammerfiltermethode sein. Der Ausdruck für $\bar{X}_N(k)$ kann als eine komplexe Demodulation, dem ein Tiefpaßfilter folgt, betrachtet werden.

(d) **Zeige, daß das Spektrum des demodulierten Signals**

$$f_{km} = x_m e^{-j(\pi mk/N)}$$

einfach eine frequenzverschobene Version des Spektrums von x_m ist, bei der die Frequenzen, die früher um den Wert $\pi k/N$ in x_m lagen, jetzt um den Wert 0 (oder Gleichstrom) in f_{km} liegen, d.h.

$$\bar{F}_k(j\omega) = \bar{X}\left(j\left(\omega + \frac{\pi k}{NT}\right)\right)$$

(e) Zeige, daß die Summation, die benutzt wurde, um $\bar{X}_N(k)$ zu bilden

$$\bar{X}_N(k) = \sum_{m=0}^{N-1} f_{km}$$

als eine FIR-Filterung N-ter Ordnung angesehen werden kann (hier sind alle Filterkoeffizienten gleich 1), wobei die Frequenzantwort gleich NA(ωT) ist.

(f) **Benutze diese Ergebnisse, um zu beweisen, daß das Periodogramm äquivalent zu $N\ |\ g_{km}\ |^2/\Delta\nu$ ist, und daß die zwei Methoden der spektralen Schätzung im wesentlichen gleich sind.**

17. **Zeige, daß die "Least-Squares"-Lösung (in Gl. 14.23) für die N Gewichte eines Einschritt-Praediktors [Bild 14.1(b) mit Δ = 1] außer im Vorzeichen identisch mit der Lösung für die Koeffizienten eines AR-Spektralmodells N-ter Ordnung (Gl. 15.56) ist. Zeige ferner, daß der (N + 1)ste Parameter des AR-Modells, σ^2 in Gl. 15.54, gleich dem minimalen mittleren quadrierten Fehler des linearen Praediktors (Gl. 14.24) ist. Nimm an, daß das vom linearen Praediktor gelieferte AR-Modell ausreicht, um die spektralen Charakteristiken des Eingangssignals zu beschreiben. Was kann man über die spektralen Charakteristiken des Fehler-Ausgangssignals des Praediktors sagen?**

18. Ein zeitdiskreter Zufallsprozeß wird erzeugt, indem weißes Rauschen durch ein zeitdiskretes lineares Filter geschickt wird, das dem folgenden Ausdruck entspricht

$$x_k = 0.8x_{k-1} + 0.2w_k$$

wobei w_k eine weiße Rauschfolge mit Einheitsvarianz ist.

(a) Leite bezüglich x_k einen Ausdruck für die Leistungsspektraldichte $\bar{\Phi}_{xx}(j\omega)$ ab, und trage diese Funktion in dB über der Frequenz in Hz auf. Erzeuge jetzt 2048 Abtastwerte x_k, wobei der obige Ausdruck und SPUNIF für w_k benutzt werden sollen. Berechne die Leistungsspektralschätzung von x_k und drucke sie aus, wobei jede der folgenden Methoden verwendet werden soll:

(b) Periodogramm.

(c) Die Methode von Bartlett der Mittelung von Periodogrammen mit einer Blockgröße von 256.

(d) Die Methode von Blackman-Tukey mit Hilfe eines Hanning-Fensters (zweiseitig) der Länge 513.

(e) Die Methode von Welch mit einem Hanning-Fenster, einer Blockgröße von 256 und einer Überlappung der Blöcke von 50%.

(f) Die AR-Methode mit zwei Koeffizienten.

(g) Die AR-Methode mit vier Koeffizienten.

19. Wiederhole die Übung 18 für den Fall, in dem das Signal erzeugt wird gemäß:

(a) $x_k = -0.8x_{k-1} + 0.2w_k$
(b) $x_k = w_k - 1.27w_{k-1} - 0.81w_{k-2}$

(Versuche, acht Koeffizienten bei der AR-Methode zu verwenden.)

20. Erzeuge 512 Abtastwerte der Folge

$$x_k = \sin\left(\frac{k\pi}{4}\right) + w_k$$

wobei w_k eine weiße Rauschfolge mit Einheitsvarianz ist. Berechne Periodogramme der Länge 128, 256, und 512. Trage die Ergebnisse auf (zuerst mit linearer Skala und dann mit einer dB-Skala). Wie unterscheiden sie sich? Erkläre.

21. Wiederhole Übung 20 mit der Folge

$$x_k = \sin\left(\frac{k\pi}{8}\right) + w_k$$

Wie unterscheiden sich diese Ergebnisse von denen in Übung 20? Erkläre.

22. **Erzeuge 1024 Abtastwerte der Folge**

$$x_k = A_1 \sin\left(\frac{k\pi}{5}\right) + A_2 \sin\left(\frac{3k\pi}{10}\right) + w_k$$

wobei w_k eine weiße Rauschfolge mit Einheitsvarianz ist und $A_1 = A_2 = 10$ gilt. Berechne die AR-Spektralschätzung, trage sie auf, und benutze dabei:

(a) **Vier Koeffizienten.**

(b) **Sechs Koeffizienten.**

(c) **Acht Koeffizienten.**

Was kannst Du auf der Basis dieser Ergebnisse über die Fähigkeit der AR-Spektralschätzung sagen, mehrfache Sinuswellen aufzulösen?

23. **Wiederhole die Übung 22 mit $A_1 = 10$ und $A_2 = 5$.**

24. **Wiederhole die Übung 22 mit Varianz des Rauschens von 10.**

Einige Antworten

1. $\phi(0) = P, \phi(\tau) = 0$ bei $\tau = n\pi/\omega_m$ **2.** Siehe Section 15.2 **3.** $\sigma_f^2 = \frac{1}{3}$
4.(b) $\sigma_f^2 = 2$ **5.(a)** $f_n = \sqrt{0.012}(r_n - 50)$ **8.** $f_n = 20(r_n - 1/2)$
9. $f_n = (r_n - 2)/(2\sqrt{T})$
11. Hinweis: Siehe Fig. 15.6. Behandle $H(j\omega)$ als ein Butterworth-Filter

Literaturhinweise

BINGHAM, C., GODFREY, M. D., and TUKEY, J. W., Modern Techniques of Power Spectrum Estimation. *IEEE Trans. Audio Electroacoust.* (Special Issue on Fast Fourier Transform and Its Applications to Digital Filtering and Spectral Analysis), Vol. AU-15, June 1967, p. 56.

BLACKMAN, R. B., and TUKEY, J. W., *The Measurement of Power Spectra*. New York: Dover, 1958.

BURG, J. P., *Maximum Entropy Spectral Analysis*, Ph.D. thesis. Department Geophysics, Stanford University, Stanford, Calif., May 1975.

CADZOW, J. A., Spectral Estimation: An Overdetermined Rational Model Equation Approach. *Proc. IEEE,* Vol. 70, September 1982, p. 907.

CHILDERS, D. G., and PAO, M.-T., Complex Demodulation for Transient Wavelet Detection and Extraction. *IEEE Trans. Audio Electroacoust.,* Vol. AU-20, No. 4, October 1972, p. 295.

DORIAN, L. V., *Digital Spectral Analysis,* Thesis, AD861229. Monterey, Calif.: Naval Post-Graduate School, September 1968.

EDWARD, J. A., and FITELSON, M. M., Notes on Maximum-Entropy Processing. *IEEE Trans. Inform. Theory,* Vol. IT-19, March 1973, p. 232.

HAYKIN, S. (ed.), *Topics in Applied Physics: Nonlinear Methods of Spectral Analysis.* New York: Springer-Verlag, 1979.

JENKINS, G. M., General Considerations in the Analysis of Spectra. *Technometrics,* Vol. 3, No. 2, May 1961, p. 133.

JENKINS, G. M., and WATTS, D. G., *Spectral Analysis.* San Francisco: Holden-Day, 1968a.

JENKINS, G. M., and WATTS, D. G., *Spectral Analysis and Its Applications.* San Francisco: Holden-Day, 1968b.

JENKINS, G. M., and WATTS, D. G., *Spectral Analysis of Time Series.* New York: Academic Press, 1974.

KAY, S., *Modern Spectral Estimation: Theory and Application.* Englewood Cliffs, N.J.: Prentice-Hall, 1987.

KROMER, R. E., *Asymptotic Properties of the Autoregressive Spectral Estimator,* Ph.D thesis. Department of Statistics, Stanford University, Stanford, Calif., 1970.

LANING, J. H., JR., and BATTIN, R. H., *Random Processes in Automatic Control.* New York: McGraw-Hill, 1956.

LIM, J. S., and OPPENHEIM, A. V. (eds.), *Advanced Topics in Signal Processing.* Englewood Cliffs, N.J.: Prentice-Hall, 1988.

MAKHOUL, J., Linear Prediction: A Tutorial Review. *Proc. IEEE,* Vol. 63, April 1975, p. 561.

MARPLE, S., *Digital Spectral Analysis with Applications.* Englewood Cliffs, N.J.: Prentice-Hall, 1987.

OPPENHEIM, A. V., and SCHAFER, R. W., *Digital Signal Processing.* Englewood Cliffs, N.J.: Prentice-Hall, 1975.

PARZEN, E., Mathematical Considerations in the Estimation of Spectra. *Technometrics,* Vol. 3, No. 2, May 1961, p. 167.

RICHARDS, P. I., Computing Reliable Power Spectra. *IEEE Spectrum,* January 1967, p. 83.

WALKER, G., On Periodicity in Series and Related Terms. *Proc. Roy. Soc.,* Vol. A131, 1931, p. 518.

WELCH, P. D., A Direct Digital Method of Power Spectrum Estimation. *IBM J. Res. Develop.,* Vol. 5, April 1961, p. 141.

WELCH, P. D., The Use of Fast Fourier Transform for the Estimation of Power Spectra: A Method Based on Time Averaging over Short, Modified Periodograms. *IEEE Trans. Audio Electroacoust.* (Special Issue on Fast Fourier Transform and Its Applications to Digital Filtering and Spectral Analysis), Vol. AU-15, June 1967, p. 70.

YULE, G. U., On a Method of Investigating Periodicities in Distributed Series, with Special Reference to Wolfer's Sunspot Numbers. *Philos. Trans.,* Vol. A226, 1927, p. 267.

ANHANG A

Laplace- und z-Transformationen

Der erste Teil dieser Tabelle enthält Operations-Transformationspaare, wie z.B. die Transformation der Ableitung von f(t) usw. Der zweite enthält eine Liste expliziter Transformationen. Wichtig ist die schon in Kapitel 7 diskutierte Eigenschaft, daß f(t) in dieser Tabelle für $t < 0$ immer gleich Null ist. Wenn jedoch die Verschiebetheoreme angewandt werden, "beginnt" f(t) nicht mehr bei $t = 0$. Wenn zum Beispiel $\tilde{F}(z) = Tz/(z-1)$ mit z^{-n} multipliziert wird, dann ist die modifizierte Version von f(t) eine Rampenfunktion, die bis $t = nT$ gleich Null ist und danach gleich $(t - nT)$.

Zeile	Laplace-Transformation	$f(t)$	z-Transformation
A	$F(s) = \int_0^\infty f(t)e^{-st}\,dt$	$f(t)$	$\tilde{F}(z) = \sum_{m=0}^{\infty} f_m z^{-m}$
B	$AF(s)$	$Af(t)$	$A\tilde{F}(z)$
C	$F(s) + G(s)$	$f(t) + g(t)$	$\tilde{F}(z) + \tilde{G}(z)$
D	$sF(s) - f(0+)$	$\frac{d}{dt}f(t)$	—
E	$\frac{F(s)}{s}$	$\int_0^t f(\tau)\,d\tau$	—
F	$-\frac{d}{ds}F(s)$	$tf(t)$	$-Tz\frac{d}{dz}[\tilde{F}(z)]$
G	$F(s + a)$	$e^{-at}f(t);\quad a > 0$	$\tilde{F}(ze^{aT})$
H	$e^{-nsT}F(s)$	$f(t - nT);\quad n > 0$	$z^{-n}\tilde{F}(z)$
I	$aF(as)$	$f\left(\frac{t}{a}\right);\quad a > 0$	$\tilde{F}(z)$ with $\frac{T}{a} \to T$

Zeile	$F(s)$	$f(t)$ für $t \geq 0$	$F(z)$
100	1	$\delta(t);\quad f_m = \frac{1}{T}$ bei $m = 0$	$\frac{1}{T}$
101	$\frac{1}{s}$	$u(t);\quad f_m = 1$ für $m \geq 0$	$\frac{z}{z-1}$
102	$\frac{1}{s^2}$	t	$\frac{Tz}{(z-1)^2}$
103	$\frac{1}{s^3}$	$\frac{1}{2!}t^2$	$\frac{T^2 z(z+1)}{2(z-1)^3}$
104	$\frac{1}{s^4}$	$\frac{1}{3!}t^3$	$\frac{T^3 z(z^2+4z+1)}{6(z-1)^4}$
105	$\frac{1}{s^{k+1}}$	$\frac{1}{k!}t^k$	$\lim_{a \to 0} \frac{(-1)^k}{k!} \frac{\partial^k}{\partial a^k}\left(\frac{z}{z-e^{-aT}}\right)$
150	$\frac{1}{s-(1/T)\ln a}$	$a^{t/T}$	$\frac{z}{z-a}$
151	$\frac{1}{s+a}$	e^{-at}	$\frac{z}{z-e^{-aT}}$
152	$\frac{1}{(s+a)^2}$	te^{-at}	$\frac{Tze^{-aT}}{(z-e^{-aT})^2}$
153	$\frac{1}{(s+a)^3}$	$\frac{t^2}{2}e^{-at}$	$\frac{T^2 e^{-aT} z}{2(z-e^{-aT})^2} + \frac{T^2 e^{-2aT} z}{(z-e^{-aT})^3}$
154	$\frac{1}{(s+a)^{k+1}}$	$\frac{t^k}{k!}e^{-at}$	$\frac{(-1)^k}{k!} \frac{\partial^k}{\partial a^k}\left(\frac{z}{z-e^{-aT}}\right)$
155	$\frac{a}{s(s+a)}$	$1-e^{-at}$	$\frac{(1-e^{-aT})z}{(z-1)(z-e^{-aT})}$
156	$\frac{a}{s^2(s+a)}$	$t-\frac{1-e^{-at}}{a}$	$\frac{Tz}{(z-1)^2} - \frac{(1-e^{-aT})z}{a(z-1)(z-e^{-aT})}$
157	$\frac{a}{s^3(s+a)}$	$\frac{1}{2!}\left(t^2 - \frac{2}{a}t + \frac{2}{a^2} - \frac{2}{a^2}e^{-at}\right)$	$\frac{T^2 z}{(z-1)^3} + \frac{(aT-2)Tz}{2a(z-1)^2} + \frac{z}{a^2(z-1)} - \frac{z}{a^2(z-e^{-aT})}$

Zeile	$F(s)$	$f(t)$ für $t \geq 0$	$\tilde{F}(z)$
158	$\dfrac{a}{s^{k+1}(s+a)}$	$\dfrac{1}{k!}\left[t^k - \dfrac{k}{a}t^{k-1} + \dfrac{k(k-1)}{a^2}t^{k-2} - \cdots + (-1)^{k-1}\dfrac{k!}{a^k}t + (-1)^k\dfrac{k!}{a^k}\right] + (-1)^{k+1}\dfrac{e^{-at}}{a^k}$	$\dfrac{(-1)^{k+1}}{a^k}\dfrac{1}{1-e^{-aT}z^{-1}} + \dfrac{a}{k!}\lim_{x\to 0}\dfrac{\partial^k}{\partial x^k}\left[\dfrac{1}{(x+a)(1-e^{Tx}z^{-1})}\right]$
200	$\dfrac{b-a}{(s+a)(s+b)}$	$e^{-at} - e^{-bt}$	$\dfrac{z}{z-e^{-aT}} - \dfrac{z}{z-e^{-bT}}$
201	$\dfrac{(b-a)(s+c)}{(s+a)(s+b)}$	$(c-a)e^{-at} + (b-c)e^{-bt}$	$\dfrac{(c-a)z}{z-e^{-aT}} + \dfrac{(b-c)z}{z-e^{-bT}}$
202	$\dfrac{\beta}{s^2+\beta^2}$	$\sin \beta t$	$\dfrac{z \sin \beta T}{z^2 - 2z \cos \beta T + 1}$
203	$\dfrac{s}{s^2+\beta^2}$	$\cos \beta t$	$\dfrac{z(z - \cos \beta T)}{z^2 - 2z \cos \beta T + 1}$
204	$\dfrac{\beta}{s^2-\beta^2}$	$\sinh \beta t$	$\dfrac{z \sinh \beta T}{z^2 - 2z \cosh \beta T + 1}$
205	$\dfrac{s}{s^2-\beta^2}$	$\cosh \beta t$	$\dfrac{z(z - \cosh \beta T)}{z^2 - 2z \cosh \beta T + 1}$
206	$\dfrac{\beta}{(s+a)^2+\beta^2}$	$e^{-at} \sin \beta t$	$\dfrac{ze^{-aT} \sin \beta T}{z^2 - 2ze^{-aT} \cos \beta T + e^{-2aT}}$
207	$\dfrac{s+a}{(s+a)^2+\beta^2}$	$e^{-at} \cos \beta t$	$\dfrac{z^2 - ze^{-aT} \cos \beta T}{z^2 - 2ze^{-aT} \cos \beta T + e^{-2aT}}$
208	$\dfrac{\beta s}{(s+a)^2+\beta^2}$	$e^{-at}(\beta \cos \beta t - a \sin \beta t)$	$\dfrac{\beta z^2 - ze^{-aT}(\beta \cos \beta T + a \sin \beta T)}{z^2 - 2ze^{-aT} \cos \beta T + e^{-2aT}}$
300	$\dfrac{ab}{s(s+a)(s+b)}$	$1 + \dfrac{b}{a-b}e^{-at} - \dfrac{a}{a-b}e^{-bt}$	$\dfrac{z}{z-1} + \dfrac{bz}{(a-b)(z-e^{-aT})} - \dfrac{az}{(a-b)(z-e^{-bT})}$

Zeile	$F(s)$	$f(t)$ für $t \geq 0$	$\tilde{F}(z)$
301	$\frac{ab(s+c)}{s(s+a)(s+b)}$	$c + \frac{b(c-a)}{a-b} e^{-at} + \frac{a(b-c)}{a-b} e^{-bt}$	$\frac{cz}{z-1} + \frac{b(c-a)z}{(a-b)(z-e^{-aT})} + \frac{a(b-c)z}{(a-b)(z-e^{-bT})}$
302	$\frac{1}{(s+a)(s+b)(s+c)}$	$\frac{e^{-at}}{(b-a)(c-a)} + \frac{e^{-bt}}{(a-b)(c-b)} + \frac{e^{-ct}}{(a-c)(b-c)}$	$\frac{z}{(b-a)(c-a)(z-e^{-aT})} + \frac{z}{(a-b)(c-b)(z-e^{-bT})} + \frac{z}{(a-c)(b-c)(z-e^{-cT})}$
303	$\frac{s+d}{(s+a)(s+b)(s+c)}$	$\frac{(d-a)}{(b-a)(c-a)} e^{-at} + \frac{(d-b)}{(a-b)(c-b)} e^{-bt} + \frac{(d-c)}{(a-c)(b-c)} e^{-ct}$	$\frac{(d-a)z}{(b-a)(c-a)(z-e^{-aT})} + \frac{(d-b)z}{(a-b)(c-b)(z-e^{-bT})} + \frac{(d-c)z}{(a-c)(b-c)(z-e^{-cT})}$
304	$\frac{a^2}{s(s+a)^2}$	$1 - (1+at)e^{-at}$	$\frac{z}{z-1} - \frac{z}{z-e^{-aT}} - \frac{aTe^{-aT}z}{(z-e^{-aT})^2}$
305	$\frac{a^2(s+b)}{s(s+a)^2}$	$b - be^{-at} + a(a-b)te^{-at}$	$\frac{bz}{z-1} - \frac{bz}{z-e^{-aT}} + \frac{a(a-b)Te^{-aT}z}{(z-e^{-aT})^2}$
306	$\frac{(a-b)^2}{(s+b)(s+a)^2}$	$e^{-bt} - e^{-at} + (b-a)te^{-at}$	$\frac{z}{z-e^{-bT}} - \frac{z}{z-e^{-aT}} + \frac{(a-b)Te^{-aT}z}{(z-e^{-aT})^2}$
307	$\frac{(a-b)^2(s+c)}{(s+b)(s+a)^2}$	$(c-b)e^{-bt} + (b-c)e^{-at} - (a-b)(c-a)te^{-at}$	$\frac{(c-b)z}{z-e^{-bT}} + \frac{(b-c)z}{z-e^{-aT}} - \frac{(a-b)(c-a)Te^{-aT}z}{(z-e^{-aT})^2}$

Zeile	$F(s)$	$f(t)$ für $t \geq 0$	$\tilde{F}(z)$
308	$\frac{\beta^2}{s(s^2 - \beta^2)}$	$\cosh \beta t - 1$	$\frac{z(z - \cosh \beta T)}{z^2 - 2z \cosh \beta T + 1} - \frac{z}{z - 1}$
309	$\frac{\beta^2}{s(s^2 + \beta^2)}$	$1 - \cos \beta t$	$\frac{z}{z - 1} - \frac{z(z - \cos \beta T)}{z^2 - 2z \cos \beta T + 1}$
310	$\frac{\beta^2(s + a)}{s(s^2 + \beta^2)}$	$a - a \sec \theta \cos(\beta t + \theta)$ wobei $\theta = \tan^{-1}\left(\frac{\beta}{a}\right)$	$\frac{az}{z - 1} - \frac{az^2 - az \sec \theta \cos(\beta T - \theta)}{z^2 - 2z \cos \beta T + 1}$
311	$\frac{a^2 + \beta^2}{s[(s + a)^2 + \beta^2]}$	$1 - e^{-at} \sec \theta \cos(\beta t + \theta)$ wobei $\theta = \tan^{-1}\left(-\frac{a}{\beta}\right)$	$\frac{z}{z - 1} - \frac{z^2 - ze^{-aT} \sec \theta \cos(\beta T - \theta)}{z^2 - 2ze^{-aT} \cos \beta T + e^{-2aT}}$
312	$\frac{(a^2 + \beta^2)(s + b)}{s[(s + a)^2 + \beta^2]}$	$b - be^{-at} \sec \theta \cos(\beta t + \theta)$ wobei $\theta = \tan^{-1}\left(\frac{a^2 + \beta^2 - ab}{b\beta}\right)$	$\frac{bz}{z - 1}$ $- \frac{b[z^2 - ze^{-aT} \sec \theta \cos(\beta T - \theta)]}{z^2 - 2ze^{-aT} \cos \beta T + e^{-2aT}}$
313	$\frac{(a - b)^2 + \beta^2}{(s + b)[(s + a)^2 + \beta^2]}$	$e^{-bt} - e^{-at} \sec \theta \cos(\beta t + \theta)$ wobei $\theta = \tan^{-1}\left(\frac{b - a}{\beta}\right)$	$\frac{z}{z - e^{-bT}}$ $- \frac{z^2 - ze^{-aT} \sec \theta \cos(\beta T - \theta)}{z^2 - 2ze^{-aT} \cos \beta T + e^{-2at}}$
314	$\frac{[(a - b)^2 + \beta^2](s + \alpha)}{(s + b)[(s + a)^2 + \beta^2]}$	$(\alpha - b)e^{-bt} - (\alpha - b)e^{-at} \sec \theta \cos(\beta t + \theta)$ wobei $\theta = \tan^{-1}\left(\frac{(\alpha - a)(b - a) + \beta^2}{(\alpha - b)\beta}\right)$	$\frac{(\alpha - b)z}{z - e^{-bT}}$ $- \frac{(\alpha - b)[z^2 - ze^{-aT} \sec \theta \cos(\beta T - \theta)]}{z^2 - 2ze^{-aT} \cos \beta T + e^{-2aT}}$
315	$\frac{[(a - b)^2 + \beta^2](s^2 + \alpha s + \gamma)}{(s + b)[(s + a)^2 + \beta^2]}$	$(b^2 - b\alpha + \gamma)e^{-bt} + k^2 e^{-at} \sec \theta \cos(\beta t + \theta)$ wobei $k^2 = a^2 + \beta^2 - 2ab + b\alpha - \gamma$ $\theta = \tan^{-1}\left(\frac{ak^2 - (a^2 + \beta^2)(\alpha - b) + \gamma(2a - b)}{\text{[illegible]}}\right)$	$\frac{(b^2 - b\alpha + \gamma)z}{z - e^{-bT}}$ $+ \frac{k^2[z^2 - ze^{-aT} \sec \theta \cos(\beta T - \theta)]}{z^2 - 2ze^{-aT} \cos \beta T + e^{-2aT}}$

Zeile	$F(s)$	$f(t)$ für $t \geq 0$	$\tilde{F}(z)$
400	$\frac{a^3}{s^2(s+a)^2}$	$at - 2 + (at+2)e^{-at}$	$\frac{(aT+2)z - 2z^2}{(z-1)^2} + \frac{2z}{z-e^{-aT}} + \frac{aTe^{-aT}z}{(z-e^{-aT})^2}$
401	$\frac{a^2b^2}{s^2(s+a)(s+b)}$	$abt - (a+b) - \frac{b^2}{a-b}e^{-at} + \frac{a^2}{a-b}e^{-bt}$	$\frac{abTz}{(z-1)^2} - \frac{(a+b)z}{z-1} - \frac{b^2z}{(a-b)(z-e^{-aT})} + \frac{a^2z}{(a-b)(z-e^{-bT})}$
402	$\frac{a^2b^2(s+c)}{s^2(s+a)(s+b)}$	$abct + [ab - c(a+b)] - \frac{b^2(c-a)}{a-b}e^{-at} - \frac{a^2(b-c)}{a-b}e^{-bt}$	$\frac{abcTz}{(z-1)^2} + \frac{ab - c(a+b)z}{z-1} - \frac{b^2(c-a)z}{(a-b)(z-e^{-aT})} - \frac{a^2(b-c)z}{(a-b)(z-e^{-bT})}$
403	$\frac{abc}{s(s+a)(s+b)(s+c)}$	$1 - \frac{bc}{(b-a)(c-a)}e^{-at} - \frac{ca}{(c-b)(a-b)}e^{-bt} - \frac{ab}{(a-c)(b-c)}e^{-ct}$	$\frac{z}{z-1} - \frac{bcz}{(b-a)(c-a)(z-e^{-aT})} - \frac{caz}{(c-b)(a-b)(z-e^{-bT})} - \frac{abz}{(a-c)(b-c)(z-e^{-cT})}$
404	$\frac{abc(s+d)}{s(s+a)(s+b)(s+c)}$	$d - \frac{bc(d-a)}{(b-a)(c-a)}e^{-at} - \frac{ca(d-b)}{(c-b)(a-b)}e^{-bt} - \frac{ab(d-c)}{(a-c)(b-c)}e^{-ct}$	$\frac{dz}{z-1} - \frac{bc(d-a)z}{(b-a)(c-a)(z-e^{-aT})} - \frac{ca(d-b)z}{(c-b)(a-b)(z-e^{-bT})} - \frac{ab(d-c)z}{(a-c)(b-c)(z-e^{-cT})}$
405	$\frac{a^2b}{s(s+b)(s+a)^2}$	$1 - \frac{a^2}{(a-b)^2}e^{-bt} + \frac{ab + b(a-b)}{(a-b)^2}e^{-at} + \frac{ab}{a-b}te^{-at}$	$\frac{z}{z-1} - \frac{a^2z}{(a-b)^2(z-e^{-bT})} + \frac{[ab + b(a-b)]z}{(a-b)^2(z-e^{-aT})} + \frac{abTe^{-aT}z}{(a-b)(z-e^{-aT})^2}$
406	$\frac{a^2b(s+c)}{s(s+b)(s+a)^2}$	$c + \frac{a^2(b-c)}{(a-b)^2}e^{-bt} + \frac{ab(c-a) + bc(a-b)}{(a-b)^2}e^{-at} + \frac{ab(c-a)}{a-b}te^{-at}$	$\frac{cz}{z-1} + \frac{a^2(b-c)z}{(a-b)^2(z-e^{-bT})} + \frac{[ab(c-a) + bc(a-b)]z}{(a-b)^2(z-e^{-aT})} + \frac{ab(c-a)Te^{-aT}z}{(a-b)(z-e^{-aT})^2}$

Zeile	$F(s)$	$f(t)$ für $t \geq 0$	$\tilde{F}(z)$
407	$\dfrac{(a^2+\beta^2)^2}{s^2[(s+a)^2+\beta^2]}$	$(a^2+\beta^2)t - 2a + 2ae^{-at}\sec\theta\cos(\beta t+\theta)$ wobei $\theta = \tan^{-1}\left(\dfrac{\beta^2-a^2}{2a\beta}\right)$	$\dfrac{[(a^2+\beta^2)T+2a]z-2az^2}{(z-1)^2} + \dfrac{2a[z^2-ze^{-aT}\sec\theta\cos(\beta T-\theta)]}{z^2-2ze^{-aT}\cos\beta T+e^{-2aT}}$
408	$\dfrac{(a^2+\beta^2)^2(s+b)}{s^2[(s+a)^2+\beta^2]}$	$b(a^2+\beta^2)t + k^2 - k^2e^{-at}\sec\theta\cos(\beta t+\theta)$ wobei $k^2 = a^2+\beta^2-2ab$, $\theta = \tan^{-1}\left(-\dfrac{ak^2+b(a^2+\beta^2)}{\beta k^2}\right)$	$\dfrac{[bT(a^2+\beta^2)-k^2]z+k^2z^2}{(z-1)^2} - \dfrac{k^2[z^2-ze^{-aT}\sec\theta\cos(\beta T-\theta)]}{z^2-2ze^{-aT}\cos\beta T+e^{-2aT}}$
500	$\dfrac{(abc)^2}{s^2(s+a)(s+b)(s+c)}$	$abct - (bc+ca+ab) + \dfrac{b^2c^2}{(b-a)(c-a)}e^{-at} + \dfrac{c^2a^2}{(c-b)(a-b)}e^{-bt} + \dfrac{a^2b^2}{(a-c)(b-c)}e^{-ct}$	$\dfrac{abcTz}{(z-1)^2} - \dfrac{(bc+ca+ab)z}{z-1} + \dfrac{b^2c^2z}{(b-a)(c-a)(z-e^{-aT})} + \dfrac{c^2a^2z}{(c-b)(a-b)(z-e^{-bT})} + \dfrac{a^2b^2z}{(a-c)(b-c)(z-e^{-cT})}$
501	$\dfrac{(abc)^2(s+d)}{s^2(s+a)(s+b)(s+c)}$	$abcdt + [abc-(bc+ca+ab)d] + \dfrac{b^2c^2(d-a)}{(b-a)(c-a)}e^{-at} + \dfrac{c^2a^2(d-b)}{(c-b)(a-b)}e^{-bt} + \dfrac{a^2b^2(d-c)}{(a-c)(b-c)}e^{-ct}$	$\dfrac{abcdTz}{(z-1)^2} + \dfrac{[abc-(bc+ca+ab)d]z}{z-1} + \dfrac{b^2c^2(d-a)z}{(b-a)(c-a)(z-e^{-aT})} + \dfrac{c^2a^2(d-b)z}{(c-b)(a-b)(z-e^{-bT})} + \dfrac{a^2b^2(d-c)z}{(a-c)(b-c)(z-e^{-cT})}$
502	$\dfrac{(a^2b)^2}{s^2(s+b)(s+a)^2}$	$a^2bt - [ab+a(a+b)] + \dfrac{a^4}{(a-b)^2}e^{-bt} - \dfrac{ab^2(3a-2b)}{(a-b)^2}e^{-at} - \dfrac{a^2b^2}{a-b}te^{-at}$	$\dfrac{a^2bTz}{(z-1)^2} - \dfrac{[ab+a(a+b)]z}{z-1} + \dfrac{a^4z}{(a-b)^2(z-e^{-bT})} - \dfrac{ab^2(3a-2b)z}{(a-b)^2(z-e^{-aT})} - \dfrac{a^2b^2Te^{-aT}z}{(a-b)(z-e^{-aT})^2}$

ANHANG B

Computer-Algorithmen in Fortran-77

Dieser Anhang enthält ein vollständiges Listing des Fortran-77 Quellcodes für alle die Computer-Routinen, die in dem Text beschrieben sind. Der Code ist auch auf der 356-kB Floppy-Disk enthalten, die dem Lehrbuch beiliegt. Er wurde mit der MS-DOS-Version 3.0 geschrieben. Das File-Directory der Floppy-Disk enthält

```
DSAB.FOR
TDSAB.FOR
```

Das erste File, DSAB. FOR, ist die Fortran-77 Quellbibliothek der Routinen, die in diesem Anhang aufgelistet sind. Das zweite File TDSAB.FOR, ist der Fortran-77-Quellcode für ein Programm, das die Routinen in DSAB testet. Diese Tests sind keineswegs erschöpfend, aber sie zeigen mit PRINT-Anweisungen an, daß die Routinen in DSAB unter den gegebenen Bedingungen richtig arbeiten.

```
c-
c-                          DSAB.FOR
c-              DIGITAL SIGNAL ANALYSIS, Appendix B.
c-            Source code for all routines in Fortran-77.
c-
c-
c-
c-**********************************************************************
c-*                       CHAPTER 6 ROUTINES                            *
c-**********************************************************************
c-
      SUBROUTINE SPFFT(X,N)
c-Latest date: 12/Ø4/87
c-FFT using time decomposition with input bit reversal.
c-X(Ø:N+1)=REAL array holding REAL input sequence X(Ø),---,X(N-1), plus
c-       2 extra elements X(N),X(N+1), which need not be initialized.
c-Number of samples (N) must be a power of 2 greater than 2.
c-After execution, 1st FFT component is X(Ø)=real, X(1)=imaginary,
c-                 2nd FFT component is X(2)=real, X(3)=imaginary,
c-                                      etc.,
c-     N/2 (last) FFT component is X(N)=real, X(N+1)=imaginary.
c-
      COMPLEX X(Ø:N/2),T,U
      PI=4.*ATAN(1.)
      MR=Ø
      DO 2 M=1,N/2-1
       L=N/2
    1  L=L/2
        IF(MR+L.GE.N/2) GO TO 1
       MR=MOD(MR,L)+L
       IF(MR.LE.M) GO TO 2
       T=X(M)
       X(M)=X(MR)
       X(MR)=T
    2 CONTINUE
      L=1
    3 IF(L.LT.N/2) THEN
       DO 5 M=Ø,L-1
        DO 4 I=M,N/2-1,2*L
         T=X(I+L)*EXP(CMPLX(Ø.,-M*PI/FLOAT(L)))
         X(I+L)=X(I)-T
         X(I)=X(I)+T
    4   CONTINUE
    5  CONTINUE
       L=2*L
       GO TO 3
      ENDIF
    6 X(N/2)=X(Ø)
      DO 7 M=Ø,N/4
       U=CMPLX(SIN(M*2.*PI/N),COS(M*2.*PI/N))
       T=((1.+U)*X(M)+(1.-U)*CONJG(X(N/2-M)))/2.
       X(M)=((1.-U)*X(M)+(1.+U)*CONJG(X(N/2-M)))/2.
       X(N/2-M)=CONJG(T)
    7 CONTINUE
      RETURN
      END
c-
      SUBROUTINE SPIFFT(X,N)
c-Latest date: Ø8/24/88
c-Inverse FFT. Transforms SPFFT output back into N times original input.
c-X(Ø:N+1) is a REAL array holding the complex DFT components with
c-        indices from Ø through N/2 in order as described in SPFFT.
c-As in SPFFT, N must be a power of 2 greater than 2.
c-
```

```
      COMPLEX X(Ø:N/2),T,U
      PI=4.*ATAN(1.)
      DO 1 M=Ø,N/4
       U=CMPLX(SIN(M*2.*PI/N),-COS(M*2.*PI/N))
       T=(1.+U)*X(M)+(1.-U)*CONJG(X(N/2-M))
       X(M)=(1.-U)*X(M)+(1.+U)*CONJG(X(N/2-M))
       X(N/2-M)=CONJG(T)
    1 CONTINUE
      MR=Ø
      DO 3 M=1,N/2-1
       L=N/2
    2  L=L/2
        IF(MR+L.GE.N/2) GO TO 2
       MR=MOD(MR,L)+L
       IF(MR.LE.M) GO TO 3
       T=X(M)
       X(M)=X(MR)
       X(MR)=T
    3 CONTINUE
      L=1
    4 IF(L.LT.N/2) THEN
       DO 6 M=Ø,L-1
        DO 5 I=M,N/2-1,2*L
         T=X(I+L)*EXP(CMPLX(Ø.,M*PI/FLOAT(L)))
         X(I+L)=X(I)-T
         X(I)=X(I)+T
    5   CONTINUE
    6  CONTINUE
       L=2*L
       GO TO 4
      ENDIF
      RETURN
      END
c-*********************************************************************
c-*                          CHAPTER 8 ROUTINES                       *
c-*********************************************************************
c-
      FUNCTION SPWIND(ITYPE,N,K)
c-Latest date: Ø8/24/88
c-This function returns the Kth sample of a data window ranging from
c-  K=-N through K=N.
c-ITYPE=1: Rectangular   2: Bartlett   3: Hanning
c-      4: Hamming       5: Blackman   6: Kaiser
c-   (Note:  Windows are defined in Table 8.1 of Digital Signal Anal.
c-           Kaiser window has "beta" fixed internally at 5.44.)
c-N=Half-size of window as in Table 8.1.  Total window size = 2N+1.
c-K=Sample number within window, from -N thru N.
c-  (If K is outside this range or if N<1, SPWIND is set to Ø.)
c-
c-Example (Rectangular):
c-                                  |
c-                          ________|________ 1
c-                         |        |        |
c-                         |        |        |
c-                         |        |        |
c-                 ________|________|___ ___|___________
c-                        -N        Ø   K   N
c-
      BETA=5.44
      PI=4.*ATAN(1.)
      SPWIND=Ø.
      IF(ITYPE.LT.1.OR.ITYPE.GT.6) RETURN
      IF(N.LT.1.OR.ABS(K).GT.N) RETURN
      GO TO (1,2,3,4,5,6), ITYPE
```

```
    1 SPWIND=1.Ø
      RETURN
    2 SPWIND=1.Ø-ABS(K)/FLOAT(N)
      RETURN
    3 SPWIND=Ø.5*(1.Ø+COS(PI*K/FLOAT(N)))
      RETURN
    4 SPWIND=Ø.54+Ø.46*COS(PI*K/FLOAT(N))
      RETURN
    5 SPWIND=Ø.42+Ø.5*COS(PI*K/FLOAT(N))+Ø.Ø8*COS(2.*PI*K/FLOAT(N))
      RETURN
    6 SPWIND=BESSEL(BETA*(1.-(K/FLOAT(N))**2)**.5)/BESSEL(BETA)
      RETURN
      END
c-Bessel function for Kaiser window in SPWIND.
      FUNCTION BESSEL(X)
      BESSEL=1.
      TERM=1.
      DO 1 I=2,5Ø,2
       TERM=TERM*(X/I)**2
       IF(TERM.LT.1.E-8*BESSEL) GO TO 2
       BESSEL=BESSEL+TERM
    1 CONTINUE
    2 RETURN
      END
c-*************************************************************************
c-*                          CHAPTER 9 ROUTINES                            *
c-*************************************************************************
c-
      SUBROUTINE SPLTOD(KAPPA,NU,N,B,A)
c-Latest date: Ø6/16/88
c-Converts a digital filter from symmetric lattice to direct form.
c-KAPPA(Ø:N-1)   =REAL Lattice coefficients in DSA, Fig. 9.13.
c-NU(Ø:N)        = "       "          "         "   "    "    "  .
c-N              =Number of lattice stages =order of filter.
c-B(Ø:N),A(1:N)  =Coefficients in direct form, defined by
c-
c-             B(Ø)+B(1)*Z**(-1)+...........+B(N)*Z**(-N)
c-    H(Z) = ------------------------------------------
c-               1+A(1)*Z**(-1)+..........+A(N)*Z**(-N)
c-
c-(Note carefully that array A is dimensioned A(1:N), not A(Ø:N).
c-
      REAL KAPPA(Ø:N-1),NU(Ø:N),B(Ø:N),A(1:N)
      B(Ø)=NU(Ø)
      DO 1 NS=1,N
       B(NS)=Ø.
    1 CONTINUE
      DO 4 NS=1,N
       IF(NS.GT.2) THEN
        DO 2 K=1,(NS-1)/2
         TEMP=A(K)
         A(K)=TEMP+KAPPA(NS-1)*A(NS-K)
         A(NS-K)=A(NS-K)+KAPPA(NS-1)*TEMP
    2   CONTINUE
       ENDIF
       IF(MOD(NS,2).EQ.Ø) A(NS/2)=(1.+KAPPA(NS-1))*A(NS/2)
       A(NS)=KAPPA(NS-1)
       DO 3 K=Ø,NS-1
        B(K)=B(K)+NU(NS)*A(NS-K)
    3  CONTINUE
       B(NS)=B(NS)+NU(NS)
    4 CONTINUE
      RETURN
      END
```

```
c-
      SUBROUTINE SPDTOL(B,A,N,KAPPA,NU,IERROR)
c-Latest date: Ø6/16/88
c-Converts a digital filter from direct to symmetric lattice form.
c-B(Ø:N),A(1:N) =Numerator coefficients in direct form, defined by
c-
c-              B(Ø)+B(1)*z**(-1)+...........+B(N)*z**(-N)
c-    H(z) = ------------------------------------------
c-                1+A(1)*z**(-1)+..........+A(N)*z**(-N)
c-
c-N                =Number of lattice stages =order of filter.
c-Note the dimensions:  B(Ø:N), A(1:N).  NOT A(Ø:N).
c-KAPPA(Ø:N-1)   =REAL Lattice coefficients in DSA, Fig. 9.13.
c-NU(Ø:N)          = "      "          "        "   "    "    "  .
c-Lattice coeff. are returned in REAL arrays KAPPA(Ø:N-1) and NU(Ø:N).
c-IERROR=Ø      Conversion with no errors detected.
c-       1      Unstable H(z) due to absolute kappa >1.
c-
      REAL B(Ø:N),A(1:N),KAPPA(Ø:N-1),NU(Ø:N)
      IERROR=1
      DO 1 NS=Ø,N
       NU(NS)=B(NS)
       IF(NS.LT.N) KAPPA(NS)=A(NS+1)
    1 CONTINUE
      DO 6 NS=N,1,-1
       DO 2 K=Ø,NS-1
        NU(K)=NU(K)-NU(NS)*KAPPA(NS-K-1)
    2  CONTINUE
       IF(ABS(KAPPA(NS-1)).GE.1.Ø) RETURN
       DIV=1.-KAPPA(NS-1)**2
       IF(NS-2) 6,5,3
    3  DO 4 K=Ø,(NS-3)/2
        TEMP=KAPPA(K)
        KAPPA(K)=(TEMP-KAPPA(NS-1)*KAPPA(NS-K-2))/DIV
        KAPPA(NS-2-K)=(KAPPA(NS-2-K)-KAPPA(NS-1)*TEMP)/DIV
    4  CONTINUE
    5  IF(MOD(NS,2).EQ.Ø) KAPPA(NS/2-1)=KAPPA(NS/2-1)/(1.+KAPPA(NS-1))
    6 CONTINUE
      IERROR=Ø
      RETURN
      END
c-
      SUBROUTINE SPNLTD(KAPPA,N,B)
c-Latest date: Ø6/16/88
c-Converts a nonrecursive digital filter from lattice to direct form.
c-KAPPA(Ø:N-1)   =REAL Lattice coefficients in DSA, Fig. 9.14.
c-The lattice stage equations for n=1,---,N are
c-
c-               |      | |                                | |        |
c-               |X(n)| |1            KAPPA(n-1)z**(-1)| |X(n-1)|
c-               |      |=|                                |*|        |
c-               |Y(n)| |KAPPA(n-1)             z**(-1)| |Y(n-1)|
c-               |      | |                                | |        |
c-
c-N                =Number of lattice stages =order of filter.
c-B(1:N)           =Direct-form coefficients, defined by
c-
c-    H(Z) = 1.Ø+B(1)*Z**(-1)+...........+B(N)*Z**(-N)
c-
c-(Note carefully that array B is dimensioned B(1:N), not B(Ø:N).
c-
      REAL KAPPA(Ø:N-1),B(1:N)
      DO 2 NS=1,N
       IF(NS.GT.2) THEN
```

```
        DO 1 K=1,(NS-1)/2
         TEMP=B(K)
         B(K)=TEMP+KAPPA(NS-1)*B(NS-K)
         B(NS-K)=B(NS-K)+KAPPA(NS-1)*TEMP
    1   CONTINUE
       ENDIF
       IF(MOD(NS,2).EQ.0) B(NS/2)=(1.+KAPPA(NS-1))*B(NS/2)
       B(NS)=KAPPA(NS-1)
    2 CONTINUE
      RETURN
      END
c-
      SUBROUTINE SPNDTL(B,N,KAPPA,IERROR)
c-Latest date: 06/16/88
c-Converts a nonrecursive digital filter from direct to lattice form.
c-B(1:N)          =Direct-form coefficients, defined in
c-
c-   H(Z) = 1.0+B(1)*z**(-1)+..........+B(N)*z**(-N)
c-
c-N               =Number of lattice stages =order of filter.
c-                 (Note the dimension:  B(1:N), NOT B(0:N).)
c-KAPPA(0:N-1)    =REAL Lattice coefficients in DSA, Fig. 9.14.
c-The lattice stage equations for n=1,---,N are
c-
c-                |    | |                              | |      |
c-                |X(n)| |1           KAPPA(n-1)z**(-1)| |X(n-1)|
c-                |    |=|                              |*|      |
c-                |Y(n)| |KAPPA(n-1)           z**(-1)| |Y(n-1)|
c-                |    | |                              | |      |
c-
c-Lattice coeff. are returned in REAL array KAPPA(0:N-1).
c-IERROR          = 0: Conversion complete with no absolute kappas >1.0.
c-                = 1:     "       incomplete due to abs. kappa near 1.0.
c-
      REAL B(1:N),KAPPA(0:N-1)
      IERROR=1
      DO 1 NS=0,N-1
       KAPPA(NS)=B(NS+1)
    1 CONTINUE
      DO 5 NS=N,1,-1
       IF(ABS(1.0-ABS(KAPPA(NS-1))).LT.1.E-6) RETURN
       DIV=1.-KAPPA(NS-1)**2
       IF(NS-2) 5,4,2
    2  DO 3 K=0,(NS-3)/2
        TEMP=KAPPA(K)
        KAPPA(K)=(TEMP-KAPPA(NS-1)*KAPPA(NS-K-2))/DIV
        KAPPA(NS-2-K)=(KAPPA(NS-2-K)-KAPPA(NS-1)*TEMP)/DIV
    3  CONTINUE
    4  IF(MOD(NS,2).EQ.0) KAPPA(NS/2-1)=KAPPA(NS/2-1)/(1.+KAPPA(NS-1))
    5 CONTINUE
      IERROR=0
      RETURN
      END
c-
      SUBROUTINE SPALTD1(KAPPA,LAMDA,GAIN,N,B,A)
c-Latest date: 08/24/88
c-Converts a digital filter from asymmetric lattice to direct form.
c-KAPPA(0:N-1)    =REAL lattice coefficients in DSA, Table 9.2 (left).
c-LAMDA(0:N-1)    = "     "         "        "  "    "     "    "   .
c-GAIN            =coefficient in series with lattice.
c-
c-The lattice stage equations for n=1,---,N are
c-
```

```
c-                |       | |                                 | |          |
c-                |X(n)|  |1            LAMDA(n-1)z**(-1)|  |X(n-1)|
c-                |       |=|                                 |*|          |
c-                |Y(n)|  |KAPPA(n-1)               z**(-1)|  |Y(n-1)|
c-                |       | |                                 | |          |
c-
c-N               =Number of lattice stages =order of filter.
c-B(Ø:N),A(1:N)   =Coefficients in direct form, defined by
c-
c-            B(Ø)+B(1)*Z**(-1)+...........+B(N)*Z**(-N)
c-    H(Z) =  ------------------------------------------
c-              1+A(1)*Z**(-1)+..........+A(N)*Z**(-N)
c-
c-(Note carefully that array A is dimensioned A(1:N), not A(Ø:N).
c-
      REAL KAPPA(Ø:N-1),LAMDA(Ø:N-1),B(Ø:N),A(1:N)
      B(1)=1
      B(Ø)=KAPPA(Ø)
      A(1)=LAMDA(Ø)
      IF(N.GT.1) THEN
       DO 2 NS=2,N
        B(NS)=1
        A(NS)=LAMDA(NS-1)
        DO 1 K=1,NS-1
         B(NS-K)=KAPPA(NS-1)*A(NS-K)+B(NS-K-1)
         A(NS-K)=A(NS-K)+LAMDA(NS-1)*B(NS-K-1)
    1   CONTINUE
        B(Ø)=KAPPA(NS-1)
    2  CONTINUE
      ENDIF
      DO 3 NS=Ø,N
       B(NS)=B(NS)*GAIN
    3 CONTINUE
      RETURN
      END
c-
      SUBROUTINE SPDTAL1(B,A,N,KAPPA,LAMDA,GAIN,IERROR)
c-Latest date: Ø6/1Ø/88
c-Converts a digital filter from direct to asymmetric lattice form.
c-B(Ø:N),A(1:N)   =Numerator coefficients in direct form, defined by
c-
c-            B(Ø)+B(1)*z**(-1)+...........+B(N)*z**(-N)
c-    H(z) =  ------------------------------------------
c-              1+A(1)*z**(-1)+..........+A(N)*z**(-N)
c-
c-N               =Number of lattice stages =order of filter.
c-Note the dimensions:  B(Ø:N), A(1:N).  NOT A(Ø:N).
c-KAPPA(Ø:N-1)    =REAL lattice coefficients in DSA, Table 9.2 (left).
c-LAMDA(Ø:N)      = "      "        "       "  "    "      "     "   .
c-GAIN            =gain coefficient in series with computed lattice.
c-
c-The lattice stage equations for n=1,---,N are
c-
c-                |       | |                                 | |          |
c-                |X(n)|  |1            LAMDA(n-1)z**(-1)|  |X(n-1)|
c-                |       |=|                                 |*|          |
c-                |Y(n)|  |KAPPA(n-1)               z**(-1)|  |Y(n-1)|
c-                |       | |                                 | |          |
c-
cThe lattice and gain coefficients are returned by this routine.
c-IERROR=Ø       Conversion with no errors detected.
c-       1       Lattice form does not exist -- D close to Ø in
c-                                               Table 9.2.
```

```
      REAL B(Ø:N),A(1:N),KAPPA(Ø:N-1),LAMDA(Ø:N-1)
      IERROR=1
      BØ=B(Ø)
      GAIN=B(N)
      IF(ABS(GAIN).LT.1.E-1Ø) RETURN
      DO 1 NS=Ø,N-1
       KAPPA(NS)=B(NS+1)/GAIN
       LAMDA(NS)=A(NS+1)
    1 CONTINUE
      DO 3 NS=N,1,-1
       TK=BØ
       TL=LAMDA(NS-1)
       D=1.-TK*TL
       IF(ABS(D).LT.1.E-1Ø) RETURN
       BØ=(KAPPA(Ø)-TK*LAMDA(Ø))/D
       DO 2 K=Ø,NS-2
        LAMDA(K)=(LAMDA(K)-TL*KAPPA(K))/D
        KAPPA(K)=(KAPPA(K+1)-TK*LAMDA(K+1))/D
    2  CONTINUE
       LAMDA(NS-1)=TL
       KAPPA(NS-1)=TK
    3 CONTINUE
      IERROR=Ø
      RETURN
      END
c-
      SUBROUTINE SPALTD2(KAPPA,LAMDA,GAMMA,N,B,A)
c-Latest date: Ø6/Ø9/88
c-Converts a digital filter from asymmetric lattice to direct form.
c-KAPPA(Ø:N-1)  =REAL lattice coefficients in DSA, Table 9.2 (right).
c-LAMDA(Ø:N-1)  = "     "         "       "  "     "     "     "    .
c-GAMMA         = "     "     coefficient at right end of lattice.
c-
c-The lattice stage equations for n=1,---,N are
c-
c-              |    | |                              | |        |
c-              |X(n)| |1                     z**(-1)| |X(n-1)|
c-              |    |=|                              |*|        |
c-              |Y(n)| |KAPPA(n-1)  LAMDA(n-1)z**(-1)| |Y(n-1)|
c-              |    | |                              | |        |
c-
c-N             =Number of lattice stages =order of filter.
c-
c-B(Ø:N),A(1:N) =Coefficients in direct form, defined by
c-
c-           B(Ø)+B(1)*Z**(-1)+..........+B(N)*Z**(-N)
c-   H(Z) = ------------------------------------------
c-             1+A(1)*Z**(-1)+.........+A(N)*Z**(-N)
c-
c-(Note carefully that array A is dimensioned A(1:N), not A(Ø:N).
c-
      REAL KAPPA(Ø:N-1),LAMDA(Ø:N-1),B(Ø:N),A(1:N)
      B(1)=LAMDA(Ø)*GAMMA
      B(Ø)=KAPPA(Ø)
      A(1)=GAMMA
      IF(N.LT.2) RETURN
      DO 2 NS=2,N
       B(NS)=LAMDA(NS-1)*B(NS-1)
       A(NS)=B(NS-1)
       DO 1 K=1,NS-1
        B(NS-K)=KAPPA(NS-1)*A(NS-K)+LAMDA(NS-1)*B(NS-K-1)
        A(NS-K)=A(NS-K)+B(NS-K-1)
    1  CONTINUE
       B(Ø)=KAPPA(NS-1)
```

```
    2 CONTINUE
      RETURN
      END
c-
      SUBROUTINE SPDTAL2(B,A,N,KAPPA,LAMDA,GAMMA,IERROR)
c-Latest date: 08/05/88
c-Converts a digital filter from direct to asymmetric lattice form.
c-B(0:N),A(1:N) =Numerator coefficients in direct form, defined by
c-
c-             B(0)+B(1)*z**(-1)+...........+B(N)*z**(-N)
c-    H(z) = -----------------------------------------
c-              1+A(1)*z**(-1)+..........+A(N)*z**(-N)
c-
c-N              =Number of lattice stages =order of filter.
c-Note the dimensions:  B(0:N), A(1:N).  NOT A(0:N).
c-KAPPA(0:N-1)   =REAL lattice coefficients in DSA, Table 9.2 (right).
c-LAMDA(0:N-1)   = "      "            "      "  "   "    "     "   .
c-GAMMA          = "      "    coefficient at right end of lattice.
c-The lattice stage equations for n=1,---,N are
c-
c-               |    | |                           | |        |
c-               |X(n)| |1                  z**(-1)| |X(n-1)|
c-               |    |=|                           |*|        |
c-               |Y(n)| |KAPPA(n-1)  LAMDA(n-1)z**(-1)| |Y(n-1)|
c-               |    | |                           | |        |
c-
cThe lattice coefficients are returned by this routine.
c-IERROR=0     Conversion with no errors detected.
c-       1     Lattice form does not exist -- D or p(n,n) close to 0
c-                                          in Table 9.2.
      REAL B(0:N),A(1:N),KAPPA(0:N-1),LAMDA(0:N-1)
      IERROR=1
      B0=B(0)
      DO 1 NS=0,N-1
       KAPPA(NS)=B(NS+1)
       LAMDA(NS)=A(NS+1)
    1 CONTINUE
      DO 3 NS=N,1,-1
       TK=B0
       IF(ABS(LAMDA(NS-1)).LE.1.E-10*ABS(KAPPA(NS-1))) RETURN
       TL=KAPPA(NS-1)/LAMDA(NS-1)
       D=TL-TK
       IF(ABS(D).LT.1.E-10) RETURN
       B0=(KAPPA(0)-TK*LAMDA(0))/D
       DO 2 K=0,NS-2
        LAMDA(K)=(TL*LAMDA(K)-KAPPA(K))/D
        KAPPA(K)=(KAPPA(K+1)-TK*LAMDA(K+1))/D
    2  CONTINUE
       LAMDA(NS-1)=TL
       KAPPA(NS-1)=TK
    3 CONTINUE
      GAMMA=B0
      IERROR=0
      RETURN
      END
c-
      SUBROUTINE SPCFIL(F,N,B,A,LI,NS,WORK,IERROR)
c-Latest date: 05/11/88
c-Cascade filtering of the sequence F(0:N-1).
c-Initial conditions are set to zero.  Output replaces input.
c-F(0:N-1)      =N-sample data sequence, replaced with filtered version.
c-B(0:LI,NS)    =Numerator coefficients of H(z).
c-A(1:LI,NS)    =Denominator    "       "  "  .
c-LI & NS       =Last coef. index & number of filter sections in cascade.
```

```
c-The transfer function of the nth filter section is
c-
c-              B(Ø,n)+B(1,n)*z**(-1)+ ... +B(LI,n)*z**(-LI)
c-     Hn(z) = ---------------------------------------------------
c-              1+A(1,n)*z**(-1)+ ... +A(LI,n)*z**(-LI)
c-
c-WORK(2*LI+2) =Work array of size >=(2*LI+2).  No need to initialize.
c-IERROR       =Ø: no errors.
c-              1: NS<1 or LI<1.
c-              2: filter output is over 1.E1Ø times max. input.
c-
      REAL F(Ø:N-1),B(Ø:LI,NS),A(1:LI,NS),WORK(Ø:LI,Ø:1)
c-Check for error 1 and initialize.
      IERROR=1
      IF(NS.LT.1.OR.LI.LT.1) RETURN
      IERROR=2
      FMAX=1.E1Ø*ABS(F(Ø))
      DO 1 I=1,N-1
       FMAX=MAX(FMAX,1.E1Ø*ABS(F(I)))
    1 CONTINUE
c-Do the filtering.  Outer loop is section; inner loop is sample nmbr.
      DO 5 J=1,NS
       DO 2 I=1,LI
        WORK(I,Ø)=Ø.
        WORK(I,1)=Ø.
    2  CONTINUE
       DO 4 K=Ø,N-1
        WORK(Ø,Ø)=F(K)
        WORK(Ø,1)=B(Ø,J)*F(K)
        DO 3 I=LI,1,-1
         WORK(Ø,1)=WORK(Ø,1)+B(I,J)*WORK(I,Ø)-A(I,J)*WORK(I,1)
         WORK(I,Ø)=WORK(I-1,Ø)
         WORK(I,1)=WORK(I-1,1)
    3   CONTINUE
        F(K)=WORK(Ø,1)
        IF(ABS(F(K)).GT.FMAX) RETURN
    4  CONTINUE
    5 CONTINUE
      IERROR=Ø
      RETURN
      END
c-
      SUBROUTINE SPNFIL(F,N,B,LI,WORK,IERROR)
c-Latest date: Ø5/11/88
c-Nonrecursive (FIR) filtering of the sequence F(Ø:N-1).
c-Initial conditions are set to zero.  Output replaces input.
c-F(Ø:N-1)      =N-sample data sequence, replaced with filtered version.
c-B(Ø:LI)       =Filter coefficients of H(z).
c-LI            =Last coef. index, at least 1.
c-The transfer function of the nonrecursive filter is
c-
c-     H(z) = B(Ø)+B(1)*z**(-1)+ ... +B(LI)*z**(-LI)
c-
c-WORK(LI+1)    =Work array of size >= LI+1.  No need to initialize.
c-IERROR        =Ø: no errors.
c-               1: LI<1.
c-
      REAL F(Ø:N-1),B(Ø:LI),WORK(Ø:LI)
c-Check for error 1 and initialize.  Set past values to Ø.
      IERROR=1
      IF(LI.LT.1) RETURN
      DO 1 I=1,LI
       WORK(I)=Ø.
```

```
    1 CONTINUE
      DO 3 K=Ø,N-1
       WORK(Ø)=F(K)
       F(K)=B(Ø)*F(K)
       DO 2 I=LI,1,-1
        F(K)=F(K)+B(I)*WORK(I)
        WORK(I)=WORK(I-1)
    2  CONTINUE
    3 CONTINUE
      IERROR=Ø
      RETURN
      END
c-
      SUBROUTINE SPLFIL(F,N,KAPPA,NU,NS,WORK,IERROR)
c-Latest date: Ø7/18/88
c-Lattice filtering of the sequence F(Ø:N-1) using lattice in Fig. 9.13.
c-Initial conditions are set to zero.  Output replaces input.
c-F(Ø:N-1)         =N-sample sequence, replaced with filtered version.
c-KAPPA(Ø:NS-1)    =REAL lattice elements in Fig. 9.13 of Dig. Sig. Anal.
c-NU(Ø:NS)         =REAL     "      "     "   "    "    "    "    "    "  .
c-NS               =Number of lattice stages.
c-WORK(Ø:NS)       =Work array of size >=NS+1.  No need to initialize.
c-IERROR           =Ø: no errors.
c-                  1: NS<1.
c-                  2: filter output is over 1.E1Ø times max. input.
c-
      REAL F(Ø:N-1),KAPPA(Ø:NS-1),NU(Ø:NS),WORK(Ø:NS)
c-Check for error 1 and initialize.  Set past values to Ø.
      IERROR=1
      IF(NS.LT.1) RETURN
      IERROR=2
      FMAX=1.E1Ø*ABS(F(Ø))
      DO 1 I=1,N-1
       FMAX=MAX(FMAX,1.E1Ø*ABS(F(I)))
    1 CONTINUE
      DO 2 I=Ø,NS
       WORK(I)=Ø.
    2 CONTINUE
c-Do the filtering.  Outer loop is sample nmbr.; inner loop is section.
      DO 4 K=Ø,N-1
       SUM=Ø.
       X=F(K)
       DO 3 I=NS-1,Ø,-1
        X=X-KAPPA(I)*WORK(I)
        Y=WORK(I)+KAPPA(I)*X
        SUM=SUM+NU(I+1)*Y
        WORK(I+1)=Y
    3  CONTINUE
       WORK(Ø)=X
       F(K)=SUM+NU(Ø)*X
       IF(ABS(F(K)).GT.FMAX) RETURN
    4 CONTINUE
      IERROR=Ø
      RETURN
      END
c-
      SUBROUTINE SPNLFIL(F,N,KAPPA,NS,WORK,IERROR)
c-Latest date: Ø8/24/88
c-Nonrecursive lattice filtering of the sequence F(Ø:N-1).
c-Initial conditions are set to zero.  Output replaces input.
c-F(Ø:N-1)         =N-sample sequence, replaced with filtered version.
c-KAPPA(Ø:NS-1)    =REAL lattice elements in Fig. 9.14 of Dig. Sig. Anal.
c-The lattice stage equations for n=1,---,NS are
```

```
c-
c-              |      | |                                    | |          |
c-              |X(n)  | |1            KAPPA(n-1)z**(-1)  | |X(n-1)|
c-              |      |=|                                    |*|          |
c-              |Y(n)  | |KAPPA(n-1)              z**(-1)  | |Y(n-1)|
c-              |      | |                                    | |          |
c-
c-NS              =Number of lattice stages.
c-WORK(NS)        =Work array of size >=NS.  No need to initialize.
c-IERROR          =Ø: no errors.
c-                 1: NS<1.
c-
      REAL F(Ø:N-1),KAPPA(Ø:NS-1),WORK(Ø:NS-1)
c-Check for error 1 and initialize.  Set past values to Ø.
      IERROR=1
      IF(NS.LT.1) RETURN
      DO 2 I=Ø,NS-1
       WORK(I)=Ø.
    2 CONTINUE
c-Do the filtering.  Outer loop is sample nmbr.; inner loop is section.
      DO 4 K=Ø,N-1
       X=F(K)
       Y=X
       DO 3 I=Ø,NS-1
        Y1=Y
        Y=KAPPA(I)*X+WORK(I)
        X=X+KAPPA(I)*WORK(I)
        WORK(I)=Y1
    3  CONTINUE
       F(K)=X
    4 CONTINUE
      IERROR=Ø
      RETURN
      END
c-***********************************************************************
c-*                          CHAPTER 12 ROUTINES                        *
c-***********************************************************************
c-
      SUBROUTINE SPLHBW(ITYPE,FC,NS,B,A,IERROR)
c-Latest date: Ø3/Ø4/88
c-Low- and highpass Butterworth digital filter design routine.
c-ITYPE=1(lowpass) or 2(higpass)
c-FC   =Cutoff frequency in Hz-s.  (Sampling frequency=1.Ø.)
c-NS   =Number of 2-pole filter sections.  The nth section has
c-
c-              B(Ø,n) + B(1,n)*z**(-1) + B(2,n)*z**(-2)
c-      Hn(z)=------------------------------------------
c-              1.Ø + A(1,n)*z**(-1) + A(2,n)*z**(-2)
c-
c-B(Ø:2,NS) and A(2,NS) are where the routine stores the coefficients.
c-IERROR=Ø: no errors              2: FC not between Ø.Ø and Ø.5
c-       1: ITYPE not valid        3: NS not greater that Ø
c-
      REAL B(Ø:2,NS),A(2,NS)
      COMPLEX SN,ZN
      PI=4.*ATAN(1.)
      IERROR=1
      IF(ITYPE.NE.1.AND.ITYPE.NE.2) RETURN
      IERROR=2
      IF(FC.LE.Ø..OR.FC.GE..5) RETURN
      IERROR=3
      IF(NS.LE.Ø) RETURN
      WCP=TAN(PI*FC)
      DO 1 N=1,NS
       SN=WCP*EXP(CMPLX(Ø.,PI*(2.*N+2.*NS-1.)/(4.*NS)))
       ZN=(1.+SN)/(1.-SN)
```

```
      B(Ø,N)=((2-ITYPE)*WCP*WCP+(ITYPE-1)*1.)/(1.-2.*REAL(SN)+WCP*WCP)
      B(1,N)=(3-2*ITYPE)*2.*B(Ø,N)
      B(2,N)=B(Ø,N)
      A(1,N)=-2.*REAL(ZN)
      A(2,N)=REAL(ZN)**2+AIMAG(ZN)**2
    1 CONTINUE
      IERROR=Ø
      RETURN
      END
c-
      SUBROUTINE SPBBBW(ITYPE,F1,F2,NS,B,A,IERROR)
c-Latest date: Ø3/Ø9/88
c-Bandpass and bandstop Butterworth digital filter design routine.
c-ITYPE=1(bandpass) or 2(bandstop)
c-F1,F2 =3-dB cutoff frequencies in Hz-s; F2>F1.  (Sampling freq.=1.Ø.)
c-NS    =EVEN number of 2-pole filter sections.  The nth section has
c-
c-              B(Ø,n) + B(1,n)*z**(-1) + B(2,n)*z**(-2)
c-       Hn(z)=------------------------------------------
c-                 1.Ø + A(1,n)*z**(-1) + A(2,n)*z**(-2)
c-
c-B(Ø:2,NS) and A(2,NS) are where the routine stores the coefficients.
c-IERROR=Ø: no errors              2: Ø.Ø<F1<F2<Ø.5 not true
c-       1: ITYPE not valid        3: NS not even or NS not >Ø
c-
      REAL B(Ø:2,NS),A(2,NS)
      COMPLEX SL,SB,ZB
      PI=4.*ATAN(1.)
      IERROR=1
      IF(ITYPE.NE.1.AND.ITYPE.NE.2) RETURN
      IERROR=2
      IF(F1.LE.Ø..OR.F2.LE.F1.OR.F2.GE..5) RETURN
      IERROR=3
      IF(NS.LE.Ø.OR.MOD(NS,2).NE.Ø) RETURN
      W1P=TAN(PI*F1)
      W2P=TAN(PI*F2)
      DO 2 NL=1,NS/2
       SL=(W2P-W1P)*EXP(CMPLX(Ø.,PI*(2.*NL+NS-1.)/(2.*NS)))
       DO 1 M=Ø,1
        SB=(SL+(1-2*M)*SQRT(SL*SL-4.*W1P*W2P))/2.
        ZB=(1.+SB)/(1.-SB)
        FACTOR=1.-2.*REAL(SB)+ABS(SB)**2
        IF(ITYPE.EQ.1) THEN
         B(Ø,2*NL-M)=(W2P-W1P)/FACTOR
         B(1,2*NL-M)=Ø.
         B(2,2*NL-M)=-B(Ø,2*NL-M)
        ELSEIF(ITYPE.EQ.2) THEN
         B(Ø,2*NL-M)=(1.+W1P*W2P)/FACTOR
         B(1,2*NL-M)=-2.*(1.-W1P*W2P)/FACTOR
         B(2,2*NL-M)=B(Ø,2*NL-M)
        ENDIF
        A(1,2*NL-M)=-2.*REAL(ZB)
        A(2,2*NL-M)=ABS(ZB)**2
    1  CONTINUE
    2 CONTINUE
      IERROR=Ø
      RETURN
      END
c-
      SUBROUTINE SPFIL1(X,N,ITYPE,FC,NS,WORK,IERROR)
c-Latest date:  Ø3/25/88
c-Filter 1.  Applies lowpass or highpass Butterworth filter to data X.
c-X(Ø:N-1)  =data array.  Filtering is in place.  Initial conditions=Ø.
c-N         =length of data sequence.
c-ITYPE     =1(lowpass) or 2(highpass).
```

```
c-FC        =cutoff (3-dB) frequency in Hz-s.  (Sampling freq. = 1.Ø.)
c-NS        =number of 2-pole sections; rolloff = 12 dB/octave/section.
c-WORK       =work array, dimensioned WORK(5*NS+6) or larger.
c-IERROR    =Ø: no errors.
c-           1: ITYPE not 1 or 2.                3: NS not greater than Ø.
c-           2: FC not between Ø.Ø and Ø.5.    3+I: SPCFIL error I.
c-
      REAL X(Ø:N-1),WORK(5*NS+6)
c-Initialize filter coeff. and set initial signal values to zero.
      CALL SPLHBW(ITYPE,FC,NS,WORK(1),WORK(3*NS+1),IERROR)
      IF(IERROR.NE.Ø) RETURN
c-Do the filtering using the SPCFIL routine.
      CALL SPCFIL(X,N,WORK(1),WORK(3*NS+1),2,NS,WORK(5*NS+1),IERROR)
      IERROR=IERROR+3
      IF(IERROR.NE.3) RETURN
      IERROR=Ø
      RETURN
      END
c-
      SUBROUTINE SPFIL2(X,N,ITYPE,F1,F2,NS,WORK,IERROR)
c-Latest date:  Ø3/Ø8/88
c-Filter 2.  Applies bandpass or bandstop Butterworth filter to data X.
c-X(Ø:N-1)  =data array.  Filtering is in place.  Initial conditions=Ø.
c-N         =length of data sequence.
c-ITYPE     =1(bandpass) or 2(bandstop).
c-F1,F2     =corner (3-dB) frequencies in Hz-s.  (Sampling freq. = 1.Ø.)
c-NS        =even number of 2-pole sections; rolloff = 6 dB/octave/sect.
c-WORK       =work array, dimensioned WORK(5*NS+6) or larger.
c-IERROR    =Ø: no errors.
c-           1: ITYPE not 1 or 2.    3: NS not even & greater than Ø.
c-           2: F1,F2 not valid.     3+I: SPCFIL error I.
c-
      REAL X(Ø:N-1),WORK(5*NS+6)
c-Initialize filter coeff. and set initial signal values to zero.
      CALL SPBBBW(ITYPE,F1,F2,NS,WORK(1),WORK(3*NS+1),IERROR)
      IF(IERROR.NE.Ø) RETURN
c-Do the filtering using the SPCFIL routine.
      CALL SPCFIL(X,N,WORK(1),WORK(3*NS+1),2,NS,WORK(5*NS+1),IERROR)
      IERROR=IERROR+3
      IF(IERROR.NE.3) RETURN
      IERROR=Ø
      RETURN
      END
c-*********************************************************************
c-*                         CHAPTER 13 ROUTINES                       *
c-*********************************************************************
c-
      FUNCTION SPUNIF(ISEED)
c-Latest date: Ø4/14/88
c-Uniform random number within the interval (Ø.Ø,1.Ø).
c-Initialize by setting ISEED to any integer, then leave ISEED alone.
c-This routine has a cycle length equal to 16,777,216.
c-
      DOUBLE PRECISION DP
      DP=53 84 2 21.DØ*ABS(ISEED)+1
      DP=DP-INT(DP/16 777 216.DØ)*16 777 216.DØ
      ISEED=DP
      SPUNIF=(ISEED+1)/16 777 217.Ø
      RETURN
      END
c-
      FUNCTION SPGAUS(ISEED)
c-Latest date: Ø4/13/88
c-Approximately Gaussian random number with mean=Ø and variance=1.
c-Initialize by setting ISEED, then leave ISEED alone in your program.
```

```
c-Note:  A sequence will be correlated after 1,398,101 samples.
c-
      SPGAUS=-6.
      DO 1 I=1,12
       SPGAUS=SPGAUS+SPUNIF(ISEED)
    1 CONTINUE
      RETURN
      END
c-
      FUNCTION SPEXV(X,N,I)
c-Latest date: 08/25/88
c-Expected or mean value of sequence [X(0)**I, X(1)**I, ---, X(N-1)**I].
c-Inputs are REAL array X(0:N-1), array size N, and exponent I.
c-If N<=0, SPEXV is set to X(0)**I.
c-
      REAL X(0:N-1)
      SPEXV=X(0)**I
      IF(N.LE.0) RETURN
      DO 1 J=1,N-1
       SPEXV=SPEXV+X(J)**I
    1 CONTINUE
      SPEXV=SPEXV/N
      RETURN
      END
c-**********************************************************************
c-*                        CHAPTER 14 ROUTINES                         *
c-**********************************************************************
c-
      SUBROUTINE SPSOLE(DD,LR,LC,M,IERROR)
c-Latest date: 12/09/88
c-Solution of M linear equations via Gauss-Jordan elimination.
c-Written for linear least-squares design with R-matrix and P-vector,
c-  but may be used with any set of linear equations provided the
c-  diagonal elements are large and coeff. matrix is well-conditioned.
c-DD=augmented matrix [R,P], DOUBLE PRECISION DD(0:LR,0:LC).  An element
c-  DD(I,J) is the double precision coefficient on row I, column J.
c-M=No. of equations.  Thus DD(0,M) thru DD(M-1,M) is the P-vector in
c- column M of DD, which is replaced by the solution (optimal weights).
c-IERROR=0: No errors.
c-       1: LR<M-1 OR LC<M, that is, DD is not dimensioned large enough.
c-       2: No solution due to small diagonal element(s) or near-singulal
c-          coefficient matrix.
c-
      DOUBLE PRECISION DD(0:LR,0:LC),DDMAX
      IERROR=1
      IF(LR.LT.M-1.OR.LC.LT.M) RETURN
      IERROR=2
      DDMAX=ABS(DD(0,0))
      DO 1 I=1,M-1
       DDMAX=MAX(DDMAX,ABS(DD(I,I)))
    1 CONTINUE
      DO 5 I=0,M-1
       IF(ABS(DD(I,I)).LE.1.D-10*DDMAX) RETURN
       DO 2 J=I,M-1
        DD(I,J+1)=DD(I,J+1)/DD(I,I)
    2  CONTINUE
       DO 4 K=0,M-1
        IF(K.EQ.I) GO TO 4
        DO 3 J=I,M-1
         DD(K,J+1)=DD(K,J+1)-DD(K,I)*DD(I,J+1)
    3   CONTINUE
    4  CONTINUE
    5 CONTINUE
      IERROR=0
      RETURN
      END
```

```
c-
      SUBROUTINE SPLESQ(F,D,K,B,M,TSEMIN,IERROR)
c-Latest date: 09/07/89
c-
c-                              ^                   D(0:K-1)
c-                           __|________            + |
c-                          |          |          -   |
c-    F(-M+1:K-1)------>| B(0:M-1)  |---------->0------|
c-                          |__________|                 |
c-                              ^                        |
c-                              |------------------------|
c-
c-This routine finds the M least-squares coefficients, B(0:M-1),
c- based on the segments F(-M+1:K-1) and D(0:K-1).  F and D could refer
c- to points in the same array, as F(k)=D(k-1) in a one-step predictor.
c-Note carefully:  The "F" in the calling sequence points to F(-M+1).
c-                 The "D" "    "     "        "         "     "  D(0).
c-R-matrix covariance elements R(I,J)=[Sum(F(k-I)*F(k-J)); k=0,K-1].
c-P-vector      "          "      P(I)   =[Sum(D(k)*F(k-I));   k=0,K-1].
c-The maximum filter size (M) is MMAX.  The SPSOLE routine is called.
c-TSEMIN is set to the minimum TSE, or to 0 if negative due to roundoff.
c-IERROR=0:   No errors.
c-       1-2: Error in SPSOLE execution.
c-       3:   M out of range [1,MMAX].
c-
      PARAMETER (MMAX=50)
      REAL F(-M+1:K-1),D(0:K-1),B(0:M-1),P(0:MMAX-1)
      DOUBLE PRECISION DD(0:MMAX-1,0:MMAX)
      IERROR=3
      IF(M.LE.0.OR.M.GT.MMAX) RETURN
      DO 4 I=0,M-1
       DO 2 J=0,I
        DD(I,J)=0.
        DO 1 KK=0,K-1
         DD(I,J)=DD(I,J)+F(KK-I)*F(KK-J)
    1   CONTINUE
        DD(J,I)=DD(I,J)
    2  CONTINUE
       DD(I,M)=0.
       DO 3 KK=0,K-1
        DD(I,M)=DD(I,M)+D(KK)*F(KK-I)
    3  CONTINUE
      P(I)=DD(I,M)
    4 CONTINUE
      CALL SPSOLE(DD,MMAX-1,MMAX,M,IERROR)
      IF(IERROR.NE.0) RETURN
      DO 5 I=0,M-1
       B(I)=DD(I,M)
    5 CONTINUE
      SUM=0.
      DO 6 KK=0,K-1
       SUM=SUM+D(KK)**2
    6 CONTINUE
      PTBOPT=0.
      DO 7 I=0,M-1
       PTBOPT=PTBOPT+P(I)*B(I)
    7 CONTINUE
      TSEMIN=MAX(0.,SUM-PTBOPT)
      RETURN
      PROGRAM TDSAB
c-Latest date: 07/18/88
C-
C-*********************************************************************
C-                              TDSAB.FOR                             *
C-              DIGITAL SIGNAL ANALYSIS SUBPROGRAM TESTS              *
C-                      Source code in Fortran-77                     *
C-*********************************************************************
```

```
C-
c-This program tests the subroutines and functions in DIGITAL SIGNAL
c- ANALYSIS, Appendix B.  In each test the message "passed" or "failed"
c- is printed after the name of the routine by the SPOUT subroutine at
c- the end of this program.
c-Each test checks for correct performance for a specific input, not for
c- all inputs, so the test is a check rather than a guarantee that the
c- routine is working correctly.
c-A perfomance factor, Q, is computed as a function of the subroutine
c- output and compared with its correct integer value in the "CALL
c- SPOUT" statement.  For example, the correct integer value of Q in the
c- test of the SPFFT suroutine is 1490.
c-If a test fails, check the listings of both the subroutine and this
c- program against those in Appendix B of DIGITAL SIGNAL ANALYSIS.  If
c- the listings agree, make sure your compiler meets the Fortran-77
c- standard.  Next, try printing the real value of Q for this test.
c- There may be a roundoff error.  If all else fails to yeild a reason
c- for the failure, call one of the authors at a reasonable hour.
c-
      REAL X1(0:9),X2(0:99),B1(0:2,4),A1(2,4),B2(0:2,4),A2(2,4)
      REAL BD(0:3),AD(3),KAPPA(0:2),LAMDA(0:1),NU(0:3),WORK(6)
      DOUBLE PRECISION DD(0:3,0:4)
      DATA DD/9.,4.,-1.,-4.,1.,8.,-2.,-5.,2.,5.,7.,1.,3.,6.,-3.,
     +        6.,29.,59.,4.,13./
C-
C-*********************************************************************
C-                              CHAPTER 6.                           *
C-*********************************************************************
C-
C-TEST OF SPFFT.  PERFORM A TRANSFORM AND TEST A CHECKSUM (Q).
      DO 610 K=0,7
       X1(K)=MOD((K+1)**3,20)-10
  610 CONTINUE
      CALL SPFFT(X1,8)
      Q=0.
      DO 611 K=0,9
       Q=Q-(K+1)**2*X1(K)
  611 CONTINUE
      CALL SPOUT('SPFFT  ',1490-INT(Q))
C-
C-TEST OF ISPFFT.  PERFORM AN INVERSE TRANSFORM AND TEST A CHECKSUM (Q).
      DO 620 K=0,9
       X1(K)=MOD((K+1)**3,20)-10
  620 CONTINUE
      CALL SPIFFT(X1,8)
      Q=0.
      DO 621 K=0,7
       Q=Q+(K+1)**3*X1(K)
  621 CONTINUE
      CALL SPOUT('SPIFFT ',2726-INT(Q))
C-
C-*********************************************************************
C-                              CHAPTER 8.                           *
C-*********************************************************************
C-
C-TEST OF SPWIND.  COMPUTE SOME WINDOW VALUES.
      Q=0.
      DO 1 ITYPE=1,6
       Q=Q+6**ITYPE*SPWIND(ITYPE,128,99)
    1 CONTINUE
      CALL SPOUT('SPWIND ',8851-INT(Q))
C-
C-*********************************************************************
C-                              CHAPTER 9.                           *
C-*********************************************************************
C-
```

```
C-TEST OF SPLTOD.  CONVERT FROM DIRECT TO LATTICE AND TEST CHECKSUM.
      DO 910 I=0,3
       NU(I)=I+1
       IF(I.GT.0) KAPPA(I)=(-.5)**I
  910 CONTINUE
      CALL SPLTOD(KAPPA,NU,3,BD,AD,IE)
      IF(IE.NE.0) PRINT '('' SPLTOD ERROR'',I3)', IE
      Q=BD(0)
      DO 911 I=1,3
       Q=Q+10**I*AD(I)+9**(I+1)*BD(I)
  911 CONTINUE
      CALL SPOUT('SPLTOD ',28265-INT(Q))
C-
C-TEST OF SPDTOL.  CONVERT FROM DIRECT TO LATTICE AND TEST CHECKSUM.
      DO 920 I=0,3
       BD(I)=.5-.5*I+3.*(I/2)+2.*(I/3)
       IF(I.GE.1) AD(I)=-.125-.375*(I/2)+.75*(I/3)
  920 CONTINUE
      CALL SPDTOL(BD,AD,3,KAPPA,NU,IE)
      IF(IE.NE.0) PRINT '('' SPDTOL ERROR'',I3)', IE
      Q=NU(3)
      DO 921 I=0,2
       Q=Q+10**I*KAPPA(I)+9**(I+2)*NU(I)
  921 CONTINUE
      CALL SPOUT('SPDTOL ',21246-INT(Q))
C-
C-TEST OF SPNLTD.  CONVERT FROM NONRECURSIVE LATTICE TO DIRECT AND TEST.
      KAPPA(0)=+2.
      KAPPA(1)=-.5
      KAPPA(2)=+3.
      CALL SPNLTD(KAPPA,3,BD(1))
      Q=-BD(1)+10.*BD(2)+100.*BD(3)
      CALL SPOUT('SPNLTD ',325-INT(Q))
C-
C-TEST OF SPNDTL.  CONVERT FROM NONRECURSIVE DIRECT TO LATTICE AND TEST.
      BD(1)=-0.5
      BD(2)=+2.5
      BD(3)=+3.0
      CALL SPNDTL(BD(1),3,KAPPA,IE)
      IF(IE.NE.0) PRINT '('' SPNDTL ERROR'',I3)', IE
      Q=KAPPA(0)-KAPPA(1)+10.*KAPPA(2)
      CALL SPOUT('SPNDTL ',32-INT(Q))
C-
C-TEST OF SPALTD1.  CONVERT FROM ASYMMETRIC LATTICE 1 TO DIRECT AND TEST.
      KAPPA(0)=7.5
      KAPPA(1)=1.0
      LAMDA(0)=-6.0
      LAMDA(1)=0.8
      GAIN=2.0
      CALL SPALTD1(KAPPA,LAMDA,GAIN,2,BD,AD)
      Q=BD(0)+10.*BD(1)+100.*BD(2)+1000.*AD(1)+10000.*AD(2)
      CALL SPOUT('SPALTD1',8232-INT(Q))
C-
C-TEST OF SPDTAL1.  CONVERT FROM DIRECT TO ASYMMETRIC LATTICE 1 AND TEST.
      BD(0)=1.0
      BD(1)=3.0
      BD(2)=2.0
      AD(1)=0.0
      AD(2)=0.8
      CALL SPDTAL1(BD,AD,2,KAPPA,LAMDA,GAIN,IE)
      IF(IE.NE.0) PRINT '('' SPDTAL1 ERROR'',I3)', IE
      Q=KAPPA(0)+10.*KAPPA(1)-100.*LAMDA(0)+10000.*LAMDA(1)+10000.*GAIN
      CALL SPOUT('SPDTAL1',28617-INT(Q))
C-
```

```
C-TEST OF SPALTD2.  CONVERT FROM ASYMMETRIC LATTICE 2 TO DIRECT AND TEST.
      KAPPA(Ø)=2.Ø
      KAPPA(1)=1.Ø
      LAMDA(Ø)=-Ø.4
      LAMDA(1)=2.5
      GAMMA=-2.Ø
      CALL SPALTD2(KAPPA,LAMDA,GAMMA,2,BD,AD)
      Q=BD(Ø)+1Ø.*BD(1)+1ØØ.*BD(2)+1ØØØ.*AD(1)+1ØØØØ.*AD(2)
      CALL SPOUT('SPALTD2',8231-INT(Q))
C-
C-TEST OF SPDTAL2.  CONVERT FROM DIRECT TO ASYMMETRIC LATTICE 2 AND TEST.
      BD(Ø)=1.Ø
      BD(1)=3.Ø
      BD(2)=2.Ø
      AD(1)=Ø.Ø
      AD(2)=Ø.8
      CALL SPDTAL2(BD,AD,2,KAPPA,LAMDA,GAMMA,IE)
      IF(IE.NE.Ø) PRINT '('' SPDTAL2 ERROR'',I3)', IE
      Q=KAPPA(Ø)+1Ø.*KAPPA(1)-1ØØ.*LAMDA(Ø)+1ØØØØ.*LAMDA(1)+1ØØØØ.*GAMMA
      CALL SPOUT('SPDTAL2',5Ø52-INT(Q))
C-
C-TEST OF SPCFIL.  RUN A DATA SEQUENCE THRU 2 SECTIONS AND TEST CHECKSUM.
      DO 93Ø K=Ø,5
  93Ø  X1(K)=K+2.
      DO 931 I=Ø,3
       B1(I,1)=I+1
       B1(I,2)=4-I
       IF(I.GE.1) A1(I,1)=.5**I
       IF(I.GE.1) A1(I,2)=(-.5)**I
  931 CONTINUE
      CALL SPCFIL(X1,6,B1,A1,3,2,WORK,IE)
      IF(IE.NE.Ø) PRINT '('' SPCFIL ERROR'',I3)', IE
      Q=Ø.
      DO 932 K=Ø,5
 932  Q=Q+X1(K)
      CALL SPOUT('SPCFIL ',422-INT(Q))
C-
C-TEST OF SPNFIL.  RUN A SEQUENCE THRU AN FIR FILTER AND TEST CHECKSUM.
      DO 94Ø K=Ø,5
  94Ø  X1(K)=K+2.
      DO 941 I=Ø,3
       BD(I)=I+1
  941 CONTINUE
      CALL SPNFIL(X1,6,BD,3,WORK,IE)
      IF(IE.NE.Ø) PRINT '('' SPNFIL ERROR'',I3)', IE
      Q=Ø.
      DO 942 K=Ø,5
 942  Q=Q+X1(K)
      CALL SPOUT('SPNFIL ',145-INT(Q))
C-
C-TEST OF SPLFIL.  RUN A SEQUENCE THRU A 3-SECTION LATTICE AND TEST Q.
      DO 95Ø K=Ø,5
  95Ø  X1(K)=K+1.
      DO 951 I=Ø,3
       IF(I.LE.2) KAPPA(I)=.5**I
       NU(I)=I+1.
  951 CONTINUE
      CALL SPLFIL(X1,6,KAPPA,NU,3,WORK,IE)
      IF(IE.NE.Ø) PRINT '('' SPLFIL ERROR'',I3)', IE
      Q=Ø.
      DO 952 K=Ø,5
 952  Q=Q+X1(K)
      CALL SPOUT('SPLFIL ',147-INT(Q))
C-
```

```
C-TEST OF SPNLFIL.  RUN SEQUENCE THRU NONRECURSIVE LATTICE AND TEST Q.
      DO 960 K=0,5
  960  X1(K)=3.-K
      DO 961 I=0,2
       KAPPA(I)=.5**(I+1)
  961 CONTINUE
      CALL SPNLFIL(X1,6,KAPPA,3,WORK,IE)
      IF(IE.NE.0) PRINT '('' SPNLFIL ERROR'',I3)', IE
      Q=0.
      DO 962 K=0,5
 962  Q=Q+X1(K)
      CALL SPOUT('SPNLFIL',9-INT(Q))
C-
C-***********************************************************************
C-                               CHAPTER 12.                           *
C-***********************************************************************
C-
C-TEST OF SPLHBW.  DESIGN LOW- AND HIGHPASS FILTERS AND TEST CHECKSUM.
      CALL SPLHBW(1,.4,3,B1,A1,IE)
      IF(IE.NE.0) PRINT '('' SPLHBW ERROR'',I3)', IE
      CALL SPLHBW(2,.4,3,B2,A2,IE)
      IF(IE.NE.0) PRINT '('' SPLHBW ERROR'',I3)', IE
      Q=0.
      DO 1211 I=1,3
       DO 1210 J=0,2
        Q=Q+B1(J,I)+B2(J,I)*7**I*9**J
 1210  CONTINUE
        Q=Q+A1(1,I)+A1(2,I)+A2(1,I)+A2(2,I)*5**I
 1211 CONTINUE
      CALL SPOUT('SPLHBW ',1650-INT(Q))
C-
C-TEST OF SPBBBW.  DESIGN BANDPASS AND BANDSTOP FILTERS AND TEST CHECKSUM.
      CALL SPBBBW(1,.3,.4,4,B1,A1,IE)
      IF(IE.NE.0) PRINT '('' SPBBBW ERROR'',I3)', IE
      CALL SPBBBW(2,.3,.4,4,B2,A2,IE)
      IF(IE.NE.0) PRINT '('' SPBBBW ERROR'',I3)', IE
      Q=0.
      DO 1221 I=1,4
       DO 1220 J=0,2
        Q=Q+B1(J,I)+B2(J,I)*7**I*9**J
 1220  CONTINUE
        Q=Q+A1(1,I)+A1(2,I)+A2(1,I)+A2(2,I)*5**I
 1221 CONTINUE
      CALL SPOUT('SPBBBW ',24672-INT(Q/10.+.4))
C-
C-TEST OF SPFIL1.  LOWPASS A DATA SEQUENCE AND TEST CHECKSUM.
      DO 1230 K=0,9
 1230  X1(K)=10000*SIN(1.5*K)
      CALL SPFIL1(X1,10,1,.4,2,X2,IE)
      IF(IE.NE.0) PRINT '('' SPFIL1 ERROR'',I3)', IE
      Q=0.
      DO 1231 K=0,9
 1231  Q=Q+X1(K)
      CALL SPOUT('SPFIL1 ',559-INT(Q))
C-
C-TEST OF SPFIL2.  BANDSTOP A DATA SEQUENCE AND TEST CHECKSUM.
      DO 1240 K=0,9
 1240  X1(K)=10000*SIN(1.5*K)
      CALL SPFIL2(X1,10,2,.3,.4,2,X2,IE)
      IF(IE.NE.0) PRINT '('' SPFIL2 ERROR'',I3)', IE
      Q=0.
      DO 1241 K=0,9
 1241  Q=Q+X1(K)
      CALL SPOUT('SPFIL2 ',1076-INT(Q))
C-
```

```
C-*********************************************************************
C-                              CHAPTER 13.                            *
C-*********************************************************************
C-
C-TEST OF SPUNIF.  TEST A PSEUDORANDOM SEQUENCE OF LENGTH 5.
      ISEED=1235
      Q=100.*SPUNIF(ISEED)
      DO 1310 I=2,5
 1310  Q=Q+I*100.*SPUNIF(ISEED)
      CALL SPOUT('SPUNIF ',798-INT(Q))
C-
C-TEST OF SPGAUS.  TEST A PSEUDORANDOM SEQUENCE OF LENGTH 5.
      ISEED=1235
      Q=100.*SPGAUS(ISEED)
      DO 1320 I=2,5
 1320  Q=Q+I*100.*SPGAUS(ISEED)
      CALL SPOUT('SPGAUS ',608-INT(Q))
C-
C-*********************************************************************
C-                              CHAPTER 14.                            *
C-*********************************************************************
C-
C-TEST OF SPSOLE.  TEST FOR SOLUTION = 1,2,3,4.
      CALL SPSOLE(DD,3,4,4,IE)
      IF(IE.NE.0) PRINT '('' SPSOLE ERROR'',I3)', IE
      Q=1000*DD(0,4)+100*DD(1,4)+10*DD(2,4)+DD(3,4)
      CALL SPOUT('SPSOLE ',1234-INT(Q))
C-
C-TEST OF SPLESQ.  TEST FOR COEF. = 1,2,3,4 USING SEQUENCES WITH K=6.
      DO 1410 K=0,8
       IF(K.LT.3) X1(K)=0.
       IF(K.GE.3) X1(K)=K-1
       IF(K.GE.3) X2(K)=10.*(K-3)-4.*(5/K)+1.*(4/K)+5.*(3/K)
 1410 CONTINUE
      CALL SPLESQ(X1(0),X2(3),6,BD,4,TSE,IE)
      IF(IE.NE.0) PRINT '('' SPLESQ ERROR'',I3)', IE
      Q=BD(3)+10.*BD(2)+100.*BD(1)+1000.*BD(0)+1000.*TSE
      CALL SPOUT('SPLESQ ',1234-INT(Q))
      STOP
      END
C-
      SUBROUTINE SPOUT(NAME,I)
      CHARACTER NAME*7
      IF(I.EQ.0) PRINT '(1X,A7,'' PASSED.'')', NAME
      IF(I.NE.0) PRINT '(1X,A7,'' FAILED. !!!'')', NAME
      RETURN
      END
```

Deutschsprachige Literatur zum Thema des Buches

S. D. Stearns, Digitale Verarbeitung analoger Signale (Digital Signal Analysis), 1. bis 5. Auflage, Oldenbourg

A. V. Oppenheim/R. W. Schafer, Zeitdiskrete Signalverarbeitung, Oldenbourg 1992

J. Schwarz, Digitale Verarbeitung stochastischer Signale, Oldenbourg 1988

S. A. Azizi, Entwurf und Realisierung digitaler Filter, Oldenbourg 1990

E. O. Brigham, FFT, Oldenbourg 1992

K. Kupfmüller, Die Systemtheorie der elektrischen Nachrichtenübertragung, Hirzel 1952, 1968

H. W. Schüßler, Digitale Systeme zur Signalverarbeitung, Springer 1973

W. Klein, Finite Systemtheorie, Teubner 1976

O. Föllinger, Lineare Abtastsysteme, Oldenbourg 1993

K. Kroschel, Statistische Nachrichtentheorie; I Signalerkennung und Parameterschätzung 73, II Signalschätzung 74, Springer Verlag

G. Wunsch, Systemanalyse; I Lineare Systeme 1969, II Statistische Systemanalyse 1970, III Digitale Systeme 1971, Hüthig-Verlag Heidelberg

R. Unbehauen, Systemtheorie, Oldenbourg 1993

J. Ackermann, Abtastregelung, Springer 1972

W. G. Schneeweiss, Zufallsprozesse in dynamischen Systemen, Springer 1974

H. D. Lüke, Signalübertragung, Springer 1975

A. Lacroix, Digitale Filter; Skriptum 1974/75 TH Darmstadt, Oldenbourg 1988

P. Bocker, Datenübertragung; I Grundlagen 76, II Einrichtungen und Systeme 77, Springer-Verlag

H. Marko, Methoden der Systemtheorie: Die Spektraltransformation und ihre Anwendungen, Springer 1977

K. Brammer; G. Siffling, Stoachastische Grundlagen des Kalman-Bucy-Filters, Wahrscheinlichkeitsrechnung und Zufallsprozesse, Oldenbourg 1990

P. Henrici, Elemente der numerischen Analysis I, II, B. I. Hochschultaschenbücher 551/552 (1972)

E. Stiefel, Einführung in die numerische Mathematik, Teubner 1976

H. Kaufmann, Dynamische Vorgänge in linearen Systemen der Nachrichten- und Regelungstechnik, München: Verlag R. Oldenbourg 1959

V. Strejc, Synthese von Regelsystemen mit Prozeßrechnern. Prag: Verlag der Tschechoslowakischen Akademie der Wissenschaften, 1967

W. Leonhard, Diskrete Regelsysteme. Mannheim: Bibliographisches Institut, Nr. 523/523 a, 1972

M. Thoma, Theorie linearer Regelsysteme. Braunschweig: Vieweg, 1973

R. Isermann, Digitale Regelsysteme. Berlin: Springer-Verlag, 1977

R. Isermann, Prozeßidentifikation. Berlin: Springer-Verlag, 1974

Literatur zur Laplace-Transformation:

G. Doetsch, Anleitung zum praktischen Gebrauch der Laplace-Transformation. Oldenbourg 1989

G. Doetsch, Theorie und Anwendung der Laplace-Transformation. Springer 1937

G. Doetsch, Handbuch der Laplace-Transformation I, II, III. Birkhäuser 1950, 1955, 1956

R. Herschel, Die Laplace-Transformation und ihre Anwendung in der Regelungstechnik. Oldenbourg 1955

Index

Einführung in die Nachrichtentechnik

E. Oran Brigham

FFT

Schnelle Fourier-Transformation

5., verbesserte Auflage 1992.
301 Seiten, 107 Abbildungen, 8 Tabellen, 27 Beispiele, 123 Aufgaben
ISBN 3-486-22242-2

Reihe: Einführung in die Nachrichtentechnik

Das Buch bringt eine umfassende Darstellung dieses modernen Verfahrens. Es vermittelt Studenten wie praktizierenden Fachleuten eine leicht verständliche und anschauliche Behandlung der FFT.

Ronald N. Bracewell

Schnelle Hartley-Transformation

Eine reellwertige Alternative zur FFT

1990. 257 Seiten, 126 Abbildungen, 17 Tabellen, 86 Übungsaufgaben sowie Programme in BASIC und FORTRAN
ISBN 3-486-21079-3

Reihe: Einführung in die Nachrichtentechnik

Die Hartley-Transformation, als eine reellwertige Alternative zur Fourier-Transformation, ist ein universelles analytisches Werkzeug der Naturwissenschaften und der Technik. Der Algorithmus der schnellen Hartley-Transformation (FHT) bietet gegenüber der FFT dank seiner Reellwertigkeit beachtliche rechentechnische Vorteile. Hier lassen sich für auf FHT basierende numerische Verfahren sehr viel kürzere Rechenzeiten erzielen. Das Werk bringt eine umfassende Darstellung dieses modernen Verfahrens. Es vermittelt Studenten wie praktizierenden Fachleuten eine anschauliche Behandlung der Hartley-Transformation. Eine Vielzahl von Aufgaben dient der Einübung und Festigung das Stoffes. Ergänzt wird das Werk durch einen Atlas der Hartley-Transformation.

Oldenbourg

Alan V. Oppenheim/Ronald W. Schafer

Zeitdiskrete Signalverarbeitung

1992. 1019 Seiten, 541 Abbildungen, 19 Tabellen,
112 Beispiele, 403 Aufgaben
ISBN 3-486-21544-2

Reihe: Grundlagen der Schaltungstechnik

Wer sich intensiv mit digitaler Signalverarbeitung befassen will, kann jetzt auch das weltweit bekannte Standardwerk „Oppenheim/Schafer" in einer deutschen Übersetzung lesen. Fast vierzehn Jahre hat man auf eine aktualisierte Fassung des berühmten Klassikers „Digital Signal Analysis" warten müssen. Es ist in dieser langen Vorbereitungszeit ein fast völlig neues Buch unter einem geänderten Titel geworden, das sowohl ausführliche Einführungen und eine Vielzahl verständnisfördernder Aufgaben als auch umfassende, tiefgehende und originelle Darstellungen der Grundlagen und der modernen Weiterentwicklungen enthält. Es kann sowohl zum Selbststudium als auch als Nachschlagewerk empfohlen werden. Weiterhin stellt es eine ideale Ergänzung zu dem beliebten Einsteigerbuch „Digitale Verarbeitung analoger Signale" von Stearns dar. Denn angesichts der Wichtigkeit dieses rasch expandierenden Gebietes sollte man zwei der besten, und sich ergänzenden Lehrbücher ständig zur Verfügung haben.

Oldenbourg